AF730649

Tafel 1. Totalans

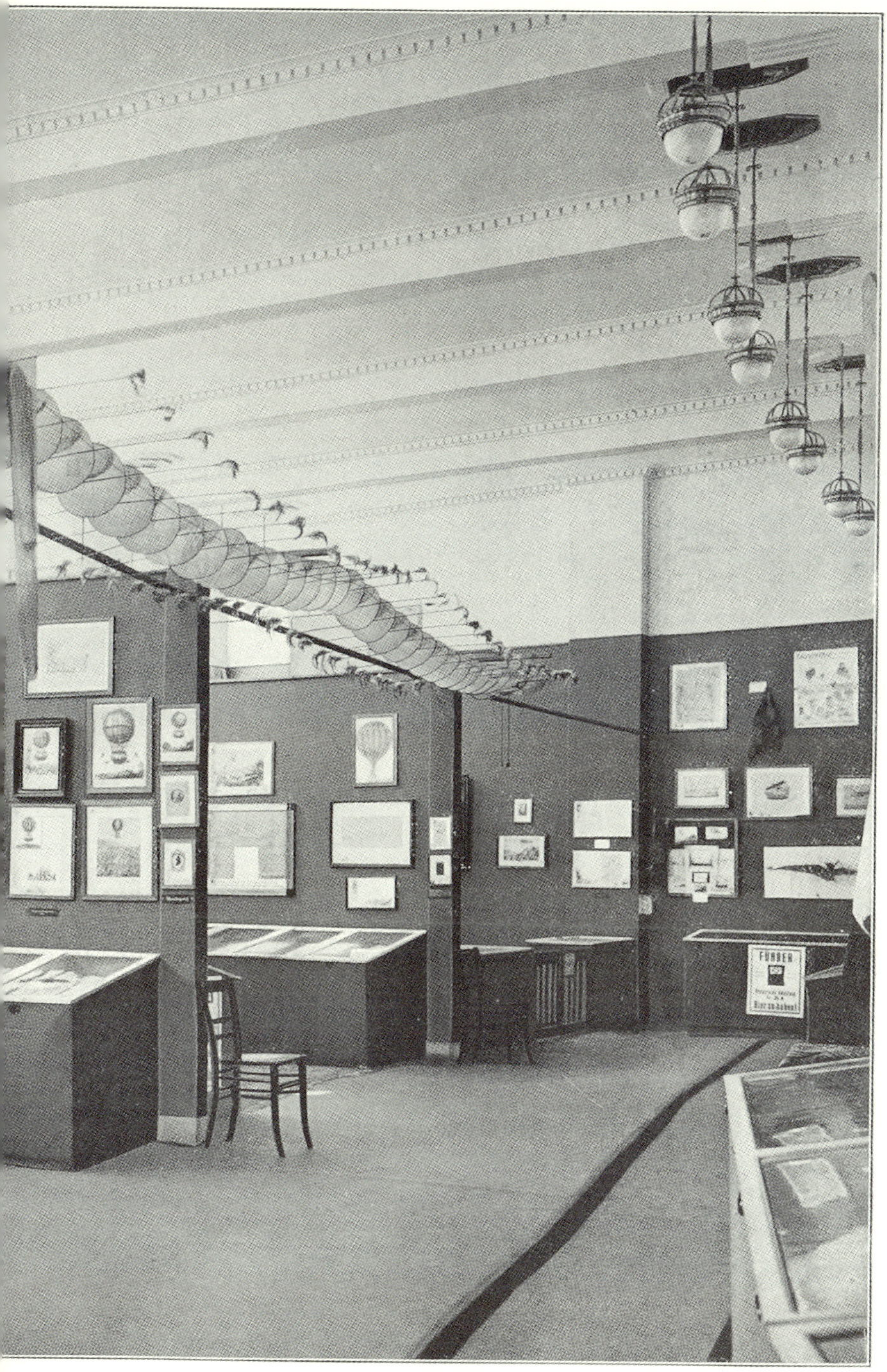

ischen Abteilung.

KATALOG

DER

HISTORISCHEN ABTEILUNG

DER

ERSTEN INTERNATIONALEN LUFTSCHIFFAHRTS-AUSSTELLUNG

(ILA)

ZU FRANKFURT A. M. 1909

VON

DR LOUIS LIEBMANN
ZU FRANKFURT A. M.

UND

DR GUSTAV WAHL
BIBLIOTHEKAR DER SENCKENBERGISCHEN
BIBLIOTHEK ZU FRANKFURT A. M.

MIT 2 TAFELN UND 80 ABBILDUNGEN.

POBER PUBLISHING
STATEN ISLAND
1997

This Reprint is Strictly Limited to 250 copies

ISBN 1-891396-00-5

Pober Publishing
35 Stratford Road
Staten Island, NY 10301

VORWORT.

Das vorliegende Werk, dessen Abschluss infolge unvorhergesehener Schwierigkeiten erst jetzt erfolgt, verzeichnet die in der Historischen Abteilung der ILA zu Frankfurt a. M. im Jahre 1909 ausgestellten Gegenstände. Das Material ist in zwei Hauptteile, die Bilder-Abteilung bearbeitet von Dr. Liebmann, und die Bücher-Abteilung bearbeitet von Dr. Wahl, geschieden und innerhalb jeder dieser Abteilungen systematisch nach Gruppen angeordnet. Jedes zur Ausstellung gelangte Objekt erfährt eine eingehende Beschreibung, um die Identifizierung gegenüber ähnlichen Objekten zu ermöglichen. In erläuternden Zusätzen zu den Aufnahmen sind die Resultate der Ermittlungen betr. der Künstler, der Verfasser, der Gegenstände selbst und ihrer Bedeutung niedergelegt. Bei jedem Objekt ist der Aussteller bezw. der gegenwärtige Fundort angegeben. Dadurch wird die leihweise Beschaffung des Materials für wissenschaftliche Zwecke erleichtert. .Es muss hervorgehoben werden, dass das Werk weder ein Handbuch der Luftschiffahrt noch eine aëronautische Ikonographie und Bibliographie ist. So reich auch das aus privatem und öffentlichem Besitz zusammengeströmte Material war, so war es doch von Vollständigkeit weit entfernt. Die für die Aufnahme der Ausstellungsgegenstände gesetzte zeitliche Grenze — das Jahr 1900 — wurde bei der nachträglichen Bearbeitung der Objekte festgehalten.

Ungleichheiten in den Aufnahmen und Ungenauigkeiten in den Angaben liessen sich bei der langen Dauer der Arbeit nicht völlig vermeiden. Ein vergleichendes Studium der Objekte derselben Gruppe war ja ausgeschlossen, da sie, die Dauer der Ausstellung ausgenommen, niemals alle den Bearbeitern gleichzeitig vorlagen. Auch beim Lesen der Korrekturen war ein Zurückgreifen auf die Objekte in vielen Fällen nicht möglich. Für die noch beim Druck gemachten Richtigstellungen und neuen Feststellungen sei auf die Berichtigungen und Zusätze verwiesen. Zur Erleichterung des Gebrauchs sind dem Werk drei Register beigegeben: Das Aussteller- und Fundorts-Verzeichnis, das Titel-Register und das Sach-Register. Das Titel-Register weist in alphabetischer Anordnung alle zur Ausstellung gelangten oder im Text erwähnten Bücher etc., sowie die bei der Bearbeitung zu Rate gezogenen Werke nach. In das Sach-Register sind eine Reihe kurzer biographischer Notizen über Leben und Leistungen von Luftschiffern der Vergangenheit eingefügt; biographische Daten Lebender sind mit Rücksicht auf den retrospektiven Charakter des Werkes nicht aufgenommen worden.

Dem Text des Kataloges geht ein kurzer Bericht über die Historische Abteilung voraus, der im Auftrag der Wissenschaftlichen Kommission (Vorsitzender: Prof. Dr. Wachsmuth) des Wissenschaftlich-technischen Ausschusses der ILA von den Verfassern als Mitgliedern dieser Kommission zu erstatten war und aus Zweckmässigkeitsgründen seinen Platz in dem vorliegenden Katalog und nicht in dem von Prof. Dr. Lepsius und Prof. Dr. Wachsmuth in der „Denkschrift der Ersten Internationalen

Luftschiffahrts-Ausstellung (ILA) zu Frankfurt a. M. 1909“ (Berlin, Verlag von J. Springer) veröffentlichten offiziellen Bericht gefunden hat.

Zu den Aufnahmen der Bilderabteilung ist zu bemerken, dass die Beschreibung vom Beschauer aus gedacht ist. Die in Millimetern angegebenen Maße verstehen sich — soweit nicht abweichende Angaben (Bildgrösse) verzeichnet sind — von Plattenrand zu Plattenrand. Das Höhenmaß steht stets voran. Bei der Aufnahme der Medaillen wurden die von Herrn Dr. Julius Cahn (Frankfurt) freundlichst zur Verfügung gestellten Vorarbeiten benutzt, wofür ihm auch an dieser Stelle nochmals gedankt sei. Herrn Felix Dessoff (Frankfurt) sind die Verfasser für einige bereitwilligst beigesteuerte Aufnahmen von Medaillen zu lebhaftem Danke verbunden.

In der Bücherabteilung sind die Titelaufnahmen nach den allgemein in Deutschland anerkannten bibliothekarischen Grundsätzen angefertigt worden; es sind zum Beispiele anonyme Werke, deren Verfasser nicht zu ermitteln war, unter das erste Substantiv des Titels gestellt worden; ferner sind Angaben, die, ohne auf dem Titel zu stehen, dem Buche selbst entnommen sind, in runde Klammern, solche, die anderen Werken entstammen, in eckige Klammern gesetzt worden.

Die beigegebenen, nach Originalen hergestellten Tafeln und Illustrationen führen eine Anzahl bekannter Luftschiffer, bemerkenswerter Ballontypen und Flugmaschinen, hauptsächlich älterer Zeit, sowie einige berühmte Aufstiege im Bilde vor; sie reproduzieren ferner Ballonfahnen, Medaillen, Autographen, Ballonbriefe und humoristisch-satyrische Blätter. Von dem Atlas des Generals Meusnier, einem Glanzstück der Ausstellung, wurden fünf der wichtigsten Tafeln nach dem im Besitz des Grossen Generalstabs zu Berlin befindlichen Exemplar wiedergegeben.

Für die gütigst erteilte Erlaubnis, Reproduktionen vornehmen zu dürfen, sei den Besitzern auch an dieser Stelle der verbindlichste Dank ausgesprochen; ebenso den Herren Baer & Cie. (Frankfurt), welche zwei Clichés überlassen haben.

Zu ganz besonderem Dank verpflichtet sind die Verfasser ferner dem Präsidium der ILA, welches durch Bewilligung einer namhaften Summe die Drucklegung des Kataloges ermöglichte. Ebenso schulden sie dem Herrn Verleger Dank, der das Werk in würdiger Weise ausgestattet hat.

Die Historische Abteilung der ILA ist von Seiten der Fachleute und der Presse wohlwollend und anerkennend beurteilt worden. Möge diesem Kataloge das Gleiche beschieden sein!

FRANKFURT a. M., im August 1912. Die Verfasser.

INHALTS-VERZEICHNIS.

VERZEICHNIS DER TAFELN UND ABBILDUNGEN.

BERICHTIGUNGEN UND ZUSÄTZE.

Auf Seite 8 (Nr. 17) ist auf der vorletzten Zeile nach „Kupferstich punktiert“ zu setzen: 86:65 und hinzuzufügen nach „Küffner“: oder aus: Frohe Abende. Ein Geschenk rechtschaffner Eltern, Verwandten und Lehrer, für gutgeartete Söhne und Töchter. Von Carl Lang. Mit Kupfern und Musik. Zweytes Bändchen. Frankfurt am Mayn, Ph. H. Guilhauman, 1793.

„ „ 13 (Nr. 34) lies auf der zweiten Zeile von oben „Hollins“ statt Hollings.

„ „ 14 (Nr. 39) muss es auf der dritten Zeile heissen: Im Vordergrund schöne Flusslandschaft . . .

„ „ 17 (Nr. 52) ist auf der vorletzten Zeile nach Kupferstich „von A. W. Küffner“ (Vgl. Zusatz zu S. 8) einzusetzen.

„ „ 24 (Nr. 76) ist auf der vorletzten Zeile nach „Lambeth.“ hinzuzufügen: Das Datum von Cockings Todessturz steht nicht ganz fest. 23. oder 24. Juli 1837.

„ „ 29 (Nr. 80) ist auf der fünften Zeile von oben nach 1673 hinzuzufügen: Die Angabe 1673 auf dem Tableau ist falsch; der Besniersche Flugversuch soll erst 1678 stattgefunden haben; ferner ist auf der vorletzten Zeile hinter „bez.“ einzufügen: Dieses Tableau ist ein genauer und ganz ähnlich kolorierter Nachdruck, der unter dem gleichen Titel bei Maison Basset 33 Rue de Seine Paris erschienen ist. Auf dem Bassetschen Blatt befindet sich noch die Angabe: Gravé par Langevin und Imprimé par Fosset.

„ „ 33 (Nr. 88) ist auf der vorletzten Zeile nach „signiert“ hinzuzusetzen: Johann Nussbiegel, Kupferstecher in Nürnberg, geb. daselbst 1750.

„ „ 46 lies auf der dritten Zeile von oben: „Franconville“ statt „Francoville“.

„ „ 46 (Nr. 132) ist nach „route“ auf der neunten Zeile hinzuzusetzen: Der Aufstieg hat am 8. August 1709 in Lissabon stattgefunden.

„ „ 53 ist bei (Nr. 149) der Zusatz: „Abbildung 58“ zu streichen.

„ „ 54 (Nr. 151) muss es auf der siebenten Zeile statt Prouts „Proust“ heissen.

„ „ 55 (Nr. 155) ist auf der vorletzten Zeile statt Titelblatt „Titelbild“ zu setzen.

„ „ 57 (Nr. 164 lies statt Stoupy-Bijonsches „Stoupy-Bijousches Projekt“.

„ „ 58 und 59 lies statt Ensslen „Enslen“.

„ „ 73 (Nr. 196) ist auf der sechsten Zeile 1 re in „1RE“ umzuändern, ferner muss es auf der neunten Zeile „A Paris chez Vachez“, auf der zehnten Zeile statt A. D. D. R. „A. P. D. R.“ heissen.

„ „ 105 bei Blanchards und Sheldons Aufstieg lies im Petitdruck nach „Anatom Sheldon“ statt „(erster englischer Luftschiffer)“: (der erste englische Luftschiffer war James Tytler, welcher in Edinburg in einer Montgolfière schon am 9. August 1784 aufzusteigen versuchte und die erste Luftfahrt am 27. August 1784 ausführte).

„ „ 128 lies nach „1793“ statt Ensslens Aërostatische Figur „Enslens Aërostatische Figur“.

„ „ 129 ist vor Nr. 340 als 339a die folgende Beschreibung eines undatierten Kupferstiches einzuschieben, der eine vermutlich gegen Ende des XVIII. Jahrhunderts erfolgte Auffahrt einer Montgolfière zum Gegenstande hat:

339 a. Schön dekorierte, rotbemalte, mit dem Monogramm L. L. versehene, über dem Füllplatz schwebende Montgolfière. Die als Gondel dienende Rampe ist mit zwei stehenden, nach unten grüssenden Luftschiffern bemannt. Im Vordergrunde der mit zwei Masten versehene, noch mächtige Rauchwolken zeigende Füllplatz sichtbar. L. u. r. Volksmengen. Der Hintergrund wird in der Mitte durch ein auf der l. Dachseite mit „G“ bezeichnetes Haus begrenzt. Die einzelnen Teile des Ballons, die Apparatur des Füllplatzes, Masten u. s. w. sind alle mit grossen Buchstaben bezeichnet, die auf die fehlende, textliche Erklärung hinweisen. In der Mitte, dicht über dem Bildrande die Bezeichnung: „Pla I.“ Dicht unter dem unteren Bildrande: „Globe volant de Mr de Montgolfier se vendent chez perlasca a Strasbourg“.

Kupferstich, Ballon und die Rauchwolken handkoloriert, beschnitten. Bildgrösse: 260:180

Kais. Universitäts- und Landes-Bibliothek-Strassburg i. E.

Auf Seite 138 lies „Abb. 30“ statt Abb. 3.

„ „ 149 (Nr. 371) lies auf der vorletzten Zeile „Ponthieu“ statt Ponthien.

Ebd. ist bei Renard-Krebsscher Lenkballon zu bemerken, dass ausser dem angeführten Aufstieg vom 25. August 1885 solche schon 1884, und zwar am 9. August, 12. September und 8. November, stattgefunden haben; 1885 weitere am 22. und 23. Sept.

Auf Seite 165 und 166 lies „Derwitz" statt Drewitz.

„ „ 169 lies im Petitabsatz auf der fünften Zeile „Verantius" statt Verentius.

„ „ 178 lies „Fairburns" statt Faiburns.

„ „ 185 (Nr. 446) ist auf der drittletzten Zeile No. I in No. II umzuändern.

„ „ 195 (Nr. 477) lies „Lufftballons" statt Luftballons.

„ „ 205 (Nr. 496) ist auf der vorletzten Zeile der genaue Titel des Theaterstückes einzusetzen: „Vol-au-Vent ou le Pâtissier d'Anières." Nach Tissandiers Bibliographie aéronautique (S. 43) war der Verfasser ein M. d'Anières.

„ „ 206 ist bei Nr. 498 als Fundort „Stadtbibliothek-Ulm" einzusetzen. Ferner ist in Kursivdruck nach „1855" noch hinzuzufügen: Vielleicht ist die Fellnersche Darstellung auch in einem anderen Werke von Kies: Die Wundergeschichte vom Schneiderlein, das Fliegen wollt' und Kronprinz seyn. 79 S. mit 1 Stnt. und 8 lithograph. und illustrierten Bildern. Dresden, Meinhold & Söhne, 1859 (?) enthalten. Dieses unzugänglich gebliebene und auch vom Auskunftsbureau der Deutschen Bibliotheken in Berlin nicht nachgewiesene Buch enthält nach Alfred Lorentz-Leipzig (Antiquariatskatalog Nr. 212. Seite 92) ein Bild zu Abschnitt II: Das Schneiderlein macht sich kunstreiche Flügel, zu fliegen über Thal und Hügel und zu Abschnitt III ein Bild: Der Schneider hat's fliegen zu Ulm probiert, da hat ihn der Teufel ins Wasser geführt.

„ „ 216 (Nr. 521) ist als Aussteller „Reichard-d'Orville" statt d'Orville einzusetzen.

„ „ 220 ist unter der Rubrizierung „Belagerung von Paris 1870-71" auf der zweiten Zeile von oben nach „aufgelassen" hinzuzufügen: Nach einer auf Grund authentischer Dokumente von Gabriel und Théodore Mangin vorgenommenen Zusammenstellung sind im Ganzen 68 Ballons während der Belagerung von Paris aufgestiegen. Ebenda ist auf der neunten Zeile zu lesen: Dem von den Generalpostdirektoren Rampont und Steenackers . . .

„ „ 270 Zeile 3 von Nr. 739 ist [Kopftit.] zu streichen.

„ „ 281 Überschrift von Nr. 791 und Zeile 2 von No. 792 lies „Enslen" statt Ensslen.

„ „ 300 Zeile 3 von Nr. 897 lies [Giessen] statt Giessen.

„ „ 301 Zeile 7 v. o. lies [Giessen] statt [o. O.]

„ „ 314 (Nr. 953) ist im Kursivdruck hinzuzufügen: Dieses Flugblatt wurde 1710 von Pierjacopo Martello in seinem Werk: Del volo ins Italienische übersetzt. Vgl. Sach-Register S. 504 f. unter Martello.

„ „ 321 (Nr. 969) lies „The air balloon" statt The air ballon.

„ „ 335 (Nr. 1008) muss der Kursivdruck heissen: Enthält S. 24—36 unter dem Titel: „Das in der Luft seegelnde Schiff" einen Abdruck der entsprechenden, auf Lana bezüglichen Stelle in dem Werk: E. G. Happelii Grösseste Denkwürdigkeiten der Welt Oder so genandte Relationes Curiosæ. Th. 4. Hamburg 1689. S. 309—314. (Happels Darstellung ist eine Übersetzung aus Sturms Collegium experimentale — Vgl. Nr. 941 dieses Kataloges.) Auf Tafel 1 eine Abbildung von Lanas über einer Landschaft schwebenden Luftbarke mit bemannter Gondel, eine geringere Nachbildung der Happelschen Tafel.

„ „ 338 Zeile 3 v. o. ist als Hinweis auf die Stelle der Aufnahme hinzuzusetzen: Nr. 968.

„ „ 338 Anm.[1]) Die 2. Aufl. von Lunardis Werk: An account of the First Aërial Voyage in England. London ist tatsächlich, wie das vorliegende, im Besitz von Dr. Liebmann-Frankfurt a. M. befindliche Exemplar zeigt, im J. 1784 erschienen.

„ „ 356 Zeile 1 v. o. lies „Giuseppe" statt Guiseppe.

„ „ 363 ist in Zeile 4 von Nr. 1130 hinter „5 S. 4°" hinzuzufügen: [Umschlagt.]

„ „ 364 Zeile 2 von Nr. 1138 lies „Giuseppe" statt Guiseppe.

„ „ 379 Zeile 1 von Nr. 1217 lies „**Olivier de Landreville,** Arsène" statt **Arsène-Olivier de Landreville.**

„ „ 383 Zeile 1 von Nr. 1239 lies „Budapest" statt Badapest.

„ „ 387 muss die Titelaufnahme von Nr. 1265 richtig lauten: **Labrousse,** Ch.: Enseignement professionnel. Navigation aérienne 1889. Paris, J. Michelet, 1891. *72 S. 8°* [Umschlagt.] (Bibliothèque municipale professionnelle d'art et d'industrie Forney.)

„ „ 391 (Nr. 1284) ist als weiterer Fundort hinzuzusetzen: Senckenbergische Bibliothek-Frankfurt a. M.

„ „ 397 (Nr. 1306) ist als Vorname von De Louvrié hinzuzufügen: Jean-Charles.

„ „ 425 Zeile 2 von Nr. 1428 lies „précédé" statt précéde.

BERICHT ÜBER DIE HISTORISCHE ABTEILUNG.

Als im Jahre 1885 die Hundertjahrfeier des Ballonaufstieges von Blanchard in Frankfurt begangen wurde, veranstaltete man im Gesellschaftsgebäude des Zoologischen Gartens eine Ausstellung der auf dieses Ereignis bezüglichen Stiche, Druckschriften und sonstigen Erinnerungen. Die Historische Abteilung der ILA, die an diesen ersten Versuch anknüpfte, bezweckte, einen möglichst umfassenden Ueberblick über die aëronautischen Bestrebungen der modernen Kulturvölker bis an die Schwelle des XX. Jahrhunderts zu geben. Dabei handelte es sich nicht um die Ausstellung von Ballons, Ballonutensilien, Modellen, Flugapparaten und verwandten Gegenständen, die in der Entwicklung der Luftfahrt eine Rolle gespielt und historische Bedeutung erlangt haben. Das Ziel war vielmehr, den Entwicklungsgang an der Hand eines möglichst reichhaltigen Bilder- und Büchermaterials in systematischer Anordnung und übersichtlicher Gruppierung zu veranschaulichen. Dieser Gesichtspunkt wurde mit wenigen Ausnahmen — Ballonfahnen, chinesischer Drachen etc. — festgehalten.

Die Materialsammlung erfolgte, was die Bilder, Medaillen etc. anbetraf, durch Dr. Liebmann, die der Bücher durch Dr. Wahl. Aufrufe in den Tageszeitungen luden zur Beschickung der Historischen Abteilung ein; dem gleichen Zweck dienten Rundschreiben, welche an zahlreiche Bibliotheken, Museen, Archive, Luftschiffervereinigungen, Sammler, Antiquare und Kunsthändler gesandt wurden. Der Werberuf fand überall Gehör. Zur Ergänzung des daraufhin angemeldeten Materials wurden auf Grund der vorhandenen aëronautischen Literatur Verzeichnisse der wichtigsten Bücher und bildlichen Darstellungen aus dem Gebiet der Luftschiffahrt angelegt und danach die leihweise Beschaffung dieser Objekte aus Bibliotheken und Museen versucht. Auf diese Weise sollte eine systematische, von Zufälligkeiten möglichst freie Uebersicht über das ganze Gebiet erzielt werden. Wertvolle Dienste bei der Nachweisung der Fundorte der gesuchten Literatur leistete das Auskunftsbureau der Deutschen Bibliotheken in Berlin. Dass trotzdem das dargebotene Material zahlreiche Lücken aufwies, wird niemand Wunder nehmen, der die sehr kurze Zeit, welche für die Vorbereitung der Historischen Abteilung zur Verfügung stand, sowie das erst in unseren Tagen wieder hervortretende Interesse für Luftschiffahrt und das Sammeln ihrer literarischen Dokumente in Anschlag bringt.

In der Bücherabteilung wurde eine Einschränkung der auszustellenden Werke insofern vorgenommen, als im Wesentlichen nur selbständige Darstellungen und Einzelwerke zur Ausstellung gelangten; Zeitschriftenaufsätze fanden nur ausnahmsweise Aufnahme, besonders dann, wenn es sich um wichtige Publikationen hervorragender Forscher und Erfinder handelte. Die von öffentlichen Sammlungen zur Verfügung gestellten Leihgaben wurden mit wenigen Ausnahmen durch Vermittlung der Senckenbergischen Bibliothek und unter deren Verantwortung der Historischen Abteilung überwiesen. Die Gesamtzahl der Aussteller betrug 146, darunter 48 Bibliotheken, Museen, Archive und Stadtverwaltungen, die in weitgehender Liberalität durch Ueberlassung ihrer Schätze auf die lange Dauer von drei Monaten das Zustandekommen der Abteilung ermöglichten. Wertvolles Material ging auch aus England, Frankreich, Holland, Italien, Oesterreich und der Schweiz ein.

Als Platz für die Historische Abteilung wurde in der Festhalle der auf der ersten Galerie gegenüber der Freitreppe befindliche grosse Saal bestimmt, der durch Holzwände in vier Kojen geteilt wurde (Tafel I). Der auf diese Weise geschaffene Raum an Wandfläche genügte allerdings für das überreiche Bildermaterial nicht ganz, so dass eine übersichtliche Gruppierung der Bilder nicht völlig erreicht wurde. Einen Ausstellungsschrank stellte die Administration des Städelschen Kunstinstitutes in liebenswürdiger Weise zur Verfügung; zwei Wechselrahmen der Frankfurter Kunstverein. Die übrigen Rahmen überliess eine Kunsthandlung leihweise gegen Entgelt. Die Bücher befanden sich in hellgestrichenen, verschliessbaren, ebenfalls gegen eine Leihgebühr beschafften Glaskästen, die ebenso wie die Wände des Saales und der Kojen mit graublauem Rupfen bespannt waren. Die den Ausstellungsobjekten beigegebenen Schildchen enthielten in knappster Form sachliche Erläuterungen. Die Dekoration des Saales wurde durch Lorbeerbäume und wertvolle Perserteppiche vervollständigt; diese letzteren eine willkommene Leihgabe der Firma P. A. Walther. Zur raschen Orientierung diente ein von den Veranstaltern verfasster illustrierter Führer, der am Tage der Eröffnung im Druck erschien und für 40 Pfennige verkauft wurde. Er enthielt auf 31 Seiten eine gedrängte Darstellung des Entwicklungsganges der Luftschiffahrt und verwies an den entsprechenden Stellen auf die Nummern der ausgestellten Objekte. Sämtliche Aussteller erhielten ein Exemplar des „Führers“ als Geschenk. Für alle Ausstellungsgegenstände wurde eine Versicherung gegen Feuerschäden abgeschlossen. Ausserdem wurde zum Schutz gegen Feuer und Diebstahl ein besonderer Ueberwachungsdienst organisiert, welcher sich auch auf die Nachtstunden erstreckte. Diese Anordnungen haben sich vollauf bewährt. Sowohl während der Dauer der Ausstellung wie auch nach der Auflösung der Abteilung bei der Versendung der Gegenstände ist kein einziges Objekt beschädigt worden oder in Verlust geraten.

Nachdem die Historische Abteilung, deren Eröffnung am 10. Juli 1909 gleichzeitig mit der der Gesamtausstellung stattgefunden hatte, dem Publikum zwei Tage zugänglich gewesen war, musste sie ihre Pforten wieder schliessen, um eine Neugruppierung und Einordnung des nach dem Einlieferungstermin noch reichlich eingegangenen Materials zu erfahren. Die endgültige Eröffnung fand vor einem geladenen Publikum am 8. August statt, zur Feier der 200sten Wiederkehr des Tages, an welchem Bartholomeu Lourenço de Gusmão den ersten Aufstieg in einem Heissluftballon in Lissabon unternommen. Den Gästen wurde der Führer durch die Historische Abteilung als Erinnerungsgabe überreicht. Die Abteilung war täglich von 10—7 Uhr geöffnet. Um wissenschaftlich interessierten Besuchern die Möglichkeit zu geben, die in reicher Fülle zusammengeströmte seltene und sonst schwer zugängliche Luftschiffahrtsliteratur eingehend zu benutzen, war ein abgetrennter Studienraum eingerichtet worden, in welchem Beamte der Senckenbergischen Bibliothek die Aufsicht führten. Auch für die Vorbereitung und die Organisation der Abteilung hatte die Senckenbergische Bibliothek ihre Räume und ihre Beamten zur Verfügung gestellt. Ausserdem stand den Leitern der Abteilung in den Monaten Juli und August in der Person von Fräulein Julia Stockhausen eine bibliothekarisch ausgebildete Hülfsarbeiterin zur Seite. Der Studienraum war werktäglich von 11—1 und von 4—6 Uhr und zwar, wie die Historische Abteilung selbst, unentgeltlich zugänglich. In der Zeit vom 8. August bis zum 17. Oktober, dem Schlusse der Ausstellung, besuchten die Abteilung über 231 000 Personen. Von der Einrichtung, die ausgestellten Objekte im Studienraum zu wissenschaftlichen Forschungen zu benutzen, wurde ausgiebig Gebrauch gemacht. Nach Schluss der Ausstellung wurden sämtliche Objekte in die Räume der Senckenbergischen Bibliothek verbracht, wo die wissenschaftliche Verarbeitung stattfand. Von hier aus erfolgte dann nach und nach die Rücksendung an die Besitzer.

Die gesamten Ausgaben, welche der Internationalen Luftschiffahrtsausstellung durch die Veranstaltung der Historischen Abteilung erwuchsen, betrugen einschliesslich M. 1146 für Gehaltszahlungen M. 4963.78. Diesem Betrage standen an Einnahmen — für 3298 Exemplare des „Führers“ M. 1053.41, für Postkarten (es waren nach den Abbildungen des Führers: „Missglückter Flugversuch des Schneiders von Ulm“ und „Schießscheibe des Frankfurter Schützenvereins“ Ansichtskarten hergestellt worden), sowie durch den Verkauf der Kojenwände M. 550 — insgesamt ca. M. 1600 gegenüber, so dass die Nettoausgabe sich nur auf ungefähr M. 3360 belief.

Zum Schluss sei darauf hingewiesen, dass nach dem Vorbilde dieser ersten historischen Abteilung andere Ausstellungen*) veranstaltet worden sind, welche sich an ihre Organisation und ihr Einteilungsprinzip angelehnt haben.

---

*) Es soll nicht verschwiegen werden, dass eine ähnliche Veranstaltung der letzten Zeit in ihrem Katalog den Nachdruck ganzer Stellen des vorliegenden Kataloges ohne detaillierte Quellenangabe und gegen den ausdrücklich bekundeten Willen der Verfasser vorgenommen hat, und zwar teilweise nach den ihr nur zur allgemeinen Orientierung und Erleichterung der Materialbeschaffung überlassenen Aushängebogen.

AUSSTELLER- UND FUNDORTS-VERZEICHNIS.

Die Zahlen bedeuten die Nummern des Kataloges.

Albert, Frau Kathinka, Wiesbaden
29, 112, 133, 140, 161, 163, 181, 198, 262, 292, 343, 418-420, 425, 466, 484, 485, 489, 496.

Auffarth, Franz Benjamin, Frankfurt a. M.
357, 682, 694, 698, 702, 707, 725, 726, 732, 788, 947, 1023, 1118, 1222, 1231, 1232, 1236, 1239, 1240, 1245, 1249, 1256, 1260, 1272, 1276, 1330, 1336, 1360, 1367, 1377, 1379, 1380, 1382, 1386, 1387, 1394, 1403, 1404, 1406-1408, 1410, 1415, 1422, 1454, 1458, 1461, 1465, 1468, 1497, 1499-1501, 1505, 1508, 1526, 1530, 1548, 1549.

Augsburg, Staats-, Kreis- und Stadtbibliothek
36, 38-40, 152, 192, 269, 271, 310-315, 317-322, 361, 387, 391, 473, 474, 847-854, 856, 857, 859-875, 1031, 1072, 1539.

Baer & Co., Joseph, Frankfurt a. M.
18, 34, 68, 79, 148, 223, 324-326, 349, 354, 355, 392, 436, 443, 472, 480, 640, 656, 659, 661, 668-670, 672, 685, 688, 699, 715, 786, 787, 790, 810, 834, 855, 883, 890, 891, 912, 935, 961, 1006, 1030, 1034, 1065, 1084, 1156, 1168, 1169, 1174, 1184, 1189, 1190, 1192, 1197, 1203, 1211, 1213, 1216, 1217, 1219-1221, 1223, 1228, 1229, 1237, 1242, 1243, 1255, 1257, 1258, 1265, 1270, 1271, 1289, 1298, 1300, 1303, 1317, 1318, 1327, 1361, 1369, 1373, 1376, 1383, 1384, 1442, 1444, 1446, 1447, 1450, 1451, 1455, 1469, 1477, 1488, 1495, 1502, 1534, 1546, 1547, 1550.

Bamberg, Kgl. Oeffentliche Bibliothek
1554.

Barnickel, J. B., Pfarrer, Thurndorf (Oberpfalz)
375.

Berlin, Kgl. Bibliothek
329-333, 645, 959, 1020, 1042, 1062, 1183, 1301, 1436, 1441, 1523, 1553.

Berlin, Kgl. Bibliothek, Autographensammlung Darmstaedter
736, 741, 750-752, 780, 789, 796, 798, 804-806, 841, 846, 884, 887, 893, 903, 908, 910, 924.

Berlin, Bücherei des Kaiserl. Patentamts
667, 673, 687, 692, 693, 713, 718, 934, 974, 991, 1037, 1042, 1047, 1090, 1103, 1123, 1165, 1180, 1182, 1207, 1252, 1277, 1279, 1284, 1452, 1494, 1511.

Berlin, Grosser Generalstab
781, 963, 981, 1143.

Berlin-Wilmersdorf, Berliner Verein für Luftschiffahrt
716, 1224, 1281, 1423, 1456, 1507.

Bern, Landesbibliothek
207, 220, 221, 249.

Bestgen, Heinrich, Oberingenieur, Köln a. Rh.
1244, 1332.

Bibra, Frhr. von, Würzburg
142.

Bleibtreu, Karl, Dr., Bonn
1426.

Böhler, Julius, München
429.

Boller, Professor, Frankfurt a. M.
103.

Frankfurt a. M., Stadtarchiv
657, 792, 1048, 1050-1052, 1058, 1060, 1066-1068, 1097, 1112.

Frankfurt a. M., Stadtbibliothek
521, 759, 761-764, 777, 778, 793, 848, 928, 931, 1141, 1532.

Frankfurt a. M., Stadtkämmerei
305, 631.

Frankfurt a. M., Städelsches Kunstinstitut
296, 297, 299, 302, 428, 929.

Frankfurt a. M., Städtisches Historisches Museum
248, 295, 297, 299-301, 303, 304, 619, 634, 758, 777, 1054.

Fresenius, W., Frankfurt a. M.
1305.

Fuld, Adolf, Rechtsanwalt, Frankfurt a. M.
608.

Gans, Leo, Geh. Rat Dr., Frankfurt a. M.
902, 1337, 1405.

Gans-Fabrice, Dr., Garmisch
42, 74, 79, 84, 90, 121, 128, 136, 137, 146, 148, 153, 174, 183, 277, 290, 294, 338, 339, 344, 345, 356, 371, 384, 386, 394, 395, 397, 422, 423, 431, 435, 454, 488, 495, 644, 731, 733, 734, 783, 800, 813-823, 825-829, 831, 885, 898, 930, 978, 1003, 1026, 1205, 1344, 1479, 1533, 1542.

Genzmer, Frau Rechtsanwalt, Neustrelitz i. M.
1083.

Giessen, Grossh. Universitätsbibliothek
760, 765, 766, 897, 989, 1055.

Göring, Direktor, Frankfurt a. M.
623.

Göttingen, Kgl. Universitätsbibliothek
47, 98, 141, 149, 175, 184, 196, 210, 224, 239, 244, 257, 258, 264, 267, 272, 275, 276, 280, 281, 289, 293, 304, 362, 365, 368-370, 45, 696, 716, 720, 896, 975, 979, 990, 996, 1000, 1009, 1012, 1015, 1018, 1019, 1029, 1041, 1043, 1086, 1230, 1278, 1345, 1390, 1472, 1519, 1520.

Gruber, J., Ulm-Söflingen
1145.

Haas, Alexander, Frankfurt a. M.
17, 18, 54, 218, 219, 348, 638, 644, 646, 676, 709, 802, 965, 969, 1038, 1098, 1146, 1149, 1235, 1389.

Hahn, A., Dr., Frankfurt a. M.
372-374, 527.

Hamburg, Stadtbibliothek
6-9, 11, 13, 19, 23, 44, 49, 55, 82, 87, 92, 93, 95-98, 100, 101, 104-109, 114, 116, 117, 119, 124-126, 143, 144, 147, 150, 155, 167, 171-173, 178, 183, 186, 189, 190, 193, 194, 197, 204, 205, 208, 216, 222, 231, 232, 236, 238, 239, 241-243, 245, 246, 250, 252, 253, 261, 271, 273, 274, 278, 283, 304, 306-309, 393, 444, 450-453, 455, 457, 472, 475, 477, 492, 643, 680, 832, 833, 843, 873, 951, 952, 954, 962, 1016, 1024, 1102, 1160, 1530, 1536.

Heidelberg, Grossh. Universitätsbibliothek
930, 1030, 1039, 1445.

Heim, A. F., Rüppur b. Karlsruhe
1225. 1226.

Heimpel, August, Frankfurt a. M.
102, 302, 481, 635, 1440.

Hernfeld, Wilhelm, Wien
527, 836.

Herz, Hofrat, Weilburg
298, 301, 540.

Herzberg, Hans, Berlin
426.

BILDERABTEILUNG

I.

PORTRÄTS

1. ARBAN, FRANÇOIS. Porträt etwas nach l. Kniestück. Arban in der Gondel stehend, im Frack, mit dem Cylinder grüssend. Unter dem Korbe l. „L. Gregori fece". In der Mitte unter dem Bilde: „F. ARBAN / Areonauta / Roma Lit. Danesi 1846."

Lithographie. Bildgrösse vom Kopf Arbans bis zur untersten Zeile incl. 285, Breite der Gondel ca. 217.

Dr. Alex Meyer-Frankfurt a. M.
Musikhistorisches Museum (Heyer)-Köln;
jetzt Senckenbergische Bibliothek-Frankfurt a. M.

2. D'ARLANDES, MARQUIS. Brustbild. Profil nach r. im Medaillon, in schräg grundiertem Viereck. Innerhalb desselben auf etwas hellerem Grunde die Bezeichnung: „M. LE MAR^{is} D'ARLANDE / Premier Navigateur Aërien." Dicht unterhalb des Vierecks l. mit: „A. Pujos, del. ad vivum 1784." und r. mit: „Legrand, Sculp." bezeichnet. Unter dem Bilde noch die Angabe: „Se trouve à Paris chez Mme Pujos la 2 ^{me} Maison après le Corps de Garde Place de l'Estrapade."

Kupferstich, 252:175. Ohne Rand. Louis Ricard Nachf.-Frankfurt a. M.

3. BACON, ROGER. Brustbild von Roger Bacon (Nr. 927). Profil etwas nach l., Bacon in der Kutte, in einem alchimistischen Buche lesend. Brustbild in schräg grundiertem Medaillon, in heller grundiertes Viereck eingezeichnet. Der weiss gehaltene Medaillonrand zeigt die Umschrift: „ROGERIVS BACO, Monachus in Anglia, Astrologiae, Chemiae et Matheseos peritissimus. Nat. 1206. Den. 1284."

Unbez. Kupferstich, 104:104. Mit vollem Rand.

Senckenbergische Bibliothek-Frankfurt a. M.

4. – Brustbild, Profil etwas nach l. Bacon in der Kutte, im alchimistischen Werk: „Tractat de Alchymia" lesend. Das Porträt in einem kleingrundierten Viereck befindlich, dessen Unterkante die Aufschrift trägt: „ROGERIVS BACO, / Monachus in Anglia. / Astrologiae Chemiae et Mathe„ / seos peritissimus. / Nat. A. 1206. Den. A. 1284. / Ex collectione Friderici Roth-Scholtzii Norib."

Unbez. Kupferstich, 140:90. Mit vollem Rand.

Senckenbergische Bibliothek-Frankfurt a. M.

5. BECHER, JOHANN JOACHIM. Brustbild von Johann Becher (Nr. 950). Profil etwas nach r., Becher vor einem Vorhang befindlich, ein Buch haltend; r. im Hintergrunde Bechers Bibliothek sichtbar. Das Porträt im Medaillon, das sich innerhalb einer vierkantigen Umrahmung befindet. Die untere Kante der Bildumrahmung hat folgende Aufschrift: „Symb. Fidem, Famam, Scientiam, / Pecuniam, Vitam; Tranquillitatem Ipse cura, / neque alios in hoc offende. / IO. IOACH. BECHERI, / Medici, Chimici et Polyhistoris celeberrimi / effigies ad vivum delineata Viennae Austr. / Anno 1675. / Natus Spirae Nemetum circa / A. C. 1635. / Denatus Londini in Anglia / a° C. 1685." Ganz unten in der r. Ecke „W. P. Kilian sculpsit" bez.
Wolfgang Philipp Kilian, Kupferstecher, * 1654, † 1732.

Kupferstich. Grösse der vierkantigen Umrahmung 138:87.

Senckenbergische Bibliothek-Frankfurt a. M.

6. BLANCHARD, JEAN-PIERRE. Brustbild, Silhouette, Profil nach l. Ohne Bezeichnung.

Unbez. Tuschzeichnung. Bildgrösse ca. 40:25. Stadtbibliothek-Hamburg.

7. — Brustbild, Silhouette, Profil nach l., in einem medaillonartigen Rahmen. Ueber demselben Vignette: Unter einem Baldachin der Blanchardsche Ballon (Silhouette), rechts und links in der Gondel je eine Fahne gehisst. Unter dem Porträt auf weisser, vierkantiger Bildleiste die handschriftliche (Tinte) Angabe: „Blanchard".

Unbez. Radierung. Porträt- und Ballonsilhouette sind Tuschzeichnungen. 203:126.

Stadtbibliothek-Hamburg.

8. — Brustbild, Silhouette, Profil nach l., in einen medaillonartigen Rahmen eingezeichnet. Im Medaillon unter dem Porträt der Aufdruck: „Blanchard. / Im August 1786".

Unbez. Holzschnitt. Grösse des Medaillons ca. 85:68.

Stadtbibliothek-Hamburg.

9. — Rechts Brustbild, Silhouette, von Blanchard, Profil nach l. Darunter die Aufschrift: „Herr Blanchard." Links davon Abbildung eines Hammels, darunter „Schöpse." In der Mitte über den beiden Abbildungen die Silhouette des Blanchardschen Ballons, r. und l. je eine Fahne in der Gondel sichtbar. Darunter, also zwischen den beiden Abbildungen die Angabe: „Glückliche / Reise den 23 Aug. / 1786". Hamburger Aufstieg. Unter den bildlichen Darstellungen „Blanchard." und dann der vierzeilige Vers: „Seht, Leute, was . . . nun zum Tanze!" Es folgt dann die Antwort: „Schöps." mit dem fünfzeiligen Vers: „Ihr Herrn, gönnt . . . welch ein Glück!" Das Ganze in einer schwarzen Bildleiste befindlich.

Buchausschnitt (?). Grösse der Umrahmung 167:117.

Zwei Exemplare. Stadtbibliothek-Hamburg.

10. — Brustbild, Silhouette, Profil nach l. in rosagrundiertem Medaillon, das auf rotgrundiertem viereckigen Brett angehängt erscheint. Der grüngrundierte Rand des Medaillons zeigt die Aufschrift: „Mr. BLANCHARD. Pensionaire de S. M. Trés — Chrétienne, et Correspondant des plusieurs Academies." Unter dem Medaillon im kleinen kolorierten Bildchen der rotgemalte, mit zwei Fahnen versehene Ballon über dem Füllplatz schwebend. Im Hintergrunde Nürnberg. Darunter auf grüngrundiertem Sockel die Aufschrift: „Hr. Blanchard / vollzog seine 28te. Luft Auffahrt zu / Nürnberg auf dem Judenbühl / A. 1787. / d. 12. Novemb. um halb 12 Uhr, Er liess sich / herunter bis Bocksdorf 1 1/4 Stund von der Stadt / und kam unter dem Vivat des Volks das seinen Wagen / zog, um 4 Uhr nachmittag in seine Logis." Unter der roten Grundierung l. mit „I. C. Petermann Lipsa ad Nat del.", r. mit „Klinger sc. Nov." bezeichnet. Johann Christian Petermann, Kupferstecher in Leipzig.

Handkolorierter Kupferstich, 186:117. Mit Rand.

Stadtbibliothek-Nürnberg.

11. — Brustbild, Silhouette, Profil nach r. Unter dem Porträt die Unterschrift „Blanchard."

Unbez. Kupferstich, 191:137. Mit Rand. Stadtbibliothek-Hamburg.

12. — Brustbild, Profil nach r., im Medaillon. Unter demselben l. mit „H. Hessell." und r. mit „C. W. Bock." bezeichnet. Darunter die Aufschrift: „Mr. BLANCHARD. / Citoyen de Calais et de plusieurs autres Villes, par / adoption Pensionaire de S. M. T. C. et de plusieurs / Academies." Darunter ganz klein „Se vend à Nüremberg chez Chrph. Wilh. Bock." Bock, *1754 in Nürnberg.

Kupferstich, 195:162. Mit Rand. Stadtbibliothek-Nürnberg.

13. — Brustbild, Profil etwas nach l., in grundiertes Medaillon eingezeichnet. Dicht unter dem Medaillonrande l. die Angabe: „London, Pub^d. July 1st; 1785 by I. Sewel, Cornhill." Unter dem Medaillon: „JEAN PIERRE BLANCHARD."

Kupferstich, 165:116. Mit Rand. Stadtbibliothek-Hamburg.

14. — Brustbild, Profil etwas nach r. Das Porträt in einer vierkantigen Umrahmung. In den Ausschnitt der unteren Bildleiste reicht der in Wolken schwebende Blanchardsche Ballon hinein. In der Gondel unter einem geöffneten Schirm zwei sitzende Luftschiffer. Unter der Bildleiste l.: „Desine d'apres Nature" etwas höher in der Mitte: „Par. M^r. Bolomeÿ, et grave . . . Mlle Evans"; . . . Unleserliche Buchstaben. Benjamin Bolomey, Maler und Zeichner aus der französischen Schweiz, wirkte Ausgang des XVIII. Jahrhunderts im Haag, und r.: „S: La direc: de M d'Salliéth." Weiter unten, in der Mitte des Blattes, etwa in Höhe des Fallschirmes, l. davon: „Mr Blanchard" und r. davon: „L'Aéronaute." Ganz unten unter den Wolken: „a Rotterdam, chez M^d Salliéth. c: A".

Kupferstich ca. 219:135. Breiter Rand. Dr. Alex Meyer-Frankfurt a. M.

15. — Brustbild im Medaillon, etwas nach l. Unter dem Bildrande l. „R. Livesay pinxit:" und r. „I. Newton sculpsit" Richard Livesay, Maler und Kupferstecher, Schüler von Benjamin West, *1750, †1823 in Southsea. — James Newton, Kupferstecher, *1743 in London. Unter dem Bilde: „JEAN PIERRE BLANCHARD." Es folgen l. sieben Zeilen englischer Text: „The first . . . of Blanchard" und r. sieben Zeilen französischer Text: „Premier Passager . . . de Blanchard". Darunter in der Mitte: „March 24; 1785 Pub^d. for the Proprietor, By S. Hooper, No. 212, High-Holborn, London."

Kupferstich. Bildgrösse ca. 179:141.

Dr. Alex Meyer-Frankfurt a. M.

Abbildung 1. Deutsches Museum-München.

16. — Brustbild. Blanchard in blauem Rock und gelber Weste. Profil nach l. im Medaillon. Unter demselben „C. Sturm fec." Wahrscheinlich Carl Sturm, Kupferstecher in München; Ende des XVIII. Jahrhunderts tätig.

Handkolorierter Kupferstich, 202:150. Mit Rand.

Stadtbibliothek-Nürnberg.

17. — Brustbild. Profil etwas nach r., im Medaillon, das sich in eine vierkantige Umrahmung eingezeichnet findet. Unter dem Porträt auf heller grundiertem Längsstreifen die Bezeichnung: „Mr BLANCHARD. / Citoyen de Calais Pensionaire

Abb. 1. (Vgl. Nr. 15.)

de S. M. T. C. / et Correspondant des plusieurs Accademies." Unter der Umrahmung r. noch die Angabe: „A. W. Küffner del. et sc. Abraham Wolfgang Küffner, *1760 Gräfenberg bei Nürnberg, † 1817 zu Ingolstadt."

Kupferstich, punktiert. Aus: „Almanach / auf / das Jahr / 1788. / Nürnberg. / bei / A. W. Küffner." (im Besitze von Dr. Liebmann-Frankfurt).

Alexander Haas-Frankfurt a. M.;
jetzt Dr. Liebmann-Frankfurt a. M.
Stadtbibliothek-Nürnberg.

18. — Brustbild; achteckig. Profil nach l. Mit der Unterschrift: „FRANÇOIS BLANCHARD". Bez. mitten unten: „Bollinger sc." Am Plattenrande: „Zwickau, b. d. Gebr. Schumann". Friedrich Wilhelm Bollinger, Kupferstecher, * 1777 in Berlin, † 1825.

Kupferstich in Punktiermanier. Auf der Rückseite ein Zeitungsausschnitt (18 Zeilen Text) aufgeklebt, mit biographischen Daten. 186:124.

Joseph Baer & Co.-Frankfurt a. M.

— Dasselbe. *Ohne den Zeitungsausschnitt. Bildgrösse 89:70.*

Alexander Haas-Frankfurt a. M.;
jetzt Dr. Liebmann-Frankfurt a. M.

19. EHEPAAR BLANCHARD. R. Brustbild, Silhouette, von Blanchard, Profil nach l. Darunter: „Herr Blanchard." L. von diesem Porträt Brustbild, Silhouette, von Frau Blanchard, Profil nach r. Darunter „Madame Blanchard." In der Mitte über den beiden Porträts Silhouette des mit Blanchard bemannten Ballons. R. und l. in der Gondel je eine Fahne gehisst. Unter dieser Silhouette und zwischen den Porträts die Angabe: „Glückliche / Reise / den 23sten Aug. / 1786." Hamburger Aufstieg von Blanchard. Unter den Porträts achtzeilige Strophe: „Zum zwanzigsten male . . . sonst keinen Quark!" Das Ganze in einer oben eine Krone zeigenden Bildleiste befindlich.

Buchausschnitt (?) Grösse desselben 135:119.

Stadtbibliothek-Hamburg.

BOURGUET, PROFESSOR (Nr. 342).

20. CHARLES, JACQUES-ALEXANDRE-CÉSAR. Brustbild im Medaillon, Profil nach l. Das Medaillon befindet sich in einer vierkantigen Umrahmung und zeigt unten auf der Abschlussleiste die Aufschrift: „CHARLES / Aux Thuilleries / le 1er Decembre 1783." Unter dem Rahmen befinden sich die drei Zeilen: „Jusqu'alors sans égal / Le Monarque des Airs, / Y suivit son Rival." Darunter: „A Paris chès Esnauts et Rapilly, Rue St Jaques à la Ville de Coutances." Oberhalb ganz r. in der Ecke dicht unter dem Plattenrande die Zahl „166".

Kupferstich, 190:126. Breiter Rand. Louis Ricard Nachf.-Frankfurt a. M.

— Dasselbe. *Ziemlich breiter Rand.* J. St. Goar-Frankfurt a. M.

— Dasselbe. *Bildgrösse ca. 155:104. Ohne Rand.*

Dr. Alex Meyer-Frankfurt a. M.

21. — Dasselbe. Aber ohne die drei Zeilen Text und fälschlich auf dem rechteckigen Schilde die Bezeichnung: „M. DE VILLETTE" tragend.

Unbez., bei Esnauts & Rapilly, Paris, Rue St. Jacques, verlegter Kupferstich, 193:123. Ohne Rand.

Dr. Alex Meyer-Frankfurt a. M.

22. — Brustbild, Profil nach r. Das Porträt befindet sich in ein Medaillon eingezeichnet, das in einem schräg grundierten Viereck an einem teilweise noch sichtbaren, über Wolken schwebenden Ballon aufgehängt erscheint. Unten in demselben an einer Fahnenstange ein Adler mit ausgebreiteten Flügeln sichtbar, darüber die Fahne mit folgender Aufschrift: „CHARLES / AUX THUILLERIES / le 1r Decembre / MDCCLXXXIII.“ In der Mitte, dicht über der oberen Bildleiste „jusqu'alors sans égal / Le Monarque des Airs y suivit son Rival.“ L. unter der unteren Bildleiste mit: „Gravé par S. C. Miger Graveur du Roi“ Simon-Charles Miger, Kupferstecher, * 1747 in Paris, † 1805 in Paris; anderen Angaben zufolge * 1736, † 1820, r. „AParis chez Miger, la grande Maison neuve. / Place de l'Estrapade“ bez.

Radiert und gestochen, 250:189. Breiter Rand.

Louis Ricard Nachf.-Frankfurt a. M.

23. — Dasselbe. Kleiner und mit dem Unterschiede, dass über dem Bilde sich kein Text vorfindet, und dass das Blatt dicht unter dem Viereck r. lediglich mit „gravé p Thoenert.“ Medardus Thoenert, Kupferstecher und Zeichner zu Leipzig, * 1754, † 1821 signiert ist.

Radiert und gestochen, 196:129. Schmaler Rand.

Stadtbibliothek-Hamburg.

Abbildung 2. Louis Ricard Nachf.-Frankfurt a. M.

24. — Brustbild, Profil nach l. im Medaillon. Innerhalb desselben befindet sich oben die Bezeichnung: „N. CHARLES P. DE PHYSIQUE.“ Unter dem Porträt befindet sich eine kleine viereckige Vignette, die Landung Charles' darstellend. Charles in seiner Gondel stehend wird von zahlreich herbeigeeilten Leuten beglückwünscht. Hinter der Gondel der Ballon und weiter im Hintergrunde r. eine Kirchturmspitze sichtbar. Unter dem Bildchen auf klein quadriertem Grunde in Schreibschrift nachfolgende vier Zeilen: „Charles par un prodige a terrassé l'envie, / Par l'eloquence, le Génie, / Le Scavoir, l'intrepidité, / Jl assure ses droits a l'immortalité.“

Unbez., bei Frieze erschienene Radierung, 218:156. Mit Rand.

Deutsches Museum-München.

25. — Dasselbe, Profil nach r. Unter der kleinen, von der anderen Seite gesehenen Vignette der Zusatz „moi premier Mr Charles . . . .“ und dicht an dem Plattenrand noch: „Se vend à Paris, chez Frieze Graveur Rue de Harlay, Maison de Mr Berthoud.“

Radierung. Plattengrösse 207:149. Mit Rand.

Louis Ricard Nachf.-Frankfurt a. M.

26. — Brustbild, dem Beschauer zugewandt. Dicht unter dem Bilde r. „Jul. Boilly. 1820“ bezeichnet. In der Mitte unter dem Porträt die Angabe: „Institut Royal / de / France. / Académie des sciences. (Physique gén—le) / CHARLES, / (Jacques, Alexandre, César.) / Né à Beaugency—sur—Loire, le 11 Novembre 1746, élu en 1795.“

Lithographie, Bildgrösse des Porträts ca. 160:140.

Deutsches Museum-München.

Stadtbibliothek
Hamburg

Abb. 2. Porträt von Charles. (Vgl. Nr. 23.)

27. CONTÉ, NICOLAS-JACQUES. Porträt, dem Beschauer zugewandt, in Medaillonform. Conté mit verbundenem Auge. Conté verlor sein linkes Auge infolge einer Wasserstoffexplosion. Im Hintergrunde r. drei Dattelpalmen und l. eine Pyramide sichtbar. Unter dem Bilde: „Baltard sculp." Wahrscheinlich Louis-Pierre Baltard, Maler, Kupferstecher und Architekt, *9. Juni 1764 in Paris, † daselbst 22. Jan. 1846. Darunter die Bezeichnung: „N. I. Conté."

Kupferstich, 175:122. Mit Rand. Deutsches Museum-München.

28. COXWELL, HENRY. Brustbild, dem Beschauer zugewandt.

Cliché. Grösse des Ausschnittes ca. 125:82. Deutsches Museum-München.

29. GARNERIN, ANDRÉ-JACQUES. Brustbild, Profil nach r. in einem schräg grundierten Medaillon befindlich. Unter dem Medaillon die Aufschrift: „MONS^R^ GARNERIN. / the Intrepid / ÆRONAUT". Weiter darunter die kleingedruckte Angabe: „London Published Decr 28. 1804. By J. Parry, N. 5, Bentinck Str^t^ "

Kolorierter Kupferstich, beschnitten. Grösse des Medaillons ca. 73:58.

Frau Albert-Wiesbaden.

30. — Brustbild, Profil nach r. Das Porträt ist in eine vierkantige Umrahmung eingezeichnet. An der oberen Rahmenleiste zwei sich in einem Lorbeerkranze kreuzende Fahnen, die rechte davon das britische Banner zeigend. Darunter ein Spruchband, das l. mit einem Schleppseil und r. zugleich mit einem Anker an Ringen befestigt ist. Das Spruchband lautet: „AUDAX AEREOS GAUDET TENTARE VOLATUS". Unter dem Porträt eine mit „VITRIOL ACID" halbgefüllte, auf einem zugeklappten Buch stehende Flasche, ein Kompass, eine Uhr, sonstige Instrumente und ein aufgeschlagenes Buch, die Ueberschrift: „Aerostation" zeigend. Darunter im Bildrahmen die Bezeichnung: „M: GARNERIN." Unter dem Bilde in der Mitte: „Drawn and engraved by Edward Hawke Locker, / from a sketch made on their Aerial Voyage. July 5. 1802." Darunter über dem Plattenrand: „Published as the Act directs".

Crayonmanier, 218:136. Fast ohne Rand. Dr. Alex Meyer-Frankfurt a. M.

— Dasselbe. *Breiter Rand.* Deutsches Museum-München.
Louis Ricard Nachf.-Frankfurt a. M.

31. — Brustbild nach l. in einem Medaillon mit in der Mitte darunter befindlicher Bezeichnung: „Monsr Garnerin, /the Intrepid/ AERONAUT".

Unbez. Kupferstich. Plattengrösse ca. 168:110. Fast ohne Rand.

Dr. Alex Meyer-Frankfurt a. M.

32. — Brustbild, Profil etwas nach l. im Medaillon. Unter der vierkantigen Umrahmung: „Jules Porreau sc. 1853." Darunter: „A. I. GARNERIN / AERONAUTE / Inv. du Parachute / Né à Paris 1769 † 1823." Darunter: „Paris, VIGNÈRES,

Ed^r 30, Quai de l'Ecole!" Weiter unten, aber oberhalb des Plattenrandes: „Drouart. imp. 11. r. du Fouarre, Paris."

Leicht getönter Kupferstich, 199:136. Breiter Rand.

Deutsches Museum-München.

33. GARNERIN, ELISA. Brustbild, Profil nach r. im Medaillon. Unter der vierkantigen Umrahmung: „Jules Porreau sc. 1854." Darunter: „Elisa GARNERIN / AERONAUTE." Darunter: „Paris, VIGNÈRES, Ed^r 30, Quai de l'Ecole." Weiter unten oberhalb des Plattenrandes: „Drouart imp. 11. r. du Fouarre, Paris."

Leicht getönter Kupferstich, 181:126. Breiter Rand.

Deutsches Museum-München.

34. GREEN UND SEINE MITARBEITER. Porträtgruppe. Von l. nach r. Walter Prideaux, Hollings, W. M. James, Robert Hollond, Monck Mason, Charles Green um einen Tisch. R. architekton. Hintergrund und l. Ausblick ins Freie. Der Ballon hinter einer Baumgruppe. Unterschrift: „A Consultation previous to an Aerial Voyage from London to Weilburg in Nassau on the 7th day of November 1836". Bezeichnet unten: „PAINTED BY J. HOLLINS A. R. A." und „ENGRAVED BY J. H. ROBINSON Hon. Member of the Imperial Academy of S$^{t.}$ Petersburgh." John Hollins, Maler, * 1. Juni 1798 in Birmingham, † 7. März 1855 in London; John Henry Robinson, Kupferstecher, * 1800 in London. Am Plattenrand: „London Published for the Proprietor by Henry Graves & Co. Brinsellers tho the Queen und H. R. H. Prince Albert 6. Pall Mall Nov. 7. 1843."

Stich, 371:313.

Joseph Baer & Co.-Frankfurt a. M.

35. LALANDE, JÉRÔME DE. Porträt, Profil nach r. im Medaillon. Dasselbe befindet sich in ein Viereck eingezeichnet. Auf einer sockelartigen, heller grundierten Bildleiste die Aufschrift: „JÉROME DE LA LANDE." Darunter im dunkel grundierten Viereck „Dicavit Janvier."

Kupferstich, 264:196. Mit Rand.

Louis Ricard Nachf.-Frankfurt a. M.

36. LÜTGENDORFF, JOSEPH MAXIMILIAN FREIHERR von. Brustbild, Silhouette, Profil nach l., im Medaillon in einem viereckigen Rahmen befindlich. Oben in der Mitte in und über der Rahmenleiste Vignette: der mit zwei Fahnen versehene Lütgendorffsche Ballon schwebend, von zwei auf der Erde befindlichen Personen (Silhouetten) lebhaft begrüsst. Unter der unteren Bildleiste mit „Gravé par Son frere Charles." bezeichnet. Carl Friedrich Freiherr von Lütgendorff, Bruder von Jos. Max. Frhr. von Lütgendorff, Radierer, * 27. Nov. 1746 in München, † 15. Juli 1809 in Nürnberg. Darunter die Aufschrift: „Jos. Max. Freiherr v. Lütgen: / dorf Erster Luftschiffer der / Deutschen am 24. Aug. 1786."

Kupferstich, 152:91. Mit Rand.

Staats-, Kreis- und Stadtbibliothek-Augsburg.

37. — Brustbild, Profil nach l. im Medaillon, in ein Viereck eingezeichnet. Unter dem Medaillon auf hellerem Grunde die Aufschrift: „Jos: Max: Baron v: Lütgendorff / Churpf: b: Reg. Rath, hochf: Thurn u. Tax: Hofrath". Dicht unter dem Bildrande l. unten mit „Schleich fec:" bez. wahrscheinlich Johann Karl Schleich, Kupferstecher, * 1759 in Augsburg, † 1842 in München.

Tuschzeichnung, 172:120. Schmales Rändchen.

Professor von Lütgendorff-Lübeck.

38. — Brustbild, Profil etwas nach l. im Medaillon, das in ein schräg grundiertes Viereck eingezeichnet ist. Unter dem Medaillon im Bildviereck auf heller grundierter Leiste die Aufschrift: „DER ERSTE DEUTSCHE / LUFTSEEGLER / JOSEPH MAXIMILIAN FREYHERR / VON LÜTTGENDORF / FUHR AUF ZU AUGSBURG / A. 1786." Dicht unter der Bildumrahmung in der Mitte „Schleich fec A. V." wahrscheinlich auch Karl Schleich siehe Nr. 37.

Kupferstich, 226:160. Mit vollem Rand.

Staats-, Kreis- und Stadtbibliothek-Augsburg.

39. — Lütgendorff, hoch oben auf Wolken ruhend, auf Augsburg herniederschauend. Mitten über der Bildleiste, von der aufgehenden Sonne bestrahlt, ein Lorbeerkranz, eine Trompete und eine Fackel sichtbar. Im Vordergrund schöne Donaulandschaft, l. im Hintergrunde Augsburg mit seinen Kirchtürmen und r. davon schöner Ausblick auf die Alpen. L. dicht unter der unteren Bildleiste mit „Schleich: fe." bez. Johann, Karl Schleich, Kupferstecher, siehe Nr. 37. An der unteren Bildleiste eine reich mit Fransen besetzte, grosse Draperie; r. oben das gedruckte Datum: „Augsburg den 15. Feb. / 1786". 1786 im Original unterstrichen. Die Draperie trägt die Ueberschrift: „Praenumeration / mit ½ Carolin." Darunter 15 Zeilen Text: „Der hochfürst: Thurn . . . bekant gemacht worden." Auf der vierten Textzeile das Wort „Maÿ" mit Tinte ausgestrichen und r. jenseits der Draperie am Rand dafür handschriftlich (mit Tinte) „August". Unterhalb der Draperie befindet sich noch der handschriftliche Zusatz (ebenfalls Tinte) „freyes Entree in die Loge". Seitlich unten l., noch etwas den gedruckten Text bedeckend, befindet sich ein rotes Siegel. (Wappen Lütgendorffs.)

Kupferstich, beschnitten. Grösse des Bildes von der oberen Bildleiste bis zur Franse ca. 198, Breite ca. 121.

Staats-, Kreis- und Stadtbibliothek-Augsburg.

40. — Zwei in ein grundiertes Viereck eingezeichnete Medaillons zeigen die Lütgendorffmedaille (Nr. 531), r. die Vorder- und l. die Rückseite. Unter dem Viereck die Aufschrift: „Die von Hr Straus Rittmeister der Burgerlichen Reu / terey, zu Ehren des Ersten Deutschen Luftschiffer / Freyherrn von Lüttgendorf gewidmete Denkmüntze." Unter einer zweiten Umrahmung „Phi. Jos. Fill" bez.

Kupferstich, beschnitten. Durchmesser der Medaillons 45. Grösse der äusseren Umrahmung 88:128.

Staats-, Kreis- und Stadtbibliothek-Augsburg.

41. LUNARDI, VINCENZO. Brustbild; Lunardi mit Zweispitz bekleidet, Profil etwas nach r. im Medaillon. Unter dem Bilde die Bezeichnung: „G. Scorodoomoff sculp. 1781." Gavril Scorodomoff, * 1748 in St. Petersburg, † daselbst 1792, Schüler von Bartolozzi.

Kupferstich in Rötelmanier, punktiert, beschnitten. Grösse des Medaillons ca. 85:65.

Louis Ricard Nachf.-Frankfurt a. M.

Abb. 3. (Vgl. Nr. 42.)

42. — Brustbild, Profil nach r. im Medaillon. Unter dem Bildrande die Bezeichnung l. „Rd Cosway deliniavit." Richard Cosway, engl. Miniaturmaler, * 1740 in Tiverton, † 4. Juli 1821 in London, r. „F. Bartolozzi Sculpit." Franz Bartolozzi, Kupferstecher, * 1730 in Florenz, seit 1764 in London tätig, † in Lissabon 1. April 1813. In der Mitte unter dem Medaillon: „ . . . . et se / Protinùs aethereà tollit inastra via." / Darunter: „VINCENT LUNARDI ESQr / Secretary to the Neapolitan Ambassador, / and the first aërial Traveller in the / English Atmosphere / Septr. 15. 1784." Ganz unten in der Mitte noch die Angabe: „Publish'd Octr 5th 1784 by John Bell British Library Strand."

Kupferstich in Rötelmanier, nach einer Miniatur von Cosway, punktiert, beschnitten. Grösse des Medaillons ca. 120:100.

Abbildung 3.

Louis Ricard Nachf.-Frankfurt a. M.

— Dasselbe. *Schwarzdruck, gleiche Maße.*

Dr. Gans-Fabrice-Garmisch.

43. — Brustbild, Profil nach l. im Medaillon. Unter dem Medaillon mit „published by Bidhner Sep.t 15. 1784 / N=16 Meart's Court Soho", bezeichnet. Darunter die Aufschrift: „Vincent Lunardi, Esq.r"

Kupferstich, beschnitten. Grösse des Medaillons 117:98.

Louis Ricard Nachf.-Frankfurt a. M.

44. — Brustbild, Profil nach l. im grundierten Medaillon, das sich innerhalb eines dunkel grundierten Viereckes befindet. Unten in demselben auf weisser Bildleiste die Angabe: „VINCENT LUNARDI ESQ.R" Dicht unterhalb des Viereckes die Angabe: „Publish'd Sep.r 30. 1784. by John Walker." John Walker, Kupferstecher in London.

Kupferstich, 175:112. Schmaler Rand. Stadtbibliothek-Hamburg.

45. — Brustbild, dem Beschauer zugewandt, in Medaillonform. Dicht unter dem Medaillonrande bez.: „M.no Bovi Sculp.t pupil to F. Bartolozzi". Marino Bovi (Bova), Kupferstecher, Schüler Bartolozzis in London.

Kupferstich. Vor der Schrift. Punktiert, in Rötelmanier. Bildgrösse des Medaillons ca. 61:44.

Louis Ricard Nachf.-Frankfurt a. M.

46. MARTELLI, PIERJACOPO. Brustbild des italienischen Schriftstellers Martelli Verfasser von: „Jl Volo". Profil etwas nach r. in dunkelgrundiertem Medaillon, das sich innerhalb einer vierkantigen, heller grundierten Umrahmung befindet. Seitlich unten r. vom Medaillon „F R f" (?). Unterhalb der vierkantigen Umrahmung auf grundierter Bildleiste die Unterschrift: „P. JAC. MARTELLI." In der l. Ecke unter der Bildleiste „P.lo Lodovico Inig" signiert.

Aus der Zeit stammender Kupferstich, 222:157. Mit Rand.

Musikhistorisches Museum (Heyer)-Köln;
jetzt Senckenbergische Bibliothek-Frankfurt a. M.

47. MONTGOLFIER, JOSEPH-MICHEL UND ÉTIENNE-JACQUES. Doppelporträt der Brüder Montgolfier in Medaillonform, Profil nach r. Aufschrift des Medaillonrandes oben: „ETIENNE et JOSEPH MONTGOLFIER FRÈRES, Nés à Annonay en Vivarais." und unten: „Inventeurs en Société du Globe Aérostatique." Darunter auf einem sockelartigen Postament: „Montgolfier que l'Europe entiere / Ne sauroit assez révérer, / A, des airs franchi la carriere, / Quand l'œil de ses rivaux cherche a la mesurer." Darunter: „Dessiné et Gravé par de Launay le jeune, / d'Après le Bas-relief de M.r Houdon Sculpteur du Roi, fait en 1783 pour servir de Modele a la Médaile, qui à été frappée en leur honneur." Wahrscheinlich Robert de Launay (Delaunay) Kupferstecher, * 1754 in Paris, † in Paris 1814; Jean-Antoine Houdon, Bildhauer, * 20. März 1741 Versailles, † 16. Juli 1828 in Paris. Unter dem Bildrande: „Paris chez l'Auteur Rue et Porte S.t Jacques, No. 112."

Kupferstich, 203:130. Breiter Rand. Kgl. Universitätsbibliothek-Göttingen.

— Dasselbe. *Beschnitten. Bildgrösse 173:107.*

Deutsches Museum-München.

48. — Dasselbe, jedoch mit dem Unterschiede, dass die Angabe: „Dessiné et Gravé etc." fehlt und dass unter dem Bildrande als Verleger: „Se vende chez I. M. Will à Augsbourg." angegeben ist. Also Paris etc. fehlt. Johann Martin Will (Wille), Kupferstecher 1765—1805.

Kupferstich, 198:157. Breiter Rand. E. Schaeidt-Wetzlar.

— Dasselbe. *Beschnitten. Bildgrösse 170:106.*

Dr. Liebmann-Frankfurt a. M.

49. — Dasselbe, mit dem Unterschiede jedoch, dass „Freres", „Nes" und „reverer" keine Akzente zeigen.

Beschnitten. Grösse der Bildumrahmung 182:117.

Stadtbibliothek-Hamburg.
Dr. Liebmann-Frankfurt a. M.

50. — Dasselbe, mit dem Unterschiede, dass im unteren Medaillonrande „Aerostatique" keinen Akzent zeigt und dass nach „mesurer." / „Dessiné par de Launay le jeune, / d'apres le Bas-relief de Mr Houdon Sculpteur du Roi" steht. Darunter ganz unter dem Bildrande „Gravé par I. C. Mayer". Die Angabe „Se vende etc." fehlt.

Bildgrösse 170:106. Majer-Leonhard-Frankfurt a. M.

— Dasselbe. *Beschnitten. Gleiche Bildgrösse.* Dr. Liebmann-Frankfurt a. M.

51. — Dasselbe, jedoch mit dem Unterschiede, dass die Medaillonumschrift lautet: „STEFANO, E GIUSEPPE MONTGOLFIER FRATELLI, NATI IN ANNONEY NEL VIVARESE:" Unter dem Sockel die Aufschrift: „MONTGOLFIER que l'Europe entiere / Ne sauroit assez révérer, / A, des airs franchi la carriere, / Quand l'œil de ses rivaux cherche a la mesurer." Jede weitere Angabe fehlt.

Unbez. Kupferstich. Beschnitten, Bildgrösse 160:105. Aus Faujas de Saint-Fond: Descrizione delle esperienze della macchina aerostatica dei Signori di Montgolfier . . . Traduzione dal Francese. Venezia 1784. (Nr. 1006.)

Musikhistorisches Museum (Heyer)-Köln;
jetzt Senckenbergische Bibliothek-Frankfurt a. M.

52. — Dasselbe, Profil nach r. im Medaillon, in ein Viereck eingezeichnet. Unter dem Medaillon die Aufschrift: „ETIENNE et JOSEPH. / MONTGOLFIER / Freres".

Unbez. Kupferstich, 85:66. Aus: „Almanach / auf / das Jahr / 1788. / Nürnberg. / bei / A. W. Küffner." (im Besitze von Dr. Liebmann-Frankfurt a. M.)

Dr. Liebmann-Frankfurt a. M.

— Dasselbe. *Beschnitten, Bildgrösse 70:52.*

Louis Ricard Nachf.-Frankfurt a. M.

53. — Dasselbe, Profil nach r. im hängenden Medaillon. Dasselbe ist in eine vierkantige Umrahmung eingezeichnet. Unter dem Medaillon auf hellerem Grunde die Bezeichnung: „STEPHAN und JOSEPH, Gebrüder / MONTGOLFIER / geb: zu Annonay im Vivarais / . . . . quis crederet unquam. / Aërias hominem carpere posse vias! / OVID. in Arte am Lib. II. 43.“ L. unter dem unteren Umrahmungsstrich bez.: „De Launay del.“ und r. „D. Berger Sculp. 1784.“ Wahrscheinlich Robert de Launay (Delaunay), Kupferstecher, *1754 in Paris, † 1814 daselbst; Daniel Berger, Kupferstecher, *Berlin 25. Okt. 1744, † 1824 in Berlin.

Kupferstich, Bildgrösse (Umrahmung) 119:67. F. Irminger-Zürich.

54. — Dasselbe, Profil nach r. im Medaillon, in eine vierkantige Umrahmung eingezeichnet. Unter dem Medaillon auf einer heller grundierten, sockelartigen Erhöhung die Aufschrift: „Die Brüder / STEPHAN und JOSEPH MONTGOLFIER geb. zu Annonay in Vivarais. / gemeinschaftliche Erfinder der Aërostaten. / Gezeichnet und Gestochen nach der Schaumünze / welche ihnen zu Ehren gepräget worden ist.“

Titelbild von [Kramp:] Geschichte der Aerostatik. Th. 1 Strasburg 1784. (Nr. 641). Unbez. Kupferstich, Grösse des Bildes 142:95.

Alexander Haas-Frankfurt a. M.;
jetzt Dr. Liebmann-Frankfurt a. M.

55. — Dasselbe, Profil nach r. im Medaillon wie Nr. 47. Aufschrift des Medaillonrandes oben: „ETIENNE et JOSEPH MONTGOLFIER FRERES. Nés a Annonay en Vivares“ und unten „Inventeurs en Société du Globe Aërostatique“. Das Medaillon befindet sich in einem grundierten Viereck, in welchem sich unten l. ein kleines Medaillon befindet, das die Abbildung des „Projet d'un Monument a elever a M. Charles“ zeigt. R. davon ein gleich grosses Medaillon, eine Karte, die Wegstrecken der ersten Luftreisen zeigend, darunter die Aufschrift: „Carte des premiers Voyages aërostatiques.“ Dicht unter der vierkantigen Umrahmung r. mit „gravé p. Thoenert“ bez. Medardus Thoenert, Kupferstecher und Zeichner in Leipzig, *1754, † daselbst 1812. In der Mitte unter dem grundierten Viereck Masstab der Karte und darunter die Angabe: „Echelle p. la Carte de 10 Lieues, a 2500 T. chacune“.

Kupferstich, beschnitten. Grösse des Porträtmedaillons: Durchmesser 106; Grösse der kleinen Medaillons: Durchmesser 52, Grösse des Viereckes 181:110.

Abbildung 4. Stadtbibliothek-Hamburg.

56. — Doppelporträt, ohne Medaillon, Profile nach r. L. unter den Porträts „Pigeot del et Sculp“ signiert. François Pigeot, Kupferstecher, *1775 in Paris.

Moderner Stahlstich auf Chinapapier. Grösse der Porträts ca. 85:55.

Musikhistorisches Museum (Heyer)-Köln;
jetzt Senckenbergische Bibliothek-Frankfurt a. M.

Abb. 4. (Vgl. Nr. 55).

57. MONTGOLFIER, ÉTIENNE-JACQUES. Brustbild, Profil nach l. im schräg grundierten Medaillon, in ein etwas heller grundiertes Viereck eingezeichnet. Unter dem Porträt auf heller grundierter Bildleiste die Unterschrift: „A. ETIENNE / DE MONTGOLFIER / Cooperateur et Inventeur / de l'Art Aërostatique." Dicht unter der Umrahmung l. mit „Binet Del." und r. mit „Le Beau Sculp." signiert. Louis Binet, *1744 zu Paris, † etwa 1790; Pierre-Adrien Lebeau, französischer Kupferstecher, * 1744.

Kupferstich, 190:127. Mit vollem Rand. Dr. Liebmann-Frankfurt a. M.

58. — Brustbild, dem Beschauer zugewandt, im Medaillon, Montgolfier ein breites Ordensband tragend. Das Medaillon in ein schräg grundiertes Viereck eingezeichnet, innerhalb desselben auf einer sockelartigen und heller grundierten Erhöhung die Aufschrift: „E. MONTGOLFIER." Dicht unter dem Viereck l. mit „Pujos, delin. ad vivum Anno 1784." und r. mit „Le Grand, Sculp." bez. Jean-André Pujos, Zeichner und Maler, * 1730 in Toulouse, † 1788.

Kupferstich, beschnitten. Bildgrösse (des Vierecks) 188:126.

Louis Ricard Nachf.-Frankfurt a. M.

59. ORLANDI, FRANCESCO. Brustbild, Profil nach l. Unter dem Porträt: „Se sorte arride agl'ingegnosi intenti / Vedremti Orlandi nell'aereo viaggio / Andar per scherzo a contrastar coi venti."

Unbez. Kupferstich, 192:145. Schmaler Rand.

Musikhistorisches Museum (Heyer)-Köln;
jetzt Senckenbergische Bibliothek-Frankfurt a. M.

60. PILÂTRE DE ROZIER, JEAN-FRANÇOIS. Brustbild, dem Beschauer zugewandt, etwas nach l., im Medaillon, in ein schräg grundiertes Viereck eingezeichnet. Innerhalb desselben auf einer sockelartigen Erhöhung die Bezeichnung: „F. PILATRE DE ROZIER. / Premier Navigateur Aërien / et Pensionaire du Roy." Dicht unter dem Viereck l. mit „Pujos Delineavit ad vivum" und r. mit „Legrand G," bezeichnet. Darunter in der Mitte noch die Angabe: „et se trouve chez Mr Pujos Peintre Quai Pelletier près la Greve," Jean-André Pujos, vgl. Nr. 58.

Kupferstich, 256:195. Mit vollem Rand. Louis Ricard Nachf.-Frankfurt a. M.

61. — Brustbild, Profil nach r. im Medaillon, das unter einem wolkenartigen Gebilde in ein gerahmtes Viereck eingezeichnet ist. In der Mitte der oberen Rahmenleiste die Aufschrift: „Pilatre de Rozier." Unter den Wolken auf weissem Spruchband der Vers: „Victime devouée à la rigueur du sort, / Le chemin de l'honneur l'a conduit à la mort". Ueber dem Plattenrand unten noch die Angabe: „A Paris chez Beljambe graveur, rue des Fossés Mr le Prince No 28." Beljambe, * Rouen 1752.

Kupferstich, 175:155. Schmaler Rand. Louis Ricard Nachf.-Frankfurt a. M.

62. — Dasselbe. Kleiner. Ohne Unterschrift und ohne Vers. Lediglich den Namen „Franzois Pilâtre de Rozier" und einige biographische Daten angebend.

*Dem Buche Pilâtre de Rozier: La vie et les mémoires de Pilâtre de Rozier, Ecrits par lui-même; et publiés par T*** [ournon]. Paris 1786. vorgeheftet. (Nr. 898.)*

Louis Ricard Nachf.-Frankfurt a. M.

63. — Brustbild, Profil nach r. im Medaillon. Das Medaillon ist hängend inmitten einer vierkantigen Umrahmung dargestellt. Unter dem Porträt in der auf schräg quadriertem Grunde befindlichen Umrahmung die Aufschrift: „M. PILATRE de ROZIER / Navigateur Aérien.“ Unter der Umrahmung l. mit: „Dessiné p. Goulet“ und r. mit: „gravé p. Thoenert“ bez. wahrscheinlich Nicolas Goulet, Architekt, * in Paris 1745, † Paris 1820; Thoenert, vgl. Nr. 55.

Kupferstich, beschnitten. Grösse des Bildes (Umrahmung) 177:109.

Deutsches Museum-München.

64. — Brustbild, Profil nach l. im Medaillon. Pilâtre experimentiert mit Wasserstoffgas und steckt damit einen Fidibus in Brand. Dicht unter dem Medaillonrand die Bezeichnung: „Painted by John Russell, Crayon Painter to His Royal Highness the prince of Wales, and Engrav'd by Josh. Collyer.“ John Russell, Maler in Guildford, * 1744, † 20. Apr. 1806 in Hull; Joseph Collyer, Kupferstecher, * in London 14. Sept. 1748. Unter dem Porträt die Aufschrift: „FRANÇOIS PILATRE DE ROZIER.“ Es folgen dann zehn Zeilen englischer Text: „President of the . . . the unfortunate Adventurers.“ Darunter auf der elften Zeile: „Published by W. Faden, Charing-Cross, Jany. 9. 1786.“

Kupferstich, punktiert. Plattengrösse 232:188.

Louis Ricard Nachf.-Frankfurt a. M.

65. — Brustbild, in einem auf einem Sockel befindlichen Medaillon, Profil nach r. Auf dem Sockel die Aufschrift: „F. PILATRE DE ROZIER / Premier Navigateur Aérien / Et Pensionnaire du Roi“. Dicht unter dem Sockel l.: „Brion del.“ und r.: „Chapuy Sculp.“; Wahrscheinlich Étienne Brion, Kupferstecher, * in Reims 1729; Jean-Baptiste Chapuy, Zeichner und Stecher, Schüler von Janinet, * in Paris 1760, † 1802 in Paris. Darunter in der Mitte: „A Paris chez Basset rue St. Jacques.“

Kupferstich, Schabkunstblatt, beschnitten und ohne Rand. Grösse des Bildes vom oberen bis zum unteren Medaillonrand ca. 137, vom l. bis zum r. Medaillonrand ca. 114.

Abbildung 5. Dr. Alex Meyer-Frankfurt a. M.

66. — Dasselbe. Unter „A Paris“ etc.: „Sa gloire, helas! ne fut qu'un Reve / Dont la fin prouve avec eclat / Que le moment qui nous elève / Touche a celui qui nous abat.“

Kupferstich, getöntes Schabkunstblatt, 216:155. Mit Rand.

Louis Ricard Nachf.-Frankfurt a. M.

67. POITEVIN. Der Luftschiffer Poitevin auf seinem Pony „Blanche“ sitzend, Profil von Poitevin nach r. Unter dem Bilde die Bezeichnung: „Der Luftschiffer Poitevin und der Pony Blanche.“

Unbez. Druck, aus einer Zeitschrift oder einem Buche stammend. Bildgrösse des Ausschnittes ca. 118:80.

Deutsches Museum-München.

Abb. 5. (Vgl. Nr. 65.)

68. POTAIN, DR. Brustbild, Profil etwas nach r. Darunter der Ballon zwischen Wolken über dem Kanal schwebend. Unterschrift r. und l. von der Landschaft: „LE DOCTEUR POTAIN, Le Premier qui tenta le Passage / du Canal St. George, / de Dublin en Angleterre, 24 lieues sur mer, le 17 Juin 1785. / (Voyez en l'historique)". Unter der Landschaft: „Mauzaisse." Unter dem Porträt l.: „Bordés, delt.", r.: „Boilly, Pt." Jean-Baptiste Mauzaisse, Maler und Lithograph, * 1. Nov. 1784 in Corbeil, † 15. Nov. 1844 in Paris; wahrscheinlich Joseph Bordes, Miniaturmaler und Lithograph, * 1773 in Toulon; vermutlich Louis-Léopold Boilly, Porträtmaler, * 5. Juli 1767 in La Bassé (Nord), † 5. Januar 1845 in Paris. Bezeichnet r. unten: „Lith. de C. Constans."

Bildgrösse des Porträts 195:185, der Landschaft 75:93. Mit vollem Rand.

Joseph Baer & Co.-Frankfurt a. M.
Deutsches Museum-München.
Dr. Alex Meyer-Frankfurt a. M.

69. PROUST, LOUIS. Brustbild, Profil nach l. im Medaillon. Unter dem Bilde: „G. A. Lehmann sculpt." Gottfried Arnold Lehmann, Kupferstecher und Zeichner in Berlin, * ca. 1770. Darunter in der Mitte: „Luis Proust." Ganz unten über dem Plattenrand die Bez.: „Journal f. Chemie u. Physik 2r Jg."

Kupferstich, 165:117; aus: Journal für die Chemie und Physik. Hrsg. von A. F. Gehlen Bd. II. Berlin 1806.

Louis Ricard Nachf.-Frankfurt a. M.

70. – Brustbild, Profil nach l., im Medaillon. Dicht unter dem Bilde: „Dessiné d'après le Porträt d'Albuerne et Gravé par Ambroise Tardieu." Ambroise Tardieu, Kupferstecher, * 1790 in Paris, † 1837 in Paris. Mitten unter dem Porträt die Bez.: „LOUIS PROUST / (Chimiste), / membre de l'Académie des Sciences. / Né à . . . . (Dépt. . . . . . . le . . . . 17 . . . ."

Kupferstich. Grösse des Medaillons ca. 103:77. Deutsches Museum-München.

71. REICHARDT, WILHELMINE. Ein medaillonförmiges, dem Beschauer zugewandtes Brustbild. Unter dem Bilde: „Madme. Reichardt / erste Deutsche Luft Schifferin." L. dicht unter dem Medaillon: „Kessner pinx.", r. „Jean Meno Haas sc." Jean Meno Haas, Kupferstecher und Miniaturmaler in Berlin, * 30. Mai 1752 in Kopenhagen, † in Berlin 16. Oktober 1833.

Kupferstich, 140:105. Ziemlich breiter Rand. Dr. Alex Meyer-Frankfurt a. M.

72. SADLER, JAMES. Brustbild, Profil etwas nach l. Unter dem Porträt: „James Sadler, Esqr. / First English Aeronaut. / Drawn & Engraved by B. Taylor." Dicht über dem Plattenrand in der Mitte: „Published as the Act directs May 1. 1812. by B. Taylor No. 7 Brewer St. Golden Sq."

Kupferstich. Bildgrösse des Porträts ca. 118:105.

Dr. Alex Meyer-Frankfurt a. M.

73. SAGE, FRAU. Medaillonförmiges Brustbild, etwas nach r. Unter dem Porträt in der Mitte: „Mrs SAGE". Es folgen dann sechs Zeilen Text: „The first English . . . in the / Atmosphere." L. unter dem Bildrande mit: „L. Shelly del", r. mit: „Le Grand sculp" signiert.

Kupferstich in Punktiermanier. Höhe des Medaillons ca. 122, Breite desselben ca. 104.

Dr. Alex Meyer-Frankfurt a. M.

74. — Dasselbe. Gleicher Text. R. unter dem Bildrand mit: „T. Burke fecit." signiert. Thomas Burke, Zeichner und Kupferstecher, * 1746, † 31. Dez. 1815 (?) in London. Die Bezeichnung „Le Grand etc." fehlt. L. wie oben signiert.

Gleiche Maße.

Dr. Gans-Fabrice-Garmisch.

75. SCHIEGG, ULRICH. Brustbild, Profil nach r. im Medaillon. Unter dem Bildrande in der Mitte: „Schramm del. 1813". Wahrscheinlich Johann Michael Schramm, Maler und Kupferstecher in München, * 8. Dezember 1772 in Sulzbach, † 1835 in München. Darunter: „ULRICH SCHIEGG / gebohren den 3ten Mai 1752. / gestorben den 4ten Mai 1810."

Lithographie. Grösse des Bildes: Durchm. 133.

Deutsches Museum-München.

76. SPENCER, EDWARD. Brustbild, dem Beschauer zugewandt. L. hoch oben ein mit zwei Luftschiffern (Green und Spencer) bemannter Ballon, an welchem der noch nicht abgelassene Fallschirm sich angehängt befindet. L. unten Bäume. Dicht unter dem Bildrande l. mit „G. P. Harding F. S. A. del et fecit.", r. mit „Day & Haghe, Lithrs to the Queen." bezeichnet. In der Mitte unter dem Bilde die Aufschrift: „Mr EDWARD SPENCER. / Born May 8th 1799. / Who accompanied Mr Charles Green, in that fatal Parachute experiment, / of Mr Robert Cocking's July 24th 1837, from Vauxhall Gardens. — — And has made / Twenty seven ascents with Mr Green, up to this date, August 24th 1839." Darunter die Unterschrift: (Faksimile) „Edward Spencer". Darunter noch die Angabe: „Published Aug 31st 1839, by G. P. Harding, 69, Hercules Buildings, Lambeth."

Lithographie. Bildgrösse 120 : 102. Breiter Rand.

Louis Ricard Nachf.-Frankfurt a. M.

77. ZAMBECCARI, GRAF FRANCESCO. Porträt, Profil nach l. im grundierten Medaillon. Dicht unterhalb desselben „Rosaspina fece" signiert. Wahrscheinlich Francesco Rosaspina, Schüler von Bartolozzi, Zeichner und Kupferstecher, * 2. Januar 1763 in Montescudolo bei Rimini, † 2. September 1841 in Bologna. Unter dem Medaillon die Unterschrift: „F. Zambeccari".

Aus der Zeit stammender Kupferstich, 148 : 100. Mit schmalem Rand.

Musikhistorisches Museum (Heyer)-Köln;
jetzt Senckenbergische Bibliothek-Frankfurt a. M.

78. GRABDENKMAL ÉTIENNE-GASPARD ROBERTSONS. Grabdenkmal Robertsons auf dem Friedhof Père-Lachaise in Paris. Auf hohem Marmorpostament ruht ein mit einem Tuch bedeckter Marmorsarg. Auf der Vorderseite des Postamentes viereckiges Relief. Dasselbe zeigt l. hoch oben einen schwebenden Ballon, dessen Auffahrt von den r. im Vordergrunde sichtbaren Zuschauern beobachtet wird. L. und r. im Vordergrunde des Bildes auch andere Gräber sichtbar. L. dicht unter dem Bildrande die handschriftliche Aufschrift (Tinte): „In Pere la Chaise“, r. „Jos: Gwilt 1838“ bekannter Londoner Architekt. In der Mitte unter dem Bilde die handschriftliche (Tinte) Aufschrift: „ROBERTSON. ETIENNE GASPARD. / NÉ A LIEGE EN 1763. MORT AUX BATIGNOLLES. LE 2 JUILLET 1837 / PHYSIQUE PHANTASMAGORIE. AEROSTATS.“

Zeichnung. Mit Sepia getuscht. Grösse des Bildes 182 : 119. Mit Rand.

Louis Ricard Nachf.-Frankfurt a. M.

II.

TABLEAUX-BALLONSYSTEME, BALLONTYPEN-AEROSTATISCHE FIGUREN-APPARATUREN.

TABLEAUX.

79. Darstellung von 81 Typen von Luftschiffen, Fallschirmen und Flugmaschinen vom Jahre 1638 bis 1851 über einer Landschaft. Darüber „ASCENSIONS AÉROSTATIQUES LES PLUS REMARQUABLES / PAR A. M. PERROT." Unten in 6 Spalten ein „Résumé historique de l'Aérostation . . ." Bez. unter dem Rand l. „A Paris chez BARTHELEMIER frères, rue Hautefeuille 22 et 30"; mitten: „Imprimé par Charden ainé et Aze"; r.: „Déposé".

Kolorierter Kupferstich, beschädigt. Auf Leinwand aufgezogen. Mit Stäben. Grösse inkl. Umrahmung ca. 475:670.

Joseph Baer & Co.-Frankfurt a. M.

— Dasselbe, *unaufgezogen. Tadelloses Exemplar.*

Dr. Ed. Langer-Braunau i. B.
Dr. Gans-Fabrice-Garmisch.

80. „TABLEAU DE L'ART AÉROSTATIQUE ET DE LA DIRECTION DES BALLONS. / ENCYCLOPÉDIE BOUASSE-LEBEL." Dieses so überschriebene Blatt zeigt auf einer Reihe Einzeldarstellungen die verschiedenen Ballontypen und Flugmaschinen und die historisch bemerkenswertesten Fahrten und Ballonereignisse. L. oben beginnend mit Besnier aus dem Jahre 1673 und endigend r. unten mit der Wiedergabe des Lenkballons von Helle Nov. 1851. Jeder Darstellung ist unterhalb eine kurze Erklärung in französischer Sprache beigefügt, die sich über das System, die Zeit und den Ort des betreffenden Ereignisses auslässt. In der Ecke r. unten eine „NOTICE SUR LA DIRECTION DES AÉROSTATS ET SUR UN NOUVEAU SYSTÈME". Darunter zwei Spalten kleingedruckter Text in französischer Sprache; l. 26 Zeilen „Les expériences de . . . est déja connue." und r. ebenfalls 26 Zeilen „4º — A droite . . . pas 20 kilogrammes." R. oben in der Ecke über dem Bildrande die Nummer „Nº 63". Dicht unter dem Bildrande mit „Maison Bouasse-Lebel, Imp. Edit. et ancienne Maison Basset-reunies" und „29 rue St Sulpice Paris." bez.

Kolorierter Kupferstich, 527:686. Schmaler Rand.

J. St. Goar-Frankfurt a. M.

Einige aus dem Tableau herausgeschnittene Einzeldarstellungen auch im Besitze von

Majer-Leonhard-Frankfurt a. M.

81. — Dasselbe. Nur mit der Ueberschrift: „TABLEAU DE L'ART AÉROSTATIQUE ET DE LA DIRECTION DES BALLONS." versehen und ohne jede weitere Angabe. *Neudruck.*

Dr. Liebmann-Frankfurt a. M.

82. Auf zwei Reihen je drei Bildchen, sechs verschiedene Ballontypen zeigend. Obere Reihe Gasballons: 1. kugelförmiger Lenkballon der Akademie von Dijon; Ballon gelbgrün; die versteiften Segelflächen und Flügelruder gelbweissrot gestreift; die r. sichtbare Segelfläche mit dem Wappen von Burgund; in der rot-

bemalten, mit vergoldeter Brüstung und gestreiften Luftrudern versehenen Gondel zwei Luftschiffer; l. eine Fahne gehisst. 2. Roberts walzenförmiger gelblila gestreifter Lenkballon; in der mit einem Baldachin versehenen, gelbgemalten Gondel vier Luftschiffer. 3. Blanchards graugrün gemalter Ballon, noch die Lenkvorrichtungen zeigend (Luftruder, grüner Schirm, Gestänge); in der blaugemalten Gondel zwei Luftschiffer. Untere Reihe rauchende Heissluftballons: 4. der vielfarbige Montgolfiersche Ballon „Le Flesselles". 5. der graugrüngestreifte Gerlische Ballon; in der gelben Gondel drei Luftschiffer. 6. der prächtig dekorierte, grünrosa gemalte Pilâtresche Ballon „Marie-Antoinette"; in der vergoldeten Galerie zwei Luftschiffer. Ueber jedem Bildchen Ziffernbezeichnung. Unter dem Bildrande: „N° 1 Ballon de M^r L'abbé Berteau à Dijon, N° 2. Ballon de Mr Robert à Paris, N° 3. Ballon de / Mr Blanchard à Paris, N° 4. Ballon de Mr Montgolfier à Lion, N° 5. Ballon de M^{rs} / Gerli à Milane, N° 6 Ballon de Mr Pilâtre du Rosier à Versailles."

Unbez. handkoloriertes, aus der Zeit stammendes Blatt. Gestochen und radiert. Bildgrösse 174:278.

Stadtbibliothek-Hamburg.

Abbildung 6.

— Dasselbe. *Einige unwesentliche Details etwas anders koloriert. 228:360.*

Grossh. Hess. Hofbibliothek-Darmstadt.

83. — Das unter dem oberen Plattenrand „Miscellanea XLV." und l. davon „Verm: Gegenst. XLV.", r. „Melanges XLV." überschriebene Blatt zeigt l. oben die mit „Fig. 1." bez., prächtig dekorierte Montgolfière. R. „Fig 2." eine rotweissblau gestreifte Charlière. In der mit dem Lilienwappen versehenen Gondel zwei Fahnen schwenkende Luftschiffer sichtbar. „Fig. 3." stellt einen mit einem Luftschiffer bemannten, gelben, herabkommenden Fallschirm dar. Zwei kleinere, unten befindliche Darstellungen zeigen l. den mit „a" bezeichneten Feuerherd der Montgolfière und r. „bc" die zur Herstellung der brennbaren Luft (Wasserstoffgas) dienende Apparatur. In der r. unteren Ecke mit „I. X. Schmuzer." und darunter „VIII. B. 29." bez. Wahrscheinlich Jakob Schmutzer, *5. April 1733 in Wien, †2. Dezember 1811 daselbst.

Auf einem besonderen, oben mit „LUFTSCHIFFEREY." überschriebenen Blatte, das l. hoch oben noch mit „Verm. Gegenstände. LXIII." und r. mit „B. VIII No. 29." bez. ist, folgt auf zwei Spalten (je 29 Zeilen) die eingehendere textliche Erläuterung der bildlichen Darstellungen. L. Spalte: „Nichts erregte wohl . . . durch erhitzte Luft"; r. Spalte: „gehoben, erhielt von . . . nur allmählig herabsinkt." Rückseite: „AERONAUTIQUE." überschrieben, darüber l. „Melanges LXIII." und r. „T. VIII. No. 29"; unten l. 27 Zeilen Text: „Assurément, rien ne . . . gonflés d'air échauf —" und r. mit 28 Zeilen Text: „fés furent nommés . . . plus de risque."

Handkolorierter Kupferstich, aus einer Ausgabe des Bertuchschen Kinderbuches stammend, 222:174.

Höhe der textlichen Erklärung mit Ueberschrift ungefähr 155, Breite derselben 150, das untere Drittel der Blattseite unbedruckt. Textseite aus dem Bilderbuch zum Nutzen und Vergnügen der Jugend. Portefeuille von Bertuch. 8. Band. Wien, Anton Pichler, 1805. A Vienne, Antoine Pichler, 1805.

Dr. Liebmann-Frankfurt a. M.

84. — Das oben mit „Aerostation." überschriebene Blatt zeigt fünf Einzeldarstellungen. L. oben die mit „1" bezeichnete, mit zwei Luftschiffern bemannte, reich dekorierte Montgolfière. Der r. stehende Luftschiffer schwenkt eine Bourbonenfahne. Das mit „2" bezeichnete, oben r. befindliche Bildchen zeigt den Blanchardschen Ballon, wie er geplant war (den Schirm, Doppelluftruder und Gestänge). In der Gondel zwei Luftschiffer. Die in der Mitte befindliche Darstellung „5" zeigt Chester vom

Abb. 6. Tableau mit Ballontypen. (Vgl. Nr. 82).

Ballon aus gesehen. L. unten „3", Darstellung der Füllung des Ballons von Charles und Robert und r. unten „4" der Lunardische Ballon während der Füllung. In der korbartigen Gondel ein Luftschiffer (Lunardi) die britische Fahne schwenkend. Dicht darunter in der r. Ecke „J. Pass sculp.t" Das Blatt hat unten die Textangaben: „1. Montgolfiers Balloon. 2. Blanchard's. 3. Charles and Robert's. 4. Lunardi's. / 5. Baldwin's View over the City of Chester, from Lunardi's Balloon." Dicht über dem Plattenrande noch die Angabe: „London. Published as the Act directs. June 18. 1803. by I. Wilkes."

Kupferstich, 250:188. Dr. Gans-Fabrice-Garmisch.

85. — Die oben in der Mitte mit „AERONAUTICA." bezeichnete Tafel zeigt acht verschiedene Ballons bezw. Fallschirmdarstellungen. L. oben die reich dekorierte, mit der Ueberschrift: „AEROSTATO DI MONTGOLFIER." versehene Mont-

golfière, darunter zwei Fallschirmdarstellungen der „PARACADUTA DI GARNERIN“. Die obere unbemannte „nell ascendere.“ die untere, mit Garnerin bemannte eine Fahne zeigend „nel discendere.“ In der Mitte oben unter der Tafelaufschrift eine geometrische, mit Buchstaben und l. daneben mit Zahlen versehene Zeichnung. Darunter, die Mitte des Blattes einnehmend, der „AEROSTATO DI LUNARDI.“ (Lunardi in der Gondel stehend) und darunter die Füllung eines Ballons nebst der Füllapparatur. Darüber „METODO DI GONFIARE UN AEROSTATO.“ R. oben unter der in der Ecke befindlichen Bezeichnung: „Tav. III.“ der Blanchardsche Ballon. Darunter in der Gondel, unter einem geöffneten Schirm stehend, zwei Luftschiffer. Ueber dem Ballon „AEROSTATO di BLANCHARD.“ Darunter befindet sich als nächste Ueberschrift über dem in Gegenwart von sechs Personen (davon drei Zuschauer) in der Füllung begriffenen Ballon: „AEROSTATO DI CHARLES E ROBERT.“

Unbezeichneter, aus einem Buche stammender Kupferstich. Bildgrösse von der oberen Ueberschrift bis zum untersten Bildrand ca. 254; äusserste Bildbreite ca. 158.

Dr. Alex Meyer-Frankfurt a. M.

86. — In der Mitte die reich dekorierte, mit zwei Luftschiffern bemannte Montgolfière, (vgl. Nr. 148) darunter l. von der Gondel „Aerostat“, r. davon „nach“ und in der Mitte darunter „Montgolfier.“ bezeichnet. L. ein etwas kleinerer, ebenfalls mit zwei Luftschiffern bemannter Ballon mit der darunter befindlichen Bezeichnung: „Aerostat nach / Charles und Robert.“ R. ein ebenfalls mit zwei Luftschiffern bemannter Ballon. Darüber die Bezeichnung: „Aerostat / nach / Guyton Morveau / und Coutell.“ L. unten: „H. Horchamer sc.“ signiert.

Kupferstich, aus einem Buch stammend. Blattgrösse 108:171.

Dr. Alex Meyer-Frankfurt a. M.

87. — Vier je mit einer Bildumrahmung versehene Ballondarstellungen. Oben l. 1. der über dem Tuilerienpalast schwebende, mit Charles und Robert bemannte Ballon. In der oberen l. Ecke ein kleiner unbemannter Ballon sichtbar. Die Mitte des Bildes zeigt auf dem grossen, vor dem Tuilerienpalast befindlichen Platz ganz vorne den umzäunten Füllplatz mit Apparatur. R. und l. von demselben einzelne und zu Gruppen vereinigte Zuschauer. Im Hintergrunde, die ganze Bildbreite einnehmend, der stattliche, unter der Kuppel das Lilienwappen zeigende Tuilerienpalast. Auf der Kuppel Zuschauer und l. davon eine Fahne sichtbar. Unter dem Bildchen fünfzeiliger Text mit „EXPERIENCE CELEBRE faite“ beginnend und „du depart“ endigend. 2. Das in der oberen Reihe r. befindliche Bildchen zeigt die Füllung des am 27. Aug. 1783 vom Marsfelde aus aufgestiegenen Ballons. Unter dem Bildchen die Unterschrift „EXPERIENCE AEROSTATIQUE“. Darunter vier Zeilen Text: „Faite dans le . . . a 6 heures.“ Das in der unteren Reihe l. befindliche Bildchen 3 zeigt die eben vom Füllplatze sich erhebende, mit verschlungenen L L (Königsmonogramm) gezierte Montgolfière, mit den drei im Korbe befindlichen Tieren. Der militärisch abgesperrte Füllplatz ist ringsherum von einer vieltausendköpfigen Zuschauermenge umgeben. Im Hintergrunde die prächtigen Versailler Schlossbauten. Unter dem Bilde der Titel: „EXPERIENCE AEROSTATIQUE

FAITE A VERSAILLES le 19 Sept. 1783." Darunter sieben Zeilen Text: „En Presence de . . . n'eprouverent aucune incomodité". 4. Das r. unten befindliche Bildchen stellt den freischwebenden Ballon des Muetteaufstieges dar. Die Montgolfière mit dem Königsmonogramm und den zwölf Zeichen des Tierkreises prächtig dekoriert. In der Galerie zwei Luftschiffer (Pilâtre de Rozier und Marquis d'Arlandes). Unter dem Bildchen acht Zeilen Text: „EXPERIENCE AEROSTATIQUE faite . . . sans aucune incommodité".

Unbez. Kupferstich. Grösse der Umrahmung: Bild l. oben 150:102, r. oben 148:102, l. unten 138:102, r. unten 139:102.

Stadtbibliothek-Hamburg.

88. — Einzeldarstellung des Bildchens 2; jedoch von der anderen Seite gesehen. Über dem Bildchen in der r. Ecke über dem Bildrande mit „Tab. III." und dicht unter dem Bildrande l. mit „Lawrens del." und r. mit „I. Nussbiegel sc." signiert. Ohne Text.

Kupferstich. Bildgrösse 155:99. Majer-Leonhard-Frankfurt a. M.

89. — — des Bildchens 4; jedoch von der anderen Seite gesehen. Dicht über dem Bildrande in der r. Ecke oben mit „Tab. 7." bez. Unter dem Bildchen folgender Text: „Luftball von 70 Schuhen Hoehe, und 46 im Durch= / schnitt, welcher in Paris nebst zwo Personen 324 / Schuhe aufstieg; am 19. Oct. 1783."

Unbez. Kupferstich. Aus einem Buche stammend. Bildgrösse 174:94.

Majer-Leonhard-Frankfurt a. M.

90. — Dasselbe, aber mit anderem Text. In der r. Ecke dicht über dem oberen Bildrande mit „Pl. VIII." bezeichnet. Unter dem Bilde: „Luftmaschine von 70 Fuss in der Höhe 46 im Durchschnitte / welche sich in Paris am 19 Weinmonats 1783 mit zween Menschen / 324 Fuss hoch erhoben hat".

Unbez. Kupferstich. Aus einem Buche stammend. Bildgrösse 146:96.

Dr. Gans-Fabrice-Garmisch.

91. — Dasselbe. Dicht unter dem Bildrande in der r. Ecke mit: „B. de Bakker fec." bezeichnet. Unter dem Bilde: „Een prachtige zeer groote LUGT-MACHINE, die / door Vuurdamp, met twee Menschen, te Parÿs is / opgegaan, tot 324 Voeten hoogte, den 19 October 1783."

Kupferstich. Beschnitten. Bildgrösse 140:86. Tafel aus Faujas de Saint-Fond: Vervolg der proefneemingen met konstige lugtbollen..... in't Nederduitsch Vertaald door Martinus Houttuyn. Amsterdam 1784. (Nr. 1005).

Dr. Ed. Schnapper-Frankfurt a. M.;
jetzt Senckenbergische Bibliothek-Frankfurt a. M.

92. — L. Bildchen, Darstellung der über dem Versailler Schloss schräg schwebenden, mit dem Königsmonogramm gezierten Montgolfière. R. seitlich über dem Weidenkäfig die Bezeichnung: „1." Eine vom Schloss bis zur Montgolfière sich hinziehende, punktierte Linie zeigt die Wegstrecke, die der Ballon bereits zurückgelegt hat. Eine viele Kurven aufweisende, zweite punktierte Linie endigt rechts

hoch oben an der zweiten abgebildeten, ebenfalls mit dem Königsmonogramm versehenen Montgolfière. Unten l. im Vordergrunde des Bildes die zwei Masten des Füllplatzes, dahinter das Schloss, fast die ganze Bildbreite einnehmend. Bewölkter Himmel. Unter dem Bildrande die Bezeichnung: „Vorstellung der zu Versaill : den 19. Septbr: 1783. in Gegenwart Ihro / Maj: der Königl: Familie gestiegenen Lufftmachine, welche / 57 Fuss Höhe und über 41. Fuss im Durchmesser enthielt.“ Das rechts getrennt eingerahmte Bildchen stellt die mit dem Königsmonogramm versehene Blainvillesche Maschine schwebend dar. R. seitlich über den Luftsegeln die Bezeichnung: „2.“ Unter dem Bilde die falsche Angabe: „Des Herrn Montgolfier neu erfundene — / Aerostatische Machine, wo an dem untern / Theil derselben ein Behältnis mit an= / gebrachten Seegeln befindlich, um der / Machine nach der Direction der Winde / eine bequemere Richtung geben / zu können.“

Unbez. Buchausschnitt. Grösse des linken Bildes mit Schrift 130:120. Grösse des rechten Bildes 130:59.

Stadtbibliothek-Hamburg.

93. — In der Bildumrahmung l. die schwebende, reich verzierte (Königsmonogramm) Montgolfière. In der r. seitlich mit „D“ bezeichneten, schön drapierten Galerie zwei Luftschiffer sichtbar. Im Vordergrund des Bildes Zuschauermengen, dem Ballon nachschauend. Bewölkter Himmel. Unter dem Bildrande die Bezeichnung: „Fig: 1. Luftreise des Herrn von Rozie / in der Montgolf: Machine.“ Die rechte Hälfte des Blattes zeigt den direkt über dem Tuilerienpalast schwebenden, mit Charles und Robert bemannten Ballon. Unten im Vordergrunde des Bildes auf dem Füllplatz Füllapparate und rings um den Füllplatz Zuschauermengen sichtbar. Im Hintergrunde der die ganze Bildbreite einnehmende Tuilerienpalast. Auf der mittleren Kuppel desselben vier Personen und r. davon eine Fahne sichtbar. Ueber dem Ballon ein Spruchband mit der Aufschrift: „SIC ITUR AD ASTRA“. Unter dem Bildrande die Bezeichnung: „Fig: 2. Luftreise der Herren Charl / und Robert dem 1. Dec. 1783.“

Unbez. Buchausschnitt. Grösse des linken Bildes mit Schrift 142:85. Grösse des rechten Bildes mit Schrift 142:85.

Stadtbibliothek-Hamburg.

94. — Das Blatt zeigt acht verschiedene Darstellungen. 1. l. hoch oben den über einem Hause frei schwebenden, mit einem Luftschiffer (Blanchard) bemannten Ballon, l. und r. im Vordergrunde Zuschauer; 2. den Blanchardschen Ballon über der Füllapparatur freischwebend. In der Gondel zwei Luftschiffer, der r. befindliche eine gelbe, der l. befindliche eine rote Fahne schwenkend. Unten r. und l. auf dem Füllplatz Zuschauer; r. daneben 3. einen mit zwei Luftschiffern bemannten Ballon, über einem mit einer Kuppel versehenen Gebäude schwebend. R. und l. vereinzelte Zuschauer sichtbar. 4. einen über dem Füllplatze hochschwebenden, mit den Königsinitialen versehenen Ballon. Unterhalb fünf Zuschauer. Das grössere, in der Mitte befindliche Bild 5 zeigt einen, über einem mit einer Kuppel versehenen Gebäude schwebenden Ballon. In der reich dekorierten, das Lilienwappen zeigenden Gondel zwei barhäuptige Luftschiffer. Der l. befindliche eine rote Fahne

schwenkend. Unten r. und l. vom Gebäude Zuschauer. 6. stellt einen freischwebenden, blaurotgelben Ballon dar, darunter fünf Personen. 7. wieder den mit einem Luftschiffer bemannten Blanchardschen Ballon (?) freischwebend. Unterhalb fünf Zuschauer. Schliesslich r. unten 8 eine mit dem Königsmonogramm geschmückte Montgolfière, deren Luft eben erwärmt wird. R. und l. vom Füllofen je zwei Personen sichtbar. Das Blatt ist auf dem gelbgemalten Spruchband überschrieben mit: „Verschiedene Vorstellungen Aerostatischer Maschinen des Herrn Blanchard." Unter dem Bildrande l. mit „A. $_{***}$" und r. mit „I. P. Wolff Seel. Erben" bezeichnet.

Kolorierter Kupferstich, 282:347. Mit Rand. Stadtbibliothek-Nürnberg.

BALLONSYSTEME, BALLONTYPEN.

DER „ADLER" s. LENNOX (Nr. 136—138)

ADORN (Nr. 278, 279)

ANDREANIS BALLON (Nr. 277)

BALLON DER GEBRÜDER BADER (Nr. 269—271)

BAGNOL (Nr. 122)

BITTORF (Nr. 152)

BLAINVILLE (vgl. auch Nr. 92).

95. — Darstellung des freischwebenden, Blainvilleschen Ballons. In der als Gondel dienenden, mit „E" bezeichneten „Hemisphere" ein Luftschiffer arbeitend. Die einzelnen Ballonteile mit Buchstabenbezeichnung. Auf einem besonderen Blatt die Erklärungstafel in französischer und deutscher Sprache. „Erklärung / der / durch Herrn Mongolfier / erfundenen / aeͤrostatischen Kugel, nach den / Bestandteilen ihrer Zusammensetzung." Falsche Angabe; die Darstellung zeigt den Blainvilleschen und nicht den Montgolfierschen Ballon. R. unter der Hemisphaere die Bezeichnung „St: sc." Vielleicht Christian Friedr. Stahlbaum, Kupferstecher, * 1752 in Leipzig, † 1788 in Dresden.

Kupferstich. Ballon, Hebebäume, Luftschiffer handkoloriert. Bildgrösse 207:160; Grösse der Erklärungstafel ca. 170:124.

Stadtbibliothek-Hamburg.

96. — Das über dem Plattenrand mit „Abbildung / der / Aerostatischen Kugel / welche / der Herr von Montgolfier in Frankreich, / in die Luft hat steigen lassen" betitelte Blatt stellt den Blainvilleschen und nicht den Montgolfierschen Ballon dar. In der „E" bezeichneten Halbkugel l. ein Luftschiffer (Blainville) sitzend. Die Ballonteile mit Buchstabenbezeichnung. Unter dem Plattenrande auf sieben Zeilen deutsche Legende: „A. Kugel. B. . . Ruthe angebracht ist." Unter derselben noch die Angabe: „Als Beylage zum 54sten Stück der Berlinischen Correspondenz, zu haben bey Stahlbaum, Buchhändler / auf der Stechbahn." Stahlbaum siehe Nr. 95.

Handkolorierter Kupferstich, 164:127. Stadtbibliothek-Hamburg.

97. — Darstellung des Blainvilleschen Ballons. L. ein Luftschiffer (Blainville) in der Hemisphaere sitzend. Die einzelnen Ballonteile mit Buchstabenbezeichnung. Unter dem Bildrande die Angabe: „Die aarostatische Luftkugel, die man in Paris bey̋ Versail hat in / die Luft gehen lassen." Darunter auf zwei Spalten zehnzeilige Legende in deutscher Sprache.

Unbez., von Stahlbaum? stammender Kupferstich, 294:190.

Stadtbibliothek-Hamburg.

BLANCHARDSCHE BALLONTYPEN.

98. — Ansicht des Blanchardschen Vaisseau volant aërostatique. Ein grosser, mit Netzwerk versehener, in der oberen Hälfte grün und in der unteren Hälfte grau bemalter Ballon trägt eine schön dekorierte, grüne Gondel; darüber ein geöffneter, grüner Schirm. In der Gondel zwei Luftschiffer. Zwei grosse segelartige, graue Doppelluftruder in der Mitte der Gondel an einem Gestänge befestigt. Ueber dem Ballon ein an den Enden rot gemaltes, unbeschriebenes Spruchband. Unter dem Ballon: „EXPERIENCE DU VAISSEAU VOLANT DE Mr BLANCHARD, / Enlevé au Champ de Mars près Paris entre Midi et 2. Heures, le 2. Mars 1784. par M. Blanchard / et Dom Page Bénédictin."

Handkolorierter, unbez. Kupferstich. Bildgrösse 295:180. Schmaler Rand.

Kgl. Universitätsbibliothek-Göttingen.

— Dasselbe. Aehnlich koloriert. Im Spruchband die handschriftliche Angabe (Tinte): „2 Mars 1784. / Blanchard / et Pages."

Gleicher Text und gleiche Maße.

Stadtbibliothek-Hamburg.

99. — Zwei Darstellungen des Blanchardschen Vaisseau volant aërostatique. Das r. Bild zeigt den projektierten Ballon, in welchem Blanchard mit Dom Pech auffahren wollte. Der in der oberen Hälfte mit einem Netzwerk versehene Ballon grün-weisslich gemalt. Die blaue, mit zwei Luftschiffern bemannte Gondel mit dem grossen, grünen Schirm, dem Gestänge und den Luftrudern versehen. Die zweite, l. unten befindliche Darstellung zeigt den Ballon, in welchem Blanchard am 2. März 1784 vom Marsfeld aus allein auffuhr. Die Luftruder, der Schirm und das Gestänge fehlen. Die einzelnen Teile der oberen Darstellung sind mit Buchstabenbezeichnung versehen. R. oben fünfzehnzeilige Legende: „Parasol ponctué A . . . de les supprimer." Ueber dem Bildrande befindet sich oben die Ueberschrift: „Remarque sur le BALON comme il étoit projetté." Dicht über der zweiten Darstellung die Angabe: „Expérience du mardi 2 mars 1784. / au Champ de Mars." Unter dem Bildrande sieben Zeilen Text: „Mr Blanchard, ayant ... de la Riviere".

Unbez., handkolorierte Radierung, 238:162. Mit Rand.

Grossh. Hess. Hofbibliothek-Darmstadt.

100. — Blanchards in seiner oberen Hälfte mit einem Netzwerk versehener, graublauer Ballon schwebend. R. in der rot drapierten Gondel ein Luftschiffer sitzend (Blanchard) in rotem Gewand. Die Luftruder, das Gestänge, der Schirm fehlen. L. über dem Ballon die Aufschrift „sic itur" und r. „ad astra". Unter

dem Ballon eine zweite Umrahmung. Darunter die Unterschrift: „VAISSEAU VOLANT DE Mr BLANCHARD." Hierauf zwanzig Zeilen Text: „Comme il est parti seul du Champ de Mars, le 2 Mars / 1784, après avoir eprouvé la Scene la plus affreuse / par la fallie d'un jeune homme, qui s'est élancé dans / son Vaisseau, l'épée a la main faisant Violence a Mr / Blanchard, et à Dom Pech, dont il voulait occuper la / place. Mr Blanchard après avoir reçu un coup d'épée / dans la main gauche saisit le Fer de ce jeune etourdi, / qui se débat blesse ceux qui l'entoure, et brisent les / instruments de Phisique qui étoit dans le Vaisseau. / Pendant ces débats, les Ailes du Vaisseau furent brisés, / et une partie de l'air inflammable se dissipa, par la / Soupape supérieur qui se trouve ouverte, que faire / dans cette cruelle alternative, il abandonne tout; engage / son Compagnon à decendre étant dénué de tout moyen / de direction, il part s'éleve dans les airs comme une / Bombe, d'un air tranquille salue la Compagnie. Son / sang froid étonne tous les Spectateurs et s'est élevé à / environ 3500 Toises de hauteur, et est redescendu dans / la Plaine de Billancourt à 1 heure trois quarts ce / qui fait en total cinq quarts d'heure de route." Unterhalb der zweiten Umrahmung noch die Angabe: „A Paris chez Basset rue St Jacques, Avec Privilege du Roy."

Kupferstich. Ballon, Gondel und Blanchard handkoloriert. Umrahmung des Bildes allein 72:82. Grösse der beiden Umrahmungen 152:82.

Stadtbibliothek-Hamburg.

101. — Der in der oberen Hälfte grün, in der unteren Hälfte bläulich gemalte, mit einem Netzwerk versehene Ballon besonders gross, schwebend dargestellt. In der blau gemalten und rot drapierten Gondel Blanchard in rosa Gewand stehend sichtbar. Gestänge, Luftruder und Schirm fehlen. L. oben seitlich vom Ballon die Aufschrift: „SIC ITUR" und r. „AD ASTRA". Unter dem Bildrande die Unterschrift: „VAISSEAU VOLANT DE Mr BLANCHARD dans lequel il est parti seul le 2 Mars 1784; du Champ de Mars." Darunter 26 Zeilen Text: „A Midi et . . . et de Reaulx." Darunter in der Mitte des Blattes: „Extrait du Journal de Paris du 4 Mars 1784." und l. darunter noch die Angabe: „A Paris chez Basset rue St Jacques" und r. „Avec Privilège du Roy."

Handkolorierter Kupferstich. Bildgrösse 257:197. Stadtbibliothek-Hamburg.

102. — Die Ueberquerung des Kanals am 7. Januar 1785. In der Gondel zwei Luftschiffer (Blanchard und Dr. Jeffries) stehend, der eine eine Fahne schwenkend, der andere in ein Fernglas hineinschauend. L. eine zweite Fahne (Löwenwappen). Unter dem Ballon: „Dieser grosse Luft=Ballon, mit welchem dermalen allhier sich befindender Herr / Blanchard die gefährliche Luftreiſe von Engelland nach Frankreich in Gesell= / schaft Herrn Doktor Jeffries gemacht hat, und welcher eines der sehenswür= / digsten Stücke ist, so je gesehen worden; wie auch die Parachüte, mit welcher / man sich ohne Gefahr von der höchsten Höhe herunter laſſen kann, werden auf / der Bockenheimer=Gaſſe, in dem Garten des Herrn Dewalds, von Morgens / frühe 7 Uhr bis Abends 6 Uhr gezeiget. Die Person zahlt 24 Kreuzer. Per= / sonen von Distinction nach Belieben."

Unbez. Druck, beschnitten 352:282. August Heimpel-Frankfurt a. M.

103. — Dasselbe *in Neudruck ca. 335:270.*

H. Manes-Frankfurt a. M.
Professor Boller-Frankfurt a. M.;
beide jetzt Senckenbergische Bibliothek-Frankfurt a. M.

104. — Blanchards mit Netzwerk versehener Ballon. In der reich dekorierten Gondel r. Blanchard eine das bekrönte Bourbonenwappen zeigende Fahne schwenkend. In der Gondel l. eine das Reichswappen zeigende Fahne gehisst. Beide Fahnen mit phantastischen Details. Der Schlauchansatz unterhalb der Gondel herausragend. L. ein herabhängender Anker. Ueber dem Ballon in verkleinerter Darstellung r. hoch oben der Blanchardsche Ballon nochmals mit daran befestigtem, tief herabhängendem geschlossenem Fallschirm. Am Fallschirm im angehängten Korb ein Hammel. Unter der Gondel: „Dix-Huitieme Voyage aërien." Darunter sieben Zeilen Text: „Mr. Blanchard, citoyen ... 23 août 1786." Dahinter ein weisser eingepresster Prägestempel (Verlegermarke?). Der Text gibt fälschlich als Tag des Aufstieges in Brüssel das Datum des 10. Juni 1786 an; der Aufstieg fand jedoch erst am 25. Juni statt, vgl. A. Sircos et Th. Pallier: Histoire des Ballons. Paris 1876 S. 224. Ausserdem noch die textliche Erwähnung, dass der Hamburger Aufstieg Blanchards am 23. August stattfinden solle. Vgl. Hamburger Aufstieg.

Unbez. Kupferstich, 443:223. Stadtbibliothek-Hamburg.

105. — Der blaugelbrot gestreifte Ballon in grosser Darstellung freischwebend. (Hamburger Aufstieg 23. Aug. 1786.) In der blaugemalten, rot drapierten und reich mit Gold versehenen Gondel Blanchard im roten Gewand, r. stehend, die Bourbonenfahne haltend. Eine zweite, das Reichswappen zeigende, rosa Fahne l. gehisst. Beide Fahnen unrichtig koloriert und auch zum Teil mit phantastischen Wappen und Details versehen. Darunter ein heraushängender Doppelanker sichtbar. Der die Gondel haltende, blaue Ballonring ist mit einer goldeingefassten roten Draperie versehen. Schlauchansatz über die Gondel hinausreichend. Unter dem Bilde dicht über dem Plattenrande die Unterschrift: „Luftbalon de Blanchard". Unter der Gondel r. vom Anker unleserliche Signatur.

Handkolorierter Kupferstich, 217:173. Mit Rand. Stadtbibliothek-Hamburg.

106. — Aehnliche Darstellung. Der Ballon gelbrot gestreift. Auch sonst einige Details etwas anders koloriert. Die Fahnen selbst nicht koloriert, lediglich die phantastischen Wappen (vgl. 105) koloriert. Der Schlauchansatz nicht über die Gondel hinausreichend. Ueber dem Ballon in verkleinerter Darstellung r. hoch oben der grüngelbgestreifte Blanchardsche Ballon ohne Gondel nochmals sichtbar. Ein daran befestigter noch geschlossener grüner Fallschirm trägt im tief herabhängenden Korb einen Hammel. (?) L. hoch oben vom grossen Ballon in verkleinerter Darstellung der grüngelbgestreifte Ballon Blanchards ohne Gondel nochmals und ohne Fallschirm sichtbar. Dicht darunter „. d. 2 .. August." Unter der Gondel dicht über dem Plattenrand „Luftbalon de Blanchard". Darunter, also unterhalb des Plattenrandes, l. „Ein Wunder der Natur zu zeigen, / Kraft eines Luftballs aufzusteigen, / War Blanchards Wille, — er geschah; / Man sah Ihn in den Lüften

fliegen, / Zum unaussprechlichen Vergnügen / Der Bürger von Hamonia." / Und r.: „Und Völker kamen aller Orten, / Aus Osten, Süden, West und Norten, / Und sahen mit entzückter Lust / Dem Blanchard in der Luft spazieren, / Mit Ball und Fallschirm paradiren, / Am Drey und zwanzigsten August. / 1786."

Unbez. handkolorierter Kupferstich, 218:173. Stadtbibliothek-Hamburg.

107. — Dasselbe. Nicht koloriert. Ohne die beiden Strophen.

Unbez. Kupferstich, 220:173. Stadtbibliothek-Hamburg.

108. — Aehnliche Darstellung. In der Gondel r. Blanchard die mit phantastischen Details versehene Bourbonenfahne schwenkend. L. die Hamburger Fahne gehisst. R. ganz hoch oben vom Ballon der Blanchardsche Ballon ohne Gondel nochmals in verkleinerter Darstellung sichtbar. Daran der geschlossene Fallschirm den tiefhängenden Korb mit Hammel (?) tragend. L. vom grossen Blanchardschen Ballon hoch oben im grundierten Medaillon Porträt, Brustbild, Blanchards, Profil nach r. Oben im Bildrahmen: „M. BLANCHARD" Unter der Gondel, dicht über dem Bildrande l.: „Am 23 ſten August 1786, hielt Herr Blanchard unter dem all= / gemeinen freudigen Zuruf einer zahlreichen Menge, selbst / Fürstlicher Zuschauer, seine zwanzigste Luftfahrt aus der Stern= / schanze zu Hamburg, mit dem glücklichsten Erfolge." Rechts davon, durch zwei Vertikalstriche getrennt, in kleinerer Schrift: „Da schwebt er hin, auf ungebahnten Wegen, / Die nie eine Sterblicher durchdrang! / Lautjauchzend tönt der Zuruf ihm entgegen: / „Er tat, was keinem vor ihm je gelang! / „Trotz seiner Zeitgenossen Neid, / „Ist nun sein Lohn: — Unsterblichkeit!"

Unbez. Kupferstich, Bildgrösse 348:185. Grösse des Porträtmedaillons ca. 57:44.

Stadtbibliothek-Hamburg.

109. — Dasselbe. Der grosse Ballon mit eingezeichnetem Ballonäquator. Sonst genau mit Nr. 108 übereinstimmend. Gleicher Text.

Unbez. Kupferstich. Gleiche Maße. Stadtbibliothek-Hamburg.

110. — Aehnliche Darstellung wie Nr. 104. R. Blanchard, die bekrönte Bourbonenfahne schwenkend; l. über dem Anker eine zweite Fahne gehisst. Der Schlauchansatz nicht über die Gondel hinausreichend. Unter dem Bilde: „XXIIIIe et XXVe VOYAGE AËRIEN. / a Nanci le 1er et 2 Juillet 1787 par Mr Blanchard, citoyen de Calais par adoption, Pensionnaire de Sa Majesté très — Chrétienne, Correspondant de / plusieurs Academies."

Unbez. Kupferstich, 440:226. Stadtbibliothek-Nürnberg.

111. — Darstellung des oben l. mit „No.: 1" bezeichneten, freischwebenden Blanchardschen Ballons. In der mit „No.: 2" bezeichneten, schön drapierten Gondel Blanchard l. stehend, eine Fahne schwenkend. Eine zweite Fahne ist r. in der Gondel gehisst, unter derselben ein Anker freiheraushängend. L. seitlich vom Ballon der mit „No: 3" bezeichnete, ungeöffnete Fallschirm und ein im angehängten Weidenkorb befindlicher Hund sichtbar. R. seitlich vom Ballon ein

Masstab „12 Nürnb. Schuh." R. in der Ecke dicht über der Bildumrahmung „I. L. Stahl. fec. N * * b" bez. * * bedeuten zwei unleserliche Buchstaben. Johann Ludwig Stahl, Zeichner und Kupferstecher, * 1754 in Nürnberg, † nach 1818 in Nürnberg. (?)

Kupferstich, 231:201. Mit Rand. Stadtbibliothek-Nürnberg.

112. BRANTÈS. Darstellung eines schön drapierten Ballons. Unter dem Bilde die handschriftliche (Tinte) Angabe: „Aerostat construit par les soins du Marquis de Brantès, fut enlevé près / le village de Sorgues il s'eleva à 1000 toises. Son diamètre etait de / 42 pied." Aufstieg am 4. April 1784.

Unbez. Bleistiftzeichnung, die l. Seite rotgetönt. Bildgrösse ca. 140:90.

Frau Albert-Frankfurt a. M.

CARNUS (Nr. 156).

CHARLIÈREN. Wasserstoffballons.

113. — Darstellung der freischwebenden Charlière mit reich dekorierter, blau gemalter Gondel. Die Gondel zeigt l. unten das Lilienwappen. In der Gondel zwei Luftschiffer (Charles und Robert) l. und r. stehend sichtbar, jeder eine Fahne schwenkend. Der r. stehende Luftschiffer barhäuptig, der Hut desselben r. seitlich ausserhalb der Gondel schwebend sichtbar. Unter dem Bilde eine handschriftliche Angabe (Tinte, verblasst, nicht mehr leserlich), die nach dem auf der Rückseite des Blattes aufgeklebten Zettel folgendermassen gelautet hat: „Vorstellung der berühmten aerostatischen Maschine, die am 1 Dec: um 1 Uhr Mittags aus dem Garten der Thuilleries mit den Herrn Charles und Robert in die Höhe gegangen und 2 Stunden nachher zwischen Nesle und Hedouville 9 Stunden von Paris in der Gegend von Pontoise sich wieder nieder(gesenkt?) hat." Unter dem Bilde in der r. Ecke signiert: „Jere.." der erste Buchstabe wahrscheinlich ein J, nach dem zweiten e noch einige nicht mehr leserliche Buchstaben.

Handkolorierte Federzeichnung, stark beschädigt und geflickt. Papier stark vergilbt und stockfleckig. Grösse des Blattes ca. 211:154.

Germanisches Nationalmuseum-Nürnberg.

114. — Darstellung des schwebenden Ballons; in der Gondel zwei Luftschiffer (Charles und Robert), jeder eine Fahne schwenkend. R. von der Gondel ein in der Luft schwebender Luftschifferhut. Ueber der Bildumrahmung die Aufschrift: „Wahre Abbildung einer brauchbaren Luftmaschine." Unter dem Ballon zwei Zeilen Text: „Unmassgeblicher Rath, dass die in Wandsdeck (Wandsbeck?) verunglückte Luftmaschine nach / dem hier stehenden Model verbessert werden möchte, wenn sie brauchbar seyn soll." Das Blatt ist oben und an den beiden Längsseiten mit einer Umrahmung versehen.

Unbez. Holzschnitt, Buchausschnitt. Bildgrösse mit Text ca. 188:141.

Stadtbibliothek-Hamburg.

115. — Der rotgelbgestreifte Ballon in der Luft. In der blauen Gondel die beiden Luftschiffer Fahnen schwenkend. Unter der Gondel links der Hut des einen Luftschiffers, rechts eine rote Fahne herunter fallend. Ueberschrift: „BON VOYAGE".

Unterschrift: „NOUVEAU GLOBE AËROSTATIQUE INVENTÈ PAR Mrs CHARLES et ROBERT.“ Weiter 10 Zeilen Text: „Cette superbe Machine . . . à la Machine.“ Bez. „A Paris ches Basset Rüe St Jaques au coin de celle des Mathurins.“

Handkoloriertes Blatt. Radiert und gestochen 369:228. Mit Rand.

Grossh. Hess. Hofbibliothek-Darmstadt.

116. — Aehnliche, etwas kleinere Darstellung. Die beiden Luftschiffer Fahnen schwenkend; links eine rote, rechts eine unkolorierte Fahne. Unter der blauen Gondel rechts eine rote Fahne und l. ein Hut herabfallend. Ueber dem Bildrande: „Bon Voyage.“ Unter dem Bilde: „Nouveau Globe Aérostatique inventée par Mrs Charles et Robert; enlevé devant / la Famille Royale le lundi 1er Décembre 1783. à 1. heure 40. minutes.“ Darunter fünf Zeilen Text: „Ces Messieurs ont . . . / lieues plus loin.“ Dicht über dem Plattenrand noch: „A Paris chès Basset, Rüe St Jacques, au coin de celle des Mathurins.“

Radiert und gestochen. Handkoloriert. Bildgrösse 245:201.

Stadtbibliothek-Hamburg.

117. — Der Ballon in der Luft schwebend, in der reich dekorierten, l. das Lilienwappen zeigenden Gondel zwei Luftschiffer (Charles und Robert) stehend, jeder eine Fahne schwenkend. R. von der Gondel ein in der Luft schwebender Luftschifferhut. Unter dem Bild innerhalb der Bildumrahmung fünfzeiliger Text: „Vorstellung der berühmten . . . nieder gelassen hat.“ Darunter noch r. in der Ecke, dicht über dem Bildrande: „F. N. Rolffsen Sc.“ Dicht unter dem Bildrande die weitere Angabe: „nach einem französischen Kupfer gestochen, und auf dem Address Comtoir zu 4 ß zu verkauffen.“ Auf einem besonderen Blatt die „Erzählung von der Luftreise mit der berühmten aerostatischen Maschine, / welche die Herren Charles und Robert den 1 ſten December 1783 zu Paris, aus dem / Garten der Thuilleries, gemacht, und die vor der Montgolfierschen vieles voraus hat, / sowohl in Ansehung der Weite und Höhe des Fluges, als auch was die bessere / Einrichtung der Maschine betrifft. Die Abbildung der Maschine ist nach / einer in Paris gemachten Zeichnung genau und schön abgestochen.“ Es folgt dann auf zwei Spalten von je 45 Zeilen die Erzählung; l. Spalte: „Den 1. ſten Dec . . . ihn an die“, r. Spalte: „Erde setzen, und . . . nach / Paris zurückkam.“

Kupferstich, Bildgrösse 210:140. Textgrösse des Erzählungsblattes ca. 185:135.

Stadtbibliothek-Hamburg.

118. — Der rotgelbgestreifte Ballon schwebend. In der mit Blumengewinden dekorierten blauen Gondel die beiden Luftschiffer stehend. Der barhäuptige, rechts befindliche eine grosse rote, der linksstehende Luftschiffer eine unkolorierte Fahne schwenkend. L. unten an der Gondel das Lilienwappen. R. seitlich von der Gondel der Hut des Luftschiffers in der Luft schwebend. Unter der Gondel: „Ce Globe à tombé entre Nesle et Hedouville à 9. l. de Paris, aux / environs de Pontoise, Darunter in der l. Ecke über der Bildumrahmung: „Dessiné d'après nature,“ und rechts: „rue S. J. de Bauvais la 4e porte cochère à droite par la rüe des

Noyers". Unter der Bildumrahmung: „Représentation du Fameux Glôbe Aérostatique qui fut: enlevé dans le Jardin / du Palais des Tuilleries." Darunter noch 3 Zeilen Text: „Le 1^{r} Décembre . . . faire leurs adieux."

Gestochen und radiert. Handkoloriert. Bildgrösse 202:142. Beschnitten.

Kgl. Landesbibliothek-Stuttgart.

119. — Der rotgelbgestreifte Ballon schwebend. In der rotdrapierten, blauen Gondel die beiden Luftschiffer. Der r. befindliche eine unkolorierte Fahne schwenkend, der l. sichtbare mit der Hand winkend. Direkt unter der Gondel eine unkolorierte Fahne herabfallend. L. hoch über dem Ballon ein kleiner grünlicher Signalballon sichtbar. Unter dem Bildrande: „A L'HONNEUR DE Mrs CHARLES ET ROBERT." Darunter neunzehn Zeilen Text: „EXPERIENCE CELEBRE FAITE . . . n'eut pas changé." In der Mitte darunter: „A Paris chez Basset rue saint Jacques".

Handkolorierte Radierung, 259:183. Mit Rand.

Stadtbibliothek-Hamburg.

120. — Gleiche Darstellung von der anderen Seite gesehen. Also der Luftschiffer l. mit der Fahne schwenkend und der r. sichtbare Luftschiffer mit der Hand winkend. Der kleine Signalballon r. oben in der Ecke. Unter dem Bildrahmen „Représentation du GLOBE AÉROSTATIQUE, qui s'est elevé / de dessus l'un des bassins du Jardin Royal des Tuilleries le 1er Décembre 1783. à 1. heure 40. min. / tel qu'il a été vû du Pont-Royal." Darunter noch neun Zeilen Text: „Cette Machine merveilleuse . . . froid trés sec." In der Mitte darunter „Extrait du Journal de Paris, des 2. & 3. Décembre 1783."

Radierung. Nicht koloriert. 238:168. Mit Rand.

Grossh. Hess. Hofbibliothek-Darmstadt.

121. — Gleiche Darstellung wie Nr. 120. Unter „Extrait" etc. eine über die ganze Bildbreite sich erstreckende Doppellinie und darunter noch weitere drei Zeilen Text: „Ce Globe, de . . . construit en ozier".

Handkolorierte Radierung. Ballon rotgelbgestreift, Signalballons grünlich. Die in der Gondel befindliche Fahne grün, die herabfallende rot koloriert. 238:168. Ohne jeden Rand.

Kgl. Landesbibliothek-Stuttgart.

— Dasselbe. *Aehnlich koloriert, 238:168. Mit Rand.*

Dr. Gans-Fabrice-Garmisch.

122. — DER BALLON VON BAGNOLS Von dem gewöhnlichen Typ etwas abweichende Charlière (?), erbaut von Madier, Gensoul, Blanchard, Teste und Roussel. Aufstieg in Bagnols (Gard) am 18. August 1785. Bemannung: die Luftschiffer Darroussin und Ballet. Landung in St. Alexandre. Der ausserordentlich reich dekorierte, mit dem Lilienwappen versehene Ballon schwebend. In der Gondel die beiden Luftschiffer sitzend. L. unter dem Blatt handschriftlich (Tinte) mit: „Areostat de Bagnols." bez.

Unbez. Bleistiftzeichnung auf getöntem Papier. Blattgrösse 238:174.

Louis Ricard Nachf.-Frankfurt a. M.

BLANCHARDSCHE BALLONTYPEN (Nr. 98–111).

123. — Plan des Luftballons, mit welchem angeblich Charles den Kanal zu überfliegen beabsichtigte. Der Ballon oben unterhalb der Wimpel mit einem grossen, aufgeblähten Segel und l. mit einer Steuerung versehen. R. an der Gondel ein zweiter Wimpel sichtbar. Neben den einzelnen Teilen des Ballons französische und englische Bezeichnung. Ueber dem Ballon die Aufschrift: „Plan of an Air Balloon by which Mr Charles intends to cross from Calais to Dover." Ganz unten über dem Bildrande in der Mitte bez. „London Publish'd Decr 26th 1783, by I. Harris, Sweetings Alley, Cornhill." Dieser projektierte Ballon wahrscheinlich zu Unrecht Charles zugeschrieben. Charles hat nur eine Luftfahrt (1. Dezember 1783) unternommen. Auch von einer beabsichtigten Luftreise Charles nach England ist nichts bekannt.

Kupferstich in Schabkunstmanier. Bildgrösse 124:279. Die Darstellung befindet sich zusammen mit Nr. 145 auf dem gleichen Blatt und zwar darunter. Plattengrösse 383:295.

Louis Ricard Nachf.-Frankfurt a. M.

— BOURGET (Nr. 342).

124. — HOOGHISCHER BALLON. Der gestreifte Ballon freischwebend. In der prächtig dekorierten, wappengeschmückten Gondel Hooghe sitzend, die Holsteinsche Fahne schwenkend. L. in der Gondel die Hamburger Fahne und r. die Fahne Christians des Siebenten gehisst. Bemerkenswert ist die r. ziemlich hoch oben am Ballon sichtbare Klappe, aus welcher „brennbare Luft" ausströmt. Ueber dem Ballon ein mit „AUT VINCERE AUT MORI!" überschriebenes Spruchband. Dicht unter dem Bildrande r. die Bezeichnung: „A. Stöttrup del: et sculps: Hamburg." Andreas Stöttrupp, Maler und Kupferstecher in Hamburg, * 1754, † in Hamburg 1812.

Kupferstich, Grösse der Umrahmung 390:251. Stadtbibliothek-Hamburg.

125. — — Der grüngraurotgestreifte Hooghische Ballon freischwebend. In der prächtig dekorierten, wappengeschmückten Gondel Hooghe (gelbes Gewand) stehend, „Die weisse Hollsteinsche Fahne mit einem goldenen Schilde und zwey blaue Löwen" schwenkend. L. in der Gondel „G" „Die rothe Flagge mit dem Hamburgschen Wappen" und r. „H" „Die rothe Flagge mit weissem Creutz und dem Namenszuge Christiani des Siebenten", gehisst. R. hoch oben am Ballon „Die Klappe, woraus die brennbare Luft gelassen wird" mit „b" bezeichnet, sichtbar. Unter der Gondel auf besonderem Bildchen, der rote geöffnete Fallschirm „M" und „N" „Der Korb mit dem Hunde" sichtbar. Die einzelnen Teile des Ballons mit Buchstabenbezeichnung. Unter dem Bildrande vier Zeilen Text: „Genaue Abbildung des Hooghischen Luftballons, samt der Gondel und dem Fallschirme, mit welchem er am 14. Juny 1786 von Altona aus eine Luftreise anzutreten ver= / sprach. Durch die üble Beschaffenheit des Firnisses aber klebte der Ballon zusammen; und Herr Hooghe versprach nach dessen Ausbesserung am 30. Juny, des Morgens / um 10 Uhr, unfehlbar aufzugehen. Der halbgefüllte, in der Mitte abgebundene Ballon schwebte auch würklich aus dem Borchertschen Garten mit einem langen Drachen= / schwanz empor, und verlor sich über Hamburg, wo aber Herr Hooghe mit seiner Gondel geblieben — ist unbekannt! . ." Es folgt dann darunter in der Mitte die „Erklärung" auf vier Zeilen Text: „a) Der Lufball . . . Durchschnitt 30 Fuss." Darunter l. „Gleich den berufnen Himmels-

stürmern, / Wollt' ich zur Sonne mich erheben; / Allein, – mir bangte für mein Leben / Drum bleib' ich bey den Erdenwürmern!" / und r. „Ruhm Blanchards, gute Nacht! . . Was hilft mir eitle Ehre, / Er schwebt in hoher Luft! . . Ich leb in

Abb. 7. Hooghischer Ballon. (Vgl. Nr. 125.)

niedrer Sphäre! / Man weiss es ja, was Luft=Entwürfe sind: / Hans North schleicht still davon; . . . Sein Ball fliegt in den Wind!"

Unbez., handkolorierter Kupferstich, wahrscheinlich von Stöttrupp vgl. Nr. 124. 332:197.

Abbildung 7. Stadtbibliothek-Hamburg.

– LÜTGENDORFF (Nr. 313–322).

126. – LUNARDI. Darstellung der l. unten in der Ecke handschriftlich unterschriebenen: „Aërostatische / Maschine des Lunardi“. Der mit einem Luftschiffer (Lunardi) bemannte Ballon zeigt eine grosse Luftschraube und l. ein Segel. Aus der Gondel hängen drei Anker herab. Das Segel und die Fahne sind auf r. befindlichen, gesonderten Detailzeichnungen nochmals dargestellt. L. von den Ankern handschriftlich: „Anker / sich im Sande legen / herunter lassen fest zu / legen.“ Ueber dem Ballon die handschriftliche Ueberschrift: „Evening-Post. N° 4254.“

Unbez. Federzeichnung. Grösse des Blattes ca. 160:124.

Stadtbibliothek-Hamburg.

– POTAIN (Nr. 291).

DEGABRIEL (Nr. 154).

127. DEUMIER. Das Blatt zeigt den mit einem grossen Segel ausgerüsteten Deumierschen Ballon. Die schön dekorierte Gondel ist mit der Steuerung „J“, einem grossen Luftrad und einem hohen, bis zum Ballon reichenden Segel versehen. Hinter dem Luftrad ein Luftschiffer sichtbar, l. ein zweiter, eine Fahne haltend. Die barkenartige Gondel zeigt l. das Lilienwappen, darüber ist eine grosse, mit den Initialen des Königs versehene Fahne gehisst. Unter dieser, mit „El^e^vation“ bezeichneten Gesamtdarstellung noch die Grundrissansicht „Plan“ der Gondel und r. von der Gesamtansicht die Querschnittansicht „Coupe“. Unten über dem Bildrande ein Masstab, darunter die Angabe: „Echelle de 8. Toises.“ Sämtliche Teile der Maschine mit Buchstabenbezeichnung, die in der textlichen, hier fehlenden Beschreibung ihre Erklärung finden. Das Blatt führt etwas unterhalb der oberen Bildleiste die Aufschrift: „ESSAI SUR L'ART DE DIRIGER A VOLONTÉ LA CHALOUPE D.“ und ist in der rechten Ecke ganz unten mit „Gaitte Sculp.“ signiert. Wahrscheinlich Antoine-Joseph Gaitte, Architekt, *1753 Paris.

Kupferstich aus dem Supplément au N° 85 du Journal de Paris. 25 Mars 1784. (Nr. 998.) Bildgrösse 304:184.

Louis Ricard Nachf.-Frankfurt a. M.

128. LUFTBALLON DER AKADEMIE IN DIJON. Darstellung des schwebenden, mit Steuerung und mit Luftrudern ausgestatteten Kugelballons der Akademie von Dijon. L. die in halber Ballonhöhe angebrachte Seitenfläche, das bekrönte Lilienwappen zeigend. In der tiefhängenden Gondel zwei Luftschiffer und r. eine grosse Fahne sichtbar. Unter dem Bilde die handschriftliche Angabe (Tinte) „Ballon enlevé à Dijon le 25 Avril 1784, il parcourut dans / l'atmosphère environ une petite lieue de france. Il était / monté par l'abbé Berteau et Mr Marvaux.“

Unbez., kolorierte Handzeichnung. Bildgrösse ca. 165:126.

Dr. Gans-Fabrice-Garmisch.

129. – Das Bild zeigt den reich dekorierten Ballon der Akademie in Dijon. Unter dem Ballon die mit Tinte geschriebene Angabe: „Aerostat projeté pour être enlevé à Dijon. Diametre 120 pieds.“

Unbez. Bleistiftzeichnung. Grösse des Ballons von der obersten Spitze bis zur untersten Kante der Gondel reichend ca. 174, grösste Breite ca. 150.

Louis Ricard Nachf.-Frankfurt a. M.

DRECHSLER (Nr. 340)
DUPUIS-DELCOURT (Nr. 371)
BALLON VON FRANCOVILLE (Nr. 258, 259)
GARNERIN (Nr. 347).

130. GREEN. Der Greensche Ballon, in besonders grosser Darstellung, schwebend. Die obere Hälfte des Ballons zeigt ringsherum eine Reihe prächtiger, bildlicher Darstellungen (Justitia, Tierfiguren, Götter, Zentauren etc.) und darunter in halber Ballonhöhe von der Umschrift die Buchstaben: „INENT-GREEN-LE-CO / Coelum certe patet ibimus ill“ zeigend. In der schön drapierten Gondel links eine Luftschifferin die britische Fahne schwenkend sichtbar, daneben zwei weitere Luftschiffer, der r. befindliche eine zweite Fahne schwenkend. Oberhalb der Gondel ein auf dem Ballonring sitzender, mit dem Hute grüssender, vierter Passagier. Aus der Gondel ein herabhängender Doppelanker sichtbar. Unten seitlich l. von der Gondel die Angabe: „Gez. u. gst. v. Johannes. Keim in Stuttgart. / Druck v. L: Kohler.“ R. von der Gondel in Faksimiledruck „Charles George Green.“

Stich auf Chinapapier. Bildgrösse ca. 465:300.

Franz Chun-Frankfurt a. M.;
Franz Noether-Mannheim;
beide jetzt Senckenbergische Bibliothek-Frankfurt a. M.

131. — Darstellung des gestreiften Nassauballons, schwebend. In der Gondel drei Luftschiffer sitzend (Green, Hollond und Monck-Mason). Dicht unter der Gondel mit „Adlard und Hayes Sc.“ bez. Darunter „THE GREAT BALLOON, / From a Sketch by Hollond Esq[re.]“ Darunter noch die Angabe: „F. C. Westley, 162, Piccadilly.“

Stich auf Chinapapier. Bildgrösse ca. 168:110.

Franz Noether-Mannheim;
jetzt Senckenbergische Bibliothek-Frankfurt a. M.

132. GUSMÃOS „PASSAROLA.“ Darstellung der Gusmãoschen Luftbarke. In der Barke der rotbekleidete „Inventeur dirigeant sa route“, l. eine portugiesische Fahne gehisst. R. oben in der Ecke oberhalb der Barke die Sonne, ihre goldenen Strahlen aussendend. Die einzelnen Teile der Barke mit Buchstabenbezeichnung. Die Barke führt die Ueberschrift: „FIGURE DE LA BARQUE INVENTEE EN 1709 / par Laurent de Gusman Chapelain du Roi de Portugal / pour s'élever et se diriger dans les Airs“. L. und r. unterhalb des Bildes, sechszeilige Legende: „A. Voiture pour ... filet d'Archal“, r. ebenfalls sechs Zeilen Text: „à la quelle ... dirigeant sa route.“

Handkolorierter, unbez. Kupferstich 153:210. Mit Rand. Spätere, aus dem Jahre 1784 (?) stammende Darstellung. Die Netzknoten der ersten Darstellung aus dem Jahre 1709 sind gegen Bernsteinkugeln vertauscht vgl. Abb. 55; Aehnliche Tafel: „Lettre écrite par M. L. A. G. A. M. D S. à Versailles“; Lissabon 10. Februar 1784; vgl. auch Bruel: Histoire Aéronautique par les Monuments. Paris 1909. S. 47. Nr. 14.

Abbildung ohne Legende 8. Deutsches Museum-München.

HOOGHISCHER BALLON (Nr. 124, 125).

JANINET und MIOLAN (Nr. 364).

133. JONATHAN. Darstellung des mit Lenkvorrichtungen versehenen Ballons von Dr. Jonathan. Der oben mit einem Wimpel versehene Ballon zeigt r. und l. ein grosses, bis zur Gondel reichendes Segel. In der vertieften, mit zahlreichen Fenstern und Luken versehenen Gondel rechts ein Fahnenwimpel gehisst. In der Gondel ein Luftschiffer und oben in der auf halber Höhe des Ballons angebrachten Rampe zwei weitere Luftschiffer stehend. Von der Rampe führen zwei Leitern zur Gondel. Unter dem Bilde die handschriftliche Angabe (Tinte): „Premiere expèrience de la machine areostatique et de la maniere de la diriger par le / Docteur Jonathan à la vue du Village Dessessebruque au pays de Gall le 22 / Decembre 1783. elle parcourut environ 10 lieues. / A la Seconde experience elle s'est elevée à 400 pieds et a parcouru environ 15 / lieues en 76 minutes, elle portait 30 hommes et fit plusieurs manœuvres / extraordinaires à l'aide de ses voiles et de six rames. / Son diamètre etait de 112 pieds-".

Unbez. Bleistiftzeichnung. Höhe des Bildes ca. 180, äusserste Breite ca. 125.

Frau Albert-Wiesbaden.

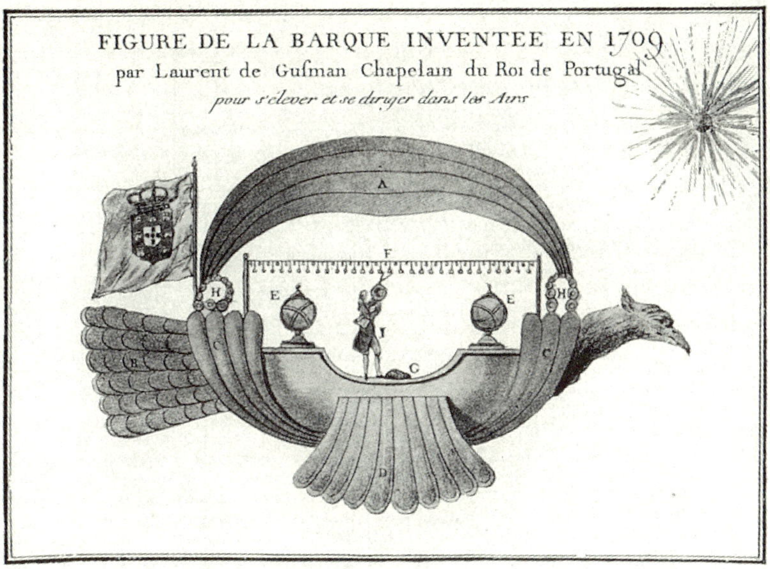

Abb. 8. Gusmaos „Passarola". Spätere Darstellung (1784?). (Vgl. Nr. 132.)

134. — Aehnliche Darstellung, jedoch mit dem Unterschied, dass die obere Rampe gelb drapiert ist und dass die blau drapierte Gondel keine Luken aufweist. Sie ist hier mit acht Personen bemannt, der linksstehende Luftschiffer feuert eben — wie die Rauchwolken zeigen — ein Geschütz ab. R. von der Gondel ist eine grosse, rote Fahne gehisst. In der l. Ecke, dicht über dem Bildrande die Bezeichnung:

„Dessiné d'après nature par Volstaine". Unter dem Bildrande fünf Zeilen Text: „1ère Experience de . . . de toile ordinaire".

Handkolorierter Kupferstich, beschädigt, Plattengrösse 237:185. Ohne Rand.

Deutsches Museum-München.

LAICHARDING (Nr. 153).

135. LANA. Darstellung der Lanaschen Luftbarke. Oben dicht über der Bildumrahmung r. mit „Tab. 8.", unten unter der Bildumrahmung r. „I O Berndt sc." bez. Johann Oswalt Berndt, Kupferstecher, * 1752, † 1787 in Nürnberg. Unter der Bildleiste die Aufschrift: „Luftschiff des Jesuiten Lana in Brescia, 1670."

Kupferstich, 154:106. Mit Rand. Aus Faujas de Saint Fond: Der Herren Stephan und Joseph von Montgolfier Versuche mit der von ihnen erfundenen aerostatischen Maschine. Ein Auszug aus der französischen Beschreibung des Herrn Faujas de Saint-Fond. Von C. G. von Murr. 1784. (Nr. 1003)

Germanisches Nationalmuseum-Nürnberg.

136. GRAF LENNOX: „ADLER". Der Lenkballon von Lennox mit Buchstabenbezeichnung. Der grüne, zylindrische mit (grossen) Flügeln und Steuerung versehene Ballon trägt die rotgemalte, mit vielen Personen bemannte Längsgondel, aus welcher l. der kupferne Doppelanker herabhängt. Am Leib des Ballons r. der zum Auf- und Ablassen eingerichtete Fallschirm befestigt. In der erhöhten Galerie der Gondel ein Luftschiffer, eine rote Fahne schwenkend. An den beiden äussersten mit „A" bezeichneten Enden des Ballonleibes sind blaurote Fahnenwimpel, der l. befindliche nach oben, der r. befindliche nach unten gerichtet, sichtbar. L. von der Ballondarstellung der mit der handschriftlichen Ueberschrift versehene rote „AUFZUGSCHIRM" als besonderes Bild. Darunter (in Tinte) textliche Angaben über die verschiedenen Luftregionen von 1300 – 24000 „Fuss". R. vom Ballonleib auf ebenfalls gesonderter Darstellung der mit „NIEDERLASSUNGSSCHIRM" überschriebene blaue Fallschirm sichtbar. Im rotgemalten Korb desselben ein Luftschiffer eine rote Fahne schwenkend. Unter dem Bildchen die handschriftliche (Tinte) Angabe: „Ein sich mit dem Fallschirm in die / Tiefe herablassender Luft= / Schiffer." Das Blatt ist oben handschriftlich (Tinte) überschrieben: „Die nach der Natur genaue Abbildung des ersten Luft Postschiffes genannd der Adler." Unter den bildlichen Darstellungen die zweispaltige handschriftliche (Tinte) Legende. L. Spalte neun Zeilen: „Diese höchst merkwürdige . . . besten Erfolg gemacht" und r. Spalte elf Zeilen: „Der an der . . ." / Geschrieben den. 1:ten December 1838 / Joseph Standl".

Kolorierte Handzeichnung. Grösse des Blattes ca. 264:395.

Dr. Gans-Fabrice-Garmisch.

137. — Aehnliche Darstellung. Der grüne, zylindrische, mit grossen Flügelflächen und der Steuerung versehene Ballon trägt die blaue, mit vielen Passagieren bemannte Gondel. In der erhöhten Gondel ein Luftschiffer, die britische Fahne schwenkend. Der Ballon zeigt auf dieser Darstellung weder Fallschirm noch Anker. Oben in der Mitte über dem Ballon die Ueberschrift: „An exact representation / of the first Aerial Ship / THE EAGLE, / now exhibiting at the

grounds of / The Aeronautical Society, / Victoria Road, facing Kensington Gardens.“ Unter dem Bilde der Text: „This stupendious Machine is 160 feet long, 50 high and 40 wide, constructed for establishing a direct communication between / the Capitals of Europe; the first experiment of this new System of Aerial Navigation will be made from London to Paris and back again / early in August.“ Es folgen dann sieben Zeilen Legende: „A The Body . . . sides by / netting.“ Ganz unten noch im kleinsten Druck die Angabe: „Sold by Mess.rs Ackermann & C.o Strand, C. Tilt, Fleet St. Reeves & Sons, Cheapside, Riddle & Meynatt, P. N. Row, M.c Lean, Haymarket, & T. Bird, 145, Oxford St.“

Kolorierter Stich. Grösse des Blattes ca. 240:305, des Ballons mit Gondel ca. 113:247.

Dr. Gans-Fabrice-Garmisch.

138. — L. am Ballon der befestigte Fallschirm herabhängend. R. von der Ballondarstellung die mit „Fall Schirm“ überschriebene besondere Darstellung desselben. Im Korbe des Fallschirmes ein eine Fahne schwenkender Luftschiffer. L. vom Ballon Angaben der Fahrtdauer, für die Fahrt zwischen bestimmten Plätzen (auf 12 Zeilen): „Das Luftschiff erfordert . . . Triest „4—5“.“ Darunter noch auf 10 Zeilen Angaben über „Die Luft Regionen über der Erde.“ Unter dem Ballon der Titel des Blattes: „Das erste Luft Post Schiff genannt / DER ADLER / “. Darunter l. Spalte 16 Zeilen Text: „Diese höchst merkwürdige . . . der vorderen Spitze“ und r. 15 Zeilen Text: „des Ballon-Schiffes . . . ausgesetzt sein dürften.“

Unbez. Kupferstich, 186:280. Dr. Liebmann-Frankfurt a. M.

LOUCHET (No. 156).

LÜTGENDORFF (Nr. 313—322).

LUNARDI (Nr. 126).

139. MASSE. Darstellung des projektierten zylindrischen, mit Steuerung und mit Luftruder versehenen Lenkballons des Architekten Masse. In der schön dekorierten, r. und l. beflaggten Längsgondel vier Luftschiffer sichtbar. Eine zweite, kleinere Spezialdarstellung der Gondel des Masseschen Ballons befindet sich unten in der l. Ecke. Unter der grossen Darstellung die Angabe: „MOYEN DE DIRIGER LES AÉROSTATS Par Monsieur Masse Architecte. / Un Cigne se trouvant porté par l’eau tel qu’un Ballon l’est par l’air, et qui remonte le courant d’eau par le moyen de ses petites pattes qu’il reploye et developpe / quand il veut avancer: M. Masse a cherché à imiter ces sortes de pattes, et y a parfaitement réussi dans un modele de sa machine qu’il a fait faire au quart de l’exé- / cution, et qui ne pese que cinquante livres: les pattes du modele sont assez grandes pour en sentir tous les effets et la réussite“. Darunter die mit „Explication de la Machine“ überschriebene, dreizehnzeilige Beschreibung der Masseschen Maschine: „Le Ballon est . . . sur la largeur.“ Ueber dem Plattenrand ist noch der mit „Echelle de cinq Toises“ überschriebene Masstab eingezeichnet. L. dicht unter der kleinen Darstellung die Angabe: „Se vend à Paris, chez l’Auteur, rue de la Monnoie, la porte- / cochere en face de la rue Boucher, au fond de la cour.“

Aus der Zeit (1785) stammender Kupferstich, 473:354. Mit Rand.

Abbildung 9. Grossh. Hess. Hofbibliothek-Darmstadt.

140. — Kleinere Darstellung des Masseschen Ballons. Unter der Darstellung die handschriftliche Angabe (Tinte): „Projet pour la direction des Areostats par Masse architecte 1780". Diese Zeitangabe historisch falsch; das Massesche Projekt stammt aus dem Jahre 1785.

Unbez. Bleistiftzeichnung. Bildgrösse ca. 135:123.

Frau Albert-Wiesbaden.

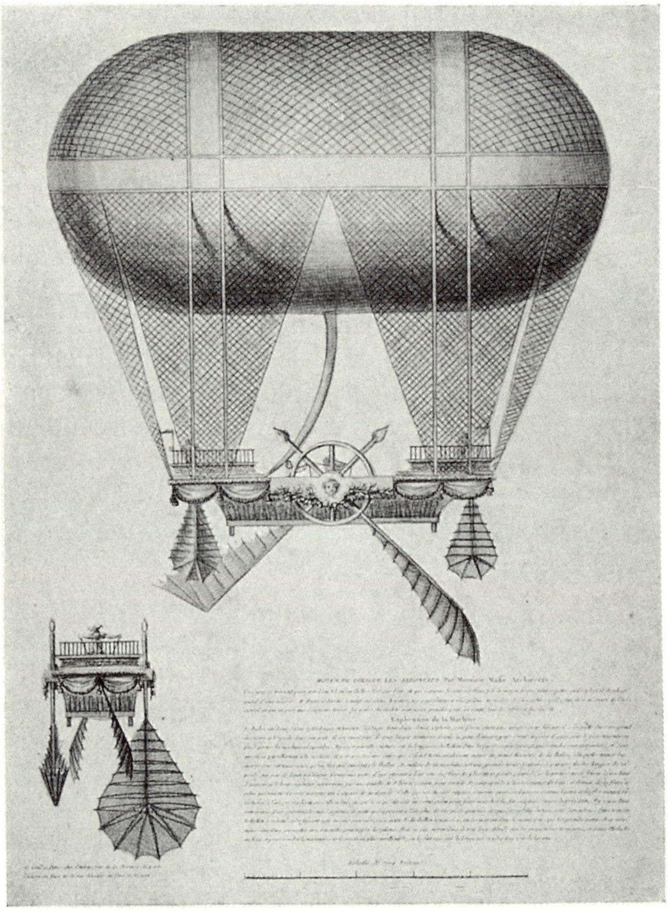

Abb. 9. Lenkballon von Masse. (Vgl. Nr. 139.)

141. MATHIEU. Drei Ansichten der aërostatischen Maschine von Mathieu. In der l. Ecke oben Totalansicht des Ballons. In der Gondel ein Luftschiffer (Mathieu) mit einem geöffneten Schirm. An der Mittelachse sind vier Luftmühlenflügel angebracht. L. seitlich von dieser Ballonansicht steht: „Elévation / Géométrale du petit / diamêtre D. E." In der Mitte des Blattes eine zweite grosse Ansicht des Ballons mit gleichfalls bemannter Gondel (Mathieu wieder unter dem geöffneten Schirm sichtbar), ausserdem r. ein Wimpel gehisst. Oben zeigt diese Ansicht noch speziell die Steuervorrichtung G. Darüber die Aufschrift: Elevation Geometrale du / Grand Diametre B. C." In der Mitte unten noch eine Teilansicht,

speziell den Ballon darstellend, mit Aufschrift l. seitlich: „Plan“, r. seitl.: „Géomētral“. Das Blatt ist überschrieben: „Nouvelle forme de Globe Aërostatique, / au Centre du quel est adapté pour point d'appui une / Machine aussi simple que facile à Manœuvrer, / pour avancer et se diriger dans / les Airs / Composé dessiné et Gravé / Par le S^r. Mathieu, / Mechanicien Auteur de / differentes Machi- / nes connües.“ Die einzelnen Teile der drei Ansichten mit Buchstabenbezeichnung. Die „Explication“ ist l. und r. in eingerahmten Vierecken untergebracht. L. 24 Zeilen: „La forme Ovale . . . sans fin f-“, r. 40 Zeilen: „remplie de nœuds . . . L'Auteur se chargera de léxécution si toutes fois on / lui en procure les facilités, / Il Demeure Pont au Change, Au Roi David, / 1er. Avril 1784.“

Unbez. Kupferstich, 256:365. Schmaler Rand.

Kgl. Universitätsbibliothek-Göttingen.

142. FRANZÖSISCHER MILITÄRFESSELBALLON. Darstellung des französischen Fesselballons, der nach der Schlacht von Würzburg (3. Sept. 1796) von den österreichischen Truppen erbeutet wurde. Der erbeutete Ballon, vermutlich der „Intrépide“ der Rhein-Moselarmee ist im Besitze des K. K. Heeresmuseums-Wien; er war in der „Jla“ in der grossen Halle ausgestellt. Ueber der photographischen Darstellung auf weissem Passepartout in Druckschrift die Jahreszahl „1796“. Unter dem Ballon auf dem Passepartout in gedruckter Schrift: „Französischer Fesselballon / am 4. Sept. 1796 nach der Schlacht bei Würzburg / von den Kais. öster. Truppen erbeutet.“ Ganz unten r. noch: „Hof-Kunstanstalt / J. Löwy / Wien“. (weisser Prägestempel). Die Angabe 4. September ungenau; der Ballon wurde am 3. September erbeutet.

Grösse der photographischen Platte 268:208.

Freiherr von Bibra-Würzburg.

„MINERVA“. (Nr. 440—444).

MIOLAN und JANINET (Nr. 364).

MONTGOLFIÈREN. Heissluftballons.

143. Das Blatt zeigt l. auf Fig. 1—7 einzeln die zu Montgolfiers Maschine dienenden Verschlussvorrichtungen (Hähne, Ventile, Klappen, Ringe etc.). In der rechtsseitigen Umrahmung Darstellung der prächtigen, mit dem Königsmonogramm dekorierten, länglichen Montgolfière mit darunter befindlicher Herdpfanne. Diese Montgolfière wurde auf Kosten der Königlichen Akademie von Montgolfier im Garten Reveillons Paris, Faubourg St. Antoine erbaut. Unter diesem Ballon der Vers: „Hoch wie der Cherub kan der Menschen Seele schweben / Seht hier Montgolfier dem Körper Flügel geben.“

Unbez., vielleicht aus einem Buche stammender Kupferstich. Grösse der l. Bildumrahmung 190:137. Grösse der r. Bildumrahmung 190:137.

Stadtbibliothek-Hamburg.

144. — Das Blatt zeigt auf den verschiedenen Darstellungen Montgolfiers Maschinen in ihren einzelnen Teilen. R. der mit „B“ bezeichnete, prächtig dekorierte (Königsmonogramme) Kugelballon, mit zwei Luftschiffern bemannt Paris 19. Okt. 1783. Links davon die mit dem Königsmonogramm gezierte, längliche Montgolfière. Unter dieser Maschine Darstellung einer kleinen, zur Erzeugung von warmer Luft dienenden Pfanne. Die l. befindlichen, mit „Fig. 1—7“ bezeichneten

Figuren zeigen die einzelnen zur Maschine gehörigen Bestandteile (vgl. Nr. 143.) Die Darstellungen mit Buchstabenbezeichnungen. Ueber dem Bildrande zwei Masstäbe, l. in „Pouces“ und daneben in der Mitte in „Toises.“ Unter dem Bildrande die Unterschrift: „REPRESENTATION DE LA MACHINE AÉROSTATIQUE de MM. DE MONTGOLFIER.“ Darunter 10 Zeilen Legende: „La fig. 1 . . . 19. Oct. 1783.“

Unbez., aus einem Buche stammender Kupferstich. Grösse der Umrahmung mit Text 208:310.

Stadtbibliothek-Hamburg.

145. — Darstellung des r. mit einem grossen Segel und l. mit einer Steuerung versehenen Ballons. Der Ballon mit Buchstabenbezeichnung. Ueber dem Ballon die Aufschrift: „Globe Volant“, darunter l. und r. vom Ballon „Flying Globe or Air Balloon.“ L. hoch oben die Bezeichnung: „An exact Representation of the / AIR BALLOON / by which the Sieur Giroud de Villette / and Mons.r Rozier passed over Paris / on the 19th Oct.r 1783.“ Seitlich unten l. und r. Legende in englischer und französischer Sprache, l. sechs Zeilen und r. zwei Zeilen. Ganz unten über dem Bildrande in der Mitte bez. „London, Publish'd Dec.r 26. 1783, by J. Harris, Sweetings Alley Cornhill.“

Kupferstich in Schabkunstmanier (Ballon, Segel etc.) Bildgrösse 255:280. Die Darstellung befindet sich zusammen mit Nr. 123 auf dem gleichen Blatt und zwar oberhalb 122. Plattengrösse 383:295.

Louis Ricard Nachf.-Frankfurt a. M.

146. — Darstellung eines freischwebenden gestreiften Ballons. In der Gondel ein Luftschiffer, eine Fahne schwenkend. In halber Ballonhöhe links vom Ballon in verblasster Tinte „17“ und r. davon „84“. Auch r. und l. von der Gondel befindet sich die offenbar aus späterer Zeit stammende schriftliche Angabe „1784“. Der Ballon ist in einen Kreis eingezeichnet. Ueber demselben in schon etwas verblasster Tinte die Ueberschrift: „Ich bin der Luftballon des Herrn Mon= / golfier / Reiss' ohne Fuss und Pferd durch Luft / und über Meer;“ Unter dem Ballon weiter die handschriftliche Angabe: „Herrn Schützen reist mit mir hin / zu der Sterne Welten, / Der fünfte Theil der Welt soll dort zum Besten gelten.“

Unbez., kolorierte Federzeichnung, oben und unten am Blatt ein Streifen marmoriertes Papier aufgeklebt. Grösse des Blattes ca. 158:105. Durchmesser des Kreises 80.

Dr. Gans-Fabrice-Garmisch.

147. — Das oben mit: „Herrn Mongolfier wichtige endeckung der Luft Maschinen nach Franz:Orig!“ überschriebene Blatt zeigt l. die schräg schwebende, längliche Montgolfière „A“ des Versailler Tieraufstieges. Unter dem Ballon in der linken Blatthälfte neunzeilige deutsche Legende: „A. Der in Gegenwart . . . ertragen koñen.“ Die rechte Blatthälfte zeigt den am 27. August 1783 auf dem Marsfeld aufgestiegenen unbemannten Kugelballon „B“ freischwebend. Erster mit Wasserstoffgas gefüllter Ballon. Darunter die vom linksseitigen Text durch zwei Vertikalstriche getrennte, siebenzeilige Legende: „B. Dieser Ball . . . entlegen herunter gefallen.“

Unbez. Buchausschnitt. Grösse des Blattes ca. 154:212.

Stadtbibliothek-Hamburg.

148. — Die blaue Montgolfière vom 19. Oktober 1783, schwebend. Die erstmals mit Personen bemannte Montgolfière ausserordentlich reich verziert. Oben herum ein Kranz der königlichen Lilien laufend, darunter die zwölf Zeichen des Tierkreises in Goldfarben, in der Mitte die Anfangsbuchstaben des Königs abwechselnd mit Sonnen; die unterste Stufe der Montgolfière zeigt vier Adler mit ausgebreiteten Flügeln, welche die Galerie zu tragen scheinen. In der ausserordentlich geschmackvoll mit Tüchern drapierten Galerie zwei nach unten grüssende Luftschiffer (Pilâtre de Rozier und Giroud de Villette ?). R. und l. seitlich oben vom Ballon die Ueberschrift: „FIGURE EXACTE ET PROPORTIONS / DU GLOBE AËROSTATIQUE, / Qui, le premier, a enlevé / des Hommes dans les Airs.“ Unter der bildlichen Darstellung auf zwei dreizeiligen Spalten Maße und Dimensionen. L. mit: „Hauteur du Globe“ beginnend und mit „pieds de largeur.“ r. auf zweiter Spalte endigend; dann acht Zeilen Text: „La partie supérieure . . . à franges d'or.“ Dicht unter dem Bildrande in der l. Ecke: „Grand Notice 1785.“

Handkolorierter Kupferstich, Bildgrösse 233:166.

Joseph Baer & Co.-Frankfurt a. M.
Dr. Liebmann-Frankfurt a. M.

— Dasselbe, *unkoloriert.* Dr. Gans-Fabrice-Garmisch.

149. — „Le Flesselles“. Das Blatt zeigt auf neun Figuren Joseph Montgolfiers Flesselles-Ballon. In der Mitte des Blattes „Fig. 9“ die Gesamtansicht des Ballons. Der Ballon mit aufgesetzten Medaillons. Das mittlere ganz sichtbare Medaillon mit der Darstellung einer über Wolken schwebenden, Fanfaren blasenden Gallia (?), ein Porträt (Joseph Montgolfier) emporhaltend. In der Galerie „X“ vier von den sieben Reisenden sichtbar. L. über der Galerie ein mit zwei Knoten am Ballon befestigtes Tuch die Aufschrift „le flesselles“ tragend. Unter dem Ballon „Fig. 5“ der Feuerherd und r. und l. davon zwei nackte Männer. Der r. befindliche mit der Schürung des Feuers beschäftigt. Die sieben weiteren Figuren sind geometrische Teilansichten des Ballons. Alle Figuren mit Buchstabenbezeichnung. Das Blatt ist überschrieben: „DÉTAILS GÉOMÉTRIQUES / de la Machine Aérostatique / Élevée à Lyon, sous la conduite et par les soins / de Monsieur Jos. Montgolfier / le 19 Janv. 1784“. L. unten „Description“ mit 22 Zeilen Text: „La Circonférence de . . . Plan du Réchaud.“ R. unten „Apperçu de la CONSTRUCTION, par Mr Montgolfier.“ mit 23 zweispaltigen Zeilen. Diese Zeilen beginnen mit „Rapports“ und schliessen mit „quelques Académiciens“. Sie geben Aufschluss über Maße, Gewichte des Ballons, über Entfernungen u. s. w. und enthalten die Namen der sieben Reisenden. Links über „Description“ und rechts über „Apperçu de la Construction“ je ein Masstab. Unter dem Bildrande: „A LYON, chez Joubert fils, Graveur et Md d'Estampes, Gde rue Merciere.“

Unbez., aus dem Rapport (Nr. 1039) stammender Kupferstich, 221:329. Schmaler Rand.

Abbildung 58. Kgl. Universitätsbibliothek-Göttingen.

150. — Darstellung des freischwebenden Flesselles-Ballons. In der Galerie drei von den sieben Reisenden sichtbar. Der Ballon ohne Medaillons. Obere Hälfte des Ballons nicht koloriert; untere Hälfte blau-gelb-grün-rot gestreift. Unter dem

Bildrande: „MACHINE AEROSTATIQUE". Es folgen dann vierzehn Zeilen Text: „De Cent vingt . . cette belle expérience." Darunter noch in der Mitte die Angabe: „A Paris chez Basset rue St. Jacques."

Kupferstich. Untere Hälfte des Ballons und Luftschiffer handkoloriert. Bildgrösse 226:170.

Stadtbibliothek-Hamburg.

151. — „Marie Antoinette." Die prächtig dekorierte, den Namenszug der Königin „Marie Antoinette" tragende blaue Montgolfière freischwebend. Sie zeigt als weitere Ausschmückung: „les armes du Roi vis à vis une gerbe, enfin le chiffre de Sa Majesté entrelacé avec celui de la plus ancienne M.on du R.me en opposition avec un bras garni / vient de recevoir une couronne avec des lauriers." Die Montgolfière mit roter Draperie versehen. In der Galerie zwei Luftschiffer (Pilâtre de Rozier und Prouts). Der l. stehende grüsst durch Abnehmen des Hutes, der rechtsstehende durch Schwenken einer grossen, weissen Fahne. Ueber dem Ballon die Ueberschrift: „La Machine Aërostatiq. vue du côté du Château." Unter dem Bilde „ die Ueberschrift des elfzeiligen Textes: „DESCRIPTION DE LA MACHINE AEROSTATIQUE ENLEVÉE EN PRESENCE DE LA FAMILLE ROYALE ET DU C.te D'AGA." Darunter „Le 23 Juin, Pilatre de Rozier." Ueber dem Plattenrand noch: „A Paris, chez les Campions frères, rue S.t Jacques, a la Ville de Rouen."

Handkolorierte Radierung. Aquatinta 306:222.

Grossh. Hess. Hofbibliothek-Darmstadt.

— ADORN (Nr. 278, 279).

— ANDREANI (Nr. 277).

— BADER (Nr. 269—271).

152. — Bittorf. Der blau und weiss karrierte, oben einen blauweiss karrierten Wimpel zeigende Ballon, schwebend. In der runden Gondel ein barhäuptiger Luftschiffer (Bittorf) stehend, eine blauweiss karrierte Fahne schwenkend. Unter dem Ballon die Aufschrift: „Wahre Abbildung der Luftfahrt des Herren Bittorf, / in Augsburg / in den ersten Tagen des Juny. 1811". Darunter noch die Angabe: „bey I. G. Bullmann, in Augsburg."

Kolorierter Kupferstich, 175:108.

Staats-, Kreis- und Stadbibliothek-Augsburg.

153. — von Laicharding. Zwei auf einem Blatt befindliche Darstellungen zeigen die von Laicharding mit Steuerung und Ruder projektierte Montgolfière. L. Darstellung, die mit drei Luftschiffern bemannte Gondel, die gesamte Apparatur allein zeigend; r. davon der drapierte Ballon „A", die mit drei Luftschiffern bemannte Gondel „B" tragend. Die beiden Darstellungen mit Buchstabenbezeichnung. Von Laicharding stammt auch der Vorschlag, die Montgolfière durch eine Spiritus- bez. Oellampe zu heizen. Um das Fallen der Montgolfière zu beschleunigen, wandte Laicharding einen Blasebalg an, der in die untere Oeffnung der Maschine hineinreichte. Zambeccari bediente sich der von Laicharding vorgeschlagenen Heizvorrichtung.

Grösse der Tafel 129:229. Tafel aus dem Buche: Joh. Nep. von Laicharding: Beytrag zur Luftschiffahrt. Kempten 1785. (Nr. 1062).

Dr. Gans-Fabrice-Garmisch.

154. — von Pierre und Degabriel. In der Mitte des mit Guirlanden umkränzten Blattes die mit Ventilklappen verbesserte Montgolfière von Pierre und Degabriel. Ballon mit vier Medaillonbildchen versehen, das mittlere, mit 1 bezeichnete ganz, die anderen Medaillons nur noch teilweise sichtbar. Die Medaillons 2, 3, 4 noch in Einzeldarstellungen unter dem Ballon besonders dargestellt. Die rampenartige, schön drapierte Gondel des Ballons zeigt l. und r. je eine Fahne. Die linke Fahne mit dem Lilienwappen, die r. mit dem Stadtwappen Strassburgs. In der oberen Bildleiste folgende Aufschrift: „Machine Aërostatique Construite par le S.re Pierre et Degabriel, Dessinée d'après / Nature le Jour de la Prèmiere Expériènce faite à Strasbourg le 26 May 1784. Der Aufstieg fand wahrscheinlich erst am 30. Aug. statt. In der unteren Bildleiste vier Zeilen Text: „1 La France . . . quatre Elemens." Darunter r. „Gravé par Joseph Durigo". — Dicht unter der Bildleiste: „la Machine a 76 pieds de hauteur sur 160 de Circonference".

Kupferstich, Bildgrösse 184 : 128. Beschnitten. Titelblatt aus: Beschreibung der von den Herren Degabriel und Pierre . . . verfertigten Luft-Maschine. Strassburg o. J. (Nr. 986).

Kunstmuseum-Strassburg.

155. — nach Pilâtre de Rozier. Darstellung einer über dem Füllplatz schwebenden, schön drapierten Montgolfière. Mit Buchstabenbezeichnung. In der an der unteren Hälfte des Ballons angebrachten, offenen Galerie zwei Luftschiffer am Feuerherd sichtbar. Unterhalb derselben ein tief herabhängendes Seil, das den Tierkäfig „F" und das tief herabhängende, mit „G" bezeichnete Barometer trägt. Unten auf dem Füllplatz ein mit „H H" bezeichneter, zweiter Feuerherd, zur Herstellung der warmen Luft, sichtbar.

Kupferstich, Bildgrösse 200 : 180. Titelblatt aus: Aechte Beschreibung der Aerostatischen Maschine / des Herrn / Mongolfier. Wien 1783. (Nr. 971).

Abbildung 56.

Stadtbibliothek-Hamburg.

156. — von Rodez. Das Bild zeigt die am 6. August 1784 in Rodez aufgestiegene, schön dekorierte, mit dem Königswappen versehene, bemannte Montgolfière. In der Mitte des Ballons die Aufschrift: „LA VILLE / DE RODES". In der als Gondel dienenden Rampe zwei Luftschiffer (Carnus und Louchet) stehend, der r. stehende eine Fahne schwenkend.

Unbez. Tuschzeichnung. Grösse der Umrahmung 235 : 151. Schmaler Rand.

Louis Ricard Nachf.-Frankfurt a. M.

— von Schiegg (Nr. 268).

157. — von Stuwer. Darstellung der Stuwerschen Riesen-Montgolfière. Der Fesselballon zeigt in der Mitte in einem bekrönten Medaillon das Monogramm „J S" (Johann Stuwer), r. und l. davon je zwei rotbemalte Fahnen. Die Gondel mit Rädern versehen. R. unten in der Ecke handschriftlich (Tinte) mit „Stuwe" bezeichnet. Das fehlende r. ist abgeschnitten. Stuwer beschrieb ausführlich seine Montgolfière in der Wiener Zeitung 3. Juli 1784. Erster Versuch 7. Juli 1784 im Prater.

Federzeichnung, handkoloriert, wahrscheinlich von Stuwer selbst herrührend (1784), beschnitten. Grösse des Blattes 157 : 173.

Oberstleutnant Moedebeck(†)-Berlin.

158. — Seitenriss des Stuwerschen Ballons. R. und l. von der mit Rädern versehenen Gondel grosse Segel sichtbar.

Unbez. Federzeichnung, koloriert, wahrscheinlich von Stuwer selbst herrührend. (1784) Grösse des Blattes 137:170.

Oberstleutnant Moedebeck(†)-Berlin.

159. — Zum Abbrennen von Feuerwerk eingerichtet. Darstellung einer mit einem bekrönten Adler dekorierten, transparenten Montgolfière. Die Galerie der Montgolfière zum Abbrennen von Feuerwerk eingerichtet. Unter dem Adler im länglichen Medaillon in Tinte: „et tu marcellus / eris“. R. seitlich vom Ballon in Tinte die Worte (vertikal bis zur oberen Höhe des Ballons reichend) „la Montgolfiere a 17 pieds de hauteur“. Unter dem Blatte in Tinte die Angabe: „Montgolfière transparante, et illuminée portant une / pièce d'artifice de 17 pieds de hauteur“. Die Rückseite des Blattes zeigt auf zwei übereinander angebrachten Zeichnungen die Anordnung der einzelnen Illuminationskörper, oben „N° 2“ die Verteilung der „chandelles Romaines“. „N° 1“ „en feu (x ?) de Lames“ zeigt als Feuerwerkskörper ein unter einer Krone befindliches „N“, das sich in einem illuminierten, grossen, achteckigen Stern befindet. Darunter in der r. Ecke die (Tinte) Signatur: „S. L.“

Drei aus der Zeit stammende Federzeichnungen. Vielleicht Skizzen zu einem Illuminationsballon anlässlich der Krönung Napoleons I. Grösse des Blattes 370:232.

Louis Ricard Nachf.-Frankfurt a. M.

160. — Auf einem besonderen Blatte die transparente Montgolfière nochmals dargestellt und zwar dergestalt, dass die genaue Anordnung der stufenmässig verteilten Feuerwerkskörper daraus klar hervorgeht. Ganz unten wieder die Bezeichnung: „N° 1“ und der mit „feux de lames“ versehene achteckige Illuminationsstern. Darüber folgt „N° 2“ mit den „chandelles Romaine“. Darüber „N° 3“ die „fontaines en brillants / Chinois“ angeordnet, weiter hinauf folgen unter „N° 4“ die an einem Ring befestigten „bombes et pluies / de feu et grenades“ und schliesslich ist die Oeffnung des Ballons selbst als „N° 5“ für die „detonnation du / gaz hydrogène“ bestimmt. Die Zahlen sind handschriftlich (Tinte) seitlich l. von den betr. Stellen angebracht, während die handschriftlichen textlichen Erklärungen dazu sich immer seitlich r. befinden. Unter dem Bilde ist handschriftlich noch mit Tinte die Angabe zu finden: „Aërostat en Soie vernie de 20 pieds de diamêtre et pouvant elever 180 ℔ / d'artifice“. Auf der Rückseite des Blattes ganz r. in der Ecke in Tinte die Signatur „S. L.“

Aus der Zeit stammende Federzeichnung. Nr. 146. Grösse des Blattes ca. 384:228.

Louis Ricard Nachf.-Frankfurt a. M.

PIERRE und DEGABRIEL (Nr. 154).

POTAINSCHER BALLON (Nr. 291).

161. BALLON DER BRÜDER ROBERT. Darstellung des walzenförmigen Ballons der Gebrüder Robert. In der schön dekorierten, mit einem Baldachin versehenen Gondel drei Luftschiffer sichtbar, der r. stehende eine Fahne schwenkend. Unter dem Bilde die handschriftliche (Tinte) Angabe: „Experience

faite par Mrs Roberts frères au chateau de St Cloud. le 15 Juillet / 1780. Le ballon avait 52 pieds de long sur 32 de diamètre. / M^r^ le Duc de Chartres, Mr Collin, Hullin et les Frères Robert sont les / voyageurs. Ils restèrent $^3/_4$ d'heure a la hauteur de 330 toises et / descendèrent à Meudon —". Historisch falsch; der Aufstieg erfolgte 15. Juli 1784.

Unbez. Bleistiftzeichnung (Schwarz- und Rotstift). Grösse des Ballons ca. 108:124.

Frau Albert-Wiesbaden.

162. — Der walzenförmige Ballon der Brüder Robert freischwebend. Der in der oberen Hälfte mit Netzwerk versehene, braungemalte Ballon zeigt an der prächtig ausgestatteten Gondel l. die mit „Gouvernail" bezeichnete, grün gemalte Steuerung und r. die als „Rames ou Ailes" bezeichneten Luftruder. Mitten in der Gondel befindet sich ein von einem Adler bekrönter, grüner Baldachin. In der Gondel vier Luftschiffer sichtbar, der l. stehende mit dem Hute grüssend, während von den zwei rechtsstehenden Luftschiffern der eine eine weisse, der andere eine grüne Fahne schwenkt. Unter der Gondel l. und r. die mit „Bout de la Galerie" bezeichneten Detailzeichnungen, l. das „Les Armes de Chartre" unterzeichnete Bildchen, r. die „les Gemeaux" unterschriebene Darstellung. Darunter, fast die ganze Bildbreite einnehmend, ein mit „Echelle de 48 pieds." überschriebener Masstab. Darunter der Titel des Blattes: „EXPÉRIENCE DE LA MACHINE AËROSTATIQUE DE M. ROBERT / faite à St Cloud le 15 Juillet 1784". Darunter vier Zeilen Text: „Ce Balon qui ... Parc de Meudon". Dicht über dem Plattenrand noch die Bezeichnung: „A Paris chès les Campions freres, rue St Jacques a la Ville de Rouen".

Aus der Zeit stammende, handkolorierte Radierung. 303:219. Mit Rand.

Grossh. Hess. Hofbibliothek-Darmstadt.

ROBERTSONS „MINERVA" (Nr. 440—444).

ROZIÈRE. Kombination von Montgolfière mit Charlière.

163. — Darstellung einer schön dekorierten Rozière. In der Galerie zwei Luftschiffer. Unter dem Bilde die handschriftliche Angabe (Tinte): „Nouvelle machine areostatique construite par ordre du gouvernement / par Mrs Romain destinée a faire le passage de France en Angleterre / conjointement avec Mr Pilastre des Roziers, (Diamètre 33 pieds)". Pilâtre de Rozier und Romain gedachten in einer Rozière den Kanal zu überqueren und fanden als erste Opfer der Luftschiffahrt am 16. Juni 1785 dabei ihren Tod.

Unbezeichnete, kolorierte Bleistiftzeichnung. Grösse des Ballons ca. 134:74.

Frau Albert-Wiesbaden.

— VON ZAMBECCARI (Nr. 341).

SCHIEGG (Nr. 268).

SCHWARZscher LENKBALLON (Nr. 372, 373).

164. STOUPY-BIJONsches PROJEKT. Rotbeflaggtes, von fünf rotgelbgestreiften Ballons getragenes Luftfahrzeug, das mit Steuerung, mit grünen Segelflächen und mit Vorrichtungen zur Gaszirkulation „M" versehen ist. Mit Buchstabenbezeichnung. Unter der Darstellung l. die mit „Description de ce Globe" über-

schriebene sechszehnzeilige Legende: „A. Cinq Ballons . . . de la cadence.“ R. 18 Zeilen: „D. Centre des ailes . . . N. La Baniere.“ Unter dem Bildrande vier Zeilen Text: „Ce Globe au . . . veut le faciliter.“. Unter dem oberen Bildrande die Ueberschrift: „LE VERITABLE NAVIGATEUR AERIEN“.

Unbez., von Michon stammender, 1784 bei Vachez, Quai de Gèvres à l'Espérance, Paris erschienener, handkolorierter Kupferstich, 347:261.

Grossh. Hess. Hofbibliothek-Darmstadt.

STUWER (Nr. 157, 158).

VITEZ (Nr. 370).

WÖLFERTscher BALLON (Nr. 374).

ZAMBECCARI (Nr. 341).

AËROSTATISCHE FIGUREN.

165. BRÜDER ENSSLEN. Auf Wolken schwebender Merkur im grünen Gewand, einen Brief hochhaltend. Unten auf einem rot drapierten Podium Wasserstoff-

Abb. 10. Ensslens Aërostatische Figur „Merkur“. (Vgl. Nr. 165.)

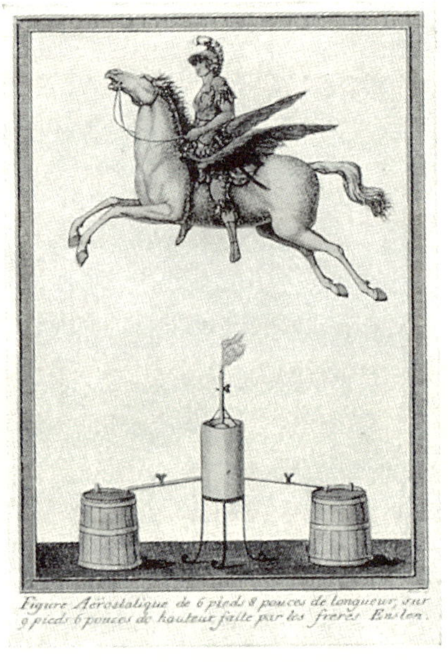

Abb. 11. Ensslens Aërostatische Figur „Geflügelter Krieger“. (Vgl. Nr. 166.)

apparate. Dicht unter dem Bildrande in der r. Ecke mit „Weis sc.“ signiert. Wahrscheinlich Joh. Martin Weis, Kupferstecher, † in Strassburg 1795. Unter dem Bildrande: „L'expèrience de cette Figure Aërostatique haute de 8 pieds, faite par les frères Enslen.“

Handkolorierter Kupferstich, 159:111. Mit Rand.

Abbildung 10. Grossh. Hess. Hofbibliothek-Darmstadt.

166. — Reitender, beflügelter, in der Luft schwebender Krieger, darunter auf dem Fussboden Wasserstoffapparate. Dicht unter dem Bildrande r. „Weis sc.“ Darunter: „Figure Aërostatique de 6 pieds 8 pouces de longueur, sur / 9 pieds 6 pouces de hauteur, faite par les frères Enslen.“ vgl. Nr. 165.

Teilweise (Krieger) kolorierter Kupferstich, 158:112. Schmaler Rand.

Kunstmuseum-Strassburg.

— Dasselbe, *ganz koloriert. Der Krieger etwas anders koloriert. (Grünes Gewand; Fussboden gelblich.) Gleiche Maße, gleicher Text. Breiter Rand.*

Abbildung 11. Grossh. Hess. Hofbibliothek-Darmstadt.

167. ENSSLEN, KARL. Krieger wie Nr. 166. Unter dem Bilde aber die Angabe: „Figure Aërostatique de 6 pieds 8 pouces de longueur, sur / 9 pieds 6 pouces de hauteur, faite par Charles Enslen.“ Signatur wie auf Nr. 166.

Ähnlich handkolorierter Kupferstich (Gewand des Kriegers blau, Fussboden grün). 160:111. Breiter Rand.

Stadtbibliothek-Hamburg.

168. — Freischwebende, modisch gekleidete Dame (Montgolfière als Kopfputz). Unten auf dem Fussboden Apparatur und dazwischen ein mit dem Strassburger Wappen versehenes Postament sichtbar. Ganz dicht unter dem Bildrande r. „Weis sc.“ Darunter: „L'experience de cette figure haute de 8 Pieds pesant 14 Onces / s'est faite le 12e Juillet 1784. à la Citadelle de la Ville de Strasbourg.“ Weiter darunter r. „par Charles Enslen.“

Teilweise kolorierter Kupferstich, 163:111. Schmaler Rand.

Kunstmuseum-Strassburg.

— Dasselbe, *ganz koloriert (die Dame violett, die Montgolfière blau, der Ballonäquator gelb, Apparatur violett). Gleicher Text und gleiche Maße.*

Grossh. Hess. Hofbibliothek-Darmstadt.

— Dasselbe, *anders koloriert. (Die Dame im rotgrünen Gewand, Montgolfière grün, Apparatur gelbgrün). Gleiche Maße; breiter Rand.*

Grossh. Hess. Hofbibliothek-Darmstadt.

169. — Darstellung eines schwebenden Ensslenschen Reiters. Ueber demselben die handschriftliche Aufschrift (Tinte): „Und nun lies Herr Enslen heute d. 24ten / October 1793. Abends um ³/₄. auf 5. Uhr / folgende Figur in Lebens Grösse in die Luft / steigen“. Unter dem Bild die handschriftliche (Tinte) Angabe: „Dieser Reuter war von Goldschlä / ger Blättchen, in Lebens Grösse gefertiget / und mit dephlogistisirter Luft angefüllt, u / wog in Allem 1. ℔ 16. l.º Um ihn im Gleich/gewicht zu erhalten, war oben ein ziemlich / grosser Ballon, gleichfalls mit brennbarer / Luft gefüllt, angebracht; woran er mit Schnu: / ren bevestiget war. Die Füllung desselben / zeigt folgender Kupferstich.“ Der Text von „grosser“ bis an den Schluss auf der Rückseite des Blattes.

Unbez. Holzschnitt. Grösse des Holzschnittes 105:116. Stadtarchiv-Breslau.

170. — Auf der Rückseite des Blattes Nr. 169 der Text von „grosser“ ab. Darunter ein aufgeklebter Kupferstich: Darstellung eines durch einen Ballon hochgetragenen Ensslenschen Reiters. Unten auf dem umzäunten Füllplatz (im Mittelpunkt des Bildes) ein Ensslenscher Reiter in Füllung; l. davon Füllgeräte. Auf einem Fass ein in Füllung begriffener Ballon, und ein dritter Ballon, welcher l. von einem an der Umzäunung befindlichen Mann hochgehalten wird. Hinter dem Zaun und auch weiter im Hintergrunde viele, meist sitzende Zuschauer. Ganz l. im Hintergrunde auf einer Anhöhe ein auf Wache befindlicher Soldat. L. davon im Hintergrunde Bäume und Sträucher. Wolkenfreier Himmel. Dicht unter dem Bilde r. mit „F. G. Endler fecit“ bezeichnet. Friedrich Gottlieb Endler, Kupferstecher in Breslau, * 1763 in Lüben. In der Mitte unter dem Bilde die gedruckte Aufschrift: „Herr Enslens Aerostatischer Reuter / nebst Füllungs / Art zu Bresslau d. 24 Octobr. 1793“.

Kupferstich. Beschnitten. Bildgrösse 140:88. Stadtarchiv-Breslau.

171. AËROSTATISCHER ATLAS. Das oben über dem Bilde mit „Dieser Aerostatischer Atlas, Dessen Cörper, mit dem Globus und / der Wolcke zusam̄en 12 Fusz hoch ist, wird von einer Geselschaft / in Hamburg verfertiget, ū: mit den ersten in die höhe Steigen.“ bezeichnete Blatt zeigt einen über Rauchwolken schwebenden bärtigen, unbekleideten Riesen, den Globus auf dem Rücken tragend. Dicht über dem Bildrande r. unten mit „Pingeling ſculp:“ signiert. G. F. Pingeling arbeitete um 1750 in Hamburg.

Kupferstich, 325:222. Stadtbibliothek-Hamburg.

APPARATUREN.

172. APPARATE ZUR WASSERSTOFFGEWINNUNG. Zwei Darstellungen. R. die von Vallet und Alban stammende Füllapparatur, welche zur Füllung des Blanchardschen Ballons Marsfeld 2. März 1784 diente. Der mit „A“ bezeichnete, oben an einer Rolle befestigte Kugelballon ist durch den Schlauchansatz „B“ und durch die Verbindungskugel „H“ und die Leitungen „G“ mit 10 Paar Wasserstoffentwicklern „D“ in Verbindung. Ueber der Bildumrahmung in der r. Ecke „Tab. I. pag: 239.“ L. Darstellung der von Vallet verbesserten Apparatur zur Gewinnung von Wasserstoffgas. Der mit „A“ bezeichnete, an einer Rolle r. befestigte Kugelballon ist durch den Schlauchansatz „B“, die Verbindungskugel „D“ und die Leitungen „F“ mit fünf Wasserstoffentwicklern „C“ verbunden. In der r. Ecke über der Bildumrahmung „Tab. II. pag: 242.“

Unbez., von Sellier (?) herrührender Kupferstich, 179:242. Mit Rand. Die Darstellungen entsprechen den Tafeln I und II. S. 239 und 242 des Werkes Faujas de St. Fond: Fortgesetzte Beschreibung der Versuche mit den aerostatischen Maschinen. Aus dem Französischen. Leipzig 1785 (Nr. 1002.).

Stadtbibliothek-Hamburg.

173. — Auf sieben einzelnen Figuren (drei in der oberen und vier in der unteren Reihe) die verschiedenen, zur Herstellung von Wasserstoffgas dienenden Apparate. Die Apparate mit Buchstabenbezeichnung, welche auf die textliche, hier fehlende Beschreibung verweist. Unter dem Bildrande die Unterschrift: „Vorstellung der Behältnisse, in welchen die brennbare Luft, zur füllung / der Machinen erzeugt wird.“

Unbez. Buchausschnitt. Grösse der Umrahmung 115:176.

Stadtbibliothek-Hamburg.

III.

BALLON-AUFSTIEGE

1. FREI- UND FESSELBALLONS.

1709

LISSABON — 8. AUGUST (?)

Casa da India — Gusmãos „Passarola“ vgl. Nr. 132.

1783

ANNONAY — DONNERSTAG, 5. JUNI

bei Vivarais (Dép. Hte Garonne)

Montgolfiers erster Versuch; unbemannter Papierballon; Dauer des Versuches zehn Minuten; zurückgelegte Wegstrecke ca. 1000 Toisen = ca. 1950 Meter.

174. Darstellung des über Annonay freischwebenden, rotbraungestreiften Papierballons. Unten Annonay, l. einige Häuser und r. von einer, viele Kurven aufweisenden Strasse eine Kirche sichtbar. In der r. Ecke mit „C. A . . . .“ (?) bezeichnet. Unter dem Bilde die handschriftliche Angabe (Tinte): „L'origine des aréostats, ou la première de toutes les experiences, faite á / Annonay, le 5 Juin 1783. Etienne et Joseph Mongolfier invitèrent / l'assemblée des états particuliers du Vivarais, ils l'enleverent en leur / prèsence, en moins de dix minutes il monta à 1000 toises. Ce / ballon avait 100 pieds de circonfèrence.“

Unbez., kolorierte Bleistiftzeichnung, Grösse des Bildes ca. 145:115.

Dr. Gans-Fabrice-Garmisch.

175. — Der braungelb bemalte Papierballon, aus dem die Feuergarben herausschlagen, schwebt bereits in ansehnlicher Höhe über Annonay. Unten im Vordergrunde noch loderndes, zur Erzeugung der heissen Luft dienendes Feuer, vereinzelte Zuschauer, l. ein Hund und r. ein Schafhüter mit einigen Schafen, sichtbar. Im Hintergrunde das Dorf Annonay, l. die Kirche, in der Mitte am vorgelagerten Berg ein Kirchturm und weiter r. eine zweite höhere Kirche sichtbar. Ganz r. das Dorf selbst. Leicht bewölkter Himmel. Ueber dem Bildrande oben: „Vue d'Annonay en Vivarais.“ Unter dem Bilde: „DEDIÉE A M. M. DE MONTGOLFIER Freres.“ Darunter in kleiner Druckschrift neun Zeilen Text „L'Origine des Aerostats . . . elle se reposa.“ Darunter: „a Paris chez Vachez Md d'Estampes, Quay de Gevres a l'Esperance. A. P. D. R.“

Handkolorierte, von P. G. Tavenard ausgeführte Radierung, 150:102. Schmaler Rand.

Kgl. Universitätsbibliothek-Göttingen.

PARIS — MITTWOCH, 27. AUGUST

Marsfeld

Aufstieg des ersten mit Wasserstoffgas gefüllten Ballons. Die Maschine wurde von den Brüdern Robert unter Leitung von Professor Charles konstruiert. Aufstieg der unbemannten Charlière 5 Uhr Nachmittags; Landung um 5¾ Uhr bei Gonesse; zurückgelegte Wegstrecke ca. 16 km. Die Bauern von Gonesse hielten den herabkommenden Ballon für ein Werk des Teufels und beeilten sich, ihn zu zerstören.

176. Links hoch oben der über dem Marsfelde schwebende Ballon. Unten im Vordergrunde auf dem grossen, freien Platze eine ganze Anzahl teils zu Gruppen vereinigter Zuschauer. Im Hintergrunde l. der sich bis in die Mitte des Bildes erstreckende Palast des Marsfeldes. Wolkenfreier Himmel. Unter dem Bildrande „La Sphère Aréostatique“ überschriebener, sechszeiliger Text: „Ou Globe volant . . . et Charles phisiciens.“

Unbez., aus der Zeit stammende Radierung, 333:206. Mit Rand.

Grossh. Hess. Hofbibliothek-Darmstadt.

— Zweites Exemplar. *Füllplatz leicht getönt, sonst unkoloriert.*

Grossh. Hess. Hofbibliothek-Darmstadt.

177. — Dasselbe. Unter dem Bildrande sechs Zeilen Text: „La Sphère Aréostatique . . . à 6 heures.“ Auf der letzten Zeile, aber in kleinerer Druckschrift die Angaben: „L'invention est de M. Mongolfier d'Annonai en Vivarais, éxécutée par M. Robert sous les yeux de M. M. Faujas de S. Fond / et Charles Physiciens.“

Handkolorierter Kupferstich (Ballon gelblich), beschnitten, 313:184.

Deutsches Museum-München.

178. — Ueber dem Marsfeld der hoch schwebende, grünliche Ballon. Im Vordergrunde des Bildes, innerhalb des runden umzäunten Füllplatzes, Füllgeräte, ein rot und weiss gestreiftes Zelt und patrouillierende Soldaten, ausserhalb der Umzäunung ringsherum Zuschauer sichtbar. Auch r. und l. vom Füllplatz einzelne und zu Gruppen vereinigte Zuschauer; die meisten Frauen mit aufgespanntem Sonnenschirm. R. und l. vom grossen freien Platz schöne Baumalleen. In der Mitte des Hintergrundes der langgestreckte Palast des Marsfeldes. Leicht bewölkter Himmel. Unter dem Bildrande vier Zeilen Text: „La Sphere Areostatique . . . et Charles Phisicien.“

Handkolorierte, unbezeichnete, wahrscheinlich bei Basset, Paris, rue St. Jacques verlegte Radierung. Vom Palast des Marsfeldes lediglich das Dach koloriert. 212:320.

Stadtbibliothek-Hamburg.

179. — In der Mitte hoch oben der schwebende Ballon. Unten im Vordergrunde auf dem grossen, freien Platze Zuschauer, vereinzelt und zu Gruppen vereinigt. Im Hintergrunde l. der sich bis in die Mitte des Bildes erstreckende Palast des Marsfeldes. Unter dem Bildrande die Bezeichnung: „Sphère Aérotiatique ou Globe volant.“ Darunter folgen fünf Zeilen Text: „Ce Globe de . . . Globes plus volumineux.“

Stich (Sepia), beschnitten. Bildgrösse mit Text 268:194.

Deutsches Museum-München.

180. — Darstellung des l. hoch oben über dem Marsfelde schwebenden, rötlichen Ballons. Im Vordergrunde des Bildes auf dem breiten Platz des Marsfeldes Zuschauer einzeln und zu Gruppen vereinigt. Eine vom Platze bis zum Ballon führende, schwach punktierte Linie markiert die vom Ballon bereits zurückgelegte

Wegstrecke. Im Hintergrunde des tiefen freien Platzes der stattliche Palast des Marsfeldes. Jenseits der Umzäunung auf beiden Seiten viele tausende Zuschauer. Ganz im Hintergrunde r. und l. Parkanlagen. Blauer, wolkenfreier Himmel. Unter dem Bildrande „EXPERIENCE PHYSIQUE DE LA MACHINE ARÉOSTATIQUE". Darunter vier Zeilen Text: „De M^{rs} de ... tombé à Gonesse."

Unbez., handkolorierte, aus der Zeit stammende Radierung, 247:182. Mit Rand.

Grossh. Hess. Hofbibliothek-Darmstadt.

181. — Der unbemannte Ballon, hoch über dem Marsfeld schwebend. Im Vordergrund zahlreiche Zuschauer. Zu den Gebäuden führen l. und r. zwei prächtige Baumalleen. Ganz l. Kirchturm sichtbar. Auf dem Karree zwischen dem Vordergrund, den Alleen und dem Mittelbau befinden sich nur wenige Personen. Leicht bewölkter Himmel. Unter dem Bilde die Aufschrift: „REPRESENTATION of the AIR BALOON of Mr MONTGOLFIER, in the FIELD of MARS near PARIS." Es folgen dann drei Zeilen Text: „This Baloon of ... 300,000 People." Darunter in der Mitte: „Published Novr 26th 1783, by John Wallis, at his Map Warehouse Ludgate Street."

Kupferstich (Ballon gelbkoloriert). Bildgrösse 350:252.

Dr. Alex Meyer-Frankfurt a. M.

— Dasselbe. *Plattengrösse 390:268. Mit schmalem Rand.*

Frau Albert-Wiesbaden.

182. — L. hoch oben der braune Ballon. Im Vordergrunde des Bildes schaulustige Volksmengen zu Fuss und zu Pferde. Von dem im Vordergrunde von der Volksmenge eingenommenen Platz führt in der Mitte des Bildes an prächtigen Gärten vorbei eine schöne breite Strasse nach dem Hintergrunde. R. das Häusermeer von Paris. Ganz r. im Vordergrunde auf einem Wagen ein grosses Fass (Wasserverkauf?) und daneben eine Staatskarosse. Im Hintergrunde ganz l. auf einem Hügel sechs Windmühlen. Unter dem Bilde: „Expérience de la Machine Aréostatique de Mrs de Montgolfier, d'Anonai en Vivarais." Darunter zwei Zeilen Text: „Reppetée à Paris ... de Saint Fond." Darunter in der Mitte noch: „Se vend à Paris chez Le Noir M^{d} d'Estampes au Louvre et rue du Coq St Honoré."

Radierung. Ballon koloriert. Bildgrösse 357:257.

Kgl. Landesbibliothek-Stuttgart.

183. — Ganz hoch oben der über dem Marsfelde schwebende gelbe Ballon. Im Vordergrunde schaulustige Volksmengen; l. ein auf einem Wagen befindliches grosses Fass (Wasserverkäufer.) Im Hintergrunde l. das Häusermeer von Paris (Kuppeln der Kirchen rot.) In der Mitte des Bildes r. der stattliche, mit einem roten Dach versehene Palast des Marsfeldes. Auf der breiten zum Palast führenden Strasse nur wenige Fussgänger. L. und r. von der Strasse Baumgruppen und Wald. Im Hintergrunde r. drei Windmühlen. Blauer Himmel. Oben dicht unter dem Bildrande in Spiegelschrift der Aufdruck: „EXPERIENCE DE LA MACHINE

AREOSTATIQUE" Unter dem Bilde in der Mitte ein Vertikalstrich und l. davon: „Expérience de la Machine Aréostatique / de Mrs de Montgolfier, d'Anonai en Vivarais." Darunter drei Zeilen französischer Text: „Reppetée à Paris . . . de Saint Fond." R. vom Vertikalstrich: „Versuch mit der aerostatischen Maschine / der Herren von Montgolfier, aus Anonai im Vivarais." Darunter drei Zeilen deutscher Text: „Welcher Zu Paris . . . Stande gebracht worden."

Handkolorierte, unbez., aus der Zeit stammende Radierung, 295:407. Mit Rand.

Deutsches Museum-München.

— Dasselbe, *ganz ähnlich koloriert, Bildgrösse 250:380.*

Dr. Gans-Fabrice-Garmisch.

— Dasselbe, *unkoloriert, 295:405. Mit schmalem Rand.*

Stadtbibliothek-Hamburg.

184. — Der braune Ballon hoch über dem Marsfelde schwebend. Unten im Vordergrunde in und vor dem umzäunten Füllplatz sitzende und stehende, meist zu Gruppen vereinigte Zuschauer. Im Hintergrunde, die ganze Bildbreite einnehmend, das Schloss des Marsfeldes. Bewölkter Himmel. Oben dicht über dem Bilde die Aufschrift: „Vuë du Champs de Mars." Dicht unter dem unteren Bildrande: „DEUXIEME EXPERIENCE" Darunter sieben Zeilen kleingedruckter Text: „Exécutée a Paris . . plus mauvais état." Darunter: „A Paris chez Vachez M^d D'Estampes, Quay de Gevres a l'Esperance. / A. P. D. R."

Handkolorierte, unbez., von Tavenard ausgeführte Radierung, 150:102. Schmaler Rand.

Kgl. Universitätsbibliothek-Göttingen.

LANDUNG IN GONESSE.

185. — Das Blatt zeigt den hoch über Gonesse schwebenden Ballon. Unter dem Bilde die handschriftliche (Tinte) Angabe: „Globe aerostatique enlevé au champ de Mars et tombé / près le village de Gonesse (10 mars 1784.)" Falsche Angabe; die Landung bei Gonesse erfolgte am 27. August 1783.

Bleistiftzeichnung (in der r. Ecke unter der Landschaft mit „C. A." [?] bezeichnet). Grösse des Blattes ca. 227:156.

Louis Ricard Nachf.-Frankfurt a. M.

186. Das Bild zeigt den noch prallen Ballon auf dem Erdboden liegend. Die herbeigeeilten Bauern eben damit beschäftigt, den Ballon durch Steinwürfe, Angriffe mit Hacken, Heugabeln, Dreschflegeln etc. zu zerstören. Ganz im Vordergrunde ein Bauer mit der Heugabel, daneben r. ein heranspringender Hund und ganz r. ein auf den Ballon schiessender Schütze. R. im Vordergrunde noch ein (scheuendes) Pferd sichtbar, an dessen Schweif eben der Ballon angebunden wird. R. dahinter ein Haus mit gedeckter Veranda. Auf derselben drei der Zerstörung des Ballons zuschauende Personen; unterhalb der Veranda am geöffneten Fenster ein weiterer Zuschauer. Ganz l. ein auf einen Baum gekletterter Bauernbursche. Im Hintergrunde des Bildes Gonesse mit der stattlichen Dorfkirche und ganz l. die breite Dorfstrasse.

Im fernen Hintergrunde Gebirgshügel. Klarer Himmel. In der Mitte über dem Bildrande in Spiegelschrift: „ALLARME GÉNÉRALE DES HABITANS DE GONESSE OCCASIONÉE PAR LA CHÛTE DU BALLON ARÉOSTATIQUE DE M^r DE MONTGOLFIER“ In der l. Ecke über dem Bildrande noch die Angabe: „Collection des Prospects.“ Unter der linken Bildhälfte: „Allgemeiner Lärmē der Jnwohner zu Gonesse, welche durch dē Fall der Luftkugel des H^n v. Montgolfier erregt worden.“ Darunter neun Zeilen kleingedruckter Text (die zwei Wörter der letzten Zeile in kleinster Schrift): „Diese Kugel, welche ... Klafter / queerfeld ein.“ Unter der r. Bildhälfte jenseits eines Vertikalstriches, der französische Text: „Allarme Générale des Habitants de Gonesse, occasionée par la chûte du Ballon Aréostatique de M^r De Montgolfe.“ (Montgolfier). Darunter acht Zeilen kleingedruckter Text: „Ce Ballon, de . . . à travers Champs.“ Mitten unter dem deutschen und französischen Text noch in kleinster Druckschrift die Angabe: „Se vend à Augsbourg dans le Négoce comūn de l'Academie Imperiale d'Empire des Arts libér aux avec Privilège de Sa Majesté Impèriale et avec Defense de n'en fair ni d:vendre de Copies.“

Aus der Zeit stammende Radierung. Guckkastenbild, wahrscheinlich bei Will in Augsburg erschienen. 296:405. Mit Rand.

Stadtbibliothek-Hamburg.

— Dasselbe. *Vollständig handkoloriert. Ballon gelbrot gestreift.*

Dr. Liebmann-Frankfurt a. M.

187. — Aehnliche Darstellung. Das Haus mit Veranda rechts fehlt. Unmittelbar hinter dem Ballon der Baum mit dem Bauernburschen sichtbar. Unter dem unteren Bildrande: „A MESSIEURS LES SOUSCRIPTEURS. / ALLARME GÉNÉRALE DES HABITANTS DE GONESSE, occasionée par la chûte du Ballon Aérostatique de M^r De Montgolfier.“ Darunter sieben Zeilen kleingedruckter Text: „Ce Ballon, de . . . à travers Champs.“ Darunter r.: „Se vend à Paris chez Le Noir M^d Fournisseurs des Estampes du Cabinet du Roi, demeurant au Louvre.“

Aus der Zeit stammende Radierung, Bildgrösse 186:278. Ohne Rand.

Dr. Alex Meyer-Frankfurt a. M.
Kgl. Landesbibliothek-Stuttgart.

188. — Dasselbe. Unter dem Bilde l. auf sieben Zeilen französischer Text: „La Machine Aréostatique . . . pieds de Circonference“. R. sieben Zeilen deutscher Text: „Die zu Paris . . . Schu im Umkreis“. Darunter r. „se vend chez I. M. Will à Augsbourg.“ Johann Martin Will (Wille), Kupferstecher, 1765—1805.

Aus der Zeit stammende Radierung, Grösse der Bildumrahmung 177:268.

Germanisches Nationalmuseum-Nürnberg.

189. — Dasselbe, jedoch mit dem Unterschiede, dass unter dem französischen Text ganz l. sich noch die Angabe „gestochen nach dem Pariser Original“ befindet.

Aus der Zeit stammende Radierung, Bildgrösse 177:268.

Stadtbibliothek-Hamburg.

190. — Dasselbe von der anderen Seite gesehen und nur mit deutschem Text. Unter dem Bilde neun Zeilen Text: „Der durch den . . . über die Felder.“ Die letzten zwei Zeilen in wesentlich kleinerem Druck als die sieben vorhergehenden Zeilen. Auf der neunten Zeile r. die Bezeichnung „Joh: Mich: Probst exc. A. V.“
Aus der Zeit stammende Radierung, 227:326. Deutsches Museum-München.

— Dasselbe, *Bildgrösse 188:278.* Stadtbibliothek-Hamburg.
Louis Ricard Nachf.-Frankfurt a. M.

VERSAILLES FREITAG, 19. SEPTEMBER

„Tieraufstieg“, d. h. Aufstieg einer Montgolfière um 12 Uhr 55 Minuten mit drei Tieren als Passagieren, einem Hammel, einem Hahn und einer Ente, welche wohlbehalten bei Vaucresson landeten; Fahrzeit 8 Minuten; zurückgelegte Wegstrecke ca. 1700 Toisen = ca. 3300 Meter.

191. Darstellung des noch dicht über dem Füllplatz schwebenden Ballons. Die prächtig dekorierte, mit dem Königsmonogramm versehene blaue Montgolfière, in dem angehängten Korb die drei Tiere tragend. Unten, im Vordergrunde des Bildes, auf dem erhöhten Füllplatz fünf Personen sichtbar. Ueber dem Bilde innerhalb der Umrahmung zwölf Zeilen Text: „LE GLOBE AËROSTATIQUE construit . . . il est tombé.“
Unbez., handkolorierte Radierung, 370:200. Mit Rand.
Grossh. Hess. Hofbibliothek-Darmstadt.

192. — Darstellung der r. hochschwebenden, prächtig dekorierten, mit dem Königsmonogramm versehenen Montgolfière. Unten im Vorder- und Hintergrunde, rings um den erhöhten Füllplatz vieltausendköpfige Zuschauermengen. Ganz im Vordergrunde eine überlebensgrosse Skulptur (sitzender, weiblicher Genius, einen Lorbeerkranz hochhaltend) sichtbar. Im Hintergrunde die prächtigen Versailler Schlossbauten. Auf den Schlossterrassen, an den Fenstern, auf den flachen Schlossdächern überall Zuschauer. Auch die das Lilienwappen zeigenden Schlosszugänge mit Zuschauern dicht besetzt. Bewölkter Himmel. Unter dem Bildrande die Widmung: „A Monsieur de Faujas de St Fond, de Plusieurs Accadémies.“ Darunter: „EXPÉRIENCE AËROSTATIQUE Faite à Versailles le 19. Septembre 1783, en présence de leurs Majestés, de la Famille Royale et de plus de 130. milles Spectateurs Par Mrs de Montgolfier / avec un Ballon de 57. Pieds de hauteur, sur 41. de diamêtre.“ Darunter sechs Zeilen Text: „Cette superbe machine . . . plus légère incommodité.“ Darunter noch die Angabe: „A Paris Chez Le Noir Md Fournisseur du Cabinet des Estampes du Roi demeurant au Louvre.“ Dicht unter dem Bildrande in der Mitte ein eingepresster, weisser Prägestempel (Porträt). Verlegermarke (?).
Radierung, 245:336. Bildgrösse 183:278. Mit Rand.
Grossh. Hess. Hofbibliothek-Darmstadt.

— Dasselbe. *245:340. Bildgrösse 183:280.*
Staats-, Kreis- und Stadtbibliothek-Augsburg.

— Dasselbe, *auf getöntem Papier. 245:335. Bildgrösse 180:278. Beschnitten. Ohne jeden Rand.*
Kgl. Landesbibliothek-Stuttgart.

193. — Darstellung der eben hochgehenden blauen, mit den Königsinitialen dekorierten Montgolfière. Am anhängenden Korb die heraussteckenden Köpfe der Tiere sichtbar. Im Vordergrunde auf dem erhöhten, noch rauchenden Füllplatz drei Leute, davor und dahinter vieltausendköpfige Zuschauermengen. Im Hintergrunde die Versailler Schlossbauten. Auf der Schlossterrasse l., auf den Dächern etc. überall Zuschauer. Leicht bewölkter Himmel. Unter dem Bilde die Angabe: „EXPÉRIENCE AÉROSTATIQUE Faite à Versailles le dix neuf, Septembre 1783. / En présence de leurs Majestés, de la Famille Royale et de plus de 130. milles Spectateurs. Par Mrs de Montgolfier / avec un Ballon de 57. Pieds de hauteur, sur 41 de Diamêtre." Darunter achtzeiliger Text: „Cette Superbe machine . . . n'éprouverent aucune incommodité". Darunter noch: „A Paris chez Basset rue St Jaques."

Radierung, lediglich die Montgolfière (hand) koloriert. Die r. obere Ecke des Blattes fehlt. Bildgrösse 283:193.

Stadtbibliothek-Hamburg.

Abbildung 12.

194. — Die blaurote, mit den Königsinitialen versehene Montgolfière l. über dem Versailler Schloss schwebend. Im Korbe „a" die drei Tiere. Im Vordergrunde des Bildes der mit vielen Tausenden dichtbesetzte Schlossplatz. Ganz im Vordergrunde l. eine überlebensgrosse Skulptur (sitzender weiblicher Genius, einen Lorbeerkranz (?) hochhaltend). Im Hintergrunde die prächtigen Schlossbauten, die ganze Bildbreite einnehmend. Auf dem Dache des mittleren Schlossgebäudes, sowie auf allen anderen roten Dächern überall Zuschauermengen sichtbar. Ueber dem Bildrande oben die Aufschrift: „Herrn von Montgolfier wichtige Endekung der Luft Machine". Unter dem Bilde vierzehnzeiliger Text: „AEROSTATISCHER VERSUCH so . . . in dem Korb." Rechts darunter die Bezeichnung: „Joh:Mich: Probst exc:A:V:"

Handkolorierte Radierung, Bildgrösse 249:212. Stadtbibliothek-Hamburg.

195. — Die über dem Schlossplatz l. schwebende, mit dem Königsmonogramm versehene, blaue Montgolfière trägt in dem viereckigen Korb die drei Tiere. Die weit herausgesteckten Köpfe r. des Hahnes und l. der Ente sichtbar. Auf dem grossen, freien Schlossplatz wenige, zu Gruppen vereinigte Zuschauer. L. und r. die sich bis in den Hintergrund erstreckenden Schlossgebäude. Ganz im Vordergrunde l. innerhalb der Umzäunung eine Kanone. Im fernen Hintergrunde der Versailler Park, die ganze Bildbreite einnehmend. Auf dem Bilde, vor der Umzäunung die Angabe: „Experience Areostatique faite à Versailles le 19 Sept^bre 1783 en presence / de leurs Majestés et de la famille Royale par Mr de Montgolfier avec un / Balon de 52 pieds d'hauteur sur 41 de Diamettres. Cette Superbe machine a fond / d'asur avec le Chiffre du Roi pesant 900 livres. Ce balon a été enlevé avec / toutes l'aplaudissement de tout les Spectateurs et a tombé dans le Bois de Vaucresson / Carrefour Marechal." Naive Darstellung.

Unbez., kolorierte Radierung (Volksdruck). Oben über den Plattenrand noch 20 mm hinausgehend, der Himmel blau koloriert. Aus der Zeit stammend. Beschnitten. Bildgrösse ca. 170:232.

Kgl. Landesbibliothek-Stuttgart.

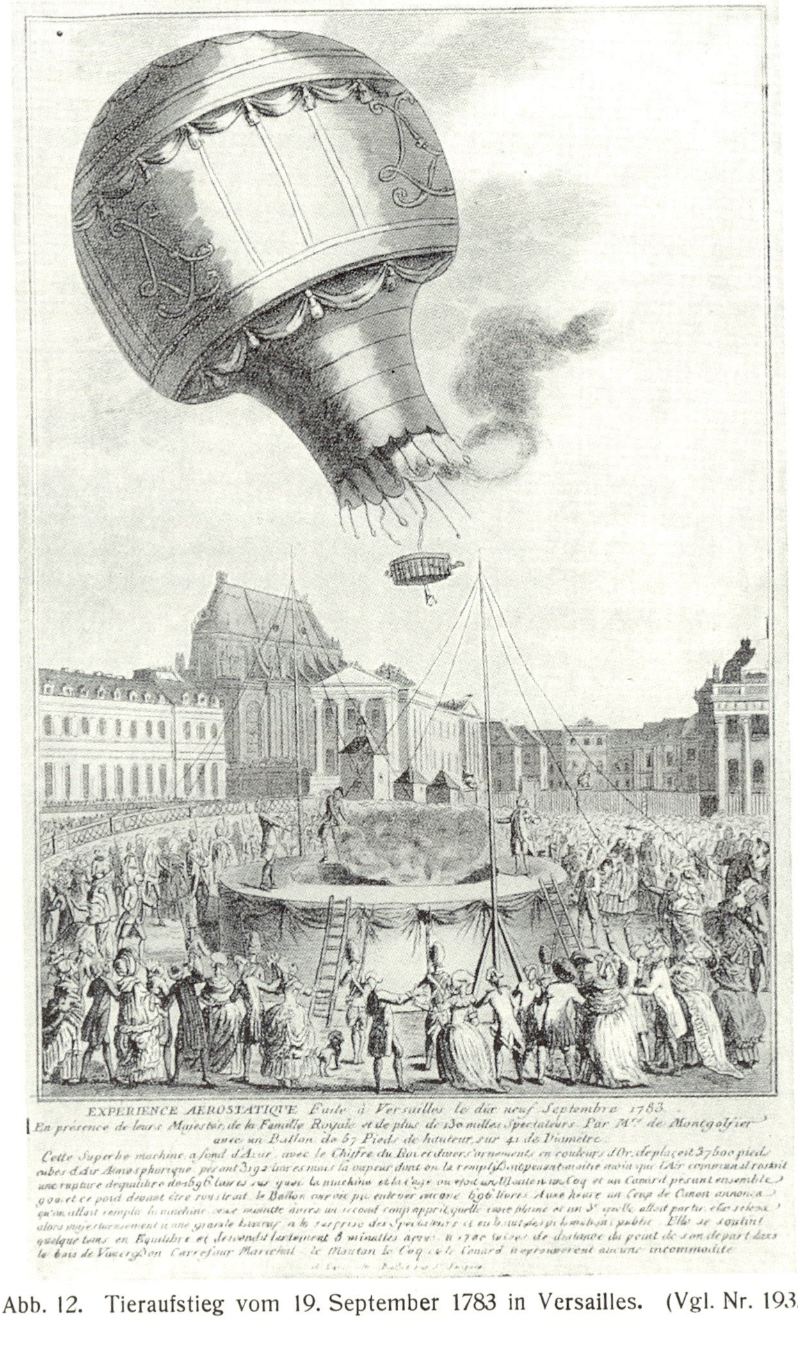

Abb. 12. Tieraufstieg vom 19. September 1783 in Versailles. (Vgl. Nr. 193.)

196. — Die rotdrapierte, mit dem Königsmonogramm versehene, blaue Montgolfière schwebend. Im Vordergrunde der erhöhte Füllplatz. Davor und dahinter vieltausendköpfige Zuschauermengen. Im Hintergrunde das mit einem blauen Dach versehene Schloss Versailles, fast die ganze Bildbreite einnehmend. Ueber dem Bildrande hoch oben in der Mitte die Aufschrift: „Vuë de Versaille / prise du coté de la Chapelle." Unter dem Bilde, direkt unter dem Bildrande: „1re EXPERIENCE FAITE A VERSAILLE le 19 7bre 1783. / dans la grande Cour du Chatheau." Darunter sechs Zeilen kleingedruckter Text: „Mr. de Montgolfier . . . n'eprouverent aucun derangement." Darunter: „A Paris chez de Vachez, Md d'Estampes, Quay de Gevres à l'Esperance. A. D. D. R."

Handkolorierte, unbezeichnete, von Tavenard stammende Radierung. 152:104. Schmaler Rand.

Kgl. Universitätsbibliothek-Göttingen.

197. — Die rot drapierte, mit dem Königsmonogramm versehene, gelbe Montgolfière l. über den Versailler Schlossbauten. Im Hintergrunde die prächtigen Schlossbauten, die ganze Bildbreite einnehmend. Auf den flachen Dächern (vielfach rotgemalt) Zuschauer. Im Vorder- und Hintergrunde, rings um den erhöhten Füllplatz, vieltausendköpfige Zuschauermengen. Ganz im Vordergrunde l. eine überlebensgrosse Skulptur (sitzender, weiblicher Genius), einen Lorbeerkranz emporhaltend. Blauer, leicht bewölkter Himmel. In der Mitte über dem Bildrand in Spiegelschrift: „EXPERIENCE AROSTATIQUE FAITE VERSAILLES LE 19. SEPT. 1783." Unter dem Bildrande unter der l. Bildhälfte: „EXPÉRIENCE AEROSTATIQUE Faite à Versailles le 19. Sept. 1783. en présence de leurs Majestés de la Famille Roÿale". Darunter noch neun Zeilen kleingedruckter Text: „et de plus . . . plus legére incommodite." Unter der r. Bildhälfte der durch einen Vertikalstrich getrennte deutsche Text auf zehn Zeilen: „Versuch, welcher Zu . . . das geringste gelitten."

Unbez., handkoloriertes Blatt. Gestochen und radiert. Aus der Zeit stammend (Probst Augsburg?) 293:407. Mit Rand.

Dr. Liebmann-Frankfurt a. M.

— Dasselbe. *Unkoloriert.* Stadtbibliothek-Hamburg.

198. — Die schön dekorierte, mit dem Königsmonogramm versehene Montgolfière, gerade den rauchenden erhöhten Füllplatz verlassend. Vor und hinter demselben spalierbildende Soldaten und ringsherum vieltausendköpfige Zuschauermengen. Auf der Schlossterrasse, auf dem Dache des Schlosses etc. überall Zuschauer. In der r. Ecke über der Bildleiste „Pla: 5.". Dicht unter der Bildleiste l. „Ch. De Lorimier del" und r. „N. De Launay dict " Nicolas Delaunay, Kupferstecher, *1739 in Paris, † daselbst 1792; Chevalier de Lorimier, Maler, †1813 Paris. Unter dem Bilde: „Expérience faite à Versaille, en présence de leurs Majestés et de la Famille Royale, / par Mr. Montgolfier, le 19. Sept. 1783. / La Machine Aérostatique avoit 57. Pieds de haut sur 41. de Diamètre."

Kupferstich, 177:112. Uebereinstimmend mit dem Titelbild aus: Faujas de Saint-Fond: Description des expériences de la machine aérostatique de MM. de Montgolfier. Paris 1783. (Nr. 978). Die Originalzeichnung (Sepia) Lorimiers befindet sich im Musée Carnavalet in Paris.

Frau Albert-Wiesbaden.

199. — Dasselbe mit deutschem Text. Dicht über der oberen Bildleiste r. „Tab. 5." Unter dem unteren Bildrande l. „C. de Lorimier delin." und r. „H. I. Tyroff sc. 1784." Lorimier vgl. Nr. 198; Hermann Jakob Tyroff, Kupferstecher, * 1742 in Nürnberg, † 1798 daselbst (?). Unter dem Bilde: „Versuch mit dem Luftball 57 Schuh hoch, 41. im Durch- / messer, zu Versailles, in Gegenwart S$^{r.}$ Königl. Majestät / am 19$^{\underline{ten}}$ Sept. 1783."

Kupferstich, beschnitten. Bildgrösse 152:101. Tafel 5 aus dem Buche: Der Herren Stephan und Joseph Montgolfier Versuche mit der von ihnen erfundenen aerostatischen Maschine. Ein Auszug aus der französischen Beschreibung des Herrn Faujas de Saint-Fond von C. G. von Murr. Nürnberg 1784. (Nr. 1003.)

Karl W. Hiersemann-Leipzig.

200. — Dasselbe, jedoch mit dem Unterschiede, dass die Bezeichnung „Tab. 5" fehlt und dass der Text des vorliegenden Exemplars lautet: „Versuch, welche Herr Montgolfier den 19 Herbstmonates 1783 / zu Versailles in Gegenwart Ihrer Majestäten und der / König. Familie gemacht hat / die Luftmaschine hielt 57. Schuhe in der Höhe und 41 im Durchmesser." Darunter l.: „F. Assner sc." signiert.

Kupferstich, aus einem Buche, 202:128. Breiter Rand.

Th. Löwenthal-Stuttgart.

PARIS, SONNTAG, 19. OKTOBER

Rue de Montreuil (Faubourg St. Antoine)

Erster bemannter Aufstieg (Fesselballon). Vorversuche am 15. und 17. Oktober. Pilâtre de Rozier stieg um 4 1/2 Uhr allein zur Höhe von 200 Fuss auf. Am gleichen Tage zweiter Aufstieg Pilâtres (250 Fuss, Zeitdauer 8 1/2 Minuten); dritter Versuch: Bemannung Pilâtre und Giroud de Villette (324 Fuss in 9 Minuten); vierter Versuch am gleichen Tage: Bemannung Pilâtre und der Marquis d'Arlandes.

LA MUETTE FREITAG, 21. NOVEMBER

Erste Freifahrt, Bemannung: Pilâtre de Rozier und Marquis d'Arlandes. Aufstieg um 1 Uhr 54 Minuten, Landung nach ca. 25 Minuten 2 Uhr 20 bei Butte — Aux — Cailles (Croulebarbe-Mühle). Zurückgelegte Wegstrecke nahezu 5000 Toisen = ca. 10 km. Das im Schloss La Muette um 5 Uhr Nachmittags am gleichen Tage ausgefertigte Protokoll trägt folgende Unterschriften: Herzog von Polignac, Herzog von Guines, Graf von Polastron, Graf von Vaudreuil, Graf von Hunaud, Benjamin Franklin, Faujas de St. Fond, Delisle und Leroy.

201. Die prächtig dekorierte, blaue Montgolfière zur Abfahrt bereit. In der rot drapierten Galerie die beiden Luftschiffer barhäuptig stehend, sich von den drei auf dem Füllplatz befindlichen Herren verabschiedend. Unterhalb des rauchenden Füllplatzes r. und l. insgesamt noch neun Zuschauer. Dicht über dem Bildrande in der l. Ecke „L. Campion" (?) bezeichnet. Unter dem Bildrande: „LE GLOBE ENLEVÉ A LA MUETTE." Darunter sechszehn Zeilen Text: „Aujourd'hui 21 Novembre . . . L'Academie des Sciences."

Radierung. Aquatinta, 368:279. Schmaler Rand.

Grossh. Hess. Hofbibliothek-Darmstadt.

202. — In der Galerie r. und l. zwei grüssende Luftschiffer (Pilâtre de Rozier und d'Arlandes) stehend. Im Vordergrunde l. und r. zwischen den Masten, der noch Rauchwolken zeigende Füllplatz. L. und r. vor den Bäumen Zuschauer.

In der Mitte des Hintergrundes Schloss La Muette (Lilienwappen). Die Montgolfière, das Schloss, der Füllplatz u. s. w. mit Buchstabenbezeichnung. In der Mitte über dem oberen Bildrande „Tab. I.“ Unter dem unteren Bildrande drei Zeilen deutscher Text: „Genaue Abbildung der Aërostatischen Maschine mit welcher / Mr. Montgolfier den 21. November Ao. 1783. Auf dem Schloss-Plaz / la Muette den ersten Versuch machte. gestochen nach dem Pariser Original.“

Unbez. Kupferstich von J. M. Will (?), teilweise (Montgolfière) handkoloriert. Beschnitten. Bildgrösse 262:182. Die dazu gehörende Erklärungstafel fehlt.

Deutsches Museum-München.

203. — Dasselbe mit Erklärungstafel, etwas anders koloriert, Ballon blauweiss, Draperie rot. Die zweiseitige Erklärungstafel ist auf der Rückseite unter dem Strich bezeichnet: „Die beide Kupfer=Tafeln, nebst dieser Erklärung sind auf der Kays. R. O. P. Amts= / Zeitungs=Expedition in Frankfurth zu haben, Briefe und Gelder bittet man Franco.“

Kupferstich, 324:202, mit vollem Rand; Erklärungstafel 343:207.

Germanisches Nationalmuseum-Nürnberg.

204. — Dasselbe, unkoloriert mit gleicher Bezeichnung und gleichlautendem Text, wie Nr. 202, jedoch mit dem Unterschiede, dass neben der Angabe l.: „gestochen nach dem Pariser Original“ sich r. noch „se vende chez I. M. Will à Augsbourg.“ befindet. Johann Martin Will (Wille), Kupferstecher, 1765—1805. Die in deutscher und französischer Sprache abgefasste zweiseitige Erklärungstafel unten auf der Rückseite mit „Se vend chez I. M. Will a Augsburg.“ Vorderseite der Tafel oben mit „Tab. I.“ bezeichnet. Darunter neunzehn Zeilen französischer Text: „Le ciel étoit . . . de 1700 Livres.“ Der deutsche Text ist überschrieben: „Uebersetzung des französischen Original-Berichts Tab. I.“ Deutscher Text mit Legende dreiunddreissig Zeilen: „Der Himmel war . . . Allee im Schlossgarten.“

Bildgrösse 253:174; Grösse der Erklärungstafel 333:185.

Stadtbibliothek-Hamburg.

205. -- Dasselbe, jedoch mit dem Unterschiede, dass die Buchstabenbezeichnung ganz fehlt und der Ballon anders, resp. das ganze Blatt handkoloriert ist. Die prächtig dekorierte Montgolfière (vgl. Beschreibung Nr. 148) blaugold koloriert mit roter Draperie. Ueber dem oberen Bildrande „Confusion des mauvais plaisans.“ Unter dem unteren Bildrande: „Expérience de la Machine Aërostatique de M. Mongolfier au Châtu. de la Muette, le 21 9bre 1783,“ Darunter neun Zeilen französischer Text: „Le Ciel étoit . . . est de 1700“. Darunter noch die Angabe: „A Paris chez Esnauts et Rapilly, rue St. Jacques, à la Ville de Coutances.“

Radierung. Bildgrösse 262:184.

Stadtbibliothek-Hamburg.

206. — Dasselbe wie Nr. 205. Lediglich die Montgolfière koloriert. Unter dem gleichlautenden Text fehlt die Bezeichnung „A Paris etc." Ueber dem Blatte ebenfalls „Confusion des mauvais plaisans."

Unbez. Radierung, von Esnauts et Rapilly; blaue Montgolfière rot drapiert. 320:205. Mit Rand.

Grossh. Hess. Hofbibliothek-Darmstadt.

— Dasselbe. *Unkoloriert. Gleicher Text. Gleiche Maße.*

Majer-Leonhard-Frankfurt a. M.

207. — Aehnliche Darstellung wie Nr. 206; jedoch mit dem Unterschiede, dass die reich dekorierte, mit dem Königsmonogramm versehene, blaugelbe Montgolfière dicht über dem Schlosse La Muette schwebt und dadurch grösser erscheint. Unter dem Bilde: „Vorstellung der gar prächtigen Aerostatischen Luft-Machine verfertiget von Herrn Montgolfier." Darunter dreizehn Zeilen kleingedruckter Text: „Den 21t. Novembr. . . . de St. Fond." Darunter in der Mitte: „Zu finden bey J. Rudolf Holzhalb Kupferstecher in Zürich." Johann Rudolf Holzhalb, Kupferstecher, * 1730 in Zürich, † 1805 daselbst.

Kolorierter Kupferstich, 370:226. Landesbibliothek-Bern.

208. — Dasselbe. Montgolfière blau, Draperie rot. Unter dem Bilde: „Extrait du Journal du 21 Novembre 1783." Darunter sechszehn Zeilen kleingedruckter Text: „Aujourd'hui 21 Novembre . . . l'Academie des Sciences." R. noch die Angabe: „A Paris chez Basset rue St. Jacques."

Radierung, Montgolfière und Luftschiffer koloriert. Grösse der Umrahmung 289:207.

Stadtbibliothek-Hamburg.

209. — Dasselbe. Lediglich mit dem Unterschiede, dass die letzte Zeile: „A Paris" etc. fehlt.

Unbez. Radierung von Basset. Aehnlich koloriert. Gleiche Maße.

Kgl. Landesbibliothek-Stuttgart.

210. — Die mit dem Königsmonogramm versehene, blaue, reich mit Gold ausgemalte Montgolfière über dem Häusermeer von Paris schwebend. L. im Hintergrunde das Pantheon (?) und die zwei Türme der Kirche Notre-Dame. Ganz im Vordergrunde eine mit „S" bezeichnete Wallmauer, dahinter eine die grüne Seine überquerende Fähre sichtbar. Am diesseitigen Seineufer ein Wagen und einzelne Fussgänger. Bewölkter Himmel. Ueber dem oberen Bildrande: „VUE DE LE TERRASSE DE MR. FRANKLIN A PASSI." Unter dem unteren Bildrande ganz r. in kleinster Schrift: „P. G. Tavenard scu ** " Die zwei ** unleserliche Buchstaben. Unter dem Bilde sieben Zeilen Text: „Premier voyage Aérien . . . plus legere incomodité." Darunter: „A Paris chez Vachez, quai de Gèvres, à l'Espérance. / A. P. D. R."

Handkolorierte Radierung, 150:103. Kgl. Universitätsbibliothek-Göttingen.

211. — Gleiche Darstellung wie Nr. 210. Dicht unter der unteren Bildleiste l. „Dessiné par le Ch^er de Lorimier," r. „Gravé par N. de Launay." Chevalier de de Lorimier, vgl. Nr. 198; Nicolas de Launay, vgl. Nr. 198. In der Mitte unter dem Bilde eine Vignette, eine reich dekorierte, umgekippte, auf Wolken ruhende Montgolfière darstellend. L. und r. davon: „Premier Voyage Aërien En présence de Mgr le Dauphin / Experience faite, dans le Jardin de la Muette / Sous la Direction de Mr Montgolfier, / Par M^r le Marquis d'Arlandes et Mr Pilatre du Rosier, le 21. 9bre 1783." Unterhalb der Vignette noch „Vue de la Terasse de M. Franklin à Passi."

Kupferstich, Bildgrösse 155:104. Titelbild des Werkes von Faujas de Saint-Fond: Première suite de la description des expériences aérostatiques de MM. de Montgolfier. Tome second. Paris 1784. (Nr. 978.)

Ferd. J. Mela-Frankfurt a. M.

LANDUNG BEI GENTILLY (CROULEBARBEMÜHLE).

212. Die blaue Montgolfière r. eben gelandet. Unterhalb der Montgolfière Rauchwolken. Einer der Luftschiffer ist gerade im Begriffe, aus der Galerie herauszusteigen. Im Vordergrunde und r. und l. eine Anzahl Zuschauer, ganz r. ein Wagen. In der Mitte des Hintergrundes die Mühle Croulebarbe, davor ein Schäfer mit seiner Herde. Ganz r. eine bereits eingezeichnete, oben an der Spitze einen Ballon tragende Pyramide, die laut Text (zweite und dritte Zeile): „mémoire éternelle a la gloire de Mr de Montgolfier auteur de cette découverte et de M^rs le Marquis d'Arlandes / et Pilatre du Rozier Premiers Voyageurs Aériens" vorgesehen war. Unter dem Bildrande vier Zeilen Text: „Décente de la . . . heures 20 Minuttes."

Unbez., handkolorierte, wahrscheinlich bei Basset erschienene Radierung. Aus der Zeit stammend. 248:340. Mit Rand.

Grossh. Hess. Hofbibliothek-Darmstadt.

213. — Dasselbe, von der anderen Seite gesehen. Montgolfière, Pyramide l. Wagen r. etwas anders koloriert. Unter dem Bildrande drei Zeilen Text: „Descente de la . . . heures 20 minuttes."

Unbez., handkolorierte, wahrscheinlich bei Basset erschienene Radierung. Aus der Zeit stammend. 234:332. Mit Rand.

Grossh. Hess. Hofbibliothek-Darmstadt.

PARIS, MONTAG, 1. DEZEMBER.

Tuilerien

Aufstieg des ersten bemannten Wasserstoffballons (Charlière); Bemannung: Charles und Robert. Aufstieg um 1 Uhr 45 Min.; Zwischenlandung auf der Wiese von Nesle (Isle d'Adam) gegen 3¾ Uhr, Fahrtdauer ca. 2 Stunden; zurückgelegte Wegstrecke 9 Meilen; Wiederaufstieg von Charles allein und Landung nach 35 Minuten im Gehölz von Latour-du-Lay; Wegstrecke ca. 1½ Meile. Erste meteorologische Beobachtungen und Messungen im Ballon. Barometer 500,8 mm, Thermometer -8,8°; erreichte Höhe 3467 Meter. (Vgl. Ludwig Darmstaedters Handbuch zur Gesch. der Naturwissenschaften und der Technik.[2] Berlin 1908. S. 237.) Rücktransport der Charlière im feierlichen Zuge am 2. Dezember 1783 nach Paris.

214. Der Ballon r. hoch über den Tuilerien. In der Gondel zwei Luftschiffer (Charles und Robert), jeder eine Fahne schwenkend. In den Tuilerien vieltausendköpfige Zuschauermengen. R. im Vordergrunde eine figurenreiche, schöne Skulptur. Dicht unter dem Bildrande: „A. Sergent in. et sculp. Aqua forti 1783." Antoine-François-Sergent-Marceau, Kupferstecher, * 1751 in Chatres, † 24. Juli 1847 in Nizza; nach anderen Angaben bereits 1836 gestorben. Darunter: „Expérience du globe aerostatique de M. M. Charles et Robert / faite dans le jardin des Tuileries, le 1 er Décembre 1783."

Radierung, 190:125. Mit Rand. Deutsches Museum-München.

215. — Dasselbe. Oben über der Bildleiste mit der Aufschrift: „VUE PRISE DE LA GRILLE DU CHÂTEAU." Unter der gleichlautenden Signatur der Text: „Experience du Globe Aerostatique de MM. Charles et Robert / faite dans le Jardin des Thuilleries sur le Bassin en face du Château / le 1 er Decembre 1783. / A Paris chez Tilliard Graveur, Quai des Grands Augustins, / Maison de M. Debure Fils Ainé, Libraire." Jean-Baptiste Tilliard, Kupferstecher und Kunstverleger, * 1740 in Paris, † um 1812. (?)

Radierung, 203:130. Mit Rand. Louis Ricard Nachf.-Frankfurt a. M.

216. — In der blaugemalten und rotdrapierten Gondel zwei Luftschiffer (Charles und Robert) stehend. Der l. befindliche mit der Hand winkend, der rechts stehende eine grosse, gelbe Fahne schwenkend. Eine zweite gelbe Fahne über der blau gemalten Kuppel des Tuilerienpalastes herabfallend. Das Dach desselben rot gemalt. Auf der blauen Kuppel ein Mann stehend, l. davon eine rote Fahne gehisst. Unterhalb der Kuppel das Lilienwappen. Hoch über dem Ballon l. ein grün gemalter Signalballon. Unten auf dem grossen, freien Platz vor dem Tuilerienpalast in der Mitte der Füllplatz mit Apparaten. Innerhalb desselben r. zwei rotgekleidete Personen. R. und l. vom Füllplatz Zuschauer in Gruppen und vereinzelt. Unter dem Bildrande die Unterschrift: „REPRÉSENTATION DU GLOBE AÉROSTATIQUE / QUI S'EST ÉLEVÉ DE DESSUS L'UN DES BASSINS DU JARDIN ROYAL DES THUILLERIES / Le 1er Décembre 1783. à 1. heure 40. mintes." Darunter vier Zeilen Text „Cette Machine merveilleuse . . . compagne cette Estampe."

Unbez., aus der Zeit stammendes, handkoloriertes Blatt. Wahrscheinlich bei Esnauts et Rapilly erschienen. Gestochen und radiert. Bildgrösse 265:198. Dasselbe, etwas anders koloriert... beigefügt dem Werke: (Charles:) Représentation... vgl. Nr. 974.

Stadtbibliothek-Hamburg.

217. — Dasselbe. Gleiche Darstellung. Aber mit anderem Texte: „REPRÉSENTATION DU GLOBE AËROSTATIQUE / Qui s'est élevé de dessus l'un des Bassins du Jardin Royal des Thuilleries le 1er Decembre 1783, à 1 heure 40 Mintes" Darunter sieben Zeilen Text: „Cette Machine merveilleuse . . . froid trés sec."

Unbez., aus der Zeit stammendes Blatt. Wahrscheinlich bei Esnauts et Rapilly erschienen. Gestochen und radiert. Die beiden Ballons und die auf der Kuppel gehisste Fahne wie auf Nr. 216 koloriert. Sonst nicht koloriert. Bildgrösse 271:205.

Kgl. Landesbibliothek-Stuttgart.

218. — Aehnliche Darstellung. In der schön dekorierten, r. das Lilienwappen zeigenden Gondel die beiden Luftschiffer stehend; der rechts stehende ohne Kopfbedeckung, eine Fahne schwenkend. Eine zweite, herausgeworfene Fahne l. in ansehnlicher Höhe über dem Tuilerienpalast, r. davon der in der Luft schwebende Hut des barhäuptigen Luftschiffers. In der Mitte des Bildes r. und l. vom nicht umzäunten Füllplatz dem Ballon nachschauende Volksmengen. Im Hintergrunde der prächtige, mit dem Lilienwappen versehene Tuilerienpalast, die ganze Bildbreite einnehmend. In der mittleren Kuppel drei Personen und eine Bourbonenfahne sichtbar. In der Mitte über der oberen Bildleiste die Aufschrift „Bon Voyage". Unter dem unteren Bildrande in der r. Ecke: „J^t^ Sculp" (?) bez., dann darunter in der Mitte die Unterschrift: „Experience du Globe Aërostatiques de M. M. Charles & Robert, au Jardin des Thuilleries le 1. Decembre 1783." Es folgen dann sechs Zeilen kleingedruckter Text: „Le méme jour ... souffert aucun accident." R. darunter noch die Angabe: „A Paris chez Esnauts & Rapilly rue St. Jacques, à la Ville de Coutances." Darunter: „Der von den Herren Charles und Robert im Garten der Thuilleries zu Paris am 1. December 1783. mit dem / Aërostatischen Globus oder der Luftkugel angestellte Erfahrungsversuch." Darunter sieben Zeilen kleingedruckter Text: „An obgemeltem Tage ... Zufall erlitten habe." R. darunter noch die Angabe: „Paris, bey Esnauts und Rapilly ruë St. Jacques à la Ville de Coutances, / und zu Frankfurt in der Jägernschen Buchhandlung."

Kupferstich. Ballon und Gondel handkoloriert, beschnitten. Bildgrösse 260:179.

Karl W. Hiersemann-Leipzig.

— Dasselbe. *Unkoloriert, beschnitten, 260:179.*

Alexander Haas-Frankfurt a. M.;
jetzt Dr. Liebmann-Frankfurt a. M.

219. — Dasselbe, (Ballon rosagelblich, Gondel lila und Fahnen gelb), aber ohne die Aufschrift über dem Bilde und ohne die Signatur. Unter dem Bilde die Angabe: „Der von den Herren Charles & Robert im Garten der Thuilleries zu Paris am ersten / Dece. 1783. mit dem Aërostatischen Globus oder der Luftkugel angestellte Erfahrungsversuche." Darunter zehn Zeilen deutscher Text: „An obgemeltem Tage ... Zufall erlitten habe."

Unbez., von „J^t^ sculp" ausgeführter und bei Esnaults & Rapilly, Paris, bezw. in der Jaegerschen Buchhandlung in Frankfurt erschienener Kupferstich. Ballon, Gondel, Fahnen handkoloriert. Bildgrösse 255:170.

Alexander Haas-Frankfurt a. M.

— Dasselbe. *Unkoloriert. 284:183.* Karl W. Hiersemann-Leipzig.

220. — In der reich dekorierten, l. unten das Lilienwappen zeigenden Gondel die beiden Luftschiffer l. und r. stehend und rote Fahnen schwenkend. R. von der Gondel der in der Luft schwebende Hut des barhäuptig stehenden Luftschiffers. Unter dem Bilde: „Vorstellung der berühmten Aerostatischen Luftkugel, so in dem Garthen des / Pallasts der Thuilleries zu Paris in die Luft erhoben worden. / Den 1^t^ Decemb^r^ 1783 ward diese Kugel in die Luft erhoben worden, in gegnwarth

der Königlichen Famille, der Prinzen, u. Herren / des Hoofs. — Die Herren Robert u: Charles setzen sich in den Waagen, so unten an der Kugel angehängt ware; ein jeder hielt ein / Fähnlj in der hand mit welchem sie die Ehre hatten Abscheid zu nem̄en. Diese Luf Kugel ist widerum auf die Erde herab gekom̄en zwischen Nesle / u. Hedouville 9 stunden von Paris in den gegenden von Pontoise. / Diese u: noch 3 andre Vorstellungen, sind nach Orginalien von Paris nach ge= / machet worden: u: zu finden bej Joh: Rodolf Holzhalb Kupferstecher in Zürich." Johann Rudolf Holzhalb, Kupferstecher, * 1730 Zürich, † daselbst 1805.

Kupferstich, handkoloriert. 215:175. Mit Rand.

Landesbibliothek-Bern.

221. — Der rotgelbe Ballon direkt über dem Tuilerienpalast. In der blauen Gondel die beiden Luftschiffer stehend, der r. stehende eine grosse rote Fahne schwenkend. L. hoch oben ein kleiner blauer Signalballon. Im Vordergrunde auf dem grossen Füllplatz Apparate und eine Anzahl Zuschauer, einige zu Gruppen vereinigt. Im Hintergrunde der prächtige Tuilerienpalast, die ganze Bildbreite einnehmend. Auf der Kuppel (Lilienwappen) eine Person, ein Freudenfeuer abbrennend, r. davon eine grosse, rote Fahne gehisst. Unter dem Bildrande: „Vorstellung der Aerostatischen Luftkugel welche sich den 1t Decembr 1783. Mittags um 1 Uhr 40 Minute in die Höhe erhoben ob einem derer / Bassins in dem Königlichen Garten der Thuilleries zu Paris." Es folgen dann sieben Zeilen Text: „Diese wunderbare . . . verspührt zu haben." R. davon: „Zu finden bey Joh. Rodolf Holzhalb Kupferstecher in Zürich." Johann Rudolf Holzhalb, vgl. Nr. 220.

Kupferstich, teilweise koloriert (Ballon, Gondel, Signalballon und Fahnen). 310:219. Mit Rand.

Landesbibliothek-Bern.

— Dasselbe. *Unkoloriert, mit Rand.*

Landesbibliothek-Bern.

— Dasselbe. *Unkoloriert, beschnitten. Bildgrösse 259:200.*

Deutsches Museum-München.

222. — Der rotgelbgestreifte Ballon im Begriffe, die mit dem Lilienwappen versehene Kuppel des Tuilerienpalastes zu überfliegen. In der blauen Gondel die beiden Luftschiffer stehend, der l. befindliche eine grosse, rötliche Fahne nach unten schwenkend, während der r. befindliche Luftschiffer eine grosse, blaue Fahne hochhält. Hoch oben vom Ballon l. in der oberen Ecke über Wolken ein zweiter, gelblich gemalter, mit zwei Personen bemannter Ballon sichtbar. Unten im Vordergrund des Bildes der Füllplatz und r. und l. davon einzelne, dem Ballon nachschauende Personen. Unter dem Bildrande zehn Zeilen Text: „Le premier Xbe . . . . baisse le globe."

Unbez., von Esnauts et Rapilly (?) herausgegebenes Blatt. Gestochen und radiert. Die beiden Ballons, die Gondel und die Fahnen handkoloriert. 265:195. Mit Rand.

Stadtbibliothek-Hamburg.

223. — Der Ballon über den mit Zuschauern gefüllten Tuilerien. Ueberschrift: „VUE PRISE DU PONT ROYAL." Unterschrift: „SECONDS VOYAGEURS AËRIENS, ou EXPERIENCE de MM. CHARLES et ROBERT, / FAITE À PARIS DANS LE PARTERRE DU JARDIN ROYAL DES THUILLERIES LE 1. DECEMBRE 1783." Darunter „Carte des Voyages Aërostatiques." Durchm. 51 mm, l. davon dreizehn Zeilen Text: „Cette Expérience . . . Signatures". R. zwölf Zeilen Text: „Epoques des principales . . . de leur départ." Darunter der „Echelle pour . . . 2500. T. chacune" überschriebene Maßstab der Karte. L. unten: „A Paris chez Chereau rue des Mathurins, aux deux Pilliers d'Or" bez.

Radierung, 207 : 240. Joseph Baer & Co.-Frankfurt a. M.
Dr. Alex Meyer-Frankfurt a. M.
Dr. Liebmann-Frankfurt a. M.

224. — Drei Ballons übereinander, der eine ganz hoch l. nur noch als kleine Kugel sichtbar; darunter etwas nach der Mitte zu ein Ballon mit Gondel sichtbar und direkt darunter ein zur Auffahrt fertiger Ballon. Im Hintergrunde Landschaft: Baumgruppen, l. eine grosse Kuppel mit Kreuz (Invalidendom?); nach der Mitte zu Häuser und Kirchen, r. ein grosses Haus. Der durch Mauern und Tore abgegrenzte Platz ist der „Place de la Concorde". Auf dem Seinequai Volk zu Fuss, zu Wagen und zu Pferde, r. von einer noch mit zahllosen Menschen besetzten Brücke kommend. L. unten direkt unter dem Bilde: „I. HE invenit et delinavit", r. „H. G. Bertaux, Sculp.t" Johann Heinrich Eberts, Bankier. Nach Nagler: Die Monogrammisten. München 1863. Bd. III. Nr. 2559 auf Seite 978 von Carl Gottfried Guttenberg gestochen. Guttenberg * in Wöhrd bei Nürnberg 21. August 1743, † 1792 in Nürnberg. Unter dem Bilde und teilweise noch in dasselbe hineinreichend ein medaillonförmiges Bildchen, darunter „Projet d'un Monument". Das Denkmal, ein in einem Parke (Tuilerien?) befindlicher Obelisk, r. und l. von Fontänen umgeben, zeigt als Bekrönung einen Ballon. Vor dem Denkmal einzelne Gruppen von Menschen. L. vom Obelisken ganz hoch in den Lüften ein Ballon schwebend. R. und l. vom Medaillon: „LE MOMENT D'HILARITÉ UNIVERSELLE / ou le Triomphe de MM.rs Charles et Robert au Jardin des Thuileries le 1.er X.bre 1783. / Presenté à mon Pere pour son 89.me Anniversaire." L. über dem Plattenrand: „Se vend chez M. le Noir au Louvre." In der Mitte unter dem Medaillon: „A. P. D. R." und r. „Voyés le Journal de Paris du 2 X.bre" bez.

Radierung, 150 : 204. Durchmesser des Medaillons 40. Mit Rand.

Kgl. Universitätsbibliothek-Göttingen.

225. — Dasselbe. Jedoch ohne den l. ganz hoch schwebenden, und ohne den im Medaillonbildchen l. vom Obelisken hochschwebenden Ballon.

Radierung. Vor der Schrift. Bildgrösse 110 : 175. Durchmesser des Medaillons 40.

Louis Ricard Nachf.-Frankfurt a. M.

226. — Darstellung des eben die Tuilerien überfliegenden Ballons. In der Gondel die beiden Luftschiffer Fahnen schwenkend. Im Vordergrunde der grosse vor dem Tuilerienpalast befindliche Platz mit vielen Tausenden von Zuschauern. Im Hintergrunde die prächtigen Tuilerienbauten, fast die ganze Bildbreite einnehmend. Auf den Terrassen, an den Fenstern und auf der grossen, mittleren, beflaggten

Kuppel überall Zuschauer. Ganz hoch oben in der l. Ecke eine zweite Charlière und ganz r. hoch oben ein ganz klein erscheinender Ballon noch gerade wahrnehmbar. Unter dem Bildrande: „A L'HONNEUR DES M.rs CHARLES ET ROBERT / ESPÉRIENCE CÉLEBRE FAITES A PARIS en presence de plus de huit cent mille persomnes, dans le Jardins Royal des Thuilleries, le 1.er Decembre 1783, avec un Ballon Aërostatique, de". Darunter noch neun Zeilen: „26. pieds de... n'eut pas change". Ueber dem Plattenrand die Angabe: „Se vend à Paris chez le Noir M.d Fournisseurs du Cabinet des Estampes du Roi Demeurant au Louvre." Auf dem Rande r. in der unteren Ecke die handschriftliche (Tinte) Angabe: „Pour S: A: S: Monsg.r le Prince Hereditaire".

Radierung, Punktiermanier, 403 : 274. Mit Rand.

Grossh. Hess. Hofbibliothek-Darmstadt.

227. — L. hoch oben der im schwarzen Gewölk schwebende Ballon. In der drapierten Gondel zwei nackte Luftschiffer. L. eine grosse, weisse Fahne gehisst. R. unter dem Ballon Landschaft (Ortschaft und weiter r. Gebirgszug). R. direkt darunter, unten am Blattrand die handschriftliche Angabe (Tinte): „1. Decembre 1783 devant le palais des Tuileries. on enleva un ballon / de 26 pieds de diamètre. Charles et Robert le jeune montèrent dans / la nacelle, le ballon fut porté en deux heures à 9 lieues de paris dans l'isle d'Adam oú ils descendirent."

Historisch ungenau, die Auffahrt am 1. Dezember 1783 endete nach Ueberfliegung von Isle d'Adam und der Zwischenlandung in Nesle in Latour-du-Lay.

Unbez. Bleistiftzeichnung, die beiden Luftschiffer und die Gondel sepiaartig koloriert. Grösse des Blattes 237 : 185.

Louis Ricard Nachf.-Frankfurt a. M.

228. — Der Ballon über den Tuilerien schwebend. In der Gondel die beiden Luftschiffer stehend, eine Fahne schwenkend. Eine zweite, herausgeworfene Fahne l. über dem Tuilerienpalast. Unten im Garten zu Gruppen vereinigte Zuschauer. Die Mitte des nicht umzäunten Füllplatzes zeigt die Füllapparatur. Im Hintergrunde das Tuileriengebäude, die ganze Bildbreite einnehmend. Ballon, Palast, Füllapparaturen etc. mit Ziffernbezeichnung. Unter dem Bildrande: „Esperienza del Globo Aereostatico de' Signori Charles e Robert fatta nel Giardino del Palazzo / detto les Thuileries, in Parigi il primo Decembre 1783." Darunter acht Zeilen italienische Legende: „1 Palazzo des Thuileries . . . danno nella macchina."

Unbez., aus der Zeit stammender Kupferstich. Bildgrösse 264 : 181.

C. Lang & Co.-Rom.

— Dasselbe, *handkoloriert. Obere Ballonhälfte blau-gelb-rosa gestreift, untere Hälfte rosa. Palast rosa mit gelben Dächern, blauer Himmel und gelbe Bildeinfassung. Gleiche Maße.*

Musikhistorisches Museum (Heyer)-Köln;
jetzt Senckenbergische Bibliothek-Frankfurt a. M.

229. — R. hoch oben der rotgelbgestreifte Ballon schwebend. In der rotdrapierten, blauen Gondel die beiden Luftschiffer, rote Fahnen schwenkend. Unterhalb der Gondel l. ein in der Luft schwebender Hut und r. eine nicht kolorierte Fahne

herabfallend. L. vom Ballon herumschwärmende Vögel. Im Vorder- und Hintergrunde des Parkes viele Tausende Zuschauer. Im Vordergrunde drei auf einer Stehleiter befindliche Personen und l. davon ein auf einen Baum gekletterter Zuschauer. Unter dem Bildrande: „La plaisanterie confondüé ou les Intrépides Voyageurs.“ Darunter sieben Zeilen Text: „Cette superbe Machine . . . à la machine.“

Unbez. Radierung. Ballon, Gondel, Luftschiffer handkoloriert. 369:270. Mit Rand.

Grossh. Hess. Hofbibliothek-Darmstadt.

230. — Der Ballon l. über dem Tuilerienpalast schwebend. In der Gondel r. und l. je eine Fahne gehisst. Vor dem Palast dem Ballon nachschauende Volksmengen. L. im Vordergrunde zwei Männer, die auf eine an einen Baum gelehnte Leiter hinaufsteigen. Ganz oben ein in der Krone des Baumes sitzender Zuschauer. Auf der beflaggten Kuppel des Tuilerienpalastes eine Anzahl Personen und l. ein Freudenfeuer sichtbar. Dicht unter dem Bildrande l.: „Dessine par le Ch^{er} de Lorimier.“ und r.: „Gravé par N. de Launay.“ Chevalier de Lorimier und De Launay (N. Delaunay), vgl. Nr. 198. Unter dem Bilde: „SECOND VOYAGE AÉRIEN. / Expérience faite dans le Jardin des Thuilleries par M. M. Charles et Robert le 1er X^{bre} 1783. / Le Globe en Taffetas gommé de 26 Pieds de diamètre etait plain d'Air inflamable.“

Kupferstich aus Faujas de Saint-Fond: Première suite de la description des expériences aérostatiques de MM. de Montgolfier. Tome second. Paris 1784. (Nr. 978). Die Originalzeichnung befindet sich im Musée Carnavalet in Paris. Bildgrösse 152:105.

Deutsches Museum-München.

Abbildung 57 (ohne Text). Ferd. J. Mela-Frankfurt a. M.

Abb. 13. Medaille auf den Aufstieg der Charlière vom 27. August 1783 auf dem Marsfelde. (Vgl. Nr. 504.)

231. — Der rotweissgrüngestreifte Ballon über dem Tuilerienpalast. In der reich dekorierten, r. das Lilienwappen zeigenden blauen Gondel die beiden Luftschiffer. Der rotbekleidete l. stehende, eine nicht kolorierte Fahne nach unten schwenkend, der r. stehende barhäuptig. Unterhalb der Gondel r. eine herabfallende rote Fahne, l. davon der in der Luft schwebende Hut des barhäuptigen Luftschiffers. Die Gondel r. und l. von Vögeln umschwärmt. Im Vordergrunde auf dem grossen vor dem Tuileriengebäude befindlichen Platz in der Mitte Füllapparate; r. und l. davon auf den Rasenflächen Zuschauer. Im Hintergrund der mächtige Tuilerienpalast, die

ganze Bildbreite einnehmend. Unterhalb der Kuppel das Lilienwappen, auf derselben einige Zuschauer und l. eine grosse rote Fahne gehisst. Oben über dem Bildrande: „Bon Voyage". Unter dem unteren Bildrande: „EXPERIENCE DU GLOBE AEROSTATIQUE DE MM CHARLES ET ROBERT au Jardin des Thuileries / le 1er Decembre 1783". Darunter acht Zeilen Text: „Le meme jour ... souffert aucun accident." Darunter noch: „A Paris chez Esnauts et Rapilly, rue St Jacques, à la Ville de Coutances".

Gestochen und radiert. Ballon, Gondel, Luftschiffer und zwei Fahnen handkoloriert. 366:200. Mit Rand.

Grossh. Hess. Hofbibliothek-Darmstadt.

— Dasselbe. *Ganz gleich koloriert. Beschnitten. Bildgrösse 300:185.*

Kgl. Landesbibliothek-Stuttgart.

— Dasselbe. *Fast ganz koloriertes Blatt. Ausser dem gleichkolorierten Ballon und den zwei roten Fahnen, das Dach des Tuilerienpalastes blau, die Rasenflächen grün, Himmel blau gemalt; Zuschauer in roten, gelben, blauen Gewändern etc., die Fahne der Gondel nicht koloriert. Bildgrösse 300:185.*

Stadtbibliothek-Hamburg.

232. — Fast identische Darstellung wie Nr. 231. Der Ballon kleiner dargestellt, rotweiss gestreift. In der r. mit dem Lilienwappen versehenen, blauen, vergoldeten Gondel die beiden Luftschiffer stehend. Der r. befindliche eine grosse unkolorierte Fahne schwenkend. Eine rote Fahne l. unterhalb der Gondel, der Hut r. herabfallend. Auf der Kuppel des Palastes drei Zuschauer und l. eine unkolorierte Fahne gehisst. Oben über dem Bildrande: „Bon Voyage." Unter dem Bilde: „EXPÉRIENCE DU GLOBE AËROSTATIQUE DE MM. CHARLES ET ROBERT, au Jardin des Thuileries. / le 1er Décembre 1783." Darunter sieben Zeilen Text: „Le même jour ... souffert aucun accident." Ueber dem Plattenrande noch: „A Paris chez Esnauts et Rapilly, rue St Jacques, à la Ville de Coutances."

Gestochen und radiert. Handkoloriert. Fast ganz koloriert. 320:204.

Stadtbibliothek-Hamburg.

233. — Dasselbe. *Lediglich der Ballon und Gondel koloriert. Ballon rotgelbgestreift, blaue Gondel mit roter Drapierung. Gleicher Text und gleiche Maße. Mit Rand.*

Grossh. Hess. Hofbibliothek-Darmstadt.

234. — Fast identische Darstellung. Von Nr. 233 sich nur dadurch unterscheidend, dass weder ein Hut noch eine Fahne herabfällt. Gleiche Ueberschrift und gleicher Text.

Gestochen und Radiert. Ballon und Gondel ähnlich Nr. 233 handkoloriert. 320:204. Mit Rand.

Grossh. Hess. Hofbibliothek-Darmstadt.

235. — Der rotgelbgestreifte Ballon über dem Palast. In der l. das Lilienwappen zeigenden, blauen Gondel die beiden Luftschiffer, nicht kolorierte Fahnen schwenkend. Unterhalb der Gondel r. der Luftschifferhut und l. eine rote Fahne herabfallend.

Auf der Kuppel des mächtigen, die ganze Bildbreite einnehmenden Tuilerienpalastes drei Zuschauer und r. von denselben eine rote Fahne gehisst. Im Vordergrunde auf dem grossen Platze vereinzelte und zu Gruppen vereinigte Zuschauer. Unter dem Bilde: „Enlevement de la Machine Aërostatique au Jardin des Thuileries en 1783." Darunter fünf Zeilen Text: „Cette Machine s'est . . . essayé aucun accident."

Radierung. Aquatinta, 298:220. Mit Rand.

Grossh. Hess. Hofbibliothek-Darmstadt.

— Dasselbe. *Aehnlich koloriert. Beschnitten und stark beschädigt. Bildgrösse 257:189.*

Deutsches Museum-München.

— Dasselbe. *Etwas anders koloriert. Die herabfallende Fahne nicht koloriert. Die Kleider der Luftschiffer anders koloriert; auch die Zuschauer zeigen vielfach andersfarbige Gewänder.*

Gleicher Text. 298:220. Mit Rand. Grossh. Hess. Hofbibliothek-Darmstadt.

236. — Der Ballon über dem Palast schwebend. In der Gondel die beiden Luftschiffer mit einer Fahne. R. unten an der Gondel das Lilienwappen. Unterhalb der Gondel l. eine zweite Fahne, r. ein Luftschifferhut in der Luft schwebend. In der Mitte des Vordergrundes der Füllplatz mit Füllapparaturen. Auf dem Füllplatz drei Personen. R. und l. vor den Rasenflächen Zuschauer. Im Hintergrund der mächtige Tuilerienpalast, die ganze Bildbreite einnehmend. Unterhalb der Kuppel des Palastes das Lilienwappen; auf derselben drei Leute und l. davon eine das Lilienwappen zeigende Fahne. Der Palast, der Ballon mit Gondel mit Buchstabenbezeichnung. Oben über dem Bildrande: „Tab. II." Unter dem Bilde: „Abbildung des Aërostatischen Globus womit die Herrn Charles und Robert im Gar„/ten der Thuillerie zu Paris den 1 Decemb. 1783 ihren Versuch machten." Darunter l. „Gestochen nach dem Pariser Original." und r. „se vende chez J. M. Will à Augsborg." Johann Martin Will (Wille), Kupferstecher, 1765-1805. Die Buchstabenbezeichnung verweist auf die Erklärungstafel (vgl. Nr. 203), deren Rückseite oben mit „Tab. II." bezeichnet ist. Darunter sechszehn Zeilen französischer Text: „Cette superbe Machine . . . à la Machine." Darunter „Tab. II. / Uebersetzung des französischen Originalberichts." Darunter achtzehn Zeilen deutscher Text: „Mit majestätischer Pracht . . . Paris zurück / kame." Darunter: „Erklärung der Buchstaben." mit zehn Zeilen Legende: „A. Der Aerostatische . . . Luft angefüllet worden." Die Tafel unterhalb noch mit „Se vend chez J. M. Will à Augsburg" versehen.

Kupferstich. Bildgrösse 253:172. Grösse der Erklärungstafel (Druckfläche) 287:153.

Stadtbibliothek-Hamburg.

— Dasselbe. *287:200. Mit vollem Rand. Gleich grosse Erklärungstafel.*

Germanisches Nationalmuseum-Nürnberg.

237. — Dasselbe, teilweise handkoloriert. Ballon rotgelb, Gondel blau, Luftschifferfahnen rot, Tuilerienfahne blau. Unter dem unteren Bildrande „Berndt fec." signiert. Darunter: „Abbildung des Aerostatischen Globus womit die Herrn

Charles / und Robert im Garten der Thuillerie zu Paris am 1. Dezemb. 1783 / ihren Versuch machten." Darunter noch „gestochen nach dem Pariser Orginal." „se vende etc." fehlt.

Kupferstich, 341:208. Mit vollem Rand.

Germanisches Nationalmuseum-Nürnberg.

Abb. 14. Medaille auf die Brüder Montgolfier. (Vgl. Nr. 506.)

238. — Darstellung des eben aufgefahrenen, mitten über dem Tuileriengarten schwebenden Ballons. Die beiden Luftschiffer in der Gondel. Die Gondel r. seitlich mit dem Lilienwappen versehen. Der l. stehende mit einer Fahne nach unten grüssend. R. davon eine zweite, herabfallende Fahne. Im Vordergrunde der Füllplatz (Füllapparatur) mit drei die Luftschiffer begrüssenden Personen. R. und l. davon einzelne und zu Gruppen vereinigte Zuschauer. R. und l. die prächtigen Schlossbauten der Tuilerien. Auf den Rampen und Terrassen allenthalben Zuschauer sichtbar. Im Hintergrunde jenseits vom mittleren, mit dem Bourbonenwappen versehenen Tor schöner Ausblick in den Tuileriengarten. R. und l. vom Tor zwei symmetrische grosse Paläste. Leicht bewölkter Himmel. Ueber der Bildleiste in der Mitte in Spiegelschrift der Titel des Blattes: „SECONDS VOYAGEURS AERIENS, OU EXPÉRIENCE DE MM. CHARLES ET ROBERT." In der l. oberen Ecke über dem Bildrande: „Collection des Prospects." Unter dem Bildrande l.: „Seconds Voyageurs Aëriens, ou Expérience de MM. Charles et Robert. / Faite à Paris dans le Parterre du Jardin Royal des Thuilleries le 1. Decembre 1783." Darunter sieben Zeilen französischer Text: „Cette Expérience eut . . . de leurs Signatures." R. vom Vertikalstrich: „Zweite Luftreise, oder Versuch der Herren Charles und Robert. / angestellt Zu Paris in dem Königlichen Garten der Thuillerien den 1. December 1783." Darunter achtzeilige deutsche Legende: „Dieser Versuch ging . . . ihren Unterschriften beehrt." Dicht über dem Plattenrand in der Mitte unter den beiden Texthälften noch die Angabe: „Se vend à Augsbourg dans le Négoce comun de l'Académie Impériale d'Empire, sous son Privilège et avec défense de n'en faire ni vendre de Copies."

Kupferstich, Guckkastenbild. 290:405. Mit schmalem Rand.

Stadtbibliothek-Hamburg.

— Dasselbe. *Handkoloriert. Ballon rotgelbweiss gestreift, Gondel grün, Fahnen rot, Rasen des Füllplatzes grün etc. 290:405.*

Dr. Liebmann-Frankfurt a. M.

239. — Der rotgelbgestreifte Ballon bereits über dem Tuileriengarten schwebend. In einer schön dekorierten, blauen Gondel die beiden Luftschiffer. Ueber denselben eine rote Fahne. Unten im Tuileriengarten tausendköpfige Volksmengen. Im Hintergrunde Baumalleen und einige Skulpturen der Tuileriengärten. Vorne l. ein Apparat (Wage?), vor dem drei Leute lagern. Ueber dem Ballon im blauen Himmel ein weisses, rot eingefasstes Spruchband mit der Aufschrift: „SIC ITUR AD ASTRA". Unter dem Bildrand, in der Mitte unten ein Maßstab nach „Toises". Darunter: „Départ de MM. Charles & Robert, du Jardin des Tuilleries / dans leur Machine Aërostatique le 1er Decembre 1783. / A. P. D. R. AParis chez Vachéz, Md d'Estampes, Quai de Gêvres à l'Espérance."
Handkolorierte Radierung von Tavenard. 136:94. Schmaler Rand.
Kgl. Universitätsbibliothek-Göttingen.

— Dasselbe, *ähnlich koloriert. Gleiche Maße.* Stadtbibliothek-Hamburg.

240. — Dasselbe. Aber ohne die Zeile „A. P. D. R. . . . L'Espérance."
Unkoloriert. Beschnitten. Bildgrösse 113:79. Dr. Alex Meyer-Frankfurt a. M.

Abb. 15. Medaille auf den Tuilerienaufstieg vom 1. Dezember 1783. (Vgl. Nr. 513.)

241. — Aehnliche Darstellung, von der anderen Seite gesehen. (R. die Wage.) Der rotgelbgestreifte Ballon über dem Garten schwebend. In der blauen Gondel die beiden Luftschiffer unter einer grossen roten Fahne. Im blauen Himmel ein Spruchband, die Aufschrift: „Sic itur ad astra" zeigend. Unter dem Bild: „EXPERIENCE CELEBRE FAITE A PARIS." Darunter sechs Zeilen Text: „En Presence de . . . h. 5. min." Darunter noch im kleinsten Druck: „A Paris chez Basset rue St Jacques." Die textliche Angabe „1er Janvier 1783" historisch falsch.
Handkolorierte Radierung, wahrscheinlich von Tavenard. Bildgrösse 114:80. Beschnitten.
Stadtbibliothek-Hamburg.

Vgl. auch Nr. 454.

ZWISCHENLANDUNG IN NESLE.

242. R. der rotgelbgestreifte Ballon kurz vor der Landung. In der blauen Gondel die beiden rotgekleideten Luftschiffer, der r. befindliche eine rote Fahne nach unten, der l. sichtbare eine unkolorierte Fahne schwenkend. Im Vordergrunde des Bildes r. der Pfarrer und noch zwei Personen herbeieilend, l. die Kavaliere

herangaloppierend. Ganz im Vordergrunde ein Knabe und r. davon ein Hund; weiter rückwärts ein Bauer neben gesattelten Pferden stehend. Im Hintergrunde eine Kirche und Häuser und l. auf einem Hügel Schlossbauten(?). R. vom Ballon im Hintergrunde Häuser und eine Kirche und auch l. ganz im fernen Hintergrunde eine Dorfkirche. Schöne Berglandschaft. L. Vogelschwärme. Blauer Himmel. Unter dem Bildrande: „VUE DE LA PRAIRIE DE NESLE". Darunter sieben Zeilen Text: „Le 1er Decembre . . . la Machine." Darunter in der Mitte: „A Paris chez Basset rue St Jacques".

Handkolorierte Radierung, 208:252. Mit Rand. Stadtbibliothek-Hamburg.

243. — Der rotgelbgestreifte Ballon kurz vor der Landung l. schwebend. In der blauen Gondel die beiden Luftschiffer unter einer grossen roten Fahne. Im Vordergrunde des Bildes insgesamt nur sechs Personen, darunter drei Kavaliere (zwei noch zu Pferde). R. eine Dorfkirche mit blauem Dach. Im Hintergrunde auf einem Hügel ein Gutshof. Im blauen Himmel auf einem Spruchband das Motto: „Sic itur ad astra." Unter dem Bilde der Titel des Blattes: „LA DESCENTE DU GLOBE AEROSTATIQUE. / Dans la Prairie de Nesle." Darunter sieben Zeilen Text: „Çette Superbe Machine . . . de son départ." Darunter noch die Angabe: „A Paris chez Basset rue St Jacques".

Handkolorierte Radierung (von Tavenard?). Bildgrösse 115:80. Beschnitten.

Stadtbibliothek-Hamburg.

244. — Ankunft von Charles und Robert auf der Wiese von Nesle. Der rotgelbgestreifte Ballon gerade gelandet. Die beiden noch in der Gondel befindlichen Luftschiffer werden von den zahlreich herbeigeeilten Kavalieren freudigst begrüsst. Hinter dem Ballon Volksmengen. Im Hintergrunde schöne Landschaft, Gebirgszüge und ganz mitten im Hintergrunde eine Kirche. L. vor dem Hügel vier schöne grosse Bäume. Blauer, in halber Höhe gelblich werdender Himmel. Oben über dem Bildrand die Aufschrift: „Vue de la prairie de Nesle, / situé à 9 lieus de Paris." Unter dem Bildrande ganz unten: „Mrs Charles et Robert, arrivant à la prairie de Nesle, / entre le groupe de Cavaliers qui accouroient à eux, ce fut / Mr Fares, Genthilh^e Anglois qui sauta le premier au Col / de Mr Charles, en disant... Moi Charles premier." Darunter in der Mitte die Bezeichnung: „A. P. D. R." Und darunter: „AParis chez Vachez, Quay de Gêvres, à l'Espérance."

Handkolorierte, von Tavenard ausgeführte Radierung. 150:101. Schmaler Rand.

Kgl. Universitätsbibliothek-Göttingen.

245. — Der gelbrotgestreifte Ballon eben gelandet. Die beiden Luftschiffer, im Begriffe, die schön dekorierte, blaue Gondel zu verlassen, werden r. im Vordergrunde von den herbeigeeilten Kavalieren begrüsst. Hinter denselben, sich bis tief in den Hintergrund erstreckende Zuschauermengen sichtbar. Der r. befindliche Luftschiffer (in violettem Gewand) die Gondel verlassend, den Kavalieren ein Protokoll zur Unterzeichnung entgegenhaltend. Im Hintergrunde r. vor einem Hügel ein Haus und Bäume. Unter dem Bildrande: „DESCENTE DE LA MACHINE AEROSTATIQUE DES S$^{RS.}$ CHARLES ET ROBERT." Darunter

fünf Zeilen französischer Text: „EXTRAIT DU PROCES... des mêmes témoins.“ Darunter in der Mitte, dicht über dem Plattenrande: „A Paris chez Basset rue St Jacques.“

Radierung. Ballon, Gondel, Luftschiffer, Kavaliere und Landschaft handkoloriert; die beiden r. sichtbaren Pferde und die hinter den Kavalieren befindlichen Zuschauer und der Himmel sind nicht koloriert. Bildgrösse 178:250. Mit Rand.

Stadtbibliothek-Hamburg.

— Dasselbe. *Fast gleich koloriert. 235:285. Mit vollem Rand.*

Grossh. Hess. Hofbibliothek-Darmstadt.

246. — Gleiche Darstellung; jedoch von der anderen Seite gesehen. Rotgelbgestreifter Ballon, r. Kavaliere, Zuschauer und Haus l. In der l. oberen Ecke unter der Bildumrahmung: „DESCENTE DE LA MACHINE / AÉROSTATIQUE / Des Srs Charles et Robert.“ Unter dem Bildrande vier Zeilen Text: „EXTRAIT DU PROCÈS . . . des mêmes temoins.“

Unbez., bei Berthet erschienene Radierung, ähnlich wie Nr. 245 und auch die l. befindlichen Pferde handkoloriert. Himmel und Zuschauer nicht koloriert. 206:250. Mit Rand. Gleiche und ganz ähnlich kolorierte Tafel angebunden an: (Charles:) Représentation du globe aérostatique qui s'est élevé de dessus l'un des bassins du jardin royal des Thuilleries. (Nr. 974.)

Stadtbibliothek-Hamburg.

Vgl. auch Nr. 216.

247. — Dasselbe. Mit gleichem Titel in der l. oberen Ecke. Unter dem Bildrande mit gleichlautendem, aber kleiner gedruckten dreizeiligen Text: „EXTRAIT DU PROCES . . . des mêmes temoin.“ Im Original temoin ohne s. Darunter noch: „A Paris chez Berthet rue St Jean de Beauvais près celle des Noyers“.

Doppelte Bildumrahmung. Radierung, ähnlich wie Nr. 246 handkoloriert. Pferde, Zuschauer und Himmel nicht koloriert. Bildgrösse 187:258. Beschnitten.

Kgl. Landesbibliothek-Stuttgart.

248. — Dasselbe, etwas anders koloriert und mit dem Unterschiede, dass die Ueberschrift l. oben fehlt. Dagegen steht oben dicht unter dem Bildrande in der Mitte des Blattes „Tab. III“ und dicht unter dem Bildrande r. in der Ecke „JM. zell. Sc: ffort“. Johann Michael Zell, Kupferstecher in Frankfurt, *1740 in Nürnberg, †21. Jan. 1815. Unter dem Bilde die Unterschrift: „Vorstellung der Aerostatischen Maschine von Charles und Robert, wie solche nach ihrer / erhebung den 1. December, wieder zurück auf die Erde kam.“ Darunter r. noch die Angabe: „in Verlag der Jaegernschen Buchhandlung 1784.“

Handkolorierter Kupferstich, 205:269. Mit Rand.

Städtisches Historisches Museum-Frankfurt a. M.

249. — Aehnliche Darstellung und ähnlich koloriert. Dicht unter dem Bildrande l. oben die Aufschrift: „Vorstellung von der Herunterkonft der Luft Machine, mit / welcher die Hr: Robert u: Charles ihre Luftreise gemachet haben.“ Zehn-

zeiliger, kleingedruckter Text: „Auszug aus dem . . . der nemlichen Zeugen.“ Darunter in kleinstem Druck: „Zu finden in Zürich, bey Joh. Rodolf Holzhalb Kupferstecher.“ Johann Rudolf Holzhalb, Kupferstecher, * 1730 in Zürich, † daselbst 1805.

Kupferstich; Ballon gelbrot, Gondel blau koloriert. Die Luftschiffer und sonstige Personen nicht koloriert. 186:262. Mit Rand.

Landesbibliothek-Bern.

WEITERFAHRT VON CHARLES.

250. Mitten der rotgelbgestreifte Ballon zur Weiterfahrt bereit. Der Ballon mit rotem Ballonäquator und rotem Ventil. In der blauen Gondel befindet sich bereits der Luftschiffer (Charles im roten Gewand), eine nicht kolorierte Fahne schwenkend. R. an der Gondel das blaue Lilienwappen. R. und l. die Edelleute und sonstige Zuschauer sich von Charles verabschiedend. Auch im Hintergrunde einige der Wiederauffahrt beiwohnende Personen. Im Hintergrunde Ortschaften vor und auf Hügeln. Blauer Himmel. Unter dem Bildrande: „VOYAGE PARTICULIER DE M. CHARLES le 1er Dec. 1783.“ Darunter vier Zeilen Text: „La Machine Aerostatique . . . froid très sec.“ Ueber dem Plattenrand: „A Paris chez Esnauts et Rapilly, rue S. Jacques, à la Ville de Coutances.“

Aus der Zeit stammende, handkolorierte Radierung. 305:239. Schmaler Rand.

Grossh. Hess. Hofbibliothek-Darmstadt.

— Dasselbe. *Etwas anders koloriert. Ballonäquator und Ventil blau, Lilienwappen nicht koloriert, einige Zuschauer in andersfarbigen Gewändern. Bildgrösse 259:211.*

Stadtbibliothek-Hamburg.

251. — Dasselbe. Aber ohne die Angabe: „A Paris . . .“

Aus der Zeit stammende, bei Esnauts et Rapilly erschienene Radierung. Lediglich der Ballon, die Gondel und der Luftschiffer koloriert. Ballon rotgelbgestreift, Nähte grün, das Lilienwappen blau, der Luftschiffer im roten Gewand. Bildgrösse 260:213.

Kgl. Landesbibliothek-Stuttgart.

252. — Dieselbe Darstellung. L. unter der Bildumrahmung: „Voyage particulier de M. Charles / le 1er Dec. 1783.“ Darunter elf Zeilen französischer Text: „La Machine Aérostatique . . . froid très sec.“ Darunter dicht über dem Plattenrand: „gestochen nach dem Pariser Original“. In der Mitte unter dem Bildrande in doppelter Umrahmung die „Carte des Voyages Aérostatiques“. Die Karte stimmt mit der unter Nr. 55 beschriebenen Karte überein; vgl. auch Abb. 4. R. unter dem Bildrande der deutsche Titel: „Die Vortrefliche Reisse des Hrn Charles / d. 1 Dec. 1783.“ Darunter dreizehn Zeilen deutscher Text: „Die Maschine lies . . . Kälte empfunden hätte.“ Darunter, dicht über dem Plattenrande: „se vende chez I. M. Will à Augsbourg.“ Joh. Martin Will (Wille), Kupferstecher, 1765—1805.

Stich. Bildgrösse 253:207. Durchmesser der Karte 54.

Stadtbibliothek-Hamburg.

253. — Der Ballon eben wieder auffahrend. In der Gondel der Luftschiffer (Charles) stehend, eine Fahne schwenkend. L. an der Gondel das bekrönte Lilienwappen. Unten im Vordergrunde r. neben einem Hunde die Edelleute,

darunter drei berittene (Porträts?), dahinter und vor einem Hügel eine Anzahl weiterer Zuschauer. L. im Vordergrunde Robert den Geistlichen das Protokoll überreichend. Dahinter Zuschauer und oben ein auf einem Baum befindlicher Beobachter. Im Hintergrunde l. Kirche und Haus und r. auf einem Hügel ein hoher Turm, von dessen Plattform aus zwei Leute die Auffahrt durch Fernrohre verfolgen. Hinter dem Hügel Ortschaft. Bewölkter Himmel. Dicht unter dem Bildrande l.: „Desrais Del." und r.: „Denis Sculp." Unter dem Bildrande mitten: „GLOBE AËROSTATIQUE, / Dédié à Monsieur Charles / Cette Machine est representé ici s'élevant pour la seconde fois au milieu de la Prairie de Nesle, ou il venoit de descendre, accompagné de Mr Robert et en Présence / de Mgr le Duc de Chartres, Mr le Duc de Fitz-James, et de Mr Farer Gentilhomme Anglois, Mr Robert Présente le Procès Verbal à signer aux Curés d'Hedouville, et de Nesle / Par son très Humble et très Obeissant Serviteur Basset." Darunter in kleinster Schrift: „A Paris chez Basset rue St Jacques au coin de celle des Mathurins."

Aus der Zeit stammende, handkolorierte Radierung. 275 : 345. Mit Rand.

Dr. Ed. Langer-Braunau i. B.

— Dasselbe, *jedoch nur beim Ballon und einigen Personen (Charles und dem l. am Baum stehenden Zuschauer) Spuren begonnener Kolorierung wahrnehmbar. Gleiche Maße. Mit Rand.*

Karl W. Hiersemann-Leipzig.

— Dasselbe, *unkoloriert. Gleiche Maße. Mit Rand.*

Stadtbibliothek-Hamburg.

254. — Der rotgelbgestreifte Ballon bereits wieder hoch über der Wiese von Nesle schwebend. In der blauen Gondel (l. das bekrönte Lilienwappen) der mit „C" bezeichnete, barhäuptige Luftschiffer sitzend (Charles in grünem Gewand). R. an der Gondel eine leicht rot kolorierte Fahne gehisst. Im Vordergrunde der Wiese die Edelleute, teils beritten, und die Geistlichen. Insgesamt acht Personen, davon sieben mit Buchstabenbezeichnung, welche auf die Aufführung der Namen im Text verweist. R. vor einem Gebirgshügel eine Kirche mit Haus. Mitten über der oberen Bildleiste der Titel des Blattes: „VUE DE LA PRAIRIE DE NESLE. / Dessiné d'après Nature." Dicht unter dem Bildrande l.: „A Paris chez Vachez" und r.: „Quai de Gevres à l'Esperance." Mitten unter dem Bilde: „TRIOMPHE de Mrs CHARLES et ROBERT." Darunter sieben Zeilen Text: „Le 1er Decembre ... vidé la machine." Daneben in der l. Ecke auf acht Zeilen die Buchstabenerklärung der auf der Darstellung mit Buchstaben bezeichneten Personen: „A le D.... Curé d'Hedouvil."

Aus der Zeit stammende, handkolorierte Radierung. 285 : 237. Ohne jeden Rand.

Kgl. Landesbibliothek-Stuttgart.

RÜCKTRANSPORT, DIENSTAG, 2. DEZEMBER.

255. Die auf einem Bauernwagen verladene, gelbrotgestreifte, noch pralle Charlière mit rotbeflaggter, blauer Gondel auf dem Rücktransport nach Paris begriffen. Der zweispännige Wagen von Vor- und Nachreitern, von vor, neben

und hinter dem Wagen befindlichen, zahlreichen, fackeltragenden Fussgängern eskortiert. Die Bäuerinnen, die Charlière mit rotbebänderten Baumzweigen begrüssend. Unter dem Bilde: „Le Retour du Globe Aérostatique à Paris, le Mardy 2 Decembre 1783, sur les 5 heures-et-demie du Soir; Escorté par plusieurs personnes de Distinction —, / Et aux Acclamations du Peuple. / Cette Expérience Couvre d'une Gloire Immortelle Mr de Montgolfier et Mrs Charles et Robert qui de concert travaillent à tirer de cette importante Découverte- / toute l'utilité dont elle paroit susceptible. / Nota Il ne faut pas omettre Mrs le Marquis Darlande et Pilatre du Rozier qui les premiers out montés dans la Machine, partie du Chateau de la Muette le 21 Novembre 1783. Das „s" von „toutes" wegradiert.

Aus der Zeit stammende, handkolorierte Radierung, vielleicht bei Basset erschienen. 328:450. Mit Rand. Grossh. Hess. Hofbibliothek-Darmstadt.

— Dasselbe. *Fast gleich koloriert. Einige Kostüme der den Wagen begleitenden Personen zeigen etwas Kolorierung. Mit gleichem Text („toutes" mit sichtbarem „s"). Bildgrösse 283:420.* Kgl. Landesbibliothek-Stuttgart.

256. — Ankunft der Charlière in Paris. Der auf einem Bauernwagen befindliche Ballon eben die Werkstatt der Gebrüder Robert an dem „Place des Victoires" erreichend. Der Wagen von Vorreitern und von fackeltragenden Fussgängern begleitet. L. Zuschauer, ebenso im Vorder- und Hintergrunde und r. einzelne und zu Gruppen vereinigte Personen. In der Mitte des Platzes das schöne, 1686 errichtete Denkmal Ludwigs XIV. mit der Siegesgöttin. Das Denkmal wurde am 10. August 1792 zerstört. Im Hintergrunde des von stattlichen Häusern (blaue Dächer) umgebenen Platzes schöne Perspektive einer Strasse. Blauer Himmel. Unter dem Bilde: „LE RETOUR DU GLOBE AEROSTATIQUE, à Paris le mardi 2 Decembre 1783 sur les 5 heures et demie du Soir Escorté / par plusieurs personnes de distinction et aux Acclamation du peuple Cette experience couvre d'une Gloire immortelle Mrs de / Montgolfier et Mrs Charles et Robert qui de Concert travaillent à tirer de cette découverte toute l'utilité dont elle paroit suceptible, / de meme que Mrs le Marquis Darlandes et Pilatre du Rozier qui les premiers ont montés dans la machine partie du Chat. de la Muette le 21 Nov. 1783". Darunter in der Mitte: „A Paris chez Basset rue St Jacques." Eine nahezu identische Darstellung mit gleichem Text, bei Jacques Chereau, rue St Jacques erschienen, befindet sich im Musée Carnavalet in Paris.

Aus der Zeit stammende, handkolorierte Radierung. Bildgrösse 268:410. Stark beschädigtes und stockfleckiges Exemplar. Dr. Alex Meyer-Frankfurt a. M.

Dr. Jonathans Aufstieg.

DESSESSEBRUQUE MONTAG, 22. DEZEMBER

257. Der Jonathansche Ballon über dem Füllplatz schwebend. Der prächtig mit Löwenbildern dekorierte, an der vergoldeten Bekrönung einen roten Fahnenwimpel zeigende Ballon r. und l. mit grossen geschwellten Segeln dargestellt. In der über dem Ballonäquator sichtbaren, rot drapierten Rampe die Bedienungsmannschaft für die Segel. In der zweistöckigen, mit Luken versehenen, vertieften, roten Gondel eine ganze Anzahl Passagiere. L. an der Gondel ein

roter Fahnenwimpel, r. eine Kanone, aus der eben ein Schuss abgefeuert wurde, sichtbar. Im Vordergrunde des umzäunten, runden Füllplatzes drei Leute. Rings um denselben Volksmengen. L. im Vordergrunde eine von einem Reiter überrittene Frau, daneben zwei sich beissende Hunde. L. im Hintergrunde Ortschaft mit Kirche und vor einem Hügel eine Burg. Gebirgslandschaft. Unter dem Bildrande: „Ire Expérience de la Machine Aérostatique avec les moyens de la diriger à volonté par le Docteur Jonathan, et la Vue du Village Dessessebruc- / que au Pays de Galles d'ou est partie, cette machine le 22. Dec^{bre} 1783 à 9 heures du matin laquelle après avoir, parcouru environ l'espace / de 10. lieues est revenue tomber proche l'endroit d'ou elle s'étoit enlevée, cette machine est construite de fil de laiton très fin laminé arangé en forme / de toile ordinaire et couvert d'une toile de Coton / enduite d'un mastic, le Gouvernail est aussi de laiton couvert d'une toile de coton, et la Voile de toile / ordinaire. Dessiné d'après Nature et Gravé par Waulstaine et se Vend chez lui N° 122 en la Cité à Londres."

Radierung. Lediglich der Ballon, Gondel, Luftschiffer, Passagiere und Fahnen handkoloriert. 136 : 180. Mit vollem Rand.

Kgl. Universitätsbibliothek-Göttingen.

Vgl. auch Nr. 133, 134.

1784

FRANCONVILLE — FREITAG, 16. JANUAR

Garten der Gräfin Albon.

258. Darstellung einer eben hochgehenden Charlière. In der Weidengondel zwei Meerschweinchen und ein Kaninchen. Im Vordergrunde Gruppen von Zuschauern, in der Mitte eine einzelne Dame (Gräfin Albon?). Im Vordergrunde und l. im Hintergrunde vor der Schlossruine Tiertreiber. R. im Hintergrunde Dorfkirche und Häuser sichtbar. Hügelige Landschaft. Dicht unter dem Bildrande l.: „F. M. de lussy. pin$^{x.}$" F. Marie de Lussy und r.: „E. L. P. Scu^{pt}" (?) Von E. Lepagelet (?); über die Autorschaft vgl. die Bemerkung der Nr. 362. Unter dem Bilde: „Vue de l'enlevement du globe Aërostatique parti des Jardins de Madame La Comtesse / D'albon, à Franconville lagarenne prise du vieux chateau Le 16 Janvier 1784; / il avoit 24. pieds de haut sur 16. de diamêtre Et 48. de Circonférence, il portoit dans une Cage d'osier deux cochons / d'inde, et un Lapin. on L'a retrouvé dans les champots de montmoranci les animaux etoient vivans." Vgl. Faujas de Saint Fond: Première suite de la description des expériences aérostatiques. Tome second. Paris 1784. S. 274. (Nr. 978.)

Aus der Zeit stammende Radierung. 187 : 240. Schmaler Rand.

Kgl. Universitätsbibliothek-Göttingen.
Dr. Alex. Meyer-Frankfurt a. M.

259. — Der mit einem Fahnenwimpel versehene Ballon schräg über Franconville schwebend. Unter dem Bilde die handschriftliche Angabe (Tinte): „Ballon de Franconville parti le 16 Janvier des jardins de Madame la Comtesse d'Albon."

Unbez. Schwarz- und Rotstiftzeichnung; Landschaft jedoch nur in Schwarzstift. Grösse des Blattes ca. 243 : 176.

Louis Ricard Nachf.-Frankfurt a. M.

LYON MONTAG, 19. JANUAR
Brotteaux

Die nach dem Intendanten der Provinz Lyon benannte Montgolfière „Le Flesselles" war mit sieben Personen bemannt: Joseph Montgolfier, Pilâtre de Rozier, Graf Laurencin, Graf Dampierre, Prinz Carl von Ligne, Graf de La Porte d'Anglefort und Fontaine. Erreichte Höhe ca. 500 Toisen. Landung in Lyon nach einer Fahrtdauer von ca. 15 Minuten. Joseph Montgolfiers einziger Aufstieg.

260. Darstellung der rechts vom Füllplatze freischwebenden, reich mit Gold dekorierten, blauen Montgolfière. Der Ballon mit Medaillons und Detailmalereien, u. a. einem Löwengespann, rotbeflügelten, auf Wolken schwebenden Genien etc. etc. verziert. In der Galerie vier von den sieben Luftschiffern sichtbar. Unten im Vorder- und Hintergrunde des Bildes vieltausendköpfige Zuschauermengen. Ringsherum auf dem umzäunten, militärisch abgesperrten Füllplatz sitzende Zuschauer. Im Hintergrunde des Bildes das Häusermeer von Lyon. Leicht bewölkter blauer Himmel. Unter dem Bildrande die Unterschrift: „EXPERIENCE AËROSTATIQUE / Faite à Lyon; d'un Ballon de cent pieds de Diamètre le 10. Janvier 1784, à Midi 48 Min^{tes} / La Machine s'est élevée à plus de 1400. Toises, portant 7. Personnes dans la Galeries. / Vuë prise du Pavillon méridional de Sr Antonio Spréafico, aux Bretteaux." Das angegebene Datum historisch falsch, ebenso die Höhenangabe. Die auf den 10. Januar festgesetzte Auffahrt fand erst am 19. Januar statt. In der Mitte darunter: „Un espace infini nous separoient des Cieux / Mais grace aux Montgolfiers que le Genie inspire / L'Aigle de Jupiter à perdu son Empire / Et le faible mortel peut s'approcher des Dieux." R. und l. davon unter „Voyageurs Aëriens" auf je drei Zeilen die Namen der sieben Luftschiffer. L. seitlich „Nota". Daneben: „l'On prépare une seconde Planche, qui donnera bientôt / et très exactement les Plans, coupes, profils détails, / calculs, résultats et autres objets relatifs à cette Machine". R. unten in der gegenüberliegenden Ecke: „A Paris chès Enaut et Rapilly, Rüe S^{t} / Jacques à la Ville de Coutances." Das zweite bei Esnauts et Rapilly erschienene Blatt vielleicht Nr. 261.

Aus der Zeit stammende Radierung. Das Häusermeer und ein grosser Teil der Zuschauer nicht koloriert. 328 : 220. Mit Rand.

Abbildung 58. Grossh. Hess. Hofbibliothek-Darmstadt.

261. — Der in der oberen Hälfte grüngemalte, mit Medaillons versehene Ballon über Lyon schwebend. In der Galerie die sieben Reisenden. Die beiden ganz r. und l. stehenden Luftschiffer mit unkolorierten Fahnen nach unten grüssend. Im Vordergrunde der mit hohen Füllmasten versehene, umzäunte Füllplatz; auf demselben, davor und dahinter Zuschauer. Im Hintergrunde des Bildes hinter einer schönen Baumallee das Häusermeer von Lyon. Ganz oben leicht bewölkter Himmel. Unter dem Bilde die Aufschrift: „EXPERIENCE AËROSTATIQUE. / Faite à Lyon le 19 Janvier 1784 à midi 48. minutes, ave^{c} un Ballon, de 100 p^{ds} de diamétre, sur 118 de h^{t} il s'est élevé à la hauteur de 1400 T. et à été / vuë de 12 L. à la ronde, il à fait l'admiration de tous les Spectateurs, il à descendu dans une prairie, peu éloigné de son départ." L. darunter: „Voyageurs Aëriens, Mr Montgolfier Inventeur, M. Pilastre du Rozier, / Le P$^{c:}$ Charles fils du P^{ce} de Ligne, / M^{r} le Cte d'Anglefort Lieu^{t} Col. d'Jnf. Ch. de S. Louis", in der Mitte: „Lorsque d'un frond majesteux, / Qu' embélisent la modestie, / Montgolfier séleva

près des cieux: / Il s'aprocha de sa patrie." und r.: „Voyageurs Aériens. M. le Cte de Laurencin Chr de S. Louis, / M. le Cte de Dampiere Offr aux Gardes françs / Mr Fontaine Coopérateur zélé." Falsche Höhenangabe.

Unbez., aus der Zeit stammende Radierung. Wahrscheinlich das im Text von Nr. 260 erwähnte zweite Blatt von Esnauts et Rapilly. Nur die obere Hälfte der Montgolfière handkoloriert, sonst unkoloriert. Bildgrösse 370 : 222. Stadtbibliothek-Hamburg.

Abb. 16. Medaille von Gatteaux auf den Aufstieg der Montgolfière „Le Flesselles" in Lyon 1784. (Vgl. Nr. 508.)

262. — Darstellung des reich dekorierten, mit „Le flessel." bezeichneten Ballons. In der Galerie drei von den sieben Luftschiffern sichtbar. Unter dem Bilde die handschriftliche (Tinte) Angabe: „Le Flessel, areostat construit à Lyon. Il portait 100 pieds de diamètre / le 19. Janvier 1784 il s'eleva a 1400 toises d'èlevation portant sept / personnes, en autres Mr Mongolfier ainé, Mr Pilatre des Rosiers. / Le Prince Charles fils ainé du prince de Ligne et le comte de Laurencin." Falsche Höhenangabe.

Unbez. Bleistiftzeichnung. Bildgrösse ca. 128 : 79. Frau Albert-Wiesbaden.

263. — Der Ballon hoch über Lyon schwebend. An der unteren l. Hälfte des reich dekorierten Ballons ein mit zwei Knoten befestigtes Tuch, das Wappen des Herrn de Flesselles (?) und darüber die Aufschrift: „le Flesseles" zeigend. Unterhalb der erhöhte, umzäunte Füllplatz. Innerhalb der Umzäunung und weiter rückwärts vieltausendköpfige Zuschauermengen. Zwischen der Umzäunung des Füllplatzes und dem von Volksmassen eingenommenen, grossen, der Stadt zugekehrten Platz halten Kavalleristen die Ordnung aufrecht. Ganz im Hintergrunde Lyon. Leicht bewölkter Himmel. Dicht unter dem unteren Bildrande die Bezeichnung: „LE BALLON DE LYON, Nommé le de Flesselles de 130 pieds de haut sur 102 de diametre, d'après les dimensions données par / Mr Montgolfier et élévé des Brotteaux à la hauteur de 1438 Toises, le 19 Janvier 1784. monté par". Es folgen dann darunter r. und l. die Namen der Luftschiffer. Dazwischen steht: „Elevés vous, audacieux Mortels, / Dans la plaine des airs, sur l'aile de la gloire, / C'est à vous seuls d'aller au Temple de Memoire / Ecrire vos noms immortels," und seitlich davon: „Per Mr G... / chez Boily rûe tupin maison Charlet." Falsche Höhenangabe.

Radierung, teilweise koloriert (einzelne Personen auf dem Füllplatz). Bildgrösse 238 : 165. Schmaler Rand. Dr. Alex Meyer-Frankfurt a. M.

264. — Die prächtig mit Medaillons bemalte Montgolfière l. hoch über dem bewölkten Lyon schwebend. L. oberhalb der Galerie eine grosse rote Fahne gehisst. Im Vordergrunde auf dem erhöhten, noch qualmenden Füllplatz fünf Personen. Ringsherum um denselben und vor der Umzäunung vieltausendköpfige Zuschauermengen. Auf der grossen, im Hintergrunde sichtbaren Rhonebrücke gleichfalls Zuschauer und auch l. vor dem Häusermeer von Lyon. Ganz l. vorn Reiter, dahinter und auch ganz im Hintergrunde Staatskarossen. L. vom Füllplatz ein Vogelschwarm. Oben über dem Bildrande: „Vue des Brotteaux à Lyon.“ Unter dem Bildrande unten: „LE FLESSELLES ou LE TROISIEME VOYAGE AERIEN le 10. Janv. 1784.“ Das Datum historisch falsch vgl. Nr. 260. Dann acht kleingedruckte Zeilen: „Mr de Montgolfier . . . , le meme soir au Spectacle on distribua des couronnes a ces dignes Cooperateurs et l'on / chanta cette Cantate.“ Hierauf in zwei zweispaltigen, kräftiger gedruckten Zeilen die Kantate: „Une espace infinie nous séparoit des cieux; / Mais grace aux Montgolfier que le génie inspire. / L'aigle de Jupiter a perdu son empire, / Et le faible mortel peut s'approcher des Dieux.“ Darunter: „a Paris chez Vachez M^{d} d'Estampes Quay de Gevres a l'Esperance A. P. D. R.“

Handkolorierte Radierung von Tavenard. 151:103.

Kgl. Universitätsbibliothek-Göttingen.

265. — L. hoch über Lyon der schön dekorierte Ballon „LE FLESSELE“. Unten l. der erhöhte, zweimal umzäunte und innerhalb der äusseren Umzäunung mit vielen Menschen besetzte Füllplatz. Vor und hinter demselben gleichfalls Zuschauermengen. Ganz im Vordergrunde r. einzelne Reiter und eine Staatskarosse. Die ganze Breite des Bildes zeigt das Häusermeer von Lyon, der ferne Hintergrund die hügelige Umgebung von Lyon. L. unterhalb des Ballons davonfliegende Schwalben. Bewölkter Himmel. Unter dem Bildrande l.: „Dessiné par le Ch^{er} de Lorimier.“ und r.: „Gravé par N. De Launay“. de Lorimier und Delaunay vgl. Nr. 198. Ganz oben, oberhalb der Bildumrahmung r., die Bezeichnung: „Pag. 67.“ In der Mitte unterhalb des Bildes steht die Aufschrift: „TROISIEME VOYAGE AËRIEN / Expérience faite à Lion le 19 Janvier 1784, sous la Direction de Mr Joseph Montgolfier / avec une Machine Aërostatique de 102 Pieds de Diamètre sur 126 de hauteur.“

Kupferstich. Dem Werke von Faujas de Saint-Fond: Première suite de la description des expériences aérostatiques de MM. de Montgolfier. Tome second. Paris 1784. entstammend. (Nr. 978.) Bildgrösse 152:105.

Deutsches Museum-München.

266. — Dasselbe. Jedoch mit dem Unterschiede, dass über dem Bilde die Seitenangabe fehlt und dass das letzte Wort des Textes: „Hauteur“ mit dem grossen „H“ gedruckt ist.

Bildgrösse 152:105.

Ferd. J. Mela-Frankfurt a. M.

267. — Der Ballon „Le Fleselles“ in ansehnlicher Höhe. Von den zwei Medaillons das in der Mitte deutlich und das l. noch teilweise sichtbar. Unten r. am Ballon eine Fahne mit der Aufschrift: „le / Flessell . .“. Im Vorder- und Hintergrunde und

in dem von Militär umstellten Füllplatz vieltausendköpfige Volksmengen. Im Hintergrunde Lyon mit seinen Kirchen und eine grosse, über die Rhone führende Brücke. Im Vordergrunde r. ein alter, mächtiger, fast kahler Baum. Unter dem Bildrande die Unterschrift: „EXPÉRIENCE AEROSTATIQUE. / faite à Lyon en Janvier 1784*, avec un Ballon de cent pieds de diamètre, / Vuë prise du Pavillon méridional de Sr Antonio Spréafico, aux Brotteaux." L. die Ueberschrift: „Voyageurs Aëriens" und dann auf sechs Zeilen die Namen der Luftschiffer. R. drei Zeilen: „*Le 19 . . . dans la Galerie." Dazwischen in der Mitte vier Zeilen: „un espace infini nous séparoit des cieux; / mais, grace aux Montgolfier, que le génie inspire, / l'aigle des Jupiter à perdu son Empire, / et le faible mortel peut s'approcher des dieux . . . . . . Vasselier de l'Accad^ie. de Lyon." Darunter: „Nota l'on prépare une Seconde Planche, qui donnera bientôt et très exactement les Plans, coupe; profils détails, calculs, / résultats et autres objets rélatifs à cette Machine." In der r. Ecke über dem Plattenrand: „A Lyon chés Joubert fils M^d Estampes 9de. rue Merciere." Falsche Höhenangabe im Text.

Aus der Zeit stammende Radierung. 330 : 220. Schmaler Rand.

Kgl. Universitätsbibliothek-Göttingen.

Vgl. auch Nr. 149, 150.

Schieggsche Montgolfière.

OTTOBEUREN DONNERSTAG, 22. JANUAR

268. Fig. I, II, III, IV die längliche, erst teilweise aufgeblasene Montgolfière darstellend. Auf den Darstellungen III und IV wird der Ballon durch einen an einem Hause aus einem oberen Fenster herausragenden Stab noch festgehalten. Die Figuren V und VI. Fig. V zeigt die noch von einem Manne gehaltene, gefüllte Montgolfière, Fig. VI die Auffahrt des Ballons ohne Gondel, die von einigen Personen beobachtet wird. Im Hintergrunde ein Gebirgszug und eine zweite Gruppe von Beobachtern. Die Abbildungen mit Buchstabenbezeichnungen. Der die Buchstaben erklärende Text fehlt. Die Darstellungen mit der geschriebenen Aufschrift: „Aerostatischer Versuch des P. Ulrich Schiegg in / Ottobeuren im Januar 1784." Vgl. auch Feyerabend: Des ehemaligen Reichsstiftes Ottenbeuren ... Sämtliche Jahrbücher. Bd. 4 Ottenbeuren 1816. S. 177—179 (im Besitze von Dr. Liebmann).

Unbez., photographische Nachbildungen. Fig. I—IV, 145 : 190 und Fig. V und VI, 155 : 200. Die beiden Tafeln gemeinsam gerahmt.

Deutsches Museum-München.

Badersche Montgolfière.

AUGSBURG DONNERSTAG, 19. FEBRUAR
Frauenhof

269. Mitten der im Hintergrunde durch Häuser und im Vordergrunde durch Schranken begrenzte Füllplatz. Innerhalb desselben ein von einem Mann festgehaltener, bereits praller Ballon. L. davon unter dem auf einer Leiter befindlichen Mann, ein Ballon über dem Feuerherd in Füllung begriffen. Daneben ein das

Feuer schürender Mann. Hoch oben ein Ballon ohne Gondel in ziemlicher Entfernung schwebend. Das stattliche, l. im Hintergrunde am Füllplatze gelegene Haus (Rathaus?) an den Fenstern und auf den Dächern dicht mit Zuschauern besetzt. Vor der Schranke ganz im Vordergrunde l. und r. Zuschauer, in der Mitte ein auf Posten befindlicher Soldat und r. davon ein Mann, einen Böller abfeuernd. Unter dem Bilde: „Vorstellung der Luft Machine." Darunter drei Zeilen Text: „Von 10 Schuhe . . . denen 7 Tisch." Darunter: „Augsburg zu haben beÿ Jos. Phil. Fill. Aug. Vinc." Vgl. auch Feyerabend a. a. O. (Nr. 268). Bd. 4. S. 179.

Photographie nach einem im Besitz des Augsburger Vereins für Luftschiffahrt befindlichen Kupferstich. 280 : 247.

Staats-, Kreis- und Stadtbibliothek-Augsburg.

270. — Darstellung des eben sich erhebenden, unbemannten Baderschen Luftballs. Rings um den in der Mitte befindlichen, freigehaltenen Platz vieltausendköpfige Volksmengen. Innerhalb des freien Platzes fünf einzelne Personen, darunter wohl die Gebrüder Bader. R. von der Volksmenge eine bis in die Mitte des Hintergrundes zulaufende Häuserreihe, l. vom freien Platze stattliches Haus (Rathaus?), dessen Fenster dicht mit Zuschauern belagert sind. L. ganz im Vordergrunde eine freigehaltene Strasse. Unter dem Bilde die Aufschrift: „Anno 1784 Den 19 Fedr(?) ist in Augsburg, die Luft Ball von 10 Schuhe im durch= / messen und 11 Schuhe in der Höche, von 2 Gebrüdern Bader, von Ottobeÿren in die Luft gelassen worden."

Unbez. Kupferstich, 147 : 183. Schmaler Rand.

Germanisches Nationalmuseum-Nürnberg.

271. — Das durch zwei Vertikalstriche in der Mitte geteilte Bild zeigt auf der r. Hälfte einen Ballon ohne Gondel hochschwebend. Im Mittelpunkte des freien Platzes zwei Leute (die Brüder Bader?), einer auf einer Leiter stehend. Im Vordergrunde, im Hintergrunde vor dem stattlichen, den Platz im Hintergrunde abschliessenden Gebäude und vor der Häuserreihe r. überall Zuschauer. Die l. Hälfte zeigt den auf einem Schneefeld niedergehenden Ballon „2", im Vordergrunde den Augsburger Holzwart Jakob Baÿr mit seinem Freunde den Ballon „3" aus dem Schneefeld heraustragend. R. „4" die beiden Freunde auf einem Schlitten dem Ballon nachfahrend. Die Darstellungen mit Ziffernbezeichnung. Unter den beiden Bildhälften fünf Zeilen Text: „Acurate Vorstellung des . . . Zoll im durchschnitt." Darunter r. noch: „Joh. Mart. Will. excud. A. V." Joh. Martin Will (Wille), Kupferstecher, 1765—1805.

Kupferstich, 221 : 270. Mit Rand.

Staats-, Kreis- und Stadtbibliothek-Augsburg.

— Dasselbe. *223 : 176.* Stadtbibliothek-Hamburg.

Abbildung 67.

Blanchards geplanter Aufstieg.

PARIS FREITAG, 27. FEBRUAR

272. Der Ballon über dem Füllplatz schwebend. Der oben mit einem Netzwerk versehene, in der oberen Hälfte grüne Ballon mit rot drapierter, gelblicher Gondel. Unter dem grünen geöffneten Schirm zwei Luftschiffer; Flügelruder weisslich gemalt. Im Vordergrunde vor dem klosterartigen Gebäude vieltausendköpfige Volksmengen. R. vom Kloster eine blaue, oben einen Hahn zeigende Kirchturmspitze. Obere Hälfte des Himmels blau, untere gelblich. Ueber dem Ballon im roteingefassten Spruchband: „SIC ITUR AD ASTRA". Dicht über dem oberen Bildrande: „P^re^ Éxpérience Mécanique et Aérostatique de M. Blanchard." Unter dem unteren Bildrand: „Dessiné d'Après Nature, dans le Jardin de M^r^ l'Abbé / Viennet, tel qu'il à été vue le 27. Fevrier 1784. A. P. D. R." Darunter: „AParis chez Vachez, Quai de Gévres, à l'Espérance." Die Auffahrt wurde auf den 2. März verschoben.

Handkolorierte. Radierung von Tavenard. 147:102.

Kgl. Universitätsbibliothek-Göttingen.

Blanchards Aufstieg.

PARIS
Marsfeld

DIENSTAG, 2. MÄRZ

Blanchards erster Aufstieg. Der Blanchardsche Gasballon war eine Kombination seiner Flugmaschine mit einem mit Lenkvorrichtungen versehenen Ballon (s. Ballontypen Nr. 98—101). Als Passagier sollte Blanchards Freund, der Benediktiner Dom Pech, mitfahren. Der Ballon hatte jedoch nicht genügend Tragfähigkeit, und Dom Pech musste auf die Mitfahrt verzichten. Im Moment der Auffahrt suchte sich der Militärschüler der Schule von Brienne, Baron du Pont Du Chambon (Mitschüler Bonapartes), die Mitfahrt zu erzwingen. Bei der gewaltsamen Entfernung des Eindringlings aus der Gondel wurde Blanchard von ihm durch einen Degenstich verletzt. Die Lenkvorrichtungen (Ruderapparate, Sonnenschirm) waren mit Ausnahme der Steuerung im Handgemenge unbrauchbar geworden und mussten zurückgelassen werden. Blanchard stieg nunmehr allein auf und landete nach $1^1/_4$ Stunde bei Billancourt.

273. Der Blanchardsche Ballon über dem Palast des Marsfeldes schwebend. Der in der oberen Hälfte mit Netzwerk versehene, grüngraue Ballon mit blauer Gondel und grauen Flügelrudern. Unter dem geöffneten grünen Schirm zwei rotgekleidete Luftschiffer. Historisch falsch. Auf dem grossen, dem Palast des Marsfeldes vorgelagerten Platz insgesamt acht Personen. Ueber dem Ballon l. „Sic itur-" und r. „ad astra". Unter dem Bildrande: „EXPERIENCE DU VAISSEAU VOLANT de Mr BLANCHARD / le 2 Mars 1784 au Champ de Mars comme il devoit montér avec / Dom Pech mais la fallie d'un jeune militaire qui s'est élancé / dans son Vaisseau qui a tout cassé et brisé les instruments de / Phisique a tout derangé le Projet de Mr Blanchard qui a monté / seul et a vogué l'espace de cinq quarts d'heure." Darunter l.: „A Paris chez Basset rue St Jacques" und r.: „Avec Privilége du Roy."

Kupferstich. Ballon, Gondel und Luftschiffer handkoloriert, sonst unkoloriert. Bildgrösse 153:83.

Stadtbibliothek-Hamburg.

274. — Der Blanchardsche Ballon über dem Palast des Marsfeldes schwebend. Der in der oberen Hälfte grüne Ballon ist mit einem Netzwerk versehen. Die blaue Gondel mit Gestänge und Luftrudern ausgestattet. Unter dem geöffneten grünen Schirm zwei Luftschiffer. Ueber dem Ballon im blauen Himmel: „Comme il devoit partir." R. vom Ballon in gleicher Höhe ein zweiter, ähnlich kolorierter Ballon schwebend. Die blaue Gondel nur mit einem Luftschiffer bemannt und

ohne Schirm, Flugruder und Gestänge. An Stelle des Schirmes ein rot eingezeichneter Ballonring. Ueber dem Ballon: „Comme il est parti seul." Die sonstige Darstellung entspricht genau Nr. 178. Auch ganz ähnliche Kolorierung. Das Dach des Palastes ist koloriert (blau), und die anwesenden Zuschauer tragen vielfach anders kolorierte Gewänder. Unter dem Bildrande: „EXPERIENCE DU VAISSEAU VOLANT de Mr Blanchard le 2 Mars 1784. ou il est monté a midi et demie". Der auf derselben Zeile mit „On estime quil" beginnende Text endigt auf der dritten Zeile mit „Plaine de Billancourt". Dicht über dem Plattenrand: „A Paris chez Basset rue St Jacques," und r. davon: „Avec Privilege du Roy."

Aus der Zeit stammende, handkolorierte Radierung. 214:322.

Stadtbibliothek-Hamburg.

275. — Der l. hoch oben schwebende, in seiner oberen Hälfte grüne Ballon. In der rotdrapierten, mit einer Steuerung versehenen, gelben Gondel ein rotgekleideter Luftschiffer (Blanchard). Im Vorder- und Hintergrunde um den Füllplatz ringsherum vieltausendköpfige Volksmengen. Im Hintergrunde hinter der Umzäunung l. Baumgruppen, r. von der Mitte eine mit einer blauen Kuppel versehene hohe Kirche und r. ein langgestrecktes Gebäude mit blauem Dach. Oben blauer wolkenfreier, darunter gelblicher Himmel. Oben über dem Bildrande: „Pe Voyageur Aérien allant à contre vent." Unter dem Bilde fünf Zeilen Text: „Par un évenement . . . envie de dormir." Auf derselben Zeile r. in kleiner Schrift: „AParis chez Vachez, Quai de Gêvres à l'Espérence." Darunter „A. P. D. R."

Handkolorierte, sicherlich von Tavenard stammende Radierung. 148:103.

Kgl. Universitätsbibliothek-Göttingen.

276. — Der Ballon in Billancourt gelandet. Der der in Nr. 275 angegebenen Kolorierung entsprechende, noch pralle Ballon auf dem Erdboden liegend. L. daneben ein grüner Wagen mit roten Rädern. Dahinter am Ballon der Luftschiffer (?) im roten Gewand und r. Volksmassen, sich bis tief in den Hintergrund erstreckend. Im fernen Hintergrund Gebirgszug und l. eine erhöht liegende Kirche. L. hoch oben schwarze Gewitterwolken, l. und darunter blauer und noch tiefer gelblicher Himmel. Ueber dem oberen Bildrande: „Vue de la prairie de Billancourt. Dessiné d'Après nature." R. unten in der Ecke dicht über dem Bildrande: „Tavenard Scup." Unter dem Bilde acht Zeilen Text: „Mr Blanchard, étant . . . personnes de qualités." Auf der achten Zeile l.: „AParis chez Vachez", und r.: „Quai de Gêvres à l'Espce"

Handkolorierte Radierung. 150:102. Kgl. Universitätsbibliothek-Göttingen.

Andreanis Aufstieg.

MAILAND SAMSTAG, 13. MÄRZ

Paolo Andreanis Montgolfière. Aufstieg mit zwei Passagieren (die Brüder Gerli?). Zurückgelegte Wegstrecke ca. 7 Meilen, höchste Erhebung ca. 850 Toisen. Die erste überhaupt in Italien veranstaltete Ballonfahrt unternahm Andreani mit August und Carl Gerli am 25. Februar 1784 in Mailand.

277. Darstellung des bereits hochschwebenden Ballons. In der korbartigen Gondel drei Luftschiffer. Einer der Luftschiffer oben auf einer Leiter am Ballonventil arbeitend. Unten l. der ovale, umzäunte und mit zwei Masten versehene

Füllplatz und r. stattliche Gebäude sichtbar. Im Vordergrunde auf dem grossen, freien Platz eine ganze Anzahl zum Teil zu Gruppen vereinigter Zuschauer. Ausserhalb der Umzäunung mitten im Hintergrunde Häuser und ein hoher Campanile. L. Hügel. Leicht bewölkter Himmel. Unter dem Bildrande: „Esperienza di Milano eseguitasi in Moncucco dal Nobilis^{mo} Sig. D. Paolo Andreani con una macchina aerostatica fatta costruire a sue spese / dell altezza di 72. piedi colla larghezza di 66. Con questa Egli primo in Italia ha navigato l'aria facendo un viaggio di circa / 25. minuti sino all' altezza di più di 3. miglia nel giorno 13. Marz^{o} 1784." Darunter in der Ecke l. mit „Em^{e} Lux^{o} del.", in der r. Ecke mit „Girol. Cattaneo scol. 1784." signiert.

Kupferstich, 248:315. Dr. Gans-Fabrice-Garmisch.

Abb. 17. Medaille auf die Auffahrt Andreanis in Mailand 1784 (Vgl. Nr. 517).

Ballon des Marquis de Brantès von Avignon.

GENTILLY bei Sorgues — SONNTAG, 4. APRIL

Vgl. Nr. 112.

Adornsche Montgolfière.

STRASSBURG Zitadelle — SAMSTAG, 15. MAI

Bemannung zwei Luftschiffer. Dauer der Fahrt vier Minuten.

278. Die in ansehnlicher Höhe über Strassburg schwebende, reich dekorierte Montgolfière mit zwei Luftschiffern bemannt. Der l. stehende grüsst mit der Fahne, der r. stehende durch Abnehmen des Hutes die herbeigeströmte, r. unten am Füllplatz befindliche Volksmenge. Im Vordergrunde Wasser, Schiffer in und neben ihren Kähnen, l. Bäume und nach dem Hintergrunde zu einzelne Häuser, in der Mitte Strassburg mit dem Münster sichtbar. Die Montgolfière trägt an ihrer Spitze eine Fahne mit der Aufschrift: „IN COELUM PATET / IBIMUS ILLUC." L. dicht unter dem Bildrande: „G. C. Enslen del." In der Mitte unter dem Bilde: „Expérience Aërostatique / du Sr Adorne, premiers éssais faits à la Citadelle de Strasbourg au

mois de / Mars 1784. avec un Ballon de 80. pieds de hauteur sur 156. de Circonférence / deplacant 113, 310. pieds cubes d'air Athmosphérique du poids de 26½ Quintaux en tout." Die Auffahrt fand erst am 15. Mai statt.

Kupferstich. Bildgrösse 310 : 230. Ohne Rand. Breite von Plattenrand zu Plattenrand 243.

Kais. Universitäts- und Landes-Bibliothek-Strassburg i. E.

— Dasselbe. *Bildgrösse 306 : 226.* Stadtbibliothek-Hamburg.

279. — Dasselbe; Reproduktion. Gleicher Text. Darunter: „Lichtdruck Jul. Monias u. Cie., Strassburg i. E."

Bildgrösse 300 : 228. Breiter Rand.

Dir. Drory-Frankfurt a. M.;
jetzt Senckenbergische Bibliothek-Frankfurt a. M.

„Le Suffren".

NANTES MONTAG, 14. JUNI

Aufstieg der Charlière (Wasserstoffgas aus Zink und Schwefelsäure). Die Maschine hatte oben eine Kappe, die das Scheuern des Netzwerkes und das Eindrücken der Balloncalotte durch die Schwere des Ventils verhüten sollte. Bemannung: Coustard de Massy und Mouchet. Zurückgelegte Wegstrecke nach ca. einer Stunde Fahrzeit ca. 27 Meilen. Landung bei Getes in Anjou. Vgl. Journal de Paris vom 16. Juni 1784. Eine zweite Auffahrt des Ballons „Le Suffren" erfolgte am 6. September 1784. Vgl. Journal encyclopédique 1784 T. VIII. S. 85 ff.

280. Darstellung des eben hochgestiegenen, grossen, mit einem Netzwerk versehenen Ballons. In der reich dekorierten Gondel die beiden Reisenden Fahnen schwenkend. Die Gondel mit der Aufschrift: „LE SUFFREN." Unten im Vordergrunde l. drei Personen und einige auf dem Geländer sitzende Knaben. Mehr nach rechts die zur Herstellung des Wasserstoffgases dienende Apparatur, ganz rechts ein hoher Mast mit einer Fahne an der Spitze. An dem Hauptmast klettert ein Knabe hinauf und auch an dem Seitenmast, der bis an den Ballon hinausragt, ist ein zweiter Knabe bereits bis zur Mitte hinaufgeklettert. Im Hintergrunde l. Gebirgszug, mitten ein grosses, hohes Haus (Spital). An allen Fenstern und auf dem Dache Zuschauer. Ganz r. ein zweiter, mit einem Wimpel versehener Mast und davor, aber hinter der Umzäunung Volksmenge. Unter dem Bilde in der Mitte das Wappen von Nantes (Durchm. 32) mit der Umschrift: „SCEL DES MAIRE ET ECHEVINS DE NANTES." Unter dem Bilde l. und r. vom Wappen: „VUE PERSPECTIVE DE L'AEROSTAT LE SUFFREN / et des appareils employés pour l'elever et le remplir, lequel a été lancé du Jardin / de l'Hopital des enfans Orphelins de Nantes, le 14. Juin 1784. / Dedié à Messieurs les Maire, Echevins et Procureur du Roi Sindic de la Ville et Communté de Nantes." Darunter neun Zeilen Text über die Konstrukteure des Ballons, die Dimensionen desselben und die Landung: „Cet Aerostat de 30 pieds 4 p. de diametre, fait de Taffetas verni, a été construit et dirigé ainsi que tous ses appareils, par M. l'Evêque correspondant de l'Aca- / démie des Sciences et Professeur d'hidrographie de la ville, le Pere Mouchet de l'Oratoire professeur de Phisique en l'Université de la ditte Ville M M. Coutard / de Massy Chevalier de St Louis, Le Chevalier

de Tussac amateur, Louvrier Apoticaire, Schenet jeune Architecte, Dulau et Passelez." / Die vierte Zeile beginnt: „Il portoit deux voyageurs aeriens, M. Coutard et le Pere Mouchet". Die neunte Zeile schliesst mit: „22 lieues de Nantes." Darunter noch: „Se vend à Nantes chez Auvray M^d^ d'Estampes petite rue des Carmes, proprietaire de la Planche et par les soins duquel elle a été gravée, et à Paris / chez Petit, Rue du petit-Pont, à Limage Notre Dame N° 12."

Aus der Zeit stammender Kupferstich. 485:280. Mit Rand.

Kgl. Universitätsbibliothek-Göttingen.

Montgolfière „Marie-Antoinette".

VERSAILLES — MITTWOCH, 23. JUNI

Bemannung Pilâtre de Rozier und Proust. Die Maschine stieg in Anwesenheit des Königs und der Königin und zu Ehren des Königs Gustav III. von Schweden (Graf von Haga) auf. Nach dreiviertelstündiger Fahrt Landung auf einem Felde, zwischen Champlatreux und Chantilly. Die Landungsstelle erhielt auf Befehl des Prinzen von Condé den Namen „Pilatre des Rosiers." Vgl. Journal de Paris vom 19. und 25. Juni 1784.

281. Die schön verzierte, mit dem Namenszug der Königin versehene, blaue Montgolfière über dem Schlosse von Versailles schwebend. In der Galerie zwei Luftschiffer sichtbar, r. eine weisse Fahne gehisst. Aus dem Ballon schlägt unten eine Feuergarbe, dichten Qualm entwickelnd, heraus. Unten im Vorder- und Hintergrunde vieltausendköpfige, den ganzen Platz einnehmende Volksmengen. L. unten Zuschauer auf der Marmorrampe. R. eine überlebensgrosse Skulptur, ein weiblicher sitzender Genius, einen Lorbeerkranz emporhaltend. Im Hintergrunde des Bildes, die ganze Blattbreite einnehmend, das Schloss von Versailles. An den Fenstern des Schlosses und auf den blaugemalten Dächern desselben allenthalben Zuschauer. Die erhöhte Schlossterrasse militärisch abgesperrt. Blauer, l. bewölkter Himmel. Ueber dem oberen Bildrande die Ueberschrift: „LA MONGOLFIERE MARIE ANTOINETTE." Darunter: „2me expérience faite à Versailles dans la Cour des Ministeres par Mr Pilatre des Rosiers, / le 23 Juin 1784." Dicht unter dem Bilde acht kleingedruckte Zeilen: „Cette Machine magnifiquement . . . Pilatre des Rosiers." Auf der achten Zeile noch: „A. P. D. R." Darunter „A Paris chez Vachez, Quai de Gèvres, à l'Espérance."

Handkolorierte, sicherlich von Tavenard ausgeführte Radierung. 152:104.

Kgl. Universitätsbibliothek-Göttingen.

282. — Dasselbe, unkoloriert und mit dem alleinigen Unterschied, dass die Bezeichnung am Schluss der achten Zeile „A. P. D. R." fehlt.

Beschnitten. Bildgrösse 126:89.

Deutsches Museum-München.

283. — Dasselbe, handkoloriert. Die Dächer des linksseitigen Schlossflügels teilweise rotgemalt. Ueber dem Blatte fehlt die dritte, kleingedruckte Datumzeile. Die Angabe „A. P. D. R." fehlt auch auf diesem Blatt.

Bildgrösse 126:88.

Stadtbibliothek-Hamburg.

Stuwers Riesenmontgolfière.

WIEN MITTWOCH, 7. JULI
Prater

Vgl. Nr. 157, 158.

Ensslens Aërostatische Figuren.

STRASSBURG MONTAG, 12. JULI

Vgl. Nr. 168.

Montgolfière von Carnus und Louchet.

RODEZ FREITAG, 6. AUGUST

Bemannung: Abbé Carnus und Louchet. Zwischenlandung. Weiterfahrt von Louchet allein. Landung bei Jnières nach ca. 36 Minuten. Zurückgelegte Wegstrecke ca. 7000 Toisen. Vgl. Journal encycl. 1784. T. VII. S. 294.

284. Der hoch über Rodez schwebende, mit der Aufschrift „LA VILLE DE RODES" versehene Ballon. Die Montgolfière reich und mit Wappen dekoriert, die mit zwei Luftschiffern (Carnus und Louchet) bemannte Galerie beflaggt. Im Vordergrunde schöne Park- und Gartenanlagen, im Hintergrunde die Stadt Rodez, fast die ganze Bildbreite einnehmend. In der Mitte die Kathedrale, davor Volksmengen. Im Hintergrunde r. und l. hügelige Landschaft. R. in der Ecke: „Blanchon sculp[t]" Jean-Guillaume Blanchon, Kupferstecher, * 1763 in Paris. Unter dem Bilde mitten das bischöfliche Wappen und l. und r. davon: „VUE PERSPECTIVE DE LA VILLE DE RODEZ, CAPITALE DE ROUERGUE PRISE DU CLOCHER DES CHARTREUX. DEDIÉE À MONSEIG[r] SEIGNELAY / COLBERT DE CASTLE-HILL, EVÉQUE ET COMTE DE RODEZ, CONSEILLER DU ROI EN TOUS SES CONSEILS / Par son trés humble et très Obeissant Serviteur N. T. Candieu, Professeur de l'Ecole Royale de Dessin de la dite Ville le 14 Decem[bre] 1784." Dann weitere drei Zeilen kleingedruckter, durch die Wappen unterbrochener Text: „Vue est ornée . . . tambours et trompettes." Auf derselben Zeile r. noch: „Blanchon sculp[t]" und l. „Candieu Del."

Kupferstich, beschnitten. Bildgrösse 197 : 441.

Vgl. Nr. 156. Deutsches Museum-München.

Montgolfière von Pierre und Degabriel.

STRASSBURG MONTAG, 30. AUGUST (?)
Finkmatt

Die von Degabriel und Pierre konstruierte verbesserte Montgolfière war mit fünf Ventilklappen versehen. Dieselben sollten das Platzen des Luftballes verhindern, indem die Ventilklappen sich bei der Ausdehnung der inneren Luft selbsttätig öffneten. Das zahlreich anwesende Publikum bespöttelte die Vorrichtung, die gereizten Konstrukteure verklebten vor dem Aufstieg die Sicherheitsventile. Der Luftball war mit Degabriel, Pierre und noch zwei weiteren Luftschiffern bemannt. Vgl. Moedebeck: Handbuch der Luftschiffahrt. Th. 1. Leipzig 1886. S. 74. Zurückgelegte Wegstrecke ca. 1500 Toisen. Die Montgolfière soll die doppelte Höhe des Münsterturmes erreicht haben.

285. Der unter Nr. 154 beschriebene Ballon über der Finkmatt schwebend. Unten der Füllplatz mit den beiden Füllmasten. Im Vordergrunde, auf dem Füllplatze und auf dem Quai Zuschauer, einzeln und in Gruppen verteilt, sichtbar. Aus den Fenstern der r. nach dem Hintergrunde zulaufenden Häuser gleichfalls Zuschauer. Ganz im Hintergrunde Strassburg mit dem Münster sichtbar. Ganz vorne r. auf dem Fluss ein mit zwei Personen besetzter Kahn.

Ohne jede Bezeichnung. Photographie. Ohne Rand. 180 : 270.

Kunstmuseum-Strassburg i. E.

286. — Aehnliche Darstellung, jedoch mit dem Unterschied, dass der ganze Vordergrund des Bildes nur den Füllplatz zeigt. Im Hintergrunde vieltausendköpfige Volksmenge.

Photographie, ohne alle Bezeichnung. Grösse des Bildes 215 : 155.

Kunstmuseum-Strassburg i. E.

Lunardis Aufstieg.

LONDON MITTWOCH, 15. SEPTEMBER

Lunardische Charlière. Dauer der Fahrt 2 Stunden 15 Minuten. Landung bei Standon Hertfordshire. Vgl. Gentleman's Magazine for October 1784. S. 770. Lunardis Ballon war mit zwei Rudern und zwei grösseren ebenfalls ruderartigen Flügeln ausgerüstet. Die Ruder hatten die Form von Schneeschuhen und hatten Klappen, sodass die Luft bei der Rückwärtsbewegung durchstreichen konnte. (Moedebeck: Handbuch der Luftschiffahrt. Th. 1. p. 61). Erster in London erfolgter Aufstieg.

Vgl. Nr. 126.

Abb. 18. Medaille auf Lunardis Aufstieg. (Vgl. Nr. 519.)

Blanchards und Sheldons Aufstieg.

LONDON SAMSTAG, 16. OKTOBER
Little Chelsea

Blanchards vierte Auffahrt (Charlière). Passagier: Anatom Sheldon (erster englischer Luftschiffer). Zwischenlandung nach ca. 40 Min. bei Sunbury (Middlesex). Weiterfahrt von Blanchard allein. Landung bei Rumsey (Hampshire) nach ca. 4 Stunden 30 Minuten, 75 Meilen von London entfernt. Vgl. Gentleman's Magazine for October 1784. S. 792.

287. Der bereits hochschwebende Ballon wird von den auf den Dächern sichtbaren Zuschauern aufs Lebhafteste begrüsst. Eine der an der Gondel angebrachten Fahnen zeigt das britische Banner. Unterhalb der Gondel r. und noch in ansehnlicher Höhe befindlich die von den Luftschiffern herausgeworfenen Papiere bez.

Ballast. Ganz oben l. zwei kleinere, übereinander befindliche Ballons. Dicht unter dem Bildrande r.: „London Pub[d] by R Wilkinson N 58 Cornhill 16. Oct. (?) 1784.“ Darunter in der Mitte unter dem Bilde die Aufschrift: „GRAND AEROSTATIC BALLOON.“ Es folgen dann acht Zeilen englischer Text: „in which M: Blanchard... a sublunary beeing — —“.

Stich, 350:248. Ohne Rand. Dr. Alex Meyer-Frankfurt a. M.

1785

Blanchards Ueberquerung des Kanals.

DOVER FREITAG, 7. JANUAR

Sechste Fahrt Blanchards. Erste Ueberquerung des Kanals. Aufstieg der Charlière nach 1 Uhr. Luftschiffer: Blanchard und Dr. Jeffries. Landung in Guines bei Calais nach $3\,^3/_4$ Uhr. An der Landungstelle wurde eine Denksäule errichtet.

288. Darstellung des graugrünen, über dem Hafen schwebenden Ballons. In der mit Steuerung und Flügelrudern ausgestatteten, rotdrapierten, blauen Gondel zwei Luftschiffer (Blanchard und Jeffries). Der r. befindliche eine rote Fahne schwenkend. Im Vorder- und Hintergrunde eine Anzahl Ruder- und rotbeflaggte Segelschiffe. R. am Hafendamm Volksmengen. Dicht unter dem Bilde: „Mr Blanchard accompagne de Mr Gefferies est parti de Douvres à 1 heure précise, il toucha la terre aux environs de Blanay qui / est situé entre Calais et Boulogne. C'est le premier qui jouit de l'honneur d'avoir franchi dans un Aérostat le Détroit qui sépare la / France de l'Angleterre Ce fut le vendredi 7 de Janvier 1785 qu'il partit traversa la mer et arriva à 3 heures sur les Côtes de la / Picardie, laissant Calais à une lieue sur la gauche. Il prit terre 3 quarts d'heures après à 2 lieues et demie du rivage ou il / fut reçu dans le Château de M[r] d'Honinclam fils. Le même soir après souper les Voyageurs furent conduits à Calais dans une / Voiture à 6 chevaux qui leur fut envoyée par les Officiers Municipaux qui obtinrent que leur Ballon seroient déposé dans la principale Eglise / de Calais ainsi que le fut en Espagne le Vaisseau de Christophe Colomb. On doit elever une Pyramide au lieu de leur descente pour en perpétuer la mémoire.“

Unbez., aus der Zeit stammender, handkolorierter Stich. 320:195. Mit Rand.

Vgl. Nr. 102. Grossh. Hess. Hofbibliothek-Darmstadt.
Abbildung 68.

Versuch einer Ueberquerung des Kanals durch Pilâtre de Rozier und Romain

IN DER ROZIÈRE „TOUR DE CALAIS“.

BOULOGNE MITTWOCH, 15. JUNI

Siebenundzwanzig Minuten nach der Auffahrt explodierte (?) die Rozière. Die beiden Luftschiffer wurden zerschmettert in Croy bei Boulogne aufgefunden. (Erste Opfer der Luftschiffahrt).

289. Die reich dekorierte, blaugelbe Rozière über einem Hafen. Die untere Hälfte des Kugelballons mit zwei unbekleideten, auf Wolken schwebenden Genien verziert. Zwischen denselben ein vergoldetes Medaillon mit einem bekrönten Doppelwappen (r. das blaue Lilienwappen). In der Galerie drei Luftschiffer, die zwei l. stehenden mit einer gelben Fahne, der r. befindliche eine bekrönte blaue Fahne schwenkend. Im Vordergrunde l. auf dem Quai sitzende und stehende Zuschauer. Dahinter auf der Terrasse des Hafentors zwei rotgekleidete und ein dritter, nicht kolorierter, den Luftschiffern zujubelnder Zuschauer. Im Hafen bemannte und nicht bemannte

Abb. 19. Rozière mit Pilâtre de Rozier und Romain über dem Kanal vor der Katastrophe (1785). (Vgl. Nr. 290.)

Segelschiffe und eine Unzahl Schiffsmasten sichtbar. Stark bewölkter Himmel. Oben über dem Bildrande: „VUE DE CALAIS." Unter dem Bilde im elliptischen, gelbeingefassten Medaillon: „Calonne, des / français enfla= / mant le genie; / Sait ainsi secon= / =der les arts et / l'industrie." L. und r. vom Medaillon: „Nouvelle Montgolfiere ordon- // -née par le Gouvernement. / Cet Aérostat construit au Ch^{au} des Tuileries // par M. M. Romain frères, présente 2 formes / l'une spherique et l'autre Cylindrique, est de // Taffeta enduit de gom̄e elastique, portant 33 / p^{ds} $\frac{1}{2}$ de diàmetre, reuni deux procedé, celui de // M. Charles à celui de Mrs de Montgolfier, étant / rempli d'air inflamable dans la forme spheri // que et le Cylindre qui porte 26 p^{ds} contient / une Lampe et plusieurs Bougies, qui seront allu- // -mées ou éteintes alternativem[t] selon le degré / de chaleur. Il est destiné pour etre enlevé à Calais.// L'objet de ce voyage est de passer à Londres / M. Pilatre de Rosier fera le 3me voyageur. / A Paris chez le Vachez, M[d] d'Estampes, Quay de Gevres à l'Esperance. A. P. D. R." Der nach den doppelten Zeilenstrichen stehende Text befindet sich r. vom Medaillon.

Handkolorierte, sicherlich von Tavenard stammende Radierung. 151:104. Schmaler Rand.

Kgl. Universitätsbibliothek-Göttingen.

290. — Darstellung der r. hoch über einem Hafen schwebenden, prächtigen und mit dem Lilienwappen dekorierten, in der oberen Hälfte blauen Rozière. In der Galerie die beiden Luftschiffer stehend, der l. befindliche eine Fahne schwenkend. Unten l. im Vordergrund der mit Zuschauern dicht besetzte Hafendamm, auch auf dem turmartigen Vorbau und den dahinter liegenden Quaimauern, überall Zuschauer. Im Vorder- und Hintergrunde ein- und ausfahrende Segel- und Ruderboote. Bewegtes Meer, bewölkter Himmel. Dicht unter dem Bildrande l. mit „Dessiné et gravé par Echard". Charles Echard, Maler und Radierer, * 1746 in Paris. Unter dem Bilde: „TOUR DE CALAIS" / Nouvelle Machine Aërostatique construite par Mrs Romain, par Ordre du Gouvernement, destinée / à faire le passage de France en Angleterre, conjointement avec M. Pilatre de Rozier / A Paris chez le Campion M[d] d'Estampes, au Vestibule du Ch[au] dcs Thuileries. / Et chez les Campions frères M[ds] d'Estampes, rue S. Jacques, à la Ville de Rouen." Das „rs" von „M[rs]" handschriftlicher Zusatz.

Handkolorierte Radierung. 320:237. Mit Rand.

Abbildung 19. Dr. Gans-Fabrice-Garmisch.

Dr. Potains Ueberfahrt von Irland nach England.

DUBLIN FREITAG, 17. JUNI

Gasballon. Ueberquerung des Georgkanals. Fahrtdauer ca. drei Stunden. Zurückgelegte Wegstrecke ca. 35 Meilen.

291. In der Mitte des Blattes der mit drei Luftschiffern bemannte Ballon. Die Gondel mit Steuerung und mit einem l. ausserhalb angebrachten grossem Flügelrade. Ueber dem Ballon ein Spruchband mit der Aufschrift: „MOTA PEPENDIT IN AURA." L. von der Gondel „SUBSCRIBER'S" und r. davon „TICKET." Darunter „One Guinea." Weiter unten r. der Name „Potain." Ringsherum wolkenartiges Gebilde. Darunter nahezu in der Mitte: „Lith: de Constans."

Lithographie. Bildgrösse ca. 120:170, beschnitten.

Louis Ricard Nachf.-Frankfurt a. M.

Moneys verunglückte Luftreise.

YARMOUTH SAMSTAG, 23. (?) JULI

Der Ballon fiel ins Meer. Money wurde einige Stunden später von der Schaluppe „Argus" entdeckt und gerettet.

292. L. die über dem Wasser dahintreibende Ballonhülle und r. der sich an den Ballonstricken festhaltende Luftschiffer. Bewölkter Himmel. Dicht unter dem

Bildrande l. die Angabe: „P. Reinagle R. A. pinx[t] “ und r. „W. P. Sherlock fecit.“ Phil. Reinagle, Maler, * 1749, † in Chelsea 1830(?); William P. Sherlock, Kupferstecher und Maler, * ca. 1780, † nach 1810. Unter dem Bilde die Aufschrift: „THE PERILOUS SITUATION OF MAJOR MONEY / When he fell into the sea with his Balloon on the 23 of July 1785 off the Coast of Yarmouth was most providentially discover'd and taken up by the / Argus Sloop after having remained in the water during five hours. / London Published by Chas Tilt 86 Fleet Street. / Painted by Lefevre & Kohler 52 Newmann St.

Lithographie. Bildgrösse ca. 151 : 194. Frau Albert-Wiesbaden.

Charlière von Bagnols.

BAGNOLS DONNERSTAG, 18. AUGUST
Gard

Landung in St. Alexandre.

Vgl. Nr. 122.

Blanchard in Lille.

LILLE FREITAG, 26. AUGUST

14. Aufstieg Blanchards. Charlière. Passagier: Chevalier de L'Espinard. Dauer der bisher längsten Fahrt ca. 7 Stunden. Landung in St. Menehould (Champagne). Blanchards erster (?) Fallschirmversuch (Absturz eines Hundes).

293. Der Ballon über Lille. In der mit Tüchern drapierten, das Lilienwappen zeigenden Gondel zwei Fahnen schwenkende Luftschiffer (Blanchard und de L'Espinard). Beide Fahnen mit Wappen, die linke die drei Lilien zeigend. Im Mittelpunkte im inneren umzäunten Füllplatze zahlreiche, meist sitzende Personen. Der Platz ist aussen herum im grossen Viereck militärisch abgesperrt. Die Soldaten mit aufgepflanztem Bajonett. In- und ausserhalb des Vierecks Zelte. L. im Vordergrunde auch Offiziere zu Pferde. Daneben eine Frau mit Kind und r. davon ein Hund. Mitten im Vordergrunde zwei ausgetretene Soldaten, der eine eben zum Truppenteil zurückkehrend. Ganz im Hintergrunde l. Lille hinter einer schönen Baumallee und r. vieltausendköpfige Volksmengen vor den Häusern und Festungswällen. Bewölkter Himmel. Dicht unter dem Bildrande l.: „Peint par L. Watteau, Professeur de l'Académie de Lille“, r.: „Gravé par Helman, de la même Académie.“ Louis-Josèphe Watteau, Maler, Neffe von Antoine Watteau, * 10. April 1731 in Valenciennes (Nord), † 18. August 1798 in Lille; Isidore-Stanislas Helmann, Kupferstecher, * 1743 in Lille, † 1806 in Paris. Unter dem Bilde l. und r. vom bekränzten Wappen der Stadt Lille: „LA QUATORZIÈME EXPÉRIENCE AEROSTATIQUE DE M. BLANCHARD, / accompagné du Chevalier Lepinard, faite à Lille en Flandre, le 26 Août 1785. / Dediée à Messieurs les Magistrats de la Ville de Lille en Flandre. / Se vend à Lille chez L. Watteau, Rue et vis-à-vis l'Eglise St Pierre, Par leurs très Humbles, et très Obeissants Serviteurs, L. Watteau.“ In der Ecke ganz unten r. in schwarzer Stempelschrift: „Aparis Chez L'Auteur / Rue St Honoré N° 315.“

Kupferstich, nach dem im Museum in Lille befindlichen Gemälde von Watteau. 348 : 461. Mit vollem Rand.

Kgl. Universitätsbibliothek-Göttingen.

294. — R. von der Mitte die beiden barhäuptigen Luftschiffer wappenzeigende Fahnen haltend und ein Offizier und einige Damen. Dahinter Staatskarossen. Einer der Wagen mit dem auch mitten unter dem Bilde befindlichen Doppelwappen. Vor den Wagen r. eine berittene Ehrengarde, im Vordergrunde und l. Soldaten, Landleute, Zuschauer, Fuhrwerke und fliegende Händler, ganz l. im Vordergrunde eine überfahrene Frau und ein Zeitungsverkäufer die „VOIAGE / AËRIEN“ mit Ballondarstellungen feilhaltend. L. im Hintergrunde an eine Festungsmauer angebaut ein monumentaler Triumphbogen. Im Mittelbogen das Lilienwappen. Weiter im Hintergrunde hinter einem schönen, mit Bäumen angepflanzten, grossen Platz, die Türme der Kathedrale und sonstiger Kirchen der Stadt. R. in weiter Ferne schöner Blick auf die bewaldeten Anhöhen, ganz r. hinter den Wagen ein Ziehbrunnen und zwei Windmühlen. Bewölkter Himmel. Dicht unter dem Bildrande l.: „Peint par L. Watteau, Professeur de l'Académie de Lille.“ und r. „Gravé par Helman de la mème Académie.“ Watteau und Helmann vgl. Nr. 293. Mitten unter dem Bilde ein mit einer Krone versehenes Doppelwappen (l. die Lilien). L. und r. davon: „ENTRÉE DE M$^{R.}$ BLANCHARD ET DU CHEVALI^{ER} LEPINARD, / cinq jours après leur Ascension Aerostatique, dans la Ville de Lille, le 26 Août 1785.“

Stich, nach dem im Museum in Lille befindlichen Gemälde von Watteau. 333:450. Mit beschädigtem Rand.

Deutsches Museum-München.

— Dasselbe. *Bildgrösse 282:426.* Dr. Gans-Fabrice-Garmisch.

Blanchards Auffahrt in Frankfurt a. M.

FRANKFURT MONTAG, 3. OKTOBER
Bornheimer Heide.

15. Auffahrt Blanchards. Erste Luftreise in Deutschland. Ueber der Bockenheimer Warte liess Blanchard einen Hund im Fallschirm herab. Nach 39 Minuten landete Blanchard um 11 Uhr 15 Minuten in Weilburg. Wegstrecke 46 km. Erreichte Höhe angeblich 2000 Meter.

295. Der Ballon l. schwebend. In der Gondel zwei Luftschiffer; der r. stehende eine Fahne schwenkend. Historisch falsch. Blanchard stieg allein auf. Unterhalb der Gondel der noch befestigte Fallschirm. Unten ein durch Militär abgesteckter Füllplatz und dahinter Volksmengen. Im Vordergrunde, vor dem Füllplatz ebenfalls Volksmengen und fliegende Händler. Im Hintergrunde Häuser, r. eine Kirche, die aus Baumgruppen hervorragt, l. Wald. Schwarze Gewitterwolken. Im Vordergrunde l. Bildsäule mit Portraitbüste Blanchards, dahinter ein stehender weiblicher Genius, den Ruhm Blanchards verkündend. Vor der Büste Putte auf die am Postament angebrachte Inschrift hinweisend. Auf dem Sockel: „M. Blanchard“, auf dem Postament: „Seine 15$^{\underline{te}}$ / Luftreise, und die Erste in Deuts / land. zu Fran / furt am Main / am 25. Sept. 1785“. Historisch falsch; die auf den 25. Sept. festgesetzte Auffahrt fand nicht statt. Unter dem Bilde: „Wahre Abildung. / Des Bildnisses des Herrn M: BLANCHARD, seines Ballons, / Barachutte und der Gegend, wo er zu Francfurt auffuhr; / alles nach der Natur gezeichnet radiert. Und heraus

gegeben von / I: F Beer. K: u: Miniatur Mahler, Wonhaft in der Mainzergass. Lit: I. № 3." Johann Friedrich Beer, Miniaturmaler, besonders als Radierer tätig, * 1741 in Eisfeld (Sachsen), † November 1804 in Frankfurt.

Radierung, beschnitten. Grösse des Bildes 219:147.

Georg Jung-Frankfurt a. M.

— Dasselbe, Ballon handkoloriert, gelbgrüngestreift.

230:157. Schmales Ränddien.

Städtisches Historisches Museum-Frankfurt a. M.

Abbildung 20.

Abb. 20. Blanchards Auffahrt in Frankfurt a. M. (Vgl. Nr. 295.)

296. — Dasselbe, jedoch mit dem Unterschiede, dass die Gondel lediglich mit einem Luftschiffer bemannt ist (Blanchard im blauen Gewand) und nur r. eine Fahne (unkoloriert) zeigt.

Gleiche Signatur und Text. Gleiche Bildmaße.

Städelsches Kunstinstitut-Frankfurt a. M.

297. — Der eben aufgestiegene, in seiner oberen Hälfte blaue Ballon zeigt in der schön drapierten, blauen Gondel Blanchard stehend, durch Schwenken der Fahne und Abnehmen des Hutes die ausserhalb und innerhalb des umzäunten Füllplatzes befindlichen, zahlreichen Frankfurter begrüssend. An der Gondel der noch nicht abgelassene Fallschirm und l. davon zwei Anker. Unten in der Mitte des Vordergrundes auf dem Füllplatz Füllapparate und r. ein hoher, halbseitig geöffneter Turm. Innerhalb des rechteckigen Füllplatzes ringsherum dichtbesetzte Tribünen. Vor und seitlich von dem Füllplatz Zuschauermengen. Ganz im Vordergrunde vor dem Füllplatze einzelne Gruppen und l. eine Staatskarosse. Im Hintergrunde l.

und r. schöne Baumalleen und r. eine mit einem Hahn gezierte Kirchturmspitze sichtbar. Unter dem Bilde l.: „Chef d'oeuvre de Blanchard, qui ai Sillonné / l'autre jour Les Mers / Ce Sera à Francfort, que frayerai / bientot Les Airs." Durch drei Vertikalstriche getrennt r.: „Mich, der durch Aeols Zonen hoch / Ueber Britanniens Meere / Mit Blanchard jüngst nach Frankreich flog, / Sieht Frankfurt nun in seiner Atmosphäre." Darunter r.: „beÿ Cöntgen in Frankfort zu haben." Joseph Georg Coentgen, Kupferstecher in Frankfurt a. M., * 17. Mai 1752 Mainz, † 1799 Frankfurt a. M. Unter den Vertikalstrichen als Datum: „le (?) 3ten Octob. 1785."

Kupferstich. Ballon, Blanchard, Gondel und Fallschirm handkoloriert. 309 : 228. Ohne Rand.

Dr. Alex Meyer-Frankfurt a. M.

— Dasselbe. Ballon etwas anders koloriert (obere Hälfte grün, untere Hälfte gelblich, rot drapierte blaue Gondel, Blanchard in blauem Gewand).

Gleicher Text und gleiche Bildgrösse.

Städtisches Historisches Museum-Frankfurt a. M.
Städelsches Kunstinstitut-Frankfurt a. M.

298. — Dasselbe, aber mit dem Unterschiede, dass die beiden Anker an der Gondel fehlen.

Gleicher Text und Signatur. Gleiche Maße.

Hofrat Herz-Weilburg.

299. — Aehnliche Darstellung. Der Ballon über dem Füllplatze schwebend. In der schön drapierten, den Frankfurter Adler zeigenden Gondel zwei Luftschiffer. Historisch falsch; Blanchard stieg allein auf. Der l. stehende eine Fahne schwenkend, der r. stehende durch ein Fernrohr schauend. R. eine zweite Fahne. Ohne Anker und ohne Fallschirm. Unten in der Mitte des Vordergrundes auf dem Füllplatz die Apparatur, aber ohne den halbseitig geöffneten Turm. Innerhalb des rechteckigen Füllplatzes dichtbesetzte Tribünen. Vor dem Füllplatz tausendköpfige Zuschauermengen. Ganz im Vordergrunde einzelne Gruppen und l. eine Staatskarosse. Innerhalb des Füllplatzes r. und l. je ein hoher Baum. Ganz im Vordergrunde r. und l. schöne, aber anders gruppierte Bäume sichtbar. Die r. mit einem Hahn gezierte Kirche erscheint auch kleiner. Unter dem sonst gleichlautendem Texte hier das Datum: „de 25 Sept. 1785."

Handkolorierter Kupferstich. Ballon, obere Hälfte grün, untere Hälfte grünweiss gestreift, Ballonäquator rot, Gondelring rot, rote wappenzeigende Fahnen, Gondel rot drapiert, weisser Frankfurter Adler in rotem Feld. Luftschiffer und Staffage nicht koloriert. Signatur wie Nr. 297. 250 : 246. Schmaler Rand.

Städelsches Kunstinstitut-Frankfurt a. M.

— Dasselbe, *vollständig unkoloriert. Bildgrösse 306 : 225.*

Städtisches Historisches Museum-Frankfurt a. M.

300. — Dasselbe, jedoch mit dem Unterschiede, dass die Gondel den Frankfurter Adler nicht zeigt, und dass der eben abgelassene Fallschirm noch dicht unter

der Gondel schwebt. Der besetzte Füllplatz zeigt nicht den Füllturm. R. und l. im Hintergrunde schöne und anders gruppierte Bäume sichtbar. Die r. mit einem Hahn gezierte Kirche erscheint auch kleiner.

Gleicher Text und Signatur. Gleiche Bildgrösse.

Grossh. Hess. Hofbibliothek-Darmstadt.
Städtisches Historisches Museum-Frankfurt a. M.

301. — Oben l. der in ansehnlicher Höhe schwebende, gelbe Ballon. In der an einem roten Ring befestigten, rot drapierten, blauen Gondel r. Blanchard, durch Abnehmen des Hutes und Schwenken einer Fahne grüssend. L. von der Gondel zwei Anker heraushängend. In der Mitte des Bildes der umzäunte Füllplatz. Innerhalb desselben Füllapparate, Füllgeräte und ein halbseitig geöffneter Turm, aus welchem unten Rauchwolken herausschlagen. Innerhalb des runden Füllplatzes Bedienungsmannschaften und Zuschauer. Hinter dem Turm dichtbesetzte Tribünen. Im Vordergrunde rings um den Füllplatz und r. und l. im Hintergrunde überall schaulustige Volksmengen. Vor dem Füllplatze eine Staatskarosse. R. hoch oben über Wolken das l. von einem behelmten Krieger, r. von einer eine Krone tragenden Francofurtia(?) gehaltene Portrait Blanchards. (Brustbild, Profil nach l.) Dahinter r. ein Pfau. Ganz im Vordergrunde des Bildes fliegende Händler und ein sitzender Gelehrter, das denkwürdige Ereignis in das Buch der Geschichte eintragend. Direkt darunter am Bildrande die Aufschrift: „Frankfurt und Weilburg Ewiges Denkmal". Im Hintergrund des Blattes schöne Landschaft, l. ein alter Wartturm (Friedbergerwarte?). Hinter dem Füllplatz stattliche Kirche und weiter nach r. mit Bäumen bepflanzte Landstrasse. Unten l. in der Ecke ein umrahmtes Bildchen von Frankfurt, schöne Ansicht der Stadt mit dem Pfarrturm und r. hoch oben der schwebende Ballon, darunter r. der herabkommende Fallschirm. Im Bildrahmen oben die Angabe: „abgefahren d. 3ten Octobr. 1785. morgens um 10 Uhr 36 min.", r. vom Bildchen der Frankfurter Adler, l. davor ein Putte, der auf das Wappenschild eine Krone hinaufschiebt, und r. ein zweiter, das Wappenschild haltender Putte. R. in der Ecke ein zweites Bildchen, Ansicht von Weilburg und hoch über der Lahn der Ballon. Am Flussufer das aus dem Ballon herausgeworfene Schleppseil verankernd. L. vom Bildchen das fürstliche Wappen und oben in dem Bildrähmchen die Bezeichnung: „ankunft Um 11 Uhr 15 Minuten, ankerte im Lahnflusse." Direkt unter dem Bildchen und dicht unter der Bildleiste „Gestochen von I. Cöntgen in Franckfort." Joseph Georg Coentgen, vgl. Nr. 297. Unter dem Bilde: „Seiner Römisch Kaiserlichen Majestät Respektive / wirklichen Hochansehnlichen Herren Räthen, Hochwohl= Wohl= und Hochedelgebohrnen, Gestrengen, / Hochedlen, Vest und Hochgelahrten, Insonders Grossgünstig= und Hochgeehrtesten Herren Herren / Stadtschultheis, Burgermeistern, Schöffen und des Raths". Darunter r. noch in kleiner Schrift: „Untertänigst von Obengenannten Gewidmet."

Kupferstich. Ballon und Gondel koloriert. 370:479. Mit Rand.

Abbildung 21. Städtisches Historisches Museum-Frankfurt a. M.

— Dasselbe, *beschnitten, Bildgrösse ca. 300:347.* Hofrat Herz-Weilburg.
Frankfurter Goethemuseum.

— Dasselbe. Lediglich der Ballon und Gondel (hand)koloriert. Ballon gelblich getönt, rot drapierte blaue Gondel, Luftschiffer blaues Gewand, Ballonring rot, rote Fahnenstange, eine nicht kolorierte Fahne tragend.

Auf Crêmeseide schwarz aufgedruckt. An den Seitenflächen durchbrochene alte Goldborten. Oben und unten an vergoldeten, runden Holzstangen befestigt. Die obere Stange mit einem rotseidenen Band versehen, das als Aufhängevorrichtung eine weisseidene Rosette trägt. Ca. 370:480. Breiter Rand.

Städtisches Historisches Museum-Frankfurt a. M.

302. — Der grüngelb gestreifte Ballon hoch über Frankfurt. Die blaue Gondel mit zwei Fahnen versehen, r. mit der Frankfurter Fahne, l. mit einer Fahne, die das Lilienwappen zeigt. Der in der Gondel stehende Luftschiffer (Blanchard) grüsst durch Abnehmen und Schwenken des Hutes. Am Ballon der noch nicht abgelassene Fallschirm sichtbar. Unten Ansicht von Frankfurt: der Dom, die alte Brücke und mehrere, den Main befahrende Segelboote. Dicht unter dem Bilde r.: „H. A. Schmidt sc:" Dann drei Zeilen gedruckter Text: „Aerostatischer Versuch in Frankfurth am Main von dem grösten Aeronauten H: Blanchard, / am 3. 8bre dieses Datum in Tinte aus gedrucktem Sept. verbessert 1785, ausgeführt, der Ballon hatte 40 Schuh höhe, und 30 Schuh im durchschnitt, die / Erhebung geschahe um 10 Uhr 14". Sämtliche Zahlen in Tinte handschriftlich eingesetzt. H. A. Schmidt, biographische Daten nicht bekannt, vgl. auch Gwinner: Zusätze und Berichtigungen zu Kunst und Künstler in Frankfurt a. M. Frankfurt 1867. S. 77.

Kupferstich. Ballon und Gondel handkoloriert, schlecht erhaltenes Exemplar. Durch zwei grosse, den Ballon abteilende Tintenstriche beschädigt. 448:274.

August Heimpel-Frankfurt a. M.

— Dasselbe. *Aehnlich koloriert. Ueber der Gondel ein roter Ballonring. Der handschriftliche Zusatz lautet „10 Uhr 24 Minuten."*

Städelsches Kunstinstitut-Frankfurt a. M.

303. — Dasselbe, etwas anders koloriert (Ballon gelbweiss gestreift). Ohne Fahnen. R. unten ebenfalls mit „H. A. Schmidt sc:" signiert. Unter dem Blatt über dem Plattenrand: „Aerostatischer Versuch in Frankfurth am Main von dem grösten Aeronauten H: Blanchard, / am 3 Sept: 1785 ausgeführt, der Ballon hatte 46 (40?) Schuh höhe, und 36 Schuh im durchschnitt, die / Erhebung geschahe um 10 Uhr 14 Minuten" Zahlen handschriftlich.

442:273. Mit Rand. Städtisches Historisches Museum-Frankfurt a. M.

304. — Dasselbe, jedoch mit dem Unterschiede, dass der Ballon den Füllansatz bis in die Gondel hineinreichend zeigt und dass über dem Ballon „ad Astra" steht. Die hier vollständig gedruckte Unterschrift lautet: „Aerostatischer Versuch in Frankfurth am Main von dem grösten Aeronauten H: Blanchard, / am 3. Oktobr: 1785 ausgeführt, der Ballon hatte 60 Schuh höhe, und 40 Schuh im durchschnitt, die / Erhebung geschahe um 10 Uhr 24. Minuten." Der über der Gondel befindliche rote Ballonring ausserordentlich breit.

Kupferstich, 447:274. Schmaler Rand.

Abbildung 22. Städtisches Historisches Museum-Frankfurt a. M.

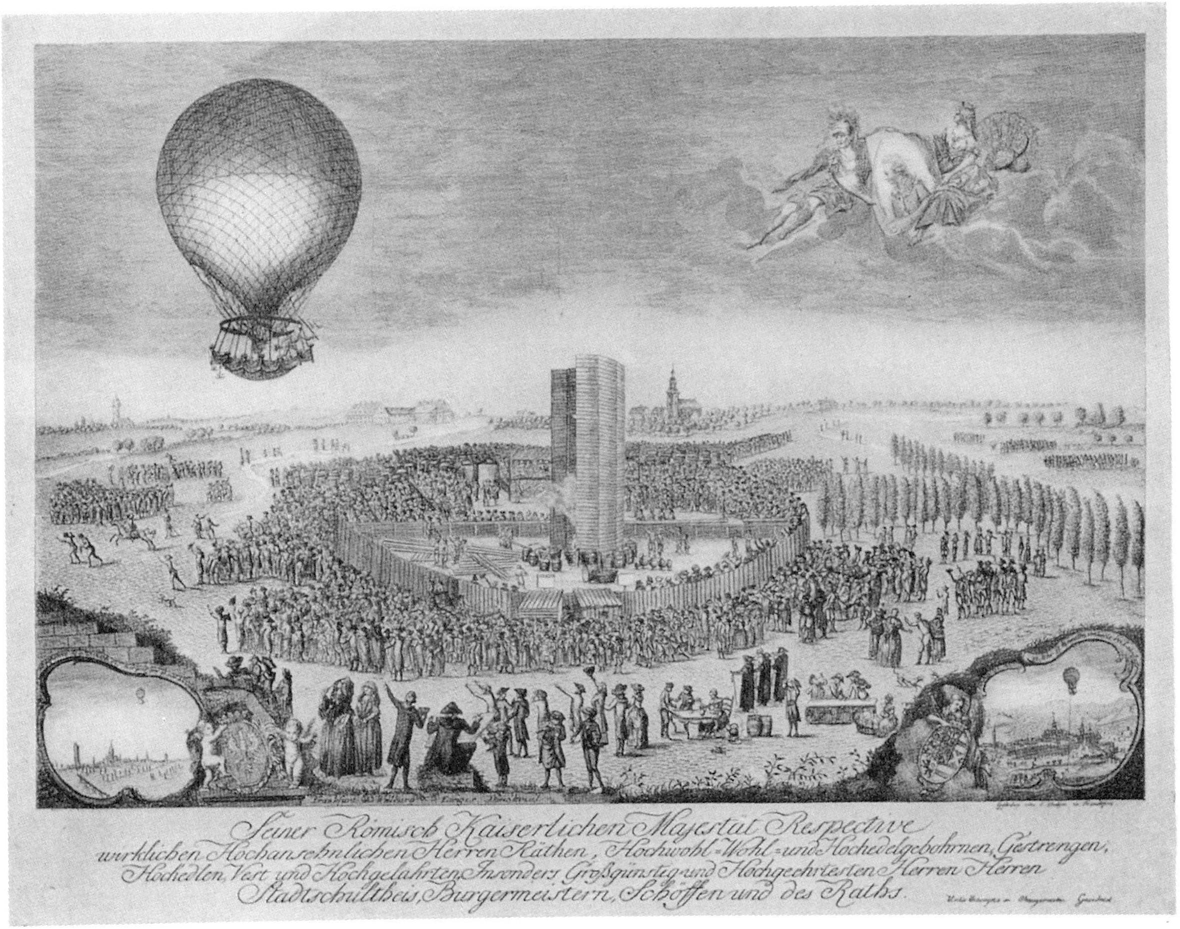

Abb. 21. Blanchard über der Bornheimer Heide (Frankfurt). (Vgl. Nr. 301.)

— Dasselbe, etwas anders koloriert (Ballon gelblich weiss gestreift und der über der Gondel befindliche rote Strich weniger breit).

Gleicher Text und Maße. Stadtbibliothek-Hamburg.

— Dasselbe, *ähnlich koloriert.*

Gleicher Text und Maße. Kgl. Universitätsbibliothek-Göttingen.

Abb. *22.* Blanchard hoch über Frankfurt a. M. (Vgl. Nr. 304.)

305. — Dasselbe, jedoch von den früheren Exemplaren sich dadurch unterscheidend, dass die rote, über der Gondel befindliche Linie ganz fehlt, dass der Ballon keinen Füllansatz zeigt und dass in der Gondel keine Fahnen gehisst sind. Unter dem Bilde: „Aerostatischer Versuch in Frankfurth am Main von dem grösten Aeronauten H: Blanchard, / am 3ten OCTOBER aus gedruckt. Sept. korrigiert

1785 ausgeführt, der Ballon hatte Schuh höhe und Schuh im durchschnitt, die / Erhebung geschahe um 10 Uhr 36 Minuten, die Herablassung zu Weilburg um 11 Uhr 15 Minuten, folglich war diese / Luftreise von 18 Poststunden in 39 Minuten vollbracht." Signatur r. unten: „H. A. Schmidt sc:" Von „die Herablassung" ab und die Daten handschriftlich mit Tinte eingesetzt. Die beiden leeren Stellen vor Schuh nicht ausgefüllt.

Beschnittenes Exemplar. Von der oberen Kante des Ballons bis zum Bildrand ca. 385. Bildbreite ca. 268. Befindet sich im Café Hauptwache Frankfurt a. M.

Stadtkämmerei-Frankfurt a. M.

1786

Blanchards 17. Aufstieg.

BRÜSSEL SONNTAG, 25. JUNI

Landung nach halbstündiger Fahrt bei Saint-Pierre-Woluwe ca. eine Meile von Brüssel entfernt.

Vgl. Nr. 104.

Hooghischer Ballon.

ALTONA FREITAG, 30. JUNI
Borchertscher Garten

Charlière. Unbemannter und ohne Gondel erfolgter Aufstieg.

Vgl. Nr. 124, 125.

Blanchards 20. Aufstieg.

HAMBURG MITTWOCH, 23. AUGUST
Sternschanze

Der in einer Höhe von ca. 900 Klafter mit einem Fallschirm herabgelassene Hammel landete wohlbehalten nach ca. 7 Minuten.

306. Der über dem Füllplatz freischwebende Ballon. Die Gondel unten r. das Lilienwappen zeigend. Unterhalb vom Ballon der eben herunterkommende Fallschirm. Im Vordergrunde der mit Apparaten angefüllte Füllplatz; r. und l. davon Zuschauer. Ohne jeden Text.

Unbez. Holzschnitt, Buchausschnitt, Grösse des Blattes ca. 118:67.

Stadtbibliothek-Hamburg.

307. — Der rotgelbgestreifte Ballon in ein rotberändertes, ungrundiertes Medaillon eingezeichnet. Der die Gondel haltende Ballonring mit vergoldeter Draperie. In der rotdrapierten blauen Gondel r. ein Luftschiffer (Blanchard) im blauen Gewand; r. daneben eine Lilienfahne. Unterhalb derselben der über die Gondel heraushängende, einen Hammel tragende Weidenkorb. L. in der Gondel die Hamburger Fahne gehisst. Darunter ein herabhängender Doppelanker. Das Medaillon über einem mit vergoldeter Abschlussleiste versehenen blauen Postament. R. vom Postament eine Frau sitzend in reichkolorierter Landestracht. L. eine zweite sitzende Bäuerin, ebenfalls die reich kolorierte Landestracht tragend. Die mit breiter Goldborte versehenen Röcke blau, die Blusen rot. Auf dem nicht kolorierten Streifen des Postaments die Aufschrift: „Blanchards 20ste Luftreise /

d. 23 Aug. 1786 in Hamburg." Das mit einem Blumengewinde umgebene Medaillon oben mit breiter blauer Schleife versehen. Darüber, innerhalb eines grünen Kranzes, das Brustbild Blanchards. Blanchard im hellblauen Gewand. Profil nach l. R. und l. vom Porträt beflügelte Genien. Ueber dem Porträt ein mit prächtigen Blumen angefüllter, roter Korb. In der unteren Ecke zu Füssen der rechts sitzenden Frau „J. G."

Aus der Zeit stammender, handkolorierter Kupferstich, das Brustbild Blanchards Handzeichnung. Bemerkenswert die vielfache Anwendung von Goldbronze. 168:116. Ohne jeden Rand.

Stadtbibliothek-Hamburg.

308. — Der rotblaugelbgestreifte Ballon über dem Füllplatze schwebend. In der gelben Gondel ein blaugekleideter Luftschiffer (Blanchard), eine nicht kolorierte Fahne haltend. Die Gondelbrüstung mit einem goldeingefassten roten Tuch drapiert, das den schwarz aufgestickten Buchstaben „B" trägt. L. von der Gondel die Hamburger, r. die Lilienfahne gehisst. Der umzäunte Füllplatz mit Füllapparaten. Innerhalb desselben und im Vordergrunde um denselben Zuschauer. Im Hintergrunde hinter den Grashügeln l. Häuser und r. auch noch zwei Kirchturmspitzen sichtbar. Die Dächer alle rot gemalt. Leicht bewölkter Himmel.

Aus der Zeit stammender, unbez. handkolorierter Kupferstich. Vielfache Anwendung von Goldbronze, u. A. die Spitzen der Fahnenstangen, die Kirchturmspitzen, das rote Tuch der Gondel, die Gewänder der Zuschauer etc. etc. Bildgrösse 171:104. Ohne jeden Rand.

Stadtbibliothek-Hamburg.

309. — Die einzelnen Etappen der Blanchardschen Luftreise werden veranschaulicht durch die in verschiedenen Höhen befindlichen fünf Darstellungen des Blanchardschen rotgelb gestreiften Ballons. Die Ballons mit Buchstabenbezeichnung, auf die in der oberen Ecke befindliche zweispaltige Legende bezugnehmend. Die Legende ist überschrieben: „Lettern, / auf welche man in der Kupfer Platte verweiset." Darunter l. Spalte vierzehn Zeilen: „A die Sternschanze . . . Das Heruntersenken des" und r. Spalte ebenfalls vierzehn Zeilen: „Hr. Blanchard, und . . . zu sehen / war." Der mit „B" bezeichnete Ballon zeigt einen Luftschiffer (Blanchard) in der Gondel stehend, r. die Bourbonenfahne und l. die Hamburger Fahne. Der Ballon mit einem grünen Fallschirm l. über dem Füllplatz. Die l. darüber befindliche Darstellung zeigt den herabkommenden Fallschirm und die Lostrennung des kleinen, oben befindlichen Ballons „G". Im Vordergrund des Bildes die breite, grosse, grüne Sternschanze „A". Vor dem Füllplatz und hinter Schranken tausendköpfige Zuschauermengen. L. im Hintergrunde die vergoldeten Spitzen der Hamburger Kirchtürme. Hoch oben leicht bewölkter Himmel. In der Mitte unter dem Bilde unter einer blauen Schleife ein Medaillon. In der oberen Hälfte des gelbeingefassten Medaillons: „MONSIEUR BLANCHARD" und in der unteren Hälfte: „Le celebre Voyageur aërien." Im Medaillon auf weissem Grunde Brustbild Blanchards, Profil nach l. (Silhouette). L. vom Medaillon die Unterschrift: „Abbildung / der zwanzigsten Luftfahrt des Herrn Blanchard / am 23. August 1786 des Nachmittags um 4½ Uhr / aus der Sternschanze bey Hamburg. Für / die Zeitgenossen und die Nachkommmenschaft dem / Andenken dieses Kühnen Luftschiffers gewidmet

durch / F. N. Rolffsen, Kupferstecher à Hamburg." R. vom Medaillon „Representation / du Vingtième Voyage Aërien fait par Monsieur / Blanchard le 23. Août 1786 à 4½ heures d'apres midi / hors du bastion près de Hambourg. Dediée pour / les Contemporains et la Posterité à la memoire / de cet hardi Voyageur Aërien par F. N. Rolffsen, Graveur à Hambourg." F. N. Rolffsen, Ende des XVIII. Jahrh. in Hamburg.
Aus der Zeit stammender, handkolorierter Kupferstich. 375:258. Mit Rand.

Stadtbibliothek-Hamburg.

— Dasselbe, *unkoloriert. Gleiche Maße.*

Professor Freiherr von Lütgendorff-Lübeck.

Lütgendorff.

AUGSBURG DONNERSTAG, 24. AUGUST

Lütgendorffs versuchter Aufstieg. Auch alle späteren Versuche Lütgendorffs, sich in seiner Charlière vom Erdboden zu erheben, misslangen.

310. Eintrittskarte zu Lütgendorffs Aufstieg. Oben über der Umrahmung l. mit „No", r. mit „2." bez. Darunter auf weissem Felde: „Entrée / auf den 2ten Plaz zum Stehen", l. darunter „5 f." und r. „30 X". Darunter in einem Medaillon das weisse eingepresste Wappen Lütgendorffs. Das ganze in einer Bildleiste. Unter der Umrahmung l. unten mit „Schleich fec." signiert. Johann Carl Schleich, Kupferstecher, * 1759 Augsburg, † 1842 München. Schrift und Umrahmung in blauer Farbe.
Grösse der Karte 77:100. Staats-, Kreis- und Stadtbibliothek-Augsburg.

311. — Dasselbe. Oben über der Umrahmung l. mit „No", r. mit „1." bez. Dazwischen das weisse eingepresste Wappen Lütgendorffs. Unter demselben die Aufschrift auf weissem Felde: „Entree / auf den I.ten. Plaz / zum Sitzen — g. f." Dicht unter der Umrahmung l. unten „Schleich fec." signiert. Johann Carl Schleich, vgl. Nr. 310. Umrahmung und Schrift in rotbrauner Farbe.
Grösse der Karte 78:100. Staats-, Kreis- und Stadtbibliothek-Augsburg.

312. — Das Blatt ist überschrieben: „Plan des Amphitheaters. / zu der auf den 24. Aug. 1786. bestimmten Füllung, des von dem Hochfürstl. Thurn und Taxischen Hofrath, Herrn Baron / Jos. Max. von Lütgendorf, zur Luftreise von Augsburg, mit Verbesserungen, Zierde und Pracht, auch ausserordentlichem / Aufwand verfertigten, 35. Schuhe im Durchschnitt, und 37. in die Höhe haltenden Luft-Ballons." Es zeigt in der Mitte den rechteckigen Füllplatz und die um denselben kreuzförmig gelagerten Zuschauerplätze. Der Plan mit Buchstabenbezeichnung. Ausserhalb des Doppelkreises oben: „Mittags, Hausstetten.", unten „Mitternacht, Augsburg.", l. „Morgen, Siebentisch-Wald." und r. „Abend, Württemberg." R. unterhalb des Kreises: „J. M. Sedlmäyr Sc:" bez. Unter dem Plane dreispaltige Legende. Spalte l. vierzehn Zeilen: „a) Füllungs Platz . . . Luft zu verhindern." Mittlere fünfzehnzeilige Spalte: „i) Zwey Eingänge . . . in sich fassen." Spalte r. mit zwölf Zeilen: „r) Eingänge zum . . . Windrose angebracht wird."
Grösse der Umrahmung mit Legende 375:313.

Staats-, Kreis- und Stadtbibliothek-Augsburg.
Professor Freiherr von Lütgendorff-Lübeck.

313. — Auf der l. Hälfte des Blattes der rotweiss gestreifte Ballon mit blau kolorierter Gondel über den zur Wasserstoffentwicklung dienenden Apparaten schwebend. Die r. Hälfte des Blattes hat die Ueberschrift: „Luft Ballon". Darunter folgen 18 Zeilen Text: „Von dem Kurpfalz . . . der Domkirch gebracht." Darunter noch in der Mitte über dem Bildrande die Angabe: „Phil. Jos. Fill exe. Aug. Vind."

Handkolorierter, aus einem Buche stammender Kupferstich. Plattengrösse l. Hälfte 186 : 157, r. Hälfte 188.: 157. Schmaler Rand.

Staats-, Kreis- und Stadtbibliothek-Augsburg.

314. — In der Mitte des Hintergrundes der umzäunte Füllplatz. Hinter den dichtbesetzten Tribünen Lütgendorffs in Füllung begriffener Ballon noch an dem die beiden Füllmasten verbindenden Seil hängend. Um den Füllplatz herum schaulustige Volksmengen. Im Vordergrunde r. zwischen zwei Tannen ein Paar und dahinter ein Herr. Wolkenfreier Himmel. Dicht unter dem Bilde l.: „Brinhausser fec." Johann Andreas Brinhausser.

Radierung vor der Schrift. 139 : 214. Mit Rand.

Staats-, Kreis- und Stadtbibliothek-Augsburg.

315. — Im Mittelpunkte des Bildes der in Füllung begriffene Ballon innerhalb des Füllplatzes am Seile hängend. Der mit hohen Seitenwänden versehene Füllplatz vorn offen. Davor und r. und l. von demselben einzelne Zuschauer. L. ein auf einem Esel (?) sitzender Zuschauer. Dicht unter dem Bildrande r.: „Brinhausser fec." Vgl. Nr. 314. Unter dem Bilde: „Der Luftball in Gersthoffen."

Aus der Zeit stammende Radierung. 136 : 212. Schmaler Rand.

Staats-, Kreis- und Stadtbibliothek-Augsburg.

— Dasselbe. *Beschnitten. Bildgrösse 105 : 179.*

Staats-, Kreis- und Stadtbibliothek-Augsburg.

Abb. 23. Medaille auf den Freiherrn von Lütgendorff (1786). (Vgl. Nr. 530.)

316. — Der rotgelbe Ballon über Augsburg schwebend. In der reich dekorierten, rotdrapierten Gondel ein Luftschiffer (Lütgendorff). Die das bayerische Wappen zeigende Gondel mit zwei Fahnen. Die r. blauweiss mit dem Thurn- und Taxi-

schen Wappen, die l. rotweiss mit dem Gräflich Birkenfeldschen Wappen. An der Gondelbrüstung r. und l. je eine Sphinx, in der Gondel ein goldener Baldachin mit roten Fransen. Herabhängender Anker. Im Hintergrunde und namentlich r. Ansicht der Stadt Augsburg mit ihren vielen Kirchen. Die Kuppeln der Kirchen und die Dächer der Häuser rot. Ueber der Stadt die Aufschrift „Augsburg." Im Vordergrunde Zuschauer teils sitzend. In der Mitte des Bildes zwei gelbe Wagen und weitere Zuschauer. Unter dem goldeingefassten Bild: „Accurate Vorstellung des vortreflichen Luft Ballons welchē H^{r} Baron v. Lüttgendorf verfertigt, und den — / 24 August 1786. auf der Ebene auserhalb den sieben Tischen seine Reise damit machen wird." Darunter in der Mitte ein gelb eingefasster, innerhalb nur mit Vertikallinien durchzogener Kreis (ca. 54 Durchm.) und l. elf Zeilen franz. Text: „Véritable . . . inventions.", r. zwölf Zeilen deutscher Text: „Seht auf . . . diesse Seltenheit." In der Ecke r. über dem Plattenrand „F. M. Will excud: A. V."

Handkolorierter, aus der Zeit stammender Kupferstich, 333 : 216. Fast ohne Rand.

Dr. Alex Meyer-Frankfurt a. M.

— Dasselbe, *unkoloriert. Bildgrösse 245 : 195.* E. Schaidt-Wetzlar.

— Dasselbe, *Zeitungsklischee. Bildgrösse 101 : 81.*

Professor Freiherr von Lütgendorff-Lübeck.

317. — Aehnliche Darstellung des prächtig dekorierten Lüttgendorffschen Ballons. Unten r. im Vordergrund zwei den Ballon begrüssende Zuschauer. Im Hinter- l. eine auf einer Anhöhe gelegene Ortschaft. Wolkenfreier Himmel. L. dicht unter dem Bildrande mit „Schmalholz fec." bez. Unter dem Bilde die Aufschrift: „Wahre Abbildung / Der jenigen Luft Maschine in Welcher der Hochfürstl zweifelhaft ob l Thurn u Taxischen / He Hofrath Jos: Max: Freyhe v Lütgendorf in Augsburg beÿ guter Witterung Aufsteigen / wird". Darunter dicht über dem Plattenrand: „Verlegt in Augsburg von I. C. Schleich / L. H. N. 383." Joh. Carl Schleich, Kupferstecher, * Augsburg 1759, † 1842 München.

Kupferstich, 264 : 183. Professor Freiherr von Lütgendorff-Lübeck.

Zwei Exemplare. Staats-, Kreis- und Stadtbibliothek-Augsburg.

318. — Aehnliche Darstellung. Die rotweisse Gondel auf schöner Drapierung das Gräflich Birkenfeldsche Wappen zeigend. Schöne, grüne Landschaft. In der Mitte des Hintergrundes Augsburg mit seinen vielen Türmen. Wolkenloser Himmel. Unter dem Bilde acht Zeilen Text: „Wahrhafte Abbildung der jenigen . . . die Auffahrth geschehen." Darunter in der unterbrochenen Bildumrahmung: „gestochen und verlegt in Augsburg von I. C. Schleich wohnhaft / auf dem Mülern graben L. H. N. 383." Johann Carl Schleich, vgl. Nr. 317.

Aus der Zeit stammender, kolorierter Kupferstich, 423 : 300. Schmaler Rand.

Professor Freiherr von Lütgendorff-Lübeck.

— Dasselbe. *Kupferstich, unkoloriert, 426 : 299.*

Staats-, Kreis- und Stadtbibliothek-Augsburg.

319. — Dasselbe. *Schwarzer Aufdruck auf Crêmeseide (etwas ausgefranst), ca. 423:286.*

Staats-, Kreis- und Stadtbibliothek-Augsburg.

320. — Aehnliche Darstellung des r. hoch oben schwebenden Lütgendorffschen Ballons. Im Mittelpunkt des Bildes der mit Zuschauern besetzte, zwei Masten zeigende Füllplatz. Ringsherum und im Vordergrunde Volksmengen. R. und l. vom Füllplatz eine ganze Anzahl Staatskarossen und Wagen. Mit dem Füllplatz durch Gärten, Felder und Landstrassen verbunden, ganz im Hintergrunde Augsburg. (Prächtiger Blick.) Die einzelnen Teile der Darstellung mit Ziffernbezeichnung. In der Mitte über dem Bilde eine reiche Draperie, r. und l. davon zwei Genien den Ruhm Lütgendorffs verkündend. Auf der Draperie drei Wappen und unterhalb der Draperie ein mit: „DUUM VIRATUS OB ASCENSUM L. BARONIS A LUTGENDORF IN MACHINA AEROSTATICA XXIV AUGUSTI FACTUM GLORIOSUS" beschriebenes Spruchband. Unter dem Bilde die Aufschrift: „Wahre Abbildung der Gegend bej Augsburg, in welcher der Hochfüritl. Thurn u. Taxiiche Hofrath H. Baron Jos. Max. v. Lütgendorf in einem mit höckster Kunst, Zierde und Pracht verfertigtem Luft-Ballons abgefahren ist den 24 August āo 1786." Darunter als zweite und dritte Zeile die Buchstabenerklärung: „1 die Bajerischē gegendē . . . und Marqurtaenders." Dicht unter dem Bildrande r. mit: „Frehling. sc. A. V." bez.

Aus der Zeit stammender Kupferstich, 320:403. Mit Rand.

Staats-, Kreis- und Stadtbibliothek-Augsburg.

321. — Aehnliche Darstellung der über einem Walde schwebenden Lütgendorffschen Luftmaschine, jedoch mit dem Unterschiede, dass die beiden Sphinxe der Gondel fehlen. Unterhalb der Gondel ein herabhängender Anker. Unten im Vordergrunde einzelne und zu Gruppen vereinigte Zuschauer. Dahinter auf dem freien Platz berittene Wachmannschaft und l. eine Militärkapelle. Im Hintergrunde r. und l. überall Zuschauer. Im Hintergrund vor dem Tannenwald r. eine mit „Hausstaetten." überschriebene Ortschaft. Leicht bewölkter Himmel. Unter dem Bilde zweispaltiger Text l. mit der Aufschrift: „Aufsteigen des Herrn Baron von Lütgendorf in seinem Luftschiff d. 24. Aug. 1786." Darunter zehn Zeilen kleingedruckter Text: „Der Luftball ist . . . oder zuschlieſſung ankündiget." Die r. Spalte hat die Aufschrift: „Voyage aerien de Mr. Baron de Lütgendorf, dans son Vaissau äerostatique le 24. Aout 1786." Darunter zehn Zeilen kleingedruckter Text: „Le ballon est . . . il est fermé." In der Mitte unter dem deutschen und französischen Text noch die Angabe: „Joh. Laurent Rugendas inv. del. et Sc. Aug. Vind." Johann Laurentius Rugendas, Maler und Kupferstecher, * 1775 Augsburg, † daselbst 1826.

Radierung, 369:255. Mit Rand. Germanisches Nationalmuseum-Nürnberg.

Staats-, Kreis- und Stadtbibliothek-Augsburg.

322. — Die Mitte des Hintergrundes zeigt auf dem umzäunten Füllplatz hinter den dicht besetzten Tribünen des Amphitheaters Lütgendorffs in Füllung begriffenen Ballon hoch an dem die beiden Füllmasten verbindenden Seil hängend. Im Vorder-

grunde des Bildes und um den ganzen Füllplatz ringsherum vieltausendköpfige Zuschauermengen sichtbar. R. im Hintergrunde hinter einer Wirtschaftsbude eine Staatskarosse, im Vordergrunde überall fliegende Händler sichtbar. In der Mitte unter dem Bilde auf weissem Schilde die Aufschrift: „Zu Augsburg wird das Publikum in seiner Erwartung, / den Baron Lütgendorf seine so pomphaft / angekündigte Luftfahrt halten zu sehen, / völlig getäuscht, den $24^{\underline{\text{ten}}}$ August / 1786.“ Darunter r. in der Ecke „№ 5“.

Unbez. Stich, vielleicht von Brinhausser. 284:306. Mit Rand.

Staats, Kreis- und Stadtbibliothek-Augsburg.

1787

24. und 25. Aufstieg Blanchards.

NANCY — SONNTAG und MONTAG, 1. und 2. JULI

Am 2. Juli Fallschirmabsturz eines Hundes aus einer Höhe von ca. 3000 Fuss.

Vgl. Nr. 110.

27. Aufstieg Blanchards.

LEIPZIG — SAMSTAG, 29. SEPTEMBER

Vgl. Nr. 523.

Abb. 24. Medaille auf den Aufstieg Blanchards in Leipzig 1787. (Vgl. Nr. 523.)

28. Aufstieg Blanchards.

NÜRNBERG — MONTAG, 12. NOVEMBER

Judenbühl

Landung nach etwa $1^1/_4$stündiger Fahrt bei Boxdorf.

323. Medaillonförmiges Bildchen, den Blanchardschen Ballon darstellend. Blanchard in der Gondel stehend, zwei Fahnen haltend, eben zur Auffahrt bereit.

R. einige Leute die Gondel tragend, l. Zuschauer und davor einige Leute, den Ballon noch am Tau haltend. Bewölkter Himmel. Das Medaillon zeigt ringsherum in Spiegelschrift die Aufschrift: „Da tragen, ziehen sie ihm auf dem Judenbühl / Für Nürnberger Volck ist das wahrhaftig viel. den 12. Novmbr. 1787. J. Trautner. exc:" Joh. Trautner, Kupferstecher, † 1818 Nürnberg.

Radierung, Durchmesser ca. 80. Deutsches Museum-München.

324. — Der Ballon dicht über dem Boden, umgeben von zurufendem Volke zu Fuss, zu Pferd und zu Wagen. Blanchard in der Gondel stehend, schwenkt eine Fahne mit drei Wappen, darunter dem Nürnbergs. An der Rückseite der Gondel Fahne mit drei Lilien. Ohne Text. Bez. r. unten: „G. Vogel inv: del: et sc. Nürnb:" Georg Vogel, Kupferstecher, * 1767 in Nürnberg, † um 1800 (?). Ueber vorliegendes Blatt vgl. auch Nagler: Neues allgemeines Künstler-Lexikon. Bd. 20. München 1850. S. 494. Von Vogel existiert noch ein zweites die Auffahrt Blanchards darstellendes Blatt. R. über dem Bild: „Tab. II."

Radierung. Beschnitten. Bildgrösse 165:139.

Joseph Baer & Co.-Frankfurt a. M.

325. — Der Ballon über dem umzäunten Füllturme schwebend. In der Gondel Blanchard, r. und l. je eine Fahne und l. ein herabhängender Anker sichtbar. Unten Volksmenge hinter einem Piquet von Soldaten. Unterschrift: „28. Luftreise des Herrn Blanchards zu Nürnberg Anno 1787."

Unbez. von Vogel (?) (Vgl. Nr. 324.) ausgeführter Stich. Bildgrösse 170:143.

Joseph Baer & Co.-Frankfurt a. M.
Deutsches Museum-München.
Stadtbibliothek-Nürnberg.

326. — Der Ballon mit Schleppseil und zwei Fahnen an der Gondel schwebt über dem doppelt umzäunten Füllturm. Blanchard in der Gondel stehend, unterhalb derselben eine Anzahl ausgeworfene Papiere in der Luft schwebend. Unten im Vordergrund Gruppen von Zuschauern, im Hintergrund Volksmenge. Unterschrift: „Auffahrt des Herrn Blancharts zur 28 sten seiner Luftreissen / auf dem Judenbühl bey Nürnberg, d: 12ten Novemb: 1787." Bez. r. u. „F. A. Annert del: & sculps:" Friedrich Albert Annert, Kupferstecher, * 1758 Nürnberg, † daselbst 1800. Erste Arbeit Annerts, vgl. Nagler Bd. 1 S. 133.

Kupferstich. Bildgrösse 184:217. Schmaler Rand.

Joseph Baer & Co.-Frankfurt a. M.
Deutsches Museum-München.
Dr. Alex Meyer-Frankfurt a. M.
Stadtbibliothek-Nürnberg.

327. — Der Ballon über dem umzäunten Füllplatz schwebend. Ein Luftschiffer (Blanchard) l. in der Gondel stehend. R. eine Bourbonenfahne, l. eine Nürnberger (?) Fahne gehisst. Unter der Gondel ein herabhängender Anker. L. unterhalb der Gondel in der Luft schwebende, herausgeworfene Papiere. Im Vordergrunde

dem Ballon nachschauende Zuschauermengen: Reiter, r. Patrizier und Patrizierinnen in ihren Karossen stehend. L. vom Füllturm in einem offenen Wagen gleichfalls Zuschauer. Der Füllplatz dicht mit Menschen besetzt. Leicht bewölkter Himmel. In der Mitte unter dem Bilde ein auf Wolken ruhender, beflügelter Genius, den Ruhm Blanchards durch Fanfarensignale verkündend und ein Medaillon haltend, das das Brustbild Blanchards zeigt. Dicht unter der unteren Bildleiste r.: „I. L. Stahl del et sc. 1788. Nörb." Joh. Ludwig Stahl, Zeichner und Kupferstecher, * 1759 Nürnberg, † nach 1818 wahrscheinlich in Nürnberg. R. und l. vom Medaillon: „Herrn IM (?) verschlungenes, schwer zu definirendes Monogramm BLANCHARD // Seine 28te Luftreise / zu Nürnberg am 12. // Novemb: A°. 1787. / nebst der Gegend // wo er auffuhr, / der Juden- // -bühl genant." Die // Striche bedeutet Text r. vom Medaillon.

Kupferstich, 203:235. Mit Rand. Germanisches Nationalmuseum-Nürnberg.

— Dasselbe, koloriert (Ballon rotgelb, Gondel und Luftschiffer blau und Fahne rotweiss).

Gleicher Text und gleiche Maße. Stadtbibliothek-Nürnberg.

328. — Hoch oben l. der schwebende Blanchardsche Ballon mit drapierter Gondel und mit tief herabhängendem Schleppseil. Im Vorder- und Hintergrund vieltausendköpfige Volksmengen. Im Vordergrunde Offiziere, Patrizier, Patrizierinnen einzeln und zu Gruppen vereinigt. In der Mitte des umzäunten und von vielen Menschen eingefassten Füllplatzes der hohe Füllturm. R. davon im Hintergrunde ein Bauerngehöft, Bäume und Wald und r. im Hintergrunde Häuser. Leicht bewölkter Himmel. Unter dem Bildrande l. mit: „A: W: Küffner.(?) del et sc. 1788" bezeichnet. Unter dem Bilde die Aufschrift: „Blanchards 28te Farth zu Nürnberg den 12ten November A° 1787."

Kupferstich, beschädigt, 322:350. Schmaler Rand.

Louis Ricard Nachf.-Frankfurt a. M.

— Dasselbe, *leicht getönt, beschnitten. Bildgrösse 273:317.*

Deutsches Museum-München.

1788

Blanchards 33. und 34. (?) Auffahrt.

BERLIN SAMSTAG, 27. SEPTEMBER
Tiergarten
Freÿmaurer Garten SONNTAG, 12. OKTOBER (?)

329. Der Ballon in der Mitte des Bildes über dem Füllturm schwebend. Vor der von Soldaten bewachten Umzäunung Zuschauergruppen. Im Hintergrund Volksmenge, Bäume und Ausblick auf Kirchtürme. Unterschrift: „33ste Luft= Reise des Herrn Blanchard zu Berlin im Thiergarten den 27te Sptbr. 1788." Am rechten oberen Bildrand die Zahl 10.

Unbezeichnete Radierung. Bildgrösse 148:194. Kgl. Bibliothek-Berlin.

330. — Im Vordergrund der Füllturm mit Dach, umzäunt, davor und dahinter einzelne Zuschauer. Der Ballon hoch in der Luft, l. unter ihm ein herabkommender Fallschirm. Im Hintergrund Bäume, Häuser und Kirchen. Unterschrift: „Blanchards 33te Luftreise zu Berlin. auf dem Exercierplatz / im Thiergarten den 27ten Septbr: 1788."

Unbezeichnete Radierung, handkoloriert. 324 : 236. Kgl. Bibliothek-Berlin.

331. — Der Ballon in der Luft links von der, an der rechten Seite des Bildes befindlichen Ballonhalle und dem Füllturm. Unten Volksmenge, im Hintergrund Bäume. Unterschrieben: „Blanchards 33te Luftfahrt auf dem Exercier Plaz im Thiergarten / zu Berlin den 27ten Septemb 1788."

Unbezeichnete Radierung. Bildgrösse 77 : 133. Kgl. Bibliothek-Berlin.

332. — Dasselbe wie Nr. 330. Zugefügt, ebenfalls in Radierung und handkoloriert, r. oben ein Ballon ohne Gondel mit abgelöstem Fallschirm. Ballon und Fallschirm l. mit „Nr. 1", r. mit „Nr. 2" bezeichnet. Der Unterschrift vor dem obigen Text „№ 1" zugesetzt unten, als 3. und 4. Textreihe: „№ 2. Versuch in Freÿmaurer Garten auf der Neustadt wie sich der Falschirm vom Ballon selbst ablöst am 12ten Octobr. 1788."

Radierung. Gleiche Maße. Kgl. Bibliothek-Berlin.

Blanchards Aufstieg in Warschau.

Vgl. Nr. 526.

Abb. 25. Medaille auf Blanchards Aufstieg in Breslau 1789. (Vgl. Nr. 528.)

1789

35. Aufstieg Blanchards.

BRESLAU MITTWOCH, 27. MAI

333. Der Ballon schwebt in der Luft. Unter der mit einer Fahne geschmückten Gondel l. ein kleiner Fallschirm, den der Luftschiffer gerade abgelassen hat. Unten im Vordergrund die Füllvorrichtungen, im Hintergrund Wallanlagen, Zuschauer und

eine Kirche. Bez. l. unter dem Bildrand: „F. G. Endler fecit in Breslau.“ Friedrich Gottlieb Endler, Kupferstecher zu Breslau, * 1763 Lüben. Unter dem Plattenrand handschriftlich: „Blanchards 35te Luft Reise, gehalten zu Breslau den 27t May 1789. / Seine Zurüstungen machte er zwischen den Festungs Werken an der Communications / Brücke. a die Kasematte — b. Eilftausend Jungfern Kirche.“ Die betr. Bauwerke sind im Bild ebenfalls handschriftlich mit a und b bezeichnet.

Radierung, Titelbild aus Schlesische Provinzialblätter. Bd. 9. Januar bis Junius. Breslau 1789. (Nr. 1088.) 162 : 103.

Kgl. Bibliothek-Berlin.

— Dasselbe, ohne handschriftliche Zusätze.

Beschnitten und beschädigt. Bildgrösse 146 : 91.

Kgl. und Universitätsbibliothek-Breslau.

1791

Geplanter Aufstieg Blanchards.

WIEN 9. MÄRZ

334. [1]) In und ausserhalb eines umzäunten runden Platzes Zuschauermengen. Der Blanchardsche Ballon eben von der in der Mitte des Füllplatzes stehenden Unterlage umkippend. Unterschrift: „Das Luftschiff des H: Blanchard, mit welchem er am 9ten Merz 1791 zu Wien eine Luftreise machen wollte; welches aber der Wind zerriss“. Darunter das Motto: „Befiehlt das Element, so muss die Kunst sich schmiegen, / Drum kañ selbst Blanchard nicht in hohe Lüfte fliegen, / Der Wind zerreisst den Ball, jedoch nicht Blanchards Ruhm / Erfindung, Kunst und Muth verbleibt sein Eigenthum.“

Unbezeichneter, handkolorierter Kupferstich von Löschenkohl. Johann Löschenkohl, Kupferstecher, tätig um 1800 in Wien. *Bildgrösse 222 : 313.*

Dr. August Heymann-Wien.

38. Aufstieg Blanchards.

WIEN 6. JULI
Prater

Landung in Gross-Enzersdorf. Erster öffentlicher Ballonaufstieg in Wien.

335. [1]) Das die Aufschrift „Ankunft des Hl. Blanchards von seiner 38ten Luftreise zu Stadt Gross Enzersdorf bey Wien d: 6: July 1791.“ zeigende Blatt führt noch das Motto: „Zwar ist Gross-Enzersdorf Calais nicht beizusetzen / Doch weiss es so wie dis’ auch das Verdienst zu schätzen / Wir ehren staunungsvoll des Lüftesegler’s Lauf / Und nehmen wie Calais ihn auch zum Bürger auf; / Fehlt unserer alte Stadt die Grösse jener Stadt, / So zeigt sie doch, dass sie noch brave Bürger hat.“

Handkolorierter Kupferstich von Löschenkohl. Johann Löschenkohl, vgl. Nr. 334. *Bildgrösse 208 : 335.*

Dr. August Heymann-Wien.

[1]) Aufnahmen des Herrn Dr. Heymann.

39. Aufstieg Blanchards.

WIEN — 2. AUGUST

Prater

336. [1]) Das mit der Aufschrift „39te Luftreise des Herrn Blanchard's zu Wien im Prater am 2ten Aug. 1791." versehene Blatt zeigt Blanchards Auffahrt. Mit Erläuterung versehen.

Handkolorierter, unbezeichneter Kupferstich von Löschenkohl. Johann Löschenkohl, vgl. Nr. 334. *Bildgrösse 235:350.*

Dr. August Heymann-Wien.

337. — [1]) Das mit der Aufschrift: „Herrn Blanchards Zurückbegleitung nach Wien von seiner 39sten Luftreise am Abend des 2ten Aug: 1791." versehene Blatt zeigt Blanchard im Korbe seines Ballons stehend. Er wird von der begeisterten Volksmenge durch die Strassen Wiens in sein Quartier begleitet, den Zug eröffnet eine Musikbande; Fackelträger, Soldaten und Offiziere schliessen sich ihr an.

Handkolorierter Kupferstich von Löschenkohl. Johann Löschenkohl, vgl. Nr. 334. *qu. fol.*

Dr. August Heymann-Wien.

1793

Ensslens Aërostatische Figur.

BRESLAU — 24. OKTOBER

Vgl. Nr. 169, 170.

1798

PARIS — 27. UND 28. JULI

338. Darstellung eines Festzuges, das Eintreffen von Kunstwerken, von wertvollen Pflanzen und Tieren zeigend, die Bonaparte nach Paris überführen liess. Der Festzug ist an einem grossen, ovalen Platz angelangt, in dessen Mitte innerhalb einer Umzäunung Militär in Paradeaufstellung sich befindet. Am Sockel eines prächtigen Monuments wohnen Bonaparte (?) und seine Generäle der Einbringung bei. Im Hintergrunde des Platzes prächtiger, halbkreisförmiger Monumentalsäulenbau; innerhalb desselben und davor dichtgedrängte Zuschauermengen sichtbar. Im Vordergrunde des Bildes und vor allem r. die sich bis tief in den Hintergrund hinein erstreckenden vieltausendköpfigen Volksmengen. Der in der Mitte hoch oben schwebende Ballon zeigt in der Gondel r. und l. je eine Fahne gehisst. Bewölkter Himmel. Unter dem Blatt die Unterschrift: „ENTRÉE TRIOMPHALE DES MONUMENTS DES SCIENCES ET ARTS EN FRANCE; FÊTE A CE SUJET. / LES 9 ET 10 THERMIDOR. An 6ème de la République."

Unbez., wahrscheinlich nach einer Zeichnung von Girardet von Berthault gestochen. 240:305. Mit Rand.

Dr. Gans-Fabrice-Garmisch.

PARIS — 22. SEPTEMBER

Marsfeld

339. Die Mitte des Bildes zeigt einen von Soldaten an Tauen gehaltenen Ballon. In der Gondel eine grosse, weisse Fahne gehisst. Um den grossen, abgesperrten

---

[1]) Aufnahmen des Herrn Dr. Heymann.

Platz rasen die sich am Rennen beteiligenden, mit zwei Pferden bespannten, römischen Triumphwagen um die Wette. R. vom Ballonplatz eine brennende Burg. Im Vordergrund und l. und r. seitlich vieltausendköpfige Zuschauermengen und im Hintergrunde Truppenteile in Paradeaufstellung sichtbar. Ganz r. der beflaggte phantastische Palast des Marsfeldes. Die l. Säulenhalle dicht mit Zuschauern angefüllt. Vor dem Palast auf hohen Postamenten zwei überlebensgrosse Statuen (Götter?) und auch Tierstatuen, r. Löwe, gegenüber auf ganz hohem, freistehendem Postament ein überlebensgrosser Stier. R. davon an der äusseren Peripherie des Platzes eine prächtige, in der Vorhalle mit Säulen versehene Kirche und daran anschliessende Gebäulichkeiten sichtbar. Bewölkter Himmel. Unter dem Bilde die Unterschrift: „VORDERSEITE DES MARSFELDES. / am 1. Vendemiaire, des Jahres VII. / Wettrennen. Verbrennen einer hölzernen Burg durch Aerostaten."

Unbez. Kupferstich, vielleicht in Augsburg erschienen. 160:420.

Dr. Gans-Fabrice-Garmisch.

1800(?) und 1801

Drechslers Friedensballon.

KARLSRUHE	1800?
NANCY	14. JUNI 1801
STRASSBURG	18. JULI 1801

340. Darstellung des l. im blauen Himmel hochschwebenden, rot und weiss gestreiften, unbemannten Ballons. Der Ballon ohne Gondel mit gelbem Schlauchansatz. In der Mitte darunter ein freischwebender, beflügelter, „Friede" verkündender, Posaune blasender Genius, einen Friedenszweig haltend. R. darunter auf Wolken ein in die Leier greifender Putte. Unten im Vordergrunde der freie, schön angepflanzte Schlossplatz. Vor und auf demselben eine Anzahl einzelner und zu Gruppen vereinigter Zuschauer. Im Hintergrunde des Bildes die stattlichen, mit blauen Dächern versehenen Schlossbauten und r. und l. hinter den seitlichen Anbauten die schönen Baumalleen des Schlossparkes. Dicht unter dem Bildrande l.: „Drechsler inv." und r.: „Aigler Sculp." Ueber dem Bilde dicht unter dem Plattenrand l. oben die Angabe: „Des zweitemal viederholt zu Nancy, den 25 Prai: 1801. / Das drittemal zu Strasburg den 19 Messi: 1801." und r. „Renouvelée pour la seconde fois à Nancy, le 25 Prai; 1801. / La troisième fois à Strasbourg, le 19 Mes^{sid}: 1801." Unter dem Bilde l.: „ABBILDUNG / Des von dem Mechanicus Drechsler / auf dem Schloss Platz zu Carlsruhe in die / Hoehe gelassenen Denkmals des uns den / Frieden bringenden Neunzehnten Seculi." Unter der r. Bildhälfte: „ESTAMPE / de l'Aërostat lancé par le Mécanicien / Drechsler sur la place du Château de / Carlsrouhe en mémoire de la paix, que / nous donne le dix-neuviéme Siécle."

Handkolorierter Kupferstich. 377:232. Mit Rand.

Grossh. Hess. Hofbibliothek-Darmstadt.

1803

Aufstieg des Ehepaares Garnerin.

BERLIN APRIL

Vgl. Nr. 533.

Abb. 26. Medaille auf den Aufstieg des Ehepaares Garnerin in Berlin 1803. (Vgl. Nr. 533.)

Zambeccari.

BOLOGNA 8. OKTOBER

Zambeccaris Aufstieg (Rozière) in Begleitung von Andreoli und Grassetti. Die Rozière fiel ins Adriatische Meer; die drei Luftschiffer bei Verada in der Nähe von Pola gerettet. Bei der Auffahrt am 21. September 1812 (Bologna) explodierte die Zambeccarische Rozière, wobei Zambeccari tötlich verletzt wurde.

341. „Gli aeronauti Francesco Zambeccari Bolognese. Pasquale Andreoli Anconitano. e Gaetano Grassetti Romano caduti sull' Adriatico e ricuperati il giorno 8 ottobre anno 1803." „P. Bombelli incise in Roma." Wahrscheinlich Peter Leo Bombelli, Maler und Kupferstecher, *1737 Rom. Mit zehn Zeilen Text: „Il secolo XVIII ha veduto . . ."

Kupferstich. Bildgrösse 295:440. C. Lang & Co.-Rom.

1804

Aufstieg von Bourguet.

BERLIN 23. Mai

Versuchter Aufstieg des Bourguetschen Gasballons. Bourguet wollte in Gesellschaft des Leutnants Voss aufsteigen.

342. Brustbild Bourguets nach r. im Medaillon in der Mitte des Bildes. L. hoch oben ein mit zwei fahnenschwenkenden Luftschiffern bemannter, schwebender Ballon. R. ziemlich unten, etwa in Medaillonhöhe, ein herabkommender Fallschirm. Unten r. in der Ecke zwei Fässer zur Wasserstoffgasentwicklung dienend, davor ein Anker, Barometer und sonstige Apparate. Ein vor den Fässern stehendes Buch zeigt auf den aufgeschlagenen Seiten r. die Namen: „Robertson / Bourguet" und l.: „Charles / Blanchard / Garnerin". Im Hintergrunde Bäume, l. das Brandenburgertor, davor eine Gruppe von Reitern und dahinter der Tiergarten sichtbar.

L. und dicht über dem Bildrande in Spiegelschrift: „de Haller fec. 1804". Christoph Haller von Hallerstein, Maler und Radierer, * 9. Juli 1771 Hippoltstein bei Nürnberg, † 10. Juli 1839 Nürnberg. Um 1800 in Berlin tätig. Unter dem Bilde die Aufschrift: „Luftfahrt des Herrn Professors Bourguet / zu Berlin den 23 May A°: 1804."

Radierung. Bildgrösse 193:155. Fast ohne Rand.

Dr. Alex Meyer-Frankfurt a. M.
Deutsches Museum-München.

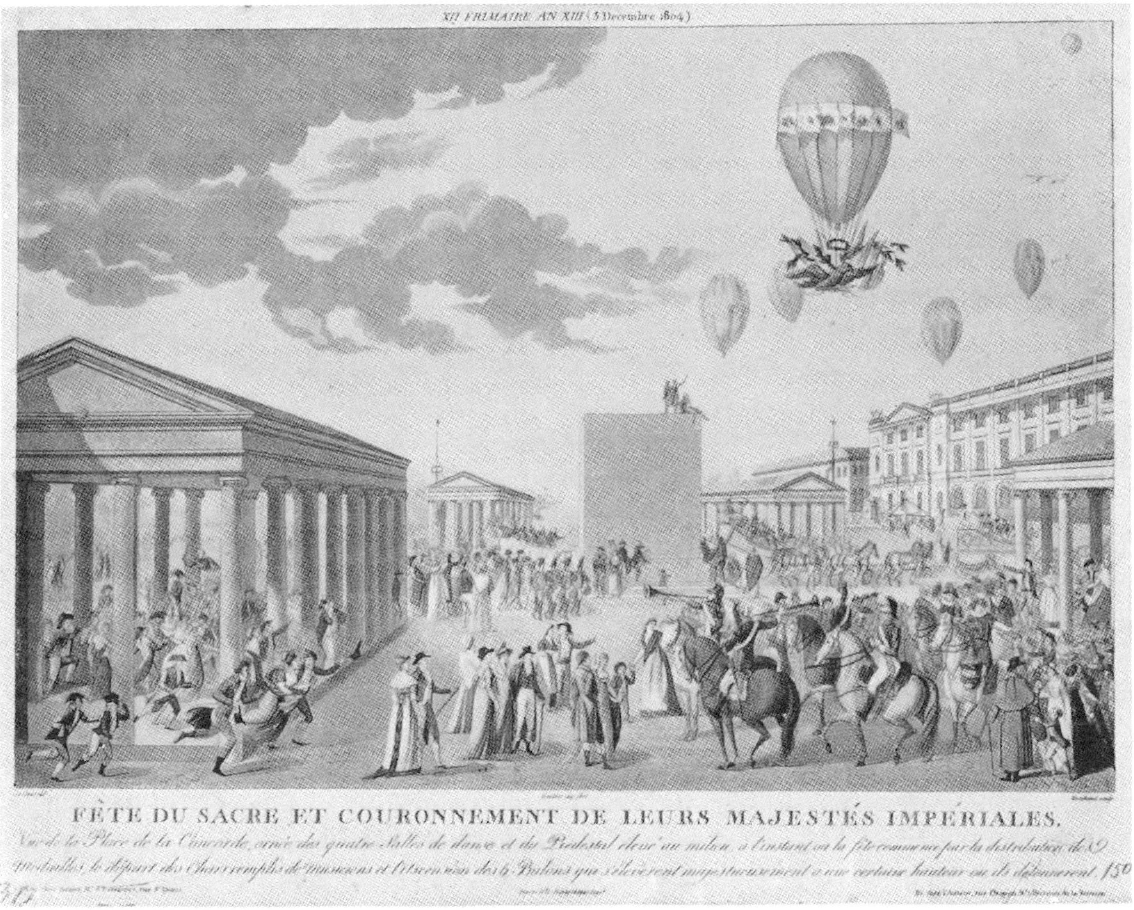

Abb. 27. (Vgl. Nr. 343.)

PARIS 3. DEZEMBER

343. Darstellung der r. über dem Konkordienplatz schwebenden, fünf unbemannten Ballons, die anlässlich der Krönung Napoléons aufstiegen und vermutlich von Garnerin[1]) festlich geschmückt wurden. Hoch oben der grösste und besonders reich geschmückte, überall den Napoléonschen Adler zeigende blaugelbe Ballon.

[1]) Ein von Garnerin am 25. Frimaire XIII (16. Dezember 1804) überaus festlich geschmückter, mit 3000 farbigen Gläsern illuminierter Ballon wurde Tags darauf in Rom über der Peterskirche gesehen und fiel nach Ueberfliegung des Grabes Neros und unter Verlust der gerade auf das Grab gefallenen Krone in den See von Bracciano. Napoléon war darüber äusserst verstimmt; Garnerin fiel in Folge dessen in Ungnade.

Ganz r. hoch oben noch ein kleiner, sechster Ballon wahrnehmbar. Unten die prächtigen Bauten des Konkordienplatzes, von Zuschauern dicht besetzt. R. zieht gerade ein Festzug vorüber, an dessen Spitze Fanfarenbläser und Herolde marschieren; es folgen sechsspännige und eine Reihe anderer Festwagen, Musikkorps etc. R. im Hintergrunde Volksbelustigung. Leicht bewölkter Himmel. Ueber dem Bilde die Aufschrift: „XII FRIMAIRE AN XIII (3 Decembre 1804).“ Dicht unter dem Bildrande l. „Le Coeur del“, in der Mitte „Gautier aq. fort.“ und r. „Marchand. sculp.“ signiert. Vielleicht Jacques Marchand, Zeichner, Kupferstecher und Lithograph, * Paris 1769, † um 1821. Unter dem Bilde die Aufschrift: „FÈTE DU SACRE ET COURONNEMENT DE LEURS MAJESTÉS IMPÉRIALES. / Vue de la Place de la Concorde, ornée des quatre Salles de danse et du Piedestal élevé au milieu; à l'instant ou la fête commence par la distribution des / Médailles, le départ des Chars remplis de Musiciens et l'Ascension des 5 Balons qui s'éleverent majestueusement a une certaine hauteur ou ils détonnerent.“ Darunter l. noch die Angabe: „à Paris chez Bance, M^{d} d'Estampes, rue St Denis.“, in der Mitte: „Déposé à la Bibliothèque Imp^{le}“ und r.: „Et chez l'Auteur, rue Chapon N° 1, Division de la Réunion.“

Kolorierte Radierung. Bildgrösse 305:437. Frau Albert-Wiesbaden.

Abbildung 27.

1810

Frau Blanchards Aufstieg.

PARIS 24. JUNI
Marsfeld

344. Darstellung des ausserordentlich reich geschmückten, ringsherum den Napoléonschen Adler und Blumengewinde zeigenden Ballons. An dem Ballon ein an hoher Stange aufgepflanzter, grosser, goldener Stern sichtbar. Der Ballon zeigt als Dekoration eine Blumen streuende (Freiheits?) Göttin aufgemalt und darunter unter Lorbeerkränzen das Monogramm des Kaisers. In der muschelförmigen Gondel Frau Blanchard stehend sichtbar, die Trikolore schwenkend. Eine zweite, vom Boden der Gondel tief herabhängende rote Fahne. Der schwebende Ballon wird an den unterhalb der Gondel angebrachten, bis zum Erdboden reichenden Tauen noch von vier Mann festgehalten. L. schöne Perspective des Marsfeldes. In der mittleren, rotdrapierten, grossen Loge Napoléons die Kaiserin, r. und l. davon in den beiden Nebenlogen die Hofgesellschaft. Ueber der Kaiserloge unter einer Krone und von Fahnen umgeben der Napoléonsche Adler. R im Vordergrunde eine Gruppe von Zuschauern und vor dem Palast die sich bis tief in den Hintergrund erstreckenden Zuschauermengen. Ganz r. im Hintergrunde schöne Baumallee. Hoch über dem Ballon schön blauer Himmel. Unter dem Bildrande der Aufdruck: „VUE PERSPECTIVE DU CHAMP DE MARS / Le Jour de la Fête donée le 24 Juin 1810, par la Garde Impériale à leurs Majestes, / en l'honneur de la Célébration de leur Mariage. le Sujet représente l'instant ou le Ballon / dirigé par Mme Blanchard s'est porté vers l'Ecole Militaire, ou assistoient

l'Empereur et / l'Impératrice avec toute la Cour / A Paris chez Jean, Rue St Jean de Beauvais, № 10".

Handkolorierter Kupferstich, 317 : 200. Mit Rand.

Abbildung 28. Dr. Gans-Fabrice-Garmisch.

Abb. 28. Auffahrt von Frau Blanchard anlässlich der Vermählung Napoléons mit der Erzherzogin Marie Luise. (Vgl. Nr. 344.)

1811

Aufstieg des Luftschiffers Bittorf.

AUGSBURG 28 (?) JUNI

Vgl. Nr. 152.

1814

Frau Blanchards Aufstieg.

PARIS 3. MAI

345. Darstellung des festlichen Einzuges Ludwigs XVIII. in Paris. Im Vordergrunde des Bildes der von acht Schimmeln gezogene, das Bourbonenwappen zeigende Galawagen, in welchem Ludwig XVIII. und die Königin ihren feierlichen

Einzug halten. Vor dem Königswagen Hof- und Galawagen und Vorreiter und den Zug beschliessende Offiziere und Kavaliere. R. und l. in den Feststrassen Soldaten in Paradeausrüstung mit präsentiertem Gewehr, ganz vorne Volksmenge, dem Königspaar zujubelnd. R. im Vordergrund ein stattliches, grosses Gebäude, dessen festlich drapierte Balkone dicht mit Zuschauern besetzt sind. Auch die linksseitigen Monumentalbauten sind mit Zuschauern, die dem Königspaar zujubeln, dicht angefüllt. Ueber dem prächtigen Säulentempel schwebt ein festlich mit Lilien geschmückter Ballon, in dessen Gondel Frau Blanchard durch Schwenken zweier Fahnen das Königspaar begrüsst. Die Gondel l. und r. von Vögeln umschwärmt. Dicht unter dem Bildrande l. mit „Courvoisier del.“ und r. mit „Dubois Sculp“ signiert. Unter dem Bilde die Angabe: „ENTRÉE DE S. M. LOUIS XVIII À PARIS / Passant sur le pont neuf le 3 Mai 1814.“ Dicht über dem Plattenrand l.: „à Paris chez Basset rue St Jacques No 64.“ und r.: „Déposé au Bureau de la Police Littéraire.“

Kupferstich, 335:464. Mit Rand. Dr. Gans-Fabrice-Garmisch.

1815

Aufstieg und Fallschirmabsturz Elisa Garnerins.

PARIS 25. AUGUST
Marsfeld

Vgl. Nr. 421.

1820

WIEN

346. [1]) Das mit der Aufschrift: „DIE LUFTSCHIFFERINN im Prater am Feuerwerksplatze“ versehene Blatt ist weiter signiert: „Nr. 96 aus Eipeldauer Jahrg. 1820. Heft 8. Pag. 382.“

Bildgrösse 97:146. Dr. August Heymann-Wien.

1828

Aufstieg Elisa Garnerins.

BRÜSSEL 23. JULI

347. In dem mit Tausenden von Zuschauern angefüllten Park erhebt sich, eben den umzäunten Füllplatz verlassend, Elisa Garnerin in ihrem Ballon. Unter dem Ballon der zusammengeklappte Fallschirm sichtbar. R. und l. von der in der Gondel stehenden Luftschifferin je eine Fahne. Im Hintergrunde Volksmengen und l. hinter dem geöffneten Tor das Schloss und Bäume sichtbar. Unter der unteren Bildleiste in der r. Ecke „Lith. de Jobard“. Jobard, Lithograph, in Brüssel tätig. In der Mitte unter dem Bilde die Aufschrift: „ASCENSION de Melle E. Garnerin, au Parc de Bruxelles, le 23. Juillet 1828.“

Lithographie. Bildgrösse 135:204. Mit Rand.

Louis Ricard Nachf.-Frankfurt a. M.

---

[1]) Aufnahme des Herrn Dr. Heymann.

1836

Aufstieg von Greens Ballon mit angehängtem Cockingschen Fallschirm.

LONDON 26. SEPTEMBER

Vgl. Nr. 422.

Nassaufahrt.

LONDON-WEILBURG 7. u. 8. NOVEMBER

Greens Nassaufahrt in Gemeinschaft mit Hollond und Thomas Monck-Mason. Leuchtgasfüllung. Abfahrt in London (Vauxhall) Montag um 1½ Uhr Nachmittags. Ankunft bei Weilburg Dienstag Vormittag um ½8 Uhr. Grösste bisher gemachte Luftreise (Wegstrecke ca. 500 englische Meilen; erreichte Höhe ca. 4000 Meter). Vgl. auch [Mason, Thomas Monck]: Account of the late aeronautical expedition from London to Weilburg. (Nr. 1149).

Vgl. Nr. 540.

Abb. 29. Medaille auf die Luftreise Greens von London nach Weilburg 1836 (Vgl. Nr. 540.)

1839

Aufstieg des Ballons „Albion" mit dem Hamptonschen Fallschirm.

Vgl. Nr. 423.

1846

ST. CLOUD 13. JUNI

348. Das Bild zeigt r. in ansehnlicher Höhe einen mit zwei Luftschiffern bemannten Ballon. Darunter prachtvolles Städtebild und nach der Mitte des Bildes zu ausgedehnte, prächtige Parkanlagen mit Fontaine und Wasseranlagen. Im Vordergrunde des Bildes die Seine, auf welcher ein mit vielen Passagieren besetzter Raddampfer und Boote fahren. L. und r. von der Seine die schönen Flussufer und r. eine grosse Brücke sichtbar. Jenseits der Brücke r. Wagen und viele einzelne und zu Gruppen vereinigte, dem Häusermeer zueilende Fussgänger. In der Mitte über dem Bilde die Aufschrift: „EXCURSIONS AÉRIENNES." Unter

dem unteren Bildrande l. mit „Dessiné d'après nature et lith. par JULES ARNOUT." und r. mit „Imp. par Lemercier, à Paris." bez. In der Mitte unter dem Bild der Titel: „St CLOUD EN BALLON / VUE PRISE DE BOULOGNE." Ganz unten l. noch die Angabe: „Paris, publié par JEANNIN, Place du Louvre, 20" und r.: „Londonpub. 1st February 1846 by GAMBART, JUNIN & Co 25 Berners St Oxf. St " L. unten der weisse eingepresste Verlegerstempel „EDITEUR d'ESTAMPES H. JEANNIN a Paris" und r. der eingepresste Stempel die Buchstaben „J. A." Jules Arnout zeigend.

Lithographie, 283:442.

Alexander Haas-Frankfurt a. M.;
jetzt Dr. Liebmann-Frankfurt a. M.

Lehmanns Aufstieg in Gemeinschaft mit Dr. Natterer und Carolina Lehmann.

WIEN 23. MAI
Prater

349. Darstellung des eben aufgefahrenen, bereits in ansehnlicher Höhe über dem Füllplatze schwebenden Ballons der „Adler". Der Ballon zeigt in der oberen Hälfte den bekrönten österreichischen Doppeladler und von der Aufschrift: „Wien Adler" l. nur die Buchstaben „EN.", r. „ADL". In der korbartigen, r. und l. mit grossen Luftrudern versehenen Gondel die Luftschiffer Lehmann und Dr. Natterer, beide die unten auf dem Füllplatz versammelte, vieltausendköpfige Zuschauermenge durch Abnehmen der Hüte und Schwenken von Fahnen grüssend und r. davon Carolina Lehmann, der Volksmenge Blumen und Papiere zuwerfend. Seitlich r. über der Gondel den Ballon umschwärmende Schwalben sichtbar. Unten r. vom Füllplatze dicht besetzte Tribünen und ganz r. unter dem österreichischen Doppeladler die mit vier Personen besetzte erhöhte Hofloge sichtbar. Unter den zahllosen Personen im Vordergrund r. ein rauchender Zuschauer sichtbar. In der Mitte über dem Ballon die Ueberschrift: „Besondere Bilder Beilage zur Theaterzeitung". R. unten, dicht unter der bildlichen Darstellung, mit „And. Geiger sc." signiert. Andreas Geiger, Kupferstecher, * Wien 29. Juli 1773, † daselbst 29. Okt. 1856. Unter dem Bilde als Text: „Lehmanns Luftfahrt mit seinem Riesen Ballon „Der Adler von Wien" / in Gesellschaft seiner Tochter Carolina und des Herrn Dr Natterer im Prater am 23t Mai 1846." R. darunter noch die Angabe: „Wien im Bureau der Theaterzeitung, Rauhensteingasse No 926."

Kupferstich, seitlich beschnitten. Höhe desselben vom oberen bis zum unteren Blattrand gemessen 369, Bildbreite ca. 260.

Dr. Liebmann-Frankfurt a. M.
Dr. August Heymann-Wien.
Joseph Baer & Co.-Frankfurt a. M.

Lehmanns 32. Luftfahrt.

WIEN

350. Darstellung des eben den Füllplatz (l.) verlassenden, gestreiften, den österreichischen Doppeladler und die Aufschrift „Wien" zeigenden Ballons. In der mit einem doppelten Flügelpaare (Luftruder) ausgestatteten Gondel zwei Luft-

schiffer (Lehmann und Dr. Natterer) sichtbar. Rings um den Füllplatz vieltausendköpfige Zuschauermengen. R. dichtbesetzte Tribünen und in der erhöhten, wappengezierten Fürstenloge die Hofgesellschaft sichtbar. Im Hintergrunde Ausblick auf den Prater. Unter dem Bilde die Unterschrift: „Lehmann's Luftschifffahrt im Prater zu Wien." Dahinter der handschriftliche (Tinte) Zusatz: „1846". Darunter l. die Ueberschrift der textlichen Erklärung: „Luftschifffahrt des Herrn Ch. Lehmann in Wien." Darunter etwas r. eingerückt: „Eilender Schiffer, Segler der Lüfte, / Wer mit Dir wanderte, mit Dir schiffte!" Darunter fünfundzwanzig Zeilen Text: „Herrn Ch. Lehmann's . . . aus Fässern und", die r. aufgeklebte achtundzwanzigzeilige Spalte: „einem einfachen Systeme . . . mikro= / metrische Messungen vorgenommen." und ganz r. auf derselben (letzten) Zeile noch die Zahl „7.".

Unbez. Buch- bezw. Zeitungsausschnitt. Bildgrösse ca. 115:150.

Dr. Liebmann-Frankfurt a. M.

1851

Herrn und Frau Grahams verunglückte Auffahrt im Viktoria- und Albertballon.

LONDON 16. JUNI

351. Der verunglückte Ballon in dem Augenblick, als er über einem hohen Gebäude gerade umkippt. Die Luftschiffer (Herr und Frau Graham) werden aus der Gondel herausgeschleudert. Im Vordergrunde vor der Steinumzäunung herbeieilende Leute. L. Parkanlagen und im Hintergrunde Ansicht der Stadt. Bewölkter Himmel. Das Blatt ist in der Mitte unten bezeichnet: „DESTRUCTION OF THE VICTORIA & ALBERT BALLOON. / ON MONDAY EVENING JUNE 16th 1851. / Severely injuring Mr & Mrs Graham the Aeronauts, and doing damage to the house / of Colonel North, No 16 Arlington Street, Picadilly: to the extent of upwards of £300." Darunter in kleiner Druckschrift: „London: Published June 18th by Ackermann & Co. 96, Strand".

Lithographie. Bildgrösse 165:279, Mit Rand.

Louis Ricard Nachf.-Frankfurt a. M.

1867

PARIS
Weltausstellung
Fesselballonaufstiege.

Vgl. Nr. 541.

1878

Aufstiege des Giffardschen Fesselballons.

PARIS
Weltausstellung

Vgl. Nr. 599.

1884

Aufstiege des Godardschen Fesselballons.

NIZZA

Vgl. Nr. 603.

1885

Ehepaar Securius.

FRANKFURT A. M. 25. SEPTEMBER

Zoologischer Garten

Vgl. Nr. 624.

1889

Aufstieg des Le Comteschen Ballons.

PARIS

Vgl. Nr. 608.

1894

Aufstieg eines Fesselballons.

DRESDEN

Ausstellung

Vgl. Nr. 610.

1897

Andrées Ballon zur Polarexpedition.

DÄNENINSEL 11. JULI

nördlich von Spitzbergen

In Begleitung von Eisenbahningenieur Fraenkel und Nils Strindberg. Die kühnen Reisenden sind verschollen.

Vgl. Nr. 611 und 615.

Abb. 30 Medaille auf Andrées Polarexpedition. (Vgl. Nr. 611.)

1899

Aufstiege eines Fesselballons.

MÜNCHEN

Sportausstellung

Vgl. Nr. 612.

2. MILITÄRBALLONS.

Guyton de Morveau schlug am 13. August 1793 (26 Thermidor an I) dem Konvent vor, Fesselballons im Kriege zu verwenden. Am 2. April 1794 (13 Germinal an III) wurde in Meudon eine Luftschifferabteilung begründet und am 31. Oktober 1794 (10 Brumaire an III) zu Meudon die „École nationale aërostatique" begründet und zum Direktor der mit einer Werkstatt verbundenen Schule Conté ernannt. In Meudon wurden sechs Militärballons gebaut, als erster der in der Schlacht von Fleurus zur Verwendung gekommene „Entreprenant", für die Maas- und Sambre-Armee der walzenförmige „Céleste", der „Hercule" und „Intrépide" für die Rhein- und Mosel-Armee, ein Uebungsballon und schliesslich der „Télémaque" für die italienische Armee. Da man den Schwefel zur Pulverbereitung nötig brauchte, so musste von dem Verfahren, Wasserstoffgas aus Schwefelsäure herzustellen, abgesehen werden. Es wurde daher das von Lavoisier vorgeschlagene Verfahren, die Herstellung des Wasserstoffs durch Ueberleiten von Wasserdampf über glühendes Eisen, von Coutelle praktisch durchgeführt. Am 23. März 1795 (3 Germinal an III) wurde eine zweite Luftschifferkompagnie begründet. Coutelle wurde Bataillonskommandeur und Kommandant des französischen Luftschifferkorps. Bonaparte schloss die Aëronautenschule in Meudon im Jahre 1798, und die beiden Kompagnien wurden am 4. März 1799 (14 Ventôse an VII) aufgelöst. Erster Aufstieg eines Militärfesselballons vor Maubeuge (2. Juni 1794), dann vor Charleroi und hauptsächlich während der Schlacht von Fleurus (26. Juni). Der „Entreprenant" wurde in der Jourdanschen Armee bei Fleurus sehr erfolgreich zu Rekognoszierungsdiensten verwandt; er war mit Coutelle, dem Divisionsgeneral Morelot und dem Adjutanten Étienne bemannt. Der Ballon wurde von den oesterreichischen Truppen beschossen, es gelang ihm jedoch den Schüssen der Haubitzenbatterie zu entgehen. In den nächstfolgenden Kriegsjahren wurden Militärfesselballons bei der Belagerung von Mainz, der Schlacht von Würzburg (3. September 1796) etc. und später auch in der Seeschlacht von Abukir (1. u. 2. August 1798) verwandt. Ueber die Verwendung der Ballons im deutsch-französischen Kriege 1870/71 siehe Nr. 542—598 und Gruppe VIII der Bücherabteilung. Die beiden deutschen Luftschifferdétachements wurden 1870 in Köln am 31. August gebildet. Es wurden zwei Ballons von dem englischen Luftschiffer Coxwell angekauft, die aber keine besondere Tätigkeit entfalten konnten. Die beiden Détachements wurden schon am 10. Oktober desselben Jahres wieder aufgelöst. Im Jahre 1884 wurde eine Versuchsstation für Ballons captifs, im Mai 1886 die Luftschifferabteilung, 1894 eine Luftschifferschule und 1890 die Bayerische Luftschiffer-Lehrabteilung in München gebildet. Über Militäraëronautik unterrichten die in Gruppe VIII der Bücherabteilung aufgeführten Werke, ferner G. de Rossi: La locomozione aerea. Impiego dei palloni in guerra. Lanciano 1887. 249 S. + 1 Bl. 3 Taf. (im Besitze von Dr. Liebmann).

1794

SCHLACHT VON FLEURUS 26. JUNI
Belgien

352. Im Vordergrunde drei dahersprengende Offiziere, r. davon ein Geschütz, l. abziehende Truppen. Im Hintergrunde überall verteilte Truppenkörper. L. das Dorf Fleurus mit seinen beflaggten Kirchtürmen sichtbar. Schöne, hügelige Landschaft. Oben in ansehnlicher Höhe ein Freiballon mit Gondel und einer rechts gehissten Fahne sichtbar. Freiballon historisch falsch. Bewölkter Himmel. Unter dem Bildrande l.: „Swebach Desfontaines inv. & del.", r.: „Berthault. Sculp." Jacques Swebach, genannt J. des Fontaines, Maler und Radierer in Paris, * Metz 19. März 1769, † Paris 1833 (?) Mitten unter dem Bilde: „VICTOIRE REMPORTÉE À FLEURUS, PAR LES

FRANÇAIS, / le 26 Juin 1794, ou 8 Messidor An 2eme de la République." Oben r. in der Ecke unter dem Plattenrand die Bezeichnung: „No. 102."

Kupferstich, Tafel 102 aus Collection complete des Tableaux historiques de la Révolution Française en deux volumes. Paris 1798 (Text der Tafel auf S. 410—412). 231:272. Breiter Rand.

Deutsches Museum-München

353. — Der r. hoch oben sichtbare Fesselballon wird von den auf einer Anhöhe postierten Soldaten an vielen Stricken festgehalten. Vorne im Hintergrunde heransprengende Generäle. Ein auf einem Schimmel in der Mitte befindlicher General gerade über einen gefallenen Krieger hinwegsetzend. R. und l. Truppen mit ihren Fahnen sichtbar. L. im Hintergrunde erblickt man eine hohe Kirchturmspitze. Durch Rauchwolken verfinsterter Himmel. Unter der Bildeinrahmung l. mit „Raffet del." und r. mit „Frilley sc." bezeichnet. Raffet, Zeichner und Maler (Kriegerische Auftritte) in Paris. Unten mitten die Aufschrift: „BATAILLE DE FLEURUS 1794." L. weiter unten noch die Angabe: „ . . . . . tin éditeur." Die ersten fünf Buchstaben unleserlich.

Kupferstich. Bildgrösse der Umrahmung 87:112. Ziemlich breiter Rand.

Deutsches Museum-München.

354. — Rechts die Generäle heraussprengend, im Hintergrund über ihnen ein Fesselballon. Ueberschrift: „BATAILLE DE FLEURUS". Mit Beschreibung der Schlacht in sieben Doppelzeilen Text: „Les plaines de Fleurus . . . la conquête de l'Europe!!!" Bezeichnet l. unten: „Propriété de l'Editeur. (Déposé).", r. unten: „Fabrique de PELLERIN, Imprimeur-Libraire / à Epinal."

Bildgrösse 320:535. Farbiger Bilderbogen.

Joseph Baer & Co.-Frankfurt a. M.
Deutsches Museum-München.

355. — L. ein schwebender Freiballon, historisch falsch, in der Gondel ein Luftschiffer und r. eine Fahne sichtbar. Bewölkter Himmel. Unterschrift: „BATAILLE DE FLEURUS Jourdan — 26 Juin 1794." Am unteren Bildrand bez. l.: „Martinet delt ", r.: „Al. Massard sculp.", ganz unten: „à Paris chez Berthet rue Charretière No 9, près la Place Cambrai".

Radierung, 266:413.

Joseph Baer & Co.-Frankfurt a. M.

356. — Dasselbe, *aber ohne den Zusatz: à „Paris . . . place Cambrai."*

Deutsches Museum-München.
Dr. Gans-Fabrice-Garmisch.

357. — Dasselbe. L. unten dicht unter dem Bildrande mit „Martinet de", in der Mitte unten dicht unter dem Bildrande „F" Aze aqua f . . . ." bezeichnet.

Vor der Schrift, 266:414; mit Rändchen.

Franz Benjamin Auffarth-Frankfurt a. M.

358. — Die Infanterie im Handgemenge. Im Hintergrunde r. Ulanen und l. Husaren. L. hoch oben der Militärfesselballon über einer gerade feuernden, auf einem Hügel befindlichen Geschützbatterie schwebend sichtbar. Ueber dem Pulverqualm schönblauer Himmel. Das Blatt ist über dem oberen Bildrande überschrieben: „BATAILLE DE FLEURUS (26 Juin 1794)“. L. davon in der Ecke mit: „PELLERIN & CIE., imp.-édit.“ und r. mit: „IMAGERIE D'EPINAL No. 178“ bezeichnet. Unter dem Bilde linke Spalte vierzehn Zeilen Text: „Au printemps 1794 . . . fois la rivière“ und rechte Spalte ebenfalls vierzehn Zeilen Text: „Jourdan ne se . . . parcourir en vainqueurs.“

Farbiger Bilderbogen. Bildgrösse 200:327. I. St. Goar-Frankfurt a. M.

359. — R. im Vordergrunde Jourdan, einem seiner Generäle Befehle erteilend, hinter beiden ein Offizier. Vor einem Zelt l. im Vordergrund ein präsentierender Wachtposten. Hinter dem Zelte Soldaten in Paradeaufstellung. Daneben nach der Mitte des Bildes zu Soldaten, die Taue des l. hoch oben schwebenden, bemannten Fesselballons haltend. In der Gondel l. die Trikolore. In der Mitte des Hintergrundes die stattliche Kirche von Fleurus, davor exerzierende Soldaten. Ganz im Hintergrunde marschierende Truppenkörper, hügelige Gebirgszüge und entferntere Ortschaften sichtbar. In der Mitte über dem Bilde die Aufschrift: „BATAILLE DE FLEURUS.“ Dicht unter dem unteren Bildrand l.: „Fabrique d'Estampes de“ und r.: „Dembonv et Gangel, Metz“ bezeichnet. Darunter vier Zeilen Text: „Le maréchal Jourdan . . . qui les commandaient“. Unter einem doppelten Strich drei Zeilen deutscher Text: „Die Schlacht bei Fleurus. Den 26. Juni 1794 . . . andere Beute zurück.“

Lithographie. Bildgrösse ca. 188:290. Friedrich Heyer-Biberach.

360. — Dasselbe. Aber r. nur „Gangel Metz“ signiert und ganz unten r. noch „Deposé.“

Farbige Lithographie. Gleiche Maße. Dr. Liebmann-Frankfurt a. M.

1795

Fesselballon der Republikanischen Armee.

VOR AUGSBURG 10/12 FRUCTIDOR (27/29 AUGUST)

361. Der gelbe, l. mit einem blauroten Wimpel versehene Fesselballon mit tiefhängender, gelber Gondel wird an Tauen von den Bedienungsmannschaften festgehalten. R. davon ein Offizier. Vor einem die ganze Bildbreite einnehmenden Hügel l. ein Dorf und in der Mitte oberhalb des Hügels Häuser und eine Kirche sichtbar. Wolkenloser Himmel. Unter dem Bilde auf vier Zeilen die Angabe: „Le Ballon / de l'armée Republicaine / est venu . . . de tout coté.“ Darunter fünf Zeilen deutscher Text: „Luft Ballon / Der Republikanischen Armee / Wie er . . . kan geführet werden“ Darunter r. in der Ecke: „P. I. FILL. A. V.“ bez.

Kupferstich. Ballon, Gondel und Fahnen handkoloriert. Beschnitten. Bildgrösse 258:210.

Abbildung 31. Staats-, Kreis- und Stadtbibliothek-Augsburg.

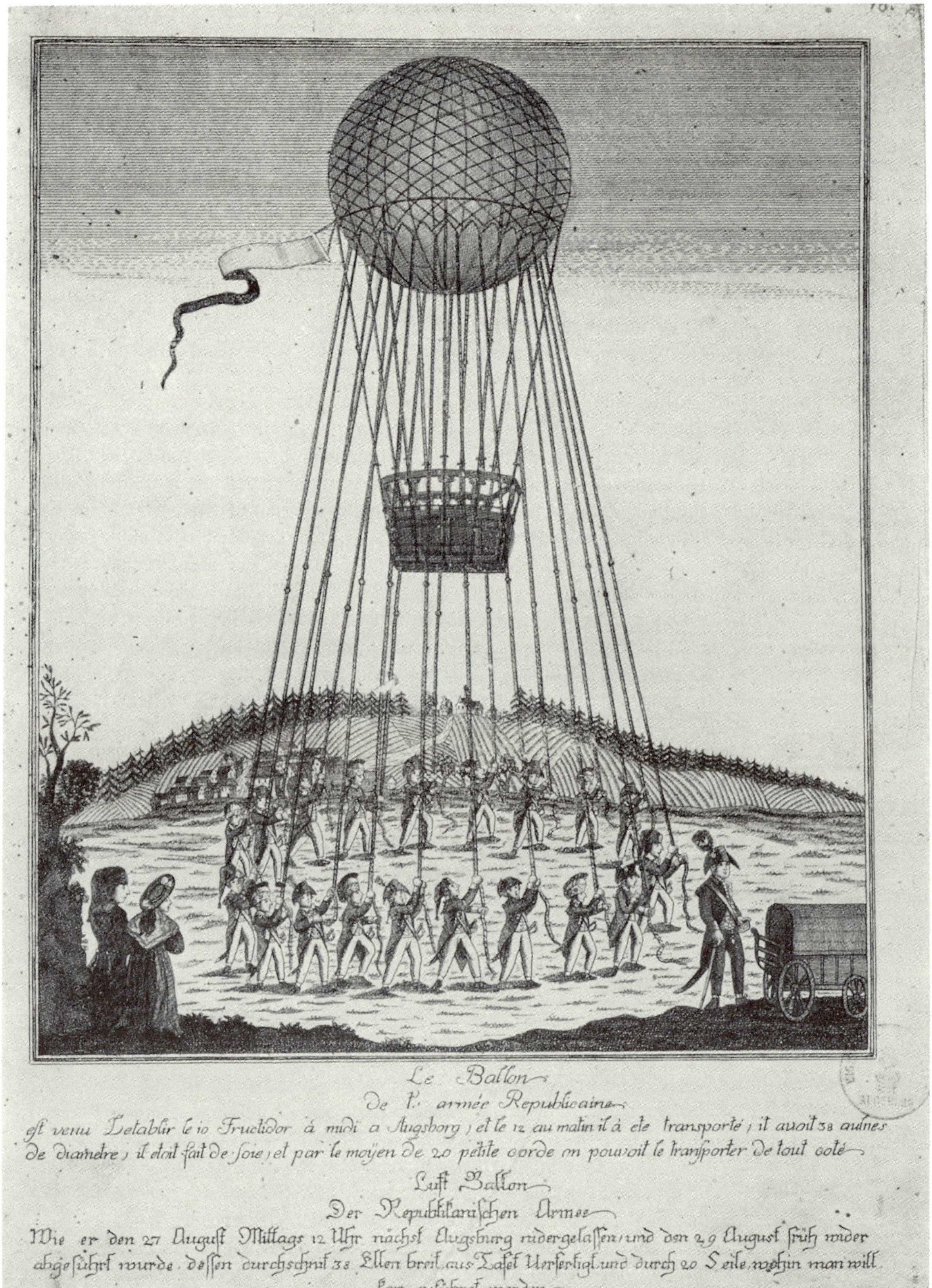

Abb. 31. Aufstieg eines Fesselballons der Republikanischen Armee. (Vgl. Nr. 361.)

1796

SCHLACHT VON WÜRZBURG 3. SEPTEMBER

„Französischer Kriegsballon. Der seidene Ballon ist nahezu kugelförmig und hat 9,8 m im Durchmesser; die Gondel, aus einem Bretterboden und einem hölzernen, mit starker, blau bemalter Leinwand überzogenem Gerüst bestehend, misst samt der hölzernen Galerie 1050 mm in der Höhe, 1140 mm in der Länge und an den Seiten 570 mm, in der Mitte 750 mm in der Breite. Die französische Luftschifferkompagnie, welche mit zwei Ballons, dem „Intrépide“ und „Hercule“ ausgerüstet war, musste sich nach der Schlacht in die Zitadelle zurückziehen und geriet durch die Kapitulation in Kriegsgefangenschaft. Nach Beschreibungen ist der Ballon wahrscheinlich mit dem „Intrépide“ identisch.“ (Katalog der Erzherzog Carl Ausstellung Wien 1909. S. 124.)

Vgl. Nr. 142.

1870

Deutsch-Französischer Krieg.

Vgl. Nr. 542—598.

3. BALLONS MIT LENKVORRICHTUNGEN UND LENKBALLONS.

Unter Ballons mit Lenkvorrichtungen werden hier solche Projekte bez. Ballons verstanden, die mit Vorrichtungen versehen waren, welche nach Ansicht der Konstrukteure die Lenkbarkeit des Ballons ermöglichen bez. demselben eine Eigengeschwindigkeit geben sollten. Vgl. auch das Projekt von Lana (vgl. Nr. 933) und Gusmâos „Passarola" (vgl. Nr. 132). Als Lenkvorrichtungen wurden vorgeschlagen:

Segel, Luftruder: Lunardi (vgl. Nr. 126; schneeschuhförmige Ruder und zwei grössere ruderartige Flügel. Die Ruder mit Klappen versehen, so dass die Luft bei der Rückwärtsbewegung durchstreichen konnte; vgl. auch Moedebeck: Handbuch der Luftschiffahrt. Th. 1. Leipzig 1886. S. 61); Zambeccari (vgl. Nr. 341; horizontale Fortbewegung mittelst Wendeflügel. Modifizierte Rozière mit Spiritusheizung vgl. Laicharding). Ausser Segel, Luftruder waren noch mit

Steuerungen versehen die Ballons von Blainville (vgl. Nr. 92, 95—97; Luftpumpe für komprimierte Luft, Hebebäume), von Blanchard (vgl. Nr. 98—111; Schirm, Gestänge, Lenkvorrichtungen seines Flugkahnes), von Charles(?) (vgl. Nr. 123), von Deumier (vgl. Nr. 127), von Dr. Jonathan (vgl. Nr. 133, 134), der projektierte Ballon von Laicharding (vgl. Nr. 153), das Projekt von Mathieu (vgl. Nr. 141), der Ballon von Pilâtre de Rozier und Giroud de Vilette (vgl. Nr. 145), das Projekt von Stoupy-Bijou (vgl. Nr. 164; fünf die Gondel tragende Ballons, Gaszirkulation).

Propeller hatten die Ballons von Potain (vgl. Nr. 291; Windflügelschraube vgl. Dupuis-Delcourt: Manuel d'aérostation. Paris 1850. S. 79) und die zylindrischen Ballons von Masse (vgl. Nr. 139, 140; schwanenförmige Luftruder; Propeller mittelst einer Steuerschraube angetrieben) und der „Adler" des Grafen Lennox (vgl. Nr. 136, 138; Luftkissen, Luftballonets, zwanzig durch Menschenkraft angetriebene Propeller).

Der erste Lenkballon im modernen Sinne war der Ballon von Giffard 1852.

1784

Der vom Grafen Albon projektierte Ballon von Franconville.

Gestänge, Luftsegel.

FRANCONVILLE FREITAG, 16. JANUAR

362. Ansicht des eben aufsteigenden Ballons. An dem runden, oben mit einem Wimpel versehenen Ballon an Stricken die Gondel befestigt. Ballon und Gondel sind ringsherum mit einem Gestänge versehen, das Luftsegel trägt. Die einzelnen Teile des Franconviller Ballons mit Ziffernbezeichnung. Das Bild zeigt genau dieselbe Landschaft wie Nr. 258. Dicht unter dem Bildrande l.: „F. M. delussy pin$^{x.}$" F. Marie de Lussy und r.: „E. L. P." Scul$^{pt.}$". Wahrscheinlich von E. Lepagelet. Mitten unter dem Bilde: „Ballon de Franconville". Dann zwei Reihen erläuternder Text: „1. axe perpendiculaire . . . 4. Cordages pour isser et ramener les voiles." Darunter: „ce moien de direction est adapté au ballon parti le 16 janvier des jardins de madame / la Comtesse d'albon et retrouvé le 21 du même mois derriere montmorenci." Eine Auffahrt fand nie statt. Die Daten stimmen für den Franconviller Tieraufstieg (Nr. 258).

Radierung in Rötelmanier, 187:240. Dasselbe in Schwarzdruck als 22. Tafel in dem Werk: Tableau pittoresque de la vallée de Montmorency, un des séjours le plus agréable des Environs de Paris. [Verf. J. C. Le Prieur?] Paris. o. J. IV + 43 S. 8° 26 Taf. (im Besitz von Dr. Liebmann-Frankfurt a. M.) Da eine Anzahl Tafeln voll mit E. Lepagelet bezeichnet sind, so ist anzunehmen, dass die mit den entsprechenden Initialen signierte Radierung gleichfalls von Lepagelet herrührt.

Kgl. Universitätsbibliothek-Göttingen.

Ballon der Akademie in Dijon.

DIJON SONNTAG, 25. APRIL

Kugelförmiger Aërostat mit versteiften Segeln und zwei Flügelrudern, die zur Fortbewegung, zum Heben und Senken des Aërostaten von der Gondel aus bedient werden sollten. Wasserstofffüllung. Erster Versuch 30. Februar 1784. Luftschiffer Guyton de Morveau. Zweiter Versuch 25. April. Luftschiffer Guyton de Morveau und Abbé Bertrand. Dritter Versuch 12. Juni. Luftschiffer Guyton de Morveau und de Virly; Landung auf der Wiese von Etevaux.

363. Darstellung des eben auffahrenden, bereits über dem Füllplatz freischwebenden, grüngelbrötlich gestreiften Ballons. Die linksseitige der in Ballonäquatorhöhe angebrachten, gelbblaurosa gestreiften Seitenflächen zeigt über Fahnen das bekrönte, mit einem Lorbeerkranz umgebene, blaugrundierte Lilienwappen. In der tiefhängenden, roten Gondel zwei Luftschiffer, ausserdem r. eine blauweiss gestreifte Fahne und zwei blauweissrot gestreifte Luftruder. Unten im Vordergrunde vor dem abgesperrten, mit zwei Füllmasten versehenen Füllplatz eine Anzahl einzelner und zu Gruppen vereinigter Zuschauer, ganz l. zwei Wagen und im Hintergrunde des Bildes Dijon mit seinen vielen Kirchen sichtbar. Unter dem Bildrande: „EXPÉRIENCE AËROSTATIQUE, / Faite à Dijon le 25. avril 1784. Ce Ballon parti à 5. heures du soir; est arrivé à Magni- / les- Auxone, à 6. heures 25. minutes; ayant parcouru l'Atmosphère, d'environ 2044, toises / ou une petite lieues de France; il étoit monté par Mr. l'Abbé Berteau / et Mr. Marvaux, à la satifaction da public, / à Paris chez Crepy rue S. Jacques à S. Pierre près la rüe de la parcheminerie."

Aus der Zeit stammende Radierung. Ballon, Gondel, Luftschiffer und Füllplatz handkoloriert. Landschaft und Personen nicht koloriert. 424 : 250. Mit Rand.

Grossh. Hess. Hofbibliothek-Darmstadt.

Miolan und Janinet.

PARIS SONNTAG, 11. JULI
Luxembourg

Der Lenkballon der Abbés Miolan und Janinet (Montgolfière) war mit einer bereits von Montgolfier vorgeschlagenen Lenkvorrichtung versehen. Eine seitliche Oeffnung am Ballon sollte das Ausströmen der warmen Luft und durch die Reaktion das Vorwärtsstreben des Ballons ermöglichen. Zur Erzielung einer bestimmten Richtung wurde an der Galerie eine Steuerung angebracht. Ferner verbesserten die beiden Abbés auch die Ausrüstung der Montgolfière, indem sie unter anderem die Glutpfanne zur Erstickung des Feuers mit einem Deckel versahen. Weiter war die Galerie ausgerüstet mit einem Anker und einer Strickleiter. Der Versuch, der um 5 Uhr Nachmittags stattfinden sollte, wurde vereitelt, indem die ungeduldigen Zuschauer den Ballon zerstörten und verbrannten. Die beiden Konstrukteure konnten sich nur mit Mühe der Lynchjustiz entziehen und wurden mit Spott und Verachtung überhäuft. Auf einer ganzen Anzahl Karikaturen wird Miolan als Katze und Janinet als Esel dargestellt. Vgl. Moedebeck: Handbuch der Luftschiffahrt. Th. 1. Leipzig 1886. S. 33—35.

364. Zerstörung und Verbrennung des Miolan-Janinetschen Ballons. Im Vordergrunde der lichterloh brennende Ballon. Die ungeduldigen Zuschauer in das Feuer Stühle, Leitern u. s. w. werfend. L. im Hintergrunde Häuser. Ganz im Vordergrunde zerbrochene und herumliegende Stühle, Leitern, Balken. L. und r. vom Feuer und von den Rauchwolken schön blauer Himmel sichtbar. Dicht über dem Bildrand ist das Blatt überschrieben: „Embrasement déplorable de la

Machine Aërostatique des Srs Miolan et Janinet le Dimanche 11 Juillet 1784.“ Unter dem Bildrande drei Zeilen Text: „L'expérience qui devoit avoir lieu ce jour la avoit attirés aux Luxembourg et aux environs, une multitude innombrables de Spectateur après plusieurs / tentatives inutiles pour élever la machine le feu y à pris. Les Spectateurs impatients ont murmurés hautement la populace est entrée malgré la Garde et à / detruit, Brulés, Saccagé, tout ce qui s'est trouvés sous leurs mains.“ Darunter r. die Bezeichnung: „A Paris chez J. Chereau rue St Jacques au dessus de la Fontaine St Severin aux 2 Colonnes N° 257.“

Handkolorierter Kupferstich, 290:401. Schmaler Rand.

Deutsches Museum-München.

Zylindrischer Ballon der Brüder Robert.

ST. CLOUD DONNERSTAG, 15. JULI

Erster zylindrischer, mit dem Meusnierschen Ballonet versehener Ballon. Wasserstofffüllung. Das Ballonet hatte den Zweck, den Ballon ohne Gasverlust steigen bezw. sinken zu lassen. Aus dem Meusnierschen Ballonet wurde beim Steigen des Ballons Luft ausgetrieben, während durch erneutes Lufteinpumpen in das Ballonet das Sinken des Ballons bewerkstelligt werden konnte. Erster Aufstieg 15. Juli 1784. Luftschiffer: die Brüder Robert und der Herzog von Chartres und Collin-Hullin (?). Landung im Parke von Meudon. Vgl. auch Journal de Paris vom 16. und 19. Juli 1784.

365. Der braune, zylindrische Ballon schwebend. Die tiefhängende, blaue Längsgondel an der linken Seitenfläche das Lilienwappen zeigend. Mitten in der Gondel ein rotdrapierter Baldachin, von einem Adler bekrönt. Vier Luftschiffer. Der ganz r. stehende Luftschiffer eine grosse bläuliche Fahne schwenkend. L. zwei bläuliche Fahnen gehisst. Unten schöne perspektivische Ansicht des Parkes. Im Vorder- und Hintergrunde einzelne und zu Gruppen vereinigte Zuschauer. Das Bild ist r. und l. von in grünen Holzkübeln befindlichen Lorbeerbäumen eingefasst. Darüber prächtige hohe Bäume des Parkes. Mitten auf dem grossen Platz zwei grosse braune Füllfässer. Wolkenfreier, ganz oben blauer Himmel. Dicht über dem Bildrande oben: „Vue du Tapis vert, prise audessus de / l'Orangerie à St Cloud.“ Dicht unter dem unteren Bildrande: „EXPÉRIENCE AÉROSTATIQUE DE Mrs ROBERT.“ Darunter acht Zeilen kleingedruckter Text: „Le plus grand . . . du 16 Juillet.“ Darunter: „A Paris chez Vachez, Quai de Gèvre. à l'Espérance. A. P. D. R.“

Handkolorierte Radierung von Tavenard. 152:102. Schmaler Rand.

Kgl. Universitätsbibliothek-Göttingen.

366. — Ein zweites ganz ähnlich koloriertes Exemplar, nur mit dem einen Unterschied, dass im Text der Name „Collin“ fehlt. Zwischen „M^{r} und phisicien“ auf der viertletzten Zeile also ein freier Raum.

Sonst gleicher Text und gleiche Maße. Frau Prof. E. Schmidt-Frankfurt a. M.

2. Aufstieg des Robertschen Ballons.

PARIS
Tuilerien

MONTAG, 19. SEPTEMBER

Zweiter Aufstieg in den Tuilerien am 19. September 11 Uhr 50 Minuten. Luftschiffer: Die Brüder Robert und deren Schwager Collin-Hullin. Landung bei Beuvry bei Bethune um 6 Uhr 40 Minuten abends. Vgl. auch das Journal encyclopéd. 1784. T. VII. S. 295 und 466 ff.

367. Der Ballon schwebend. In der rotdrapierten Längsgondel drei Luftschiffer. Unter dem Ballon Wolken. Unter dem Bilde handschriftlich in Tinte: „Experience aerostatique des Frères Robert aux Thuileries. 18 Sept. 1784. / Les voyageurs sont Colin Hullin les frères Roberts. A midi ils / s'enlevèrent et le même jour à 6^h 4'ils descenderent de Beuvrie en / Artois a 50 lieues de Paris. — Historisch ungenau, der zweite Aufstieg fand am 19. Sept. statt.

Unbez. Bleistiftzeichnung (Rot- und Schwarzstift). Blattgrösse 262:188.

Louis Ricard Nachf.-Frankfurt a. M.

368. — Der rotgelbgrün gestreifte Ballon über dem Tuilerienpalast. In der tiefhängenden, blaugoldenen Längsgondel drei Luftschiffer. L. zwei blaue Fahnen gehisst. Unten im Vordergrunde Zuschauer, einzeln und zu Gruppen vereinigt. Ganz l. überlebensgrosse Doppelstatue aus Marmor. Im Hintergrunde der die ganze Bildbreite einnehmende, mit blauen Dächern versehene Tuilerienpalast; auf der Mittelkuppel Zuschauer und r. eine grosse, rote Fahne. Vor dem dem Palast vorgelagerten grossen Platz Volksmengen. Das Bild wird r. und l. von zwei grossen Bäumen eingefasst, deren Laubwerk in dem blauen Himmel sich zu einer Umrahmung des ganzen Bildes vereinigt. Dicht über dem oberen Bildrande: „VUE DES TUILERIES PRISE DE LA GRANDE ALLÉE." Unter dem unteren Bildrande in der Mitte: „DÉDIÉ A MM. ROBERT." Darunter in der Mitte ein oben von der strahlenden Sonne und unten von einem Lorbeerkranz umgebenes Monogramm „LR" (?), l. und r. fünf kleingedruckte Zeilen Text: „Troisième expérience Aréostatique . . . la première classe." Darunter ganz r. „A. P. D. R." und dicht über dem Plattenrand noch: „A Paris chez Vachez, M^d d'Estampes Quai de Gévres à l'Espérance."

Handkolorierte Radierung von Tavenard. 153:106. Schmaler Rand.

Kgl. Universitätsbibliothek-Göttingen.

Landung bei Beuvry.

369. L. hoch oben eine rotdrapierte, blaurotgoldene Montgolfière. Vielleicht der Ballon „Marie Antoinette" Nr. 281-283. Im Vordergrunde unten wird der eben gelandete grüngelbrot gestreifte Längsballon von der die blaue Gondel tragenden Hülfsmannschaft weggeschafft. Davor und dahinter Reiter. Das Schloss von Beuvry von Volksmengen dicht umlagert. R. ein grosser Mühlenflügel und im Hintergrunde l. eine Ortschaft mit vielen Kirchtürmen Bethune (?). Ganz im Hintergrunde

Gebirgshügel. R. oben schwarze Gewitterwolken. L. blauer, in der Tiefe gelblicher Himmel. Ueber dem oberen Bildrande: „Vue de la Plaine de Beuvrie / près la Ville de Bethune en Artois.“ Dicht unter dem Bildrand r.: „P. G. Tavenard Sclp.“ Unter dem Bilde: „DEDIÉE À MESDAMES ROBERT SOEURS.“ Darunter sieben Zeilen Text, die zwei letzten Zeilen in kleiner Schrift: „Cette vue est . . . Voyageurs furent couronnés.“ Darunter: „A Paris chez le Vachez, Marchand d'Estampes, Quay de Gévres a l'Espérance.“ Darunter in der Mitte: „A. P. D. R.“

Handkolorierte Radierung. 150 : 105. Schmaler Rand.

Kgl. Universitätsbibliothek-Göttingen.

Ballon von Vitez.

370. Ein mit dem Königsmonogramm und dem Lilienwappen dekorierter und oben eine Königskrone tragender, eiförmiger Ballon trägt eine tiefhängende barkenartige Gondel. Diese mit Luftrudern, Segeln, Kanonen und zwei über der Gondel r. und l. schwebenden kleinen Kugelballons ausgestattet. Unterhalb ein an der Gondel befestigter geöffneter Schirm. Luftruder, Schirm, die beiden kleinen Ballons etc. etc. r. und l. von der Hauptdarstellung in vergrössertem Maßstabe schematisch skizziert. Im Vordergrunde unten r. und l. zwei auf einem Fluss fahrende Segelboote, ganz im Hintergrunde r. eine Ortschaft mit einer Kirche und l. auf einer Anhöhe ein festungsartiges Gebäude. Oben in der l. Ecke unter der Bildleiste: „Machines inventées pour faire aller / horizontalement le Globe Aerostati= / que par M.r Vitez“. Unter dem Bilde: „JCONOGRAPHIE / de la Machine Aerostatique destiné pour traverser le / Canal entre DOVERS et CALAIS.“ Ganz unten noch: „NON INCIPERE SED PERFICERE ARS EST“.

Unbezeichnete, vielleicht noch aus dem Ende des XVIII. Jahrhunderts stammende Radierung. Auf Büttenpapier mit Wasserzeichen und der Papiermarke: „D & CBlauw.“ 150 : 157. Fast ganz ohne Rand.

Kgl. Universitätsbibliothek-Göttingen.

1824

Dupuis-Delcourts „Flotille Aérostatique“.

PARIS 7. NOVEMBER
Montjean

Wasserstoffüllung. Am Ringe eines grossen Ballons war ein Stangenkreuz befestigt, an dessen Stangenenden vier kleinere Ballons an Seilen, die über Rollen liefen, angebunden waren. Nach Dupuis' eigner Aussage ist der Aufstieg mit diesem Ballon vollständig misslungen. Dupuis und Dr. van Hecke versuchten später — 1847 — die Lenkbarmachung durch Anwendung von Schraubenpropellern zu erreichen. Auch dieser Versuch scheiterte an der Unzulänglichkeit menschlicher Kraft. Moedebeck: Handbuch der Luftschiffahrt. Th. 1. S. 107 u. 108.

371. Der Dupuis-Delcourtsche Ballon (vgl. oben die Beschreibung) hoch über Wolken schwebend. In der tiefhängenden Gondel zwei Luftschiffer, l. eine Fahne gehisst. Aus der Gondel ein langes, am unteren Ende einen Anker tragendes

Schleppseil herabhängend. Unten im Vorder- und Hintergrunde des Bildes verschwommene hügelige Landschaft. Dicht unter dem Bildrande r.: „Lith. de Villain." Wahrscheinlich François le Villain, Lithograph, * 1790 in Paris. Unter dem Bilde: „Ascension de M. M. Dupuis Delcourt et Richard. / des Jardins de Mr le Duc D'Aumont, à Montjean, près Paris. / le 7 Novembre 1824."

Lithographie, Bildgrösse 144 : 110. Titelbild aus (Dupuis-Delcourt, Jean-Baptiste:) Expérience de la flotille aérostatique, partie de Montjean le 7 novembre 1824, montée par M. M. Dupuis-Delcourt et Richard. Paris, Ponthien, 1824. 16 S. 8° 1 Taf. (Im Besitze von Dr. Liebmann.)

Dr. Gans-Fabrice-Garmisch.

1834

Graf Lennox' Ballon „Adler".

PARIS 17. AUGUST
Marsfeld

Vgl. Nr. 136—138.

1885

Renard-Krebsscher Lenkballon.

CHALAIS-MEUDON 25. AUGUST

Torpedoförmiger, mit einem Netzhemde versehener Ballon; canoëförmige, verschiebbare Gondel. Zweiflügelige, mit Schaufelflächen versehene Propellerschraube, Luftballonet, Laufgewicht zum Ausbalancieren, Grammescher Dynamomotor 9 PS. Batterie 32 Chromsäureelemente. Zurückgelegte Wegstrecke ca. 7,6 km in 23 Minuten.

Vgl. Nr. 604.

1895/97

Schwarzscher Aluminiumballon.

BERLIN

Zylindrische, vorn spitze Form, Aluminiumgondel mit dem Ballonkörper starr verbunden. An jeder Seite je ein Aluminiumschraubenpropeller. Drehbare Steuerschraube. Daimler Benzinmotor 12 PS. 480 Umdrehungen in der Minute. Wasserkühlung. Bei der Landung 3. November 1897 wurde der Ballon beschädigt und durch Vandalismus der Zuschauer völlig zerstört. Vgl. Taschenbuch zum praktischen Gebrauch für Flugtechniker und Luftschiffer. Hrsg. von Moedebeck. 2. Aufl. Berlin 1904. S. 355/56. Erstes Projekt eines Aluminiumballons von M. Micciollo-Picasse: Ballon anermastatique dirigeable en tole d'aluminium. Le Puy 1871. (Im Besitze von Dr. Liebmann-Frankfurt a. M.)

372. Ansicht des eben auffahrenden Schwarzschen Lenkballons. Viele Zuschauer einzeln und zu Gruppen vereinigt, der Auffahrt beiwohnend. R. ganz im Hintergrunde Häuser sichtbar.

Unbez. Amateurphotographie, 95:156.

Dr. Hahn-Frankfurt a. M.

373. — Das Schwarzsche Luftschiff über einer Stadt hoch oben schwebend. Klarer, wolkenfreier Himmel.

Unbez. Amateurphotographie, 95:150. Dr. Hahn-Frankfurt a. M.

Abb. 32. (Vgl. Nr. 449.)

1897

Dr. Wölferts Ballon „Deutschland".

BERLIN
Tempelhoferfeld

12. JUNI[1])

Spindelförmiger Ballon. Starr befestigte Gondel aus Bambus. Zweiflügelige Aluminiumschraube. Propeller für Vertikalbewegungen. Daimlerscher Benzinmotor 8 PS. Eiskühlung. Aufstiege 28/29. Aug. 1896, 6. März und 12. Juni 1897. Bei der letzten Auffahrt explodierte durch mangelhaftes Funktionieren des Benzinvergasers das Luftschiff in der Luft. Dr. Wölfert und der Monteur Knabe fanden hierbei den Tod. Vgl. Taschenbuch zum praktischen Gebrauch für Flugtechniker und Luftschiffer. Hrsg. von Moedebeck. 2. Aufl. Berlin 1904. S. 355.

374. Der Lenkballon, von Soldaten gehalten, gerade zur Abfahrt bereit. Aufnahme fünf Minuten vor der Explosion.

Unbez. Amateurphotographie, 101:159. Dr. Hahn-Frankfurt a. M.

---

[1]) Wegen des Datums der Katastrophe vgl. das darüber ausgegebene Extrablatt des Berliner Lokal-Anzeigers. (Nr. 919.)

1900

Graf Zeppelins Luftschiff „Z I."

MANZELL b. FRIEDRICHSHAFEN 2. JULI, 17. u. 21. OKTOBER

Konstrukteure: Die Ingenieure Kober und Kübler. Aluminiumballon. Schwimmende Ballonhalle. Starres, prismenförmiges Luftschiff (24 Prismenflächen). Aluminiumgitterkonstruktion. 17 Gasballonets. Zwei fest mit dem Luftschiff verbundene Aluminiumgondeln. Vertikale und horizontale Steuerung. Daimler Benzinmotor 14,7 PS. Zwei vierflügelige Aluminiumpropeller. Kraftübertragung durch konische Zahnräder. Gondel mit Wechselgetrieben zum Vorwärts- und Rückwärtslaufen, mit elektrischen, polarisierten Klingel- und Maschinentelegraphen und Sprachrohr versehen. Betriebsmaterial für zehn Stunden; fünf Mann Besatzung. Bemannung am 2. Juli: Graf Zeppelin, v. Bassus, Burr, Wolf und Gross. Erreichte Eigengeschwindigkeit etwa 7,6 Meter pro Sekunde. Zweite und dritte Auffahrt 17. und 21. Oktober. Vgl. Taschenbuch zum praktischen Gebrauch für Flugtechniker und Luftschiffer. Hrsg. von Moedebeck. 2. Aufl. Berlin 1904. S. 357—360.

Vgl. Nr. 614.

IV.

FLUGMASCHINEN UND FALLSCHIRME

Tableau d'aviation.

375. Grosse Tafel, die wichtigsten Typen der Flugmaschinen zeigend. Mit kurzen, textlichen Erläuterungen. Auf sechs horizontalen Reihen sind 53 Flugmaschinen abgebildet, beginnend von „Vers 1500 — Léonard de Vinci; . .“ bis „1880 — Edison. — . . .“ Ueberschrieben ist die Tafel: „TABLEAU D'AVIATION / REPRÉSENTANT TOUT CE QUI A ÉTÉ FAIT DE REMARQUABLE SUR LA NAVIGATION AÉRIENNE SANS BALLONS / D'après les documents extraits de la collection de M. le Dr HUREAU DE VILLENEUVE / Par E. DIEUAIDE, auteur du Tableau des Mouvements de mécanique, pour faciliter les Etudes“. Dicht über der Umrahmung l.: „Déposé. Tous droits réservés.“, r.: „Nota — Les appareils précédés du signe * ont été construits et expérimentés.“ Unter der sechsten Horizontallinie, innerhalb der schwarzen Umrahmung drei Vertikalspalten. L. fünfzeilige Spalte: „CONSIDÉRATIONS. — La . . . léger et intelligemment“. Fünfzeilige Mittelspalte: „combiné. La nature . . . force motrice.“ Darunter r. in der Ecke: „E. D.“ Vertikalspalte: „E. DIEUAIDE, 18, Rue de la Banque. — Paris. / Bureau pour les BREVETS, DESSINS, CONSTRUCTION D'APPAREILS“. „18, Rue de la Banque“ mit Tinte ausgestrichen und darunter in blauem Stempeldruck in: „62. R. DE PROVENCE“ umgeändert. Mitten unter der Umrahmung: „Paris. — Imprimerie Coulbeuf, passage du Caire, 95-97.“ Ganz oben in der l. Ecke und ganz unten in der r. Ecke der blaue Stempelabdruck: „Pfarrer J. B. Barnickel / Thurndorf (Opf.)“

Etwa 1880 erschienener Schwarzdruck; Grösse des umrahmten Vierecks 445:665.

Pfarrer Barnickel-Thurndorf;
jetzt Senckenbergische Bibliothek-Frankfurt a. M.

Abbildung 33. Ohne Ueberschrift und ohne den Text der r. Vertikalspalte.

376. — Dasselbe. *Späterer Nachdruck, gleiche Maße.*

Dr. Liebmann-Frankfurt a. M.
Louis Ricard Nachf.-Frankfurt a. M.

1780/83

Blanchards Flugkahn.

Erstes Projekt 1780. Am 28. August 1781 publizierte Blanchard im „Journal de Paris“ einen längeren Artikel über das von ihm konstruierte „Vaisseau Volant“. Ernsthafte Versuche mit Blanchards Flugmaschine wurden niemals vorgenommen. Vgl. Figuier: Les Aérostats. [1. Aufl.] Paris 1882. (Nr. 695). 2. Auflage Paris 1887. S. 119 (im Besitze von Dr. Liebmann-Frankfurt a. M.); Tissandier: La navigation aérienne. Paris 1886. (Nr. 705) S. 49—56 und Magazin f. das Neueste aus der Physik, herausgegeben von Lichtenberg. Gotha 1783. (Nr. 967) I. Band 4. Stück S. 159 bis 167. Tafel 2 und 3.

377. Das unter dem oberen Plattenrande mit der Ueberschrift „Vuë lattérale du Vaisseau.“ versehene Blatt zeigt die Blanchardsche Flugmaschine. Die grossen, oben und seitlich angebrachten Flügelflächen und die l. seitlich mit „Gouvernail.“ bezeichnete Steuerung grüngemalt. Die himmelblaue Maschine an der unteren

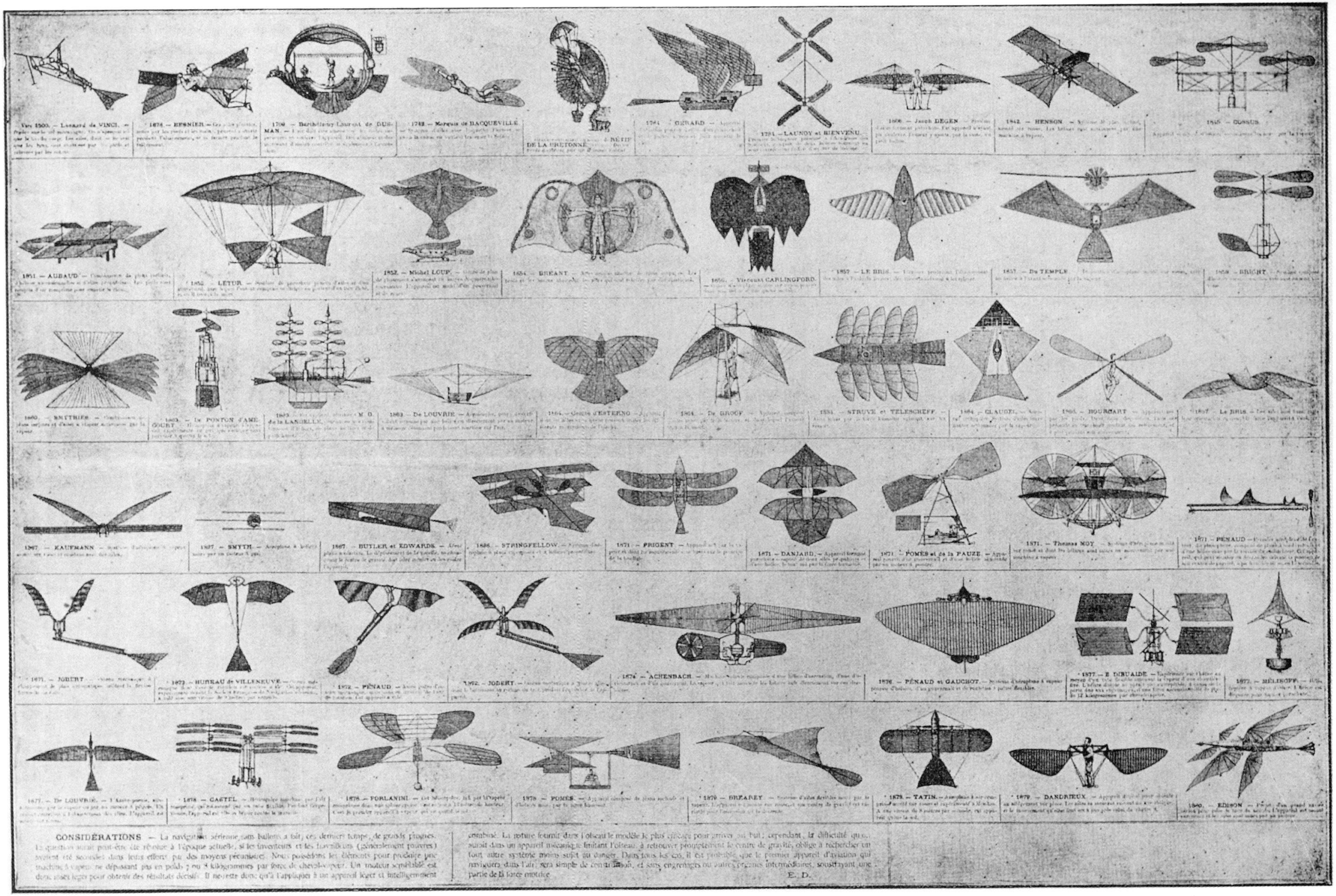

Abb. 33. „Tableau d'Aviation." (Vgl. Nr. 375.)

Längsfläche zwei beflügelte, auf Wolken thronende Genien zeigend. Unter dem Bilde die Angabe: „Le Vaisseau-Volant de M. Blanchard Renferme une Méchanique ingénieuse qui, au moyen des / leviers et des poulies mises en mouvement par les pieds et les mains du Pilote assis dans ce Vaisseau, / agite les aîles à l'imitation des Oiseaux, ensorte que, quand les unes sont élevées, les autres sont abaissées. / Nous en donnerons les détails, après l'expérience faite en public." Darunter in der r. Ecke über dem Plattenrand in kleinster Schrift: „chez Martinet ruë St Jacques." François-Nicolas Martinet, Freund Blanchards, Ingenieur und Kupferstecher Ende des XVIII. Jahrh.; hauptsächlich Kupfer für Bücher, insbesondere Buffons Naturgeschichte.

Handkolorierter, aus der Zeit stammender Kupferstich. 165:209. Mit Rand.

Abbildung 34. Ohne Ueberschrift. Grossh. Hess. Hofbibliothek-Darmstadt.

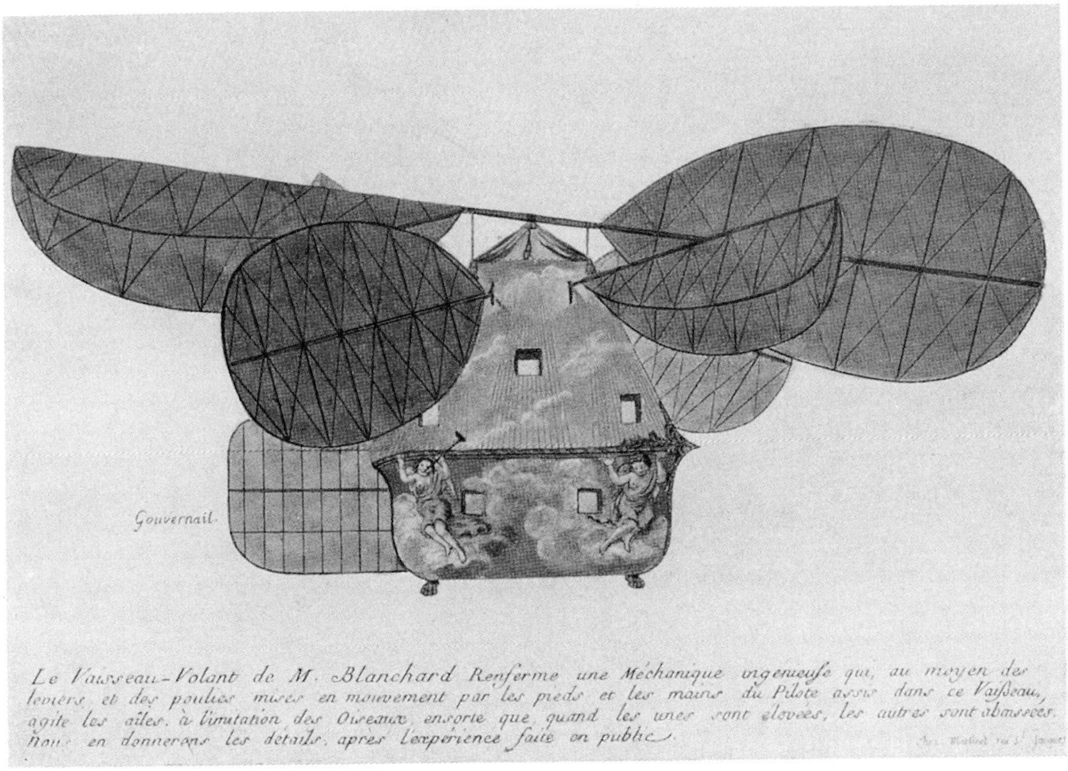

Abb. 34. Blanchards „Vaisseau Volant." (Vgl. Nr. 377.)

378. — Die ähnlich kolorierte Maschine von vorne gesehen. Unter dem oberen Bildrande: Vuë d'avant / du Vaisseau volant."

Unbezeichneter, handkolorierter, aus der Zeit und gleichfalls von Martinet stammender Kupferstich. 165:209. Mit Rand.

Grossh. Hess. Hofbibliothek-Darmstadt.

379. — Schnittzeichnung der ähnlich kolorierten Maschine, den Mechanismus der Flugmaschine erläuternd. Die einzelnen Teile mit Buchstaben- und Ziffernbezeichnung. Unter dem oberen Plattenrande: „Coupe de trois quarts." Seitlich l. unten neun-

zeilige Legende: „A. Aîles, conductrices ... Siége du Pilote.“ Dicht unterhalb der bildlichen Darstellung l.: „Dessiné par F. N. Martinet.“ Darunter: „Si par son vol il peut * escalader la Lune, / Il fera, comme un autre, en volant, sa fortune.“ R. darunter: „* M. Blanchard.“ Weiter unten drei mit l. seitlich „Nota“ betitelten Zeilen: „Il ya ... et mon adresse.“ R. seitlich von unten nach oben gehend zwei Maßstäbe; der längere mit: „Échelle de 4 Pieds.“ und der kürzere in „Pieds.“ als „Échelle des Vuës, Latteralle et d'Avant.“ bezeichnet.

Aus der Zeit stammender, handkolorierter Kupferstich. 215 : 134. Mit Rand.

Grossh. Hess. Hofbibliothek-Darmstadt.

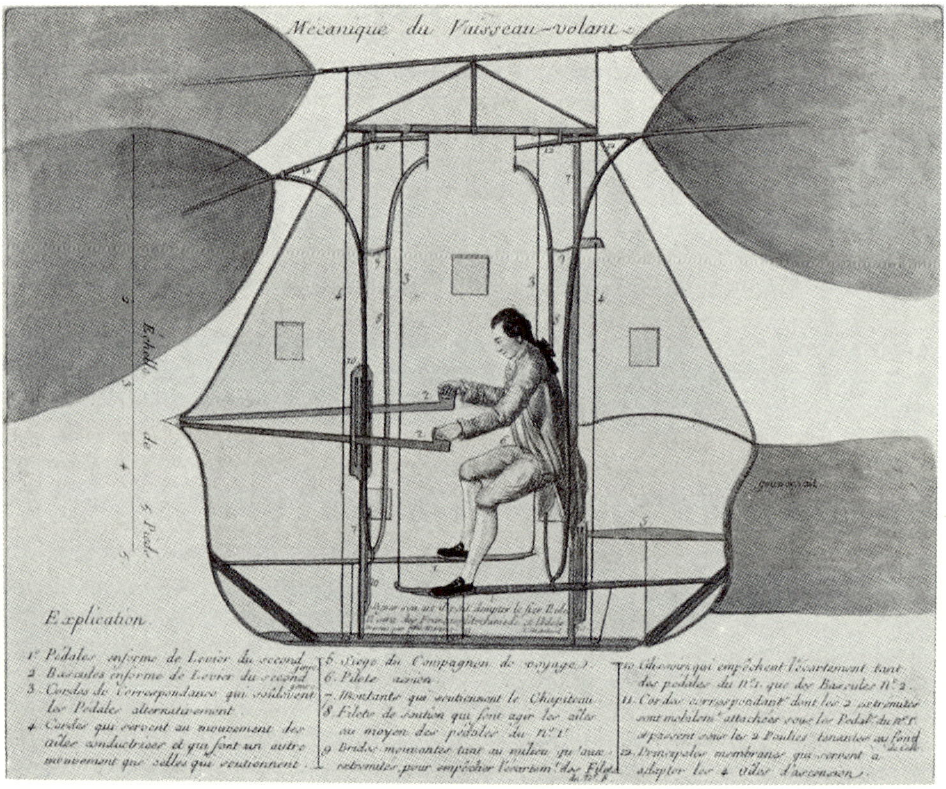

Abb. 35. Blanchards „Vaisseau Volant“ Innenansicht. (Vgl. Nr. 380.)

380. — Das unter dem oberen Plattenrand mit „Mécanique du Vaisseau-volant“ betitelte Blatt zeigt die Handhabung des Mechanismus der ähnlich kolorierten Maschine. In der Flugmaschine der blaugekleidete Flugtechniker (Blanchard) sitzend, die „Pédales“ „1.“ und mit beiden Händen die „Bascules“ „2.“ bewegend. Rechts dahinter der leere, rote „Siege du Compagnon de voyage.“ „5.“ Die einzelnen Maschinenteile mit Ziffernbezeichnung. Dicht unter den Pedalen, innerhalb der Maschine: „Si par son art il peut dompter le fier Eole. / Il sera des Français l'Archimède et l'Idole.“ Darunter in kleinster Schrift l.: „Dessiné par F. N. Martinet.“ und r.: „M. Blanchard.“ L. seitlich Maßstab in: „Échelle de

5 Pieds." Unter dem Bilde die mit: „Explication." überschriebene dreispaltige Legende. L. neun Zeilen: „1e Pédales enforme . . . celles qui soutiennent." Mittlere achtzeilige Spalte: „5. Siege du . . . Filets / du N° 8." und r. achtzeilige Spalte: „10. Glissoirs qui . . . 4. Aîles d'ascension." Auf der l. Spalte nur: „genre" als zweite und vierte Zeile allein; auf der mittleren Spalte „du N° 8." und auf der rechten Spalte „de Calle." als besondere Zeile.

Aus der Zeit stammender, handkolorierter Kupferstich. 207:245. Mit Rand.

Abbildung 35. Grossh. Hess. Hofbibliothek-Darmstadt.

1808/12

Degens Flugmaschine.

Zwei herzförmig gestaltete Flügel, die mit Klappen aus gefirnisstem Papier versehen waren. Die beiden Flügel waren durch ein Gestänge verbunden und wurden mittelst der Arme und Beine auf- und niederbewegt. Entlastung des Flugwerkzeuges durch ein Gegenwicht. Die ersten Versuche, die Degen mit diesem Flugapparate anstellte, fanden in der Universität bezw. in der K. K. Reitschule in Wien statt. Später suchte Degen seine Flugmaschine zu vervollkommnen, indem er zur Erlangung des Auftriebs seinen Apparat an einen Luftballon aufhing. Degen machte mit seinen Flugversuchen in Paris Fiasko. Vgl. auch Abbildung 36.

381. Das unter dem oberen Plattenrand mit „Miscelanea. XCVI.", l. davon mit „Verm. Gegenst. XCVI" und r. mit „Melanges. XCVI." überschriebene Blatt zeigt auf „Fig. 1." Degen in seiner Flugmaschine stehend, ältere Flugmaschine Degens, also ohne Ballon. Darunter auf „Fig. 2." Ansicht der gelbrotgestreiften Flächen der Degenschen Flugmaschine. Die beiden Darstellungen mit Buchstabenbezeichnungen. L. über dem unteren Plattenrand mit „I. Schaly" und r. „XI. B. 45" bez.

Handkolorierter Kupferstich (Tafel aus F. I. Bertuch: Bilderbuch zum Nutzen und Vergnügen der Jugend. — Porte-Feuille instructive et amusant pour la jeunesse — Wien bei Bauer o. J. Bd. 11. No. 45. — im Besitze von Dr. Liebmann.) 224:178.

Dr. Liebmann-Frankfurt a. M.

382. — Dasselbe. Degens Flugmaschine in besonders grosser Darstellung mit der Unterschrift „Flugmaschine erfunden von Jacob Degen in Wien 1807".

Dr. August Heymann-Wien.

383. — Degen in seiner an einem Ballon befestigten Flugmaschine sitzend dargestellt.

Unbez. Federzeichnung. Von der Spitze des Ballons bis zur untersten Kante des Flugapparates ca. 305, äusserste Breite desselben ca. 234. Ohne Rand.

Louis Ricard Nachf.-Frankfurt a. M.

384. — Darstellung des schwebenden Degenschen Flugapparates. Am gelbrotgestreiften Ballon befindet sich der eigentliche, mit zwei Flügeln versehene Flugapparat befestigt. Zwischen den gelbroten Flügeln in einem Gestänge der gelbgekleidete Degen sichtbar. Unter dem Bilde die Angabe: „VOL-A-TIRE D'AILES /

Exécute pour la Ire fois à Paris dans le Jardin de Tivoli / Par Mr Degen, Mécanicien de Vienne en Autriche, / Le 10 Juin 1812.“ L. dicht unter der Bildumrahmung ein Maßstab und r. die Bezeichnung: „Gravé sur verre et Imprimé par fourmy.“ *

Handkolorierter Stich, 298:203. Dr. Gans-Fabrice-Garmisch.

Abbildung 72.

1811

Berblingers Flugmaschine.

ULM 30. MAI

Adlerbastei

Die von Berblinger konstruierte Flugmaschine war mit den zwei herzförmig gestalteten Degenschen Flügeln und der aus gefirnisstem Papier bestehenden Degenschen Klappenvorrichtung versehen. Nur das Gestänge fehlte an Berblingers Apparat. Da sämtliche Darstellungen, die Berblingers Apparat zeigen, somit die genaue Degensche Anordnung aufweisen, da ferner Berblinger die Grössenverhältnisse und sogar die Buchstabenbezeichnung Degens beibehalten hat, so müssen die Degenschen Zeichnungen Berblinger bei dem Bau seines Apparates direkt als Vorlage gedient haben. Vgl. die Abbildungen 36 und 37. Die Berblingersche Flugmaschine ist also lediglich ein Plagiat des Degenschen Flugapparates. Bei dem am 30. Mai ausgeführten Flugversuch stürzte Berblinger senkrecht in die Donau hinab. Dieser missglückte Flugversuch bereitete Berblinger das gleiche Schicksal wie Degen; zahlreiche Verspottungen musste „der Schneider von Ulm“ über sich ergehen lassen. Vgl. auch Taschenbuch zum praktischen Gebrauch für Flugtechniker und Luftschiffer. Hrsg. von Moedebeck. 2. Aufl. Berlin 1904. S. 306.

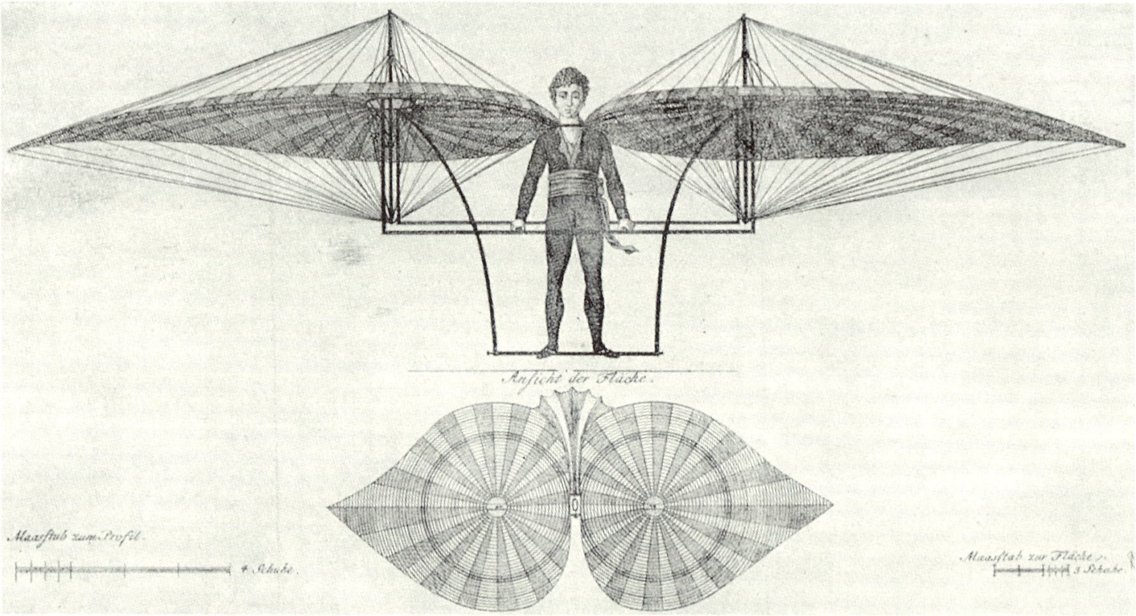

Abb. 36. Degens Flugmaschine 1808, Reproduktion aus Gilberts Annalen (Nr. 1121). (Vgl. die Bemerkungen bei Degen und Berblinger.)

385. Ansicht der Flugmaschine in zwei Bildern: oben „Ansicht des Profils.“ mit dem Erbauer, unten „Ansicht der Flaeche.“ Ueberschrift in drei Zeilen:

„Flugmaschine / Verfertiget von Berblinger in Ulm / Ansicht des Profils." Ueber dem unteren Bilde: „Ansicht der Fläche.", darunter „6 Schuhe" und entsprechender Maßstab.

Stich. Unbezeichnet. Bildgrösse mit Ueberschrift ca. 186:183 in Rötelmanier.

Abbildung 37. Stadtbibliothek-Ulm.

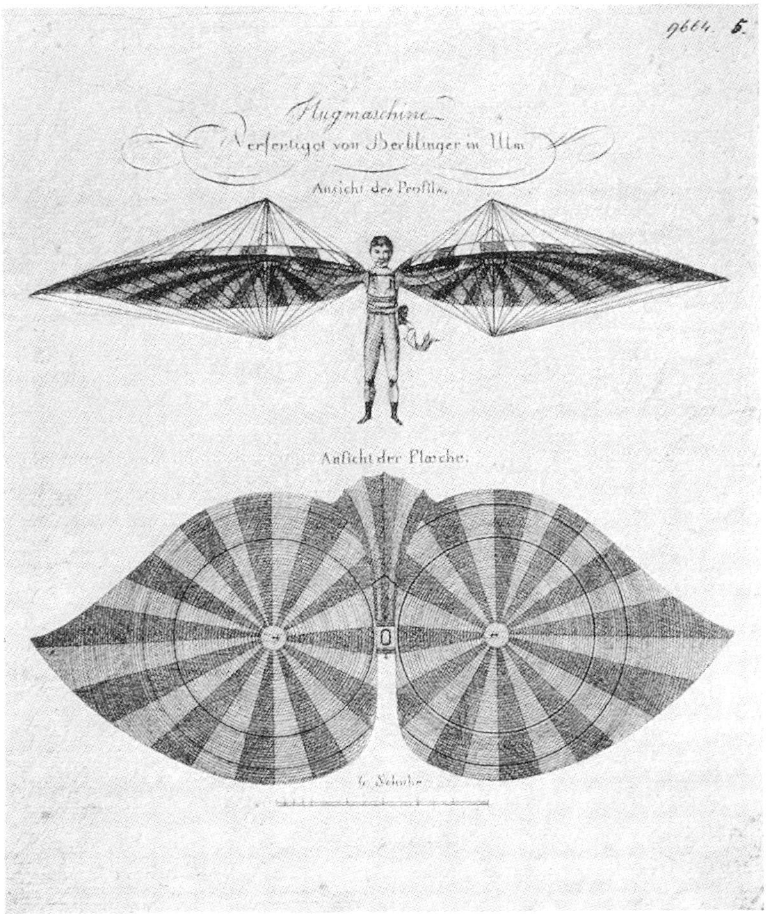

Abb. 37. Berblingers Flugmaschine 1811.
(Vgl. die Bemerkungen bei Degen und Berblinger und Nr. 385.)

386. — Dasselbe. *In Schwarzdruck, gleiche Grösse.* Dr. Gans-Fabrice-Garmisch.

387. — Dasselbe, *violette Kopie, Neudruck mit gleichem Text. Bildgrösse ca. 185:180.*
Stadtbibliothek-Ulm.
Staats-, Kreis- und Stadtbibliothek-Augsburg.

388. — Dasselbe, *Reproduktion in Strichätzung mit der Ueberschrift: „Illustrierte aëronautische Mitteilungen."* (Beilage zu Band 1904, S. 294.) Stadtbibliothek-Ulm.

389. — Der Sturz des Schneiders in die Donau, mit Ansicht von Ulm jenseits und Zuschauergruppen diesseits des Flusses. Bewölkter Himmel. Unterschrift in zwei Zeilen: „Luftreise des geflügelten Schneiders von Ulm, / im Jahr 1811." Bez. l. unter dem Bildrand: „J. M. V. . . . ." folgen ca. 4 unleserliche Buchstaben.

Handkolorierter Stich. Bildgrösse 104:197. Stadtbibliothek-Ulm.

390. — Dasselbe, *bez. l. u. d. Bildrand: „Wien. A. B. No. 230." Geringere Kopie mit gleicher Unterschrift, aber ohne Farben. Stich, Bildgrösse 103:196.*

Stadtbibliothek-Ulm.

391. — Dasselbe, *Neudruck der Kopie. Gleicher Text und gleiche Grösse.*

Stadtbibliothek-Ulm.
Staats-, Kreis- und Stadtbibliothek-Augsburg.

1842

Hensons Drachenflugmaschine.

Engl. Patent Nr. 9478 (29. Sept. 1842). Hochdruckdampfmaschine 25/30 PS. Hölzernes Flugzeuggerüst mit gekrümmten Flügelflächen, Luftschrauben, im entgegengesetzten Sinne laufend. Drehbare Höhensteuerung und Vertikalsteuerung für seitliche Bewegung. Hensons Drachenflugmaschine wurde nie gebaut. Henson baute später mit Stringfellow zusammen eine ganz andere Flugmaschine (siehe O. Chanute: Progress in flying machines. New-York 1893.)

392. Der Dampfluftwagen über eine Fabrikstadt fliegend. Bez. l. unten „W. L. Walton lith." R. unten „Day & Haghe Lith^{rs} to the Queen." Louis Haghe, Maler und Lithograph, * 17. März 1806 Tournai, † 9. März 1885 London; Haghe arbeitete für Day's lithographisches Institut.

Farbige Lithographie. Bildgrösse 227:304.

Joseph Baer & Co.-Frankfurt a. M.

393. — Darstellung des hoch über London schwebenden, die britische Fahne zeigenden Hensonschen Luftdampfwagens. Im Vordergrunde Zuschauer, einzeln und zu Gruppen vereinigt, im Hintergrunde London. Unter dem Bilde die Angabe: „Luftdampfschiff: Ariel." Darunter vier Zeilen Text: „welches im Monat May die erste Fahrt von London nach Bombay in 48 Stunden . . . derselben 3000 ₶."

Unbezeichneter Kupferstich, teilweise radiert auf Büttenpapier. Bildgrösse 152:222.

Abbildung 38. Stadtbibliothek-Hamburg.

394. — Darstellung der über den Nil schwebenden, die britische Fahne führenden Hensonschen Flugmaschine. Im Vordergrunde der Nil, l. grünes Flussufer und ganz l. drei Palmen und weiter nach der Mitte zu drei weitere Palmen; im Hintergrunde drei Pyramiden sichtbar. R. im Hintergrunde am Horizont die Sonne. Schön beleuchtetes Landschaftsbild. Blauer Himmel. Dicht unter dem Bildrande l. mit „W. Walton lith." und r. „Day & Haghe Lith$^{:s}$ to the Queen." bez. Vgl. Nr. 392. Unter dem Bilde die Unterschrift: „By permission of the Patentees, Mess^{es} Henson, Colombine, and Mariott, / THIS ENGRAVING of the FIRST CARRIAGE,

the „ARIEL, / is respectfully inscribed, to the Directors of / The AERIAL TRANSIT COMPANY.“ R. darunter: „by their obedient Servants“ weiter r. unten „The Publisher.“ Darunter in der Mitte des Blattes noch die Angabe: „London, Pub^{d} March 28th 1843 by Ackermann & Co Strand.“

Kolorierte Lithographie, Bildgrösse 142 : 223. Dr. Gans-Fabrice-Garmisch.

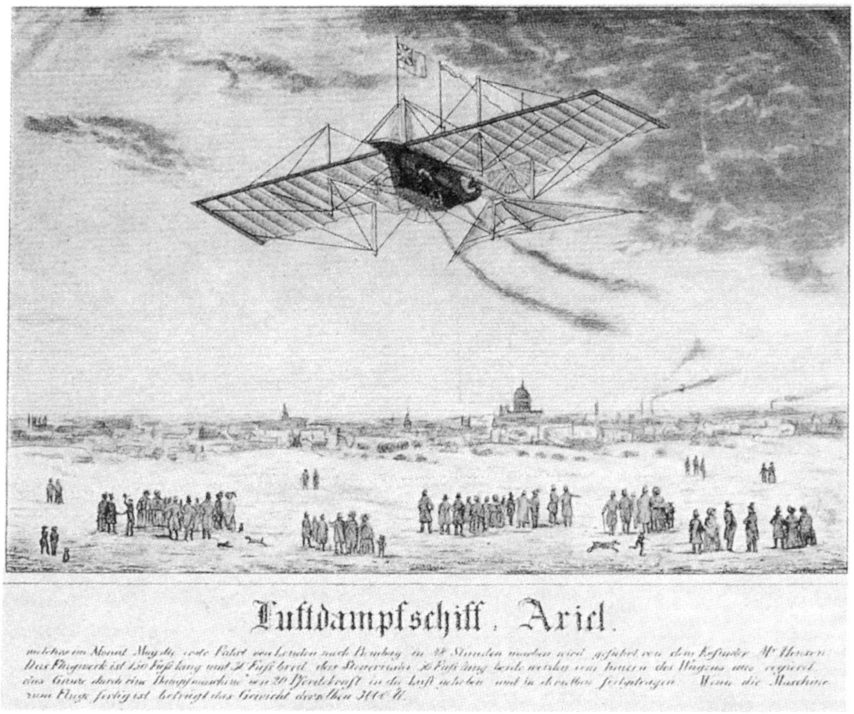

Abb. 38. (Vgl. Nr. 393.)

395. — Hensons Dampfwagen in grosser Darstellung hoch über London fliegend. Die Flugmaschine zeigt zwei Fahnen und einen langen roten Fahnenwimpel. Im Vordergrunde London mit seinem Häusermeer (Fabrikbauten) und l. eine mit unzähligen Menschenmassen dicht besetzte Brücke sichtbar. Auch am l. Flussufer vieltausendköpfige Zuschauermengen. Weiter l. im Hintergrund eine zweite Themsebrücke und ganz l. im Hintergrunde die Paulskirche. Schönes, stimmungsvolles Städtebild. Leicht bewölkter Himmel. Dicht unter dem Bildrande l.: „W. L. Walton lith.“ und r.: „Day & Haghe, Lith^{rs} to the Queen“ bez. Vgl. Nr. 392. In der Mitte unter dem Bilde die Angabe: „By permission of the Patentees,“ Rest des Textes und Anordnung desselben genau wie Nr. 394.

Kolorierte Lithographie, 228 : 305. Dr. Gans-Fabrice-Garmisch.

396. — Darstellung des hoch über einer Stadt (London?) dahinfliegenden, oben die britische Fahne zeigenden, Hensonschen Dampfluftwagens. Das Hauptrahmenwerk braun, die am grünen Dampfwagen befestigten Räder rotgemalt. Im

Vordergrunde unten das Häusermeer einer grossen Stadt sichtbar (r. grosse Fabrikgebäude), im Hintergrunde r. weitere, zum Teil noch in Nebel eingehüllte Stadtteile. Dicht unter dem Bild ganz l. „London", l. „Paris" und r. „Ged. d. I. Rauh." vielleicht auch Raan. In der Mitte unter dem Bilde der Titel des Blattes: „DER DAMPF-LUFT-WAGEN, / erfunden von Henson / welcher durch eine Parlaments Acte in England patentirt wurde." / Darunter fettgedruckt: „150 Fuss lang und 30 Fuss breit". Darunter wieder kleingedruckt: „Die Maschine obgleich von 20 Pferdekraft wird mit dem nöthigen / Wasser bloss 600 Pfund wiegen." Darunter in Fettdruck: „Wien bei L. T. Neumann." Dicht darunter der ovale Prägestempel: „Kunsthandlung / L: T: Neumann / in Wien", r. seitlich von diesen gedruckten Angaben zeigt eine „das Gerippe der Maschine." unterschriebene, besondere schematische Darstellung die Konstruktion des Dampfwagens. Die einzelnen Maschinenteile mit Buchstabenbezeichnung. L. seitlich, dreizehnzeilige Legende: „A A A A A. Das Hauptrahmenwerk . . . Das Steuer-Ruder."

Farbige Lithographie. Grösse des Blattes mit Text ca. 250:310.

Majer-Leonhard-Frankfurt a. M.

— Dasselbe, *Schwarzdruck, gleicher Text und gleiche Grösse.*

E. St. Goar-Frankfurt a. M.
Dr. Niederhofheim-Frankfurt a. M.
Deutsches Museum-München.

397. — Dasselbe, *Schwarzdruck, aber ohne die Bezeichnung: „London" und „Paris". Gleicher Text, gleiche Grösse.*

Dr. Gans-Fabrice-Garmisch.

398. — Das Bild zeigt Hensons Dampfwagen (beflaggt) hoch über dem Nil schwebend. Im Vordergrunde der Nil, drei Palmen, l. im Hintergrunde Pyramiden und r. untergehende Sonne sichtbar. Unter dem Bildrande l. mit „T. Picken. lith." vielleicht identisch mit Andrew Picken, Lithograph, (Schüler von Louis Haghe), * 1820, r. „Day & Haghe Lith^rs to the Queen." bez. In der Mitte unter dem Bild die Aufschrift: „By permission of the Patentees, / THIS ENGRAVING of the FIRST CARRIAGE, the „ARIEL" / is respectfully inscribed to the Directors of / THE AERIAL TRANSIT COMPANY / by their obedient Servants, / The Publishers."

Lithographie. Bildgrösse 141:223.

Deutsches Museum-München.

1866

Bourcarts Tableau.

399. Das mit „AVIATION / ETUDES, ESSAIS ET INVENTIONS QUI, SANS RÉSOUDRE LE PROBLÈME DE L'AVIATION, ONT POURTANT DONNÉ DES RÉSULTATS INTÉRESSANTS ET ENCOURAGEANTS À L'AUTEUR." überschriebene Blatt zeigt auf einer ganzen Reihe bildlicher Darstellungen Bourcarts „VÉLOCIPÈDE AÉRIEN." Dann den mit einem Flieger bemannten Zweidecker,

ferner den mit einem Gewichte „b“ beschwerten grünen Fallschirm und eine grosse Anzahl Detailzeichnungen (einzelne Teile der Bourcartschen Maschinen, das Flieger „Corset“, der „Patin“, einer schlittschuhartigen Fussbekleidung des Fliegers, eine Anzahl aërodynamischer, schematisch skizzierter Darstellungen.) Die einzelnen Abbildungen sind mit Buchstabenbezeichnung und mit textlichen Angaben (in französischer Sprache) versehen. Die Flügel der Maschinen grün koloriert. In der r. Ecke unten über dem Bildrande die Angabe: „Dédié par l'auteur aux chercheurs, expérimentateurs, / inventeurs et amis de l'aviation. / Août 1866.“ und r. darunter „BOURCART.“ L. dicht unter dem unteren Bildrande: „Lith. de Ve Berger-Levrault & Fils à Strasbourg.“. In der l. Ecke ganz oben trägt das Exemplar den violetten Gummistempelabdruck: „J. J. Bourcart / Rue de Roufach 90 / COLMAR.“ Laut gef. Mitteilung des Erfinders vom 16. Februar 1911 entstanden die Entwürfe zu dem Vélocipède aërien bereits 1860; Flüge wurden damit im Jahre 1886 unternommen.

Lithographie. Bildgrösse 436:574. Mit Rand.

J. J. Bourcart-Colmar;
jetzt Senckenbergische Bibliothek-Frankfurt a. M.

1891, 1892 und 1895

Otto Lilienthals Flugversuche.

Lilienthal, der unsterbliche Pfadfinder auf dem Gebiete des Kunstfluges, stellte unzählige Fliegeversuche mit Ein- und Zweideckern an. Lilienthals Flüge von 30 Meter Höhe gelangen ihm bis auf 400 Metern. Lilienthal baute ferner mit Schwanzfedern versehene Apparate. Bei Erprobung der Horizontalsteuerung seines Zweideckers stürzte Lilienthal tödlich verletzt aus 15 Meter Höhe herab (10. August 1896). Von 1894 an beschäftigte sich Lilienthal mit der Idee, dynamisch bewegte Apparate zu konstruieren (s. Moedebeck: Fliegende Menschen. Berlin 1909. S. 29/30).

400. Otto Lilienthal oben auf dem Abflughügel 1891/92 Drewitz bei Südende den Eindecker besteigend. R. eine Anzahl Zuschauer.

Diapositiv, 90:120. Zum Aufhängen.

Prof. Kassner-Berlin;
jetzt Deutsches Museum-München.

401. — Otto Lilienthal im Eindecker am Hügel abflugbereit. R. hinter dem Eindecker drei Leute, weiter r. zwei Kinder. Aufnahme 1891/92 zu Drewitz bei Südende.

Diapositiv, 90:120. Zum Aufhängen.

Prof. Kassner-Berlin;
jetzt Deutsches Museum-München.

402. — Otto Lilienthal in einem Eindecker nach dem Fluge. R. einzelne Zuschauer. 1891/92 Drewitz b. Südende.

Diapositiv. Ca. 90:120. Zum Hängen.

Prof. Kassner-Berlin;
jetzt Deutsches Museum-München.

403. — Lilienthal im Eindecker über dem Hügel daherfliegend. 1891/92 Derwitz.

Diapositiv. Ca. 90:120. Zum Hängen. Prof. Kassner-Berlin.; jetzt Deutsches Museum-München.

404. — Lilienthal im Eindecker unten am Hügel gelandet. R. der Abflughügel, im Hintergrund und vorne l. einige Zuschauer. 1891/92 Derwitz.

Diapositiv, 90:120. Zum Hängen. Prof. Kassner-Berlin; jetzt Deutsches Museum-München.

405. — Lilienthal seinen Eindecker haltend. Aufnahme nach dem Fluge 1891/92 Drewitz bei Südende.

Diapositiv, 90:120. Zum Hängen. Prof. Kassner-Berlin; jetzt Deutsches Museum-München.

406. — Lilienthal im Fluge.

85:121. Photographie von Ottomar Anschütz, Lissa (Posen).

407. — Dasselbe, andere Aufnahme.

71:102. Photographie von A. Regis, Berlin S., Prinzenstr. 44.

408. — Dasselbe, andere Aufnahme, Lilienthal eben vom Flughügel abfliegend, über demselben schwebend; 7. Okt. 1895 $\frac{3}{4}4-\frac{1}{4}5$ Nachm. „Dr R. Neuhauss Berlin W. Landgrafen Str. 11.“ bez.

Ca. 80:110.

409. — Dasselbe, andere Aufnahme.

79:110. Unbezeichnete Photographie.

410. — Dasselbe. Lilienthal kurz vor der Landung. Unten am Flughügel viele Zuschauer; im Hintergrund ein Fabrikschornstein sichtbar. L. unter der Photographie bez.: „Photographie von / Alex Krajewsky / Hofphotograph“, r. unter der Photographie: „Charlottenburg / Knesebeckstr. 9“.

153:203.

411. — Dasselbe wie Nr. 407. Kurz nach dem Abflug.

71:101. A. Regis Berlin S. Prinzenstr. 44.

412. — Dasselbe. Lilienthal vor der Landung. L. von der Photographie: „Alex Krajewsky / Hofphotograph“ und r. „Berlin N. W. / Neustädtische Kirchstr. 17“ bez.

151:208.

413. — Dasselbe. Lilienthal vor der Landung, andere Aufnahme; in der Nähe des Landungsplatzes ein Kirchturm sichtbar. L. „Alex Krajewsky / Hofphotograph“, r. „Charlottenburg / Knesebeckstr. 94.“ bez.

149:192.

414. — Dasselbe. Lilienthal gelandet, Lilienthal stehend in seinem Flugapparat, l. davon eine Person, r. im Hintergrunde eine Gruppe von vier Personen, dahinter ein Fabrikschornstein, l. oben der Abflughügel.

Photographie von Dr. R. Neuhauss Berlin W. Landgrafenstr. 11. Ca. 80:110.

415. — Dasselbe. Lilienthal im Fluge, hochschwebend. Die Platte l. unten bez.: „Dr R. Neuhauss“ und r. mitten: „19. Octob. 1895.“

Diapositiv. Die Platte schwarz eingefasst. Zum Aufhängen eingerichtet. Ca. 179:239.

416. — Dasselbe. Lilienthal kurz vor der Landung noch schwebend. Platte l. unten mit „Dr R. Neuhauss“ bez., in der Mitte unten: „19 Octob 1895.“

Diapositiv. Platte schwarz eingefasst. Zum Aufhängen eingerichtet. Ca. 170:239.

Die Nummern 406—416 Gustav Lilienthal-Gr. Lichterfelde.

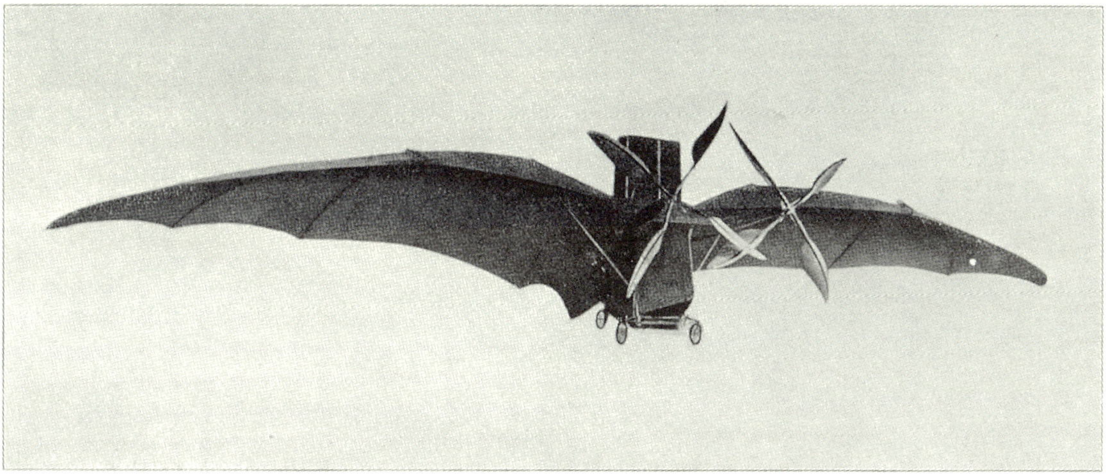

Abb. 39. Aders Flugmaschine „Avion“. (Vgl. Nr. 417.)

1897

Aders Flugmaschine „Avion“.

Die mit Unterstützung des französischen Kriegsministers von Ader erbaute Flugmaschine hatte zwei fledermausförmige Flügel und dazwischen den mit Rädern versehenen Sitz des Führers. Zwei entgegengesetzt laufende Propellerschrauben, Motoren: Dampfmaschinen. Die am 14. Okt. 1897 auf dem Plateau von Satory unternommenen, Erfolg versprechenden Flugversuche wurden später nicht wieder aufgenommen. (Beim letzten Flugversuch wurde der „Avion“ durch einen Windstoss bei der Landung beschädigt, einer der Flügel brach und die Propeller wurden zertrümmert; Ader selbst blieb unverletzt.) Die Maschine befindet sich im „Musée des Arts et des Métiers“ in Paris.

417. Die Flugmaschine von Ader. Vergrösserte Photographie. Ader sitzt in der fahrenden Maschine, die unterhalb der Schraube „ΛVIIIII“ Avion? bezeichnet ist. Bezeichnet unten r. mit Bleistift: „OCTOBRE 1897“.

Grösse der Maschine von der obersten Kante bis zum untersten Rand: ca. 220, Breite derselben vom äussersten rechten bis zum äussersten linken Punkt der Flügel ca. 890. Die Photographie befindet sich unter Glas 500:1000.

Fréderic Rossel-Sochaux bei Montbéliard
Département Doubs (Frankreich).

Abbildung 39 zeigt die Adersche Flugmaschine.

FALLSCHIRME.

Leonardo da Vincis Vorschlag (1514): „Se un uomo ha un padiglione di pannolino intasato, che sia 12 braccia per faccia, e alto 12, potrà gittarsi da ogni grande altezza senza danno di sè“ (Codice Atlantico, fo 372, verso; Vgl. auch Leonardo da Vinci Nr. 929, 930), wurde von Sebastien Lenormand in Montpellier am 26. Dezember 1783 in die Tat umgesetzt. (Vgl. auch Faustus Verentius Nr. 948.) Der erste Mensch, der sich aus grosser Höhe in einem Fallschirm herabliess (22. Oktober 1797) war der Berufsluftschiffer André-Jacques Garnerin (Garnerin bediente sich eines Fallschirms, der die Gestalt einer Kugelcalotte von 7,8 m Durchmesser hatte. Um das starke Pendeln beim Falle zu vermindern, befand sich oben in der Mitte eine kleine Oeffnung, durch welche die komprimierte Luft zum Abfluss gelangen konnte. Moedebeck: Handbuch der Luftschiffahrt. 2. Teil. S. 199.) Der Garnerinsche Fallschirm ist im wesentlichen noch heute im Gebrauch. Ein von dem englischen Luftschiffer Cocking vorgeschlagener kegelförmiger Fallschirm war keine Verbesserung. Cocking liess sich vom Greenschen Ballon aus einer Höhe von 1200 m am 23. Juli 1837 mit seinem Fallschirm herab und stürzte mit solcher Schnelligkeit herunter, dass der unglückliche Luftschiffer auf dem Erdboden zerschmettert wurde. (Moedebeck a. a. O. S. 200 und Nr. 422.)

418. Darstellung eines reich dekorierten Ballons, an welchem der geschlossene Fallschirm noch befestigt ist. Ein am Fallschirm hängender, beflügelter Genius eine mit einem Lilienwappen versehene Fahne haltend. Unter dem Genius ein mit dem Buchstaben „C X J“ (?) versehener Stern Illuminationskörper? sichtbar. R. seitlich vom Ballon und Fallschirm etwa auf halber Höhe des Blattes befindet sich die handschriftliche (Tinte) Angabe: „Le Moment de l'Ascension“.

Unbez. Federzeichnung. Bildgrösse ca. 320:105. Frau Albert-Wiesbaden.

419. — Den geöffneten, eben herabkommenden Fallschirm zeigend. Der am unteren Ende des Schirmes hängende Genius eine Fahne und einen Lorbeerkranz haltend. Unter dem Genius wieder der Stern sichtbar (Nr. 418) und l. und r. davon je drei Vögel herumflatternd. R. seitlich vom Fallschirm etwa in der Höhe des unteren Ringes desselben befindet sich in Tinte die handschriftliche Angabe: „Moment de la descente.“

Unbez. Federzeichnung. Bildgrösse ca. 315:200. Frau Albert-Wiesbaden.

Garnerins Fallschirm.

420. Im Hintergrund ein die ganze Bildbreite einnehmender Häuserblock und r. darüber in ansehnlicher Höhe schwebend der Garnerinsche Ballon mit dem noch befestigten Fallschirm. L. über den Häusern hoch oben ein zweiter Ballon und tief darunter der in schräger Lage herabkommende Fallschirm. Im Vordergrunde des Bildes r. ein umzäunter Garten und l. davon zahlreiche Zuschauer sichtbar. Unter der Bildumrahmung die Aufschrift: „M. Garnerin's Ascent, and Descent in the Parachute.“

Unbez. Kupferstich, beschnitten. Bildgrösse ca. 81:127.

Frau Albert-Wiesbaden.

Elisa Garnerin.

PARIS
Marsfeld

25. AUGUST 1815

421. Die rotbekleidete Luftschifferin in ihrem schwebenden Fallschirm stehend. R. und l. von ihr zwei Bourbonenfahnen. Oben l. hoch in den Wolken der umgekippte Ballon. Ganz im Vordergrunde der belebte Füllplatz, mitten ganz im Vordergrunde Füllapparaturen. R. eine Rutschbahn und zwei bekränzte und beflaggte Kletterbäume und eine mit vielen Menschen besetzte Tribüne, weiter nach dem Hintergrunde zu und l. vieltausendköpfige Menschenmengen. L. ein Seiltänzer und ein hoher Klettermast. Der grosse freie, im Hintergrunde das Schlossgebäude zeigende Füllplatz ist ringsherum von einer Rennbahn umgeben, auf welcher l. im Vordergrunde drei Reiter angaloppiert kommen. Das mittlere Rechteck des Füllplatzes, mit „COURSE / A PIED“ bezeichnet, ist der Wettlaufplatz. Blauer wolkenfreier Himmel. Ueber dem Bilde die Bezeichnung: „POUR LA FÊTE DU ROY! PAR ELISA GARNERIN.“

Unbez., aus der Zeit stammender Kupferstich, handkoloriert, beschnitten. Bildgrösse 390:555. Ohne Rand.

Deutsches Museum-München.

Cockings kegelförmiger Fallschirm.

23. JULI 1837

422. Von dem hochschwebenden Greenschen Ballon ist nur noch die mit zwei Luftschiffern bemannte Gondel „B“ sichtbar. Der mit einem Luftschiffer bemannte Fallschirm „C“ eben losgelöst. In der Ballongondel r. und l. je eine Fahne gehisst. Unterhalb der Gondel ein tief fast bis an den Fallschirmkorb reichendes Schleppseil sichtbar. Bewölkter Himmel. Ueber der bildlichen Darstellung die Ueberschrift: „THE CASKET / of Literature, Science and Entertainment. / CORRECT ENGRAVING OF MR. COOKING'S PARACHUTE: / SHOWING THE MODE OF ITS ATTACHEMENT TO THE BALLOON AND THE ACTION OF / the apparatus by which he released himself, / (Drawn from Actuel Admeasurement for the use of the Coroner's Inquest, and engraved by permission, exclusively for this work.)“ Ganz unten in der l. Ecke die Bezeichnung „No. 31.— Aug. 5., 1837.“ und direkt unter dem Fallschirmkorb „Price Twopence.“ Cocking stürzte dabei zu Tode.

Holzschnitt. Titelseite (481) der „Casket“. Grösse des Bildes ca. 208:130.

Dr. Gans-Fabrice-Garmisch.

Hamptons Sicherheitsfallschirm.

3. OKTOBER 1838
13. JUNI 1839

423. Sechs Darstellungen, davon zwei l. oben und l. unten den Ballon „ALBION“ mit dem daran befestigten Hamptonschen Fallschirm zeigend. Das dritte Bildchen in mittlerer Höhe des Blattes zeigt den mit Hampton bemannten Fallschirm frei herunterschwebend und das vierte Bildchen r. unten die Landung des Fallschirmes.

R. hoch oben den nur noch halbgefüllten und darunter den schon ganz entleerten und zusammengepackten Ballon. Dicht unter dem Bildrande in der r. Ecke die Bezeichnung: „Drawn & Engraved by N. Waittock". Unter dem Bilde die Unterschrift: „Mr HAMPTON'S SAFETY PARACHUTE, / In which he made his first descent from the Montpellier Gardens Cheltenham Octr 3rd 1838. / and the second descent from the Baron de Berenger's. Cremorne House Chelsea. Thursday. June 13th 1839."

Lithographie. Grösse der Umrahmung 215:155. Dr. Gans-Fabrice-Garmisch.

Beweglicher Fallschirm.

424. In der Mitte des Blattes drei *„ABC"* bezeichnete Vertikallinien sichtbar. Auf der mittleren „B" ist aus Papier ein Fallschirm aufgesteckt, der hin und her bewegt werden kann. L. hoch oben ein Ballon mit noch befestigtem Fallschirm und darunter zwei weitere gerade in der Luft schwebende Fallschirme sichtbar. Unten Meer mit schöner Küstenlandschaft, l. stattliches Gebäude und Häuser und r. Baumgruppen. Leicht bewölkter Himmel.

Unbez. Handzeichnung. Mit Sepia getuschter, beweglicher Fallschirm (ca. 1850?). Grösse der Umrahmung 143:88. Mit Rand.

Louis Ricard's Nachf.-Frankfurt a. M.

Fallschirme.

425. Schöne Flusslandschaft, r. und l. von den buchtenreichen Flussufern grosse, schattige Bäume und r. eine Ruine sichtbar. Hoch oben ein schrägschwebender Ballon, darunter in verschiedenen Höhen vier Fallschirme herabkommend. Der über der Wiese l. vom Fluss — kurz vor der Landung befindliche Fallschirm — mit einem eine rote Fahne schwenkenden Luftschiffer bemannt. Schön blauer Himmel.

Unbez. Aquarell. 2. Hälfte des XIX. Jahrhunderts? Grösse desselben ca. 325:235.

Frau Albert-Wiesbaden.

V.

PHANTASIEMÄSSIGE DARSTELLUNGEN

1. DAS FLUGPROBLEM UND DER FLIEGENDE MENSCH IN DER KUNST — ALLEGORISCHE UND LEGENDARISCHE DARSTELLUNGEN.

„Alexanderflug."

426. Alexander in der von sechzehn ausgehungerten Greifen getragenen Sänfte sitzend. Ueber derselben l. auf hoher Lanze ein aufgespiesstes Stück Fleisch. Die danach schnappenden gierigen Tiere Alexander in der Sänfte dadurch in die Höhe hebend. Unten r. und l. staunende Volksmassen. Dicht über der bildlichen Darstellung: „Coument Alixandres se fist porter en l air as oyseals q(ue) len apele grif". Nach einer gef. Mitteilung vom 8. Februar 1911 des Herrn Franz Maria Feldhaus, des Entdeckers dieser Miniatur, befindet sich das Original der Handschrift „Romain d'Alixandre" im Kgl. Kupferstich-Kabinet in Berlin.

Vergrösserte Photographie, 373:255. Hans Herzberg-Berlin.

427. — Aehnliche Detaildarstellung. Alexander in der Sänfte sitzend. Nach einem mittelalterlichen im Grossh. Landesmuseum in Darmstadt befindlichen Elfenbeinrelief des XII. Jahrhunderts.

Grösse der photographischen Nachbildung 72:128.

Grossh. Landesmuseum-Darmstadt.

Dürers „grosses Glück."

428. Das grosse Glück: eine nackte beflügelte Frau nach l. gewendet auf einer Kugel über Klausen (Tirol) schwebend. R. unten das Dürersche Monogramm. Albrecht Dürer, 1471—1528. Ausgabe: „Bartsch N° 77. Verlag der Sigm. Soldan'schen Hofbuch- u. Kunsthandlung. Inhaber Aug. Zemsch, Nürnberg."

Grösse der Reproduktion 320:226. Städelsches Kunstinstitut-Frankfurt a. M.

„Versuchung des Heiligen Antonius."

429. Triptychon auf Holz gemalt, die Versuchung des Heiligen Antonius darstellend. Mittelbild ebenso wie rechter und linker Seitenflügel sehr groteske und phantastische Darstellungen. In der Mitte über schöner Landschaft phantastische Luftvögel mit Segeln bezw. Fahnen ausgestattet. Auf dem linken Flügel oben grosses Luftschiff mit grossen geschwellten Doppelsegeln. Auf dem rechten Flügel ein riesiger Luftfisch, auf dem zwei Menschen, ein Mann und eine Frau durch die Lüfte reiten. Ausserdem noch eine ganze Anzahl Luftfahrzeuge sichtbar. Unbezeichnetes Oelgemälde. Niederländischer Meister; Anfang oder Mitte des 16. Jahrhunderts. Kopie (?) nach dem im Escurial bezw. in Brüssel befindlichen Triptychon van Boschs „Versuchung des Heiligen Antonius".

Grösse des Mittelbildes 805:720, der rechten und linken Flügel je 910:370. In vergoldetem schwarzen Holzrahmen. Julius Böhler-München.

Abbildung 40.

Abb. 40. „Versuchung des Heiligen Antonius.“ (Vgl. Nr. 429).

„Fliegkunst."

430. Das Bild stellt die Füllung einer Tür vor, in der Mitte derselben ein Knabe in rotem Wams, einen Vogelkäfig, in dem sich ein Ziervogel befindet, haltend. Dahinter Landschaft. Oben über dem Porträt des Knaben ein in der Türspalte schräg liegendes, beschriebenes Blatt: „Gründliche Beschreib . . . / der nunmehr erfundenen sehr / nützlichen / Fliegkunst / durch welche mann in gar kurtzer Zeit / eine sehr weite Reisz verrichten kan / aus dem Lappländischen übersetzet / und an das Licht gestellet von / Aleppo Muzo / . . . Sieben Künste und Wiszen / . . . ofessor Professor / . . . zu Windfort / . . . Jahr."

Oelgemälde auf Holz; Deutsche Schule aus der Mitte des 18. Jahrhunderts stammend Grösse 805 : 655.

Jakob Ebelsbacher-Frankfurt a. M.

Goyas „Modo de volar" (Art zu fliegen).

431. Männer mit Vogelkopfvorrichtungen und grossen Flügeln, die sie mit Handgriffen und unter den Füssen durchlaufenden Stricken bewegen. Auf schwarzem Grund. Dicht unter dem Plattenrand in der r. oberen Ecke mit „13" bezeichnet. Radierung von Goya, Francisco José de Goya y Lucientes, *30. März 1746 Fuendetodos (Aragonien), †Bordeaux 16. April 1828. Nach Lefort (Paul Lefort: Francisco Goya étude bibliographique et critique, suivie de l'essai d'un catalogue raisonné de son œuvre gravé et lithographié. Paris 1877) nicht nur das beste Blatt der Proverbios, sondern überhaupt eine der ausgezeichnetsten graphischen Arbeiten von Goya.

Radierung. Tafel 13 aus: „Los Proverbios Colleccion de diez y ocho laminas inventadas y grabadas al algua fuerte por Don Francisco Goya Publica la Real Academia de Bellas Artes de San Fernando Madrid 1900". Plattengrösse 243 : 349. Bildgrösse 217 : 322 mit Rand.

Dr. Gans-Fabrice-Garmisch.

Goyas „Soplones" (Ohrenbläser).

432. Beflügelter, schwebender Ohrenbläser. Oben rechts über dem Bildrande mit „48" und unter dem Bilde mit „Soplones" bezeichnet. Francisco José de Goya Nr. 431.

Radierung (Aquatinta) 207 : 150. Aus der 1794—1796 entstandenen Sammlung „Los Caprichos" de Goya. Coleccion de ochenta estampes grabadas al algua fuerte resina con aguadas de resina por el misme. (5. Ausgabe?)

Albert Voigtländer-Tetzner-Frankfurt a. M.;
jetzt Senckenbergische Bibliothek-Frankfurt a. M.

Chodowieckis „Verbesserung der Sitten".

433. Ein auf einem Tisch stehender Ausrufer erklärt den im Vordergrunde sichtbaren Zuschauern die bildlichen Darstellungen merkwürdiger Begebenheiten. Die unter den dreizehn Bildchen befindlichen Titel lauten der Reihe nach oben links anfangend: „Weihnachten Neu Jahr Ball Schlittenfarth Hochzeit Neuigkeit Ehescheidung Concert Schauspiel Diebstahl Mordbrenner Picknick Krankheit". Links vom Ausrufer ein alter, einbeiniger Musikant, Weisen auf seiner Violine spielend.

L. und r. vom Tisch eine ganze Anzahl Einzeldarstellungen, u. a. r. Gaukler und l. ein am Strick hängender Selbstmörder und ein sich aus Liebeskummer erschiessender Mann. R. davon in der Luft schwebend ein brennender Ballon und darunter ein aus der Gondel herausgestürzter Luftschiffer, sich noch in ansehnlicher Höhe befindlich. Das Blatt zeigt eine phantastische, groteske Umrahmung. Unter dem Blatte l. mit „gezeichnet und gestochen von C. D und E." und r. mit „zu haben bey D. Chodowiecki in Berlin" bez. In der Mitte unter dem Blatte die Aufschrift: „Verbesserung der Sitten." Daniel Nikolaus Chodowiecki, Kupferstecher und Maler, *in Danzig 16. Okt. 1726; †7. Febr. 1801 Berlin. Vgl. Nachträge und Berichtigungen zu Daniel Chodowieckis sämtliche Kupferstiche, herausgegeben von Wilhelm Engelmann. 2. Auflage von Dr. Robert Hirsch. Leipzig 1907. S. 46. Nr. 572: „Das Blatt ist eine Satyre auf das Unternehmen eines schlechten Berliner Kupferstechers, Merino, die merkwürdigsten Vorfälle zu Berlin durch einen wöchentlichen Kupferstich bekannt zu machen. Der schlechte Stich und der unerhebliche Inhalt waren Ursache, dass dieses Unternehmen mit dem dreizehnten Blatte aufhörte. Diese dreizehn unwichtigen Begebenheiten sind hier vorgestellt."

Kupferstich, beschnitten ca. 186:335. I. St. Goar-Frankfurt a. M.

Faiburns „Emblem of Air".

434. Eine weibliche Figur in und über Wolken schwebend. Unterhalb derselben ein grosser Vogel (Adler?) R. davon in mittlerer Höhe ein Ballon mit r. beflaggter Gondel. Etwas unterhalb r. davon der bereits abgelassene, noch schwebende Fallschirm sichtbar. Darstellung in einem Medaillon, das sich innerhalb eines Vierecks befindet. In der Mitte unter dem Bilde die Aufschrift: „An EMBLEM of AIR." Darunter die Angabe: „Published 13th Aug. 1799 by John Fairburn 146 Minories London."

Kupferstich, Schabkunstblatt. 174:125. Oben und an den Längsseiten schmales Rändchen.

Louis Ricard Nachf.-Frankfurt a. M.

„Prozession in Frascati".

435. Darstellung eines in einer Prozession mitzuführenden Ballons. Der pralle oben mit einer Kuppel versehene quadratische Ballon auf den Seitenflächen heilige und religiöse Darstellungen zeigend. Auf der vorderen Seitenfläche der Heilige Joseph ein Bild (Madonna mit Bambino) hochhaltend; oben r. ein Verkündigungsengel. Im Hintergrunde Dorf mit Kirche. Darunter die Angabe: „IL BEATº SAN GIUSEPPE / COLLA MADONNA VIENE IN FRASCATI." Die l. sichtbare Ballonfläche zeigt einen Heiligen, der den am Boden kauernden Dämon besiegt hat. Darunter die Angabe: „È STATO VINCITORE / DEL DEMONE." Am Ballon ist eine zur Erzeugung warmer Luft dienende Feuerpfanne unten aufgehängt. R. vom Ballon ein Qualm ausstossendes Fass, in welchem das Feuer durch Verbrennen von Holzscheiten unterhalten wird. L. im Vordergrunde eine spielende, die Prozession begleitende Musikbande. Daneben und dahinter zahlreiche, der Ballonfüllung beiwohnende Landleute. Hinter dem Ballon Stadttor von Frascati und r. und l. im Hintergrunde Häuser sichtbar. Dicht unter dem

Bildrande l. mit „Thomas“ und r. mit „Lith. de Villain“ bez. Wahrscheinlich François Le Villain, Lithograph in Paris, * 1790. Unter dem Bilde die Unterschrift: „Ballon de Fête réligieuse.“

Kolorierte Lithographie. Tafel der Serie von Thomas: „Un An à Rome“ 1830. Bildgrösse 223:194. Dr. Gans-Fabrice-Garmisch.

— Dasselbe in Schwarzdruck, oben über dem Bildrande in der r. Ecke noch mit „Pl. 28“ bez.

Gleiche Maße. Deutsches Museum-München.

Daumiers „Actualités“.

Vgl. Nr. 465.

Hasselhorsts „Maifest der Frankfurter Künstler“.

436. Mit allegorischer Einrahmung umgebene Darstellung des Auerbacher Schlosses, in dessen Hof die Künstler um einen bekränzten Baum tanzen, an dem einer heraufklettert. Ueber der Ruine schwebt ein Luftballon ohne Gondel. Festblatt der Frankfurter Künstler. Bez. l. unten: „H. Hasselhorst fec.“ Johann Heinrich Hasselhorst, Maler, * 4. April 1825 in Frankfurt a. M., † 7. April 1904 in Frankfurt a. M.

Leichtgetönte Lithographie, 544:398. Jos. Baer & Co.-Frankfurt a. M.

2. UTOPISTISCHE DARSTELLUNGEN.

„Der Luftfisch von Plazentia."

437. Das Blatt zeigt r. hoch in den Lüften einen über das Meer dahinfahrenden, mit drei Leuten bemannten Riesenluftfisch. Die zwei vorderen Leute benutzen rotbemalte, grosse Federn als Luftruder, während der dritte, blau bekleidete Luftschiffer mit dem Schwanz des Fisches steuert. Auf dem Rücken des Sägefisches

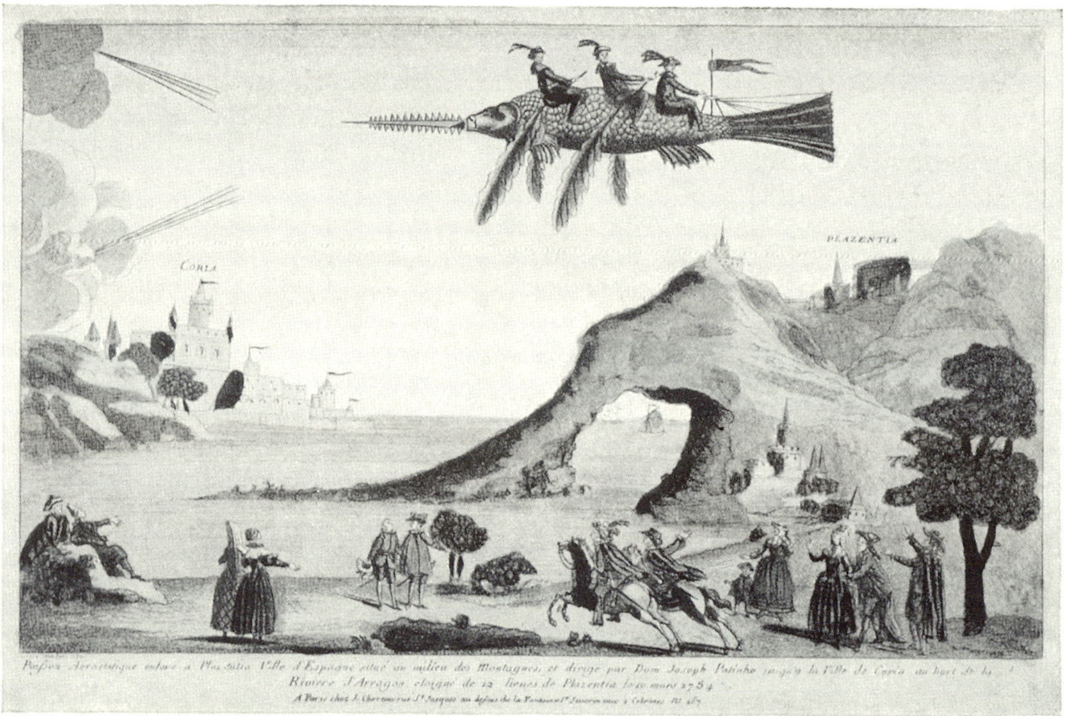

Abb. 41. „Der Luftfisch von Plazentia." (Vgl. Nr. 437.)

vor dem Steuermann eine blaue Fahne gehisst. Unterhalb des Fisches schöne felsige, romantische Küstenlandschaft, oben auf dem Felsen eine Burg und r. davon auf einem Einschnitt stattliche Gebäude mit der Bezeichnung „PLAZENTIA" sichtbar. Unten r. und in der Mitte im Vordergrunde am Meeresstrand zwei galoppierende mit schönen Kostümen bekleidete Reiter nach l. sprengend und einzelne Fussgänger sichtbar. Ganz l. im Hintergrunde die beflaggte Seefeste „Coria", über welcher von zwei Seiten nach dem angreifenden Sägefisch und zwar aus den Wolken gefeuert wird. Dicht unter dem Bildrande l. „Bresse aqua forti 1784" bezeichnet. Darunter die Erklärung des Blattes: „Poisson Aerostatique enlevé à Plazentia Ville d'Espagne situé au milieu des Montagnes, et dirigé par

Dom Joseph Patinho jusqu'a la Ville de Coria au bort de la / Riviere d'Arragon, éloigné de 12 lieues de Plazentia le 10 mars 1784." Darunter in kleinerem Druck: „A Paris chez J. Chereau rue St Jacques au dessus de la Fontaine St Severin aux 2 Colonnes No 257."

Handkolorierte Radierung. 265:403. Ziemlich breiter Rand.

Abbildung 41. Deutsches Museum-München.

438. — Dasselbe. *Photographische Reproduktion. Grösse des Bildes, ohne Text, 178:285.*

Georg A. Simonsohn-London;
jetzt Senckenbergische Bibliothek-Frankfurt a. M.

„Scintillas Elektrischer Stuhl."

439. Scintilla fährt in seinem elektrischen, mit zwei grossen Glaskugeln versehenen Stuhl zum Erstaunen der im Vordergrunde sichtbaren Gelehrten von der Plattform eines Hauses in die Höhe. Im Hintergrunde r. und l. Türme und Kuppeln sichtbar. Unter dem Bildrande l. „L. S. inve", r. „C. Boissel. Sculp."

Titelkupfer des Werkes von de La Folie: Le philosophe sans prétention. Paris 1775. (Nr. 965.) Bildgrösse 141:93. Ohne Rand.

Deutsches Museum-München.

„Minervadarstellungen."

Utopistisches Projekt einer schwebenden Luftstadt. Bisher Robertson zugeschrieben. Die häufig variierte Darstellung jedenfalls schon 1784 bei J. Wallis in London erschienen. Robertson gab 1804 das Projekt als von ihm herrührend unter dem Namen „Minerva" heraus. Die Robertsonsche Darstellung ist jedoch die späteste Ausgabe. Siehe auch Bruel: Histoire Aéronautique par les Monuments. Paris 1909. S. 93. Nr. 203; John Grand-Carteret et Léo Delteil: La conquête de l'air vue par l'Image (1495—1909). Paris (1910). S. 151—153.

440. Satirische Darstellung eines phantastischen Luftschiffes. Eine schwebende Luftstadt zeigend, in welcher die Reisenden alle Bequemlichkeiten und Unterhaltungen finden. Oben auf dem Kugelballon ein Hahn, der mit erhobenem l. Fuss eine mit einem Wappen gezierte Fahne hält. Ueber dem Ballonäquator ein Posthorn, darüber eine Krone. Die einzelnen Teile des Fahrzeuges mit Buchstaben- und Zahlenbezeichnung u. a. l. „I" „Logement du Garde Gouvernail", „K" „Sale de Spectacle avec ses dependances". Im oberen Teil „G" der zweistöckigen schiffsförmigen Gondel „Vaisseau enchanté servant de Logement universel pouvant contenir 4000 personnes," r. unten die mit „3" bezeichnete „Grand Orgue pour donner des Sérénades". R. im unterhalb der Gondel angehängten Käfig „R" die „Filles faciles" sichtbar. Unter dem Plattenrand die Ueberschrift „INVENTÉ POUR LE BIEN PRESENT ET CELUI DE LA POSTERITÉ". Unter der Bildumrahmung acht Zeilen Text: „Ce Globe partira . . . jadis chez l'ancienne". Darunter vierspaltige Legende mit der Ueberschrift: „INDICATION DE TOUT CE QUI PEUT INTERESSER LES VOYAGEURS". Die beiden ersten Spalten siebenzeilig, die dritte achtzeilig und die rechte Zeile mit neun Zeilen. „A. A A. Le Globe ... et autres Subalterne." Dicht am unteren Plattenrand „Ce Globe le plus

étonnant que l'on ait vu sur papier se trouve a Paris chez Pithou M^{d} d'Estampes N° 138 des Galeries neuves du Palais Royal."

Unbez. und undatierte Radierung. Vielleicht die älteste Darstellung und das Urbild der sogenannten Minerva. 436:285. Mit Rand.

Grossh. Hess. Hofbibliothek-Darmstadt.

Abbildung Nr. 42.

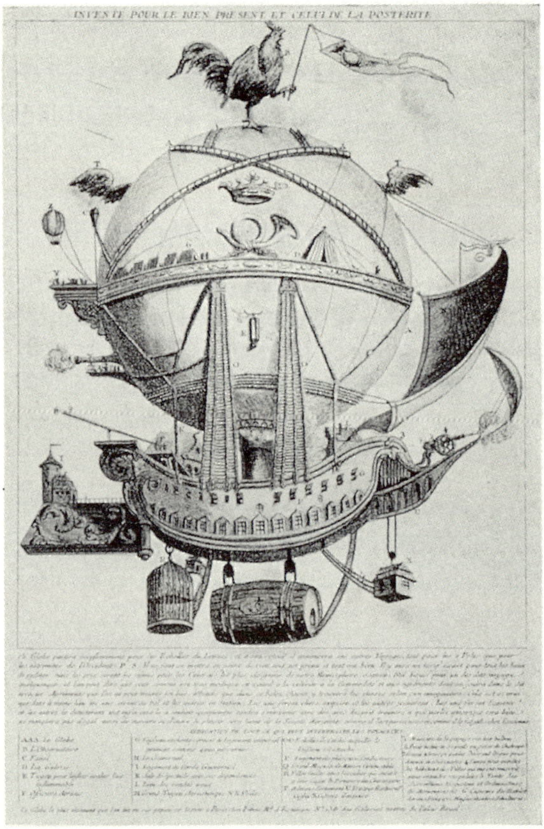

Abb. 42. „Minerva." (Vgl. Nr. 440.)

441. — Dieselbe Darstellung etwas grösser. Unter dem Ballonäquator die Devise: „PRO BONO PUBLICO". Ohne Ueberschrift. Mit Buchstaben- und Ziffernbezeichnung, der auf einem besonderen Blatte befindlichen Legende entsprechend. Unter dem Bildrande unten l.: „B. A. Dunker inv. et del." und r.: „Se vend à Berne chez H. Rieter et G. Eichler" Balthasar Anton Duncker, Maler, Kupferstecher und Radierer, * 15. Januar 1746 bei Stralsund, † 23. April 1807 Bern. H. Rieter, Maler und Radierer, * Winterthur 15. September 1751, † 10. Juni 1818 Bern; Mathias Gottfried Eichler, Kupferstecher und Zeichner, * 4. Febr. 1748 Erlangen, in Bern mit Duncker tätig, † 1817 Augsburg. In der Mitte unter dem Bildrande ein Maßstab und darunter: „Trente pieds de Reine".

Handkolorierte Radierung. 382:300. Mit Rand.

Grossh. Hess. Hofbibliothek-Darmstadt.

442. — Dazu gehöriges Legendenblatt. Rechte Hälfte mit der Unterschrift: „Grosse Post-Luft-Kugel". Darunter: „Welche den 10ten Merz des Jahrs 2440 nach China und umliegenden Gegenden, von / Land fliegen wird. Briefe und Gepäck für Japan und den kleinen Rest der Insel Formosa / werden frankiert. Die Ueberfahrt für Passagers kostet 30 Louis d'or, und 50 Louis d'or mit / Capitains-Kost. Geld und andere schwere Sachen, müssen ohne Fehler den ersten des Monats ein= / geliefert werden. Zur Belustigung der Herrn Passagers, hat man für eine Gesellschaft guter / Luftmusikanten gesorgt, welche während dem Flug bey Concert und Ball gebraucht werden. / Die ehrenden Städte, welche mit einer Serenade von der grossen Ballons-Orgel wünschten bedient / zu werden, sind ersucht die Summe von 25 Louis d'or ins chinesische Posthaus, gegen den / Empfangsschein, zu schiken." Darunter die Ueberschrift der zweispaltigen Legende: „Erklärung der Zeichen." Spalte l. zweiundzwanzig Zeilen: „A A A. Die Kugel ... T T. Decorations=Flügel." R. einundzwanzig Zeilen: „V. Abtritte ... den überlassen werden." Linke Hälfte des Legendenblattes. Ueberschrift: „GRAND BALLON DE POSTE". Darunter der französische Text auf acht Zeilen: „Qui partira le ... seront d'abord inscrites." Darunter die Ueberschrift: „Explication des Signes." der zweispaltigen Legende. Spalte l. einundzwanzig Zeilen: „A A A. Le globe ... à leur cage" und r. Spalte mit achtzehn Zeilen: „S. Demeure du ... à leur sort."

Unbez. Druck. Grösse der Umrahmung 162:275.

Grossh. Hess. Hofbibliothek-Darmstadt.

443. — Aehnliche Darstellung. Die vom Hahne hochgehaltene Fahne mit der Aufschrift: „SCIENTIARUM / FAVORE". Das Blatt unterscheidet sich auch von den vorhergegangenen durch eine Reihe kleiner Details: l. beispielsweise der mit „W" bezeichnete, bemannte Fallschirm und statt des bekrönten Posthorns Häuser auf der mittleren Höhe des Ballons sichtbar. Vom grossen Mittelhaus eine Steigleiter zum Hahn hinaufführend. Ohne Unterschrift. L. auf der weniger dekorativen Gondel die Aufschrift: „SACRUM / MINERVÆ". Unter dem Bilde der Text: „LA MINERVE vaisseau aërien destiné aux découvertes par le professeur Robertson". Darunter: „Die Minerva, ein Luftschif welches durch Professor Robertson zu einer Entdekung bestim̃t ist." Darunter r.: „man sehe die Erklärung nach." Die hier fehlende Erklärung siehe S. 14—17 des untengenannten Werkes.

Kupferstich, Tafel des Werkes von E. G. Robertson: La Minerve, Vaisseau Aërien Destiné aux Découvertes, et proposé à toutes les Académies de l'Europe; Par le Physicien Robertson ... 2e éd., rev. et corr. Vienne, S. V. Degen, 1804. Réimpr. Paris, Hocquet, 1820. 36 S. 8° 3 Taf. (im Besitze von Dr. Liebmann-Frankfurt a. M. und der Senckenbergischen Bibliothek). 439:329. Schmaler Rand.

Joseph Baer & Co.-Frankfurt a. M.
Dr. Liebmann-Frankfurt a. M.
Louis Ricard Nachf.-Frankfurt a. M.

444. — Das oben unter dem Bildrande mit „Folgen von der Erfindung der Luftmaschin / La Suite dé lá envention de la Machine / Aërostatique." bezeichnete Blatt zeigt r. und l. von der Aufschrift je eine „Minerva". Die beiden Luftschiffe

bombardieren die im Vorder- und Hintergrunde befindlichen feindlichen Heere und bringen dadurch „den Mächtigsten Feind in Unordnung und zum weichē.“ Ein grosser Teil der Truppen ist r. und l. in Pulverdampf eingehüllt. L. im Vordergrunde fliehende Soldaten. Unter dem Bilde die Angabe: „Der unbeschreibliche Nuzen, und grosen Vortheile, Welche dem Erfinder der Luftmaschine zu Verdanken haben, und zur Zeit auch / in Bathalien so fern es Wie von ihr Geschriben wirdt, über Berg und See zu reisen, auch in den grösten Bathalien Gebrauch da= / von gemacht werden kente, und von der Luft herunder Bombardiren, und den Mächtigsten Feind, in Unordnung und zum weichē / zu bringen im Stande wehre. / L'extremement profit chi on a remercier a l'inventeur de la machine aerostatique / du temps d'un Battallie.“ R. darunter noch: „Johañ Martin Will. excud. Aug. Vind.“ Johann Martin Will, 1765—1805.

Kupferstich. Bildgrösse 181:268. Stadtbibliothek-Hamburg.

Lenkballons und davon abfliegende Menschen.

445. Drei mit Segeln ausgerüstete Ballons hoch in den Lüften schwebend. Darunter l. ein aus einem Ballon abgeflogener Mensch, in seiner fallschirmartigen Flugmaschine schwebend, darunter ein zweiter Flieger kurz vor der Landung, während ein dritter schon gelandeter Flieger durch Zurufen ihn im Vordergrunde erwartet. L. Baumgruppen und im Hintergrunde schöne Landschaft, Kirche am Wasser (See?). In demselben noch zwei weitere Flieger, einer mit seinem Apparat bemerkbar. Der Flugapparat ist an der Brust des Fliegers mit geknüpften Stricken derart befestigt, dass der Kopf des Fliegers die Krümmung ausfüllt, während die gestreckten Füsse und Hände bis an den Rand des muschelartigen Flugschirmes reichen. An den Händen die als Steuer dienenden „Manivoles“. Neben dem im Vordergrunde r. befindlichen bereits gelandeten gleich bekleideten Flieger seine bereits abgelegten Manivoles liegend. Leicht bewölkter Himmel. Dicht unter dem Bildrande l.: „Thib. S[ti] Andrea, inv. et del.“ Thibaud de Saint-Andrea. R.: „M. Fessard, Sculp.“ Marin Fessard. In der Mitte darunter: „EXPLICATION.“ mit sechs Zeilen Text: „Les deux Ballons . . . maneuvre des voiles.“ Letzter Buchstabe undeutlich, wahrscheinlich ein „s“. Darunter: „Nil tam difficile est, quin quœrundo investigari possiet.“ R. darunter in kleinster Schrift: „Terent in Heaut.“ In der Mitte unten: „AParis chez M. Fessard, Rue Amelot même Maison de Mr Beruyer Salpetrier du Roi, au Pont aux Choux. / A. P. D. R.“

Radierung. 344:224. Mit Rand. Deutsches Museum-München.
Kgl. Universitätsbibliothek-Göttingen.

„Divers Projets sur la descente en Angleterre.“

446. Utopistisches Projekt eines Einfalles in England. Im Vordergrunde r. und l. je ein stark befestigter Seehafen. R. viele, zum Teil im Geschützfeuer sich befindende Kriegsschiffe, weiter l. eine Unzahl von kleinen, mit Mannschaften dicht besetzten, dem Truppentransport dienenden Ruderbooten. Die gelandete Armee in ununterbrochenem, geordneten Aufmarsch mit Geschützen durch den im Vordergrund

sichtbaren unterseeischen Verbindungsgang in Feindesland einziehend. Am linksseitigen Seefort steigt eben ein mit vielen Mannschaften besetzter Freiballon auf, während die vielen dicht mit Truppen besetzten vorher aufgestiegenen Ballons sich bereits neben dem Meer oder schon ganz r. über den Kriegsschiffen und dem rechtsseitigen Seefort befinden. R. in ansehnlicher Höhe in der Nähe des Freiballons auch viele drachenartige Flugmaschinen sichtbar, alle mit je einem feuernden Soldaten bemannt. Im Vordergrunde suchen einige Soldaten schwimmend sich in die Ruderboote zu retten. Das Blatt ist oben über der Bildleiste mit „Nº I." bez. Unter der unteren Bildleiste in der Mitte die Aufschrift: „Divers Projets sur la descente en Angleterre."

Unbez. Radierung. Anfang des XIX. Jahrhunderts (1802?). 176:225.

Abbildung 43. Karl W. Hiersemann-Leipzig.

„NICHTS IST MEHR UNMÖGLICH."

447. Phantastisches Zukunftsbild auf die Luftschiffahrt. Phantastische Seelandschaft. L. im Hintergrunde ein Vulkan, weiter vorne ein Dampfsegelschiff (Raddampfer). R. im Vordergrunde eine Lokomotive mit zwei Wagen und Tender, über eine Brücke fahrend, unterhalb ein abschüssiger Tunnel. In den Lüften ein Luftschiff, bestehend aus einer schiffartigen Gondel, welche von einem birnenförmigen Luftballon getragen wird. Unter dem Bildrande: „Nichts ist mehr unmöglich". L. unten bezeichnet „Landschaften für die Optik № .....". R. „M. Trentsensky in Wien".

Lithographie. 460:315. Mit vollem Rand. Dr. Aug. Heymann-Wien.

„GUCKKASTENBILDER."

448. Das oben mit der Ueberschrift „Satyrisches Bild. / Guckkasten-Bilder bei heiterer Beleuchtung." versehene Blatt zeigt neben anderen sich nicht auf die Luftschiffahrt beziehenden Darstellungen hoch oben einen schwebenden Ballon, der als Gondel ein mit der Aufschrift „Annoncen Expedition" versehenes Gebäude (Zeitungsdruckerei) trägt. R. davon ein zweiter schwebender, oben mit einer Sternwarte versehener Ballon, ein Theatergebäude als Gondel tragend, und weiter r. ein dritter Ballon, der eine ganze Anzahl Kirchen und Häuser mit sich führt. Daneben l. ein mit grossen Flügeln versehener Flugapparat und eine grosse Anzahl in der Luft schwebender Ballons sichtbar. Zwischen den verschiedenen Ballons bezw. den in der Luft befindlichen Gebäuden auf verbindenden Schienengleisen Eisenbahnzüge den Verkehr in der Luftstadt vermittelnd. R. ein entgleister Eisenbahnzug eben herabstürzend. In der r. Ecke oben unter dem Plattenrand mit „Nº 76." in der l. Ecke unten „Cajetan del." und r. „And. Geiger sc." bez. Andreas Geiger, Kupferstecher, * Wien 29. Juli 1773, † dasselbst 29. Okt. 1856. Unter den bildlichen Darstellungen l. die Angabe „Eine illustrirte Zeitung im nächsten Jahrhundert." und r. „1847!" Darunter noch die Angabe: „Wien im Bureau der Theaterzeitung, Rauhensteingasse Nº 926."

Kolorierter Stich. 285:212. Schmaler Rand.

Dr. Liebmann-Frankfurt a. M.

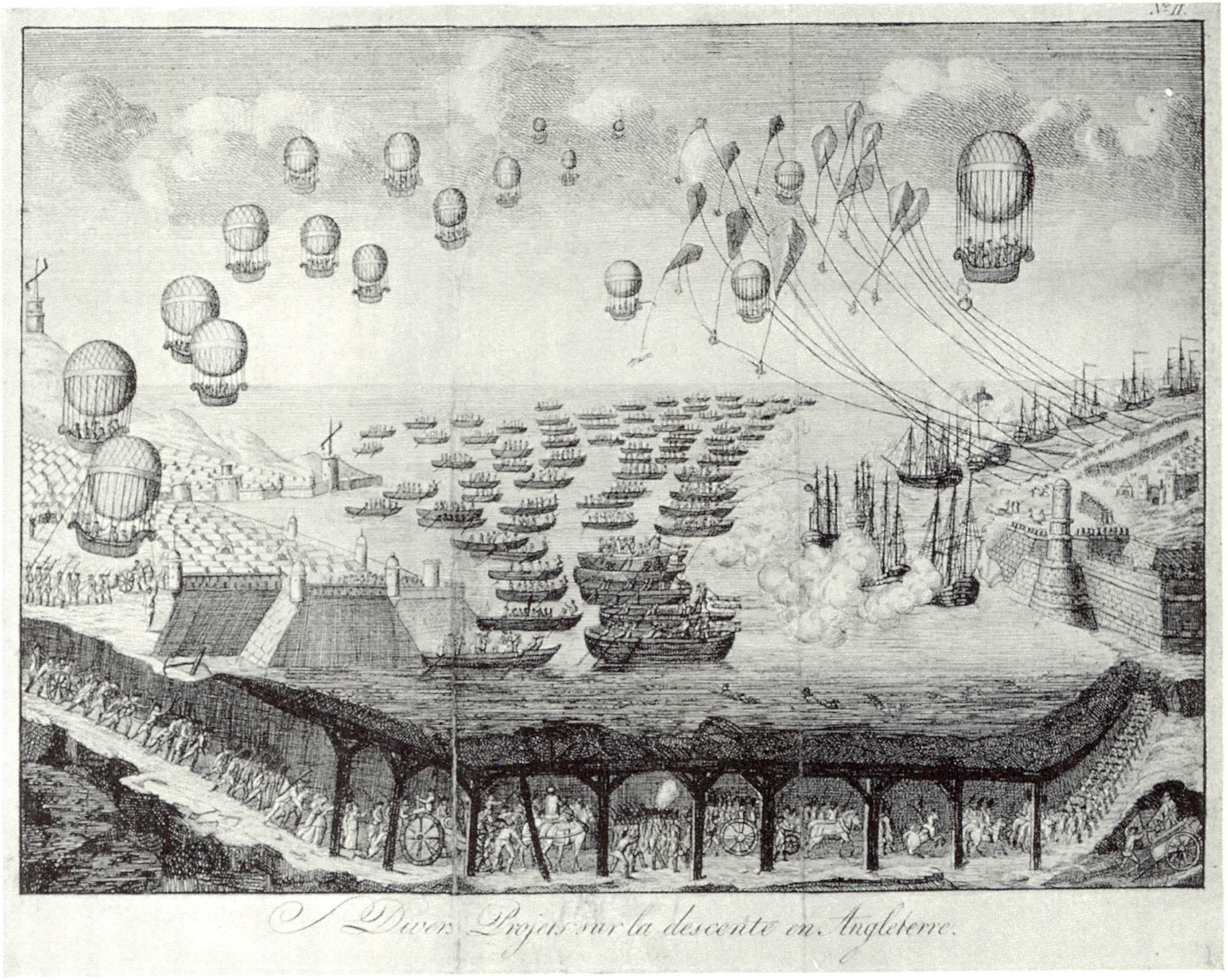

Abb. 43. (Vgl. Nr. 446.)

„WIE LANGE WIRD ES DAUERN, DASS ES SO AUSSIEHT?“.

449. Satirisches Blatt, eine Reihe von sich auf den zunehmenden Luftverkehr beziehenden Zukunftsbildern zeigend. In der Mitte Darstellung eines mit der Aufschrift „Omnibus“ versehenen, rotweiss gestreiften, schwebenden Ballons, der als Gondel einen mit zwei Pferden bespannten gelben, mit Passagieren besetzten Omnibus durch die Lüfte trägt. Eine ganze Anzahl amüsanter Ballonzukunftsbilder sind rings um den Luftomnibus sichtbar, u. a. l. hoch ein an dem Ballon „SPACI= / CAMINE“ befestigter Kaminkehrer, daneben am grünweiss gestreiften Ballon ein Bäckerbursche schwebend sichtbar. L. darunter ein an einem Ballon befestigter, eiligst durch die Lüfte schwebender Hund, ein r. oben galoppierender hochschwebender Reiter, r. unten ein eben abstürzender Luftschiffer u. a. m. Im Vordergrunde des Bildes Flussufer, r. die „STATION“, im Hintergrunde r. auf dem jenseitigen Flussufer ein dahinfahrender Eisenbahnzug. Im Hintergrunde ein an der Donau(?) gelegenes Dorf (Kirche, Windmühle und Häuser) sichtbar. Das Blatt oben unter dem Plattenrand überschrieben: „Bild zur Wiener allgemeinen Zeitung.“, in der oberen r. Ecke „N$^{o}_{"}$ 93.“ Unter der bildlichen Darstellung der Titel des Blattes: „Wie lange wird es dauern, dass es so aussieht?“. Dicht unter dem Bilde in der l. unteren Ecke „Cajetan del.“ und in der r. unteren Ecke „A. Geiger sc.“ siehe Nr. 408. Ueber dem unteren Plattenrand noch die Angabe: „Im Bureau der Wiener allgemeinen Zeitung Rauhensteingasse N°. 926.“

Kolorierter Stich. 252:210. Schmaler Rand.

Abbildung 32. Dr. Liebmann-Frankfurt a. M.

3. KARIKATUREN

a) von Ballons: Französische.

„L'HOMME AEROSTATIQUE".

450. Satire auf die Aerzte. Obszöne Darstellung eines mit brennbarer Luft eingespritzten, in der unteren Körperhälfte unbekleideten Mannes, der eben aus dem Fenster r. herausgeflogen und in der Luft freischwebend sichtbar ist. R. ein Haus, aus dessen Fenster erstaunte Zuschauer dem fliegenden Menschen nachschauen. Am Fenster des ersten Stockwerkes die „Gouvernante", noch die eben benutzte Klystierspritze haltend, r. davon der Neffe, seinem Onkel den im Fluge verlorenen Pantoffel zeigend. Unten im Vordergrunde fünf erstaunte Zuschauer, darunter zwei vor einem Hause l. stehend und ein Wächter eben aus dem mit „HOTEL DE MALBOROUGH" bez. Tor heraustretend. Das Blatt zeigt unter dem Bildrande die Aufschrift: „L'HOMME AEROSTATIQUE ou MON PAUVRE ONCLE". Es folgen zehn Zeilen kleingedruckter Text: „Un Physicien ayant . . . d'argent, à jartierre." Unter der zehnten Zeile r. noch die Angabe: „A Paris chez Basset rue St Jacques." 3. Okt. 1783; vielleicht das Theaterplakat, das anlässlich der Aufführung der Posse „Mon oncle envolé" vom Theater Audinot (Paris) damals herausgegeben wurde.

Handkolorierte Radierung. Bildgrösse 284:216. Stadtbibliothek-Hamburg.

451. — Der bis nach „Boston" geflogene aërostatische Mann kehrt mit Schätzen reich beladen nach Frankreich zu seinem Neffen zurück. Oben drei mit grossen Segeln und roten Fahnen ausgestattete, durch seitlich angebrachte Ballons fliegend gemachte Schiffe sichtbar. Das direkt über dem Wasser schwebende derselben ist mit dem aërostatischen Onkel und seinen Reisegefährten bemannt. L. am Ufer ein mehrstöckiges Haus; vom Balkon des ersten Stockwerkes Zuschauer, die Rückkehr beobachtend, auch am jenseitigen r. Ufer im Vordergrunde den aërostatischen Mann bewillkommnende Zuschauer. In der Mitte des Vordergrundes eine Reihe von rotbeflaggten Frachtschiffen am Ufer ankernd. Ueber dem Bilde die zweizeilige Angabe: „Le Vaisseau Areostatique, ou le retour de mon Oncle, / Avec une explication de son Voyage en Amerique pour servir de réponse à la lettre du Journl du 3. Oct. 1783." Unter dem Bildrande fünf Zeilen Text: „Mon heureuse destiné . . . mon cher neveu." 3. Oktober 1783; wahrscheinlich Theaterplakat (s. Nr. 450).

Unbez., handkolorierte, bei Basset erschienene Radierung. Volksdruck. 259:180. Mit Rand.
Stadtbibliothek-Hamburg.

„LA CAISSE DE BALONS OU LES COMMIS EFFRAYÉS."

452. Aus einer an der Zollgrenze angelangten Kiste reissen sich die darin enthaltenen fünfzig mit brennbarer Luft gefüllten Ballons los. Ueber der Kiste bereits eine ganze Anzahl (11) Ballons schwebend, darunter auch eine schöne, blaugolden

dekorierte Montgolfière. Einer der erschreckten Zollbeamten ist im Vordergrunde von einem entwichenen Ballon zu Boden geworfen worden. L. vor dem grossen, oben mit einem Heiligenbild versehenen Tor, seitlich von der Kiste eine zweite, schön gelbblau dekorierte Montgolfière im Moment des Auffliegens. R. und l. erschrockene Zuschauer und Zollbeamte, r. im Vordergrunde ein bellender Hund. R. im Hintergrund ein Haus, davor ein eben heraustretender Wächter und l. über Wolken ein auf einem rotbeflügelten Tier (Hund?) durch die Lüfte reitender Kriegsheld. Unter dem Bilde die Aufschrift: „LA CAISSE DE BALONS OU LES COBMIS EFFRAYÉS." Darunter sechs Zeilen Text: „On nous mande de Peronne ... Extr. du Journal de France du mardi 30 7bre 1783." Darunter noch die Angabe: „A Paris chez Basset rue St Jacques."

Handkolorierte Radierung. Bildgrösse 287:217. Stadtbibliothek-Hamburg.

453. — Aehnliche Darstellung. L. über der Kiste zwölf der zum Teil schon über der Kirchturmspitze schwebenden Ballons, darunter auch die prachtvoll blaugolden gemalte, rotdrapierte, mit dem Königsmonogramm versehene Montgolfière. Im Vordergrunde ganz r. der umgeworfene Zollbeamte. R. von der Kiste die zweite, eben hochgehende, schöne, blaue Montgolfière an zwei erschreckten Leuten vorbeifliegend. L. noch drei Personen, einer vor einem Wagen stehend, sichtbar. R. am hohen, stattlichen Tor die Aufschrift: „BUREAU". Unter dem Bilde der Titel des Blattes: „LA CAISSE DE BALONS OU LES COMMIS EFFRAYES." Darunter fünf Zeilen Text: „On nous mande de Peronne ... Extr. du Journal de France du mardi 30 7bre 1783".

Unbez. bei Basset erschienene Radierung. Bildgrösse 267:188. Beschnitten.

Stadtbibliothek-Hamburg.

— Dasselbe. *Aehnlich koloriert. Gleiche Maße.*

Kgl. Landesbibliothek-Stuttgart.

CHARLES' UND ROBERTS TUILERIENAUFSTIEG.

454. Der Ballon l. schwebend. Die beiden Luftschiffer Fahnen schwenkend. Auf der Mauer befindliche, nicht zahlende Zuschauer (Zaungäste). Zwei r. stehende junge Männer werden von einigen Burschen unterstützt die unterhalb der Mauer befindlichen Mädchen zu sich heraufzuziehen. Amüsante und obszöne Details. Namentlich ein r. befindlicher, mit einem Fernrohr bewaffneter Geistlicher scheint sich für die prekäre Situation, in der sich gerade die beiden Mädchen befinden, viel mehr als für den Aufstieg des Ballons zu interessieren. Dicht über dem Bildrande an der r. Ecke mit: „Pl 70 C" bezeichnet. Unter dem Bildrande in der Mitte: „aux amateurs de physique". Vgl. auch die Nummern 214—256.

Unbez. (bei Basset 1783 erschienene?) Radierung. Bildgrösse 143:190. Mit Rand.

Dr. Gans-Fabrice-Garmisch.
Karl W. Hiersemann-Leipzig.

Modekarikaturen.

„Ces caricatures ne sont point des pièces de pure fantasie: la mode d'alors empruntait à l'art nouveau son langage technique et les noms de ses initiateurs.

Les dames portaient des chapeaux à la Montgolfier, au Globe volant, à l'Air inflammable; les amateurs d'estampes connaissent la jolie gravure de la virtuose sensible jouant du clavecin, et coiffée au demi-ballon. Les élégantes du Palais-Royal avaient des gants de peau sur lesquels était peinte à la gouache la scène de l'ascension de Versailles ou des Tuileries; elles plaçaient dans leurs poches des bonbonnières élégantes où etaient ciselés les ballons; leurs éventails figuraient des globes sculptés sur l'ivoire du manche et peints sur la soie dont ils étaient formés. Les dames de la cour recherchaient les objets au ballon d'une plus belle qualité; c'étaient des pendules élégantes où le globe, de marbre et de cuivre doré, était maintenu entre deux colonnes ou porté sur des nuages dor. La reine avait une de ces curieuses pendules dans ses appartements particuliers du Petit-Trianon. Les grandes cannes à pomme d'or, dont se servaient parfois les élégantes, donnaient l'image des globes, finement ciselés sur les métal. Les bijoux, les bagues, les bracelets et les médaillons représentaient des ballons.

Les hommes suivaient la mode; les grands portaient des gilets brodés au ballon, et le couvercle de leur tabatière ne manquait pas d'être orné d'un des derniers aérostats dont on célébrait les voyages. La poignée et la garde de leur épée représentaient les globes et le vaisseau volant. Les tabatières au ballon faisaient fureur; les miniatures à la gouache, des scènes reproduites en métal repoussé ou giselé, des verres gravés en creux et peints, qui donnaient au ballon l'apparence du relief, des globes délicieusement sculptés dans l'ivoire qui se découpait sur un fond de métal irisé ou de paillettes, en formaient le couvercle." (Gaston Tissandier: Histoire des ballons et des Aéronautes célèbres 1783—1800. Paris 1887. S. 81. [Nr. 709.])

455. Sich fächernde, modisch gekleidete Dame. Profil nach r. Als Kopfputz ein mit einer roten Fahne versehenes Zelt und einen blauen Ballon tragend. Am Arm ein kleiner, blauer Ballon, der rote Rock auf beiden Seiten r. und l. von zwei riesigen, blauen Ballonkugeln eingefasst. In der Hand einen auf einem aufgeschlagenen Buch befindlichen kleinen, blauen Ballon haltend. Unter dem Bilde: „LA COQUETTE PHISICIENNE," / l. „Je suis, je crois assèz aimable; / Qui veut me suivre! vite allons." / r. „J'excelle dans l'air inflammable / Point de chute avec mes Balons."

Unbez., handkolorierte, 1783 erschienene Radierung. 257:180. Mit Rand.

Stadtbibliothek-Hamburg.

456. — Aehnliche Darstellung. Etwas anders koloriert. Ohne allen Text.

Aquarell. Bildgrösse 210:170.

Dr. Alex Meyer-Frankfurt a. M.

457. — Pendant zur Modedame Nr. 455. Dahinschreitender Jüngling, der als Hut einen blauen Ballon trägt. Die blauen Kniehosen, die blauen Armstulpen und auch die blaue Schuhdekoration gleichfalls die Ballonform zeigend. Unter dem Bilde die Angabe: „LE PETIT MAITRE PHYSICIEN." Darunter l.: „Sur Terre je suis excédé / Et de dettes et de Caresse." r.: „Je fuis dans l'Air c'est décidé / Adieu Creanciers et Maitresses."

Unbez., kolorierte, 1783 erschienene Radierung. 258:183. Mit Rand.

Stadtbibliothek-Hamburg.

„DIE EROBERUNG DES PARADIESES".

458. R. oben ein schwebender, mit zwei Luftschiffern bemannter, rotweisser Ballon. L. unten Petrus vor der mit „PARADIS" bezeichneten Eingangspforte sichtbar. Ueber dem Bildrande r.: „Déconfiture de St Michel."

Unbez. Aquarell 1784(?). Carle Vernet zugeschrieben. Antoine Charles-Horace Vernet, genannt Carle, Maler, * 14. Aug. 1758 Bordeaux, † 27. Nov. 1836 Paris. *Grösse des Bildes 308:192.*

Oberstleutnant Moedebeck (†)-Berlin.

„TRIUMPH DES GOLDFISCHES ÜBER DEN KANARIENVOGEL".

459. Ein r. hoch oben schräg schwebender Ballon zeigt als Gondel ein grosses Fischglas mit einem grossen Goldfisch. Aus dem Fischglas r. Wasser herauslaufend. Darunter ein Kanarienvogel umherflatternd. Unten auf dem Erdboden ein über den fliegenden Goldfisch sich belustigender Mann. R. unten mit Bleistift: „Carle Vernet" gezeichnet. Carle Vernet s. Nr. 458.

Aquarell aus dem Jahre 1784(?). Bildgrösse 313:180.

Oberstleutnant Moedebeck (†)-Berlin.

„DER SCHWEFELWASSERSTOFFBALLON".

460. Ein in der Luft schwebender, „HARICOTS" essender Kapuziner, einen rot und gelb bemalten Ballon mit Schwefelwasserstoffgas anfüllend. Obszöne Darstellung.

Unbez. Aquarell 1784(?). Carle Vernet zugeschrieben (s. Nr. 458). Grösse des Bildes ca. 307:198.

Oberstleutnant Moedebeck (†)-Berlin.

„VERHÄNGNISVOLLE AUFFAHRT".

461. L. ein schrägschwebender Ballon, der eben aufgefahren ist und eine Frau dadurch mit in die Höhe zieht, dass ihre Röcke an dem unterhalb der Ballongondel befindlichem Anker hängen bleiben. Obszöne Darstellung.

Unbez. Aquarell 1784(?). Vernet zugeschrieben (s. Nr. 458). Bildgrösse ca. 310:204.

Oberstleutnant Moedebeck (†)-Berlin.

„DER GLÜCKLICHE LUFTSCHIFFER".

462. In einem l. hoch oben über Wolken schwebenden Ballon ein Luftschiffer mit aufgespanntem Schirm, sich gegen die Sonnenstrahlen schützend, sichtbar. R. hoch oben im blauen Himmel lachende Sonne. Unter den Wolken herniedergehender Gussregen. Unten im Vordergrunde Landschaft.

Unbez. Aquarell 1784(?). Carle Vernet zugeschrieben (s. Nr. 458). Bildgrösse ca. 313:153.

Oberstleutnant Moedebeck (†)-Berlin.

„LA FRANCE ALS SPHINX".

463. Im Mittelpunkte des Bildes Frankreich als riesige, fast unbekleidete Sphinx liegend. Die die phrygische Mütze tragende Sphinx mit aussergewöhnlich langem Schweif; ihre Pranken ruhen auf Resten von Baudenkmälern, Kapitälen etc. Auch hinter ihr sind solche Reste sowie eingestürzte und noch einstürzende Säulen

und Kirchen sichtbar. (Peterskirche und Campanile von Venedig.) Im Vordergrunde Arbeiter Kunstwerke nach den r. zum Transport bereit stehenden Wagen tragend. Davor einzelne Gruppen (bücherschleppende Kinder und l. Flüchtlinge). Hinter dem Kopf der Sphinx auf einer Festungsterrasse angelangt, Bonaparte, der eben eine auch das Bienenwappen zeigende Fahne aufgepflanzt hat. Hinter ihm im langen Zuge Krieger, Vasallen und Bezwungene, Fahnen, Kunstwerke und Embleme tragend. Im Zuge ganz hinten die Geistlichkeit (Papst und Bischöfe). R. im Hintergrunde Ansicht des Meeres mit unzähligen, zum Teil gerade im Gefecht befindlichen und feuernden Kriegsschiffen. L. im Hintergrunde innerhalb der Festungswerke Truppenkörper in Paradeaufstellung. L. hoch über dem Meere in geringerer und grösserer Entfernung vier Freiballons sichtbar. Leicht bewölkter Himmel.

Leicht getönter, sich vermutlich auf die Expedition in Egypten beziehender Kupferstich, ohne jede Bezeichnung noch Aufschrift. Beschnitten. Bildgrösse 338:522.

Tafel 2. Deutsches Museum-München.

„L'AIR."

464. Ein r. im Vordergrunde unter einem Baum sitzendes Liebespaar beobachtet einen l. hoch oben sichtbaren Luftballon. In der Gondel ein Luftschiffer und r. eine Fahne sichtbar. L. ganz im Vordergrunde ein über Felsen herabstürzender Wasserfall und l. ganz im Hintergrunde Gebirgshügel sichtbar. Unter dem Bildrand die Unterschrift: „l'Air. / A Paris, chez Lambert, rue Serpente No. 10". R. davon noch „Dep."

Kolorierter Kupferstich. Bildgrösse 113:80.

Direktor Koch-Frankfurt a. M.;
jetzt Senckenbergische Bibliothek-Frankfurt a. M.

DAUMIERS „ACTUALITÉS."

465. Das über dem Bildrande mit „ACTUALITÉS" überschriebene Blatt zeigt r. einen sich dicht über einem Dorf befindenden, zylindrischen Ballon. L. ein mit seinem Sohne auf dem Spaziergang befindlicher Beobachter. R. über dem oberen Bildrande die Zahl „484". In der l. unteren Ecke dicht über der Bildleiste mit „H. D." bezeichnet. Honoré Daumier, Maler, * 1810 Marseille, † 11. Februar 1879 Valmondois (Seine et Oise). R. über dem unteren Bildrande die Zahl „135". Dicht unter der unteren Bildumrahmung l.: „maison Martinet, 172, r. Rivoli et 41, r. Vivienne." und r.: „Lith. Destouches, 28, r, Paradis P^re^ Paris." bez. Darunter: „J'veux monter tout de suite là-dedans avec toi papa ...... parceque ma bonne m'a dit que le déluge allait revenir et / qu'il n'y aurait de sauvés que les animaux qui seraient dans l'arche de mossieu LÉVIATHAN! ....".

Lithographie, zuerst im „Charivari" erschienen (?). 213:267.

Albert Voigtländer-Tetzner-Frankfurt a. M.;
jetzt Senckenbergische Bibliothek-Frankfurt a. M.

Tafel 2. „La Fr

“ (Vgl. Nr. 463.)

SATIRISCHE DARSTELLUNG AUF DIE ERFINDUNG DER PHOTOGRAPHIE.

466. R. hoch oben ein schwebender Luftballon, dessen mit einem Luftschiffer bemannte Gondel die Form einer Kamera zeigt. Im Vordergrunde und in der Mitte des Bildes, überall photographische Apparate sichtbar, eine Unzahl heitere Augenblicksbilder aufnehmend. Im Hintergrund ein langer Güterzug, dessen einzelne Güterwagen gleichfalls Kameraform haben. Ferner photographische Buden, ein langer, sich weit in den Hintergrund erstreckender Festzug, eine Anzahl sich auf die Photographie beziehende Standarten und Plakataufschriften. In der Mitte über dem Bilde die Aufschrift: „FANTAISIES." In der Mitte unter dem Bilde die Signatur „Maurisset." Darunter in der Mitte die weitere Aufschrift: „La Daguerréotypomanie." L. davon noch die Angabe: „Chez Bauger R du Croissant 10." und r. „Imp. d'Aubert & C.ie"

Lithographie. Bildgrösse ca. 264:355. Frau Albert-Wiesbaden.

„CRÉ MATIN CONÇOIS TU ÇA".

467. Einem über einer Seefestung r. hochschwebenden Ballon schauen zwei im Vordergrunde befindliche Soldaten nach. Die beiden Soldaten, verschiedenen Truppenteilen angehörend, sind feldmarschmässig ausgerüstet, sie tragen Bajonettgewehre, auf welche rote Schirme aufgesteckt sind. (Der l. stehende Soldat das Bajonett mit geöffnetem Schirm.) L. im Hintergrunde Zelte, davor Truppen exerzierend. Ganz im Hintergrund Gebirgshügel sichtbar. Das Blatt ist r. (am Meeresstrand) mit „C. Nandeiul del." und l. unten mit „Lith. de Langlumé" bez. Unter dem Bilde die Aufschrift: „Cré matin conçois tu ça, toi PACOT dire que dans uns moi / l'sérail est à nous ! ! !" Darunter r. noch die Angabe: „chez Aubert, Galerie Vera doda."

Farbige Lithographie. Grösse des Blattes 220:282.

Louis Ricard Nachf.-Frankfurt a. M.

„TIENS LE V'LA!"

468. In einem Ballonkorb befinden sich zwei französische Soldaten über der Erde; ein deutscher Soldat schiesst nach ihnen, ohne zu treffen; einer der Franzosen macht ihm dafür eine lange Nase. Unter dem Bilde: „Mon Laisser passer? Tiens le v'la!"

Kolorierter Druck nach Draner. Blatt 12 aus „Paris Assiégé. Souvenirs de l'Eclipse." 227:177. Professor Dr. Marx-Frankfurt a. M

Deutsche Karikaturen.

GRIMPELMARKT IN STRASSBURG.

469. Ueber dem belebten und eine ganze Anzahl Verkaufsstände zeigenden Grimpelmarkt schwebt hoch oben schräg die mit zwei Luftschiffern bemannte, schön dekorierte Montgolfière. Adornscher Ballon, 15. Mai 1784 (vgl. Nr. 278, 279). Der Ballon hat an seiner Spitze eine Fahne, mit einer zweiten Fahne begrüsst der r. stehende

Luftschiffer die zahlreichen Beschauer und der l. stehende durch Abnehmen des Hutes. Unter dem Bildrande in der Mitte die Aufschrift: „Vue du fameux marché aux Guenilles / de Strasbourg. / Aussicht des berühmten Grimpel marckts / Zu Strasbourg.“ L. davon durch drei Vertikallinien getrennt steht: „Aux Guenilles enfin, il faut rendre justice, / Le bon marché fait tout, voyes c'est sans malices.“ R. auch wieder durch drei Vertikallinien getrennt: „Zum Einkauff auff den Lumpen marckt, kommt mann bey hauffen, / Doch raht ich eüch ihr Mädchen, keine Männer da zukauffen.“ Darunter: „se vend a Strasbourg chez I. D. Sergent.

Unbez. Kupferstich, 246:233. Schmaler Rand. Kunstmuseum-Strassburg.

470. — Dasselbe, *verkleinerte, auch mit Text versehene photographische Nachbildung. 128:165. Mit ganz schmalem Rändchen.* Kunstmuseum-Strassburg.

471. — Dasselbe. Auf dieser Reproduktion sind die einzelnen Häuser des Grimpelmarktes mit den entsprechenden Aufschriften ergänzt; so l. das stattliche Eckhaus „Casa tailleur“, r. ein Haus nach der Mitte des Platzes zu: „Brasserie au Griffon“, das danebenstehende „Rascher“ (?) und das gegenüberliegende Haus trägt die Bezeichnung: „à la Glace“ und einige weitere, nicht mehr leserliche Hausaufschriften. Unter dem Blatte r. die Nummer „76“, die Mitte unter dem Bilde trägt die Aufschrift: „Grimpelmarkt auf dem Alten Weinmarkt um 1785“.

Getönte Lithographie. 140:210. Mässig grosser Rand.

Kunstmuseum-Strassburg.

„VERUNGLÜCKTER LUFTSCHIFFER.“

472. Verunglückter Luftschiffer, der einen Soldaten anfleht, ihn in seinem Tornister mitzunehmen, in den er mit dem r. Bein hineinzuklettern sich anschickt. In der Luft grünrotgestreifter Ballon, am Boden zertrümmertes Haus. (Gondel?), Fahne und Trommel. Unterschrift: „Diable m'aporte. / Hab sieg so viel Schand und Spott / Ick muss krich in die Transport. / d: 30 Juni 1786.“

Unbez. Kupferstich, 300:190. Joseph Baer & Co.-Frankfurt a. M.

— Dasselbe handkoloriert. Ballon grünweissrot, Soldat blaurote Uniform, Luftschiffer mit grünem Rock, auf dem Fussboden gelbe Trommel, grüne Fahne.

306:190. Stadtbibliothek-Hamburg.

SPOTTBLÄTTER AUF LÜTGENDORFF.

473. Der mit Lütgendorff bemannte, l. und r. von vier Putten angeblasene Ballon auf einem Bilde schwebend bildlich dargestellt. Eine r. auf einem Tische stehende Frau den im Vordergrunde befindlichen Zuschauern das Bild erklärend, l. davon ein auf seiner Violine spielender Musikant sichtbar. Ueber dem Bilde drei sich herüberlehnende Harlekins.

Unbez. Kupferstich, beschnitten. Bildgrösse 125:75.

Staats-, Kreis- und Stadtbibliothek-Augsburg.

474. — BLANCHARD UND LÜTGENDORFF. Blanchard und Ligendorf (Lütgendorff) im Vordergrunde sitzend, beobachten einen hinter ihnen stehenden Teufel, wie er mit einem Blasebalg einen Ballon füllt. Im Hintergrunde des Bildes Bäume. Unter dem Bildrande die Aufschrift: „Blanſchart Lehrnet Frey Herrn v. Ligendorf die fül= / lung in Nürnberg bey ſeiner 28t Reiss den 12t Novem: 1787.“

Unbez. Kupferstich. 103:76. Mit Rand.

Staats-, Kreis- und Stadtbibliothek-Augsburg.

„LUFTKUGELN.“

475. Das oben unter dem Bildrande mit „Folgen von der Erfin-dung der Luftkugeln.“ betitelte Blatt zeigt auf einer ganzen Anzahl Darstellungen die Anwendung von Luftschiffen in Kriegs- und Friedenszeiten. Im Vordergrunde Personen, die mit Hülfe erwärmter Luft in die Höhe steigen; herumfliegende Händler und Verkäufer, flugbereite Damen und Herren allenthalben sichtbar. Im Hintergrunde zwei feindliche Ballons, sich gegenseitig beschiessend. R. davon hoch oben ein von einer Luftkugel getragenes Landhaus sichtbar. Darunter die von einem Drahtgitter umgebene Stadt Wien, auf welchem herumfliegende Polizisten nach der von einem Ballon ausgeworfenen Kontrebande fahnden. L. in einem Hause auf der im ersten Stockwerk befindlichen Veranda Frauen sichtbar, die die eben im Luftballon zum Rendez-vous ankommenden Liebhaber begrüssen. In der Mitte im Hintergrunde Ortschaft. Unter dem Bilde die Angabe: „L'extremement profit et la comoditè chi on a remerciè à l'inventeur de la Machine a ѐrostatique / Der unbeschreibliche Nutzen und die Bequemlichkeit welche man den Erfindern der Luf Machinen zu verdanken hat“. Darunter r.: „J. (?) M. Will excud. AV.“

Radierung. 221:295. Stadtbibliothek-Hamburg.

476. — Dasselbe, handkoloriert, jedoch mit dem Unterschiede, dass sich unter dem Bildrande die Unterschrift: „Folgen von der Erfindung der Luftkugeln“ und kein sonstiger Text vorfindet.

Unbez., von Löschenkohl ausgeführter, handkolorierter Kupferstich. Bildgrösse 305:434.

Abbildung 44. Dr. August Heymann-Wien.

„END UND ZERTRÜMMERUNG DES LUFTBALLONS.“

477. Der „End und Zertrümmerung des Luft Ballons in einem Kinder=Spühl.“ überschriebene Bilderbogen zeigt neben einem grossen rotweiss gestreiften Ballon auf einer ganzen Reihe Einzeldarstellungen die Zertrümmerung des Ballons. Einige Bildchen mit daneben gedruckten textlichen Aussprüchen versehen. In der r. Ecke oben über dem Bildrande die gedruckte, handschriftlich ausgestrichene Zahl „30.“ und dafür darüber handschriftlich „32“ eingesetzt, in der r. Ecke unter dem Bilderbogen die Angabe: „Joh. Mart. Will exc. Aug. Vind.“ Johann Martin Will (Wille), Kupferstecher, 1765—1805 tätig.

Handkolorierter Kupferstich. 246:370. Mit Rand.

Stadtbibliothek-Hamburg.

„LUFTKUGELDILETTANTEN".

478. [1]) Im Vordergrunde Fässer mit Wasserstoffgas, Retorten und Flaschen, l. bemüht sich eine Gruppe, die Luft unterhalb eines Ballons zu erwärmen. R. ein verunglückter Erwärmungsversuch und eine Gruppe von Personen, die die Bemühungen der Dilettanten verlachen. Unterschrift: „Die Luftkugel Dilettanten."

Löschenkohlscher handkolorierter Kupferstich, qu.-fol. Dr. August Heymann-Wien.

Abb. 44. (Vgl. Nr. 476.)

KARIKATUR AUF DEN REIFROCK.

479. Darstellung einer durch einen Windstoss hoch in die Lüfte entführten, einen Reifrock tragenden Frau. Darunter drei Spaziergänger: r. ein Liebespaar und l. ein Herr sichtbar, dem der Wind seinen, noch in der Luft schwebenden Zylinder fortgeweht hat. Schönes Landschaftsbild, l. im Hintergrunde Windmühle sichtbar. Dicht unter der Bildumrahmung l.: „E. Rabeding, inv. u. lith." und r.: „Druck v. L. Blau & Co. i. Leipzig." bezeichnet. Unter dem Bilde die Unterschrift: „Warnung vor Reifröcken!" Darunter noch in kleinerer Schrift: „Verlag von Gustav Lots in Merseburg."

Lithographie. Bildgrösse 250:197. Mit Rand.

Albert Voigtländer-Tetzner-Frankfurt a. M.

---

[1]) Aufnahme des Herrn Dr. Heymann.

„QUATSCHELHUBER'S LUFTREISE NACH DEM OLYMP."

480. Bilderbogen. Zwölf scherzhafte Bildchen in drei Reihen, jedes mit einem einzeiligen Vers.

Grösse der Holzschnitte ca. 60:70. Querfoliobilderbogen.

Joseph Baer & Co.-Frankfurt a. M.

BALLONPOST.

481. Eine die phrygische Mütze tragende, schwebende Gallia sichtbar, die unter der Krinoline als Unterkleider einen grossen mit der Aufschrift „RÉPUBLIQUE" versehenen Ballon zeigt, der die dicht über dem Erdboden schwebende Gondel „GOUVERNEMENT" trägt. Deutsche Soldaten haben bereits die Taue bezw. die Gondel ergriffen und erzwingen eben nach Ueberwindung einiger Schwierigkeiten die Landung des Ballons. In der Gondel drei bestürzte, französische Luftschiffer (Zivilisten) sichtbar. L. vom Ballon ein mit „Poste aërostatique" beschriebenes Spruchband.

Unbez. Photographie. Grösse derselben 87:57.

August Heimpel-Frankfurt a. M.

Englische Karikaturen.

„FRANZÖSISCHE LUFTFLOTTE".

482. Die Mitte des Bildes zeigt eine blaue Kugel, auf welcher sich unten eine mit drei Kanonen besetzte Wallmauer hinzieht. Darüber ein freischwebender, beflügelter Kopf (Porträt). Darüber ist ein grosses gelbbemaltes, über die Kugel hinausreichendes Kanonenrohr sichtbar, auf welches sich ein mit einem violetten Rock bekleideter Mann mit seinem r. Fuss stützt. Porträtkarikatur Joseph Montgolfiers. (?) In der r. Hand hält er die Zügel zu fünf oben sichtbaren, blaugrundierten Medaillons. Unter der Kugel ist das Blatt l. mit „Observator del." und r. mit „Recordum sculpt." bezeichnet. Unter der Bildumrahmung in der Mitte: „The Montgolsier. / A First Rate of the French Aerial Navy. / A F— — t— — An Ass — — A Fool — — A Monkey — — A Nothing." Darunter: „Pubd by E. Dachery N. 11 St James's Street the 25th of October 1783."

Kolorierter Kupferstich. 358:252. Mit ziemlich breitem Rand.

Louis Ricard Nachf.-Frankfurt a. M.
Direktor Koch-Frankfurt a. M.

„THE AEROSTATICK STAGE BALLOON."

483. In der Mitte ein grosser Ballon, an dem ausserhalb auf der mittleren Galerie l. ein geflügelter Teufel und r. Papst Pius VI. sich befindet. Auf den drei übereinander befindlichen Galerien des Ballons im Ganzen noch zwölf Personen (Porträts?) und auf der untersten Galerie r. ein schwarzer Kater sitzend sichtbar. Der Ballon trägt statt einer Gondel ein grosses Brett, auf welchem ein als

„Vanity“ bezeichneter und schwer mit „Troth“ beladener Kübel steht. Ein auf das Brett tretender Mann (gleichfalls Porträt) verhindert das Aufsteigen des Ballons. Im Hintergrunde London, l. die Paulskirche. Eine Anzahl auf den politischen Vorgang sich beziehende, humoristische Aussprüche befinden sich an verschiedenen, den betr. Personen beigefügten Stellen. Unter dem Bilde ein Gedicht, l. acht Zeilen: „Who choose . . . golden schemes“, r. ebenfalls acht Zeilen: „Sam House . . . W— —e and Ro . . .“ Die letzten drei Buchstaben unleserlich. Dazwischen in der Mitte vier zweispaltige Zeilen, die erste beginnt mit: „And father“ und die letzte (vierte) endet mit: „Polititions.“ Darunter in der Mitte: „The AEROSTATICK Stage / BALLOON. / Setts out From Swan with two Necks Lad Lane every Monday Mor^g / Pub^d Jan^r 2nd 1784. by Wm Wells, N° 132, Fleet Street“. In der l. Ecke auf dem Bild und dicht über dem Bildrande: „H . . . . l Scp . . . el“. Die Punkte bedeuten unleserliche Buchstaben.

Kupferstich. Beschnitten. Bildgrösse 323:243. Ohne Rand.

Dr. Alex Meyer-Frankfurt a. M.

„THE COALITION BALLOON“.

484. Anspielung auf einen politischen Vorgang. L. im Vordergrunde eine Stadt sichtbar, deren Kirchen und Festungstürme rote Fahnen zeigen. Davor auf dem Kanal(?) eine Anzahl mit Mannschaften vollbesetzte, rotbeflaggte Ruderboote. In der Mitte des Bildes in ansehnlicher Höhe ein schräg schwebender, blauer Ballon, dessen Tauenden als Galgen dienen. R. eine Anzahl Zuschauer, jeder auf dem Spruchband das Ereignis bejubelnd und begrüssend. Unten r. in der Ecke auf grünem Felde die Angabe: „This Print is most Humbly / Inscribd to / by his most obedient Humble / Servant James Mackdoodle.“ Unter dem Bilde die Bezeichnung: „The COALITION BALLOON, 1784. / Pub^d by E. Dachery, as ye act directs Feby 2^d 1784. St James's Street.“

Kolorierter Kupferstich. Bildgrösse 184:292. Frau Albert-Wiesbaden.

„VERUNGLÜCKTER AËRONAUT.“

485. Ein verunglückter Aëronaut auf seinem Rücken den zerrissenen Ballon nebst Gondel tragend. R. im Hintergrunde eine Kirche sichtbar. Unter dem Bilde die Aufschrift: „AEROSTATION out at ELBOWS / or the ITINERANT AERONAUT.“ Darunter zwei vierzeilige Strophen: „Behold an Hero . . . his Frame alive.“ Darunter noch die Angabe: „Pub^d 5. Sepr 1785 by T. Cornell Bruton Street.“

Handkolorierter Kupferstich. Bildgrösse 234:212. Frau Albert-Wiesbaden.

486. — Dasselbe, jedoch mit dem Unterschiede, dass die Zeile: „Pub^d . . . . Street.“ fehlt.

338:249. Mit Rand. Dr. Liebmann-Frankfurt a. M.

„SIÈGE DE LA COLONNE DE POMPÉE“.

487. „A party of Bedouin Arabs and natives have surrounded Pompey's famous Pillar and surprised the French savans mounted on the top. There is no chance

of escape. The artist has introduced some ingenious contrasts. The inventor of a project for rendering men immortal is suspended in danger of instant death; various discoveries and fantastic inventions appear in the hands of the doomed philosophers; the stout projector of wings which will enable human beings to fly has as an excellent opportunity to test his apparatus. A balloon — „La Dilligence d'Abisynié" — has exploded; two aeronauts are falling upon the spears of the Arabs, followed by their treatises on „The Velocity of Descending Bodies" an „A Theory of Aerostation." The scientific instruments have already come to grief. A native seer ist looking through the wrong end of a „leveller"; a dark chieftain is placed hors de combat by the descent of a „Projet de Fraternisation avec les Bedouins." Turks, Egyptians, and representatives of the wild tribes are united for vengeance on the intruders." Aus Thomas Wright: The Works of James Gillray, The Caricaturist. London o. J. S. 256; auch Reproduktion des Blattes daselbst. (Im Besitze von Dr. Liebmann-Frankfurt a. M.) Unter dem Bilde steht l.: „Siege de la Colonne de Pompée." Dann in der Mitte: „-Etched by J^s Gillray, from the Original Intrecepted Drawing, / London, Publish'd March 6th 1799. by H. Humphrey, 278. James's Street.", r.: „Science in the Pillory." Darunter folgt ein vierspaltiger Text, l. sechs Zeilen: „It appears . . . Bedouin Arabs;" dann sechs Zeilen: „who, having . . . an Idea," dann wieder sechs Zeilen und r.: „To study . . . by Learning," und r. nochmals sechs Zeilen: „Your modern . . . the Writers." R. dicht unter dem oberen Bildrande die Zahl „*220*". James Gillray, berühmter englischer Karikaturist, * 1757, † 1. Juni 1815.

Kolorierter Kupferstich, 550:420. Dr. Liebmann-Frankfurt a. M.

— Dasselbe, *unkoloriert. Bildgrösse 507:414.* Dr. Alex Meyer-Frankfurt a. M.

„THE GREAT BALLOON."

488. „In this animated production the city of Oxford is exhibited in grand gala, the various colleges amd chapels are indicated in the distance, and the Romish ensign is mounted on a spire which has been rent asunder. Amidst a scene of general acclamation Lord Grenville is ascending in the car of a gigantic balloon, which is modelled after the person of Lord Temple, who is distributing his „promises." The newly elected Chancellor is dressed in his official robes, with the addition of a huge cross; on his head is the triple-crowned papal tiara; in his upward progress he is showering down various suggestive concessions to his adherents. Three bishops, mounted on asses, are straining their hands to catch the „Liber Regis," a cardinal's hat, and various emblems of Romanism. The Oxford theatre is the scene of the ascent. At an upper window is the Marquis of Buckingham; the Marquis of Stafford is peeping out below him. M. A. Taylor, still represented as „a chick," is assisting the flight with his small breath. On the porch of the theatre is posted an order, „That no Doctor of Laws shall be admitted without a bag-wig;" th Hon. Thomas Grenville and Lord Nugent, standing in the doorway, have conformed to this regulation. A motley group of political supporters are ranged on the right hand of the picture; they are all attired in the red gowns of Doctors of Laws; their

Doctor's wigs, with bags behind, are arranged according to their fancies, and crape masks disguise their features. Lord Henry Petty is still gaily figuring away at his dancing, with a sweep's brush and shovel. Lord Erskine, Lord Holland, and the Duke of Bedford (without a mask), are waving their college caps; behind them stand Lords Grey and Cholmondeley. Sidmouth, with his „Doctor's" clyster-pipe peeping out, is concealing his face in his hat. Sheridan appears in a very discomfited condition: he wears ruffles but no shirt, his harlequin-breeches need repair, and his hand is raised seeking vainly for his wig; his Doctor of Laws new red gown and bag-wig are lost, „supposed to be stolen," according to an advertisement which is stuck in his harlequin's belt; a joke having been circulated to the effect that Sherry would have been complimented with the degree of Doctor of Laws, but the money was not forthcoming to purchase the gown. A milestone, standing in the corner, is supposed to have originally marked the distance from Oxford to Rome; the figures have been obliterated, as a hint that the journey has been shortened since the election of the consistent advocate of the Catholic claims. A figure, wearing a gown, is propped in drunken indifference against the milestone, a pot of „Whitbread's Entire" is by his side; papers inscribed „Oratio Croweina," thrown down near him, indicate that the Rev. W. Crowe, the public Orator, is the person intended. In the distance is a tandem, drawn by goats, which is dashing merrily across the place, Sir Watkin W. Wynne and his brothers, the three W's, are seated inside. The Archbishop of York, who voted for Lord Grenville, is bowing from a state-carriage; Broad Bottomites, as coachmen and footmen, are in attendance on the bishop's chariot. At a booth in the rear is exhibited the „Wonder of the World, the biggest Flying Elephant in the whole Fair." This astoundingly huge animal, with small Cupid-like wings, bears the face of Lord Grenville. The whole spectacle is remarkably diversified and full of action." Aus Thomas Wright: The Works of James Gillray, The Caricaturist. London o. J. S. 368/69; auch Reproduktion des Blattes daselbst. Im Besitze von Dr. Liebmann-Frankfurt a. M. In dem dreiseitig gelb eingefassten Bildrande oben in der Mitte die Angabe: „London, Published August 8th 1810 by H. Humphrey. 27. St. James's Street." Dicht unter dem Bildrande r.: „Js Gillray fec! * * * -" Die drei * * * drei unleserliche Buchstaben. Unter dem Bilde l. „— — — Tentanda via est qua me quoque possim / Tollere humo ______ Virgil, Geor: ______ ", r.: „— — — — He steers his flight / incumbent on the dusky air / That felt unusual weight. — — — — Par. Lost, Lib. 1. l. 225 — —" James Gillray, vgl. Nr. 487.

Kolorierter Kupferstich. Beschädigt. 515:393. Fast ohne Rand.

Dr. Alex Meyer-Frankfurt a. M.

— Dasselbe. *Aehnlich koloriert. Gleiche Maße. Tadelloses Exemplar.*

Dr. Gans-Fabrice-Garmisch.

„MERMAID".

489. Darstellung eines hochschwebenden, blauweissroten Ballons. In der gelbgemalten Gondel zwei Luftschiffer stehend sichtbar, jeder eine rote Fahne schwenkend. L. im Hintergrunde auf einem, mit einer Wetterfahne versehenen

Turm dem Ballon zujubelnde Zuschauer. Unten im Vordergrunde jubelnde und schreiende Volksmengen. Im Hintergrunde r. befindet sich eine heitere Darstellung eines mit „MERMAID" überschriebenen Plakats. Unten l. dicht über dem Bildrande in der Ecke die Angabe: „Price ONE SHILLING Coloured" R.: „W^m^ — — E' — cal^h^" (?) R. oben über dem Bildrande die Zahl „80" und unter dem Bildrande r. unten „by Thos Tegg N° 111 (?) Cheap Side." Unter dem Bilde die Aufschrift: „Prime Bang up at Hackney or a Peep at the Balloon 12th Aug^t^"

Handkolorierter Kupferstich aus dem Jahre 1811 (?) Bildgrösse 315:230.

Frau Albert-Wiesbaden.

„THE MARCH OF INTELLECT".

490. Das unten mit der Unterschrift: „MARCH of INTELLECT" versehene satirische Blatt zeigt eine Unzahl grotesker und amüsanter Einzeldarstellungen. Oben in der Mitte des Blattes ein durch die Lüfte jagendes, mit Liebespärchen besetztes, lenkbares Luftschiff (grüne Schrauben, grosses Segel) mit der Aufschrift: „AERIAL SHIP built after the / Model of that fam- / ous Vessel called the / Flying Dutchman". Seitlich l. oben eine durch die Luft galoppierende „NEW / PEGASEAN / LANCERS / OR BALLOON / BRIGADE". (Grünbeflügelte Pferde; an jedem Pferdefuss rotgelbblau gestreifte Ballons befestigt). R. hoch oben vom fliegender Holländer ein blaugelb gestreifter Ballon, der einen auf einem Pferde reitenden, modisch gekleideten Kavalier durch die Lüfte entführt. Eine Unzahl sich teilweise auf den Luftverkehr beziehende Zukunftsbilder mit amüsanten textlichen Erläuterungen sichtbar, u. A. r. ein auf seiner grünbeflügelten Schere dahinfliegender Schneider („Mr. Primefit / on his flying Shears / Cutting through the / Air"). Ferner Ballons, phantastische Luftfahrzeuge überall sichtbar. Im Hintergrunde l. einige Schiffe sichtbar, die durch die an den Masten angebrachten Ballons fortbewegt werden. In der Mitte des Blattes auf zwei Spalten je 5 Bildchen: „Acme (?) of human Invention. Grand SERVANT / SUPERSEDING APPARATUS for doing / every kind of houshold work &c &c &c &c". R. unten ein grosser Feuerherd, auf welchem ein Ochse gebraten wird. Darüber auf rotem Aushängeschild sechs Zeilen Text: „PATENT FIRE. fresh imported from the interior of mount Etna — this fire / . . . & for Exportation".

Kolorierte Karikatur. „Pub. by I. Mc Lean, London" von G. Humphrey (1825). Einzelblatt einer Folge. Das Blatt beschädigt, die Signatur nicht mehr vorhanden, ebenso fehlt fast der grösste Teil der Unterschrift „The March of Intellect". Bildgrösse ca. 265:387.

Dr. Niederhofheim-Frankfurt a. M.

Italienische Karikatur.

„RÜCKKEHR VOM MONDE".

491. Ein geöffneter, riesengrosser Schirm trägt eine mit Hunderten von Passagieren besetzte kahnartige Gondel. R. und l. über der Gondel an Tauen angebunden bärtige, nackte, beflügelte Männer, das Luftschiff durch die Lüfte ziehend. In der Mitte der Gondel ein mit „POSTO PEL SOLO / CONDUTTORE" und r. darunter

mit „NON / SI / FUMA“ bezeichnetes Podium, auf welchem zwei Leute der Bemannung die fliegenden, das Luftschiff ziehenden Männer durch Peitschenhiebe zu erhöhter Tätigkeit anzuspornen suchen. L. dicht über dem Schirm der Vollmond. Ausserhalb der Gondel, in einem hängenden Käfig zwei nackte Menschen (?) sitzend und r. und l. an der Gondelbrüstung erlegte Tiere (Vögel, Hasen etc.) aufgehängt. R. am äussersten Ende der Gondel mit „G. Dura“ signiert. Unter dem Bilde: „T.ª IV. / DILIGENZA DI RITORNO DALLA LUNA / Napoli 1º Aprile 1836.“ Darunter der ovale Prägestempel „G. D.“ Seitlich l. davon „Gaetano Dura dis.“ und r. „Lit. Gatti e Dura“ signiert.

Lithographie. Bildgrösse ohne Schrift 388:315.

Direktor Koch-Frankfurt a. M.;
jetzt Senckenbergische Bibliothek-Frankfurt a. M.

KARIKATUREN
b) VON FLUGMASCHINEN.
Französische.
BLANCHARDS FLUGKAHN.

492. Das Blanchardsche Vaisseau Volant in der Mitte des Bildes über einer grossen Wiese freischwebend. In der schön dekorierten, l. mit einer roten Steuerung versehenen, blauen Luftbarke ein geschlossener Pavillon, aus dessen

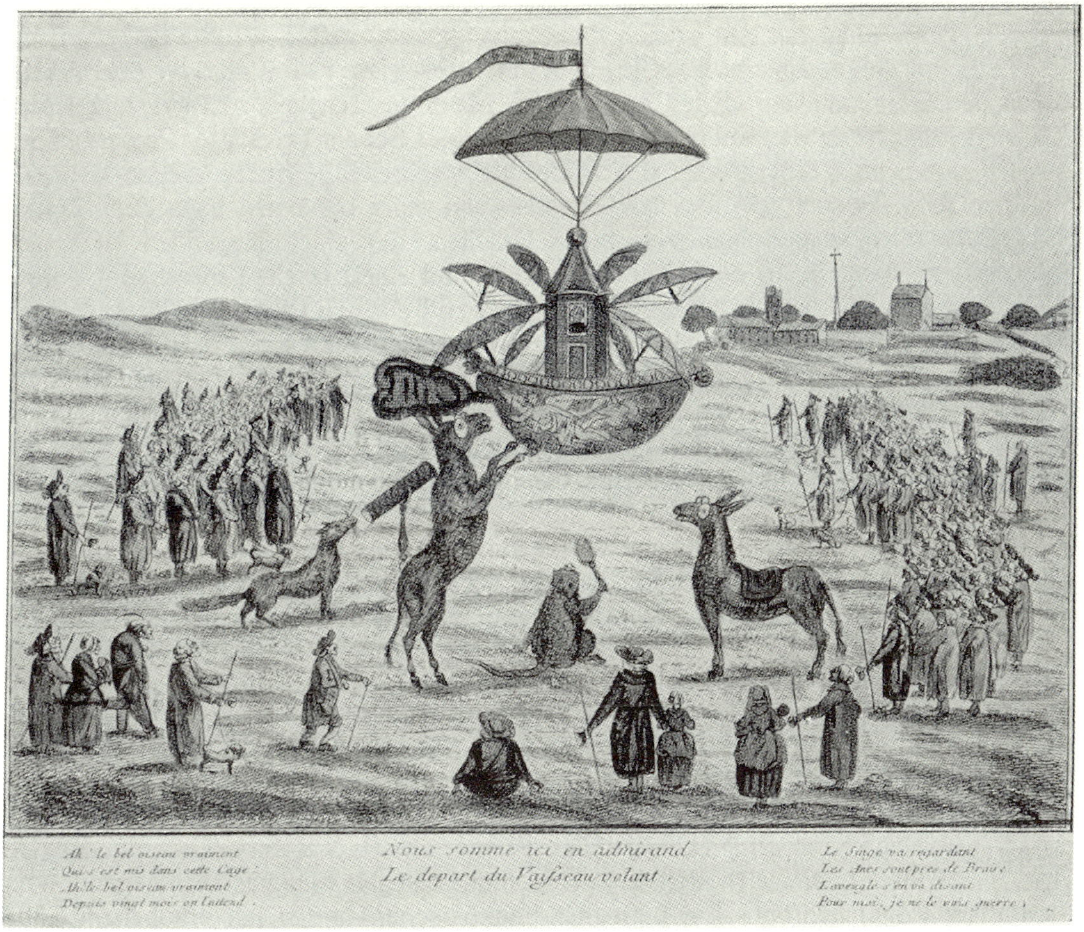

Abb. 45. Karikatur auf Blanchards Flugkahn. (Vgl. Nr. 492.)

Fenster ein rotgekleideter Luftschiffer (Blanchard?) herausschaut. Seitlich um den Pavillon herum eine ganze Anzahl aufgespannter (grüner und gelber) Schirme und über dem Pavillon ein grosser (grüner) Schirm, an dem oben ein roter Fahnenwimpel befestigt ist. Vorne auf der Wiese eine Reihe amüsanter Darstellungen: zwei Brillen tragende, die Luftbarke bewundernde Esel, ein sitzender, in einen Spiegel hineinschauender Affe, ein Fuchs, der die Barke durch ein Fernrohr beobachtet etc. etc. R. und l. auf der Wiese Hunderte von brillentragenden Männern, meist Hunde an der Leine führend. Im Hintergrunde l. Gebirgszüge und

r. Häuser und Gärten. In der Mitte unter dem Bilde die Angabe: „Nous somme ici en admirand / Le depart du Vaisseau volant.“ L. davon der Vers: „Ah! le bel oiseau vraiment / Qui s'est mis dans cette Cage! / Ah! le bel oiseau vraiment / Depuis vingt mois on l'attend.“ R. der Vers: „Le Singe va regardant / Les Anes sont pres de Braire / L'aveugle s'en va disant / Pour moi, je ne le vois guerre“.

Unbez. handkolorierte Radierung. Bildgrösse 218:282.

Abbildung 45. Stadtbibliothek-Hamburg.

„AUX INCRÈDULES DE PARIS.“

493. Hoch oben der mit grünen Flügeln versehene, gelb kolorierte Blanchardsche Flugkahn fliegend sichtbar. Ein im Kahn befestigtes Tau wird von einem unten im Vordergrunde des Bildes befindlichen Mann festgehalten. Etwas r. unterhalb der halben Höhe des Kahnes ein gelber, an einer Schnur befestigter Papierdrachen, den der l. im Vordergrunde des Bildes dahinschreitende Knabe fliegen lässt. R. über dem Drachen ein zweiter, ebenfalls mit einer bis unten nach dem Vordergrunde reichenden Schnur versehener Drachen, der einen fliegenden Mann (unkoloriert) darstellt, in den Händen ein Glas und eine Flasche haltend. Im Vordergrunde des Bildes schaulustige Volksmenge zu Fuss, zu Pferde und r. ein Wagen. Im Vordergrunde das Marsfeld; in der Mitte des Bildes an prächtigen Gärten vorbei eine schöne breite Strasse zu dem im Hintergrunde r. und auch l. sichtbaren Paris führend. Ganz l. auf hügeligem Terrain sechs Windmühlen. In der Mitte unter dem Blatte die Ueberschrift: „AUX INCRÈDULES DE PARIS.“ L. darunter: „En l'An Mille sept cents octante plus et moins / Atendres dans le Ciel ètrange phœnomène, / Grande Ville aux àbois, qui force gens promène.“ R. „Tous jusques aux Marmots / veulent être témoins! / Plus de Guerre n'est bruit, et quoiqu'on en espere, / Chacqun d'iceux sera dûpe de la Chimère.“ Darunter: „Nostradamus.“ Darunter: „L'Astrologue Provençal ne semble t'il pas avoir clairement designé dans cette prèdiction, le Vaisseau Volant du celèbre Mr Blanchard?.“ Dann folgt dicht über dem Plattenrand die Angabe: „Se vend à Paris chez Le Noir Md d'Estampes au Louvre et rue du Coq St Honoré.“

Stich, ca. 1782. Flugkahn und Papierdrachen handkoloriert. 399:292. Ohne Rand.

Germanisches Nationalmuseum-Nürnberg.

Karikaturen auf Degen.

494. „NOUVELLE CHARRUE.“ Degen unter seiner Flugmaschine liegend, vom Pariser Pöbel bedroht. Ein berittener französischer Gardist mit erhobenem Säbel sucht Degen vor der körperlichen Misshandlung zu schützen. Einige Personen sind eben damit beschäftigt, die noch an Tauen am links sichtbaren Ballon befestigte Flugmaschine zu zerbrechen. R. im Hintergrunde hinter dem Pöbel ein auf einem Baum sitzender herunterschauender Papagei. Am Ballon r. und oben auf demselben fünf erschreckte Vögel (Enten und Gänse). Unter dem Bilde die gedruckte Angabe: „Nouvelle Charrue sans brevet dinvention Propre A labourer la terre sans Chevaux inventée par Mr deghen Celébre Mécanicien Allemand Essayee au Champ de mars 5. Octobre 1812“.

Unbez., satirisches Blatt. Bildgrösse 98:137. Mit Rand.

Karl W. Hiersemann-Leipzig.

495. — „Mr. MALTE-BRUNS TRAUM“. R. im Vordergrunde auf dem Rasen Malte-Brun im Traume einer Sitzung der „Academie des Oiseaux“ beiwohnend. Conrad Malte-Brun, aus Jütland stammender französischer Geograph, Schriftsteller und Publizist, 1775-1826. Die Mitte des Bildes zeigt eine Versammlung der verschiedensten Vogelgattungen (Hühner, Gänse, Enten, Truthühner, Pfauen, Papageien, Kraniche usw.), welche unter „M^{r} le Président“ (Hahn?) anlässlich der Flugversuche Degens tagt. Eine als „M^{r} le Secretaire“ bezeichnete Ente r. vom Präsidenten, l. davon eine Gans als „Députation de M^{rs} les Oies.“ L. über dem Präsidenten ein auf einem Baum sitzender Papagei, an der Tagung teilnehmend: „le Perroquet appuyant la motion.“ Ueber der Versammlung schwebt Degen in seiner, an einem blaugelbgemalten Ballon aufgehängten Flugmaschine, r. und l. von Vögeln umschwärmt. Ganz l. im Vordergrunde in dem vor dem Grashügel befindlichen Teich zwei Frösche als Zuschauer. Unter dem Bilde die Unterschrift: „Songe de Mr Malte-Brun sur la Colline du Cèdre ou Mr Deghen traduit devant l'Academie des Oiseaux.“ Darunter in kleinerem Druck: „Une nouvelle espèce de volatile, dit M^{r} le Secretaire perpetuel, ose se presenter à la curiosité des Parisiens: c'est un Bipède Autrichien / sans plumes, mais qui s'étant fabriqué des espèces d'ailes dont nous ignorons la structure, prétend voler dans les airs et planer a une / hauteur a laquelle aucun membre de cette illustre assemblée ne saurait atteindre.“ R. darunter in kleinster Schrift: „Journal de l'Empire du 11 Juin 1812.“

Handkolorierter Kupferstich. 325:226. Schmaler Rand.

Dr. Gans-Fabrice-Garmisch.

496. — „VOL-AU-VENT OU LE PATISSIER D'ANIERS.“ In der Mitte des Bildes oben Degen auf seinem an einem Ballon befestigten Flugapparat freischwebend sichtbar. Darunter an einem Mast in halber Höhe vor einem geöffneten grossen, grünen Schirm ein Harlekin. Im Vordergrunde des Bildes eine ganze Anzahl Zuschauer. Im Hintergrund des Bildes hinter einer Mauer ein Garten. Die Eingangstüre zu demselben mit der Aufschrift: „Meringue / Patissier-Physicien.“ Ueber dem Bilde oben in der Mitte die Aufschrift: „VOL-AU-VENT OU LE PATISSIER D'ANIERS.“ Unter dem Bilde der Text des Chorgesanges der Zuschauer auf vier Spalten: 1. mit „Choeur“ als Ueberschrift beginnend und endigend mit „il vole.“ Zweite Spalte: „Vol-au- Vent . . . me désole.“ Dritte Spalte: „Mr Meringue . . . il volera etc., endlich vierte Zeile: „Mr Meringue . . . un fil.“

Unbez., kolorierter Kupferstich. Vielleicht das Theaterplakat zu dem im Théâtre des Variétés in Paris häufig aufgeführten Stück „Le Pâtissier d'Asnières“, in welchem der Komiker Brunet Degen karikierte. Bildgrösse ca. 287:223.

Frau Albert-Wiesbaden.
J. St. Goar-Frankfurt a. M.

Deutsche.

BERBLINGER.

497. Darstellung eines Schneiders in ganzer Figur, unter dem r. Arm ein Paket, in der l. Hand eine grosse Schere haltend. Darüber auf einem Spruchband die Inschrift: „Schneider". Unterschrift in vier Zeilen: „Die Schneider Kunst ist / hoch gestiegen. / dass mier zu letzt noch lernen / fliegen." Bez. r. unten: „I. Busch. A. V." Aufgeklebt auf ein Blatt Schreibpapier und überschrieben: „Albrecht Ludwig berblinger / in Ulm." Unter dem Bild die Jahreszahl: „1811" offenbar verbessert aus 1812 und biographische Angaben über Berblinger in fünfzehn Zeilen, unter der Ueberschrift: „Notiz von Pfarrer Weyermann". „Der Schneider Berblinger . . . aber ohne Erfolg." An der linken oberen Ecke ist ein kleiner vierseitiger Brief aufgeklebt, der auf den ersten beiden Seiten in derselben Handschrift, die die Unterschrift des Bildes zeigt, weitere anonyme Mitteilungen über Berblinger enthält, im ganzen einundzwanzig Zeilen, darunter das Geburtsdatum 1771.: „Albrecht Ludwig Berblinger . . . nicht gelungen ist."

Holzschnitt, handkoloriert. Bildgrösse 104:65.

Stadtbibliothek-Ulm.

Abbildung 46.

498. — Berblinger, karikiert, mit zerbrochenen Flügeln in der Donau schwimmend, hinter ihm ein Kahn mit drei Fischern zu seiner Rettung herbeieilend. Im Hintergrund Ansicht von Ulm mit Zuschauern am Flussufer.

Stich, handkoloriert 128:110. Reproduktion im Bilderbuch: Der Kinder Art und Unart, von Pfarrer L. Kies mit 16 Bildern [von Ferdinand Fellner]. Dr. Ferdinand Fellner, Advokat, Zeichner und Kupferstecher, * 12. Mai 1799 in Frankfurt a. M., † in Stuttgart 14. September 1859. *Stuttgart und Esslingen. Verlag von Schreiber. [1855].*

Abbildung 47.

Flugmaschine der Zukunft.

499. Darstellung einer über einem Dorfe schwebenden, riesigen mit Schwefelwasserstoff betriebenen Flugmaschine. Das obere Ende der Flugmaschine zeigt einen mit Zügeln versehenen Pferdekopf. Das untere Ende eine riesige Luftschraube. Der die Maschine steuernde Flieger trägt hinten eine mit „Linsen" überschriebene Reisetasche. Unten schöne Landschaft, im Vordergrunde r. Fluss, l. vor dem Bergesrücken ein Dorf mit stattlicher Kirche.

Unbez. Aquarell von A. Platte. Grösse des Bildes ca. 240:352.

Oberstleutnant Moedebeck (†)-Berlin.

Fallschirm-Karikatur.

GEBRÜDER HENNINGSEN.

500. Karikierte Darstellung, den Absprung der Gebrüder Henningsen in ihrem Fallschirm bei Gewitter gelegentlich ihrer Ballonfahrt am 19. Juli 1854 zeigend.

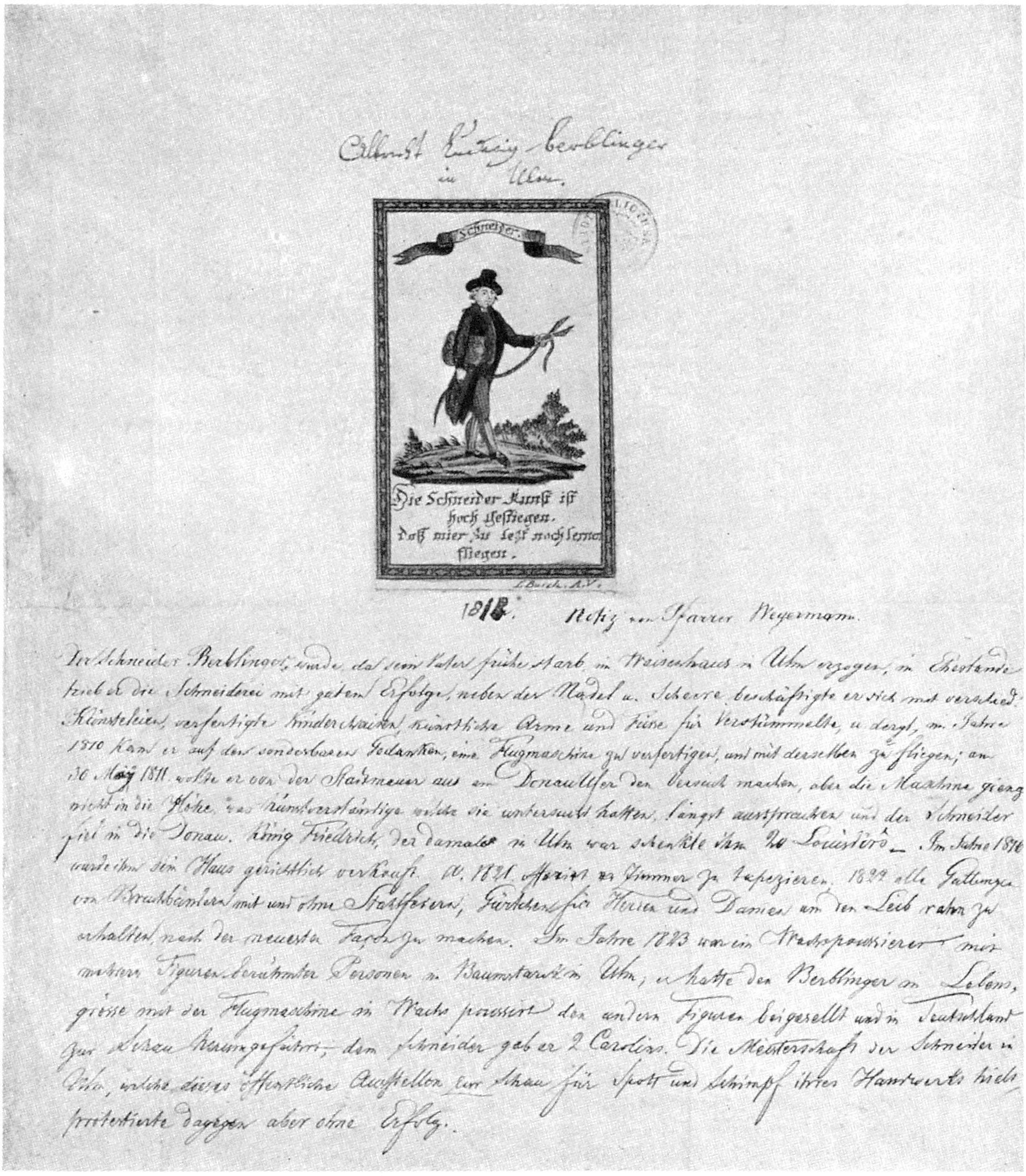

1812. Notiz von Pfarrer Wegermann.

Der Schneider Berblinger, wurde, da sein Vater frühe starb, im Waisenhaus in Ulm erzogen, im Ehestande trieb er die Schneiderei mit gutem Erfolge; neben der Nadel u. Scheere beschäftigte er sich mit verschied. Künsteleien, verfertigte Kinderchaisen, künstliche Arme und Füsse für Verstümmelte, u. dergl., im Jahre 1810 kam er auf den sonderbaren Gedanken, eine Flugmaschine zu verfertigen, und mit derselben zu fliegen; am 30 May 1811 wollte er von der Stadtmauer aus am Donauufer den Versuch machen, aber die Maschine gieng nicht in die Höhe, was Kunstverständige welche sie untersucht hatten, längst ausgesprochen und der Schneider fiel in die Donau. König Friedrich, der damals in Ulm war schenkte ihm 20 Louisdor. — Im Jahre 1816 wurde ihm sein Haus gerichtlich verkauft. A. 1821 offerirt er Zimmer zu tapezieren. 1822 alle Gattungen von Bruchbändern mit und ohne Stahlfedern, Gürtelchen für Herren und Damen um den Leib rahn zu erhalten, nach der neuesten Façon zu machen. Im Jahre 1823 war ein Wachspoussierer mit mehrern Figuren berühmter Personen in Baumstark in Ulm, u. hatte den Berblinger in Lebensgrösse mit der Flugmaschine in Wachs poussiert den andern Figuren beigesellt und in Deutschland zur Schau herumgeführt; dem Schneider gab er 2 Carolins. Die Meisterschaft der Schneider in Ulm, welche diese öffentliche Ausstellung zur Schau für Spott und Schimpf ihres Handwerks hielt protestierte dagegen aber ohne Erfolg.

Abb. 46. Karikatur auf Berblinger. (Vgl. Nr. 497.)

L. die beiden Brüder übereinander, sich gegenseitig festhaltend, unter dem geöffneten, über dem Erdboden schwebenden roten Fallschirm. R. ähnliche Darstellung. Die beiden erschreckten Brüder ebenfalls übereinander, unter dem zusammengeklappten Schirm eben den Erdboden erreichend. L. ein Hut mit der Aufschrift (rote Lettern): „Erinnerung an 54", unter dem Hute r. „Dresden." Darunter „P" bezeichnet.

Unbez. Aquarell, von Peter Henningsen. Grösse des Bildes 153:108.

Oberstleutnant Moedebeck(†)-Berlin.

Englische.

„Dr. MUSGRAVES FLUGMASCHINE".

501. Auf einer freischwebenden, flach ausgebreiteten, grossen, segelartigen Flugmaschine ein Luftschiffer sitzend (Dr. Musgrave?) und dahinter stehend ein an einem Pumpwerk arbeitender, beflügelter Teufel. Unten im Vordergrund eine modisch gekleidete Dame, r. davon schöne felsige Küstenlandschaft und ein grasender Ochse. Im Hintergrunde drei Segelschiffe auf dem offenen Meere fahrend und l. auf einer Anhöhe ein mit „Bareges" bezeichneter Ort sichtbar. Die seitens der Dame, des Luftschiffers und des Teufels gerade eben gesprochenen Worte sind seitlich von denselben auf punktierten Spruchbändern verzeichnet. Das Blatt ist überschrieben: „A New flying Machine upon Dr Musgrave's Plan, that moves with ye same Rapidity as Mr Moore's Machine without horses."

Unbez. Kupferstich des XVIII. Jahrhunderts (1784?) Bildgrösse 96:162. Ohne Rand.

Dr. Alex Meyer-Frankfurt a. M.

„THE FLIGHT OF INTELLECT".

502. Humoristische Darstellung einer zylindrischen, mit Dampf betriebenen, in voller Fahrt befindlichen Flugmaschine. L. hoch oben der weggewehte Hut des Luftschiffers sichtbar. Das Blatt ist überschrieben: „THE FLIGHT OF INTELLECT." Unter der bildlichen Darstellung: „Portrait of Mr Colightly experimenting on Mess. Quick & Speeds new patent high pressure, STEAM RIDING ROCKET. / Pub. by C. Tilt, Fleet. St " Aehnliche Darstellung erschien etwa 1828 in Deutschland mit dem Titel: „Neue Erfindung Dampfmaschinen Pferd".

Lithographie (1825?). Koloriert. Grösse des ganzen Blattes 270:378.

Dr. Langer-Braunau i. B.

HENSONS FLUGMASCHINE.

503. Das Bild zeigt l. einen runden Turm „A", dessen obere, mit einer Kuppel versehene Plattform als Abflugbahn dient. Im Inneren des Turmes der mit „C" zur Hinaufbeförderung der Passagiere bestimmte Aufzug sichtbar. L. vom Turm das Maschinenhaus „D". Von der oberen Plattform eine bis zum Erdboden schräg verlaufende Abflugvorrichtung „B", auf welcher eben der Hensonsche Luftwagen „E" herunterfährt. R. vom Turm ein in beträchtlicher Höhe freifliegender zweiter mit zwei Fahnen beflaggter Luftdampfwagen „F" verkehrend. R. im Vordergrund auf einem Elephanten drei Leute reitend, davor vier Personen und hinter dem Elephanten zwei Fussgänger, l. im Vordergrund zwei Eingeborene in einer Sänfte eine Person tragend. Im Hintergrunde r., von Palmen umgeben, Tempelbauten sichtbar. Ueber der Bildumrahmung die Ueberschrift: „THE AERIAL TRANSIT COMPANY'S STATION, / IN THE PLAINS OF HINDOSTAN.- FROM THE ORIGINAL DESIGN." / Dicht unter dem Bildrande in der r. unteren Ecke: „Madeley, lith: 3, Wellington St Strand." bez. Unter dem Bilde zwei Zeilen Text: „The Carriage containing . . . of 20 feet." Darunter zweispaltige

Legende von je drei Zeilen: „A. The Column . . . down the incline“ und mitten unter beiden Spalten als letzte Legendenzeile: „F. Aerial Carriage on this (?) voyage.“ Darunter noch in der l. Ecke mit „Ent^{d} at Sta. Hall.“ und in der r. Ecke mit „Published by E. Wallis, 42, Skinner S^{t} “ bez. Vielleicht Eduard Wallis, Kupferstecher in London.

Lithographie. Grösse der Bildumrahmung 200:320.

Franz Noether-Mannheim;
jetzt Senckenbergische Bibliothek-Frankfurt a. M.

Abb. 47. Missglückter Flugversuch des Schneiders von Ulm (1811).
(Vgl. Nr. 498.)

VI.

MEDAILLEN

Montgolfiermedaillen.

504. JOSEPH UND ÉTIENNE MONTGOLFIER, 1783 von Gatteaux. „JOSE· ET ETIEN· MONTGOLFIER / POUR AVOIR RENDU L'AIR NAVIGABLE". Beider Brüder Brustbilder; linkshin am Halsabschnitt: „N. GATTEAUX." Ks. Ansicht des Marsfeldes zu Paris mit Regenwolken, über denen ein Ballon schwebt. Im Abschnitt auf vier Zeilen: „EXPERIENCE DU CHAMP DE MARS 27· AOUST / 1783· EN VERTU D'UNE SOUSCRIPTION / SOUS LA DIRECT· DE M· FAUJAS / DE S^{T} FOND." Nicolas-Marie Gatteaux, Medailleur, * 2. August 1751 in Paris, † 24. Juni 1832 in Paris.

Silber. 42 mm. 32 gr. Trésor de numismatique et de glyptique. Médailles françaises depuis le règne de Charles VII. jusqu' à celui de Louis XVI. III. Paris 1837. Tafel 54,4. Text dazu S. 54.

Abbildung 13. Oberstleutnant Moedebeck(†)-Berlin.

505. — Dieselbe Medaille, *Bronze.* Oberstleutnant Moedebeck(†)-Berlin.

506. — Dieselbe Vorseite. Ks. „ATTONITUS ORBIS TERRARUM". Eine Montgolfière erhebt sich in die Luft, unter welcher ein auf Wolken liegender Genius eine Fackel hält; am Boden sitzt die „Terra" an einen Löwen gelehnt, mit Zeichen der Verwunderung, r. am Boden „GATTEAUX". Im Abschnitt auf drei Zeilen: „ITINERE PER ÆRA FELICITER / TENTATO ANNO / MDCCLXXXIII". Gatteaux siehe Nr. 504.

Bronze. 42 mm. Trésor de numismatique (vgl. Nr. 504). Tafel 54,5. Text S. 54.

Abbildung 14. Oberstleutnant Moedebeck(†)-Berlin.

507. — Dieselbe Medaille, *Blei.* Oberstleutnant Moedebeck(†)-Berlin.

508. — AUFFAHRT ZU LYON 1784. Von Gatteaux. „QUE NE PEUT LE GÉNIE". Genius, auf einem Löwen sitzend, schreibt auf eine Tafel, im Hintergrunde der Aufstiegplatz mit Zuschauern, darüber der schwebende Ballon; l. unten: „N. GATTEAUX F." Im Abschnitte auf vier Zeilen: „MEDAILLE FRAPP. EN VERTU D'UNE SOUSCRIPT. / FAITE À LYON PAR LES SOINS DE M. / ACHET ECUIER OFF. DE MONSIEUR / FRERE DU ROI". Ks. Schrift auf vierzehn Zeilen: „L'AËROSTAT, / NOMMÉ / LE DE FLESSELLES, / DE 100 P^{DS} DE D^{TRE} SUR 118 / DE H^{R} S'EST ÉLEVÉ A 1400 T^{ES} / DES BROTTEAUX À LYON / MONTÉ PAR MM. / MONTGOLFIER L^{NE} PILATRE DE ROSIER / CHARLE PRINCE DE LIGNE / LES C^{TES} DE LAURENCIN / DE LA PORTE D'ANGLEFORT / LE M^{IS} DE DAMPIERE / ET M. FONTAINE / LE 19 J^{ER} 1784". Das Wort „Pilatre" mit Ausnahme des Anfangsbuchstaben in kleinerer Schrift geprägt. Nicolas-Marie Gatteaux vgl. Nr. 504.

Bronze. 42 mm. Trésor de numismatique (vgl. Nr. 504). Tafel 54,6. Text S. 55. (Nur die Vorderseite.) Oberstleutnant Moedebeck(†)-Berlin.

Abbildung 16.

509. — Ein zweites Exemplar dieser Medaille.

Bronze. Neuerer Abschlag. Oberstleutnant Moedebeck(†)-Berlin.

510. – ÉTIENNE MONTGOLFIER 1821 von Caqué. „ETIENNE MONTGOLFIER". Brustbild linkshin, unten „CAQUÉ F." Ks. Auf neun Zeilen: „NÉ / A VIDALON / PRÈS ANNONAY / EN M. DCC. XLV. / MORT / EN M. DCC. XCIX. / – / GALERIE METALLIQUE / DES GRANDS HOMMES FRANÇAIS. / – / 1821."
Armand-Auguste Caqué, Medailleur, * 1793 in Saintes, † 1881 in Paris.

Bronze, 40 mm. Zwei Exemplare. Oberstleutnant Moedebeck(†)-Berlin.

511. – ERINNERUNGSMEDAILLE LUDWIGS XVI. 1784. „AUDACIA FELIX." Eine Montgolfière und ein Freiballon in den Lüften schwebend. Im Abschnitt auf fünf Zeilen: AERA PERMEARUNT XXI. NOV. / L. F. DARLANDES ET F. PILATRE. / I. DEC. J. A. C. CHARLES / ET M. N. ROBERT / ANNO MDCCLXXXIII". Ks. In einem Sternenkranze Schrift auf neun Zeilen: „PATEFACTO / PER ÆRA ITINERE / A JOSEPHO ET STEPHANO / MONTGOLFIER / V. JUNII MDCCLXXXIII. / REI MEMORIAM / POSTERITATI TRADI JUSSIT / LUDOVICUS XVI. / ANNO MDCCLXXXIV."

Bronze, 52 mm. Trésor de numismatique (vgl. Nr. 504). Tafel 54,7. Text S. 55.

Oberstleutnant Moedebeck(†)-Berlin.

512. – HUNDERTJAHRFEIER 1883. „CENTENAIRE· MONTGOLFIER· / ·1783 ANNONAY 1883". Die Köpfe der Brüder Montgolfier linkshin. Ks. Zwei Wappenschilder, mit dem phantastischen Luftschifferwappen und dem der Montgolfiers unter Mauerkrone und Helm; durch ein Ordensband verbunden; darunter ein Spruchband mit der Inschrift: „SIC ITVR AD ASTRA CIVES ET SEMPER CIVES".

Helle Bronze, 30 mm. Mit Oese und Ring. Zwei Exemplare.

Oberstleutnant Moedebeck(†)-Berlin.

CHARLES UND ROBERT.

513. Aufstieg von Charles und Robert 1783, von J. D. C. (?-) „– AERA NAVIGATA –" Freiballon über dem Reiterstandbild Ludwigs XV. Auf der Leiste: „I. D. C." Unbekannte Signatur. Im Abschnitt auf zwei Zeilen: „CAROLUS ET / ROBERTUS". Ks. „– SCIENTIA TUTUS –" Ueber einer durch Reiter und Fussgänger belebten Landschaft schwebt ein Ballon. Im Abschnitt auf vier Zeilen: „CAROL. AD: 10200 PED: / IN · CAMP · NEEL · · EVECTUS / DIE I^A DECEMBRIS / 1783."

Bronze, 42 mm. Verzeichnis der Münz- und Medaillen-Sammlung [Auktions-Katalog] des Herrn Leopold Welzl von Wellenheim. Wien 1845. II. Band. II. Abteilung. Nr. 13436.

Abbildung 15. Oberstleutnant Moedebeck(†)-Berlin.

Vgl. auch Nr. 511.

PILÂTRE DE ROZIER.

Vgl. Nr. 511.

MARQUIS D'ARLANDES.

Vgl. Nr. 511.

PRIESTLEY.

514. Joseph Priestley. 1783 von Hancock. „JOSEPHUS PRIESTLEY." Brustbild rechtshin, darunter: „J. G. HANCOCK." Ks. Ein Tisch mit chemischen Apparaten, darunter im Abschnitt: „MDCCLXXXIII". John Gregory Hancock, englischer Medailleur, ca. 1775—1815.

Blei 35 mm. Rudolphi, C. A.: Recentioris aevi numismata virorum de rebus medicis et physicis meritorum memoriam servantia. Denuo ed. Carol. Ludov. de Duisburg. Dantisci, Bertling, 1862. S. 228—229. Abbildung dieser Medaille in L. Forrer: Biographical Dictionary of Modellists. Bd. 2. London 1904. S. 411.

Oberstleutnant Moedebeck(†)-Berlin.

FRANKLIN.

515. Benjamin Franklin 1784—1786. Franklin Mitunterzeichner des Protokolles des Muetteaufstieges, vgl. Vorbemerkung zu Nr. 201. Von Dupré. „BENJ. FRANKLIN NATUS BOSTON. XVII JAN. / MDCCVI". Brustbild linkshin. Am Armabschnitt: „DUPRE. F." Ks. In einem Eichenkranz auf vier Zeilen: „ERIPUIT CŒLO / FULMEN / SCEPTRUM QUE / TYRANNIS". Unten klein: „SCULPSIT ET DICAVIT / AUG. DUPRE ANNO. / MDCCLXXXVI". Augustin Dupré, Medailleur, * 6. Okt. 1748 in St. Etienne, † 30. Januar 1833 in Armentières.

Bronze, 46 mm. Numophylacii Ampachiani sectio II. Verzeichniss der von Christian Leberecht von Ampach hinterlassenen Münz- und Medaillen-Sammlung [Auktions-Katalog]. 2. Abteilung. Naumburg 1834. Nr. 9513. und Trésor de numismatique (vgl. Nr. 504). Tafel 53,7. Text S. 53.

Oberstleutnant Moedebeck(†)-Berlin.

LAVOISIER.

516. Laurence Lavoisier 1802. Von Dupré. „A. LAUR. LAVOISIER NÉ A PARIS LE 16 AOUT 1743". Brustbild rechtshin, darunter cursiv: „Dupré". Ks. Schrift auf elf Zeilen: „LES SCIENCES / ET LA PATRIE / PLEURENT / CET ILLUSTRE SAVANT / MORT VICTIME DES / FUREURS / REVOLUTIONNAIRES. / — / DUPRÉ LUI A ERIGÉ / CE MONUMENT / DE RECONNAISANCE / L'AN 10." Dupré vgl. Nr. 515.

Bronze, 41 mm. Rudolphi-Duisburg (vgl. Nr. 514). S. 59.

Oberstleutnant Moedebeck(†)-Berlin.

ANDREANI.

517. Paolo Andreani 1784. Von Guillemard. „PAVLVS ANDREANIVS PATR· MEDIOL · AEREONAVTA". Büste rechtshin, darunter „A. GUILLEMARD. F." Ks. „AVSVS ES VNVS ITALORVM." Der mit drei Luftschiffern besetzte Ballon in Wolken schwebend. Darunter: „HAC ITVR AD ASTRA. VIRG. / III · ID · MAR · MDCCLXXXIV". „Virg." in kleiner Schrift geprägt. Antoine Guillemard, französischer Medailleur, später in Prag tätig. † 1820(?).

Bronze, 43 mm. Rudolphi-Duisburg (vgl. Nr. 514). S. 233 und Frankfurter Münzzeitung 1908. S. 313. Tafel 64, 5.

Oberstleutnant Moedebeck(†)-Berlin.

518. -- Dieselbe Medaille, *Neuschlag*.

Abbildung 17. Oberstleutnant Moedebeck(†)-Berlin.

LUNARDI.

519. Vincenzo Lunardi 1784. „VINCENT LUNARDI". Sein Brustbild linkshin, darunter auf einem Bande: „FIRST AERIAL TRAVELLER IN ENGLAND".

Ks. „ET SE PROTINIES (sic!) AETHEREA TOLLIT IN ASTRA VIA". Ballon über Wolken, aus dem Lunardi eine Fahne wirft. Im Abschnitt: „SEPTEMBUS (sic!) 15 / MDCCLXXXIV".

Geringhaltiges Silber, 35 mm, 10,2 gr. Rudolphi-Duisburg (vgl. Nr. 514). S. 234.

Oberstleutnant Moedebeck (†)-Berlin.

520. — Dieselbe Medaille, *Bronze.*

Abbildung 18. Oberstleutnant Moedebeck (†)-Berlin.

BLANCHARD.

521. AUFSTIEG IN FRANKFURT A. M.[1]) 15. Fahrt Blanchards 1785 von J. C. Reich. „BLANCHARD SURSUM DECIMUM QUINTUM FACIENS ITER." Brustbild Blanchards linkshin, am Armabschnitte „REICH"; darunter „FRANCOFURTI / D· 3· OCTO·" Ks. „GALLIA SAEPIUS PLAUSIT: IAM GERMANIA PLAUDE!" Ansicht der Stadt Frankfurt von Westen mit der Brücke, darüber schwebt Blanchard im Ballon, an dem zwei Fahnen befestigt sind. Darunter im Abschnitt: „MDCCLXXXV·" Johann Christian Reich, Medailleur, *1740, Stempelschneider in Fürth, † 1814.

Silber, 46 mm. 32,2 gr. Joseph und Fellner: Die Münzen von Frankfurt am Main. Frankfurt a. M. 1896—1903. S. 378. Nr. 910 und Frankfurter Münzzeitung 1908. T. 64,3. S. 313. Eduard Rüppell: Beschreibung der Münzen und Medaillen, welche wegen geschichtlicher Begebenheiten für Frankfurt gefertigt. In Archiv für Frankfurts Geschichte und Kunst. Achtes Heft. Frankfurt a. M. 1858. S. 26–27.

Stadtbibliothek-Frankfurt a. M.

— Dieselbe Medaille, *Zinn.* Carl Jaeger-Berlin.

Kunstgewerbe-Museum-Frankfurt a. M.

Zwei Exemplare. Oberstleutnant Moedebeck (†)-Berlin.

d'Orville-Frankfurt a. M.

Abbildung 48. Stadtbibliothek-Frankfurt a. M.

522. — Dieselbe Medaille, *Blei.* Louis Ricard Nachf.-Frankfurt a. M.

Abb. 48. Medaille auf Blanchards Auffahrt vom 3. Oktober 1785 in Frankfurt a. M. (Vgl. Nr. 521 und 522.)

[1]) Eine zweite sich ebenfalls auf die Auffahrt Blanchards beziehende Medaille (Silber und Zinn 30 mm) zeigt auf der Vorderseite den Blanchardschen Ballon und den eben losgelösten Fallschirm über dem Füllplatz (halbseitig geöffneter Füllturm) schwebend. R. im Hintergrunde eine Kirche sichtbar. Aufschrift: „IN MEMORIAM". Unten im Abschnitt: „FFORT 3 OCT / 1785". Die Rückseite zeigt den von einem Lorbeerkranz umgebenen Kopf Blanchards. Profil linkshin. Vgl. auch Fellner und Joseph (Nr. 521) Nr. 911. Ein Exemplar dieser Medaille in Zinn im Besitze der Stadbibliothek-Frankfurt a. M.

523. — AUFSTIEG IN LEIPZIG 1787. 27. Luftreise Blanchards. „HERRN· BLANCHARDS· 27 LUFTREISZE· ZU LEIPZIG· DEN· 29 SEPTEMBER 1787·“ Ansicht von Leipzig, darüber der Ballon und ein Fallschirm, l. die strahlende Sonne. Ks. Schrift auf sieben Zeilen: „Du schufst uns Freude. / Blanchard Dir / Singt Leipzig manches Lied / Steig ferner glücklich! — Unser / Wunsch / Ist, — dass Dein Wohlseyn / blüht.“ Oben und unten eine Blume.

Zinn, 64 mm. Rudolphi-Duisburg (vgl. Nr. 514). S. 233.

Abbildung 24. Oberstleutnant Moedebeck(†)-Berlin.

524. — AUFSTIEG IN NÜRNBERG 1787. 28. Luftreise Blanchards. von Reich. „BLANCHARD VICESIMUM OCTAVUM FACIENS ITER.“ Brustbild Blanchards rechtshin, am Armabschnitt „MR.“ Ks. „GALLIA SAEPIUS PLAUSIT · IAM GERMANIA PLAU:“ Ansicht der Stadt Nürnberg, darüber Blanchard im Ballon; darunter: „NORIMBERGE.“ Reich vgl. Nr. 521.

Zinn, 47 mm. Rudolphi-Duisburg (vgl. Nr. 514). S. 234.

Oberstleutnant Moedebeck(†)-Berlin.
Philipp Stock-Gelnhausen.

525. — AUFFAHRT IN NÜRNBERG 1787. Ballon, Blanchard in der Gondel stehend, l. die Bourbonen-, r. die Nürnberger Fahne. An der Gondel der noch nicht abgelassene Fallschirm sichtbar. Umschrift: „NIL MORTALIBUS ARDUUM EST.“ Rv. Kranz, innerhalb desselben nachfolgende Schrift: „BLANCARDO / ARTEM / AERONAUTICAM / EXERCENTE / NORIMBERGAE / MDCCLXXXVII.“ Unter dem Kranze: „W“.

Zinn, 35 mm. Welzl von Wellenheim (vgl. Nr. 513) Nr. 13261, und Rudolphi-Duisburg (vgl. Nr. 514) S. 234. Bayrisches National-Museum-München.

526. — AUFSTIEG IN WARSCHAU. 34. Luftreise Blanchards 10. Mai 1789. „JOANNES PETRUS BLANCHARD“. Brustbild Blanchards rechtshin, darunter: „F. LOOS.“ Ks. „IMPAVIDUS SORTEM NON TIMET ICARIAM“. Innere Umschrift: „VARSOVIAE MDCCLXXXVIII“. Flusslandschaft, darüber Ballon und Fallschirm. Auf einem Steine r. vier Planetenzeichen. Die Medaille, wahrscheinlich eine Arbeit des Berliner Medailleurs Friedrich Wilhelm Loos, ist vordatiert; Blanchard wollte bereits 1788 in Warschau aufsteigen; ein zweiter Aufstieg Blanchards in Warschau fand am 14. Mai 1790 statt.

Silber, 30 mm, 8,7 gr. Graf Hutten-Czapski: Catalogue de la collection des médailles et monnaies polonaises. Bd. II. St. Petersburg 1872. Nr. 3857, und Rudolphi-Duisburg (vgl. Nr. 514). S. 233. Oberstleutnant Moedebeck(†)-Berlin.

527. — Dieselbe Medaille, *Bronze.* Dr. Hahn-Frankfurt a. M.
W. Herrnfeld-Wien.

528. — AUFSTIEG IN BRESLAU 1789. Blanchards 35. Luftreise (27. Mai 1789) von Anton König. „LUFTSCHIFFER M. BLANCHARD“. Brustbild Blanchards linkshin, am Brustabschnitt „K“, Koenig, darunter Rosette. Ks. „LUFTREISE ZU

BRESLAU 1789". Ansicht der Stadt Breslau, darüber das schrägstehende Luftschiff, an dem r. die preussische Fahne befestigt ist. Anton Friedrich König, Berliner Medailleur, * 13. Juni 1756, † 2. Januar 1838.

Silber, 46 mm, 27,8 gr. F. Friedensburg und H. Seger: Schlesiens Münzen und Medaillen der neueren Zeit. Breslau 1901. S. 85. Nr. 4541, und Numophylacii Ampachiani sectio II. (vgl. Nr. 515). Nr. 9318.

Abbildung 25. Oberstleutnant Moedebeck (†)-Berlin.

529. — Dieselbe Medaille von König, kleiner. Vorderseite: „LUFTSCHIFFER M. BLANCHARD". Brustbild l. mit im Nacken gebundenem Haar. Ks. „LUFTREISE ZU BRESLAU". Im Abschnitt „1789". Ansicht der Stadt mit darüber schwebendem, gradestehendem Ballon.

Silber, 29 mm, 7,2 gr. Friedensburg und Seger (vgl. Nr. 528). S. 85. Nr. 4539. und Frankfurter Münzzeitung 1908. Tafel 64,4. S. 313.

Adolph E. Cahn Nachf.-Frankfurt a. M.

Zwei Exemplare. Oberstleutnant Moedebeck (†)-Berlin.

LÜTGENDORFF.

530. v. Lütgendorff 1786. Von Daiser. „STRAUS PRÆF. TURMALIS DICAVIT L. B. DE LVTGENDORF ÆRONAUT. GERMAN. I. ·" Brustbild des Barons linkshin, am Armabschnitt: „DAISER." Ks. „AUGUSTO ASCENDIT AUGUSTÆ / VIND." Der Ballon über der Stadt Augsburg schwebend, im Abschnitt: „MDCCLXXXVI". Dedikationsmedaille des Rittmeisters der bürgerlichen Cavallerie Straus. Vgl. Nr. 40. Joseph Daiser, Medailleur, hauptsächlich in München tätig, * 1755.

Vergoldete Zinnmedaille, 47 mm. Johann Paul Grosshauser: Verzeichnis der in der Münzsammlung des historischen Vereins von Schwaben und Neuburg befindlichen Münzen und Medaillen der Stadt Augsburg. Erste Abteilung. (enthalten im 35. Jahres-Bericht des historischen Kreis-Vereins im Regierungsbezirke von Schwaben & Neuburg 1869 und 1870. Augsburg 1872). Nr. 605. und Rudolphi-Duisburg. (Vgl. Nr. 514.) S. 235.

Professor Freiherr von Lütgendorff-Lübeck.

531. — Dieselbe Medaille, *Zinn.*

Abbildung 23. Zwei Exemplare. Oberstleutnant Moedebeck (†)-Berlin.

532. — Dieselbe Medaille, *in galvanoplastischer Nachbildung.*

Professor Freiherr von Lütgendorff-Lübeck.

GARNERIN.

533. Aufstieg von Herrn und Frau Garnerin in Berlin 1803 von Loos. „TE DUCE IBIMUS ILLAC ANDR· IAC· — IOH· GENOV· GARNERIN". Die Brustbilder des Paares Garnerin auf Wolken linkshin, darunter „LOOS". Ks. „HAC ITER EST SUPERIS AD MAGNI TECTA TONANTIS". Linkshin schwebender Merkur vor dem Ballon der Garnerins; darunter im Abschnitt auf zwei Zeilen: „BEROLINI· APRIL. / MDCCCIII". Loos vgl. Nr. 526.

Silber, 37 mm, 14,2 gr. Numophylacii Ampachiani sectio II. (vgl. Nr. 515) Nr. 9532, und Rudolphi-Duisburg (vgl. Nr. 514). S. 234.

Oberstleutnant Moedebeck (†)-Berlin.

Abbildung 26. Senckenbergische Bibliothek-Frankfurt a. M.

534. — Ein zweites Exemplar dieser Medaille, *Silber-Neuschlag.*

Oberstleutnant Moedebeck(†)-Berlin.

ZAMBECCARI.

535. Zambeccari v. Tadolini. „•FRANCISCVS•ZAMBECCARIVS•AERONAVTA•“ Büste linkshin, am Brustabschnitt P. T. Petronio Tadolini, Stempelschneider in Bologna, 1775—1800. Ks. Auf drei Zeilen: „•PERICULIS•/•FACTVS•/•ANIMOSIOR•“

Bronze, 52 mm. Rudolphi-Duisburg (vgl. Nr. 514). S. 236.

Abbildung 49.

Adolph E. Cahn-Frankfurt a. M.;
jetzt Senckenbergische Bibliothek-Frankfurt a. M.
Oberstleutnant Moedebeck(†)-Berlin.

Abb. 49. Medaille auf den Grafen Zambeccari. (Vgl. Nr. 535.)

GAY-LUSSAC.

536. „LOUIS JOSEPH GAY-LUSSAC“. Kopf linkshin, unten „A. BOVY“. Ks. In einem Eichenkranz auf zwölf Zeilen: „NÉ / A ST LÉONARD (H. V.) 1778. / RECHERCHES / PHYSICO-CHIMIQUES, / LOI DES VOLUMES, / DENSITÉS THÉORIQUES DES VAPEURS / ÉTUDE De L'IODE / DÉCOUVERTE DU CYANOGÈNE / CHLOROMÉTRIE, ALCALIMÉTRIE / ESSAIS D'ARGENT. / MORT A PARIS / 1850.“ Jean-François-Antoine Bovy, * 14. Dezember 1795 in Genf, † daselbst 18. September 1877.

Bronze, 50 mm. Rudolphi-Duisburg (vgl. Nr. 514.) S. 71.

Oberstleutnant Moedebeck(†)-Berlin.

537. — Dieselbe Medaille, *feuervergoldet.* Oberstleutnant Moedebeck(†)-Berlin.

ISAAC EARLYSMAN.

538. „•ISAAC EARLYSMAN•“ Brustbild linkshin in Mütze, darunter „SPARROW“. Ks. „IRONMONGER BISHOPSGATE.“ Ballon mit zwei fahnenschwingenden Passagieren, darunter „LONDON“.

Bronzetoken, 23 mm. Oberstleutnant Moedebeck(†)-Berlin.

539. — Aehnlicher Token. „•IRONMONER — BISHOPSGATE•“ Brustbild wie 538, unten „LONDON“. Ks. „ASCENDED AT OXFORD •JUNE 23• 1822•“ Ballon mit zwei Passagieren, auf dem der Name „SPARROW“.

Bronze, 23 mm. Oberstleutnant Moedebeck (†)-Berlin.

GREEN.

540. Greens Landung in Weilburg 1836. Von Taylor. „CHARLES GREEN AERONAUT“. Kopf linkshin, darunter klein „W. J. TAYLOR.“ Ks. „FROM LONDON NOVEMBER. 7. 1836 TO WEILBURG GERMY IN 18 HOURS“. Ansicht der Stadt Weilburg an der Lahn, über welcher der Ballon schwebt. Im Abschnitt auf drei Zeilen: „IN COMPANY WITH / ROBT HOLLOND, M. P. / & M. MASON, ESQR“.

Bronze, 42 mm. Frankfurter Münzzeitung 1908. Tafel 64, 6. S. 313.

Abbildung 29. Hofrat Herz-Weilburg.
Oberstleutnant Moedebeck (†)-Berlin.

WELTAUSSTELLUNG PARIS 1867.

541. Ausstellungsgebäude, darunter „EXPOSITION UNIVLE / 1867“. Ks. „•ASCENSION CAPTIVE• / EXPOSITION — UNIVLE 1867“. Der schwebende Fesselballon.

Bronze vergoldet, 51 mm. Oberstleutnant Moedebeck (†)-Berlin.

BELAGERUNG VON PARIS 1870-71.

Während der Belagerung von Paris in der Zeit vom 23. Sept. 1870 bis 28. Januar 1871 wurden fünfundsechzig Ballons aufgelassen. Diese Ballon-Postverbindung hatte den Zweck mit der Provinz in Verbindung zu bleiben und die Wachsamkeit der Deutschen zu nichte zu machen. Mit den Ballons wurden insgesamt 164 Personen, 381 Brieftauben, fünf Hunde und 10675 Kilogramm Depeschen befördert. Fünf Ballons fielen mit dreizehn Insassen in deutsche Hände. Der Ballon „La Ville d'Orléans“ (Auffahrt in Paris vom Gare du Nord am 24. November 1870) landete in Norwegen hundert Meilen nördlich von Christiania. Vgl. auch F. F. Steenackers: Les Télégraphes et les Postes pendant la guerre de 1870—1871. Paris 1883. 620 S. S. 388—457. (Im Besitze von Dr. Liebmann.) Dem von dem Generalpostdirektor Steenackers eingerichteten Ballondepeschendienst lag das Verfahren der Mikrophotographie des Chemikers Barreswill zu Grunde. Von den gedruckten, auch dem Privatverkehr dienenden Depeschen wurden Mikrophotogramme auf transparenten Collodiumhäutchen („Pellicule“) hergestellt. Dem Photographen Dagron gelang es, das mikrophotographische Verfahren derart zu verbessern, dass sechzehn Druckseiten mit je zweihundert Telegrammen also insgesamt 3200 Depeschen, auf einer einzigen Pellicule untergebracht werden konnte. Das ausserordentlich geringe Gewicht der Pellicules machte es möglich, den Brieftauben bis zu achtzehn „Pellicules“ mitzugeben, und eine am 3. Februar 1871 in Paris angekommene Taube beförderte tatsächlich 40000 Telegramme. „Un des pigeons offerts par M. Cassiers, et qu'il avait appelé Gambetta, sorti quatre fois de Paris en ballon, y est rentré quatre fois, avec les dépêches dont il etait porteur.“ Die auf den Pellicules untergebrachten Telegramme wurden am Endziel der Brieftauben vergrössert und abschriftlich den Adressaten zugestellt. Vgl. auch Nr. 635 und 636. Von 302 Brieftauben langten 59 mit Depeschen nach Paris zurück. „Sur les 95000 dépêches envoyées plus de 60000 sont arrivées à Paris par les pigeons voyageurs.“ Die Einnahme der 95000 Privatdepeschen belief sich auf Francs 432,524 und 90 Centimes. Vgl. Steenackers. S. 215, 216, 218 und 239.

542. Belagerung von Paris 1870/71 von Chaplain. Lutetia in Mauerkrone und Mantel auf den Stadtschild gestützt, die rechte Hand erhoben, steht auf den

Wällen von Paris; im Hintergrunde schwebt ein Ballon über dem Fort Mont Valérien. Im Abschnitt auf zwei Zeilen: „SIEGE· DE· PARIS / 1870-1871", r. unten: „CHAPLAIN". Ks. In einem Eichenkranz auf sechs Zeilen: „EMPLOI / DES / AÉROSTATS / POUR / LA DÉFENSE / DE PARIS". Jules-Clément Chaplain, Medailleur, * 12. Juli 1839 in Mortargne (Orne), † 13. Juli 1909.

Bronze, 76 mm. (C. van Petegham, Libraire-Numismate:) Médailles, Monnaies, Jetons, Livres et Documents divers pendant la guerre franco-allemande 1870—1871. Paris 1889. S. 36 und 37.

Oberstleutnant Moedebeck (†)-Berlin.

543. — Zwei galvanoplastische Nachbildungen, von jeder Seite besonders.

Oberstleutnant Moedebeck (†)-Berlin.

544. — Gleiches Ereignis. Von Chaplain. Lutetia mit Mauerkrone in dem Mantel der Nationalgarde, das Chassepotgewehr in den Armen, steht neben einer Kanone auf den Wällen von Paris; im Hintergrunde der Invalidendom und das Pantheon, r. oben ein Ballon, r. unten: „J· C· CHAPLAIN". Ks. Das Denkmal für die Gefallenen von Champigny. Darüber: „CHAMPIGNY / DEUX DECEMBRE". L.: „CHATILLON / 19 SEPTEMBRE / — / L'HAŸ / 30 SEPTEMBRE". R.: „LE BOURGET / 28—29 OCTOBRE / — / BUZENVAL / 19 JANVIER". Im Abschnitt: „SIEGE· DE· PARIS / 1870—1871". Chaplain vgl. Nr. 542.

Silber, 73 mm, 185 gr. H. J. de Dompierre de Chaufepié: Les médailles et plaquettes modernes. Harlem o. J. Tafel III, 15. Text S. 14.

Oberstleutnant Moedebeck (†)-Berlin.

545. — Dieselbe Medaille, *Bronze.*

Adolph E. Cahn-Frankfurt a. M.
Oberstleutnant Moedebeck (†)-Berlin.

546. — Brieftaubenmedaille 1870/71 von Degeorge. Lutetia in Mauerkrone und Mantel sitzt auf der Lafette einer Kanone auf den Wällen von Paris und empfängt eine zurückkehrende Brieftaube, im Hintergrunde r. schwebt ein Ballon, l. unten: „G. DEGEORGE". Im Abschnitt auf zwei Zeilen: „PARIS / 1870—1871". Ks: „MINISTÈRE DE LA GUERRE." Eine Brieftaube schwebt über ihrem Käfig, vor dem ein Lorbeerzweig und eine Tafel; im Hintergrunde Landschaft mit einem Fort. Im Abschnitte auf zwei Zeilen: „COMMUNICATIONS / AÉRIENNES". Charles-Jean-Marie Degeorge, Medailleur, * 31. März 1837 in Lyon, † November 1888.

Silber, 62 mm, 116 gr.

Oberstleutnant Moedebeck (†)-Berlin.

547. — Dieselbe Medaille, *Bronze.*

Oberstleutnant Moedebeck (†)-Berlin.

548. — Défense Nationale Paris 1870. „G$^{\underline{t}}$ DE LA DÉFENSE NATIONALE" Luftballon. Ks. „RÉPUBLIQUE FRANÇAISE". In zwei Lorbeerzweigen „10". Unten „A / 1870".

Kupfer, 30 mm.

Oberstleutnant Moedebeck (†)-Berlin.

SERIE DER DENKMUNZEN AUF DIE EINZELNEN AUFFAHRTEN AUS DEM BELAGERTEN PARIS 1870—1871.

Dieselben haben mit Ausnahme der Nummern 549, 551, 553, 555, 557, 561, 564, 568, 570, 573, 579, 580, 583--585, 588, 590, 592, 594 und 596 einen Durchmesser von 28 mm und tragen auf der Vorderseite die Umschrift rings um einen freischwebenden Ballon. Siehe Abbildung 50a. Vgl. auch (C. van Petegham, Libraire-Numismate:) Médailles, Monnaies, Jetons. (Nr. 542.) S. 37—41. Auf einundzwanzig Auffahrten der auf Seite 41 des genannten Werkes namentlich aufgeführten Ballons wurden Denkmünzen überhaupt nicht geprägt.

Sämtlich im Besitz von Oberstleutnant Moedebeck (†)-Berlin.

Abb. 50a.

Abb. 50b.

Abb. 50c.

Denkmünzen auf die Ballonfahrten während der Belagerung von Paris 1870—71.
(Vgl. Nr. 549—598.)

549. „PART DE LA PLACE S^{T} PIERRE A MONTMARTRE LANCÉ PAR NADAR / • LE NEPTUNE • / le 23 7BRE 1870". Ks. „RÉPUBLIQUE FRANÇAISE / BALLON DU SIEGE DE PARIS". Nadar fuhr nicht mit auf. Erster aus dem belagerten Paris aufgestiegener Ballon.

Kupfer, 29 mm.

Abbildung der Kehrseite 50b.

550. — Dieselbe Medaille mit einer anderen Kehrseite: „LES MESSAGERS PARTENT PAR BALLON-POSTE ET RAPPORTENT LES NOUVELLES / PAR LA PHOTOSTENOGRAPHIE DIRECTEUR STEENAKERS".

Blei.

Abbildung der Kehrseite 50c.

551. — „PART DE L'USINE A GAZ DE VAUGIRARD CONDUIT / PAR GARTON TISSANDIER / • LE CÉLESTE • LE 30 7BRE 1870". Ks. wie Nr. 549. Statt „Gaston" „Garton" geprägt.

Kupfer, 29 mm.

552. — Dieselbe Medaille mit der Ks. von Nr. 550.

Blei.

553. — Desgl. „PARTI DE LA GARE D'ORLÉANS. MONTÉ PAR LE CIT$^{\underline{N}}$ DOMALIN / • LE DENIS PAPIN • LE 7 8$^{\underline{BRE}}$ 1870". Ks. wie Nr. 549. Nach Steenackers ist der Ballon „Le Denis Papin" erst am 8. Dezember aufgestiegen.

Kupfer, 29 mm.

554. — Dieselbe Medaille mit der Ks. von Nr. 550.

Blei.

555. — Desgl. „PART PL$^{\underline{CE}}$ S$^{\underline{T}}$ PIERRE A MONTMARTRE CONDUIT PAR LE CAP$^{\underline{NE}}$ FARCOT / • LE LOUIS BLANC • LE 12 8$^{\underline{BRE}}$ 1870". Ks. wie Nr. 549.

Kupfer, 29 mm.

556. — Dieselbe Medaille mit der Ks. von 550.

Blei.

557. — Desgl. „PART DE LA GARE D'ORLÉANS CONDUIT PAR GODARD PÈRE / • LE GODEFROY CAVAIGNAC • LE 14 8$^{\underline{BRE}}$ 1870". Ks. wie Nr. 549.

Kupfer, 29 mm.

Abbildung der Vorderseite 50a.

558. — Dieselbe Medaille mit der Ks. von Nr. 550.

Blei.

559. — Desgl. „PART DE LA GARE D'ORLEANS CONDUIT PAR ALBERT TISSANDIER / • LE GUILLAUME TELL • LE 14 8$^{\underline{BRE}}$ 1870". Ks. von Nr. 550. Nach Steenackers hiess der Ballon auch „Christophe-Colomb".

Blei.

560. — Desgl. „PART DE LA GARE D'ORLÉANS CONDUIT PAR LOUIS GODARD / • LE JULES FAVRE 1$^{\underline{ER}}$ • LE 16 8$^{\underline{BRE}}$ 1870". Ks. von Nr. 550.

Blei.

561. — Desgl. PART DE LA GARE D'ORLÉANS CONDUIT PAR LE MARIN LABADIE / • LE JEAN BART • LE 16 8$^{\underline{BRE}}$ 1870". Ks. von Nr. 549.

Kupfer, 29 mm.

562. — Dieselbe Medaille mit der Ks. von Nr. 550.

Blei.

563. — Desgl. „PART DES TUILLERIES EMPORTANT 200 K$^{\underline{OS}}$ DE LETTRES ET DES PIGEONS / • LE VICTOR HUGO • LE 18 8$^{\underline{BRE}}$ 1870". Ks. von Nr. 550. Nach Steenackers beförderte der Ballon 440 Kilogramm Depeschen.

Blei.

564. — Desgl. „PART DE LA GARE D'ORLEANS CONDUIT PAR LE MARIN L. JOSSE / • LE LAFAYETTE • LE 19 8$^{\underline{BRE}}$ 1870". Ks. von Nr. 549. Nach Steenackers hiess der Ballon auch „République-Universelle" und der Ballonführer Jossec.

Kupfer, 29 mm.

565. — Dieselbe Medaille mit der Ks. von Nr. 550.
Blei.

566. — Desgl. „PART DES TUILLERIES EMPORTANT 300 K^{OS} DE DÉPÈCHES ET 20 PIGEONS • LE GARIBALDI • LE 22 8BRE 1870". Ks. von Nr. 550. Nach Steenackers beförderte der Ballon 450 Kilogramm Depeschen und nur sechs Tauben.
Blei.

567. — Desgl. „PART DE LA GARE D'ORLEANS CONDUIT PAR LE MARIN SANE HERVÉ / • LE MONTGOLFIER • LE 25 8BRE 1870". Ks. von Nr. 550. Nach Steenackers hiess der Führer „Hervé-Sené".
Blei.

568. — Desgl. „PARTI DE LA GARE D'ORLEANS CONDUIT PAR LE MARIN GUILLAUME / LE VAUBAN". Ks. von Nr. 549. Nicht datierte Medaille Nach Steenackers stieg der „Vauban" am 27. Oktober auf.
Kupfer, 30 mm.

569. — Dieselbe Medaille mit der Ks. von Nr. 550.
Blei.

570. — Desgl. „PART DE LA GARE D'ORLEANS CONDUIT PAR LE MARIN HUSSON / • LE GALILÉE • LE 4 9BRE 1870". Ks. von Nr. 549. Nach Steenackers von „Gare du Nord" aufgestiegen. Bei Chartres in deutsche Hände gefallener Ballon. Der Führer Husson wurde gefangen genommen; der Passagier Antonin entkam.
Kupfer, 29 mm.

571. — Desgl. „PART DE LA GARE DU NORD CONDUIT PAR L'AÉR^{TE} Ph^{E} BOSC / • LA VILLE DE CHATEAUDUN • LE 6 9BRE 1870". Ks. von Nr. 549.
Kupfer.

572. — Dieselbe Medaille mit der Ks. von Nr. 550.
Blei.

573. — Desgl. „PART DE LA GARE D'ORLÉANS CONDUIT PAR LE MARIN GALLET / • LA GIRONDE • Le 8 9BRE 1870". Ks. von Nr. 549. Nach Steenackers hiess der Führer „Gallay".
Kupfer, 29 mm.

574. — Dieselbe Medaille mit der Ks. von Nr. 550.
Blei.

575. — Desgl. „PART DE LA GARE D'ORLÉANS CONDUIT PAR LAÉR^{TE} BUFFET / • L'ARCHIMÈDE • LE 21 9BRE 1870". Ks. von Nr. 550. In Holland gelandeter Ballon.
Blei.

576. — Desgl. „PART DE LA GARE D'ORLÉANS CONDUIT PAR LE MARIN P^{RE} MARCIA / * LE FRANKLIN * LE 5 X^{BRE} 1870". Ks. von Nr. 549.

Kupfer.

577. — Dieselbe Medaille mit der Ks. von Nr. 550.

Blei.

578. — Desgl. „PART DE PARIS. CONDUIT PAR LE MARIN PERUCHON / * LE GUTENBERG * LE 10 X^{BRE} 1870". Ks. von Nr. 550. Nach Steenackers erst am 17. Dezember vom „Gare d'Orléans" aufgestiegen.

Blei.

579. — Desgl. „AÉRONAUTE, LE CIT^{N} JOIGNERCY / * LE GÉNÉRAL RENAULT * LE 11 X^{BRE} 1870". Ks. von Nr. 549. Nach Steenackers hiess der Führer „Joignerey".

Kupfer, 29 mm.

580. — Desgl. „PART DE LA GARE D'ORLEANS CONDUIT PAR EUGÉNE GODARD / * LE WASHINGTON * LE 12 X^{BRE} 1870". Ks. von Nr. 549. Nach Steenackers stieg der Ballon „Le Washington" bereits am 12. Oktober vom Gare d'Orléans aus auf. Godard nahm an der Fahrt nicht teil; der Führer hiess Bertaux.

Kupfer, 29 mm.

581. — Desgl. „EST TOMBÉ DANS LES LIGNES PRUSSIENNES / ILS NOUS ENVOIENT DES FAUSSES NOUVELLES PAR PIGEONS / * LE DAGUERRE * LE 12 X^{BRE} 1870". Ks. von Nr. 550. Nach Steenackers bereits am 12. November vom Gare d'Orléans aufgestiegen. Der mit drei Luftschiffern bemannte Ballon fiel in Jossigny bei Ferrières (Seine et Marne) mit den Depeschen in deutsche Hände. Vgl. auch Nr. 617.

Blei.

582. — Desgl. „PART DE LA GARE D'ORLÉANS CONDUIT PAR LE MARIN LEDRET / * LE LAVOISIER * LE 22 X^{BRE} 1870". Ks. von Nr. 550.

Blei.

583. — Desgl. „PARTI DE LA GARE D'ORLÉANS. CONDUIT PAR LE MARINE MOUTTE / * LE TOURVILLE * LE 27 X^{BRE} 1870". Ks. von Nr. 549. Nach Steenackers hiess der Ballonführer „Moutet".

Kupfer, 29 mm.

584. — Desgl. „PART DE LA GARE DU NORD. MONTÉ PAR LE MOINE / * L'ARMEE DE LA LOIRE * LE 30 X^{BRE} 1870". Ks. von Nr. 549.

Kupfer, 29 mm.

585. — Desgl. „PART DE LA GARE D'ORLÉANS CONDUIT PAR LE MARIN OURS AINÉ / * LE NEWTON * LE 4 $JANV^{R}$ 1871". Ks. von Nr. 549.

Kupfer, 29 mm.

586. — Dieselbe Medaille mit der Ks. von Nr. 550.
Blei.

587. — Desgl. „PART DE LA GARE DU NORD CONDUIT PAR LAÉR^{TE} CH^{LES} DUVIVIER / •LE GAMBETTA• LE 11 JANV^{R} 1871“. Ks. von Nr. 550. Nach Steenackers bereits am 10. Januar aufgestiegen.
Blei.

588. — Desgl. „PARTI DE LA GARE D'ORLÉANS. CONDUIT PAR LE MARIN ROUX / •LE KEPLER• LE 11 JANV^{R} 1871“. Ks. von Nr. 549.
Kupfer, 29 mm.

589. — Dieselbe Medaille mit der Ks. von Nr. 550.
Blei.

590. — Desgl. „PART DE LA GARE DU NORD CONDUIT PAR LAÉR^{TE} VAN SEYMORTIES / • LE G^{AL} FAIDHERBE • LE 13 JANV^{R} 1871“. Ks. von Nr. 549. Nach Steenackers hiess der Ballonführer „van Seymortier“. Im Korbe des Ballons wurden fünf Hunde, die zum Austragen der Depeschen dienten, mitbefördert.
Kupfer, 29 mm.

591. — Dieselbe Medaille mit der Ks. von Nr. 550.
Blei.

592. — Desgl. „PART DE LA GARE DU NORD CONDUIT PAR LAÉR^{TE} VIEBERT / •LE STEENACKERS• LE 16 JANV^{R} 1871“. Ks. von Nr. 549. Der Ballon landete am Zuydersee in Holland.
Kupfer, 29 mm

593. — Dieselbe Medaille mit der Ks. von Nr. 550.
Blei.

594. — Desgl. „PARTI DE LA GARE DU NORD. CONDUIT PAR L'AÉRONAUTE MANGIN / • LE GÉNÉRAL BOURBAKI• LE 20 JANV^{R} 1871“. Ks. von Nr. 549.
Kupfer, 30 mm.

595. — Desgl. „PART DE LA GARE DE L'EST CONDUIT PAR LE MARIN ROBIN / • LE G^{AL} DAUMÉSNIL • LE 22 JANV^{R} 1871“. Ks. von Nr. 549.
Kupfer.

596. — Desgl. „PARTI DE LA GARE DE L'EST, CONDUIT PAR LE MARIN BELY / •LE TORRICELLI • LE 24 JANV^{R} 1871“. Ks. von Nr. 549.
Kupfer, 29 mm.

597. — Desgl. „PART DE LA GARE DU NORD CONDUIT PAR EMILE LACAZE / LE RICHARD WALLACE LE 27 JANV^{R} 1871“. Ks. von Nr. 550. Im Atlantischen Ozean untergegangener Ballon.
Blei.

598. — Desgl. „PART DE LA GARE DE L'EST CONDUIT PAR LE MARIN TRISTAN / •LE G^AL^ CAMBRONNE• LE 28 JANV^R^ 1871". Ks. von Nr. 550. Letzter aus dem belagerten Paris aufgestiegener Ballon.

Blei.

GIFFARD.

599. Fesselballon der Pariser Weltausstellung 1878. Von Trotin. Der Fesselballon schwebt über den Tuilerien, im Hintergrunde die Champs Elysés. Am Abschnitt: „C. TROTIN", unten: „PANORAMA DE PARIS / 1878". Ks. Auf sechs Zeilen: „SOUVENIR / DE MON ASCENSION / DANS / LE GRAND BALLON CAPTIF / A VAPEUR / DE MR HENRY GIFFARD."

Bronze vergoldet. An Oese und trikolorem Bande. 51 mm.

Adolph E. Cahn-Frankfurt a. M.
Fritz Diehl-Frankfurt a. M.
F. Maas-Frankfurt a. M.;
jetzt Senckenbergische Bibliothek-Frankfurt a. M.
Oberstleutnant Moedebeck(†)-Berlin.

PERROT.

600. Preismedaille von Perrot. Freiballon und Lenkballon über einer von Schiffen belebten Meerlandschaft, l. ein Signalmast, oben ein strahlender Stern, r. „F. PERROT SC." und l. „A. DESAIDE ED." bez. Ks. „EXPÉDITION / DU / MÉDITERRANÉEN / N° 2". Schrifttafel mit gravierter Inschrift „MR H. HERVÉ", auf Lorbeerzweigen.

Bronze vergoldet, 46 mm. Oberstleutnant Moedebeck(†)-Berlin.

601. — Dieselbe Vorseite. L. „A. DESAIDE ED." und r. „F. PERROT SC." bez. Ks. Lorbeer- und Eichenzweig, darunter „A DESAIDE."

Bronze, 46 mm. Oberstleutnant Moedebeck(†)-Berlin.

MASSOULE.

602. Die Künste von Massoule. Sitzende allegorische Figur bricht einen Lorbeerzweig, umgeben von den Emblemen der Künste und des Gartenbaus; im Hintergrunde l. ein Freiballon über einer Landschaft; im Abschnitte l.: „A. DESAIDE EDIT." und r.: „A. MASSOULE". Ks. Eine Schrifttafel auf Lorbeerzweigen; unten „A. DESAIDE •EDIT." André-Arthur-Paul Massoule, Medailleur, * 1851 in Epérnay, (Marne), † 19. Juni 1901 in Paris.

Bronze, 69 mm. Oberstleutnant Moedebeck(†)-Berlin.

GODARD.

603. Fesselballon in Nizza 1884. Der Fesselballon schwebt über dem Strand von Nizza, unten: „PANORAMA DE NICE / 1884". Ks. „SOUVENIR / DE MON ASCENSION / À NICE 1884 / DANS LE BALLON CAPTIF / DE MR GODARD AINÉ".

Bronze vergoldet, 35 mm. Mit Oese und Ring.

Oberstleutnant Moedebeck(†)-Berlin.

RENARD- UND KREBSSCHER LENKBALLON.

604. Lenkballon 1885 von Patey. „SIC· ITVR· AD ·ASTRA·" Eine weibliche Figur mit einem Schriftstück auf den Knieen sitzt vor Büchern und Maschinen und zeigt mit der Rechten auf einen Lenkballon, der im Hintergrunde über einer Landschaft schwebt. Auf dem Abschnitt: „A. PATEY". Darunter: „BALLONS· DIRIGEABLES· / EXPERIENCES· A· L'ETABLISSEMENT / ·DE· CHALAIS· MEVDON· / 1885". Ks. „·LABOR· IMPROBVS· OMNIA· VINCIT." Daedalus legt dem Icarus die Flügel an, am Abschnitt: „A. PATEY". Henry-Auguste-Jules Patey, Medailleur in Paris, *9. September 1855. Die Medaille erschien 1888.

Silber, 72 mm, 281 gr. Vgl. Dompierre de Chaufepié (Nr. 544). Tafel XXVI, 107. S. 31.

Oberstleutnant Moedebeck(†)-Berlin.

605. — Dieselbe Medaille, *Bronze.* Oberstleutnant Moedebeck(†)-Berlin.

SPORT-CLUB CÖLN.

606. „* DEUTSCHER BALLON-SPORT-CLUB CÖLN * / GEGRÜNDET 1888". Das Wappen der Stadt Cöln von Greif und Löwe gehalten. Ks. „* DEO SOLI GLORIA * / VERLIEHEN FÜR FÖRDERUNG DER AËRONAUTIK". Adler einen Anker tragend, über der Stadt Cöln zur Sonne fliegend.

Bronzemedaille mit Oese und Ring, 42 mm.

Oberstleutnant Moedebeck(†)-Berlin.

AËRONAUTISCHE AUSSTELLUNG CÖLN 1889.

607. „* I. DEUTSCHE AËRONAUTISCHE AUSSTELLUNG * / KÖLN A / RHEIN 1889". Ballon über der Stadt Cöln schwebend. Ks. In einem Lorbeer- und Eichenzweig auf sechs Zeilen: „SEINEM / MUTHIGEN / BALLONPASSAGIER / / STIFTET DIESE / BRAVOURMEDAILLE / MAXIMILIAN WÖLFF".

Zinnmedaille mit Oese und Ring, 42 mm. Oberstleutnant Moedebeck(†)-Berlin.

LECOMTE.

608. Henri Lecomte. Medaille auf seine Auffahrten 1889 in Paris. „ASCENSIONS 1889 CAPITAINE HENRI LECOMTE". Ansicht des Eiffelturms und seiner Umgebung, in der Luft sechs Ballons von verschiedener Grösse und Form, darunter auch zwei Lenkballons. Ks. Stadtansicht.

Medaille mit Oese. Bronze, 40 mm.

Rechtsanwalt Adolf Fuld-Frankfurt a. M.;
jetzt Senckenbergische Bibliothek-Frankfurt a. M.

ÉCOLE POLYTECHNIQUE 1894.

609. Personifizierte Technik auf einen Globus gestützt, sitzend, umgeben von Armaturen und Maschinen, im Hintergrunde Kriegsschiff, Leuchtturm und Viadukt, darüber ein Lenkballon. Im Abschnitt eine brütende Henne. Umschrift der Medaille: „×ECOLE POLYTECHNIQUE×", unter dem Abschnitt „MAX BOURGEOIS" bezeichnet. Ks. Ein Schüler der École polytechnique, in den Mantel gehüllt, steht vor einer mit einem Palmzweig versehenen Schrifttafel, darüber die Namen berühmter Schüler:

„×LAMBLARDIE×MONGE×CARNOT×PRIEUR× / ·1794—1894.“ Darunter: „— / FONDATION DE L'ECOLE / DECRET DU XXI VENTOSE AN II“ / — / CENTENAIRE / XI MARS MDCCCLXXXXIV / CARNOT / — (PROM!L DE 1857.) — / ETANT / PRESIDENT / DE LA REPUBLIQUE FRANÇAISE“. Ganz unten r. das Monogramm „MB“. Louis-Maximilien Bourgeois, Medailleur, * 1839.

Bronze, 68 mm. Vgl. Dompierre de Chaufepié (Nr. 544). Tafel II, 11. S. 12.

Oberstleutnant Moedebeck (†)-Berlin.

AUSSTELLUNG DRESDEN 1894.

610. Fesselballon der Ausstellung in Dresden 1894 von Diller. Der Fesselballon schwebt über dem Ausstellungsgelände, unten „R DILLER.“ Ks. Auf neun Zeilen: „ZUR / ERINNERUNG / AN DEN AUFSTIEG / MIT / LIEUT. LEMBRIÈRE / BALLON „CAPTIV“ / INT. AUSSTELLUNG / DRESDEN / 1894.“ R. Diller, Dresdner Medailleur.

Silbermedaille mit Oese und Ring, 33 mm, 15,3 gr.

Oberstleutnant Moedebeck (†)-Berlin.

ANDRÉE-NANSEN.

611. Nansen und Andrée 1893—1896. Von Högel. „*FRIDTHIOF NANSEN FRÅN KRISTIANIA DEN 24 JUNI 1893 *“ Medaillon Nansens vor seinem Schiffe. Ks. „*ANDRÉES POLAREXPEDITION * / FRÅN GÖTEBORG DEN 7 JUNI 1896 *“ Medaillon Andrées vor einem Ballon, der über der Erdkugel. schwebt. Daneben l. „AUG. HÖGEL.“ Vordatierte Medaille; der Aufbruch zur Polarexpedition konnte erst am 11. Juli 1897 erfolgen (Vgl. S. 138).

Zinn, 50 mm. Oberstleutnant Moedebeck (†)-Berlin.

Abbildung 30.

SPORTAUSSTELLUNG MÜNCHEN 1899.

612. Icarus der Sonne entgegen fliegend, darunter: „IMMER / HOEHER MVSS ICH / STEIGEN, / IMMER WEITER / MVSS ICH / SCHAVN.“ L. Kursiv: „Jul. G. Jordan“. Ks. Ein Fesselballon und ein Freiballon über der Stadt München, im Hintergrunde die Alpen; darunter „1899 / ALLGEMEINE DEVTSCHE / SPORT-AVSSTELLVNG / MVENCHEN“.

Silber, 45 mm, 39,5 gr. Oberstleutnant Moedebeck (†)-Berlin.

613. — Dieselbe Medaille, *Bronze.* Oberstleutnant Moedebeck (†)-Berlin.

GRAF ZEPPELIN.

614. Graf Zeppelins Aufstieg 1900. „PER ASPERA / AD ASTRA“. Der Zeppelinsche Lenkballon über Lindau. Ks. Auf sieben Zeilen, von Lorbeerzweigen umgeben, die Inschrift: „ZUR ERINNERUNG / AN DIE AM 2. JULI / UND AM 17. & 21. OKTOBER / 1900 / ÜBER DEM BODENSEE / ERFOLGTEN / LUFTSCHIFFAHRTEN“.

Aluminium, 45 mm. Oberstleutnant Moedebeck (†)-Berlin.

VII.

VERSCHIEDENES

Andrées Polarexpedition.

615. Polarballon. Stockholm, Gen. Stab. Lit.-Anst., [o. J.] Abbildung des Andréeschen Nordpolballons, wie solche unter die Bevölkerung der nördlichen Gegenden verbreitet wurde. (Moedebeck). Vgl. auch S. 138.

Blattgrösse 563:226. Oberstleutnant Moedebeck (†)-Berlin.

Ballonreste.

616. Rotbraunes Ballonstückchen, Leinen. Schwarzer Aufdruck. Darstellung eines schwebenden Luftballons. Ueber dem Ballon die Aufschrift: „Ballon: Ville de Paris". L. unten seitlich vom Ballon: „Abfahrt v. Paris / am 15. Debr. 1870/4 Uhr Morgens / Höhe d. Ball. 20 Mtr." R. seitlich vom Ballon: „Ankunft b. Herborn / am 15. Debr. 1870/1 Uhr Nachmitt. / Durchm. d. B. 14 Mtr." Ganz unten noch die Angabe: „L**** v. Kessler, Herborn". **** unleserliche Buchstaben, vielleicht Lith?

Der mit drei Personen (Delamarne, Morel und Billebault) bemannte Ballon „Ville de Paris" (Auffahrt in Paris 15. Dez. 1870) fiel bei Wetzlar (Herborn ungenaue Angabe) mit den Depeschen in deutsche Hände. Der Ballon wurde in kleine Stücke geschnitten, die einzelnen Stückchen bedruckt und zum besten der deutschen Verwundeten verkauft.

Grösse des Ballonstückchens 100:60.

Walter Reum-Rostock;
jetzt Senckenbergische Bibliothek-Frankfurt a. M.

617. — Zwei Ballonstückchen (ein blaues und ein rotes) von dem in Jossigny bei Schloss La Ferrières von den deutschen Truppen ergriffenen Ballon „Le Daguerre", Abfahrt vom Gare d'Orléans in Paris 12. Nov. 1870, herrührend. Die Luftschiffer Jubert, Pierron und Nobécourt, sowie eine grosse Anzahl Depeschen fielen in deutsche Hände. Vgl. Nr. 581.

Das blaue Leinenstückchen ca. 104:70, von der äusseren, das rote Leinenstückchen ca. 72:51 von der inneren Ballonhülle.

Walter Reum-Rostock;
jetzt Senckenbergische Bibliothek-Frankfurt a. M.

Chinesischer Drachen.

618. Chinesischer Drachen aus 30 schwarz und weiss bestrichenen Pergamentscheiben, ausserdem Kopfscheibe, zusammengesetzt; Länge des Drachens ca. 9000, Abstand der einzelnen Scheiben von einander ca. 290, Durchmesser der einzelnen Scheiben ca. 250. Jede Scheibe wird in der Mitte von einem dünnen, an beiden Enden mit Federbüschelchen versehenen Stäbchen durchzogen. Länge der Stäbchen ca. 1100. Jeder Stab reicht auf beiden Seiten über die Scheibe ca. 400 heraus. An der letzten Pergamentscheibe hängen auf beiden Seiten rotseidene Bänder (940 lang und 90 breit) herunter. Solche Drachen dienten schon in ältester Zeit mystischen und religiösen Zwecken. Das Exemplar dürfte aus der Mitte des vorigen Jahrhunderts stammen.

Direktor Moll-Ludwigshafen;
jetzt Deutsches Museum-München.

FAHNEN.

619. BLANCHARDSCHE FAHNEN DES FRANKFURTER AUFSTIEGES. Weisseidene Fahne. In der Mitte im roten Feld der weisse Frankfurter Adler. Unter diesem Felde: „S. P. F." (Senatus populusque Francofurtensis). In den vier Ecken der Fahne vier kleinere Frankfurter Adler aufgemalt. Die reparierte Fahne hat alte goldene Fransen und ist mit neun seidenen Schleifen an der rotgemalten, mit einer lanzenartigen Metallspitze versehenen, hölzernen Fahnenstange angebunden. Die Fahne benutzte Blanchard zur Begrüssung des zahlreich versammelten Publikums bei seiner ersten Auffahrt in Deutschland (Frankfurt, Bornheimer Heide 3. Oktober 1785.) Vgl. Nr. 295–305. Am 6. Oktober 1785 überreichte Blanchard dem versammelten Rat der Stadt Frankfurt im Römer die Fahne. Vgl. Blanchard, [Jean-Pierre]: Bericht von Herrn Blanchards am 3. October 1785 zu Frankfurt am Mayn unternommenen Luftreise . . . übers. von Joh. Gerh. Jaennicke. Frankfurt a. M. 1785. (Nr. 1056.) S. 12.

Länge der Fahnenstange 2450, der Fransen 40. Grösse des inneren Fahnenvierecks ca. 630:770. Grösse der Fahne ca. 1410:1570.

Städtisches Historisches Museum-Frankfurt a. M.

Abbildung 51.

Abb. 51. Blanchards Frankfurter Ballonfahne.
(Vgl. Nr. 619.)

620. — Weisseidene Fahne, in der Mitte auf blauem Felde das Bourbonenwappen (drei Lilien), ebenso an den vier Ecken. Fahne stark beschädigt, repariert. Das Wappen befindet sich in einem goldumrahmten Viereck, das wieder von einem

zweiten Viereck umschlossen wird. Ohne Aufschrift. Diese Blanchardsche Fahne wurde im Auftrage Blanchards dem Fürsten von Nassau-Weilburg überreicht. Vgl. den in Nr. 619 zitierten Bericht. S. 17. Vgl. Nr. 295—305.

Inneres Viereck ca. 640:770. Die Fahne ist an sechs Seidenschleifen an einer dünnen, roten Fahnenstange, ca. 2370, befestigt. Ohne Fransen.

Abbildung 52. Magistrat der Stadt-Weilburg.

Abb. 52. Blanchards Weilburger Ballonfahne. (Vgl. Nr. 620.)

GREENS FAHNEN.

621. Weisseidene Fahne. Auf der Vorderseite auf blauem Grunde das aufgemalte grosse englische Wappen. Auf der Rückseite auf bläulichem Grunde allegorische Darstellung, Neptuns Uebergabe seiner Herrschaft an Britannia. Meereslandschaft, im Hintergrunde Schiffe sichtbar. Britannia am Gestade auf einen Schild gestützt stehend, ihr zur Linken ein Löwe, auf dem Erdboden Waffen etc. Neptun aus seinem mit zwei Rossen bespannten, von einem Genius gelenkten Wagen steigend, kniend der Britannia seinen Dreizack überreichend. Die Fahne benutzte Green auf seiner Nassaufahrt 1836. Vgl. Nr. 34, ferner die Vorbemerkung auf Seite 135 und Nr. 540; vgl. auch: Das Luftschiff Royal Vauxhall Nassau und seine Reise nach Weilburg. Weilburg 1837. S. 23 und 24. Die Fahnen Nr. 621 und 622 liess Green bei seiner Landung in Weilburg dem Herzog von Nassau überreichen.

Grösse des gemalten Teiles ca. 777:888. Fahnenstange aus zwei ineinanderzuschiebenden Stücken bestehend. Länge ca. 1700. Fahne mit neuen grünseidenen Fransen.

Magistrat der Stadt-Weilburg.

622. — Vorderseite der Fahne: Sieg der Wissenschaften und Künste darstellend. In der Mitte des Vordergrundes eines prächtigen Saales Minerva stehend, r. mit dem Zirkel auf einem neben ihr stehenden Erdglobus Entfernungen abmessend, mit der l. Hand auf einen hoch in der Luft schwebenden Ballon zeigend. Der Ballon zeigt in der Mitte auf blauem Bande in Goldschrift die Aufschrift: „A TRIUMPH / of SCIENCE", zur Rechten Minervas eine weibliche Figur, ein eingerahmtes Tableau haltend, auf welchem man den Vesuv in Flammen und am Fusse desselben Neapel sieht. Rückseite: Schauplatz freier Himmel von einer Wolke getragen, Kronos schwebend, in der r. Hand eine Rolle haltend, die in schwarzen Lettern die Aufschrift: „Mortalibus Alae non datae sunt / Vicerunt homines Arduum istud.- / Hominibus nihil est difficile. Montgolfier / Pilatre de Rozier / Lunardi / Blanchard / Garnerin / Sadler." zeigt. Die Fahne stammt von Greens Nassaufahrt 1836. Vgl. Nr. 34, ferner die Vorbemerkung auf Seite 135 und Nr. 540; vgl. auch: Das Luftschiff Royal Vauxhall-Nassau und seine Reise nach Weilburg. Weilburg 1837. S. 24 und 25. Darunter Clio, das Ereignis in das Buch der Weltgeschichte eintragend. Oberhalb der Wolke r. der gelb und rotgemalte Ballon mit der Aufschrift: „GREEN" auf blauem Ballonäquator.

Grösse der Fahne 760:905. Rote Fahnenstange, die sich aus zwei Stücken zusammensetzt. Länge 1810. Neue grünseidene Fransen.

Magistrat der Stadt-Weilburg.

JUBILÄUMSKARTE.

623. Darstellung des schwebenden Blanchardschen Ballons. In der schön dekorierten Gondel l. ein Luftschiffer (Blanchard), eine Fahne schwenkend und r. zwei herabhängende Doppelanker. Ueber der bildlichen Darstellung oben der Aufdruck: „H. Blanchard", l. seitlich: „Auf der Bornheimer Heide", r. seitlich: „zu Frankfurt am Main." und unter dem Bilde: „27. September und 3. Oktober 1785." Die Angabe 27. September historisch falsch.

Lichtdruck, Bildgrösse 90:58.

Auf der Rückseite eine aufgeklebte Photographie, Darstellung der Securiusschen Auffahrt. Lediglich die festlich bekränzte Gondel mit anhängendem Anker und Schleppseil sichtbar. In der Gondel l. Securius und r. Frau Securius sitzend. Oben über der Photographie der Aufdruck „Carl Securius und Frau", l. seitlich „Im Zoologischen Garten", r. seitlich „zu Frankfurt am Main." und unter der Photographie „27. September 1885."

Grösse der Photographie 93:58.

Diese Karte wurde anlässlich der Auffahrt Securius' während der im Frankfurter Zoologischen Garten veranstalteten ersten aëronautischen Ausstellung 1885 (100. Wiederkehr der ersten in Deutschland durch Blanchard ausgeführten Ballonfahrt — 3. Oktober Bornheimer Heide Frankfurt) seitens der Direktion des Frankfurter Zoologischen Gartens herausgegeben.

Zwei Exemplare. Direktor Göring-Frankfurt a. M.;
jetzt Senckenbergische Bibliothek-Frankfurt a. M.

SECURIUS.

624. Wollene Fahne, die deutschen Reichsfarben zeigend, in der Mitte in weissem Felde der Ballon mit Gondel aufgemalt. Auf dem Ballon die Aufschrift: „Carl Securius / Aeronaut." Unten in gelbgemalter Gondel Securius, die preussische

Fahne schwenkend, und sein Reisegefährte, den Anker in der Hand haltend. Die beiden Luftschiffer in der Gondel stehend. Die Fahne ist auf einer schwarz lackierten, mit einer vergoldeten Spitze versehenen Fahnenstange aufgenagelt. Diese Fahne überreichte nach einer gefälligen Mitteilung des Magistrats der Stadt Weilburg der Luftschiffer Carl Securius gelegentlich seiner Auffahrt vom Marktplatze der Stadt Weilburg der Stadtvertretung (12. August 1883).

Grösse ca. 1030:1405, Fahnenstange 2100.

Magistrat der Stadt-Weilburg.

LACKDOSE.

625. Sogenannte Stobwasserdose. Schwarzer Lack. Auf dem Deckel schöne (italienische?) Landschaft, im Vordergrunde eine vor einem Fluss stehende Frau. L. Bäume, r. und auch im Hintergrund eine, mit zwei Luftschiffern bemannte gelbe Montgolfière schwebend. Die äussere Bodenfläche der Dose zeigt als Malerei (italienische Landschaft?) im Vordergrunde einen in einem Kahn sitzenden, angelnden Mann, hinter dem Fluss in der Mitte des Bildes eine auf einem Hügel befindliche Ruine, l. davon im bewölkten Himmel eine schön blau bemalte Montgolfière (Königsinitialen) schwebend.

Durchmesser der Dose ca. 92, Höhe derselben ca. 19.

Th. Löwenthal-Stuttgart.

Briefmarken.

626. Braune, gezähnte, ungestempelte Marke. Oben Aufdruck „PRIVAT-BEFÖRDERUNG“, darunter in weissem Feld ein schwebender, mit drei Luftschiffern bemannter Luftballon, in der Gondel r. eine Fahne gehisst. Darunter „HAMBURG“ und innerhalb der unteren Umrahmung im braunen Feld „1 MARK“. Marke der Hamburger Privat-Beförderung (Verdier v. Falke) 1887—88.

Grösse der Marke 24:23.

Senckenbergische Bibliothek-Frankfurt a. M.

627. — Violette, gezähnte, ungestempelte Marke. Innerhalb der vierkantigen, violettgrundierten Umrahmung weisser Aufdruck oben „UND CIRCULAR“, r. vertikal „BEFÖRDERUNG“, unten „FRANKFURT A. M.“ und l. vertikal „DRUCKSACHEN“. Die Ecken der Umrahmung zeigen auf violettem Feld den weissen Frankfurter Adler. Unterhalb der Umrahmung die beflaggten Gebäude der Elektrotechnischen Ausstellung (1891), darüber r. ein hochschwebender Ballon und r. auf der Hausmauer in weissem Felde der schwarze Aufdruck „1 M.“ sichtbar. Marke der Frankfurter Privat-Post (H. I. Dauth).

Grösse der Marke 32:39.

Senckenbergische Bibliothek-Frankfurt a. M.

Papierbogen.

628. Luftballon als Wasserzeichen im Papierbogen aus der Rauchschen Papiermühle vom Jahre 1803 stammend. Eingabe des Schulkandidaten J. G. Förster an

den Landgrafen zu Hessen. Vorderblatt r. unten beschrieben: „An / Ihro Hochfürstliche . . . gnädigst zu ertheilen.“

Blattgrösse ca. 340:200. Aufgefunden nach einer gefl. Mitteilung der Grossh. Hofbibliotheks-Direktion durch Herrn Hilfsbibliothekar Dr. Esselborn in Akten der Schulabteilung des Grossh. Ministeriums und aus einem Schriftstück vom 13. 5. 1803 stammend.

Gross. Hess. Hofbibliothek-Darmstadt.

629. — Ein Bogen älteren Büttenpapiers mit einem Ballon mit bemannter Gondel als Wasserzeichen. Vielleicht aus derselben Papiermühle wie Nr. 628 stammend.

Nach einer gefl. Mitteilung der Kgl. Bibliotheks-Direktion hat sich aus dem Fundort des Blattes für die Altersbestimmung nichts ergeben.

Kgl. und Universitätsbibliothek-Breslau.

Schießscheiben.

630. Hölzerne Schießscheibe, die Auffahrt Blanchards in Frankfurt darstellend. Blanchard in der Gondel des Ballons begrüsst durch Schwenken der Fahne (drei Lilien) die Volksmengen. Unterhalb der Gondel der noch befestigte Fallschirm.

Abb. 53. Schießscheibe des Frankfurter Schützenvereins. (Vgl. Nr. 630.)

Im Hintergrunde Landschaft, r. Bäume und eine Kirche. Ausserhalb der Umzäunung gleichfalls zujubelnde Volksmenge. In der Mitte oben auf dunkel bemaltem Rand: „Frankfurth 1785.“ L. oben seitlich vom Ballon auf weisslichgelb bemaltem Hintergrund: „Herr Friedr: Adolph / vom Glauburg.“ Darunter das

Wappen und direkt darunter: „A. Z. H.“ R. oben: „Herr Joh: Jost. Textor.“ Darunter das entsprechende Wappen und direkt darunter über dem Kirchturm: „I. Z. H.“ Unten auf weissem, breitem Spruchband: „Dir Glückte Blanchard Deine Fahrt / Du brachst nicht hals und beine, / wie dein Colleg Pilaster seine. / So geht es grad nach Schützen Art, / der eilt, dass er durchs Centrum treibe, / und jener gleiches Muths, verfehlet gar die Scheibe.“ Die Scheibe l. seitlich vom Füllplatz bezeichnet: „I. R Karos“, darunter ein Wappen und hierunter: „A. S. M.“ R. vom Füllturm: „I. H Bauer.“, darunter ein Wappen und hierunter wieder Buchstaben: „I. S M.“ Die Scheibe weist 21 Durchlöcherungen auf (Schießspuren), darunter eine oben im Ballon von ungefährem Durchmesser 35. Vgl. auch die Nummern 295—305.

Grösse der Scheibe: Höhe ca. 1090, Breite ca. 1060. Befindet sich in den Bürgerlichen Schießständen.

Abbildung 53. Frankfurter Schützenverein-Frankfurt a. M.

631. — Hölzerne Schießscheibe; Darstellung eines auffahrenden Ballons, ein Luftschiffer (Blanchard) in der Gondel stehend. Schöne Landschaft, l. im Hintergrund Gebirgszug sichtbar, r. Bäume. Unten im Vordergrunde eine, den eben hochgehenden Ballon beobachtende Gruppe von drei Leuten. Weiter l. unten eine Gruppe von zum Teil lagernden Feldarbeitern. Ganz oben in der Mitte bezeichnet: „1785:“, l. darunter etwa in Ballonhöhe: „H: I: B:“, darunter ein Wappen und direckt darunter: „A: S: M:“, r. vom Ballon: „H: I:“, darunter ein Wappen und hierunter wieder die Buchstaben: „I: S: M:“ Die Scheibe weist 21 Durchlöcherungen auf, darunter eine oberhalb des Ballons von ungefährem Durchmesser von ca. 35. Jedes Loch ist ober- und unterhalb mit einer Ziffer (Bleistift) bezeichnet. Vgl. auch die Nummern 295—305.

Die Scheibe ist unbezeichnet. Grösse der Scheibe: Höhe ca. 930, Breite ca. 920. Befindet sich im Oberforsthaus.

Stadtkämmerei-Frankfurt a. M.

Spurkarten.

632. Grosses, schwarzes Papier mit angehängter Postkarte, alte ungestempelte violette 5-Pfennig-Marke aus dem Jahre 1886, datiert 21. 7. 1886, adressiert „Lt. Moedebeck, Berlin S. W. Möckernstr. 66.“

Oberstleutnant Moedebeck (†)-Berlin.

— Eine Spurkarte neuerer Ausführung, gelb-rot-blauer 4 m langer Längsstreifen (Seidenpapier) mit angehängter, nicht abgestempelter Postkarte, adressiert „Fräulein Else von Mandel, Kleindammer bei Stentsch a. d. Märk. Posner-Bahn.“

Oberstleutnant Moedebeck(†(-Berlin.

633. — Zwei Spurkarten-Formulare (Postkarte mit Rückantwort).

— Zwei benützte Spurkarten älterer Art.

— Acht benützte Spurkarten neuerer Art.

Oberstleutnant Moedebeck (†)-Berlin.

— Ein Formular einer Spurkarte mit dazu gehörigem Pergament. Finder-Couvert, gebräuchlich beim Augsburger Verein für Luftschiffahrt.

Oberstleutnant Moedebeck(†)-Berlin.

Taschentuch.

634. JAGD AUF LUFTBALLONS VOR PARIS 1870. Bedrucktes Leinentuch (Schnupftuch). Darstellung eines von deutschen Husaren (r.) durch Ergreifen der Taue zur Landung gezwungenen Ballons „Republique". Ein Husar (r.) hat bereits die noch über dem Erdboden schwebende Gondel erfasst, während der l. sichtbare Offizier die drei in der Gondel befindlichen Luftschiffer, zwei französische Soldaten und einen Zivilisten, grüsst. Ganz r. ein auf den Ballon gerichtetes Geschütz sichtbar. Ein zweiter l. oben noch freischwebender, mit vier Luftschiffern bemannter Ballon „Elan:" wird von herangaloppierenden Ulanen und reitender Artillerie verfolgt. Ein dritter, hoch oben in der Mitte schwebender, die Aufschrift „Paris-Tours." zeigender Ballon wird von einem r. auf einem Geschützrohr reitenden Ulanen verfolgt. Im Vordergrunde Husaren, im Hintergrunde Ulanen und Artillerie und Zeltlager sichtbar. Ringsherum um das schwarz bedruckte Bild, breite, rote Umrahmung. Unter dem Bilde, innerhalb der roten Umrahmung befindet sich auf weissem Felde der Aufdruck: „Husarenlied. / 1. :,: Was kommt dort aus der Höh', was kommt dort aus der / ledernen Höh', ça, ça, ledernen Höh', was kommt dort aus der Höh'? / 2. Es ist ein Luftballon? 2c. / 3. Was bringt der Luftballon, 2c. / 4. Er bringt drei Franctireurs, 2c. / 5. Ihr Diener meine Herrn, 2c. / 6. Schnell aus die Jondel 'raus! 2c. / 7. Jetzt mit den Briefen her! etc. / 8. Nach Spandau mit den Herrn! 2c. / 9. :,: So fasst man Luftballons, :,: so fasst man lederne Luftballons, ça ça Luftballons, so fasst man Luftballons!"

Grösse des Tuches ca. 660:660.

Städtisches Historisches Museum-Frankfurt a. M.

„Pellicules" (Taubenpostdepeschen 1870—1871).

Vgl. auch die Vorbemerkungen zu „Belagerung von Paris" S. 220.

635. PELLICULES. Transparente Folie in einem „LA POSTE / PAR / PIGEONS VOYAGEURS / SOUVENIR / DU SIÈGE DE PARIS / TOURS-BORDEAUX, 1870—1871" überschriebenen Karton. L. von der Aufschrift ein schwebender, mit mehreren Passagieren bemannter Ballon, eine flatternde Fahne mit der Aufschrift „LE NIEPCE" zeigend. R. von der Ueberschrift fliegende Brieftauben. Erläuternde Textangaben auf den seitlichen Kartonflächen, unter den Pellicules und auf der Rückseite des die Firma „Dagron & Cie / 66, rue Neuve des Petits Champs / Paris" tragenden Kartons. Das Pelliculehäutchen ist überschrieben l. hoch oben „627", r. hoch oben „642", dazwischen „SERVICE DES DÉPÊCHES PAR PIGEONS VOYAGEURS organisé par / M. STEENACKERS DIRECTEUR GÉNÉRAL DES TÉLÉGRAPHES ET DES POSTES / A M. MERCADIER rue de Grenelle-Saint-Germain. No 103. PARIS. / DÉPÊCHES PRIVÉES ET DE SERVICE. PHOTOGRAPHIES MICROSCOPIQUES." Le Niepce stieg in Paris am

12. November 1870 früh 9 Uhr 15 Minuten mit insgesamt fünf Mann, darunter auch dem photographischen Leiter des Ballondepeschendienstes Mr. Dagron, auf und landete nach ca. fünfstündiger Fahrt in Vitry-le-François. Auf der Rückseite des Kartons: „CHAQUE PELLICULE ETAIT LA REPRODUCTION DE / 12 OU 16 PAGES IN-FOLIO D'IMPRESSION / CENT MILLE DÉPÊCHES PESAIENT EN TOUT UN GRAMME. / UN PIGEON EUT PU FACILEMENT LES PORTER / CHAQUE PELLICULE CONTENAIT EN MOYENNE 3,000 DÉPÊCHES". / Unter der Pelliculefolie „ON ROULAIT CES PELLICULES DANS UN TUYAU DE / PLUME, QUE LES AGENTS DE L'ADMINISTRATION / ATTACHAIENT À LA QUEUE DE CHAQUE PIGEON. / LEUR EXTRÊME LÉGÈRETÉ, LEUR SOUPLESSE ET / LEUR IMPERMÉABILITÉ, LES RENDAIENT TOUT À FAIT / CONVENABLES À CET USAGE."

Grösse der Folie ca. 50:29. Zwei Exemplare, das eine stark beschädigt.

August Heimpel-Frankfurt a. M.

636. — Transparente Folie zwischen zwei Glasplatten befindlich.

75:315 mm. Dr. Ernst Pollack-Berlin.

Teller.

637. ZINNTELLER. Darstellung eines schwebenden Ballons. In der Gondel ein Luftschiffer (Blanchard) zwei Fahnen schwenkend. Die l. befindliche „d. i2. Nov", die r. befindliche „.i.7. 87." als Aufschrift zeigend. Unter der l. Fahne vier in der Luft schwebende Zettel (Depeschen?), der ganz l. befindliche die Buchstaben „Nü", der mittlere „rn" und der r. davon befindliche „berg" zeigend. Der vierte darunter befindliche Zettel unbeschrieben. 28. Luftreise Blanchards den 12. November 1787 Nürnberg. Vgl. Nr. 323—328 und Nr. 524 und 525. R. von der Gondel als besondere Gravierung Darstellung des mit einem Hunde als Passagier herabkommenden Fallschirmes. Auf der Rückseite ein runder Giesserstempel. Oben von der Aufschrift Englisch Zinn nur noch die Buchstaben „ELISCH ZIN" wahrnehmbar. Darunter die stehende Justitia mit der Wage und l. unten die Buchstaben „IG" und r. „K" sichtbar. Arbeit des Frankfurter Zinngiessers Johann Georg Klingling, „Sohn des Adrian, 1773 Meister, Eidam des Philipp Jakob Schott, † 1796." vgl. Alexander Dietz: Das Frankfurter Zinngiessergewerbe und seine Blüthezeit im 18. Jahrhundert. In der Festschrift zur Feier des 25 jährigen Bestehens des Städtischen Historischen Museums. Frankfurt am Main 1893. S. 178. (Im Besitze von Dr. Liebmann-Frankfurt a. M.)

Durchmesser des Tellers 270, Höhe desselben 13. Mit geschweiftem, erhöhtem, rokokoartigem Rand, Breite desselben 27.

Direktor Dr. Scholderer(†)-Schönberg-Cronberg;
jetzt Senckenbergische Bibliothek-Frankfurt a. M.

638. — FAYENCETELLER, in der Mitte einen Luftballon (blau, gelb, rot und braun gemalt) zeigend. In der mit zwei Luftschiffern bemannten, blau-gelb bemalten Gondel l. eine blaugeränderte weisse Fahne sichtbar. L. vom Ballon über der Fahne die Aufschrift: „Bon" und r. vom Ballon in gleicher Höhe: „voyage". Der Rand des Tellers zeigt einfaches, farbiges Dekor.

Fayenceteller (Strassburger?), durch Sprünge beschädigt. Durchmesser 230.

Alexander Haas-Frankfurt a. M.

Silberner Zahnstocherbehälter.

639. Länglicher Luftballon, dessen obere Hälfte mit kleinen Löchern zum Hereinstecken von Zahnstochern versehen ist. In der Gondel r. und l. je eine Fahne gehisst.

Biedermeierzeit. Grösse des silbernen Behälters: Höhe ca. 120, äusserste Breite ca. 60. Gewicht: 38,3 gr.

Th. Löwenthal-Stuttgart.

BÜCHERABTEILUNG

I.

ALLGEMEINES – GESAMTDARSTELLUNGEN
DIE GESCHICHTE DER LUFTSCHIFFAHRT
BIBLIOGRAPHIE
ZEIT- UND GESELLSCHAFTS-SCHRIFTEN

640. **Bourgeois,** David: Recherches sur l'art de voler, depuis la plus haute antiquité jusqu'à ce jour; Pour servir de Supplément à la Description des Expériences aérostatiques de M. Faujas de Saint-Fond.

Paris, Cuchet, 1784. *VIII + 143 S. 8°*

Supplement zu Nr. 978. Eine deutsche Bearbeitung von Kramp: Nr. 641.

Joseph Baer & Co.-Frankfurt a. M.;
jetzt Senckenbergische Bibliothek-Frankfurt a. M.

— Dasselbe. *Beigebunden an* Montgolfier: Discours sur l'aérostate. Paris 1784.

K. B. Hof- und Staatsbibliothek-München.

641. [**Kramp,** Christian:] Geschichte der Aerostatik, historisch, physisch und mathematisch ausgeführt. Mit Kupfern. Theil 1. Theil 2 (1. Hälfte).

Strasburg, Akad. Buchhandlung, 1784. *1: XLVIII + 357 S. 8° 9 Taf. 2: XVIII + 233 S. 8° 5 Taf.*

Die Kupfer des 1. Teils stellen dar: Doppelbildnis der Brüder Montgolfier nach der Schaumünze (Nr. 54); Montgolfière, die am 19. Okt. 1783 in Paris mit 2 Personen 324 Schuhe in die Höhe gestiegen ist; aërostat. Maschine von Charles und Robert, die am 1. Dez. 1783 in den Tuilerien zu Paris aufgestiegen ist etc. Die Kupfer des 2. Teils stellen dar: Bildnis von Charles; den von Joseph Montgolfier erbauten Ballon „Le Flesselles", der am 19. Jan. 1784 in Lyon aufgestiegen ist etc.

Senckenbergische Bibliothek-Frankfurt a. M.

— Dasselbe. Zweyten Theils Zweyte Hälfte.

(Strasburg 1785.) *VIII + S. 235–359. 8°.*

Freie Uebersetzung von Bourgeois: Recherches sur l'art de voler... Paris 1784. (Nr. 640.)

Senckenbergische Bibliothek-Frankfurt a. M.

Beilage unter dem Titel:

642. [**Rosenthal**, Gottfried Erich:] Beylage zu des Herrn Krampens Geschichte der Aerostatick.

Gotha, Ettinger, 1785. *49 S. 8°.*

Deutsches Museum-München.

643. (**Paintner**, Michael:) An Herrn J. Rezensenten der neuen Ausgabe von Zamagna's Gedichte über das Luftschiff [von Lana].

3 Bl. 8°. Beigebunden an Zamagna, Bernardus de: Navis aeria. Ed. Michael Paintner. Viennae 1784.

Aus Realzeitung Nr. 26 am 29. Juny 1784. (Wien.)

Stadtbibliothek-Hamburg.

Ro*[zier]**, A. G.: Dissertation sur les aérostates des anciens et des Modernes. 1784. Nr. 1042.

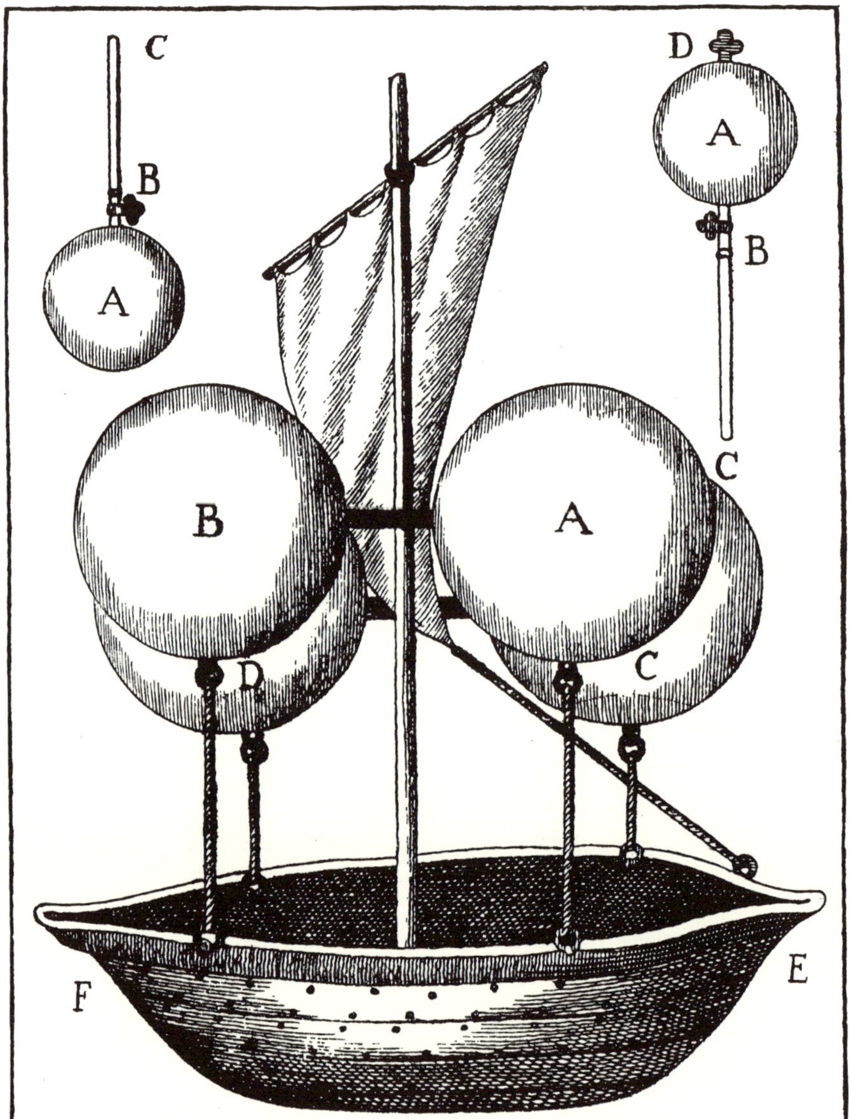

Abb. 54. Lanas Luftbarke. (Vgl. Nr. 935.)

644. **Cavallo,** Tiberius: The history and practice of aerostation.

London, Printed for the author, 1785. *VIII + 326 S. + 4 Bl. Index. 2 Taf.*

Deutsche Uebersetzung: Nr. 646.

Alexander Haas-Frankfurt a. M.
Dr. Gans-Fabrice-Garmisch.

[**Rosenthal**, Gottfried Erich]: Beylage zu des Herrn Krampens Geschichte der Aerostatick. 1785. Nr. 642.

645. **Baldwin**, Thomas: Airopaidia: containing the narrative of a balloon excursion from Chester, the eight of September, 1785, taken from minutes made during the Voyage: Hints on the improvement of balloons, and mode of inflation by steam: . . . the whole serving as an introduction to aërial navigation: with a copious index.

Chester, J. Fletcher, 1786. *VIII + 360 S. 4 Taf.*

Königliche Bibliothek-Berlin.

646. **Cavallo**, Tiberius: Geschichte und Praxis der Aerostatik. Aus dem Englischen übersetzt. Nebst zwo Kupfertafeln.

Leipzig, Schwickert, 1786. *2 Bl. + 226 S. 2 Taf.*

Uebersetzung von Nr. 644.

Senckenbergische Bibliothek-Frankfurt a. M.
Alexander Haas-Frankfurt a. M.

647. **Murhard**, Friedrich: Die wichtigsten Lehren der Physik historisch bearbeitet. Bd. 1. Mit zwey Kupfertafeln.

Göttingen, J. G. Rosenbusch's Wittwe, 1799. *928 S. 8° 2 Taf.*

Enth. in Kapitel 1, S. 32—232: Geschichte der Montgolfièren.

K. B. Hof- und Staatsbibliothek-München.

648. **Busch**, G. L.: Versuch eines Handbuchs der Erfindungen. Th. 1—8.

Wien und Prag, F. Haas, 1801. 8°.

Enth. Artikel: „Aërostatische Maschine". Th. 1. S. 6—7; „Luftschiffkunst, Aëronautik". Th. 3. S. 380—393; beide mit Literaturnachweisen.

Dr. Ed. Langer-Braunau i. B.

649. **Luftschiffkunst,** Luftschifffahrt, Aeronautik. 8°.

[Aus Johann Georg Krünitz: ökonomisch-technologische Encyklopädie . . . T. 81. Berlin 1801. S. 583—651. Taf. 17. 18. 19.]

Am Schluss, S. 646—651, Literaturverzeichnis.

Dr. Ed. Langer-Braunau i. B.

Zachariä, August Wilhelm: Die Elemente der Luftschwimmkunst. 1807. Nr. 1118.

650. Die **Kunst** zu fliegen oder Geschichte aller Luftfahrten von Dädalus bis auf die neuesten Versuche in Wien 1808. Mit 2 Kupfern. [Ballon von Zambeccari u. Degens Flug-Maschine.]

[Wien] Schrämbl [1808]. *32 S. 8°. 2 Taf.*

Deutsches Museum-München.

651. Kurze **Geschichte** der Luftschifkunst; und Übersicht der Ursachen, warum es nie möglich seyn wird, Luftbälle von der bisher gewöhnlichen Grösse mit menschlichen Kräften nach Willkür zu lenken: nebst einigen Bemerkungen über die neuesten Versuche in der vorgeblichen Kunst zu fliegen.

In Historisch-genealogischer Kalender auf das Jahr 1810. S. 177–263.

S. 248 Vorschlag, Ruder durch eine Dampfmaschine zu bewegen.

Dr. Ed. Langer-Braunau i. B.

652. **Krug**: Über das Luftschiffen und das Tabakrauchen. Zwei Vorlesungen im Beygangschen Museum zu Leipzig.

Leipzig, J. G. Beygang, 1810. *VI + 66 S. 8°.*

Deutsches Museum-München.

653. **Borgnis**, J.-A.: Traité complet de mécanique appliquée aux arts, ... Des Machines imitatives et des Machines théâtrales.

Paris, Bachelier, 1820. *VIII + 3 Bl. + 298 S. 4° 27 Taf.*

Enth.: Parachutes et ballons. Livre Ier. Chap. 3. Article 2. S. 105–117.

Dr. Ed. Langer-Braunau i. B.

654. **Zachariä**, August Wilhelm: Geschichte der Luftschwimmkunst, von 1783 bis zu den Wendelsteiner Fallversuchen.

Leipzig, Selbstverl., C. Cnobloch in Komm., 1823. *XVI + 199 S. 8°.*

Dr. H. Trommsdorf-Heidelberg;
jetzt Senckenbergische Bibliothek-Frankfurt a. M.

655. **M**[**uncke**, Georg Wilhelm:] Aërostat. Aërostatische Maschine; Luftballon; Montgolfière; Charlière. *Unterzeichnet* M.

[Aus Johann Samuel Traugott Gehler's Physikal. Wörterbuch neu bearb. v. Brandes, Gmelin, Horner, Muncke, Pfaff. Bd 1. 1825. (?)]

Deutsches Museum-München.

656. **Forster**, T[homas]: Annals of some remarkable aërial and alpine voyages, including those of the author; to which are added, observations on the partial deafness to which aerial and mountain travellers are liable, and an essay on the flight and migration of birds, the whole being intended as supplementary to „Researches about atmospheric phenomena".

London, Keating and Brown and Heighly, 1832. *XV + 112 S. 8°. (Appendix S. 113 ff. fehlt).*

Vgl. Nr. 1477. Senckenbergische Bibliothek-Frankfurt a. M.

— Dasselbe. *Vollständiges Exemplar (XV + 118 S. + 1 Bl.), beigeb. an* Forster, Thomas: Researches about atmospheric phaenomena. Third. ed. 1832.

Joseph Baer & Co.-Frankfurt a. M.

657. [**Doering**, Philipp Jacob, *Pseudon.*] D. Ring: Neueste Chronik von der freien Stadt Frankfurt am Main, oder: geschichtliche Erzählung der merkwürdigsten Begebenheiten, welche sich seit Anfang des vorigen Jahrhunderts bis auf unsere Zeit in Frankfurt zugetragen haben, nebst Anzeige der neuesten nützlichsten Erfindungen, Lehranstalten, wissenschaftlichen Institute, Stiftungen, Prachtgebäude, geschickten Maler und Künstler, der vorzüglichsten Fabriken etc. seit 40 Jahren, von 1792—1832. In 2 Theilen. Mit 8 Kupfern. *Auch unter dem Titel:* Vierzig Jahre von Frankfurt am Main, oder: Frankfurt im Jahr 1792, im Jahr 1832 und im Jahr 1872, nebst einer chronologischen Uebersicht der merkwürdigsten Begebenheiten Frankfurts von 1700 bis 1833. Th. 1 mit zwei Kupfern. Th. 2.

Frankfurt a. M., Döring, 1834. *1: XVI + 108 S. 8° 1 Taf. 2: 131 S. + S. 131—140 der 2. Ausgabe der Chronik von Frankfurt a. M. 4 Taf. u. 1 Karte.*

Enth. Schilderungen und Notizen über Ballonaufstiege in Frankfurt a. M.: Blanchard 1785. Th. 1. S. 51—54; Garnerin 1805. S. 89; Frau Blanchard 1810. S. 92—93.

Stadtarchiv-Frankfurt a. M.

658. **Luchtbollen** en luchtreizigers.

In Het Leeskabinet. Voor 1834. Vierde deel. Met [2] Platen. Amsterdam, H. Frijlink, 1834. S. *224—232. 2 Taf.*

Dr. Ed. Langer-Braunau i. B.

Die **Reise** der Herren Karl Green, Robert Hollond und Thomas Monk-Mason von London nach Weilburg am 7. und 8. November 1836 in dem Luftschiffe Royal-Vauxhall-Nassau. Voraus geht eine kurze Geschichte der Aeronautik. 1837.

Nr. 1150.

659. **Cenni** storici sull' aeronautica fino alle recenti ascensioni fatte dal Sig. Green e compagni da Londra e da Parigi con appendice fino agli ultimi voli e tentativi per la direzione degli aerostati.

Firenze, S. Birindelli, 1838. *175 S. 8°.*

Vorrede unterzeichnet: L. G. = Luigi Garibbo, der nach Angabe von Boffito: Saggio di Bibliografia Aeronautica Italiana. Firenze 1906. S. 12. der Verfasser ist.

Joseph Baer & Co.-Frankfurt a. M.

660. **Mason**, [Thomas] Monck: Aeronautica; or, sketches illustrative of the theory and practice of aerostation: comprising an enlarged account of the late aerial expedition to Germany. With plates.

London, F. C. Westley, 1838. *VII + 355 S. 8°. 6 Taf.*

Enth. u. a. ein Verzeichnis von Luftschiffern und die Luftreise von Green, Hollond und dem Verfasser von London nach Weilburg.

Dr. Ed. Langer-Braunau i. B.

661. **Rambelli**, Gianfrancesco: Intorno invenzioni e scoperte Italiane. Lettere a D. Domenico Maria Ferri.

Modena, Vicenzi e Rossi, 1844. *520 S. 8°.*

Enth. Lettera 4: Globi Areostatici.

Joseph Baer & Co.-Frankfurt a. M.

662. Das illustrirte **Lesebuch** für Schule und Haus ... Mit einem Stahlstiche und zahlreichen Holzschnitten. Hrsg. von A. B. Reichenbach.

Leipzig, Baumgärtner, 1846.

Enth. S. 159—166: „Die Luftschifffahrt“. Mit 1 Abb. des Luftdampfwagens von Henson.

Dr. Alex Meyer-Frankfurt a. M.

663. **Poppe**, Johann Heinrich Moritz v.: Geschichte aller Erfindungen und Entdeckungen im Bereiche der Gewerbe, Künste und Wissenschaften von der frühesten Zeit bis auf unsere Tage. Beschreibend und in Abbildungen dargestellt. 2., bis auf die neueste Zeit vervollständigte Auflage. Mit 162 Abbildungen auf 32 Tafeln.

Frankfurt a. M., Baer, 1847. *XXVI + 612 S. 8°. 32 Taf.*

Enth. in § 462 u. 463 kurzen Abriss der Geschichte der Kunst in die Luft zu steigen. S. 472—474. Dazu Abb. auf Taf. 31.

Dr. Ed. Langer-Braunau i. B.

664. **Langensiepen**, C. F.: Kurze Geschichte der Luftschifferkunst für die Jugend und ihre Freunde.

Elberfeld, J. W. Schmachtenberg [o. J. (1848?)]. *36 S. 8° 1 Taf.*

Deutsches Museum-München.
J. J. Bourcart-Kolmar;
jetzt Senckenbergische Bibliothek-Frankfurt a. M.

665. **Dupuis-Delcourt** [,Jean-Baptiste]: Nouveau manuel complet d'aérostation ou guide pour servir à l'histoire et à la pratique des ballons.

Paris, Roret, 1850. *VI + 292 S. 8° 16 Taf.*

Grossh. Hess. Hofbibliothek-Darmstadt.

666. **Marchand**, R[ichard]. F[elix].: Ueber die Luftschifffahrt. Ein Vortrag im wissenschaftlichen Vereine zu Berlin am 12. Januar 1850.

Leipzig, J. A. Barth, 1850. *56 S. 8°.*

Zahlreiche Anmerkungen und Literaturnachweise.

Kgl. Oeffentliche Bibliothek-Dresden.

667. **Wise**, John: A system of aeronautics, comprehending its earliest investigations, and modern practice and art. Designed as a history for the common reader, and guide to the student of the art. In three parts. Containing an Account of the various attempts in the Art of Flying by Artificial Means, from the Earliest

Period down to the Discovery of the Aeronautic Machine by the Montgolfiers, in 1782, and to a later Period. With a brief history of the author's fifteen year's experience in aerial voyages. Also, full instructions in the art of making balloons, parachutes, etc. etc., as adapted to the practice of aerial navigation, and directions to prepare experimental balloons.

Philadelphia, Joseph A. Speel, 1850. *310 S. 8° 13 Taf.*

Bücherei des Kais. Patentamts-Berlin.

668. **Zeise**, H[einrich]: Die Aëronautik früher und jetzt, nebst theoretischen und practischen Vorschlägen zu einer vervollkommneteren Luftschifffahrtskunst und Benutzung des Luftballs für technische und industrielle Zwecke. Vorträge, gehalten im Altonaer Bürgerverein im Winter 1849/50. Mit Zeichnungen.

Altona, C. Th. Schlüter in Komm., 1850. *VIII + 190 S. + 1 Bl. 8° 1 Taf.*

Joseph Baer & Co.-Frankfurt a. M.;
jetzt Senckenbergische Bibliothek-Frankfurt a. M.

669. **Histoire** des ballons et des locomotives aériennes depuis Dédale jusqu'à Pétin. Illustrée par H. Emy, etc.

Paris, Maresq et Cie., 1851. *32 S. 4°.*

Joseph Baer & Co.-Frankfurt a. M.

670. **Turgan**, Julien: Les ballons. Histoire de la locomotion aérienne depuis son origine jusqu'à nos jours. Précédé d'une introduction par Gérard de Nerval. Ouvrage orné de vignettes copiées sur les gravures authentiques et contemporaines.

Paris, Plon frères, 1851. *IV + 208 S. 8° 17 Taf.*

Eine deutsche Bearbeitung von Ferd. Frhrn. von Biedenfeld: Nr. 673.

Joseph Baer & Co.-Frankfurt a. M.

671. **Tollin**, F.: L'aéronautique d'après nature. Science positive nouvelle et son application pratique <Avec 4 Planches>. Par F. Tollin. Rédigé sur les manuscrits de l'auteur, annoté et publié par I. B. G. Galiffe.

Genève, É. Carey, 1852. *VIII + 95 S. 4° 4 Doppeltaf.*

Enth. u. a. Urteile über Degen, Henson. 2e partie: Le vol actif. 3e: Le vol passif.

J. J. Bourcart-Kolmar;
jetzt Senckenbergische Bibliothek-Frankfurt a. M.

672. **Mangin**, Arthur: La navigation aérienne. Nouvelle édition.

Tours, Ad. Mame et Cie., 1862. *188 S. 8° 1 Taf.*

(Bibliothèque des Écoles chrétiennes approuvée par S. Ém. Mgr. le Cardinal Archevêque de Paris. 2e série.)

Joseph Baer & Co.-Frankfurt a. M.

673. **Turgan**, Julien: Die Luftballone und das Reisen durch die Luft. Eine populäre Geschichte der Erfindung der Luftballone, aller bisherigen Fortschritte in der Kunst der Luftreisen, aller vorzüglichen Luftfahrten mit ihren merkwürdigsten

Gefahren und Abentheuern. Frei nach dem Französischen des Julien Turgan und wesentlich bereichert von Ferd. Frhrn. v. Biedenfeld. Zweite vermehrte Auflage. Mit 16 Tafeln enthaltend die historisch treuen Abbildungen der vorzüglichsten Luftfahrten und Luftschiffapparate.

Weimar, B. F. Voigt, 1862. *XIV + 379 S. 16 Taf.*

Deutsche Bearbeitung von Nr. 670.

Bücherei des Kais. Patentamts-Berlin.

674. L'**Aéronaute.**[1]) Moniteur de la Société générale (No. Spécimen: d'Aérostation et d'Automotion aérienne) de Navigation Aérienne. Directeur: Nadar, Fondateur. Rédaction, secrétaire: T. Saint-Félix. (No. 2, 3: A. Auray. No. 4: E. Richebourg. No. 5: Yves Guyot.) No. [1.] Spécimen — 5.

(Paris [1863] 1864: J. Claye) *gr. fol.* [Kopftit.]

No. [1.] Spécimen [1863]. *8 S.* — No. 2. 7 Février 1864. *8 S.* — No. 3. 20 Avril 1864. *8 S.* — No. 4. 13 Septembre 1864. *8 S.* — No. 5. 10 Décembre 1864. *8 S.*

Die Zeitschrift sollte 12 mal im Jahr erscheinen zum Preise von 6 fr. für den Jahrgang, von 50 cent. für die Nummer. Mit No. 5 stellte das Blatt sein Erscheinen ein; die Zahl der Abonnenten betrug nur noch 42. Der Name der Zeitschrift wurde mit Genehmigung des Hrsg. Nadar später von einem anderen Unternehmen wieder aufgenommen. (Nr. 681.)

J. J. Bourcart-Kolmar;
jetzt Senckenbergische Bibliothek-Frankfurt a. M.

675. **Landelle,** G. de la: Société d'encouragement pour l'aviation ou locomotion aérienne au moyen d'appareils plus lourds que l'air.

Paris, J. Claye, 1867. [Umschlagtit.]

Enthält: 1. Société d'encouragement pour la locomotion aérienne au moyen d'appareils plus lourds que l'air. . . . Rapport du conseil d'administration sur le premier exercice 1864. De la Landelle, rapporteur.

(Paris, J. Claye, 1865.) *32 S. 8°.*

2. Société d'encouragement pour l'aviation ou locomotion aérienne au moyen d'appareils plus lourds que l'air. . . . Rapport du conseil d'administration sur le deuxième exercice 1865. De la Landelle, rapporteur.

ebd. 1866. *64 S. 8°.*

3. Société d'encouragement pour l'aviation ou locomotion aérienne mécanique au moyen d'appareils plus lourds que l'air. . . . Rapport du conseil d'administration sur le troisième exercice 1866. De la Landelle, rapporteur.

ebd. 1867. *22 S. + 1 Bl. 8°.*

Deutsches Museum-München.
J. J. Bourcart-Kolmar;
jetzt Senckenbergische Bibliothek-Frankfurt a. M.

Nadar *Pseudonym für* Félix Tournachon: Le droit au vol. [1865]. Nr. 1369.

[1]) Etwas früher kam in England eine aëronautische Monatschrift heraus: „The antiquarian and ærostatic miscellany". In London bei F. W. Wheeler 1855 erschienen. Die beiden ersten Nummern sind vom Februar bezw. März 1855 datiert; die vom Februar umfasst S. 1—30, die vom März S. 31—62. Ob mehr erschienen?

676. **Turnor**, (Christopher) Hatton: Astra Castra. Experiments and adventures in the atmosphere.

London, Chapmann and Hall, 1865. *XXIII + 530 S. 4° 41 Taf.*

Senckenbergische Bibliothek-Frankfurt a. M.
Alexander Haas-Frankfurt a. M.

677. Aërial **Locomotion** From the Transactions of the Aëronautical Society of Great Britain.

London and New York, Cassell, Petter, and Galpin, [1866]. *73 S. 8° 2 Taf.*
Enth.: First Annual Report of the Aëronautical Society of Great Britain, fort the year 1866.

Deutsches Museum-München.

678. **Aéromotion.** Mémoire sur la science et l'art de la navigation aérienne par J^n. B.

Bayonne, Veuve Lamaignère, 1867. *53 S. 8°.*

Deutsches Museum-München.

679. **Marion**, F[ulgence]: Les ballons et les voyages aériens. Ouvrage ill. de 30 vignettes sur bois par P. Sellier.

Paris, L. Hachette et Cie., 1867. *328 S. 8°.*
2. Aufl.: Nr. 682. 3. Aufl.: Nr. 686.

Deutsches Museum-München.

680. (**R**[**uelens**], C[h].:) L'art de naviguer dans les airs. Causerie bibliographico-aérostatique.

Bruxelles, Toint-Scohier, 1867. *15 S. 8°.*

Aus Bibliophile Belge. Tome 2.

Hinweis auf das Viridarium des Jesuitenpaters Franciscus de Mendoça 1650, das Aeusserungen über Luftschiffahrt enthält. — Erwähnung eines Projektes von Deminne (1865) und einer Erfindung des Autors, einen Ballon ohne Gasverlust nach Belieben steigen und fallen zu lassen.

Stadtbibliothek-Hamburg.

681. L'**Aéronaute.** Bulletin mensuel international de la navigation aérienne.

[Année 1re, no 1.] Avril 1868 — [no 6] Septembre 1868. Année 1re, no 8. Novembre 1868. no 9. Décembre 1868.

Année 2e, no 1. Janvier 1869 — no 5. Mai 1869. no 10. Octobre 1869 — no 12. Décembre 1869.

Année 3e, no 1. Janvier 1870 — no 5. Mai 1870.

Paris (1868. 1869. 1870: Ch. Schiller) 8°.

Der Vorläufer des Blattes wurde unter dem gleichen Namen im J. 1863 von Nadar begründet. (Nr. 674.)

J. J. Bourcart-Kolmar;
jetzt Senckenbergische Bibliothek-Frankfurt a. M.

Abb. 55. „La Passarola“ von Gusmão 1709. Älteste Darstellung.
(Vgl. Nr. 953 und Abb. 8.)

682. **Marion**, Fulgence: Les ballons et les voyages aériens. 2e édition. Ouvrage ill. de 30 vignettes par P. Sellier.

Paris, L. Hachette et Cie., 1869. *336 S. 8°.*

1. Aufl.: Nr. 679.

F. B. Auffarth-Frankfurt a. M.

683. **Vaschalde**, Henry: Les ballons Depuis leur invention jusqu' au dernier siège de Paris.

Aubenas, L. Escudier, 1872. *2 Bl. + 90 S. 8°.*

Deutsches Museum-München.

684. [**Desclosières**, G.:] Biographie des grands inventeurs dans les sciences, les arts et l'industrie. (Cinquième édition). Aérostation, navigation aérienne.

In L'Investigateur. Journal de la Société des études historiques. Anné 39. Paris, E. Thorin, 1873. S. 16—31.

Behandelt die Brüder Montgolfier, Pilâtre de Rozier, Charles und die Brüder Robert, Blanchard.

Germanisches Nationalmuseum-Nürnberg.

685. **Statuts** et règlement de la Société française de navigation aérienne [à Paris]. Approuvée par décision de M. le Ministre de l'Instruction publique en date du 12 décembre 1873.

(Paris, Selbstverlag,) [1873]. *16 S. 8°.*

Joseph Baer & Co.-Frankfurt a. M.;
jetzt Senckenbergische Bibliothek-Frankfurt a. M.

686. **Marion**, Fulgence: Les ballons et les voyages aériens. 3e édition rev. et augmentée ill. de 34 vignettes sur bois par P. Sellier.

Paris, Hachette et Cie., 1874. *343 S. 8°.*

1. Aufl.: Nr. 679.

Kais. Universitäts- und Landes-Bibliothek-Strassburg i. E.

687. **Durassier**, Henry: La navigation aérienne. Ses rapports avec la navigation aquatique. <Avec 11 figures>.

Paris, Berger-Levrault et Cie., 1875. *26 S. 8°.*

(*Aus* Revue maritime et coloniale.)

Bücherei des Kais. Patentamts-Berlin.

688. **Duroy de Bruignac**, A[lbert]: Recherches sur la navigation aérienne. Essai de comparaison entre les principaux systèmes.

Paris, J. Baudry, 1875. *45 S. 8°.*

Joseph Baer & Co.-Frankfurt a. M.;
jetzt Senckenbergische Bibliothek-Frankfurt a. M.

689. **Sircos**, A., et Th. **Pallier**: Histoire des ballons et des ascensions célèbres. Avec une préface de Nadar. Dessins de A. Tissandier et des meilleurs artistes.

Paris, F. Roy, 1876. *476 S. 4°.*

Senckenbergische Bibliothek-Frankfurt a. M.

690. **Dangé** d'Orsay: Les ascensions célèbres.

In Journal des Expositions Officielles et Particulières ... 2ᵉ Année. 2ᵉ Série. No. 14. 15—23 Septembre 1878. Paris.

Mit Abbildungen im Text. Deutsches Museum-München.

691. **Meunier**, Victor: Description détaillée du ballon captif. Sa confection-son volume-ses accessoires.

In Journal des Expositions Officielles et Particulières ... 2ᵉ année. 2ᵉ Série. No. 14. 15—23 Septembre 1878. Paris.

Mit Abbildungen des Ballons im Text. Deutsches Museum-München.

692. **Giroud** de Villette, J.: Le premier aérostat monté.

(Paris,) A. Ghio, 1880. *200 S. 8° 5 Taf.*

Bücherei des Kais. Patentamts-Berlin.

693. **Mauder**, Josef: Geschichte über die Luftschiffahrt und über das gelöste Problem der Lenkbarkeit des Ballons, sein Werth im Kriege mit Rücksicht auf die in England als Kriegsmaterial eingeführten Ballons Captif und der in Frankreich bestehenden aëronautischen Schule und eines Aëronauten-Corps von 1000 Mann.

Wien, Genossenschafts-Buchdruckerei, 1880. *132 S. 8° 2 Taf.*

Enth. Abbildung von Haenleins patentiertem rotierenden Gasmotor.

Bücherei des Kais. Patentamts-Berlin.

694. **Note.** Exposition internationale d'électricité. Académie d'aérostation météorologique.... Note pour MM. les membres du jury.

Paris, Chaix, 1881. *16 S. 4°.* F. B. Auffarth-Frankfurt a. M.

695. **Figuier**, Louis: Les aérostats. Ouvrage ill. de 53 gravures sur bois.

Paris, Furne, Jouvet et Cie., 1882. *268 S. 8°.*

Professor Dr. F. Michel-Frankfurt a. M.;
jetzt Senckenbergische Bibliothek-Frankfurt a. M.

696. **Zeitschrift** des Deutschen Vereins zur Förderung der Luftschifffahrt. Red.: Wilhelm Angerstein. Jg. 1—7.

Berlin, Polytechn. Buchh. A. Seydel (4 ff.: W. H. Kühl), 1882—88. *8°.*

1. 1882. *384 S.* — 2. 1883. *384 S. 1 Taf.* — 3. 1884. *388 S.* — 4. 1885. *384 S.*
5. 1886. *376 S. 3 Taf.* — 6. 1887. *384 S. 3 Taf.* — 7. 1888. *400 S. 1 Taf.*

Fortgesetzt als:

Zeitschrift für Luftschiffahrt. Hrsg. vom Deutschen Verein zur Förderung der Luftschiffahrt in Berlin und vom Flugtechnischen Verein in Wien, (9 f.: zugleich Organ des Münchener Vereines für Luftschiffahrt) red. von Wilhelm Angerstein (10: V. Kremser). Jg. 8—10: 1891.

Berlin, W. H. Kühl, 1889—91. *8°.*

8. 1889. *296 S. 3 Taf. Angeb.* Bücher-Verzeichniss der Bibliothek des Deutschen Vereins zur Förderung der Luftschifffahrt. *16 S.*

9. 1890. *296 S. 1 Taf.* — 10. 1891. *308 S. 1 Taf.*

Fortgesetzt als:

Zeitschrift für Luftschiffahrt und Physik der Atmosphäre. Hrsg. von dem Deutschen Vereine zur Förderung der Luftschiffahrt in Berlin und dem Flugtechnischen Vereine in Wien (*später* Wiener Flugtechnischem Vereine), zugleich Organ des Münchener Vereines für Luftschiffahrt. Red. von V. Kremser (15: A. Berson). Jg. 11: 1892 — 15: 1896.

Berlin, Mayer & Müller, 1892—96. *8°.*

11. 1892. *X + 322 S. 2 Taf.*

12. 1893. *VIII + 322 S.* [Nebst]

Beilage zu H. 10: Georg Wellner: Versuche über den Luftwiderstand gewölbter Flächen im Winde und auf Eisenbahnen. 1893. *48 S.*

13. 1894. *VIII + 340 S. 5 Taf. Angeb.* Nachtrag zum Bücher-Verzeichniss . . . *6 Bl.*

14. 1895. *VII + 312 S. 7 Taf.*

15. 1896. *VII + 316 S. 6 Taf.* [Nebst]

Separat-Beilage: A. von Parseval: Der Drachen-Ballon. *32 S.*

Fortgesetzt als:

Zeitschrift für Luftschiffahrt und Physik der Atmosphäre. Hrsg. von dem Deutschen Vereine zur Förderung der Luftschiffahrt in Berlin und dem Wiener Flugtechnischen Vereine. (16 f.: Zugleich Organ des Oberrheinischen Vereines für Luftschiffahrt in Strassburg.) Jg. 16: 1897 — 19: 1900 [Mehr nicht ersch.].

Berlin, Mayer & Müller, 1897—1900. *8°.*

16. 17. Red. von A. Berson.

16. 1897. *V + 328 S. 2 Taf.* — 17. 1898. *VI + 288 S. 1 Taf.*

18. Geleitet von Karl Milla. 1899. *VIII + 308 S. 3 Taf.*

19. Red. von Joseph Altmann. 1900. *VI + 280 S. 2 Kt.*

Kgl. Universitätsbibliothek-Göttingen.

— Dasselbe. Jg. 15: 1896 — 17: 1898.

Senckenbergische Bibliothek-Frankfurt a. M.

697. **Auerbach**, Felix: Hundert Jahre Luftschifffahrt. Die Aëronautik nach ihrer Entwickelung und ihrem gegenwärtigen Stande für weitere Kreise wissenschaftlich dargestellt. Mit Abb.

Breslau, J. U. Kern (Max Müller), 1883. *67 S. 8°.*

Grossh. Hess. Hofbibliothek-Darmstadt.

698. Im **Ballon**. Eine Schilderung der Fahrten des Wiener Luftballons „Vindobona" im Jahre 1882, sowie der früheren Wiener Luftfahrten <1791—1881>, weiters eine Beschreibung der bedeutendsten und interessantesten Ascensionen, die überhaupt je stattgefunden haben, und endlich eine Aufzählung aller jener Luftfahrten, bei denen Menschenleben zum Opfer gefallen sind. Hrsg. von Victor Silberer. Mit 14 Abb.

Wien, Allg. Sport-Zeitung, 1883. *V + 1 Bl. + 324 S. 8° 14 Taf.*

F. B. Auffarth-Frankfurt a. M.

699. **Julhes**, E. L.: Historique des ballons depuis 1773 jusqu'à 1883. Les ballons. — Le parachute. — Direction des ballons. — L'aérostation militaire. — Les aéronautes célèbres. — Les victimes de l'aérostation.

(Vichy, Wallon, 1883.) *16 S. 8°* [Umschlagtit.]

Joseph Baer & Co.-Frankfurt a. M.

700. **Graffigny**, H[enri] de: Récits d'un aéronaute. Histoire de l'aérostation. Fantaisies aérostatiques.

Paris, Ch. Delagrave, 1885. *297 S. 8°.*

Senckenbergische Bibliothek-Frankfurt a. M.

701. [**Grotefend**, Hermann:] Zur Jubelfeier der ersten Luftschifffahrt in Deutschland am 27. September und 3. Oktober 1785 zu Frankfurt a. M.

In Frankfurter Nachrichten. 1885. Nr. 226 — Samstag, den 26. September. S. 4236-4238 — und Nr. 227 — Sonntag, den 27. September. S. 4250-4252.

Blanchards Aufstieg in Frankfurt a. M. am 3. Oktober 1785; am 27. September fand kein Aufstieg statt.

H. Minjon-Frankfurt a. M.

702. **May**, G.: Ballooning: a concise sketch of its history and principles.

London, Symons and Co., 1885. *2 Bl. + 94 S. + 1 Bl. 8° 1 Doppeltaf.*

(The Specialists' Series. Vol. 3.) F. B. Auffarth-Frankfurt a. M.

703. **Stöber**, August: Neue Alsatia. Beiträge zu Landeskunde, Geschichte .... des Elsasses ausgewählt aus 50 Jahren literarischer Thätigkeit des Verfassers 1834—1884. Zugleich Schlussband der „Alsatia".

Mülhausen i. E., S. Petry, 1885.

Enth.: „Die ersten Luftballons im Elsass". (1783. 1784). (Aus zeitgenössischen Berichten). S. 286—289.

Kais. Universitäts- und Landes-Bibliothek-Strassburg i. E.

704. **Moedebeck**, H[ermann Wilhelm Ludwig]: Handbuch der Luftschiffahrt mit besonderer Berücksichtigung ihrer militairischen Verwendung. Zwei Theile in einem Bande. Mit zahlreichen Abb. und 4 Figurentaf. Th. 1: Die Geschichte der Aëronautik. Th. 2: Theoretische und praktische Aëronautik.

Leipzig, E. Schloemp [dann] E. H. Mayer, 1886. *1: VI + 1 Bl. + 200 S. 8°. 2: 209 S. 8° 4 Taf.*

Eine russische Uebersetzung von Kowanko: Nr. 714.

Grossh. Hess. Hofbibliothek-Darmstadt.

705. **Tissandier**, Gaston: La navigation aérienne. L'aviation et la direction des aérostats dans les temps anciens et modernes. Ouvrage ill. de 99 vignettes.

Paris, Hachette et Cie., 1886. *II + 334 S. 8° 1 Taf.*

Dr. Ed. Langer-Braunau i. B.

706. **Cazenove**, Raoul de: Premiers voyages aériens à Lyon en 1784.

Lyon, Pitrat aîné, 1887. *63 S. 4° 2 Taf.*

Deutsches Museum-München.

707. **Moedebeck**, Hermann [Wilhelm Ludwig]: Die Luftschifffahrt in ihrer neuesten Entwickelung. Mit 16 Abb. und 4 Plänen.

Berlin, E. S. Mittler u. Sohn, 1887. *IV + 39 S. 8°.*

K. B. Hof- und Staatsbibliothek-München.
F. B. Auffarth-Frankfurt a. M.

708. **Tissandier**, Gaston: Bibliographie aéronautique. Catalogue de livres d'histoire, de science, de voyages et de fantaisie, traitant de la Navigation aérienne ou des Aérostats.

Paris, H. Launette et Cie., 1887. *62 S. + 1 Bl. 4°.*

Senckenbergische Bibliothek-Frankfurt a. M.

709. — Histoire des ballons et des Aéronautes célèbres. [1.] 1783—1800. [2.] 1801—1890.

Paris, H. Launette & Cie. (2: H. Launette & Cie. — G. Boudet Succ.), 1887. 1890. *1: XXIV + 156 S. 4° 24 Taf. 2: V + 161 S. 4° 20 Taf.*

Senckenbergische Bibliothek-Frankfurt a. M.
Alexander Haas-Frankfurt a. M.

710. **Graffigny**, Henri de: La Navigation Aérienne et les ballons dirigeables. Avec fig. intercalées dans le texte.

Paris, J. B. Baillière et fils, 1888. *344 S. 8°.*

Kais. Universitäts- und Landes-Bibliothek-Strassburg i. E.

711. — Die Luftschiffahrt und die lenkbaren Ballons. Autorisierte Uebersetzung von Adolph Schulze. Mit zahlr. Ill.

Leipzig, C. Reissner, 1888. *IX + 310 S. 8° 4 Taf.* Stadtbibliothek-Bremen.

712. [**Jan**,] Hermann Ludwig [von]: Strassburg vor hundert Jahren.
Stuttgart, F. Frommann (E. Hauff), 1888.
Enth.: S. 134 u. S. 303 f. Notizen über die Luftschiffahrt in Strassburg im 18. Jh.
Kais. Universitäts- und Landes-Bibliothek-Strassburg i. E.

713. **Derval**, E.: Étude sur la navigation aérienne. Critique des aérostats électriques au point de vue du choix du moteur. — Aérostat de Meudon. — Emploi de la glace dans les machines à condensation. — Aérostat de Meusnier et de Dupuy de Lôme. Calcul de la vitesse. — Plans inclinés. — Condition de stabilité des aérostats de forme allongée. — Ballons-montgolfières à vapeur. — Durée des voyages aériens. — Chaudière aérostatique. — Suppression de la nacelle. — Aéro-condenseur. — Atterrissage. — Résistance de l'air. — Hélice aérienne. — Machines à réaction. — Aviation. Planches et gravures dans le texte.
Paris, I. Michelet, 1889. *239 S. 8°.*
Bücherei des Kais. Patentamts-Berlin.

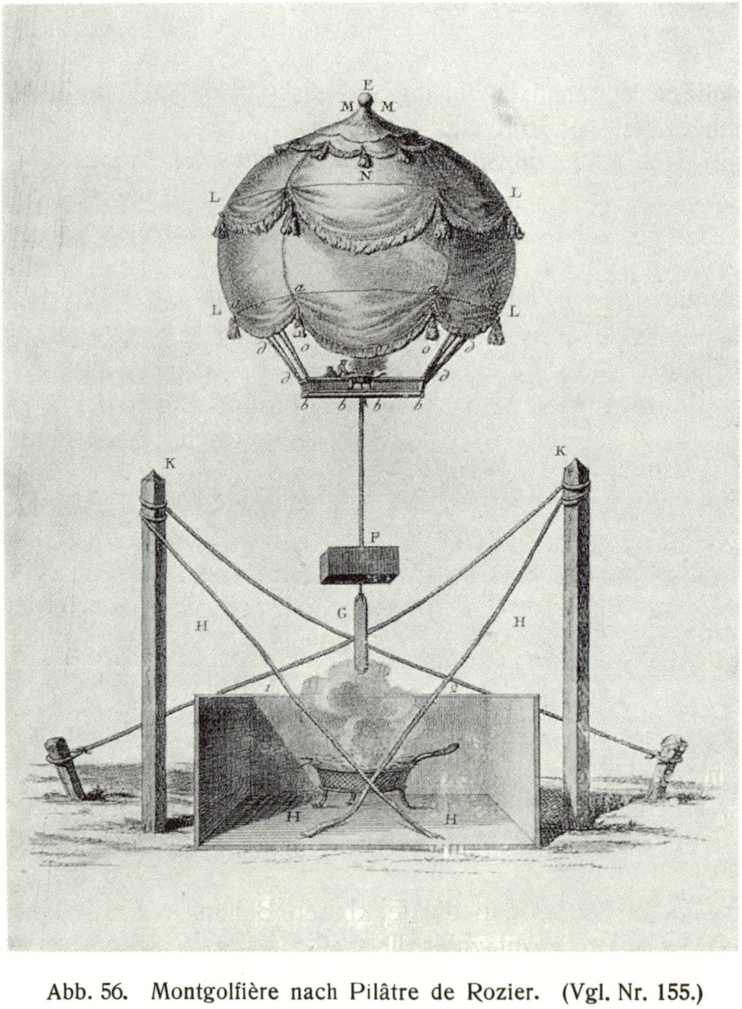

Abb. 56. Montgolfière nach Pilâtre de Rozier. (Vgl. Nr. 155.)

714. [**Moedebeck**, Hermann Wilhelm Ludwig: Handbuch der Luftschiffahrt. Uebers. von A. M. Kowanko.]

St. Petersburg 1889. *VI + 220 S. 8°.*

In russischer Sprache. Uebersetzung von Nr. 704.

Oberstleutnant Moedebeck (†)-Berlin.

715. **Yon**, Gabriel, et Edouard **Surcouf**: Aérostats et aérostation militaire.

Paris, E. Bernhard et Cie., (1889). *52 S. 4° 1 Taf.*

Aus Revue technique de l'Exposition universelle de 1889.

Verzeichnis aëronautischer Ausstellungsgegenstände auf der Weltausstellung in Paris 1889.

Joseph Baer & Co.-Frankfurt a. M.;
jetzt Senckenbergische Bibliothek-Frankfurt a. M.

716. **Jahresbericht** des Münchener Vereins für Luftschiffahrt <A. V.> (1899 f. <E. V.>) für das Jahr . . . [Jg.] 1890—92. 1894—1900.

München, E. Mühlthaler [u. a.], 1890—93. 1895—1901.

1890. 1892. 1894 f. München, E. Mühlthaler. — 1891. München, J. Maurer. — 1896 ff. Erlangen, Fr. Junge <Junge & Sohn>. — 1899 f. München, J. J. Lentner <E. Stahl jun.> in Komm.

1890. Im Auftr. des Vereins hrsg. von Leo Grätz. M. e. Aufsatz: Die Fahrt des Ballons „Herder" am 10. Juli 1889 bearb. von F. Erk und S. Finsterwalder. 1890. *28 S. 8° 1 aëronaut. Kt.*

1891. Im Auftr. des Vereines hrsg. von Brug und Freiherr von Weinbach. M. 1 Titelbild und 2 Beil., darunter 3 wissenschaftl. Abhandl. 1892. *Getr. Pag. 8° 3 Taf.*

1892. Im Auftr. des Vereins hrsg. von Vogel und Freiherr von Weinbach. M. 1 Titelbild und 9 Anl. 1893. *38 S. 4° 2 Taf.*

1894—1900. Im Auftr. des Vereines hrsg. von R. Emden.

1894. M. 2 wissenschaftl. Beil. 1895. *43 S. 8°.*

1895. M. 2 wissenschaftl. Beil. 1896. *56 S. 8°.*

1896. M. 2 wissenschaftl. Beil. und 1 Lichtdruck. 1897. *35 S. 8° 1 Taf.*

1897. M. 4 Beil. und 1 Heliograv. 1898. *37 S. 1 Taf. Angeb.* Fritz Erk: Die erste Konferenz der internationalen aëronautischen Kommission. 4° Aus: Meteorologische Zeitschr. Juli 1898.

1898. M. 4 Beil. und 1 Titelbilde. 1899. *50 S. 8° 1 Taf.*

1899. M. 1 Titelbilde und 2 Beil. [Nebst] Anhang: Neudruck der Abhandlung von Ullrich Schiegg: Nachricht über einen aërostatischen Versuch, welcher in dem Reichsstift Ottobeuren vorgenommen worden den 22. Jenner 1784. M. 2 Abb. 1900. *48 S. 8° 1 Taf.* (Vgl. auch Nr. 268 und 1044.)

1900. M. 1 Titelbilde und 2 Beil. 1901. *43 S. 8° 1 Taf.*

Jg. 1891. 92. 94. 95. 97—1900. Kgl. Universitätsbibliothek-Göttingen.

Jg. 1890. 96. Berliner Verein für Luftschiffahrt-Berlin-Wilmersdorf.

Tissandier, Gaston: Histoire des ballons et des Aéronautes célèbres [2.] 1801—1890. 1890. Nr. 709.

717. **Falkenhorst**, C.: Luftfahrten.

Stuttgart, Berlin, Leipzig, Union Deutsche Verlagsgesellschaft, 1891. *IV + 188 S. 5 Taf.*

(Bibliothek denkwürdiger Forschungsreisen. Bd 10.)

Kgl. Landesbibliothek-Stuttgart.

718. **Graffigny**, Henry de: Traité d'aérostation théorique et pratique. Construction des ballons et des engins accessoires. Appareils à gaz hydrogène—Manœuvres à terre et en l'air. Ascensions captives—Appareils d'aérostation militaire. Navigation aérienne avec aéroplanes. Guide complet à l'usage des Sociétés d'aérostation françaises et étrangères, des aéronautes professionnels, des aérostiers militaires, des élèves, des amateurs et de toutes les personnes s'intéressant à l'aérostation et à la navigation aérienne. Ouvrage ill. de 77 fig. dessinées par l'auteur.

Paris, Baudry et Cie., 1891. *VII + 267 S. 8°.*

Bücherei des Kais. Patentamts-Berlin.

719. **Fijnje** van Salverda, J. G. W.: De luchtvaart.

s'Gravenhage, W. P. van Stockum & Zoon, 1892. *120 S. + 1 Bl. 8°.*

Fred. van Rossen-Hoogendijk-München.

720. L'**Aérophile.** Revue mensuelle illustrée de l'aéronautique et des sciences qui s'y rattachent (1: Organe de l'Union aérophile de France). Année 1: 1893 — 8: 1900.

Paris, Bureaux de l'Aérophile, 1893—1900. *4°.*

1—3. Directeur: Georges Besançon. — 4—6. Directeurs: Georges Besançon et Wilfrid de Fonvielle. Réd. en chef: Emmanuel Aimé.

1. Ill. de 73 fig. 1893. *222 S. + 1 Bl.*
2. Ill. de 77 fig. 1894. *242 S. + 1 Bl.*
3. Ill. de 61 fig. 1895. *206 S.*
4. Ill. de 93 fig. 1896. *288 S.*
5. Ill. de 78 fig. 1897. *236 S.*
6. Ill. de 60 fig. 1898. *180 S.*
7. Directeurs: Georges Besançon et Wilfrid de Fonvielle. Ill. de 50 fig. 1899. *160 S.*
8. Directeur — fondateur: Georges Besançon. Ill. de 80 grav. 1900. *184 S.*

Kgl. Universitätsbibliothek-Göttingen.

721. **Fonvielle**, W [ilfrid]. de: Manuel pratique de l'aéronaute. Avec 70 fig. dans le texte.

Paris, B. Tignol [, 1894]. *IV + 246 S. + 1 Bl. 8°.*

(Bibliothèque des actualités industrielles, No. 59.)

Senckenbergische Bibliothek-Frankfurt a. M.

722. **Proceedings** of the International Conference on aerial navigation held in Chicago, August 1, 2, 3 and 4, 1893.

New York, The American Engineer and Railroad Journal, 1894. *IV+429 S. 8° 2 Taf.*

Deutsches Museum-München.

723. **Corvey**, Carl: Aëronautische Schetsen. Aanteekeningen over Luchtscheepvaart. [Umschlagtit.:] Met 3 Kaarten.

Leiden, E. J. Brill, 1895. *89 S. 8°.*

Enth.: I. Over het ontstaan en de ontwikkelingsperiode der Luchtscheepvaart. II. De Aëronautica in de XIXe eeuw. III. Bestuurbare luchtballons. IV. In den ballon-captif 300 M. boven Amsterdam.

Fred. van Rossen-Hoogendijk-München.

724. **Kühl**, W. H.: Aëronautische Bibliographie. [1.] Verzeichnis älterer und neuerer Bücher und Abhandlungen über theoretische und praktische Luftschiffahrt, Militär- und Marine-Aeronautik, Flugtechnik, Vogelflug, dynamische u. aëronautische Luftschiffe, sowie der damit zusammenhängenden Wissenschaften: Gastechnik, Motoren, Seilerei, Korbwaren- und Firnisfabrikation, Meteorologie, Photographie etc. Zusammengestellt u. zu beziehen durch W. H. Kühl.

Berlin, W. H. Kühl, (1895). *51 S. 8°.*

[Umschlagtit.:] Aeronautische Bibliographie 1670—1895.

— Aëronautische Bibliographie. 2. 1895—1902. Verzeichnis von Büchern und Abhandlungen über theoretische und praktische Luftschiffahrt, Militär- und Marine-Aëronautik, Flugtechnik, Vogelflug, dynamische u. aëronautische Luftschiffe, sowie über die damit zusammenhängenden Wissenschaften u. Gewerbe: Gastechnik, Motorbau, Seilerei, Korbwaren- und Firnisfabrikation, Meteorologie, Photographie etc. Zusammengestellt und zu beziehen durch W. H. Kühl.

Berlin, W. H. Kühl, 1902. *22 S. 8°.*

Senckenbergische Bibliothek-Frankfurt a. M.

725. **Farman**, Maurice: Les Merveilles Aériennes. Illustrations par Béthune, H. Farman, Courboin, Rudaux, Fénet.

Paris, H. Desforges, 1896. *352 S. 8° 30 Taf.*

Enth. 2e partie. Chap. 1. 2: Histoire des ballons. — Leur construction. — Les voyages aériens. — Les ballons d'essai. — Les ascensions des montagnes.

F. B. Auffarth-Frankfurt a. M.

726. **Lapointe**, E.: Essai sur la navigation aérienne. Aérostation—Aviation.

Paris—Nancy, Berger-Levrault et Cie., 1896. *IX+168 S. 8°.*

F. B. Auffarth-Frankfurt a. M.

727. The Aeronautical **Journal**. (Published by the Aeronautical Society of Great Britain.) Vol. 1. No. 2. April, 1897.

London, King, Sell & Railton, (1897). *19 S. 8°.* [Umschlagtit.]

B. Spitzer-Frankfurt a. M.;
jetzt Senckenbergische Bibliothek-Frankfurt a. M.

728. Illustrirte **Mittheilungen** des Oberrheinischen Vereins für Luftschiffahrt. Hrsg. im Auftr. des Vorstandes des Oberrheinischen Vereins für Luftschiffahrt von Herm. Moedebeck. [Jg. 1: 1897.] Nr. 1. 2/3.

Strassburg i. E., K. J. Trübner, 1897. *67 S. 4⁰.* [Umschlagtit.]

Fortgesetzt als:

Illustrirte Aëronautische **Mittheilungen.** Fachzeitschrift für alle Interessen der Flugtechnik mit ihren Hülfswissenschaften, für aëronautische Industrie und Unternehmungen. Hrsg. vom Münchener und Oberrheinischen Verein für Luftschiffahrt. Jg 2: 1898 — 4: 1900. [nebst] Sonderheft.

Strassburg i. E., K. J. Trübner, (1898—1900). *4⁰.*

2. Red. von Mœnnichs. M. 80 Abb., Kurven und Plänen. *IV + 118 S. 1 Taf.*
3. Red. von Rob. Emden. M. 88 Abb., Kurven und Plänen und m. 4 Kunstbeil. *IV + 130 S. 5 Taf.*
4. Red. von Rob. Emden. M. 112 Abb., Fig., Kurven, Plänen und 5 Kunstbeil. m. 8 Bildern. *2 Bl. + 144 S. 5 Taf.*

Sonderheft: Erster Fahr-Versuch mit dem Luftschiff des Grafen Zeppelin. August 1900. *15 S. 2 Taf.* [Umschlagtit.]

Kgl. Landesbibliothek-Stuttgart.

729. **Verzeichniss** der (1897. Nr. 2/3. 1898. Nr. 1: einer Anzahl der) in der kaiserlichen Landesbibliothek in Strassburg i. E. vorhandenen Aëronautischen Bücher. *Veröffentlicht auf den Umschlagblättern der* „Illustrirten Mittheilungen des Oberrheinischen Vereins für Luftschiffahrt" 1897. Nr. 1. 2/3; *und auf dem Umschlagblatt der* „Illustrirten Aëronautischen Mittheilungen." Jg. 2. Nr. 1 (Januar 1898).

Kais. Universitäts- und Landes-Bibliothek-Strassburg i. E.
Kgl. Landesbibliothek-Stuttgart.

730. **Protokoll** über die vom 31. März bis 4. April 1898 zu Strassburg i. E. abgehaltene erste Versammlung der Internationalen Aëronautischen Commission.

[Neben- bezw. Vortit.:] Verhandlungen der Internationalen Aëronautischen Kommission. Rapport de la Commission internationale aéronautique. Réunion de Strasbourg du 31 mars — 4 avril 1898.

Strassburg, M. Du Mont, 1898. *VIII + 138 S. 8⁰.*

Senckenbergische Bibliothek-Frankfurt a. M.

731. The high **antiquity** of balloons and aerial voyages proved by an experienced aeronaut. Printed for private distribution.

[o. O. u. J.] *12 S. 8⁰.*

Dr. Gans-Fabrice-Garmisch.

732. [**Silberer**, Victor:] Der Luftballon. Geschichte und Entwicklung der Luftschifffahrt. 4. Taus.

Wien, Allg. Sport Ztg., [o. J.]. *11 S. 8⁰.*

F. B. Auffarth-Frankfurt a. M.

II.

BIOGRAPHIEN
MEMOIREN UND AUTOGRAPHEN
PLAKATE, ANKÜNDIGUNGEN UND DERGL.
VERHERRLICHUNGEN
UND VERSPOTTUNGEN VON
LUFTSCHIFFERN UND LUFTFAHRTEN

ABBOTT, T.

733. [**Ankündigung** eines Aufstiegs des Ballons Victoria, der in London, Vauxhall Montag, den 12. Juli 1841 stattfinden soll. In der Höhe Abbrennen eines Feuerwerks vom Ballon aus.]

[o. O. u. J. (London 1841?)] Mansell. *1 Bl. 8°.*

Dr. Gans-Fabrice-Garmisch.

ADAMS, W. H.

734. [**Ankündigung** des Ballonaufstiegs, den W. H. Adams am 22. Sept. 1869 in Colchester mit seinem 32000 Kubik-Fuss Gas enthaltenden Riesenballon unternehmen wird. Daran anschliessend Konzert und Feuerwerk. Veranstaltet zur Unterstützung des Essex Hall Idiot Asylum. Druck schwarz und rot.]

Colchester (1869), „Essex and West Suffolk Gazette". *1 Bl. 900 : 300.*

Dr. Gans-Fabrice-Garmisch.

ANDREANI, PAOLO.

735. **Brognoli,** Antonio: Al prode Cavalier Don Paolo Andriani [sic!] / Primo Aereonauta volator in Italia / Sonetto / di / Antonio Brognoli / Patrizio Bresciano. *1 Bl. 8°.*

Undatiertes Manuskript; eigenhändig? Beginnt: Se di triplice acciajo il petto cinto.

Musikhistorisches Museum (Heyer)-Köln;
jetzt Senckenbergische Bibliothek-Frankfurt a. M.

ANDRÉE, SALOMON AUGUST.

736. L. a. s. 2 p. Stockholm 1895.

Brief an Girault & Cie.-Paris betr. Ausrüstung der Nordpolexpedition.

Königliche Bibliothek-Berlin: Autographen-Sammlung Darmstaedter.

ANDREOLI, PASQUALE.

737. [**Ankündigung** eines Ballonaufstiegs in Padua mit einer Aëro-Montgolfière nach dem Muster von F. Zambeccari. Ueberschrift: „Padova li 6. Agosto 1808."]

(Padua 1808) Stamperia Penada. *1 Bl. 4°.*

Deutsches Museum-München.

ARBAN, FRANÇOIS.

738. **Ascensione** areostatica Del Sig. Francesco Arban di Lione nella Villa Borghese martedi 14 aprile 1846.

[o. O. u. J. (1846)] *1 Bl. 4°.*

Ankündigung des Ballonaufstiegs Arbans in Rom, Villa Borghese durch die Deputierten der Società a profitto degli Orfani, in deren Kasse der Ertrag fliessen soll. Vgl. Nr. 739 und 1521.

Musikhistorisches Museum (Heyer)-Köln;
jetzt Senckenbergische Bibliothek-Frankfurt a. M.

739. — **Ragguaglio** del viaggio aereo eseguito in Roma dal signor Francesco Arban il giorno di Martedi 14 Aprile 1846.

(Roma, Ajani, 1846.) *8 S. 8°* [Kopftit.]

Unterzeichnet: F. C. Vgl. Nr. 738.

Musikhistorisches Museum (Heyer)-Köln; jetzt Senckenbergische Bibliothek-Frankfurt a. M.

740. — **Ragguaglio** del secondo viaggio aereo eseguito in Roma dal Sig Francesco Arban il giorno di Domenica 17 Maggio 1846.

[o. O. u. J. (1846).] *1 Bl. 8°.*

Musikhistorisches Museum (Heyer)-Köln; jetzt Senckenbergische Bibliothek-Frankfurt a. M.

BARTSCH VON SIGSFELD, RUDOLPH MAX WILHELM HANS.

741. Unterschrift.

Königliche Bibliothek-Berlin: Autographensammlung Darmstaedter.

BERBLINGER, ALBRECHT LUDWIG.

742. Goldenes **A B C** für den Schneider Berblinger. Ulm 1811.

4 Bl. 8°.

Handschriftliches Spottgedicht, beginnend: „Also hat Gott die Welt geliebt". 25 Verspaare. Vgl. Nr. 743.

Stadtbibliothek-Ulm.

743. — Goldenes **A B C** für den Schneider Berblinger. 1811.

20 Bl. 8°.

Vgl. Nr. 742. — Beigefügt andere, zum Teil abgeschriebene Spottgedichte auf den „Schneider von Ulm". Handschriftlich, mit mehreren ähnlichen Poesien vereinigt. Gedichte auf Berblinger: 25. „Nun ruh, du armer Schneider". Vgl. Nr. 744, 745. 26. Der beflügelte Geissbock, Fabel. 7 vierzeilige Strophen. 27. Ikarus der IIte. „Ein Schneider sann der Kunst zu fliegen." Vgl. Nr. 744. 54. Der fliegende Schneider. 28 vierzeilige Strophen von Wagenmann (?). 60. Der Wundervogel . . . Vgl. Nr. 745. 68. Schneiderlied. „Gott der Dichtkunst mit der goldnen Leier". Vgl. Nr. 747.

Stadtbibliothek-Ulm.

744. — **Gedichte** auf den Schneidermeister Berblinger, welcher den 30sten & 31sten März 1811 fliegen wollte. (über die Donau).

8 Bl. 8°.

1. Gedicht in 16 vierzeiligen Strophen beginnend: „Ein Schneider sann der Lust zu fliegen". 2. Gedicht in 11 sechszeiligen Strophen beginnend: „Nun ruh du armer Schneider". Beides handschriftlich; Gedicht 2 gedruckt in Nr. 745. Vgl. Nr. 743.

Stadtbibliothek-Ulm.

745. — [**Glaser**:] Der Wundervogel, oder der fliegende Schneider.

[o. O. (Ulm?)] 1812. *4 Bl. 8°.*

Zwei Gedichte. 1: Beschreibung der Begebenheiten in 21 sechszeiligen Strophen; 2: Spottgedicht auf des Schneiders Albrecht Ludwig Berblinger Missgeschick in 11 sechszeiligen Strophen. Das 1. Gedicht beginnt: „O, Muse! Komm ich bitte dich", das 2.: „Nun ruh, du armer Schneider!" Auf dem Titelblatt Berblinger in der Luft mit ausgebreiteten Flügeln schwebend. Vgl. Nr. 743, 744.

Stadtbibliothek-Ulm.

746. — **Pressel,** Gustav: Der Schneider von Ulm oder Der König der Lüfte. Komische Oper in 2. Akten. Bd 1. 2.

(1865) *1: 130 Bl. 2: 101 Bl. 4°.*

Originalmanuskript der zweibändigen Partitur; der „Schneider von Ulm" ist eine historische Persönlichkeit: Albrecht Ludwig Berblinger. — Ende 1866 wurde Pressels Oper lt. gefl. Mitteilung der Stadtbibliotheksdirektion im kgl. Hoftheater in Stuttgart aufgeführt. Vgl. die folgende Nr.

Stadtbibliothek-Ulm.

Abb. 57. Auffahrt von Charles und Robert am 1. Dezember 1783 in den Tuilerien.
(Vgl. Nr. 230.)

— **Pressel,** Gustav: Der Schneider von Ulm oder der König der Lüfte. Komische Spiel-Oper in 2 Acten.

(1865) *72 Bl. 8°.*

Handschriftliches Soufflier-Buch. Hauptperson: Sperlinger, Damenschneider = Albrecht Ludwig Berblinger. Handschriftl. Bemerkung: 17. I. 1866 in Ulm aufgeführt. Vgl. die vorhergehende Nr.

Stadtbibliothek-Ulm.

747. — [**Rütting**, Theodor Ulrich?:] Schneider Lied.

4 Bl. 8°.

Handschriftliches undatiertes Spottgedicht auf Albrecht Ludwig Berblinger in 22 vierzeiligen Strophen beginnend: „Gott der Dichtkunst mit der goldenen Leier". Am Schluss wird der Kunsthändler Theodor Ulrich Rütting als vermutlicher Verfasser genannt. Vgl. Nr. 743.

Stadtbibliothek-Ulm.

— **Schweizer-Bote**, Der aufrichtige und wohlerfahrene. No. 19.

Aarau, den 9. Mai 1811.

Notizen über den „Schneider von Ulm", Berblinger, hier „Ludwig Albrecht" genannt und über Robertson. Nr. 1124.

748. — **Veitsberg**, Veit von: Der Schneider von Ulm. Ein Fluggedicht, verfasst von Veit von Veitsberg.

Reutlingen, F. Schradin, 1833. *14 S. 8°.*

Vorwort und Gedicht in Knittelversen. S. 13 f. Anhang. Auf Albrecht Ludwig Berblinger.

Stadtbibliothek-Ulm.

BERG, WILHELM.

749. **Berg**, Wilhelm: Notizen über Ballon- und Luftschiffahrt, mit besonderer Berücksichtigung auf die erste Luftfahrt des Aeronauten Wilhelm Berg 1847 in Moskau. Unterhaltungs-Programm für die geehrten Zuschauer bei der Füllung des Ballons.

(Riga, Selbstverlag, 1858.) *16 S. 8°.*

Kgl. und Universitätsbibliothek-Breslau.

BERSON, ARTHUR.

750. L. a. s. 1 p. Berlin.

Gutachten, der Administration des „Mechanikers" erstattet, über ein Projekt, „einen Ballon aus Stahl- oder anderem Blech auszuführen und mit verdünnter Luft zu füllen oder ganz herauszupumpen".

Königliche Bibliothek-Berlin: Autographensammlung Darmstaedter.

BIOT, JEAN-BAPTISTE.

751. L. a. s. 2 p. [1823.]

Königliche Bibliothek-Berlin: Autographensammlung Darmstaedter.

BLANCHARD, JEAN-PIERRE.[1]

752. L. a. s. 1 p. Nantes [?] 1799.

Königliche Bibliothek-Berlin: Autographensammlung Darmstaedter.

753. — Dem **Andenken** des Herrn Blanchards gewiedmet beym Anfang des Jahrs 1788.

[o. O. u. J. (1788?)] *2 Bl. 8°. Beigebunden an* Blanchard, Jean-Pierre: Herrn Blanchard's kurze Erzehlung seiner Begebenheiten auf der Erde . . . Nürnberg, G. F. Six, [o. J.].

Gedicht aus 10 sechszeiligen Strophen bestehend. Beginnt: „Wird dies Jahr Dich auf dem weiten Meere".

Kais. Universitäts- und Landes-Bibliothek-Strassburg i. E.

— Dasselbe. *Beigebunden an* Blanchard, Jean-Pierre: Herrn Blanchard's Nachricht von seiner 20 und 21sten Lufftfahrt zu Hamburg und Aachen . . . Nürnberg, G. F. Six, [o. J. (um 1787)].

Stadtbibliothek-Nürnberg.

754. — **Blanchard** [, Jean-Pierre]: Herrn Blanchard's kurze Erzehlung seiner Begebenheiten auf der Erde seit dem Monat Januar 1787. von Ihm selbst beschrieben.

Nürnberg, G. F. Six, [o. J.] *32 S. 8°. Mit 6 Beibänden.*

Verteidigung gegen die Vorwürfe in Nr. 755.

Kais. Universitäts- und Landes-Bibliothek-Strassburg i. E.

— Dasselbe. *Beigebunden an* Blanchard, Jean-Pierre: Herrn Blanchard's Nachricht von seiner 20 und 21sten Lufftfahrt zu Hamburg und Aachen . . . Nürnberg, G. F. Six, [o. J. (um 1787)].

Stadtbibliothek-Nürnberg.

755. — **Blanchard** Bürger von Calais. Eine Skizze von dem Leben, Luftreisen und Charakter dieses Mannes.

[o. O. (Nürnberg)] 1787. *35 S. 8°. Beigebunden an* Blanchard, Jean-Pierre: Herrn Blanchard's Nachricht von seiner 20 und 21sten Lufftfahrt zu Hamburg und Aachen . . . Nürnberg, G. F. Six, [o. J. (um 1787)].

Scharfe Charakteristik Blanchards. Vgl. Nr. 754.

Stadtbibliothek-Nürnberg.

---

[1]) Der Vorname Blanchards war Jean-Pierre, nicht François, wie das sonst sehr zuverlässige, hier häufig zu Rate gezogene Verzeichnis der Autographensammlung von Prof. Dr. L. Darmstaedter. Berlin 1909. S. 38 angiebt.

— Dasselbe. *Beigebunden an* Blanchard, Jean-Pierre: Herrn Blanchard's kurze Erzehlung seiner Begebenheiten auf der Erde . . . Nürnberg, G. F. Six, [o. J.]

Kais. Universitäts- und Landes-Bibliothek-Strassburg i. E.

756. — **Burmann**: An Blanchard von Burmann.
Berlin, G. J. Decker und Sohn, 1788. *3 Bl. 8°.*
Gedicht in 16 vierzeiligen Strophen.

Kgl. Oeffentliche Bibliothek-Dresden.

— **Geschichte** aller sieben und dreyssig Luftreisen Blanchards. 1791. Nr. 1092.

757. — **Wer** ist Blanchard? Etwas über die aerostatische Kunst. Von einem Licentiaten, der einmal in einer Gesellschaft mit dem Luftschiffer gewesen ist.
[o. O. u. J.] *16 S. 8°.*
Verteidigung Blanchards gegen die Angriffe des Herrn von Hess u. s. w.

Kgl. Oeffentliche Bibliothek-Dresden.

— ***In Aachen.*** *Vgl. Nr. 1076.*

Blanchard [,Jean-Pierre]: Procès-verbal Du vingt-unième Voyage Aërien fait à Aix-la-Chapelle, le 9 Octobre 1786. Nr. 1069. 1070.

— ***In Amerika.***

The **principles**, history and use, of air-balloons. Also, a prospectus of Messrs. Blanchard and Baker's Intended Aerial Voyage from the City of New-York. 1796. Nr. 1093.

— ***In Braunschweig.*** *Vgl. Nr. 1083.*

Blanchard [,Jean-Pierre]: Rélation du 32me voyage aërien fait à Bronswic le 10 aout 1788. Nr. 1081. 1082.

— ***In Breslau.***

Scheibel, Johann Ephraim: Ueber Herrn Blanchards 35ste Luftreise zu Breslau 1789. den 27sten May. Nr. 1086.

(**Steiner**, A. G.:) Geschichte der zu Breslau den 27. Mai [1789] von Herrn Blanchard unternommenen Luftreise. Nr. 1088.

— ***In Chelsea.***

Blanchard [, Jean-Pierre]: Journal et procès verbaux du quatrième voyage aerien de M. Blanchard, parti de Chelsea, le 16 Octobre, 1784. Nr. 989.

— *In Frankfurt a. M.*[1])

Vgl. Nr. 295—305. 701. 1050—56. 1058. 1060. 1063. 1064. 1066—68.

758. [**Ankündigung** des italienischen Mechanikers Marquis betr. Vorführung seines Kunstkabinets „Die Chinesische Belustigung" am Freitag, den 7. Oktober 1785, in der neuerbauten Hütte „zu die 2 Luftkugeln" unweit der Hauptwache zu Frankfurt a. M. und zu Ehren Blanchards, dessen Ballonaufstieg auf der Bornheimer Heide und Experiment mit dem Fallschirm gezeigt werden soll. Auf dem Kopf des Plakats Abbildung des in der Luft schwebenden Ballons und des Fallschirms von Blanchard über dem Platz des Aufstiegs, eingeschlossen von den Worten: „Vivat M: Blanchard!"]

1 Bl. fol.

Abbildung 59. Städtisches Historisches Museum-Frankfurt a. M.

759. **Anzeige** [betreffend den am 25. Sept. 1785 in Frankfurt a. M. geplanten Aufstieg Blanchards. Erste, später abgeänderte Bekanntmachung.]

[o. O. 1785.] *1 Bl. 8°.* Stadtbibliothek-Frankfurt a. M.

[**Bericht** über die Landung und den Aufenthalt Blanchards in Weilburg am 3. Oktober 1785, nebst Angaben über seine Person und seinen Ballon.] Nr. 1053.

760. **Blanchard** an seine Zuschauer in Frankfurt am Mayn.

[o. O.] 1785. *4 Bl. 8° inkl. Titelbl.*

13 vierzeilige Strophen.

Grossh. Universitätsbibliothek-Giessen.

761. **Blanchard.** Ein Gemählde für die Frankfurter dritte Messwoche.

Frankfurt am Mayn, den 25ten September 1785. *16 S. 8°.*

Literatur: Wekhrlin, Das graue Ungeheur. Bd. 6. 1786. S. 25 f.

Stadtbibliothek-Frankfurt a. M.

762. **Blanchard.** Ein zweites Gemählde auch noch für die Frankfurter dritte Messwoche.

Frankfurt am Mayn, den 3ten October 1785. *16 S. 8°.*

Stadtbibliothek-Frankfurt a. M.

763. **Geschichte** des Blanchardschen Ballon nebst allen dabey vorgefallenen Begebenheiten beschrieben von E. G. G. L. N. J.

[o. O.] 1785. *16 S. 8°.*

50 siebenzeilige Strophen, beginnend: „Ihr Leute! hört auf die Geschicht" auf Blanchards Aufstieg in Frankfurt a. M. 1785.

Stadtbibliothek-Frankfurt a. M.

764. **Lettre** historique Politique et Critique de Milord Gaz à Milord Méphitique; sur son voyage à Francfort pour y voir la Foire de septembre 1785 & l'expérience aërostatique de M. Blanchard.

[o. O.] 1786. *40 S. 8°.* Stadtbibliothek-Frankfurt a. M.

---

[1]) Eine ausführliche Darstellung an der Hand der Akten ist die Abhandlung von M. Domarus: Die Luftreise Blanchards von Frankfurt nach Weilburg am 3. Oktober 1785 in den Annalen des Vereins für Nassauische Altertumskunde und Geschichtsforschung. Bd 36 (1906). S. 87—108. (Im Besitz der Senckenbergischen Bibliothek-Frankfurt a. M.)

765. **Luftreise.** Auf die den 27ten September. 1785 in Frankfurt am Mayn veranstaltete Luftreise des berühmten Herrn Blanchard.

Frankfurt am Mayn, Scheper und Sauerländer, [o. J. (1785)]. *2 Bl. 8⁰.*

Mit Abbildung eines Luftballons. 22 vierzeilige Strophen; auf der Rückseite der Abbildung Mitteilungen über die Grösse des Ballons, den Ort der Auffahrt: Bornheimer Heide u. s. w. Die Fahrt fand erst am 3. Oktober statt.

Grossh. Universitätsbibliothek-Giessen.

766. Auf Herrn Blanchards **Luftreise** in Frankfurt am Mayn den 25ten Sept. 1785.

(Frankfurt a. M. 1785.) *4 Bl. 8⁰ inkl. Titelblatt.*

18 vierzeilige Strophen. Mit Titelkupfer.

Grossh. Universitätsbibliothek-Giessen.

— *In Hamburg.*

Blanchard [,Jean-Pierre]: Herrn Blanchard's Nachricht von seiner 20 und 21sten Lufftfahrt zu Hamburg und Aachen, mit eingestreuten Bemerkungen über seinen Aufenthalt zu Brüssel und Reise nach Hamburg, u. a. m. von Ihm selbst aufgesezt. Nr. 1076.

Blanchard [,Jean-Pierre]: Relation de la vingtième ascension de M. Blanchard, Qui a eu lieu à Hambourg le 23 Août 1786. Nr. 1071.

767. Blanchards Hamburgische **Luftreise** aus der Sternschanze. Ein Schwanengesang von einem Luftsegler und Kundschafter der Sternwelten.

Hamburg 1786. *8 S. 8⁰.*

Gedicht auf Blanchard; 15 achtzeilige Strophen.

Kgl. Oeffentliche Bibliothek-Dresden.

— *Ueberquerung des Kanals.*

768. [**Briefe** über eine der grösten und wichtigsten Begebenheiten dieser und der künftigen Tage: die Luftreise des Herrn Blanchard (mit Dr. Jeffries) über das Meer (am 7. Januar 1785).]

In Wekhrlin: Das graue Ungeheur. Bd. 3. 1784. [1785] S. 191—204.

Dr. Ed. Langer-Braunau i. B.

Reboul: La colonne Blanchard ou la première traversée du détroit en ballon. Faite en compagnie du Dr Américain Jeffries le 7 Janvier 1785. 1885. Nr. 1065.

— *In Nürnberg.* *Vgl. Nr. 1080.*

769. [**Ankündigungen** von Endres betr. Abbrennens von Feuerwerk. 1. undatiert, aus Anlass der Luftreise Blanchards in Nürnberg. 2. auf den 13. Nov. (1787).]

2 Bl. 8⁰. Beigebunden an Blanchard, Jean-Pierre: Herrn Blanchard's Nachricht von seiner 20 und 21sten Lufftfahrt zu Hamburg und Aachen . . . Nürnberg, G. F. Six, [o. J. (um 1787)].

Stadtbibliothek-Nürnberg.

770. [**Ankündigungen** betr. Blanchards Aufstieg in Nürnberg im November 1787 von Johann Wilhelm Roth, Gastgeber zum rothen Ross.]

Dat. 17. Sept. 1787. 18. Octobr. 1787. 29. October 1787. 3. November 1787. 12. November 1787. *6 Bl. 8°. Beigebunden an* Blanchard, Jean-Pierre: Herrn Blanchard's Nachricht von seiner 20 und 21 sten Lufftfahrt zu Hamburg und Aachen ... Nürnberg, G. F. Six, [o. J. (um 1787)].

Stadtbibliothek-Nürnberg.

Kurze **Beschreibung** der 28 sten Luftreise des Herrn Blanchards in Nürnberg, und des den andern Tag in die Höhe gestiegenen kleinern Ballons von neunhundert Cubikschuh. Den 12 ten und 13 ten Nov. 1787. Nr. 1075.

771. **Gesang** auf die acht und zwanzigste Luftreise des Herrn Blanchards welche er zu Nürnberg auf dem Judenbühl vor dem Lauferthor im Monat November 1787. unternahm.

Nürnberg, Bielingische Buchdrukrei, [1787]. *16 S. 8°.*

44 sechszeilige Strophen. Beginnt: „Da unsre ganze Stadt von Feier" ... mit Anmerkungen und zahlreichen historischen und politischen Anspielungen.

Deutsches Museum-München.

— Dasselbe. *Beigebunden an* Blanchard, Jean-Pierre: Herrn Blanchard's Nachricht von seiner 20 und 21 sten Lufftfahrt zu Hamburg und Aachen ... Nürnberg, G. F. Six, [o. J. (um 1787)].

Stadtbibliothek-Nürnberg.

— Dasselbe. *Beigebunden an* Blanchard, Jean-Pierre: Herrn Blanchard's kurze Erzehlung seiner Begebenheiten auf der Erde ... Nürnberg, G. F. Six, [o. J.]

Kais. Universitäts- und Landes-Bibliothek-Strassburg i. E.

772. **Gesang** auf die acht und zwanzigste Luftreise des Herrn Blanchards, welche er zu Nürnberg auf dem Judenbühl vor dem Lauferthor den 12 ten November 1787 unternahm.

Nürnberg, Bielingische Buchdrukrei, [1787]. *16 S. 8°.*

44 sechszeilige Strophen mit Anmerkungen, beginnend: „Da unsre ganze Stadt von Feier."

Stadtbibliothek-Nürnberg.

773. **Luftreise.** Mr. Blanchards 28te Lufft-Reisse besungen von einen Nürnberger d. 12 Nov. 1787.

(Nürnberg 1787.) *1 Bl. Text 1 Taf. 8°.*

18 vierzeilige Strophen in 2 Spalten, beginnend: „Mit einen grosen Lufftballon." Dem Blatt mit dem Text geht ein in Kupfer gestochenes Titelbild voran, das eine von einem Kranz umschlossene Strassenszene darstellt: in einem vierrädrigen Wagen wird Blanchard und seine Begleiterin durch die Stadt gefahren, umgeben von jubelnden Menschen, die ihm die Pferde ausspannen und den Wagen selbst ziehen. Hinter dem Wagenschlag stehen zwei Fahnenträger. Ueber der Menschenmenge in der Strasse schwebt ein Ballon mit Gondel. Die Ueberschrift lautet: Vorstellung von Herrn Blanchards Retour nach Englischer Weise. *Unter dem Bild und innerhalb des Kranzes vier Zeilen Text: „So zog das Volk Blanchard mit lauten Vivatschrein | Und führte in Triumph Ihn freudig lärmend ein. | Nürnberg d. 12 Nov 1787 Abends um 4 Uhr. | Auch d. 13 Abends nach 5 Uhr" | Auf dem Bild links stehen noch die Worte: Vivat | Blanchard | Hoch!*

Stadtbibliothek-Nürnberg.

Mayer, Johann: Ausführliche Beschreibung der acht und zwanzigsten Luftreise welche Herr Blanchard den 12 Nov. 1787 zu Nürnberg unternahm . . . 1787.
Nr. 1078.

Kurze **Nachricht** von der acht und zwanzigsten Luftfahrt des Herrn Blanchard's in Nürnberg auf den Judenbühl, den 12. November 1787. Nr. 1079.

774. **Stamitz**, Karl: Uebersicht des grossen allegorisch musikalischen Festes in zwo Handlungen. Welches, nach gnädigster Bewilligung einer hohen Obrigkeit der Kaiserlichen freyen Reichsstadt Nürnberg, Herr Karl Stamitz bey Gelegenheit der bevorstehenden Luftreise des berühmten Aeronauten Herrn Blanchards, selbst verfasst, in Musik gesetzt, und angegeben hat, und am 3ten November, 1787. im allhiesigen Opernhause feyerlich aufzuführen die Ehre haben wird.

[o. O. u. J. (1787)]. *7 Bl. 8⁰.* Stadtbibliothek-Nürnberg.

775. **Wolf**, Stephan: Neujahr-Gedicht . . . .

Nürnberg, 1788. *1 Bl. fol.*

18 achtzeilige Strophen in 3 Spalten zu je 6 Strophen nebeneinander angeordnet; beginnt: „Gerührt von Gottes Huld und Güte." In Strophe 15—17 enthusiastische Anerkennung von Blanchards Kunst bei seinem Nürnberger Aufstieg 1787. Die farbige Abbildung dieses Aufstieges nimmt einen Teil einer allegorischen Darstellung auf der oberen Hälfte des Blattes ein. Blanchard schwebt mit seinem Ballon, in der mit zwei Fahnen geschmückten Gondel stehend, über der von zahlreichen Zuschauern besetzten Abflugstelle in der Luft. Darunter vier Zeilen Text: Blanchard kan in Lüfften schweben, | von der Erde sich erheben: | Dieses Volck ist im ergeben | und rufft frölich Er soll Leben. |

Stadtbibliothek-Nürnberg.

FRAU BLANCHARD.

776. **Avviso.** [Ankündigung ihres 42. Ballonaufstieges, den Mad. Blanchard am 27. Oktober 1811 in Rom unternehmen wird. Blatt beschädigt.]

Roma, 1811, M. Puccinelli. *1 Bl. 510:390.*

Musikhistorisches Museum (Heyer)-Köln;
jetzt Senckenbergische Bibliothek-Frankfurt a. M.

777. — Achtzehnte **Luftfahrt** der Madame Blanchard, oder die Reise nach dem Monde, eine wahre Geschichte und eine Art von Quodlibet lächerlich und traurig zugleich, am Tage ihrer majestätischen Auffahrt in Frankfurt am Main im September 1810. Eine Allegorie auf das jetzige Zeitalter zum Andenken für Kind und Kindeskinder und den sämmtlichen Herren Messfremden um es den lieben Angehörigen als Neuigkeit von der Frankfurter Messe mit nach Hause zu nehmen, besonders zugeeignet.

[o. O. u. J.] *2 Bl. 8⁰.*

40 siebenzeilige Strophen, beginnend: „Hinauf, hinauf! zum schönen Mond".

Stadtbibliothek-Frankfurt a. M.
Städtisches Historisches Museum-Frankfurt a. M.

778. — Die achtzehnte **Luftreise** der Madame Blanchard, unternommen in Frankfurt am Mayn in der Herbstmesse 1810.

[o. O. u. J.] *8 S. 8°.*

25 sechszeilige Strophen, beginnend: „Willkommen uns, ehrwürd'ge Dame!"; auf S. 1 ein Holzschnitt, den Aufstieg einer Charlière darstellend; darunter, in einem Fallschirm, ein zur Erde herabschwebender Hund.

Stadtbibliothek-Frankfurt a. M.

CHANUTE, OCTAVE.

779. L. a. s. 1 p. Chicago 1895.

Oberstleutnant Moedebeck (†)-Berlin.

CHARLES, JACQUES-ALEXANDRE-CÉSAR.

780. L. a. s. 1 p.

Königliche Bibliothek-Berlin: Autographensammlung Darmstaedter.

CLAUDIUS, CARL FRIEDRICH.

781. **Claudius,** Carl Friedrich: Selbst-Biographie.

Berlin 1834. *14 S. 8° 1 Taf.*

In Carl Friedrich Claudius. Ein Denkmal der Freundschaft von seinen Verehrern. Berlin 1834.

Die Tafel stellt eine Schiesssscheibe mit Abbildung der Claudiusschen Luftfahrt am 5. Mai 1811 dar.

Grosser Generalstab-Berlin.

COCKING.

782. **Herabsteigen** im Fallschirm. — Fürchterliche Katastrophe [des Luftschiffers Cocking, der am 23. Juli 1837 in London bei einem Fallschirmversuch sein Leben einbüsste.]

In Didaskalia. [Frankfurt a. M.] Nr. 213. Freitag, den 4. August 1837.

Walter St. Goar-Frankfurt a. M.;
jetzt Senckenbergische Bibliothek-Frankfurt a. M.

783. — The (**Vaux hall**) **balloon and parachute ascent** with full particulars of the fatal result of the descent, written exclusively for this work by an eye-witness. To which is added Mr. Green's account of the voyage.

Ausschnitt aus The Casket of Literature, Science and Entertainment. No. 30. July 30, 1837.

Betr. den tötlichen Absturz des Luftschiffers Cocking mit dem Fallschirm. Vgl. auch Nr. 421.

Dr. Gans-Fabrice-Garmisch.

COMASCHI, ANTONIO.

784. [**Ankündigung** seiner 7. Luftreise, die er Dienstag, den 29. handschriftlich verbessert aus: Sonntag, den 27. November 1842 mit seinem neu erfundenen grossen Luftballon in Rom auf dem Monte Pincio unternehmen wird. Zweiseitig bedrucktes Plakat in italienischer Sprache.]

[o. O. u. J.] *1 Bl. 8°.*

Musikhistorisches Museum (Heyer)-Köln;
jetzt Senckenbergische Bibliothek-Frankfurt a. M.

785. — **Comaschi**, Antonio: Mentre Antonio Comaschi Italiano aeronauta dal Colle Pincio [in Rom] s'innalza Il di 29 Novembre 1842. Ai Generosi Romani.

(Rom 1842) Puccinelli. *1 Bl. 8°.*

Sonett, beginnend: „All' ardente desio, che invan s' infrena".

Musikhistorisches Museum (Heyer)-Köln;
jetzt Senckenbergische Bibliothek-Frankfurt a. M.

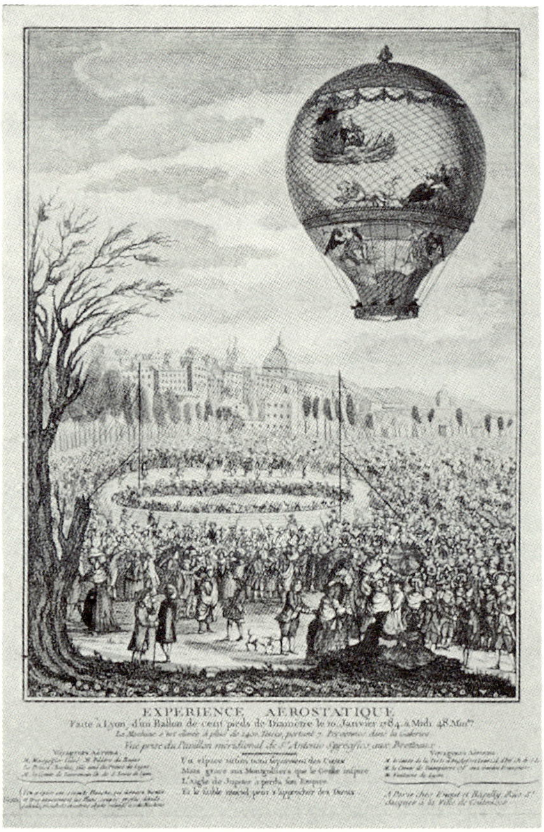

Abb. 58. „Le Flesselles". Aufstieg in Lyon am 19. Januar 1784.
(Vgl. Nr. 260.)

CONTÉ, NICOLAS-JACQUES.

786. **Degérando** [,Joseph-Marie Baron]: Éloge de Conté, prononcé à la Séance de la Société d'Encouragement, le 12 Février 1806.

Paris, Madame Huzard, 1806. *19 S. 4°.*

Aus Bulletin de la Société d'Encouragement pour l'Industrie nationale, no. 22. avril 1806. Joseph Baer & Co.-Frankfurt a. M.

787. — [**Jomard,** Edme-François]: Conté.

Paris, E. Thunot et Cie., 1849. *100 S. 8°.*

Joseph Baer & Co.-Frankfurt a. M.

COXWELL, HENRY.

788. **Coxwell,** Henry: My life and balloon experiences. Second series.

London, W. H. Allen and Co., 1889. *XI + 283 S. 8° 17 Taf.*

F. B. Auffarth-Frankfurt a. M.

DUPUY DE LÔME, STANISLAS-CHARLES-HENRY-LAURENT.

789. L. a. s. 4 p. 1876.

Königliche Bibliothek-Berlin: Autographensammlung Darmstaedter.

DURUOF.

790. **Duruof** [,Jules]: Aventures de M. et Mme Duruof. Les soixante ascensions de Duruof racontées par lui-même. Avec portraits et gravures.

Paris, A. Ghio, 1875. *77 S. 8° 4 Taf. 1 faks. Brief des Verf.*

Joseph Baer & Co.-Frankfurt a. M.;
jetzt Senckenbergische Bibliothek-Frankfurt a. M.

BRÜDER ENSSLEN. *Vgl. auch Nr. 165—169.*

791. [**Ankündigung** des Aufsteigens einer Luftfigur „in Gestalt eines Frauenzimmers“ auf Donnerstag, den 30. Juni, Nachm. 3 Uhr. Mitteilungen über die Ausstellung dieser und ähnlicher Figuren „Perseus auf dem geflügelten Pferd Pegasus sitzend“, „Mercurius auf Wolken sitzend“, in dem obern Saal „auf E. E. Zunft zu Saffran“, über die Art der Füllung und die Eintrittspreise. Undatiertes Plakat, ohne Ortsangabe (Basel?).]

1 Bl. 240:205.

A. Meyer-Seiler-Basel;
jetzt Senckenbergische Bibliothek-Frankfurt a. M.

792. — Franckfurter **Frag- und Anzeigungs-Nachrichten.** Jg. 1785.

Enth.: Ankündigung der Gebr. Ensslen betr. Aufsteigens ihrer aërostatischen Figuren in der Frankfurter Herbstmesse in den Nummern vom 17. und 20. September.

Stadtarchiv-Frankfurt a. M.

793. — **Schreiben** an einen Freund, über die in der Leipziger Michaelis-Messe 1784 eröfnet gewesenen Spektakel, besonders über die von den Hrn. Gebrüdern Ensslen aus Stuttgardt verfertigte und von der Funkenburg emporgelassene aerostatische Maschine.

[o. O.] 1784. *16 S. 8°.*

Unterzeichnet: Fr. Goldlieb. Stadtbibliothek-Frankfurt a. M.

FONVIELLE, WILFRID DE.

794. L. a. s. 3 p. Paris 1898.

Oberstleutnant Moedebeck (†)-Berlin.

GARNERIN, ANDRÉ-JACQUES.

795. D. a. s. 1 p. Paris le 9 Vendémiaire an 9 [2. Okt. 1800].

Kostenaufstellung für „Expérience de la descente en Parachûte du citoyen Garnerin" aus Anlass der „Fête du 1er Vendémiaire an 9".

Musikhistorisches Museum (Heyer)-Köln;
Abbildung 70. jetzt Senckenbergische Bibliothek-Frankfurt a. M.

796. — L. a. s. 3 p. Moscou an 11. [1802.][1])

Abwehr der gegen ihn öffentlich erhobenen Beschuldigung der Spielsucht, als deren Urheber er den „abbé Robert" d. i. den Physiker Robertson vermutet; ungünstige Charakteristik Robertsons.

Königliche Bibliothek-Berlin: Autographensammlung Darmstaedter.

797. — L. a. s. 3 p. Paris 1811.

Musikhistorisches Museum (Heyer)-Köln;
jetzt Senckenbergische Bibliothek-Frankfurt a. M.

798. — L. a. s. 1 p. 1816.

Königliche Bibliothek-Berlin: Autographensammlung Darmstaedter.

— (**Garnerin,** André-Jacques:) Beschreibung der drei ersten Luftreisen die in Russland im Jahre 1803 von Herrn Garnerin angestellt sind. 1804. Nr. 1105.

799. — **Garnerin** [,André-Jacques]: Soirées recréatives de M. Garnerin l'aéronaute, En son Cabinet de physique ... Tous les soirs, à sept heures et demie.
[Paris o. J.] *1 Bl. fol.*

Programm der Experimente und sonstigen Darbietungen des physikalischen Kabinets.

Dr. Ed. Langer-Braunau i. B.

— ***In Frankfurt a. M.***[2]) *Vgl. Nr. 1097.*

800. **Sachs** der Jüngere, Hans: Abentheuerliche, doch wahrhafte Beschreibung der wundersamen Auffahrt des Weltberühmten französischen Luftschiffers Herrn Garnerin am 12. September 1805 zu Frankfurt am Mayn auf der Pfingstweide, Nachmittags um 4 Uhr. Getreulich ans Licht gestellt, wie auch in neue weltliche hochdeutsche Reime gesetzt, durch Hans Sachs den Jüngeren, der Poesie Bacculaureum.
(Frankfurt a. M. 1805). *2 Bl. 8°.*

20 sechszeilige und 20 vierzeilige Strophen, mit 2 Abbildungen: Ansicht der Pfingstweide und Ansicht der inneren Einrichtung und Füllung des Ballons. Beginn des ersten Gedichtes: „Hilf Himmel, welch Geschrei"; des zweiten: „Ihr Herren! Wendet die Lorgnetten".

Dr. Gans-Fabrice-Garmisch.
Abbildung 80. Dr. Liebmann-Frankfurt a. M.

---

[1]) Das Verzeichnis der Autographensammlung von Prof. Dr. L. Darmstaedter. Berlin 1909. schreibt auf S. 125 diesen Brief irrtümlich Jean-Baptiste-Olivier Garnerin, dem Bruder von André-Jacques, zu.

[2]) Ueber Garnerins Aufstieg in Frankfurt a. M. und seine Vorläufer vgl. den Aufsatz von Paul Hohenemser: Luftschiffahrt in Frankfurt a. M. vor hundert Jahren. in „Alt-Frankfurt". Jg. 1 (1909). S. 37—46.

GARNERIN, ELISA.

801. L. a. s. 4 p. Paris 9 sept 1822.

Eingabe an den Präfekten des Dép. Bas-Seine betr. Abhaltung von Pferderennen in Verbindung mit aërostatischen Versuchen.

Musikhistorisches Museum (Heyer)-Köln;
jetzt Senckenbergische Bibliothek-Frankfurt a. M.

802. — **Börnstein,** Heinrich: Kurzgefasste Geschichte der Luftschiff-Fahrt nebst einer gedrängten Biographie der Aeroniste Dlle. Elisa Garnerin und Beschreibung des, bey ihrer 29. Luftfahrt in Wien, gebrauchten Ballons, Fallschirms und der sonstigen Apparate. Mit einem Kupfer.

Wien 1826. *2 Bl. 4°. Die Kupfertafel fehlt.*

Alexander Haas-Frankfurt a. M.

803. — **Martelli,** Gio[vanni]. Batt[ista]: [Sonett, beginnend: „Donna sei tu che senza vanni dona" auf Elisa Garnerin, die am 9. Mai 1824 in Mailand einen Luftballonaufstieg mit nachfolgendem Fallschirmabstieg unternommen hatte.]

In Corriere delle dame. No. 20. Milano 15 Maggio 1824.

Musikhistorisches Museum (Heyer)-Köln;
jetzt Senckenbergische Bibliothek-Frankfurt a. M.

GAY-LUSSAC, JOSEPH-LOUIS.

804. L. a. s. 4 p. Paris 1842.

Königliche Bibliothek-Berlin: Autographensammlung Darmstaedter.

GIFFARD, HENRY.

805. L. a. s. 2 p. Paris 1863.

Königliche Bibliothek-Berlin: Autographensammlung Darmstaedter.

GLAISHER, JAMES.

806. L. a. s. 2 p. 1867.

Königliche Bibliothek-Berlin: Autographensammlung-Darmstaedter.

GODARD AÎNÉ, EUGÈNE.

807. L. a. s. an den Bürgermeister von Mailand 3 p. Batignolles 28 juillet 1859.

Angebot seiner und seiner Brüder Dienste als Aëronauten zur Veranstaltung eines Ballonaufstieges aus Anlass der Feier für Napoléon III. in Mailand, unter Hinweis auf die von ihm und seinen Brüdern im Kriege geleisteten Dienste als Luftschiffer beim französischen Generalstab. Unterzeichnet mit: „Aéronaute de l'Empereur".

Musikhistorisches Museum (Heyer)-Köln;
jetzt Senckenbergische Bibliothek-Frankfurt a. M.

808. — L. a. s. an den Syndikus von Mailand 2 p. Paris 16. März 1881.

Anfrage betr. Veranstaltung von Ballonaufstiegen anlässlich der Mailänder Ausstellung durch seinen Schüler und Socius Pierre Crommelin.

Musikhistorisches Museum (Heyer)-Köln;
jetzt Senckenbergische Bibliothek-Frankfurt a. M.

809. — [**Ankündigung** der „6me ascension du gigantesque ballon-poste: Union-des-peuples“ in Marseille am 24. Dezember 1871, verbunden mit Fallschirm-experimenten und anderen aërostatischen Vorführungen. Auftreten des 7jährigen Léon Godard. Auf der Rückseite: „Historique des ballons-poste construits et lancés pendant le siège de Paris par M. & Mme Eugène Godard et partis sous la conduite des Marins aéronautes, leurs élèves“. Zweiseitig bedrucktes Plakat.]

Marseille, (1871,) Barlatier-Feissat Père et Fils. *1 Bl. gr. folio.*

Musikhistorisches Museum (Heyer)-Köln;
jetzt Senckenbergische Bibliothek-Frankfurt a. M.

810. — **Arènes** / du / Sport Aéronautique / Sous la Direction / de Mr / Eugène Godard Aîné / [Ankündigung von aëronautischen Wettkämpfen, Ballonaufstiegen, Luftreisen etc. auf farbigem Plakat in ein- und mehrfarbigen Typen, die teils in geraden, teils in gebogenen Druckzeilen stehen. Angabe der Eintrittspreise für den „Boulevard Voltaire, Place St Ambroise, 8. Rue Folie-Méricourt 8“ gelegenen Sportplatz. Aufzählung der einzelnen Nummern des undatierten Sonn- und Festtagsprogramms: „Courses Aériennes. Ascensions Libres et Captives Expériences Scientifiques. / Nouveaux Systèmes de Navigation Aérienne plus lourds et plus légers que l'air Ballons Militaires. / Aérostats à Air chaud, surchauffé et à Détente variable pour Bombardement de Places Fortes. / Véloces Aériens. Poste Aérienne par Pigeons Voyageurs. Télégraphie Aérostatique et Militaire“. / In der Mitte des Plakates bildliche Darstellungen von fünf Ballons verschiedener Systeme, zwei Signalballons und einem Fallschirm mit bemannter Gondel. Undatiert.]

Paris, [o. J.,] Charles Lévy. *1 Bl. ca. 810:610.*

Joseph Baer & Co.-Frankfurt a. M.;
jetzt Dr. Alex Meyer-Frankfurt a. M.

GODARD JEUNE, JULES.

811. L. a. s. an Monsieur Larochette. 1 p.

Musikhistorisches Museum (Heyer)-Köln;
jetzt Senckenbergische Bibliothek-Frankfurt a. M.

GOTTIER.

812. **Nachricht** [betr. den Aufstieg eines grossen Luftballons von 300 Quadratschuhen auf dem Schiesswerder vor dem Odertor (in Breslau). G. bezeichnet als „Bürger zu Berlin“. Angaben von Ort und Zeit fehlen; doch ist handschriftlich hinzugefügt: den 15. [?]. Septbr 1797.]

1 Bl. 8°. Stadtarchiv-Breslau.

GOURIER, Jules s. JULHÈS (Nr. 834).

GRAHAM.

813. **Aerostation.** [Ankündigung seines 6. Ballonaufstiegs, den er am 2. Juni *aufgeklebt; ursprünglich: 1. Juni* 1824 um 4 Uhr Nachm. in London, Pentonville mit einem reichverzierten Gasballon unternehmen wird. Beschreibung des Ballons nebst Abb.]

(London 1824) G. Graham. *1 Bl. 450:285.*
Dr. Gans-Fabrice-Garmisch.

GREEN, CHARLES.

814. [**Ankündigung** der Wiederholung einer Wettfahrt zwischen zwei Ballons, die am 9. August [1836] von Herrn und Frau Charles Green einerseits und Herrn und Frau W. Green andererseits in London, Vauxhall um 6 Uhr Nachm. unternommen werden soll. Mit Abb. beider Ballons. Die Jahreszahl handschriftlich ergänzt.]

1 Bl. quer 8°. Dr. Gans-Fabrice-Garmisch.

815. — [**Ankündigung** der 223. Luftreise Greens, die am 27. September 1836 in London, Vauxhall mit seinem Royal Vauxhall Ballon unter Mitnahme von 10 Passagieren stattfinden soll.]

(London 1836) Balne. *1 Bl. fol.*
Dr. Gans-Fabrice-Garmisch.

816. — [**Ankündigung** der Wiederholung des Doppelaufstiegs, welche Donnerstag, den 30. Aug. 1837 in London, Vauxhall von Green in seinem Royal Nassau Ballon und gleichzeitig von Frau Green in Greens Ballon, von ersterem unter Mitnahme von 10 Passagieren, von letzterer unter Mitnahme eines Passagiers ausgeführt wird. An Stelle von Frau Green steigt eventuell H. Green auf. Rosa Plakat mit Abbildungen der Ballons.]

(London 1837) Balne. *1 Bl. fol.* Dr. Gans-Fabrice-Garmisch.

817. — [**Ankündigung** zweier Ballonfahrten auf Montag, den 11. Sept., und Freitag, den 15. Sept. [1837] in Greens Royal Nassau Ballon auf dem Programm zu „Two Extra Galas“ in The Royal Gardens, London-Vauxhall. Die Jahreszahl handschriftlich hinzugefügt.]

(London 1837?) Balne. *1 Bl. 8°.* Dr. Gans-Fabrice-Garmisch.

818. — [**Ankündigung** der 253. Luftreise Greens, die am 10. Juli [1838] in London-Vauxhall mit seinem Royal Nassau Ballon in Gegenwart des Herzogs und der Prinzessin von Nassau unter Mitnahme von 10 Passagieren stattfinden soll. Hinweis auf die Fahrt des Ballons von London nach Weilburg. Vgl. S. 135. Die Jahreszahl handschriftlich ergänzt.]

(London 1838?) Balne. *1 Bl. fol.* Dr. Gans-Fabrice-Garmisch.

819. — [**Ankündigung** einer Luftfahrt Greens in seinem Krönungsballon gelegentlich der Freitag, den 27. Juli 1838 in London, Vauxhall stattfindenden Wiederholung des Kinderfestes. Gelbes Plakat, mit Abbildung des Ballons.]

(London 1838) Balne. *1 Bl. 4°.* Dr. Gans-Fabrice-Garmisch.

820. — [**Ankündigung** einer nächtlichen Ballonfahrt Greens in seinem Krönungsballon, verbunden mit dem Abbrennen eines Feuerwerks in London, Vauxhall auf Freitag, den 7. Sept. [1838]. Mit Abbildung des Ballons. Die Jahreszahl handschriftlich hinzugefügt.]

(London 1838?) Balne. *1 Bl. 8°.* Dr. Gans-Fabrice-Garmisch.

821. — [**Ankündigung** eines Aufstiegs des Royal Nassau-Ballons, der Freitag, den 14. Sept. [1838?] in London, Vauxhall stattfinden soll. Mit Abb. der Gondel des Ballons. Angabe des Jahres handschriftlich hinzugefügt. Name des Luftschiffers nicht genannt.]

(London o. J.) Balne. *1 Bl. 8°.* Dr. Gans-Fabrice-Garmisch.

822. — [**Ankündigung** einer nächtlichen Ballonfahrt Greens in seinem Krönungsballon, verbunden mit dem Abbrennen eines Feuerwerks, in London, Vauxhall auf Donnerstag, den 5. Sept. [1839]. Die Jahreszahl handschriftlich hinzugefügt.]

(London 1839?) Balne Brothers. *1 Bl. 4°.*

Dr. Gans-Fabrice-Garmisch.

823. — [**Ankündigung** des letzten Ballonaufstiegs der Saison, welchen Charles Green in seinem grossen Nassau-Ballon Montag, den 21. Sept. 1846, in London, Chelsea unter Mitnahme einer Anzahl von Passagieren ausführen wird. Mit Abb. der Gondel des Ballons und einem 20 zeiligen Gedicht, beginnend: „The Last Ascent! why, Tommy Brown".]

Ausschnitt? 1 Bl. 8°. Dr. Gans-Fabrice-Garmisch.

824. — **Ascent** of the / Royal Nassau Balloon! / and of / Mr. Green's own Balloon / at the same moment. / The Nassau Balloon / Will be conducted by / Mr. Green. / Mr. Green's Balloon / Will be conducted by / Mrs. Green. [Ankündigung einer undatierten Auffahrt, ohne Bezeichnung des Ortes. Am Kopf: „The most Extraordinary Attraction!" Schwarzdruck auf Rosapapier in Horizontalzeilen, von „The Nassau Balloon" bis „Mrs. Green" in Vertikalzeilen. Mit Abb. der Gondel des Nassauballons und des Ballons von Green].

1 Bl. 8°. Dr. Alex Meyer-Frankfurt a. M.

825. — [**Ankündigung** von Ballonfahrten Greens in Chelsea (London) am 31. Juli, 1. und 2. August. Ohne Angabe des Jahres. Auf dem Programm für „Nicholson's 1000 Guinea Fete".]

[o. O. (London?) u. J.] Croker. *1 Bl. 8°.*

Dr. Gans-Fabrice-Garmisch.

GYPSON.

826. Fourth **Balloon Ascent** from Northampton. [Ankündigung seines 4. Ballonaufstiegs, den er Samstag, den 8. August 1840, unter Mitnahme von 2 Damen als Passagieren in Northampton unternehmen wird. Mit Abb. des Ballons. Grünes Plakat.

Northampton (1840) Cordeux. *1 Bl. 4°.* Dr. Gans-Fabrice-Garmisch.

827. — Second grand **balloon ascent.** [Ankündigung der 29. Luftreise Gypsons, welche er Donnerstag, den 1. Oktober [1840], unter Mitnahme von Passagieren in Deritend um 3 Uhr Nachm. unternehmen wird, in Verbindung mit einem Fallschirmexperiment, wobei er ein lebendes Tier aus der Höhe herablassen wird. Kurze Beschreibung des Ballons, nebst Abb. desselben. Jahreszahl handschriftlich ergänzt. Rosa Plakat.]

Deritend (1840?) Harris. Dr. Gans-Fabrice-Garmisch.

828. — Grand **ballon ascent** from Wisbech . . . [Ankündigung der 39. Luftreise Gypsons, die er Montag, den 26. Juli 1841, Nachm. um 5 Uhr bei dem Gaswerk in Wisbech unternehmen wird. Mit Abb. des Ballons.]

Wisbech (1841) W. Watts. *1 Bl. gr. fol.*

Dr. Gans-Fabrice-Garmisch.

829. — [**Ankündigung** der 44. Luftreise Gypsons, die er Freitag, den 1. Oktober 1841, unter Mitnahme von Passagieren vom Gaswerk in Stamford aus antreten wird. Kurze Beschreibung des Ballons nebst Abb. desselben.]

(Stamford? 1841) Fricker. *1 Bl. 4°.*

Dr. Gans-Fabrice-Garmisch.

HAENLEIN, PAUL.

830. L. a. s. 3 p. Frauenfeld (Schweiz) 1891.

Bitte um Nachweis einer für Luftschiffahrt interessierten und sachverständigen, einflussreichen Persönlichkeit in Berlin, der H.'s neues Projekt — Luftschiff von 20 m pro sec. Eigengeschwindigkeit — zur Prüfung und Empfehlung beim preuss. Kriegsminister vorgelegt werden könne.

Oberstleutnant Moedebeck(†)-Berlin.

— **Haenlein,** Paul: Plan zu einem lenkbaren Motor-Luftschiff. 1868.

Eigenhändige Konstruktionszeichnung des Erfinders. Beigefügt ein eigenhändiges und gezeichnetes Ms. Nr. 1200.

HAMPTON, JOHN.

831. [**Ankündigung** eines Ballonaufstiegs, den der Aëronaut John Hampton Montag, den 19. August [1844], um 6 Uhr Nachm. unter Mitnahme von Passagieren unternehmen wird. Vorher Aufsteigen von Pilotballons, nachher Ausstellung des Fallschirms von Hampton, sowie von Fallschirmmodellen von Garnerin, Cocking und Hampton. Mit Abb. des Ballons nebst Fallschirm. Ohne Angabe von Ort [London?] und Jahr; letzteres handschriftlich hinzugefügt.]

[o. O. u. J. (1844?)] S. G. Fairbrother & Son. *1 Bl. gr. fol..*

Dr. Gans-Fabrice-Garmisch.

HOEGHER, JOHANN.

832. **Avertissement** [betr. seiner am künftigen 11. dieses vom Peters-Schiessgraben (zu Leipzig) aus stattfindenden Luftreise. Besichtigung des Ballons vorher auf der Funkenburg. Angabe des Orts und des Datums fehlt.]

1 Bl. 8°. Beigebunden an Der Luftschiffer J[ohann]. H[oegher]. 1786.

Stadtbibliothek-Hamburg.

833. — Der Luftschiffer J[ohann]. **H[oegher]**.

[o. O. (Leipzig?)] 1786. *2 Bl. 8°. Angeb.:* Avertissement [von] Johann Hoegher.

Spottgedicht von 8 vierzeiligen Strophen auf den missglückten Ballonaufstieg von Johann Hoegher, beginnend: „Liege da, verworfner Ball“. Auf dem Titel Abbildung eines in der Luft schwebenden Ballons mit Gondel, auf der „Vivat Leipzig“ zu lesen ist.

Stadtbibliothek-Hamburg.

JULHÈS.

834. **Balloon Park** <Gabriel Von Balloon Co> [Reklameplakat mit Ankündigung der täglich von 10 Uhr Vorm. bis 10 Uhr Nachm. bei günstigem Wetter stattfindenden Fesselballonaufstiege — 1300 Fuss Höhe —, mit Abbildung des in Chicago „Cottage Grove Avenue and 50th Street“ gelegenen Vergnügungsplatzes nebst drei in der Luft schwebenden Ballons, sowie den Porträts des „Captain-Aeronaut“ Julhès und des „Engineer-Aeronaut“ Jules Gourier. Undatiert; handschriftlich (Blaustift) hinzugefügt: „Chicago 1892“. Am oberen und rechten Rand je ein Kautschukstempel von Julhès, Aéronaute (de la ville de Paris), Paris, 12 Rue Rodier.]

Chicago [1892?], Shober & Carqueville. *1 Bl. ca. 730:535.*

Joseph Baer & Co.-Frankfurt a. M.;
jetzt Dr. Alex Meyer-Frankfurt a. M.

KAHLE.

835. [**Ankündigung** des Mechanicus Kahle, ein Montag, den 29. Juli 1805, in den 4 Türmen vor dem Odertor in Breslau stattfindendes physikalisches Experiment betr., nämlich den Aufstieg eines grossen „ärostatischen“ Luftballons nebst einer venetianischen Gondel. Mit Abbildung des Ballons und der von zwei Mann gehaltenen Gondel.]

1 Bl. fol.

Stadtarchiv-Breslau.

KIRSCH, CARL.

836. **Kirsch,** Carl: Kurze Biographie des Luftschiffers Carl Kirsch, nebst Beschreibung seiner vorzüglichsten Luftfahrten mit besonderer Rücksicht der im Prater veranstalteten Auffahrt auf einem lebenden Pferde. Von ihm selbst beschrieben.

Wien, M. Lell, 1850. *20 S. 8°.*

W. Hernfeld-Wien.

KOLTER, JOHANN.

837. [**Ankündigung** des Aufstiegs eines illuminierten Luftballons mit einer venetianischen Galerie als letzter Nummer des Kunstreiterprogramms von Johann Kolter und Alexander Tertzi auf dem Springstern vor dem Sandtor [in Breslau]. Angaben von Ort und Zeit fehlen. Auf der Rückseite des Zettels Abbildung eines soeben hochgelassenen Ballons.]

1 Bl. 4°. Stadtarchiv-Breslau.

Vgl. Nr. 909.

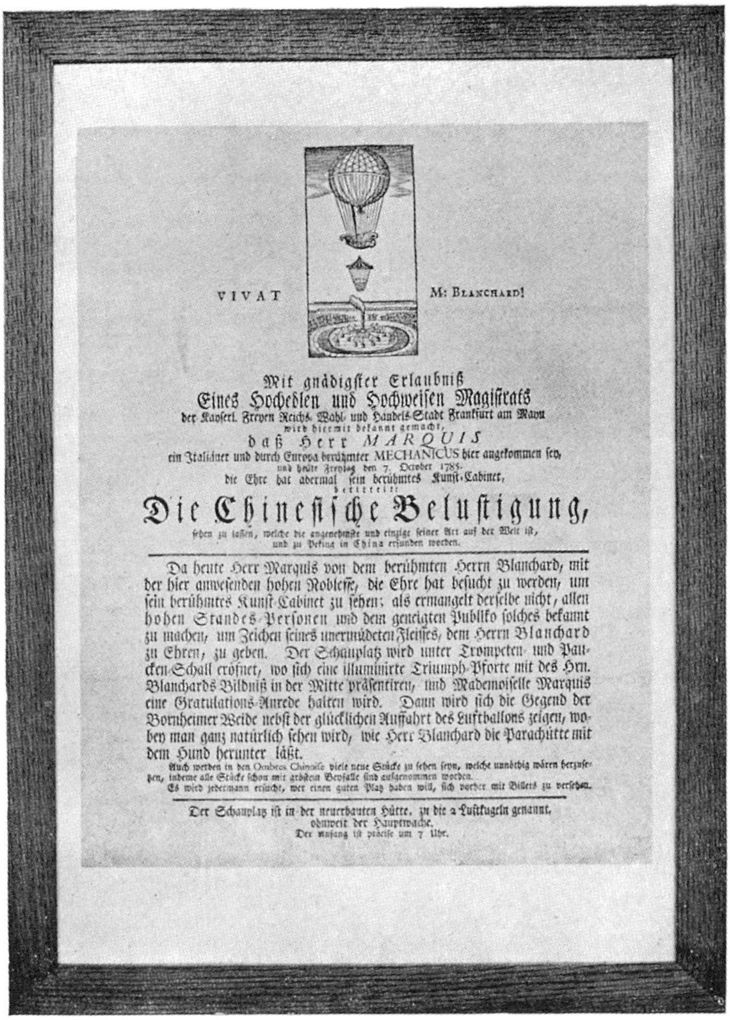

VIVAT M: BLANCHARD!

Mit gnädigster Erlaubniß
Eines Hochedlen und Hochweisen Magistrats
der Kayserl. Freyen Reichs- Wahl- und Handels-Stadt Frankfurt am Mayn
wird hiermit bekannt gemacht,
daß Herr *MARQUIS*
ein Italiäner und durch Europa berühmter MECHANICUS hier angekommen sey,
und heute Freytag den 7. October 1785.
die Ehre hat abermal sein berühmtes Kunst-Cabinet,
bereitet:

Die Chinesische Belustigung,

sehen zu lassen, welche die angenehmste und einzige seiner Art auf der Welt ist,
und zu Peking in China erfunden worden.

Da heute Herr Marquis von dem berühmten Herrn Blanchard, mit der hier anwesenden hohen Noblesse, die Ehre hat besucht zu werden, um sein berühmtes Kunst-Cabinet zu sehen: als ermangelt derselbe nicht, allen hohen Standes-Personen und dem geneigten Publiko solches bekannt zu machen, um Zeichen seines unermüdeten Fleisses, dem Herrn Blanchard zu Ehren, zu geben. Der Schauplatz wird unter Trompeten- und Paucken-Schall eröfnet, wo sich eine illuminirte Triumph-Pforte mit des Hrn. Blanchards Bildniß in der Mitte präsentiren, und Mademoiselle Marquis eine Gratulations-Anrede halten wird. Dann wird sich die Gegend der Bornheimer Weide nebst der glücklichen Auffahrt des Luftballons zeigen, wobey man ganz natürlich sehen wird, wie Herr Blanchard die Parachütte mit dem Hund herunter läßt.

Auch werden in den Ombres Chinoise viele neue Stücke zu sehen seyn, welche unnöthig wären herzusetzen, indeme alle Stücke schon mit größtem Beyfalle sind aufgenommen worden.

Es wird jedermann ersucht, wer einen guten Platz haben will, sich vorher mit Billets zu versehen.

Der Schauplatz ist in der neuerbauten Hütte, zu die 2 Lustkugeln genannt,
ohnweit der Hauptwache.
Der Anfang ist präcise um 7 Uhr.

Abb. 59. „Die Chinesische Belustigung". Plakat von 1785. (Vgl. Nr. 758.)

KRESS, WILHELM.

838. L. a. s. 1 p. Wien 1898.

Stellt, obwohl zur Zeit mit der Konstruktion eines Drachenfliegers beschäftigt, einen Aufsatz über den Ruderflug in Aussicht, als Beitrag für das Blatt des Adressaten H. Moedebeck.

Oberstleutnant Moedebeck (†)-Berlin.

LANA TERZI, FRANCESCO DE.

839. D. a. s. 1 p. 21. Aprile 1677.

Attest für einen Zuhörer seiner Mathematik-Vorlesungen.

Musikhistorisches Museum (Heyer)-Köln;
jetzt Senckenbergische Bibliothek-Frankfurt a. M.

840. — L. a. s. 2 p. Brescia 10. Gen. 1681.

Musikhistorisches Museum (Heyer)-Köln;
jetzt Senckenbergische Bibliothek-Frankfurt a. M.

841. — L. a. s. 2 p. Brescia 1682.

Königliche Bibliothek-Berlin: Autographensammlung Darmstaedter.

842. — **Zamagna** S. J., Bernardus [de]: Navis aeria et elegiarum monobiblos. Romae, P. Giunchius, 1768. *XVI + 151 S. 8°.*

Poetische Verherrlichung Lanas und des von ihm erfundenen Luftschiffes (1670); nebst Abbildung des letzteren auf S. 1.

C. Lang & Co.-Rom;
F. Irminger-Zürich.

843. — **Zamagna,** Bernardus de: Navis aeria. Ad exemplar romanum edidit, praefatus est, appendicesque adiecit Michael Paintner.

Viennae, Baumeister, 1784. *XXVI + 2 Bl. + 82 S. 8° 1 Taf. Angeb.:* (Paintner, Michael:) An Herrn J. Rezensenten der neuen Ausgabe von Zamagna's Gedichte über das Luftschiff. 1784.

Poetische Verherrlichung Lanas und seines Luftschiffes (1670); nebst Abbildung des letzteren. S. IX–XXVI: Ueberblick über die aëronautische Literatur vor der Erfindung des Luftballons durch Montgolfier. S. 75–82: Biographia Francisci Tertii de Lanis, S. J.

Stadtbibliothek-Hamburg.

LA VAULX, HENRY COMTE DE.

844. L. a. s. 1 p. Paris.

Oberstleutnant Moedebeck (†)-Berlin.

LILIENTHAL, OTTO.

845. L. a. s. 1 p. Berlin 1895.

Dank für Uebersendung von Material für Explosionsmaschine durch den Adressaten Hauptmann Moedebeck.

Oberstleutnant Moedebeck (†)-Berlin.

Abbildung 74.

846. — P. s. 1896.

Königliche Bibliothek-Berlin: Autographensammlung Darmstaedter.

LÜTGENDORFF, JOSEPH MAXIMILIAN FREIHERR VON.

847. **Abschiedsrede** des Erdlieb Luft-ballon, auf seinem ihm zu Ehren errichteten Schaffot in Gersthoffen, am Tage seiner nochmalig bestimmten aber mislungenen Auffahrt.

[o. O.] 1786. *2 Bl. inkl. Titelbl. 8°* *in* Sammelband: Luftschiffahrt 9.

Gegen den Freiherrn von Lütgendorff.

Staats-, Kreis- und Stadtbibliothek-Augsburg.

848. — **Anatomirung** des in Gersthofen erblassten Erdlieb Luftballon. [Mit Titelkupfer.] Hat die Censur pasiert.

[o. O.] 1787. *2 Bl. inkl. Titelbl. 8°.*

Verspottung des Freiherrn von Lütgendorff wegen seiner missglückten aërostatischen Versuche, in Form eines Sektionsprotokolls.

Stadtbibliothek-Frankfurt a. M.

— Dasselbe. *In* Sammelband: Luftschiffahrt 9.

Staats-, Kreis- und Stadtbibliothek-Augsburg.

849. — **Anzeige** [betr. Verfertigung einer Denkmünze auf die Luftfahrt des Herrn Barons v. Lütgendorff durch Daiser in Augsburg, nebst Abbildung der beiden Seiten der Medaille.]

1 Bl. 8° *in* Sammelband: Luftschiffahrt 9.

Vgl. Nr. 40 und 530. — Wiedergabe der Denkmünze: Abb. 23.

Staats-, Kreis- und Stadtbibliothek-Augsburg.

850. — **Arien** auf den Luftballon, in einer Oprette von drey Aufzügen. Herausgegeben den 24. August 1786 als an dem Tage der Luftreise des Freyherrn von Lütgendorf. Nebst einem Sinnbilde dieses deutschen l. Künstlers.

Friedberg, J. M. Gerolt, (1786). *5 Bl. inkl. Titelbl. 8°* *in* Sammelband: Luftschiffahrt 9.

Staats-, Kreis- und Stadtbibliothek-Augsburg.

851. — **Avertissement** [betr. Platzpreise im Amphitheater und bei der Besichtigung des Luftballons des Freiherrn von Lütgendorff im untern evang. Gottesacker beim Lug ins Land in Augsburg.]

[1786.] *1 Bl. 8°* *in* Sammelband: Luftschiffahrt 9.

Staats-, Kreis- und Stadtbibliothek-Augsburg.

852. — Die **Ereignisse** bey dem Luftball im Monat August, 1786. Eine musikalische Unterhaltung.

[o. O.] 1787. *46 S. 8° 1 Taf.*

Gegen den Freiherrn von Lütgendorff.

Staats-, Kreis- und Stadtbibliothek-Augsburg.

853. — **Gedanken** eines unter dem Wertachbruckerthor zu Augsburg wachtstehenden alten Stadt-Guarde Soldatens über den unterm 13ten December 1786 nach Gersthofen sammt dessen Apparat abgeführten Erdlieb Luftballon.

[o. O.] 1787. *2 Bl. inkl. Titelbl. 8° in* Sammelband: Luftschiffahrt 9.

Spottgedicht auf den Freiherrn von Lütgendorff; 12 sechszeilige Strophen, beginnend: „O! Luftballon nun wär es Zeit".

Staats-, Kreis- und Stadtbibliothek-Augsburg.

854. — Moralische **Gedanken** in Versen, über die bevorseyende Luftreise nach Regensburg von Freyherrn von Lütgendorf in der hiezu verfertigten Maschine von einem Freunde der Wahrheit herausgeg.

[o. O.] 1786. *2 Bl. inkl. Titelbl. 8° in* Sammelband: Luftschiffahrt 9.

28 Verspaare, beginnend: „O, Augsburg! du wirst bald mit Wonnesblicken sehen".

Staats-, Kreis- und Stadtbibliothek-Augsburg.

855. — [**Huber,** Franz Xaver:] Der auf den 24. August 1786 angekündigte Luftball in Augsburg. Ein Heldengedicht in Knittelversen.

[o. O.] 1786. *77 S. + 2 Bl. Verbesserungen. 8°.*

Spottgedicht auf den Freiherrn von Lütgendorff.

Joseph Baer & Co.-Frankfurt a. M.

856. — [**Huber,** Franz Xaver:] Die Luftfahrt in Augspurg, ein komisches Heldengedicht in vier Gesängen.

Gedruckt im Mond [Augsburg,] bey Montgolfier u. Blanchard, 1787. *53 S. 8°.*

Spottgedicht auf den Freiherrn von Lütgendorff. Beginnend: „O Muse, die du lächelnd oft".

Staats-, Kreis- und Stadtbibliothek-Augsburg.

857. — **Leichensermon** auf den Luftballon seligen Angedenkens in Augsburg.

[o. O.] 1786. *2 Bl. inkl. Titelbl. 8° in* Sammelband: Luftschiffahrt 9.

Spottschrift auf Freiherrn von Lütgendorff.

Staats-, Kreis- und Stadtbibliothek-Augsburg.

858. — (**Lütgendorff-Leinburg,** Freiherr von:) Materialien zu einer Geschichte der Freiherrn v. Lütgendorff-Leinburg vornehmlich im 18. Jahrhundert. ⟨Vorläufige Mitteilung.⟩ Als Manuskript gedruckt.

St. Petersburg, 1890, Buchdruckerei des „St. Petersburger Herold". *VI + 174 S. 8° 3 Taf.*

Deutsches Museum-München.

859. — Neuer **Luftballon-Kalender** auf das Jahr 1787. Enthaltend alle Ereignisse des Luftballons, und des demselben angebrachten Schiffes, in zwölf schönen Kupferstichen auf alle zwölf Monate des Jahrs nebst den gewöhnlichen Sonn-, Fest- und Feyertägen, samt den Evangelien und Mondsvierteln.

Lauingen, J. Mayr; Augsburg, J. G. Bullmann in Komm. (1787.) *13 Bl. 8°. 12 Taf.*

[Bildertit.:] Allegorischer Luft Schiff Calender 1787.

Gegen den Freiherrn von Lütgendorff.

Staats-, Kreis- und Stadtbibliothek-Augsburg.

860. — Auf die **Luftreise** des Hochfürstlichen Thurn und Taxischen Hofraths Herrn Joseph Frhrn. von Lützgendorf, welche am 24ten May 1786 in der Reichsstadt Augsburg geschehen wird.

Augsburg, Ph. J. Fill, (1786). *2 Bl. inkl. Titelbl. 8° in* Sammelband: Luftschifffahrt 9.

26 Verspaare, beginnend: „Auf, Söhne Deutschlands, hört! Ein Deutscher will es wagen". Vgl. Nr. 861.

Staats-, Kreis- und Stadtbibliothek-Augsburg.

861. — Auf die **Luftreise** des hochfürstlichen Thurn und Taxischen Herrn Hofraths Joseph Max Frhrn. von Lütgendorf, welche bey günstiger Witterung den 24. August 1786 in der Reichsstadt Augsburg geschehen wird.

Augsburg, Ph. J. Fill, (1786). *2 Bl. inkl. Titelbl. 8° in* Sammelband: Luftschifffahrt 9.

24 Verspaare, beginnend: „Auf Söhne Deutschlands, hört, ein Deutscher wird es wagen". Auch sonst vielfach Übereinstimmung mit Nr. 860.

Staats-, Kreis- und Stadtbibliothek-Augsburg.

862. — **Nachricht** [über die nunmehr bestimmt Mittwoch, den 27. Dezember [1786]. in Gersthofen bei Augsburg stattfindende Auffahrt des Freiherrn von Lütgendorff.]

1 Bl. 8° in Sammelband: Luftschiffahrt 9.

Staats-, Kreis- und Stadtbibliothek-Augsburg,

863. — Der **Nachtwächter** in Gersthofen, den 27ten December 1786.

[o. O. u. J.] *2 Bl. inkl. Titelbl. 8° in* Sammelband: Luftschiffahrt 9.

Spottgedicht auf den Freiherrn von Lütgendorff; 19 fünfzeilige Strophen, beginnend: „Hört ihr Herren! und lasst euch sagen!".

Staats-, Kreis- und Stadtbibliothek-Augsburg.

864. — **Neuss** der Sohn, Peter: Ode auf die Luftreise des Herrn Baron von Lütgendorf. Gesungen von Peter Neuss dem Sohn.

Augsburg, J. A. Brinhausser, 1786. *8 S. 8°. Mit 3 Beibänden und 11 angebundenen Blättern, enthaltend 5 handschriftliche Gedichte auf Rittmeister Straus und Freiherrn von Lütgendorff.*

Enthusiastisches Lob, v o r der Luftreise gespendet.

Staats-, Kreis- und Stadtbibliothek-Augsburg.

865. — Hanns **Nord,** der Zweyte. Ein Anekdötchen über Lütgendorfs Luftreise für die Herrn Augspurger von einem Gutdenkenden.

[o. O.] 1786. *2 Bl. inkl. Titelbl. 8° in* Sammelband: Luftschiffahrt 9.

8 sechszeilige Strophen, beginnend: „Augsburger! zieht die Oden ein". Unterzeichnet: Der Verfasser J. P.

Staats-, Kreis- und Stadtbibliothek-Augsburg.

866. — **Ode** auf den feierlichen Tag als der Hochfürstl. Thurn und Taxische Herr Hofrath Joseph Max. Freyherr v. Lüttgendorf als der erste teutsche Luftsegler zu Augsburg im August aufgestiegen von A. St.

(Augsburg, J. B. Merz,) [o. J. (1786).] *2 Bl. inkl. Titelbl. 8° in* Sammelband: Luftschiffahrt 9.

16 vierzeilige Strophen, beginnend: „Dich wält des teutschen Jünglinges teutscher Sang".

Staats-, Kreis- und Stadtbibliothek-Augsburg.

867. – Der redliche **Patriot** über Lütgendorfs Luftreise.

[o. O.] 1786. *4 Bl. inkl. Titelbl. 8°. In* Sammelband: Luftschiffahrt 9.

32 vierzeilige Strophen, beginnend: „Mein Freunde sag mir doch, wie thut die Welt itzt lohnen?" Verteidigung Lütgendorffs gegen die Verfasser der verschiedenen Spottgedichte.

Staats-, Kreis- und Stadtbibliothek-Augsburg.

868. — **Röthammer**: Merkur der Göttergesandte an Teutschlands ersten Luftschiffer Freiherrn von Lütgendorf ein Traumgesicht von Röthammer.

[o. O.] 1786. *6 S. 8° in* Sammelband: Lufschiffahrt 9.

Staats-, Kreis- und Stadtbibliothek-Augsburg.

869. — **Testament**, Leichen-Kondukt und Grabschtift [sic!] des zu Augsburg gebohrnen und zu Gersthofen erblassten Erdlieb-Luftballon, von ihm selbst noch vor seinem Ende zu Papier gebracht und veranstaltet; itzt aber von einem seiner Erben zum öffentlichen Druck befördert.

[o. O.] 1787. *4 Bl. inkl. Titelbl. 8° in* Sammelband: Luftschiffahrt 9.

Spottschrift gegen den Freiherrn von Lütgendorff.

Staats-, Kreis- und Stadtbibliothek-Augsburg.

870. — **Triumph** über die herrliche Luftfahrt des Freyherrn von Lütgendorf auf den 24. August 1786.

Augsburg, J. G. Bullmann, (1786). *2 Bl. inkl. Titelbl. 8°. Beigebunden an* Neuss der Sohn, Peter: Ode auf die Luftreise des Herrn Baron von Lütgendorf. Augsburg 1786.

33 Verspaare, beginnend: „Kaum als der Mond den Schein verliert, der Sterne Glanz verschwindet". Das Titelblatt zeigt die Abbildung der beiden Seiten der Denkmünze auf Lütgendorff, „so bey Aufsteigung des Luftballons ausgetheilt wurde". Vgl. Nr. 40 und 530, sowie Abb. 23.

Staats-, Kreis- und Stadtbibliothek-Augsburg.

871. — Schreckbares und wohlverdientes peinliches **Urtheil**, welches in allhiesiger löblichen Reichsstadt Augsburg auf den sieben Tischen an Erdlieb Luftballon den 2. September 1786 vollzogen worden.

(Augsburg 1786.) *2 Bl. inkl. Titelbl. 8° in* Sammelband: Luftschiffahrt 9.

Spottschrift auf die missglückten Ballonaufstiege des Freiherrn von Lütgendorff.

Staats-, Kreis- und Stadtbibliothek-Augsburg.

872. — **Versuch** einer Panegirik über den verunglückten grossen Luftballon.

[o. O.] 1786. *16 S. 8°.*

Gegen den Freiherrn von Lütgendorff. — Erste Auflage von: Versuch einer Lob- und Ehrenrede auf den sitzengebliebenen v. L.... Luftballon. Neue verm. und verb. Aufl. 1786., *mit dem völlige Übereinstimmung im Text bis auf die Anm. auf S. 7/8 und den Schlussvers auf S. 16, die hier fehlen. Vgl. Nr. 873.*

Staats-, Kreis- und Stadtbibliothek-Augsburg.

873. — **Versuch** einer Lob- und Ehrenrede auf den sitzengebliebenen v. L.... Luftballon. Neue vermehrte und verbesserte Auflage.

[o. O.] 1786. *16 S. 8°.*

Gegen den Freiherrn von Lütgendorff. — Die Vermehrung gegenüber der ersten Auflage: Versuch einer Panegirik über den verunglückten grossen Luftballon. 1786. *beschränkt sich auf die Anm. auf S. 7/8 und den Schlussvers auf S. 16. Vgl. Nr. 872.*

Staats-, Kreis- und Stadtbibliothek-Augsburg.
Stadtbibliothek-Hamburg.

874. — [**Zinkernagel,** Carl Friedrich Bernhard:] Herrn Urians Luftreise. Parodie. [1786?]

3 Bl. 8°. Beigebunden an: Neuss der Sohn, Peter: Ode auf die Luftreise des Herrn Baron von Lütgendorf. Augsburg 1786.

Handschriftliches Spottgedicht auf den Freiherrn von Lütgendorff, beginnend: „Mir war einmal der Beutel leer".

Staats-, Kreis- und Stadtbibliothek-Augsburg.

875. — **Zügenglöcklein** des mit dem Tod ringenden Luftballon in Gersthofen.

[o. O.] 1787. *2 Bl. inkl. Titelbl. 8°. Beigebunden an* Neuss der Sohn, Peter: Ode auf die Luftreise des Herrn Baron von Lütgendorf. Augsburg 1786.

Spottgedicht auf die misslungenen Versuche des Freiherrn von Lütgendorff. 16 vierzeilige Strophen, beginnend: „Hört Herrn! es läutet ja, die schröckbar Zügenglocken".

Staats-, Kreis- und Stadtbibliothek-Augsburg.

LUNARDI, VINCENZO.

876. (**Barbarotta,** Luigi:) In occasione del viaggio aereo fatto in Napoli dal valorosissimo capitano Vincenzo Lunardi Lucchese.

Napoli 1789. *VII S. 8° 1 Taf.*

Anakreontische Ode aus 28 vierzeiligen Strophen bestehend; beginnt: „Muse apprestatemi". Die Tafel stellt einen Luftballon dar, in dessen Gondel der Luftschiffer steht. Darunter die Worte: Globo Areostatico Diretto dal Sigr Vincenzo Lunardi, in Lucca il 17 Giu. 1788.

Dr. Ed. Langer-Braunau i. B.

MANGOT, G. E.

877. L. a. s. 3p.

Brief an Wilfrid de Fonvielle betr. Errichtung eines Monuments zur Erinnerung an die Ballonlandung Gambettas in Épineuse am 7. Oktober 1870.

Walther St. Goar-Frankfurt a. M.;
jetzt Senckenbergische Bibliothek-Frankfurt a. M.

MARGAT.

878. L. a. s. an den Vicomte Sosthène de la Rochefoucauld. 1 p. Paris, 24 octobre 1829.

Eingabe betr. Verleihung des Kreuzes der Ehrenlegion für 38 Ballonaufstiege, darunter 4 auf einem Hirsch. M. bezeichnet sich als „Aéronaute du roi".

Musikhistorisches Museum (Heyer)-Köln;
jetzt Senckenbergische Bibliothek-Frankfurt a. M.

879. — L. s. 1 p.

Angaben über die Auffindung eines von Margat zur Auffahrt und zum Abstieg mittels Fallschirms benutzten Ballons.

Louis Ricard Nachf.-Frankfurt a. M.

MARTELLO, PIERJACOPO.

880. L. a. s. 2 p. Bologna li 30 marzo 1726.

Musikhistorisches Museum (Heyer)-Köln;
jetzt Senckenbergische Bibliothek-Frankfurt a. M.

MAZZACURALI, LUIGI.

881. L. a. s. an Professor Antonio Sant Agata in Bologna vom 8. Oktober 1839. *1 Bl. beschrieben.*

Beigefügt seinem Buch: Di un nuovo apparecchio chimico per caricare gli aerobati. Bologna, Volpe al Sassi, 1839. (Nr. 1155.)

C. Lang & Co.-Rom.

MEYER, DANIEL.

882. **Mieg-Kroh**, Mathieu: Daniel Meyer, météorologiste Mulhousien 1752—1824. Notice biographique.

Mulhouse, Bader et Cie., 1881. *24 S. 8° 1 Taf.*

Aus Bulletin du Musée Historique de Mulhouse.

Meyer machte 1784 in Mülhausen „divers essais de montgolfières".

Kais. Universitäts- und Landes-Bibliothek-Strassburg i. E.

BRÜDER MONTGOLFIER.

883. Institut de France. Académie des Sciences. **Discours** prononcés au centenaire des frères Montgolfier à Annonay le lundi 13 août 1883. Discours de Perrier. Discours de Dupuy de Lôme. Discours de Tisserand.

Paris, Firmin-Didot et Cie., 1883. *56 S. 4°.*

Joseph Baer & Co.-Frankfurt a. M.

— **Chanson** du ballon de M. de Montgolfier. [o. J.] Nr. 1535.

— **Durini**, Angelo: Versi latini sopra il Cocchio Volante del Sig. di Mongolfier. (1784.) Nr. 1524.

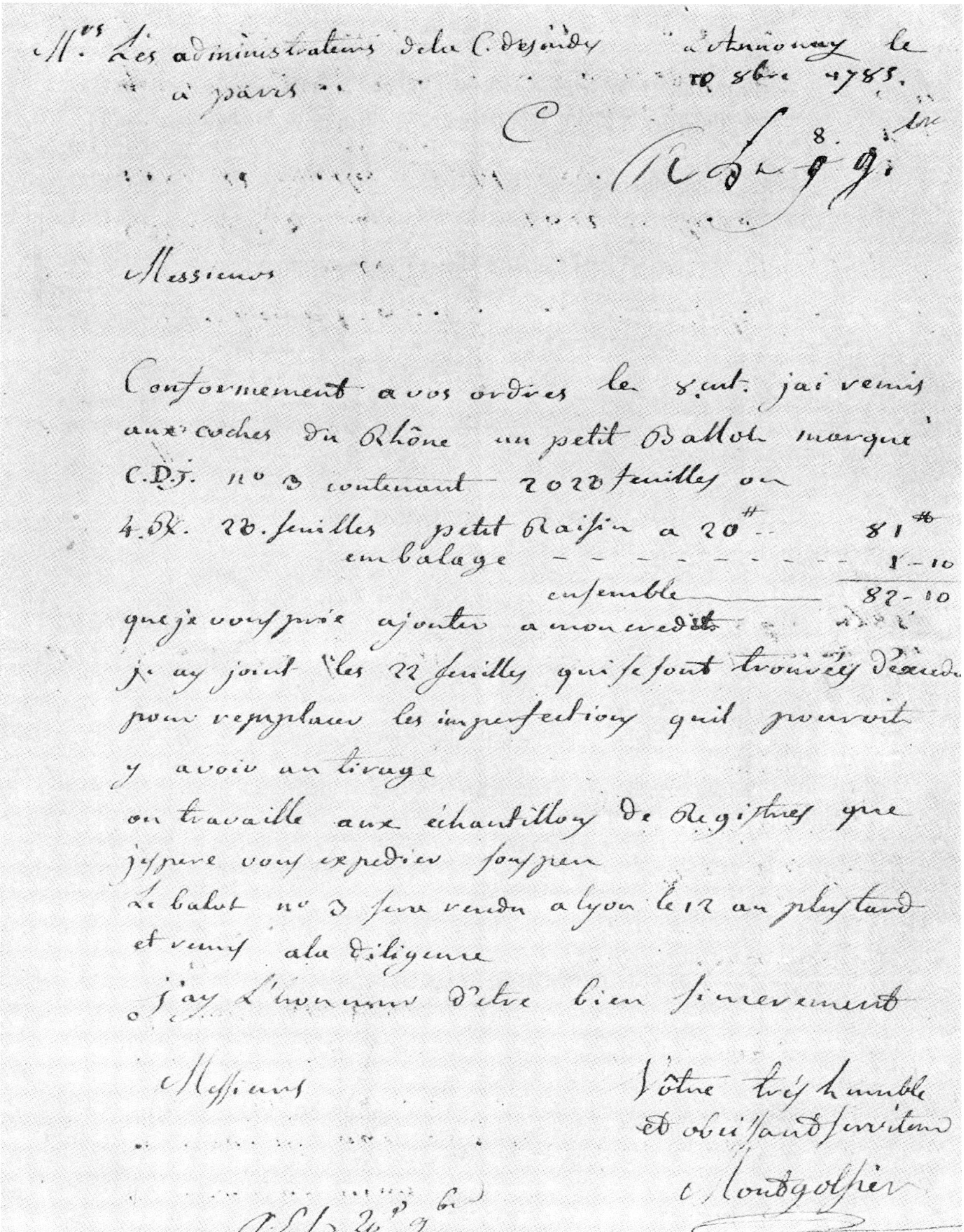
M.rs Les administrateurs de la C. des indes à paris

à Annonay le 10 8bre 1785.

Messieurs

Conformement a vos ordres le 8. cut. jai remis aux coches du Rhône un petit Ballot marqué C.D.I. n° 3 contenant 2020 feuilles ou

4. R. 20. feuilles petit Raisin a 20# -- 81#

embalage ---------- 1-10

ensemble ---------- 82-10

que je vous prie ajouter a mon credit

je vous joint les 22 feuilles qui se sont trouvées de excedent pour remplacer les imperfections quil pourroit y avoir au tirage

on travaille aux echantillons de Registres que jespere vous expedier sous peu

Le balot n° 3 sera rendu a lyon le 12 au plus tard et remis a la diligence

j'ay l'honneur d'etre bien sincerement

Messieurs

Votre tres humble et obeissant serviteur

Montgolfier

Abb. 60. Brief Stephan Montgolfiers in Faksimile. (Vgl. Nr. 886.)

— [**Eckhardt,** G. W.]: Montgolfiers Luftball. 1784. Nr. 1525.

— [**Mallio**]: Per il globo aereostatico del Signore di Montgolfier. [o. J.] Nr. 1538.

— La **Montgolfier.** *Tanz.* [1783?] Nr. 1522.

— **Taruffi,** Joseph: Montgolferii machina volans. 1784. Nr. 1531.

MONTGOLFIER, ÉTIENNE-JACQUES.

884. L. a. s 1 p. Annonay 1766 [oder 1786?]

Königliche Bibliothek-Berlin: Autographensammlung Darmstaedter.

885. — D. a. s. 1 p. Paris 1784.

Quittung Stephan [?] Montgolfiers über den Empfang der beiden von der Pariser Akademie der Wissenschaften den Brüdern Montgolfier verliehenen goldenen Medaillen im Werte von 600 Pfund.

Dr. Gans-Fabrice-Garmisch.

886. — L. a. s. an Messieurs les administrateurs de la compagnie des indes à Paris. 1 p. Annonay 10 8bre 1785.

Mit eigenhändiger Adresse. Betrifft die Lieferung bestellter Papierbogen.

Abbildung 60.

Musikhistorisches Museum (Heyer)-Köln;
jetzt Senckenbergische Bibliothek-Frankfurt a. M.

MONTGOLFIER, JOSEPH-MICHEL.

887. L. a. s. 3 p. Paris, an 12.

Königliche Bibliothek-Berlin: Autographensammlung Darmstaedter.

— **Benzenberg,** Johann Friedrich: Briefe geschrieben auf einer Reise nach Paris (im Jahr 1804). 1805. 06.

Th. 2 enth. Schilderung des Besuches von Benzenberg bei Montgolfier im Juli 1804 und dessen Erzählung über den Tod Pilâtre de Roziers und Romains. 21. Brief. S. 293–305.

Nr. 1113.

MONTGOLFIER, FRAU SAINT-ÉTIENNE.

888. L. a. s. 3 p.

Brief der Gattin von Stephan Montgolfier? Mit eigenhändiger Adresse.

Musikhistorisches Museum (Heyer)-Köln;
jetzt Senckenbergische Bibliothek-Frankfurt a. M.

MÜLLER, MAX.

889. **Müller,** Max: Monographie der Luftschiffarbeiten Max Müllers, Wien. Dat. Wien, den 14. Juni 1909. *3 Bl. fol.*

Mit der Schreibmaschine hergestelltes Ms., eigenhändig vom Verfasser unterzeichnet.

Vgl. Nr. 917.

Max Müller-Wien;
jetzt Senckenbergische Bibliothek-Frankfurt a. M.

NADAR *Pseudonym für Félix Tournachon.*

890. [**Aufsatz** in französischer Sprache über Nadar mit Bild und Faks. aus dem Jahre 1897.]

[o. O. u. J.] *1 Bl. 4° 1 Taf.*

Joseph Baer & Co.-Frankfurt a. M.;
jetzt Senckenbergische Bibliothek-Frankfurt a. M.

891. — **Champsaur,** Félicien: Nadar. Dessins de Gill. Texte de Félicien Champsaur.

[o. O.] 1878. *2 Bl. 4°.*

(Les hommes d'aujourd'hui. Nr. 8. 1. Novembre 1878.)

S. 1: Karikatur von Nadar, mit einer Feder, einem photographischem Apparat und einem Luftballon als Attributen.

Joseph Baer & Co.-Frankfurt a. M.

— **Nadar:** A terre & en l'air . . . Memoires du Géant. 1864 und 1865.
Nr. 1195. 1197.

PIGNOTTI, LORENZO.

892. L. a. s. an Prof. Michel Angelo Giannetti in Florenz. 3 p. Pisa 16 Gennaio 1784.

Mit eigenhändiger Adresse. — Urteil über die neue Erfindung der aërostatischen Maschinen; Wiedergabe der Äusserung Franklins, der die Zukunft der Luftmaschine mit der eines Kindes verglich.

Musikhistorisches Museum (Heyer)-Köln;
jetzt Senckenbergische Bibliothek-Frankfurt a. M.

PILÂTRE DE ROZIER, JEAN-FRANÇOIS. *Vgl. Nr. 1113.*

893. L. a. s. 2 p. 1784.

Königliche Bibliothek-Berlin: Autographensammlung Darmstaedter.

894. — (**Blanchard,** Jean-Pierre. d' **Honincthun:**) Procès-verbal sur la cause de l'accident arrivé à M. Pilâtre du Rosier.

(Boulogne 1786.) *3 S. 8°. Beigebunden an* Blanchard, Jean-Pierre: Relation de la vingtième ascension . . . Qui a eu lieu à Hambourg le 23 Août 1786. Aix-la-Chapelle 1786.

Grossh. Hess. Hofbibliothek-Darmstadt.

895. — **Lenoir:** Éloge funèbre de Monsieur Pilastre de Rozier, Prononcé le 13 Juillet, au Musée de Monsieur, Sous l'autorité du Conseil.

Londres-Paris 1785. *40 S. 8° in* Sammelband „Aérostats. 3".

Dr. Ed. Langer-Braunau i. B.

896. — [**Marat**(?):] Lettres de l'observateur bon-sens, a M. de***, Sur la fatale catastrophe des infortunes Pilâtre de Rosier et Romain, les Aéronautes et l'Aérostation.

Londres-Paris, Méquignon l'Aîné, 1785. *39 S. 2 Taf.*

Kgl. Universitätsbibliothek-Göttingen.

— Dasselbe. *In* Sammelband „Aérostats. 3".

Dr. Ed. Langer-Braunau i. B.

897. — **Nemeaeus,** Polydorus *Pseudonym für Renatus Karl Freiherr von Senckenberg:* Carmina varia selecta, latina et graeca.

Giessen 1785. *76 S. 8°.*

Enth. S. 65 unter dem Titel: Epitaphium Pilastri Romanique una sepultorum. lateinische Distichen auf den Tod von Pilâtre de Rozier und Romain, die bei dem Versuch, den Kanal zu überfliegen, als erste Opfer der Luftschiffahrt verunglückten. (Vgl. Nr. 163.)

Grossh. Universitätsbibliothek-Giessen.

898. — **Pilâtre** de Rozier [,Jean-François]: La vie et les mémoires de Pilatre de Rozier, Écrits par lui-même; et publiés par M. T*** [Tournon].

Paris 1786. *148 S. 8° 5 Taf.*

Enth. ein Porträt von Pilâtre de Rozier. (Nr. 62.)

Dr. Gans-Fabrice-Garmisch.

REICHARDT, G.

899. [**Ankündigung** seiner Sonntag, den 9. September, Nachm. $\frac{1}{2}$4 Uhr vom Springstern [in Breslau] aus in Anwesenheit Sr. Maj. des Königs stattfindenden Luftreise u. s. w. Angabe des Jahres fehlt; doch ist handschriftlich hinzugefügt: Breslau d. 9. Sept. 1810.]

1 Bl. fol.

Stadtarchiv-Breslau.

ROBERTSON, ÉTIENNE-GASPARD.

900. [**Ankündigung** seiner auf Sonntag, den 1. Juli 1810, Nachm. 5 Uhr angesetzten 35. Luftreise mit einem Ballon von Seide, mit Wasserstoffgas gefüllt. Einladung zur Teilnahme an der Subskription. Mitteilungen über Eintrittspreise und Besichtigung des Ballons. R. bezeichnet als „Professor, aus Paris".]

1 Bl. 4°.

Stadtarchiv-Breslau.

901. — [**Ankündigung** seiner auf Sonntag, den 1. Juli 1810, Nachm. 5 Uhr angesetzten 35. Luftreise in dem Springstern vor dem Friedrichstor in Breslau und Einladung zur Teilnahme an der Subskription. Mitteilungen über Eintrittspreise, Besichtigung des Ballons und Ankauf von kleinem Eisen. R. bez. als „Professor, aus Paris".]

1 Bl. 4°.

Stadtarchiv-Breslau.

— **Schweizer-Bote**, Der aufrichtige und wohlerfahrene. No. 19.

Aarau, den 9. Mai 1811.

Notizen über den „Schneider von Ulm", Berblinger, und über Robertsons 39. Luftfahrt in Wien, am 23. April 1811, in Begleitung seiner Frau.

Nr. 1124.

ROEPER, OSCAR.

902. L. a. s. an Dr. Leo Gans-Frankfurt a. M. 6p. Hamburg 5. August 1895.

Erste Niederschrift der Ideen des Erfinders über sein Projekt eines Tragsegelluftschiffes.

Geh. Rat Dr. Leo Gans-Frankfurt a. M.;
jetzt Senckenbergische Bibliothek-Frankfurt a. M.

ROMAIN, PIERRE-ANGE. *Vgl. Nr. 1113.*

[**Marat**?]: Lettres de l'observateur bon-sens, a M. de***, Sur la fatale catastrophe des infortunes Pilâtre de Rosier et Romain, les Aéronautes et l'Aérostation. 1785. Nr. 896.

— **Nemeaeus**, Polydorus *Pseudonym für Renatus Karl Freiherr von Senckenberg:* Carmina varia selecta, latina et graeca.

[o. O.] 1785.

Enth. lateinische Distichen auf den Tod von Pilâtre de Rozier und Romain.

Nr. 897.

ROMAS, JACQUES DE.

903. P. a. s. 1772.

Königliche Bibliothek-Berlin: Autographensammlung Darmstaedter.

SECURIUS, KARL.

Securius' Luftschiffahrten. Aus 7 jähriger Praxis von ihm selbst erzählt. 1883.

Nr. 1238.

SICKMANN.

904. [**Ankündigung** des Aufstiegs eines illuminierten aërostatischen Luftballons in Nürnberg auf dem Judenbühl für Samstag, den 16. März, durch den Mechanikus Sickmann. Angabe des Jahres fehlt.]

1 Bl. 4°. Stadtbibliothek-Nürnberg.

905. — [**Ankündigung** eines in Nürnberg stattfindenden Ballonaufstiegs, und zwar einer mit Dampf gefüllten Montgolfière, mit der ein 14 jähriges Mädchen aufsteigen wird. Mit Abbildung des Ballons, an dem mit 4 Stricken ein Brett befestigt ist, auf dem das junge Mädchen, in jeder Hand eine Pistole abfeuernd, sitzt. Undatiert.]

1 Bl. fol. Stadtbibliothek-Nürnberg.

906. — **Nachricht** [betreffend den nunmehrigen, bereits für den 27. März angesetzt gewesenen Aufstieg des illuminierten und mit einem Raketenfeuerwerk begleiteten „ärostatischen" Luftballons im Schmausengarten. Undatiert und ohne Ortsangabe].

1 Bl. 8°. Stadtbibliothek-Nürnberg.

SIEGMANN *identisch mit Sickmann?*

907. [**Ankündigung** des Aufstiegs eines „arostätischen" illuminierten Luftballons in Nürnberg am Schiesshaus bei St. Johannis auf Samstag, den 12. September 1829 durch den Kunstfeuerwerker Siegmann. Mit Abbildung des Ballons.]

1 Bl. fol. Stadtbibliothek-Nürnberg.

SIGSFELD s. BARTSCH VON SIGSFELD.

SÜRING, REINHARD.

908. M. s. Postkarte. Potsdam 1899.

Königliche Bibliothek-Berlin: Autographensammlung Darmstaedter.

TERTZI, ALEXANDER.

909. [**Ankündigung** eines auf dem Springstern vor dem Sandtor [in Breslau] stattfindenden Ballonaufstiegs als einer neuen Nummer im Programm der Kunstreitergesellschaft von Johann Kolter und Alexander Tertzi. Auf dem Kopf des Blattes ein über der Erde schwebender Ballon. Ohne Ort- und Zeitangabe.]

1 Bl. 4°.
Vgl. Nr. 837.

Stadtarchiv-Breslau.

TETU.

[**Notiz** über Herrn Tetus Aufstieg in Luxemburg am 18. Juni 1786 und sein Schreiben an die Herausgeber des Journals von Paris in deutscher Uebersetzung, betr. seine Luftreise 1786.] Nr. 1073.

TISSANDIER, GASTON.

910. L. a. s. 1 p. Paris 1872.

Königliche Bibliothek-Berlin: Autographensammlung Darmstaedter.

— **Tissandier,** Gaston: En ballon! Pendant le siége de Paris. Souvenirs d'un aéronaute. 1871. Nr. 1445.

911. — —: Histoire de mes ascensions. Récit de vingt-quatre voyages aériens ⟨1868-1877⟩. Précédé de simples notions sur les ballons et la navigation aérienne. Ouvrage ill. de nombreux dessins par Albert Tissandier.

Paris, M. Dreyfous, 1878. *1 Bl. + VIII + 344 S. 3 Taf.*

Enth. S. 340 f.: Index de bibliographie aéronautique.

Kais. Universitäts- und Landes-Bibliothek-Strassburg i. E.
Kgl. Oeffentliche Bibliothek-Dresden.

912. — —: Histoire de mes ascensions. Récit de vingt-quatre voyages aériens. 2e éd. revue et corrigée.

Paris, M. Dreyfous, [1879]. *244 S. 8°.*

Enth. S. 239-41: Index de bibliographie aéronautique.

Joseph Baer & Co.-Frankfurt a. M.;
jetzt Senckenbergische Bibliothek-Frankfurt a. M.

TOURNACHON, FÉLIX s. NADAR.

TÜRCK, JOHANN MARTIN.

913. [**Ankündigung** eines auf dem Plerrer [zu Nürnberg] stattfindenden Ballonaufstiegs. Mit Abbildung eines Ballons. Ohne Ortsangabe; handschriftlich hinzugefügt: d. 3. Mai 1818.]

1 Bl. fol. Stadtbibliothek-Nürnberg.

914. — [**Ankündigung** eines auf dem Plerrer zu Nürnberg stattfindenden Ballonaufstiegs; während des Aufsteigens des Ballons sollen 7 kleine Ballons aus ihm entspringen. T. bezeichnet als „ein Schüler des berühmten Blanchard“. Undatiert; handschriftlich hinzugefügt: d. 7. Mai 1818.]

1 Bl. 8°.

Stadtbibliothek-Nürnberg.

915. — [**Ankündigung** des Mittwoch, den 6. Jun., auf dem Judenbühl [zu Nürnberg] stattfindenden Aufstiegs der grossen illuminierten Luftmaschine. Undatiert].

1 Bl. fol.

Stadtbibliothek-Nürnberg.

916. — [**Ankündigung** eines auf dem Judenbühl [in Nürnberg] Dienstag, den 1. Mai, stattfindenden Ballonaufstiegs durch Johann Martin Türk, „Lehrling des berühmten Blanchard“. Angabe des Jahres fehlt.]

1 Bl. fol.

Stadtbibliothek-Nürnberg.

WÖLFERT, F. H.

917. L. a. s. 2 p. Wien 1891.

Zusicherung an den Erfinder Max Müller in Wien, ihn bei seinem System der Lenkbarmachung des Luftballons, das auf kerngesunder Basis beruhe, nach besten Kräften zu unterstützen. W. bezeichnet als: „prakt. Aëronaut für lenkbare Luftschiffe“. Müller war Erfinder des „Bugsprit-Luftschiffes“. Vgl. Nr. 889. 1227. 1267—69.

Max Müller-Wien;
jetzt Senckenbergische Bibliothek-Frankfurt a. M.

918. — **Wölfert** [, F. H.]: Bericht über die am 28. und 29. August [18]96 über dem Ballonplatze im Vergnügungspark der Berliner Gewerbe-Ausstellung vorgenommenen Probefahrten mit dem lenkbaren Luftschiff „Deutschland“.

2 Bl. fol.

Eigenhändiges Ms. von Dr. Wölfert, unterzeichnet: Dr. Wölfert. Berlin. O. Stralauer Allee 20.

Oberstleutnant Moedebeck (†)-Berlin.

919. — **Luftballon-Katastrophe.** Extra-Blatt. Berliner Lokal-Anzeiger. Berlin, Sonnabend, 12. Juni 1897, Abends. Luftballon-Katastrophe auf dem Tempelhofer Felde.

Berlin (1897), A. Scherl. *1 Bl. gr. fol.*

Nachricht von dem tötlichen Absturz des Luftschiffers Dr. Wölfert und seines Assistenten Knabe mit dem in Brand geratenen Luftschiff.

Oberstleutnant Moedebeck (†)-Berlin.

ZAMBECCARI, FRANCESCO GRAF VON.

920. **Avviso** [von Aldrovandi, Direttore di spettacoli, betr.: Nuova esperienza di Francesco Zambeccari in Bologna 4. handschriftl. verb. in: 5. September 1803.]

Bologna (1803), Sassi. *Plakat, 505:345.*

Vgl. Nr. 1101. Deutsches Museum-München.

921. — **Ceroni**: Sul volo aereo-nautico eseguito da Francesco Zambeccari. Ode di Ceroni.

Milano, Agnello Nobile, 1803. *4 Bl. einschl. Titelbl. 8°.*

18 Strophen, beginnend: „E voti offria dalla felsinea valle“.

Musikhistorisches Museum (Heyer)-Köln;
jetzt Senckenbergische Bibliothek-Frankfurt a. M.

922. — **Tognetti**, Francesco: Lettera narrativa. L'infausto aereostatico sperimento del celebre aereonauta Francesco Zambeccari Bolognese nel giorno 21 Settembre 1812. Con un cenno biografico sopra il medesimo, al Chiarissimo Sig. Giulio Bernardino Tomitano di Oderzo . . .

(Bologna, Sassi, 1812.) *2 Bl. 4°.*

Deutsches Museum-München.

ZAMBECCARI, TERESA CEPPI VEDOVA.

923. L. a. s. an Brunetti. 1 p. 1828.

Brief der Witwe des Luftschiffers Francesco Grafen von Zambeccari. Mit eigenhändiger Adresse.

Musikhistorisches Museum (Heyer)-Köln;
jetzt Senckenbergische Bibliothek-Frankfurt a. M.

ZEPPELIN, FERDINAND GRAF VON.

924. P. a. s.

Königliche Bibliothek-Berlin: Autographensammlung Darmstaedter.

925. — L. a. s. 2 p. Berlin 1898.

Begleitschreiben bei der Rücksendung eines Bürstenabzuges an den Besitzer des Briefes: Erwähnung von Reisen nach Zürich und Berlin zur Erprobung von Luftschrauben und Gashüllen; Hinweis auf einen Artikel über sein Luftschiff in der „Leipziger Illustrierten Zeitung“; Ankündigung einer nächtlichen Freifahrt mit Bartsch v. Sigsfeld und Ing. Kübler.

Oberstleutnant Moedebeck (†)-Berlin.

926. — Graf **Zeppelin** in eigener Sache. *6 Bl. 4°.*

Eigenhändiges Ms. vom Jahre 1900, Darlegungen über die Möglichkeit und die Aufgaben des Zeppelinschen Luftschiffes enthaltend.

Oberstleutnant Moedebeck (†)-Berlin.

III.

DAS FLUGPROBLEM VOR MONTGOLFIER

(VON DEN ANFÄNGEN BIS 1782)

927. **Bacon**, Roger: Epistola Fratris Rogerii Baconis de secretis operibus artis et naturae, et de nullitate magiae. Opera Johannis Dee ... castigata olim ... cum notis ...

Hamburgi, Froben, 1618. *80 S. 8°. Beigebunden an:* Riple, Georgius: Opuscula quaedam Chemica. Francofurti, J. Bringer, 1614.

Enth. Kapitel IV, S. 36 f. Hinweis auf die Möglichkeit der Konstruktion einer Flugmaschine, die von einem darin sitzenden Menschen mit Hilfe künstlicher Flügel nach der Art der Vögel bewegt wird. — Die Entstehung der Epistola de secretis wird ins Jahr 1260 gesetzt. Dem vorliegenden Hamburger Druck ging ein im Jahr 1542 in Paris erschienener voraus. Vgl. Max Jähns: Geschichte der Kriegswissenschaften vornehmlich in Deutschland. (=Geschichte der Wissenschaften in Deutschland. Neuere Zeit. Bd 21.) Abt. 1. Altertum, Mittelalter, XV. und XVI. Jahrhundert. München und Leipzig 1889. S. 222.

Senckenbergische Bibliothek-Frankfurt a. M.

928. Das **Rüst- und Feuerwerksbuch.**

Papierhandschrift des 15. Jh. (1496?) mit illuminierten Figuren. 178 Bl. Beg. Bl. 18: „Hye vohet an eyn gut vnd | sere nutzbarlych buych .. | das rust-vnd fuerwerck- | buych zu samen gebracht | von viln bewertten meistern vnd der | kunst verstendigern". Die Handschrift gehörte früher dem Rate der Freien Stadt Frankfurt. Eine Würdigung des Werkes und seiner Bedeutung als kriegswissenschaftliche Bilderhandschrift giebt Jähns (Nr. 927) S. 271 f.

Enth. auf Blatt 104 farbige Abbildung eines Drachens, der anscheinend mit warmer Luft gefüllt in der Luft schwebt; er ist an einem Seil befestigt, dessen unteres Ende um eine Winde läuft.

Stadtbibliothek-Frankfurt a. M.

929. **Vinci**, Leonardo da: Saggio delle opere di Leonardo da Vinci, Con ventiquattro tavole fotolitografiche di scritture e disegni tratti dal Codice Atlantico.

Milano, T. di Giovanni Ricordi, 1872. *VII + 32 S. + 2 Bl. gr. 2° 25 Taf. nebst 24 Bl. Tafelerklärungen und 1 Bl. Ind.*

Es enthalten Taf. 16 u. 18 Reproduktionen von Leonardos Handzeichnungen nebst seinen Notizen in Spiegelschrift, die sich auf das Flugproblem, den Fallschirm etc. beziehen. Vgl. S. 169. Photolithographien von Della Croce in Mailand. Ueber Leonardos flugtheoretische Arbeiten s. auch Nr. 930. — Das Werk ist auch im Besitze der Kgl. Landesbibliothek-Stuttgart.

Städelsches Kunstinstitut-Frankfurt a. M.

930. — I manoscritti di Leonardo da Vinci. Codice sul volo degli uccelli e varie altre materie. Pubblicato da Teodoro Sabachnikoff. Trascrizioni e note di Giovanni Piumati. Traduzione in lingua francese di Carlo Ravaisson-Mollien.

Parigi, E. Rouveyre, 1893. *156 S. + 4 Bl. 2°. Mit d. Faksimile des Kodex.*

Enth. Leonardos Beobachtungen und Zeichnungen betr. den Flug der Vögel und Fledermäuse und den künstlichen Menschenflug. — Leonardos flugtheoretische Arbeiten waren jahrhundertelang fast völlig in Vergessenheit geraten, nur Pierre Boaystuau genannt Launay wies darauf kurz hin in seinem Discours de l'excellence et dignité de l'homme, der als Anhang zu Boaystuaus im 16. Jahrhundert weit verbreiteten Werk: Le théâtre du monde[1]) *erschien. Hier heisst es auf Bl. 117: „encore se trouue il vn Leonard Vincius, lequel a cherché l'art de voler, & a presque sorty heureusemẽt son effect". Diese frühe Erwähnung Leonardos war schon Bourgeois (vgl. Nr. 640 S. 27) bekannt, der sie allerdings irrtümlich Cuperus zuschrieb; Cuperus war an dem Werk von Boaystuau lediglich als Übersetzer beteiligt.*

Dr. Gans-Fabrice-Garmisch.
Grossh. Universitäts-Bibliothek-Heidelberg.

Verantius, Faustus: Machinae novae. Venetiis [o. J. (um 1595?)] Nr. 948.

931. **Flayder**, Friedrich Hermann: De arte volandi. Cuius ope, quivis homo, sine periculo, facilius, quam ullum volucre, quocunque lubet, semetipsum promovere potest. Authore Friderico Hermanno Flaydero, Poëtâ: Professore & Bibliothecario Tubingæ.

[Tübingen,] Th. Werlin, 1628. *45 S. 8°.*

Berichtet über die damals bekannten Flugversuche, z. B. von Elmerus de Malmaberia, den Abstieg eines Flugkünstlers von der Spitze des Turmes der Markuskirche in Venedig (Faustus Verantius?) usw. und empfiehlt als beste und sicherste Kunst zu fliegen — den Gebrauch der menschlichen Vernunft.

Kgl. Oeffentliche Bibliothek-Dresden.
Stadtbibliothek-Frankfurt a. M.
Oberstleutnant Moedebeck (†)-Berlin.

932. [**Godwin**, Francis:] L'homme dans la lune: ou le voyage Chimérique fait au Monde de la Lune, nouvellement découvert par Dominique Gonzales, Avanturier Espagnol, autrement dit Le Courrier volant. Nouvelle édition reveuë et corrigée.

Paris, J. Cochart, 1666. *2 Bl. + 107 S. 8° 1 Taf.*

Der Held des Romans Domingo Gonsales fliegt mit Hilfe eines Apparates, der von 10 „Gansas" (wilden Schwänen oder Gänsen) durch die Lüfte getragen wird; Abbildung des Apparates auf dem Titelkupfer. Eine Reproduktion (Holzschnitt) dieser Abbildung nebst einem „Account of the Admirable Voyage of Domingo Gonsales, the Little Spaniard, to the World in the Moon, by the help of several Gansa's or Large Geese" ist enthalten in dem Werke von Robert Burton: The English Acquisitions in Guinea and East-India. London, A. Bettesworth and J. Batley, 1728. S. 63-104. (Im Besitz von Dr. Liebmann-Frankfurt a. M.) — Der Verf. des Romans, Francis Godwin, war Bischof von Hereford. Das englische Original erschien 1638 in London, französische Uebersetzungen bereits 1648, 1651, 1654.

Kgl. Landesbibliothek-Stuttgart.

933. **Lana** [Terzi], Francesco [de]: Prodromo overo saggio di alcune inventioni nuove premesso all' Arte Maestra, Opera che prepara il P. Francesco Lana

[1]) Paris, Gabriel Buon, 1570. 15 ungezählte + 127 gez. Bl. (Im Besitze von Dr. Liebmann-Frankfurt a. M.) Das Werk war ursprünglich in lateinischer Sprache von Boaystuau verfasst und wurde von ihm selbst ins Französische übertragen. Ausserdem existieren zahlreiche andere französische, deutsche etc. Uebersetzungen. (Eine französische Uebersetzung von 1607 im Besitze der Senckenbergischen Bibliothek.)

Bresciano della Compagnia di Giesu. Per mostrare li piu reconditi principij della Naturale Filosofia, . . . Dedicato alla sacra maesta Cesarea del Imperatore Leopoldo I.

Brescia, Rizzardi, 1670. *3 Bl. + 252 S. 4° 20 Taf.*

Enth. in Kap. 6: Fabricare una nave, che camini sostentata sopra l'aria a remi, & à vele . . . das berühmte, älteste Projekt zu einem Luftschiff, über welches der Erfinder auf S. 57f. folgendes sagt: „Si facciano quattro palle ciascuna delle quali sia atta ad alzare due, o tre huomini, come si è detto poco avanti; le quali si votino dall' aria nel modo sopra mostrato, e siano le palle, o vasi A. B. C. D. Queste si connettano insieme con quattro legni, come si vede nella figura, si formi poi una machina di legno E. F. simile ad una barca, con il suo albero, vele, e remi: e con quattro funi uguali si leghi alle quattro palle, dopo che si sarà cavata fuori l'aria, tenendole legate a terra accio non sfuggano, e si sollevino prima, che siano entrati gl'huomini nella machina; all' hora si sciolgano le funi rallentandole tutte nel medesimo tempo: cosi la barca si solleverà sopra l'aria, et porterà seco molti huomini piu, o meno conforme la grāpezza [!] [1]) delle palle . . ." Mit einer Abb. der durch vier luftleere Metallkugeln in die Höhe gehobenen Barke. Kap. 5 handelt von künstlichen Vögeln, u. A. von dem Adler des Regiomontanus.

Paul Merzbach-Offenbach a. M.

Abb. 61. Blanchard über Weilburg 1785. (Vgl. Nr. 1056).

[1]) In dem Mailänder Sonderdruck (Nr. 934) steht auf S. 15 richtig „grandezza"; desgl. in dem undatierten Neudruck (Nr. 935) S. 23.

Sonderdruck des 6. Kapitels unter dem Titel:

934. **Lana** [Terzi], Francesco [de]: Del modo di fabbricare una nave Che cammini sostentata sopra l'aria a remi ed a vele, quale si dimostra poter riuscire nella pratica. Capo sesto del Prodromo all' Arte Maestra del P. Francesco Lana Bresciano Della soppressa Compagnia di Gesù.

Milano, G. Galeazzi, 1784. *21 S. 8° 1 Taf. Beigebunden an* Andreoli, Pasquale: Descrizione dell' aerostato La Speranza costruito a Forli Nell' anno 1809. Forli (1809).

Die Taf. zeigt die fliegende Barke Lanas.

Bücherei des Kais. Patentamts-Berlin.

935. — **Lana** [Terzi], Francesco [de]: La nave volante. Dissertazione del P. Francesco Lana da Brescia.

[o. O. u. J. (Ende 18. Jh.) *32 S. 1 Taf.*

Die Tafel stellt die von 4 luftleer gemachten Kupferkugeln getragene fliegende Barke dar. Der Text auf der Tafel lautet: Barca volante, tirata dà quattro palloni, da quali estrattasi l'aria, ed importando il peso dell' aria, estratta il quatruplo del peso della Barca; resta per il triplo più leggierà di se stessa, per cui naturalmente si poggia sú l'aria; e la vela gli dà direzzione arbitraria.

Abbildung 54 ohne Text. Joseph Baer & Co.-Frankfurt a. M.
Musikhistorisches Museum (Heyer)-Köln;
jetzt Senckenbergische Bibliothek-Frankfurt a. M.

Deutsche Uebersetzung unter dem Titel:

936. **Lana** [Terzi, Francesco de]: Franz Lana und Philipp Lohmeier von der Luftschiffkunst. Ins Teutsche übersezt und mit Anmerkungen begleitet.

Tübingen, J. F. Heerbrandt, 1784. *11 Bl. + 80 S. 8°.*

Die Uebersetzung soll von Weber, vermutlich dem Professor Joseph Weber in Dillingen sein, der 1786 die aëronautischen Versuche des Freiherrn von Lütgendorff unterstützt hat. — Die lateinische Abhandlung von Lohmeier: Nr. 938.

Grossh. Hess. Hofbibliothek-Darmstadt.

937. **Kircher,** Athanasius: Ars magna lucis et umbrae, In X. Libros digesta. Editio altera priori multo auctior.

Amstelodami, J. Janssonius à Waesberge, & Hæredes E. Weyerstraet, 1671. *14 Bl. + 810 S.* eigentlich nur 710 S., da die Seitenzählung von S. 424 auf S. 525 springt *+ 5 Bl. 2° 4 Taf.*

Enth. Liber X. S. 723 ff. In aëre Draconem volantem, aliaque portentosa simulacra rerum exhibere. Z. B.: Fabrica Machinae volatilis; Beschreibung und Abbildung einer Art Drachen. Bemerkungen über den Adler des Regiomontanus und die Taube des Archytas.

Senckenbergische Bibliothek-Frankfurt a. M.

938. **Lohmeier,** Philipp: De artificio navigandi per aërem. [Resp.:] Franciscus David Frescheur. Rinthelij (1676): Wächter. *28 S. 8°.*

Rinteln, Diss. v. 4. März 1676.

Verteidigung des Lanaschen Luftschiffprojektes (Nr. 933), für welches Lohmeier aber sechs bis acht luftleer gemachte Kugeln statt der vier Lanaschen verlangt. Deutsche Uebersetzung: Nr. 936 und Nr. 940. Andere Ausgaben: Nr. 939. 943. 951.

Kais. Universitäts- und Landes-Bibliothek-Strassburg i. E.

939. —: De artificio navigandi per aërem. [Resp.:] Franciscus David Prescheur. Rinthelij (1676): Wächter. *28 S. 8°.*

Rinteln, Diss. v. 4. März 1676.

Verteidigung des Lanaschen Luftschiffprojektes. Vgl. Nr. 938.

Kgl. Universitätsbibliothek-Marburg.

940. — Die Lohmeierische Dissertation von der Kunst in der Luft zu schiffen in ihrer Urschrift und daneben gesetzten teutschen Uebersetzung . . . [von Justizrat Kleinschmidt in Arolsen.]

Arolsen 1784. *55 S. 8° (4°).*

Neudruck von Nr. 938. In lat. u. deutscher Sprache. — Die deutsche Uebersetzung 1911 neu herausgegeben und mit Erläuterungen versehen von Domkapitular Rhotert im 17. Jahresbericht des Naturwiss. Vereins zu Osnabrück. Für die Jahre 1907, 1908, 1909 und 1910. Osnabrück 1911. S. 155-183. (Im Besitz der Senckenbergischen Bibliothek-Frankfurt a. M.)

Grossh. Hess. Hofbibliothek-Darmstadt.

941. **Sturm,** Johannes Christophorus: Collegium experimentale, Sive curiosum... [Pars I.] [Mit Anhang:] Tentaminum Collegii curiosi quaedam appendices sive auctaria . . .

Norimbergae, W. M. Endter u. J. A. Endter haered., 1676. *10 Bl. + 168 + 122 S. + 6 Bl. 8° (4°) 4 Taf.*

Enth.: Inventum P. Francisci Lanae singulare, hoc est, Naviculae per aërem remis velisque, agendae possibilatem, planiore ac simpliciore modo commonstrans. Tentamen X, S. 56 ff. (Erläuterung des Lanaschen Luftschiffs.) Dazu Abb. des Luftschiffes auf S. 64.

Senckenbergische Bibliothek-Frankfurt a. M.

942. **Journal** des sçavans, De l'An 1678. Par le Sieur G. P. Tome 6.

Amsterdam, Pierre le Grand, 1679. *511 S. + 7 Bl. 8° 37 Taf.*

Enth. im 36. Journal vom 12. Dezember 1678 unter dem Titel: „Extrait d'une Lettre Escrite à Monsieur Toynard sur une Machine d'une nouvelle Invention pour vôler en l'air" auf S. 460-64 eine Beschreibung und Abbildung der Flugmaschine von Besnier; ausserdem Erwähnung von Bernoin nach dem Mercure Hollandois von 1673. — Eine Abbildung und Beschreibung von Besniers Apparat findet sich ferner in den Philosophical Transactions and Collections, to the end of the year 1700. Abridg'd and dispos'd under general heads. By John Lowthorp. 3d ed. Vol. 1. London 1722. S. 500. Dazu Fig. 182.

K. B. Hof- und Staatsbibliothek-München.

943. **Lohmeier,** Philipp: De artificio navigandi per aerem. [Resp.:] Franciscus David Frescheur. Wittenbergae 1679: Borckard. *12 Bl. (inkl. Titelbl.) 8°.*

Rinteln, Diss. v. 4. März 1676.

Verteidigung des Lanaschen Luftschiffprojektes. Vgl. Nr. 938.

Kais. Universitäts- und Landes-Bibliothek-Strassburg i. E.

944. **Borelli,** Jo[hannes] Alphonsus: De motu animalium. Jo. Alphonsi Borelli Opus Posthumum. Pars I. II.

Roma, A. Bernabò, 1680. 1681. *1: 5 Bl. + 376 S. + 6 Bl. 8° 14 Taf. 2: 1 Bl. + 520 S. 8° 4 Taf.*

Enth. in Pars I. Propos. 204: Est impossibile, ut homines propriis viribus artificiose volare possint. Es ist unmöglich, dass der Mensch aus eigener Kraft künstlich fliegt. Mit Abb. auf Taf. 13.

Weitere Ausgaben: Nr. 946. 956. 961.

Senckenbergische Bibliothek-Frankfurt a. M.

945. **Francisci,** Erasmus: Der Wunder=reiche Uberzug unserer Nider=Welt, oder Erd= umgebende Lufft= Kreys, Nach seinem natürlichen Wesen, manchfaltigen Eigenschafften, Nutzen, und Würckungen . . .

Nürnberg, W. M. Endter u. J. A. Endters seel. Söhne, 1680. *8 Bl. + 1450 S. + 15 Bl. 8° (4°) 28 Taf.*

Enth. im 1. Discurs. S. 369-370: Aufzählung der meist missglückten Flugversuche und zwar von Lobsinger, Elmerus de Malmaberia, Daniel Möglin.

Rud. Lion-Frankfurt a. M.

946. **Borelli,** Joh[annes] Alphonsus: De motu animalium. Ed. Altera. Correctior et emendatior. Pars 1. 2.

Lugduni in Batavis, D. à Gaesebeeck, C. Boutesteyn, J. de Vivie & P. van der Aa, 1685. *1: 5 Bl. + 280 S. + 9 Bl. 8°; 2: 1 Bl. + 365 S. + 7 Bl. 8° 18 Taf.*

Enth.: Pars I, propos. 204: Unmöglichkeit des künstlichen Menschenfluges S. 243 ff. — Erste Auflage: Nr. 944.

Kgl. Universitätsbibliothek-Marburg.

947. **Witgeest,** Simon: Het natuurlyk Tover-boek, Of't Nieuw Speel-Toneel Der Konsten.

Amstelredam, Jan ten Hoorn, 1686. *2 Bl. + 604 S. 8°.*

Enth. als Nr. 71 unter der Ueberschrift: „Een manier om door de Logt te vliegen" auf S. 52—54. Beschreibung und Abbildung des Flugapparates von Besnier nach Monsieur Toinard. Vgl. Nr. 942.

F. B. Auffarth-Frankfurt a. M.

948. **Verantius,** Faustus: Machinae novae Fausti Verantii Siceni cum declaratione latina, italica, hispanica, gallica, et germanica. Nur der deutsche und französische Text vorhanden. Taf. 47 fehlt.[1])

Venetiis [o. J. (um 1595?)] cum Privilegiis. *20 S. + 19 S. 2° 48 Doppeltaf. Beigebunden an* Fontana, Carlo: Utilissimo trattato dell' acque correnti. Roma, G. F. Buagni, 1696.

Enth. auf Taf. 38 die Darstellung eines Fallschirmabstiegs: Neben einem z. T. sichtbaren Turm schwebt ein Mann herab, der mit Stricken an den 4 Ecken eines quadratischen Stückes Segeltuch befestigt ist; das Segeltuch wird durch einen aus vier Stangen zusammengefügten Rahmen straff gehalten. Ueberschrift: „Homo volans". Der Text der deutschen Erklärung gibt unter Nr. 39 (irrtümlich statt 38) folgende Erläuterung: „Ein fliegender man. In einem viereckigen segeltuech, welches mit vier gleichen staenglin aussgespant, und an den vier eggen mit stricklin wol angebundē, kan sich ein man ohne alle gfar von einem thurn oder anderen hochen orth sicherlich herab lassen. Dan ob gleich damals kein wind waere, wirdt doch der gewalt des fallenden mans einen windt machen, welcher das tuech auffhaltē wirdt, damit es nit gaheling hinab platze, sonder allgemach sich niderlasse. Doch solle die mas des mans mit der groesse des tueches eben zuetreffen." Nach Leonardo (vgl. S. 169) älteste bisher bekannte Erwähnung des Fallschirms. Das Druckjahr der Ausgabe ist unbekannt; die weitverbreitete Angabe: 1617, z. B. Tissandier (Nr. 708. S. 9), ist unwahrscheinlich, da Verantius bereits 1617 starb; nach Brunet, Jacques-Charles: Manuel du libraire et de l'amateur de livres. 5e éd. Tome 5. Paris 1864. Sp. 1128 und Graesse, Jean George Théodore: Trésor de livres rares et précieux ou nouveau dictionnaire bibliographique. Tome 6. 2de partie. Dresde 1867. S. 279 erschien es um 1595. Diese Angabe entstammt dem Gewährsmann beider, dem Grafen Guillaume-Brutus-Icilius-Timoléon Libri-Carrucci, der in seiner Histoire des sciences mathématiques en Italie depuis la renaissance des lettres jusqu' à la fin du 17e siècle. 2e éd. Tome 4. Halle a. S. 1865. S. 47-52 und S. 321-326 Verantius und seine Bedeutung würdigt und das Werk an das Ende des 16. Jahrhunderts setzt. Nach ihm war V. Bischof und nicht, wie heute allgemein irrtümlich angegeben wird, Architekt.

Senckenbergische Bibliothek-Frankfurt a. M.

949. **Baier,** Johannes Wilhelm: De aquila et musca ferrea, Quae Mechanico Artificio apud Noribergenses quondam volitasse feruntur. [Resp.:] Joannes Andreas Bühelius. [o. O. (Altdorf?)] (1707): H. Meyer. *24 S. 8° (4°).*

[Altdorf?] Diss. v. 29. Jan. 1707.

Untersucht die Glaubwürdigkeit der Berichte über den fliegenden Adler des Regiomontanus.

Germanisches Nationalmuseum-Nürnberg.

950. **Becher,** Joh[ann] Joachim: Närrische Weissheit Und Weise Narrheit: ... Anietzo von neuem hrsg. mit einem Vorbericht an den Leser ... von J. F. R.

[o. O.] 1707. *38 Bl. + 208 S. 8° 1 Taf.*

Enth. unter den weisen Narrheiten Kap. 42 S. 166 ff.: „Hautschens von Nürnberg Instrument in der Lufft zu fliegen." Ferner Bemerkungen über Lanas Luftschiff.

Senckenbergische Bibliothek-Frankfurt a. M.

---

[1]) Die vollständigen Exemplare des Werkes enthalten die im Titel genannten fünf Beschreibungen mit besonderer Paginierung; die lateinische umfasst 19 S., die italienische 18 S., die spanische 20 S., die französische 19 S., die deutsche 20 S. Vollständige Exemplare vorhanden in der Hof- und Staatsbibliothek in München und in der Stadtbibliothek in Breslau, mit dem unvollständigen Exemplar der Senckenbergischen Bibliothek die einzigen bisher in Deutschland nachgewiesenen Exemplare. Dem Titel des Breslauer Exemplars fehlen die Worte: cum declaratione — germanica. Ebenso dem nur in diesem Exemplar vorhandenen den Tafeln vorgehefteten Zwischentitel (ohne Erscheinungsvermerk.)

951. **Lohmeier,** Philipp: De artificio navigandi per aërem. [Resp.:] Franciscus David Prescheur. Rinthelii 1708: Enax. *30 S. 8°.*

Rinteln, Diss. v. 4. März 1676.

Verteidigung des Lanaschen Luftschiffprojektes. Vgl. Nr. 938.

Kais. Universitäts- und Landes-Bibliothek-Strassburg i. E.

— Dasselbe. *Mit 3 Beibänden.*

Stadtbibliothek-Hamburg.

952. **Abbildung** der erfundenen Kunst zu fliegen, Vermittelst welcher man in 24 Stunden 200 Meil machen, denen Kriegs-Heeren in denen weit entlegenen Ländern die Ordre, auch zu jenen, neben denen Briefen, Volck, Lebens- Kriegs- und Geld-Mitteln überschicken, nicht weniger die belagerte Plätze mit allen Nohtwendigkeiten zu versehen, auch alle Waaren und Kauffmannschafften durch die Lufft verschaffen könne. So, wie auss hierbey gehender Abschrifft Eines an Ihr. Königl. Portugies. Maj. Uberreichten Anbringens zu ersehen, Von einem Geistlichen auss Brasilien erfunden worden, Und Damit nechst-künfftigen 24 Junii 1709 die Probe geschehen solle.

[o. O.] Gedruckt, nach dem Wienerischen Original. 1709.[1]) *2 Bl. inkl. Titelbl. 8°. Beigebunden an* Lohmeier, Philipp: De artificio navigandi per aërem . . . Rinthelii 1708: Enax.

Auf der Rückseite des Titelblatts Abb. von Gusmâos Luftschiff. — Nachdruck von Nr. 953.

Stadtbibliothek-Hamburg.

953. **Abbildung** eines sonderbahren Lufft-Schiffes, Oder: Kunst zu fliegen, Vermittelst wessen man in 24. Stunden durch die Lufft 200. Meilen fahren, also weit geschwinder als sonsten durch das Meer, oder über Land reisen, denen Kriegs-Heeren in denen weit entlegenen Ländern die Ordres, Briefe, Volck, Lebens- Kriegs- und Geld-Mittel überschicken, nicht weniger die belagerten Plätze mit allen Nothwendigkeiten versehen, auch allerley Waaren zuführen könne. Dieses Kunst-Stück ist von einem Geistlichen aus Brasilien erfunden und Ihro Königl. Maj. von Portugall ubergeben worden, und soll darmit den 24. Junii dieses 1709. Jahres die Probe zu Lissabon geschehen. Aus der Portugisischen Sprache in das Hochdeutsche übersetzet, und zum Ersten mahl in Druck gebracht.

Wien, J. B. Schönwetter, 1709. *4 Bl. 8°.* [2])

Auf der Rückseite von Bl. 4: Abriss des fliegenden Schiffes. — Aelteste bisher bekannte Darstellung von Gusmâos Luftschiff. — Eine spätere Darstellung ist in Nr. 132 beschrieben und in Abb. 8 wiedergegeben.

Kgl. und Universitätsbibliothek-Breslau.

Abbildung 55. Deutsches Museum-München.

[1]) Ueber die Echtheit dieses und der folgenden Flugblätter, sowie ihr Verhältnis zueinander vgl. Graf Carl von Klinckowstroem: Die Gusmâo-Flugblätter von 1709. in Zeitschrift für Bücherfreunde. Jg. 3. 1911. S. 36 ff.

[2]) Dieses Flugblatt ist wahrscheinlich als Beilage zum „Wiennerischen Diarium" 1709. Nr. 609 vom 1. bis 4. Juni erschienen. Vgl. Graf Carl v. Klinckowstroem: Beitrag zur Gusmâo-Bibliographie. in Archiv f. d. Gesch. der Naturw. und d. Technik. Bd 3. 1911. S. 215.

954. **Nachricht** Von dem Fliegenden Schiffe, So aus Portugal, Den 24 Junii in Wien mit seinem Erfinder glücklich ankommen.

Von neuem nach dem allbereit gedruckten Exemplar in die Naumburger Mess gesandt Anno 1709.

[o. O. (Wien?)] 1709.[1]) *4 Bl. inkl. Titelbl. 8°. Beigebunden an* Lohmeier, Philipp: De artificio navigandi per aërem ... Rinthelii 1708: Enax.

Bezieht sich auf Gusmâos Luftschiff, dessen Reise durch die Luft von Lissabon nach Wien phantastisch geschildert wird. Im Gegensatz zu Nr. 952 und 953 mit satirischer Tendenz.

Stadtbibliothek-Hamburg.

955. **Nachricht** Von dem Fliegenden Schiffe, So aus Portugal, Den 24. Junii in Wien mit seinem Erfinder, Glücklich ankommen.

Von neuen nach dem allbereit gedruckten Exemplar in die Naumburger Mess gesandt. Anno 1709.

[o. O.] 1709. *2 Bl. 4°.*

Die Exemplare dieser Faksimilereproduktion lagen nach Graf Klinckowstroem (Nr. 952 Anm. S. 40) dem Januarheft der Zeitschrift für Luftschiffahrt 1893 bei.

Dr. Ed. Langer-Braunau i. B.

956. **Borelli,** Joh[annes]. Alphonsus: De motu animalium. Pars 1. Editio novissima, Ab innumeris mendis et erroribus repurgata. Additae sunt post finem Partis Secundae Johannis Bernouillii . . . Meditationes Mathematicae de motu musculorum. Pars 2. Editio novissima, Ab innumeris mendis et erroribus repurgata.

Lugduni Batavorum, P. van der Aa, 1710. *1: 6 Bl. + 236 S. + 8 Bl. 8° 14 Taf. 2: 1 Bl. + 314 S. + 6 Bl. + 8 S. 8° 5 Taf.*

Enth. Pars I Propos. 204. S. 208: Unmöglichkeit des künstlichen Menschenflugs. — Erste Auflage: Nr. 944.

Grossh. Hess. Hofbibliothek-Darmstadt.

957. **Cyrano Bergerac** [Savinien de]: Les oeuvres diverses de Monsieur de Cyrano Bergerac. T. 1. Enrichi de Figures en taille. 2.

Amsterdam, J. Desbordes, 1710. *1: 2 Bl. + 376 S. 8° 2 Taf. 2: 277 S. 8°.*

Band 1 enth. in der Histoire comique des estats et empires de la lune, Bd 2 in dem Fragment d'histoire comique contenant les etats et empires du soleil. die Beschreibungen der phantastischen Luftreisen und der Flugapparate Cyranos. Abbildungen der letzteren in Bd 1 S. 271 und Bd 2 S. 79.

Kgl. Universitätsbibliothek-Tübingen.

958. **Leibniz,** Georg Wilhelm: De Elevatione Vaporum, & de corporibus quae ob cavitatem inclusam in aëre natare possunt.

In Miscellanea Berolinensia ad incrementum scientiarum, ex scriptis societati regiae scientiarum exhibitis edita. [Tom. 1.] Berolini, J. C. Pape, 1710. Pars II. Num. 6. S. 123-128.

Nachweis der Unmöglichkeit des Luftschiffes des Jesuiten Lana.

Senckenbergische Bibliothek-Frankfurt a. M.

---

[1]) Ein von dem vorliegenden etwas abweichender Druck befindet sich nach Angabe von Graf Klinckowstroem (Nr. 952 Anm. S. 40) in der Univ.-Bibliothek zu Jena.

959. [**Bordelon,** Laurent:] Gomgam, ou l'homme prodigieux, transporté dans l'air sur la terre, et sous les eaux. Livre véritablement nouveau. Nouv. éd. enrichie de fig. et augmentée du grand chemin de l'Hôpital. Tome 1. 2.

Amsterdam, E. Roger, 1713. *1: 32 unpag. + 288 S. 8° 12 Taf. 2: 4 unpag. + 304 S. 8° 14 Taf.*

Der Held Gomgam besitzt einen goldenen Pfeil, der ihn über die Erde, durch das Wasser und in die Lüfte trägt.

Königliche Bibliothek-Berlin.

960. **Valentini,** Michael Bernh[ard]: Neu-auffgerichtetes Rüst- und Zeughauss Der Natur, ... Anjetzo zum erstenmal in Hoch-Teutscher Sprache beschrieben, und an Statt des Dritten Theils Des Musei Museorum unter Augen geleget.

Franckfurt am Mayn, J. D. Zunners sel. Erben und J. A. Jungen, 1714. *3 Bl. + 228 S. + 7 Bl. 2° 40 Taf.*

Enth.: Von Dem Lufft-Schiffe. Cap. 9. S. 34-39. Dazu Abbildungen der Luftfahrzeuge von Gusmâo (1709) (S. 35) und Lana 1670 (mit bemannter Gondel) (Taf. 27).

Senckenbergische Bibliothek-Frankfurt a. M.

961. **Borelli,** Joh[annes] Alphonsus: De Motu animalium, Pars I. II. Editio Nova, a plurimis mendis repurgata, ac dissertationibus physico-mechanicis de motu musculorum, et de effervescentia, et fermentatione, clarissimi viri Joh. Bernoulli aucta et ornata.

Hagae Comitum, P. Gosse, 1743. *4 Bl. + 223 S. + 9 Bl. Index + 1 Bl + 290 S. + 7 Bl. Index + 45 S. 8° 20 Taf.*

Enth. Pars I Cap. 22: De volatu. Propositio 204: Est impossibile, ut Homines propriis viribus artificiose volare possint. — Erste Auflage: Nr. 944.

Joseph Baer & Co.-Frankfurt a. M.

962. Die Geschwinde **Reise** auf dem Lufft-Schiff nach der obern Welt, Welche jüngsthin fünff Personen angestellet, um zu erfahren, ob es eine Wahrheit sey, dass der Planet Mars den 10. Jul. dieses Jahrs das erste mahl, so lange die Welt stehet, mit einem Trabanten oder Mond erschienen? Der untern Welt zu curieuser Gemüths-Ergötzung und Versicherung dieser Begebenheit mitgetheilet durch die allgemeine Fama. [Von Eberhard Christian Kindermann?] [1])

[o. O.] 1744. *30 S. 8° 1 Taf. Beigebunden an* Lohmeier, Philipp: De artificio navigandi per aërem ... Rinthelii 1708: Enax.

Das Luftschiff besteht aus einer Gondel aus Sandelholz, die von 6 luftleer gemachten Metallkugeln in die Höhe getragen wird und mit Rudern und Segel versehen ist. — Vgl. Nr. 987.

Stadtbibliothek-Hamburg.

963. **Paucton:** Théorie de la vis d'Archimède, De laquelle on déduit celle des Moulins conçus d'une nouvelle manière.

Paris, I. H. Butard, 1768. *XX + 214 S. + 5 Bl. 8° 7 Taf.*

Enth. S. 181-214. Beschreibung der Konstruktion einer Flugmaschine mit einem „Ptérophore" für die vertikale, und einem zweiten für die horizontale Bewegung. Beide sollen durch Handgriffe in Bewegung gesetzt werden. „.. il est incontestable par l'expérience .. qu' un homme est capable d'une force suffisante pour vaincre le poids de son corps."

Grosser Generalstab-Berlin.

---

[1]) Vgl. Franz M. Feldhaus: Deutsche Erfinder. (= Julius Lohmeyer's Vaterländ. Jugendbücherei. Bd 19.) München (1908). S. 180f.

964. **Agricola,** Georg Andreas: Versuch einer allgemeinen Vermehrung aller Bäume, Stauden und Blumengewächse, theoretisch und practisch vorgetragen. Zwei Theile, mit vielen Kupfern erläutert. Anjetzo auf ein neues übersehen etc. durch Christoph Gottlieb Brauser.

Regensburg, Montag u. Gruner, 1772. *1: 9 Bl. + 164 S. 4° 18 Taf. 2: 1 Bl. + 80 S. + 7 Bl. 4° 18 Taf.*

Teil 1, Abschnitt III, Kap. 1, § 4. S. 108: Verspottung der Versuche, in der Luft zu fliegen, fahren und schwimmen; z. B. von Hautsch in Nürnberg. — Die 1. Auflage erschien 1716 in Regensburg.

Senckenbergische Bibliothek-Frankfurt a. M.

965. [**La Follie**, Louis-Guillaume de:] [1]) Le philosophe sans prétention, ou l'homme rare. Ouvrage physique, chymique, politique et moral, Dédié aux Savans. Par M. D. L. F.

Paris, Clousier, 1775. *349 S. 1 Taf.* [2])

Der Held Scintilla fliegt in einem elektrischen Stuhl mit zwei gläsernen Kugeln in die Höhe. Vgl. Nr. 439.

Alexander Haas-Frankfurt a. M.;
jetzt Dr. Liebmann-Frankfurt a. M.

966. [**Restif de la Bretonne,** Nicolas-Edme:] La Découverte australe Par un Homme-volant, ou Le Dédale français; Nouvelle très-philosophique: Suivie de la Lettre d'un Singe, &c^a^. Vol. 1-4.

Leïpsick-Paris (Veuve Duchêne & Humblot), 1781. *1: 240 S. 8° 4 Taf. 2: S. 241-436. 16 Taf. 3: S. 437-624. S. 1-92. 2 Taf. 4: S. 93-422. 4 Bl. 8° 1 Taf.*

Auch unter d. Tit.: Œuvres posthumes de N.*******. Œuvre S.^{de}, La Découverte australe, ou les Antipodes: Avec une Estampe à chaque Fait principal. 1781.

Enth. als Frontispiz des 1. Bandes die Abb. des fliegenden Helden Victorin; das Blatt ist auf S. 4 beschrieben: „Victorin prenant son vol de la pointe d'un rocher du Mont-inaccessible, pour aler à la Découverte australe: Ses aîles sont déployées, son parasol pointu ouvert & ramenant le vent, afin de faire avancer l'Homme-volant . . .“ In der Vorrede Anspielung auf den Marquis de Bacqueville und Blanchard.

K. B. Hof- und Staatsbibliothek-München.

967. **Magazin** für das Neueste aus der Physik und Naturgeschichte hrsg. von Lichtenberg. Bd. 1. Stück 4.

Gotha, C. W. Ettinger, 1783.

Enth. Stück 4. S. 159-167 unter der Rubrik „Maschinen“: Das Luftschiff, von Blanchard. Eine Beschreibung des Blanchardschen Flugkahns nebst Abbildungen auf Taf. 2 und 3 nach Martinet, sowie die Stellungnahme der Zeitgenossen zu diesem Projekt in Briefen.

Senckenbergische Bibliothek-Frankfurt a. M.

---

[1]) Vorname und Schreibung des Familiennamens nach Biographie universelle. Nouv. éd. Tome 14. Paris 1856. S. 300; Nouveau Larousse illustré. Tome 5. Paris [o. J.] S. 529; La Grande Encyclopédie. Tome 21. Paris [o. J.] S. 750.

[2]) Eine deutsche Uebersetzung erschien u. d. T.: Der Philosoph ohne Anspruch oder der seltene Mann ein Physikalisches, Chymisches, Politisches und Moralisches Werk von Herrn de la Follie. aus dem Französischen übersetzt. Frankfurt am Main, Andreä, 1781. 4 Bl. + 367 S. 8° 1 Taf. (Im Besitz von Dr. Liebmann-Frankfurt a. M.)

968. **Ludolff**, Hiob: Iobi Ludolphi theses de famosissimo P. Francisci de Lana problemate navigationis per aerem. Recudi curavit Christ. Gothfrid. Gruner. Jena (1784): Litteris Maukianis. *12 S. 8° (4°).*

Jena, Progr. z. Promotion von Gabriel Theophil Reinick in der med. Fakultät am 6. August 1784.

Mit einem Vorwort von Gruner. Neudruck der in Erfurt gedruckten 17 Thesen des Jobus Ludolffus (1649-1711), Prof. der Mathematik, der als Praeses bezeichnet war; Respondent war Jo. Wilh. Ludolff. Die Thesen schliessen sich mit einigen Abweichungen an Sturms Erläuterungen des Lanaschen Luftschiffes (Nr. 941) an. — Ein Exemplar der Originalausgabe konnte durch das Auskunftsbureau der deutschen Bibliotheken nicht nachgewiesen werden.

Grossh. Hess. Hofbibliothek-Darmstadt.

IV.

DIE LUFTSCHIFFAHRT IM ZEITALTER MONTGOLFIERS (1783–1810)

969. The **air ballon**: Or a Treatise on The aerostatic globe, Lately invented by The celebrated Mons. Montgolfier of Paris ..... The Whole rendered familiar to the plainest Capacity.

London, G. Kearsley, 1783. *32 S. 8⁰ 1 Taf.*

Dem vorliegenden Exemplar fehlt das „Postscript." — Dritte Auflage: Nr. 970.

Alexander Haas-Frankfurt a. M.

970. The **air balloon**: Or a Treatise on The aerostatic globe, Lately invented by The celebrated Mons. Montgolfier of Paris ..... The Whole rendered familiar to the plainest Capacity. The 3[d] edition, with Additions.

London, G. Kearsley, 1783. *36 S. 8⁰ 1 Taf.*

Erste Auflage: Nr. 969.

Paul Merzbach-Offenbach a. M.

971. Aechte **Beschreibung**. der Aerostatischen Maschine des Herrn Mongolfier. Nebst einem Kupferstiche und einem Partikularschreiben des Herrn Pilatre de Rozier.

Wien, J. Th. Edler von Trattner, 1783. *4 Bl. inkl. Titelbl. 8⁰ 1 Taf.*

Der Kupferstich zeigt eine von der sonst abgebildeten abweichende Form der Montgolfière, die auf eine Zeichnung Pilâtres zurückgehen soll. Beschreibung des Kupfers: Nr. 155.

Grossh. Hess. Hofbibliothek-Darmstadt.

Abbildung 56.

972. [**Blainville?**:] Considérations sur le globe aérostatique, par M. D*** ***. Prix 12 sols, avec la Figure.

Paris, Le Jay, 1783. *16 S. 8⁰ 1 Taf.*

Grossh. Hess. Hofbibliothek-Darmstadt.

973. — Dasselbe [?], *in russischer Sprache.*

[St. Petersburg] 1783. *34 S. 8⁰ 1 Taf.*

Grossh. Hess. Hofbibliothek-Darmstadt.

Deutsche Uebersetzung unter dem Titel:

[**Blainville?**:] Betrachtungen über die Luftkugeln durch Herrn D*** ***... 1784. Nr. 1004.

974. (**Charles** [,Jacques-Alexandre-César]): Représentation du globe aérostatique qui s'est élevé de dessus l'un des bassins du jardin royal des Thuilleries Le 1er Décembre 1783. à 1. heure 40 min[tes] Avec le récit de son voyage aérien. Cette Machine merveilleuse montée par M. M. Charles, & Robert le jeune, s'étant

élevée majesteusement [!] à une hauteur considérable, a pris sa direction au Nord-Ouest. On voit le détail de ce voyage dans ce Récit prononcé par M. Charles même à l'ouverture de son Cours de Physique, qui accompagne cette Estampe.

(Paris 1783). *15 S. 4° 2 Taf.: 1. „Descente de la machine Aérostatique des Srs Charles et Robert." Handkol. Stich. Plattengrösse 205 : 250. (Vgl. Nr. 246.) 2. „Représentation du globe aérostatique . . ." [s. o.] Handkol. Stich. Plattengrösse 300 : 200. (Vgl. Nr. 216.) Beigebunden an* Andreoli, Pasquale: Descrizione dell' aerostato La Speranza costruito a Forli Nell' anno 1809. Forli (1809).

Aus Journal de Paris du 13, & 14 Décembre 1783.

Paralleltext in französischer und italienischer Sprache.

Bücherei des Kais. Patentamts-Berlin.

975. **Considérations** sur le globe aérostatique, inventé par Mr. Montgolfier, à Paris, avec Figure. Avec permission de la Police.

St. Petersbourg, C. T. Dahlgreen, 1783. *28 S. 8° 1 Taf.*

Kgl. Universitätsbibliothek-Göttingen.

976. **Deparcieux** [,Antoine]: Dissertation sur les globes aérostatiques.

Paris, chez l'auteur, 1783. *38 S. 8° 2 Taf. in* Sammelband „Aérostats. 3."

Dr. Ed. Langer-Braunau i. B.

977. L'**Esprit** des journaux, françois et étrangers. Par une société de gens-de-lettres. Année 12: 1783. Tome 10. 11. 12. Année 13: 1784. Tome 1. 3. 4. 5. 6. 7. 8. 9. 11. Année 14: 1785. Tome 2. 7. 9.

Paris, Valade, [o. J.] *8°.*

Enth. zahlreiche Notizen über Luftschiffahrt und Luftschiffer, z. B. 1783. Tome 10. S. 333-334: Aufstieg auf dem Marsfeld am 27. August 1783 und Geschichte der Montgolfierschen Erfindung; 1783. Tome 11. S. 329-334: Aufstieg in Versailles am 19. September 1783; 1783. Tome 12. S. 336-340: Briefe von Faujas de Saint-Fond und Giroud de Villette über aërostatische Versuche im Oktober 1783; 1784. Tome 1. S. 383-391: Brief des Marquis d'Arlandes über seine Luftreise mit Pilâtre de Rozier am 21. November 1783; S. 391-404: Luftreise von Charles und Robert jun. am 1. Dezember 1783; 1784. Tome 3. S. 312-322: Brief von Mathon de la Cour über Montgolfiers Aufstieg in Lyon am 19. Januar 1784; S. 363-364: Ein künstlicher fliegender Vogel von Müller; 1784. Tome 4. S. 360-364: Blanchards Aufstieg in Paris, Marsfeld, am 2. März 1784; 1784. Tome 5. S. 243-246: In celeberrimi Montgolferii machinam aerostaticam Parisiensem. ελεγεια von Franciscus-Antonius Astore; 1784. Tome 6. S. 346-352: Aufstieg in Dijon am 25. April 1784; 1784. Tome 8. S. 336-338: Zweiter Aufstieg in Dijon am 12. Juni 1784; S. 338-341: Montgolfière „Marie-Antoinette" lancée à Versailles le 23 juin 1784 (durch Pilâtre de Rozier und Prouts); 1784. Tome 11. S. 340-345: 3e expérience aérostatique de MM. Robert (am 19. September 1784); S. 345-352: Bericht über die Luftreise Lunardis in London am 15. September 1784; 1785. Tome 2. S. 322-331: 4. Luftreise Blanchards, in England am 16. Oktober 1784; S. 331-336: Blanchards Luftreise über den Kanal von Dover nach Calais am 7. Januar 1785.

Grossh. Hess. Hofbibliothek-Darmstadt.

978. **Faujas de Saint-Fond** [, Barthélémy]: Description des expériences de la machine aérostatique de MM. de Montgolfier, Et de celles auxquelles cette découverte a donné lieu; Suivie De Recherches sur la hauteur à laquelle est parvenu le Ballon du Champ-de-Mars; sur la route qu'il a tenue; sur les différens degrés de pesanteur de l'air dans les couches de l'atmosphère; D'un Mémoire sur le gaz inflammable & sur celui qu' ont employé MM. de Montgolfier; sur l'art de faire les Machines aérostatiques, de les couper, de les remplir, & sur la manière de dissoudre la gomme élastique, &c. &c.; D'une lettre sur les moyens de diriger ces Machines, & sur les différens usages auxquels elles peuvent être employées. Ouvrage orné de 9 pl. en taille-douce, représentant les diverses Machines qui ont été construites jusqu' à ce jour, particulièrement celle de Versailles, & celle dans laquelle des hommes ont été enlevé jusqu' à la hauteur de 324 pieds, &c. &c. Par Faujas de Saint-Fond. [Tome 1 er.]

Paris, Cuchet, 1783. *XL × 299 S. + 3 Bl. 8° 10 Taf.*

Das Kupfer des Ballonaufstieges in Versailles am 19. Sept. 1783 ist nach der Zeichnung von De Lorimier von N. Delaunay gestochen. Weitere Ausgaben [1]*, Übersetzungen, Bearbeitungen Nr. 1001-1006. 1014 (?). 1030. 1037.*

Grossh. Hess. Hofbibliothek-Darmstadt;
Dr. Liebmann-Frankfurt a. M.;
Dr. Gans-Fabrice-Garmisch;
Dr. Alex Meyer-Frankfurt a. M.; J. J. Bourcart-Kolmar;
beide jetzt Senckenbergische Bibliothek-Frankfurt a. M.

– Première suite de la description des expériences aérostatiques de MM. de Montgolfier, Et de celles auxquelles cette découverte a donné lieu; contenant Les Voyages aériens de la Muette, des Tuileries, de Lyon, de Milan, du Champ-de-Mars, &c &c. Plusieurs Mémoires de MM. de Montgolfier & de M. le Comte de Milly, sur la manière de diriger les Aérostates, sur la dilatation de l'air & les moyens les plus simples & les moins dangereux d'augmenter ou de diminuer la chaleur à volonté; Différentes manières d'obtenir l'air inflammable & les moyens d'en remplir un Globe de 30 pieds de diamètre en deux heures; Un Mémoire sur la gomme élastique ou caoutchouc, avec la manière de faire un vernis à peu de frais, absolument semblable à celui de la gomme élastique, &c. &c. Ouvrage orné de 5 pl. en taille-douce. Par Faujas de Saint-Fond. Tome second.

Paris, Cuchet, 1784. *366 S. + 1 Bl. 8° 5 Taf.*

Die Kupfer der Luftfahrten: vom Schloss La Muette aus am 21. Nov. 1783, von den Tuilerien in Paris aus am 1. Dez. 1783, in Lyon am 19. Jan. 1784 sind nach Zeichnungen von De Lorimier von N. Delaunay gestochen. — Vgl. Nr. 230 und Abb. 57.

Grossh. Hess. Hofbibliothek-Darmstadt;
J. J. Bourcart-Kolmar;
jetzt Senckenbergische Bibliothek-Frankfurt a. M.

---

[1]) Es existiert ausserdem eine Luxusausgabe in 4° mit breitem Rand, die in Bezug auf Inhalt, Umfang und Tafeln völlig mit der Oktavausgabe übereinstimmt. (Im Besitz von Dr. Liebmann-Frankfurt a. M.)

Supplement unter dem Titel:

Bourgeois, David: Recherches sur l'art de voler, depuis la plus haute antiquité jusqu' à ce jour; Pour servir de Supplément à la Description des Expériences aérostatiques de M. Faujas de Saint-Fond. 1784. Nr. 640.

979. **Lettre** à un ami, sur l'utilité des globes volans, de M. de Montgolfier, et sur la possibilité de la prise de Gibraltar.

Amsterdam et Paris, Gueffier, 1783. *22 S. 8°.*

Kgl. Universitätsbibliothek-Göttingen.

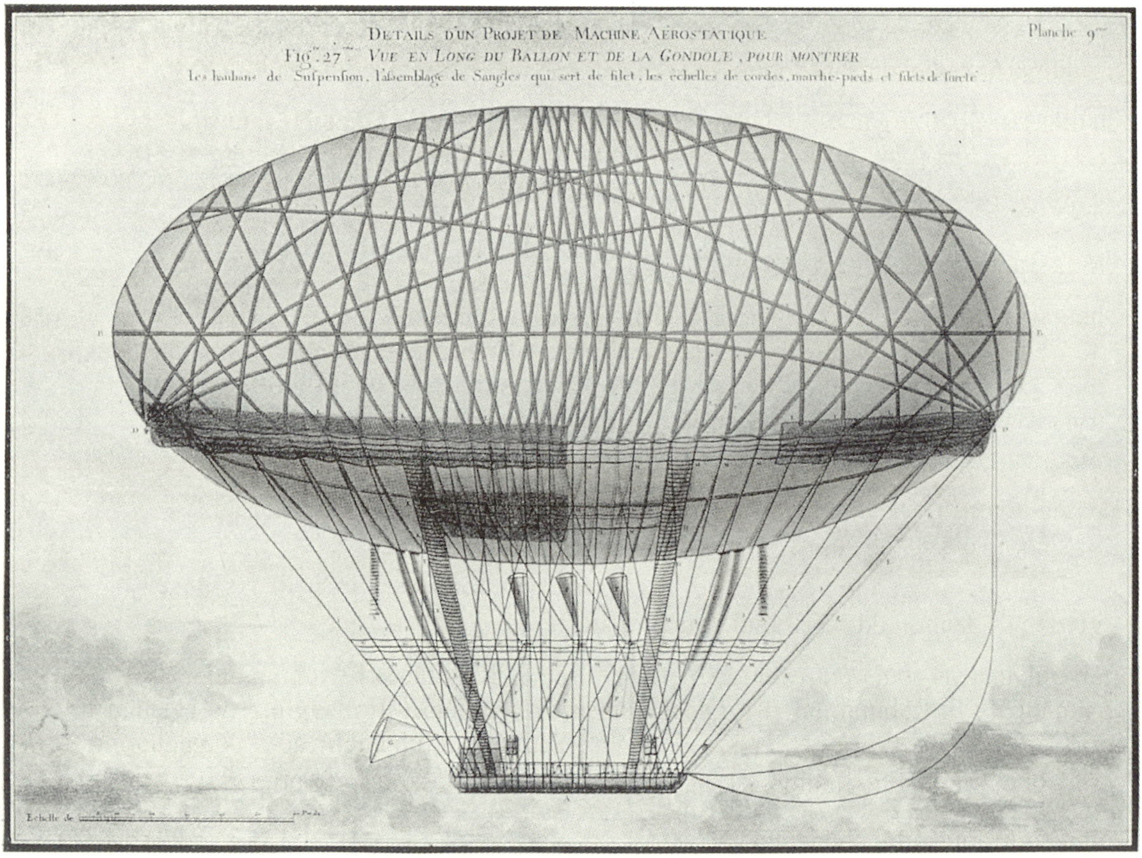

Abb. 62. Lenkballon von Meusnier (1783/84). Totalansicht.
(Vgl. Nr. 981.)

980. **Meusnier** [Jean-Baptiste-Marie]: Mémoire Sur l'équilibre des Machines aérostatiques, sur les différens moyens de les faire monter & descendre, & spécialement sur celui d'exécuter ces manœuvres, sans jeter de lest, & sans perdre d'air inflammable, en ménageant dans le ballon une capacité particulière, destinée à renfermer de l'air atmosphérique. Présenté à l'Académie, le 3 Décembre 1783. Avec une addition contenant une application de cette théorie au cas

particulier du Ballon que MM. Robert construisent à Saint-Cloud, & dans lequel ce moyen doit être employé pour la première fois.

(Paris 1784). *31 S. 8° (4°)* [Kopft.]

Empfehlung des Ballonets. — Die vorliegende Arbeit ist ein Abdruck aus dem Journal de physique. Juli 1784.

Dr. Ed. Langer-Braunau i. B.
J. J. Bourcart-Kolmar;
jetzt Senckenbergische Bibliothek-Frankfurt a. M.

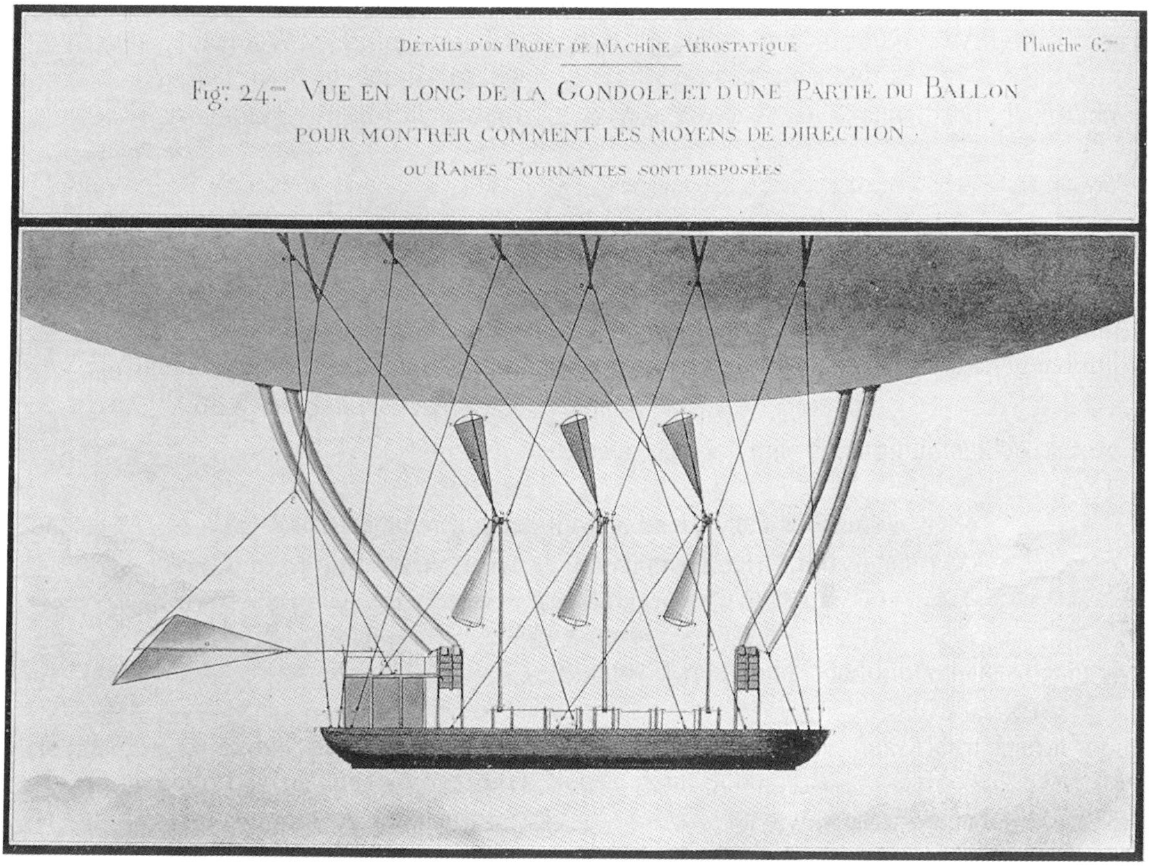

Abb. 63. Lenkballon von Meusnier (1783/84). Gondel und Luftschrauben. (Vgl. Nr. 981.)

981. [**Meusnier**, Jean-Baptiste-Marie:] Détails d'un Projet de Machine Aérostatique. Pl. 1[-16]. Table 1-8.

Enthält: Pl. 1. Fig. 1: Plan de la Gondole vue intérieurement le Pont étant suposé enlevé. Fig. 2: Plan des Baux et de toute la Charpente qui fait partie du Pont. Pl. 2. Fig. 3: Plan de la Gondole vue avec le Pont et plusieurs des Mécanismes qui y sont établis. Fig. 4: Plan de la Charpente de deux Ponts mobiles avec le détail de leur Suspension. Fig. 5: Partie du Plan de la Gondole où l'on voit le Tillac au dessus de la Chambre, avec deux Equipages de Soufflets. [ausserdem 3 Detailzeichnungen mit Beschreibung.] Pl. 3. Fig. 6: Coupe de la Gondole suivant la Quille. Fig. 7: Coupe de la Gondole . . . Fig. 8: Coupe de la Gondole . . . Fig. 9: Soufflets avec leurs Sommiers et leur armure en fer. Pl. 4. Fig. 10: Vue en long de la Gondole avec les Armures de Fer qui servent à la suspendre. Fig. 11: Vue de l'Avant de la Gondole. Fig. 12: Vue de l'Arrière de la Gondole. Fig. 13: Detail plus en grand d'une des Armures de Suspension. Pl. 5. Fig. 14: Détail d'une des armures obliques qui servent à suspendre la

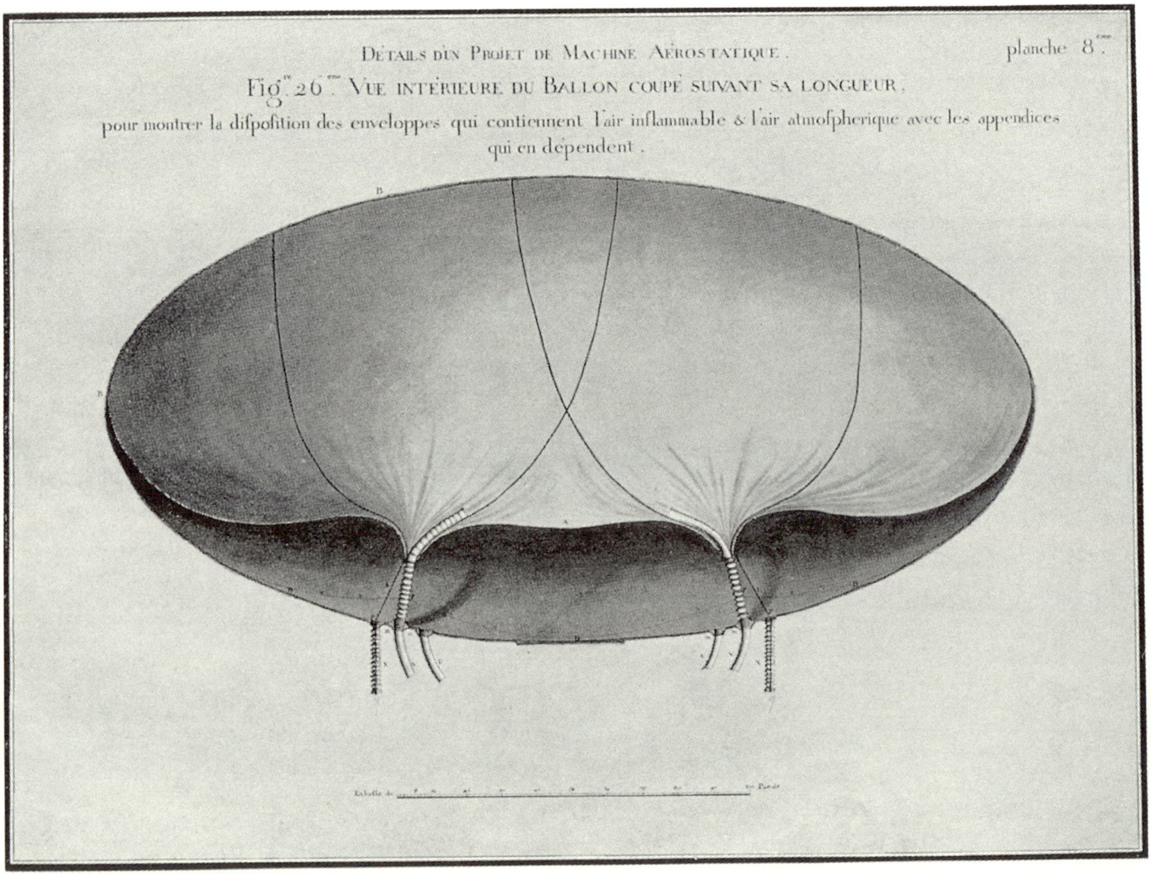

Abb. 64. Lenkballon von Meusnier (1783/84). Ballonet. (Vgl. Nr. 981.)

Gondole. Fig. 15: Vûe de façe des Cap-moutons Rides & de l'extrémité d'un des haubans qui suspendent la Gondole au Ballon. Fig. 16: Vûe de côté des Cap-moutons, rides, & de l'extrémité d'un des Haubans qui suspendent la Gondole au Ballon. Fig. 17: Vûe latérale d'un des moyeux destiné à porter les Rames tournantes. Fig. 18: Moyeu vu de façe. Fig. 19: Vûe en travers de l'Essieu des Rames tournantes pour montrer comment il est suspendu entre le Ballon et la Gondole. Fig. 20. 21: Détails d'une rame. . . . Fig. 22: Vûe de champ d'une des roûes qui mettent les chaines et les moyeux des rames en mouvement. Fig. 23: Coupe de la roue ci-dessus, ou l'on voit comment sont fixées les dents qui engrainent avec les chaines. Pl. 6. Fig. 24: Vue en long de la Gondole et d'une Partie du Ballon pour montrer comment les moyens de direction ou Rames Tournantes sont disposées. (Abb. 63.) Pl. 7. Fig. 25: Vue de la Gondole et d'une partie du Ballon du côté de l'Avant, pour montrer comment les Rames tournantes sont disposées. Pl. 8. Fig. 26: Vue intérieure du Ballon coupé suivant sa longueur, pour montrer la disposition des enveloppes qui

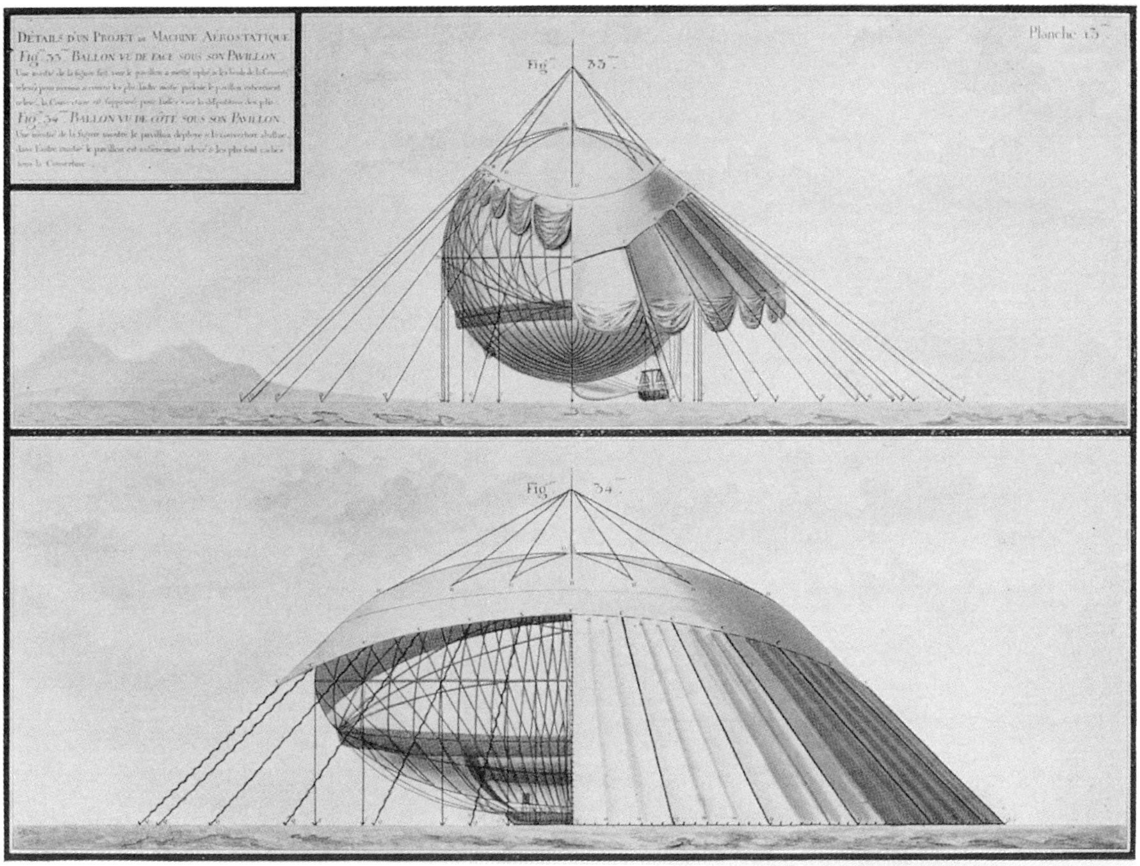

Abb. 65. Lenkballon von Meusnier (1783/84). Ballon unter Zelt. (Vgl. Nr. 981.)

contiennent l'air inflammable & l'air atmospherique avec les appendices qui en dépendent. (Abb. 64.) Pl. 9. Fig. 27: Vue en Long du Ballon et de la Gondole, pour montrer les haubans de Suspension, l'assemblage de Sangles qui sert de filet, les échelles de cordes, marche-pieds et filets de sureté. (Abb. 62.) Pl. 10. Fig. 28: Vue de Face du Ballon et de la Gondole, pour montrer les haubans de suspension, l'assemblage de sangles qui sert de filet. Pl. 11 auf demselben Blatt wie Pl. 10. Fig. 29: Ancre en forme de dard construite pour conserver la position verticale pendant la chute et pour s'enfoncer de quatre pieds dans un terrein ordinaire, étant jettée d'une hauteur de cinquante toises. Fig. 30: Détails d'une Cayorne à cliquets pour empêcher le retour des rouëts. Fig. 31: disposition des palans fixées à chacune des vingt quatre cordes qui servent à amener le ballon près de terre, pour une longue relâche, et vue de cette manoeuvre. Pl. 12. Fig. 32: Plan du ballon fixé à terre à l'abri du gros tems, une moitié de la figure représente le pavillon et la couverture de l'hémisphere supérieur, étendus sur le ballon. l'autre moitié montre le pavillon replié, les cordes qui servent à

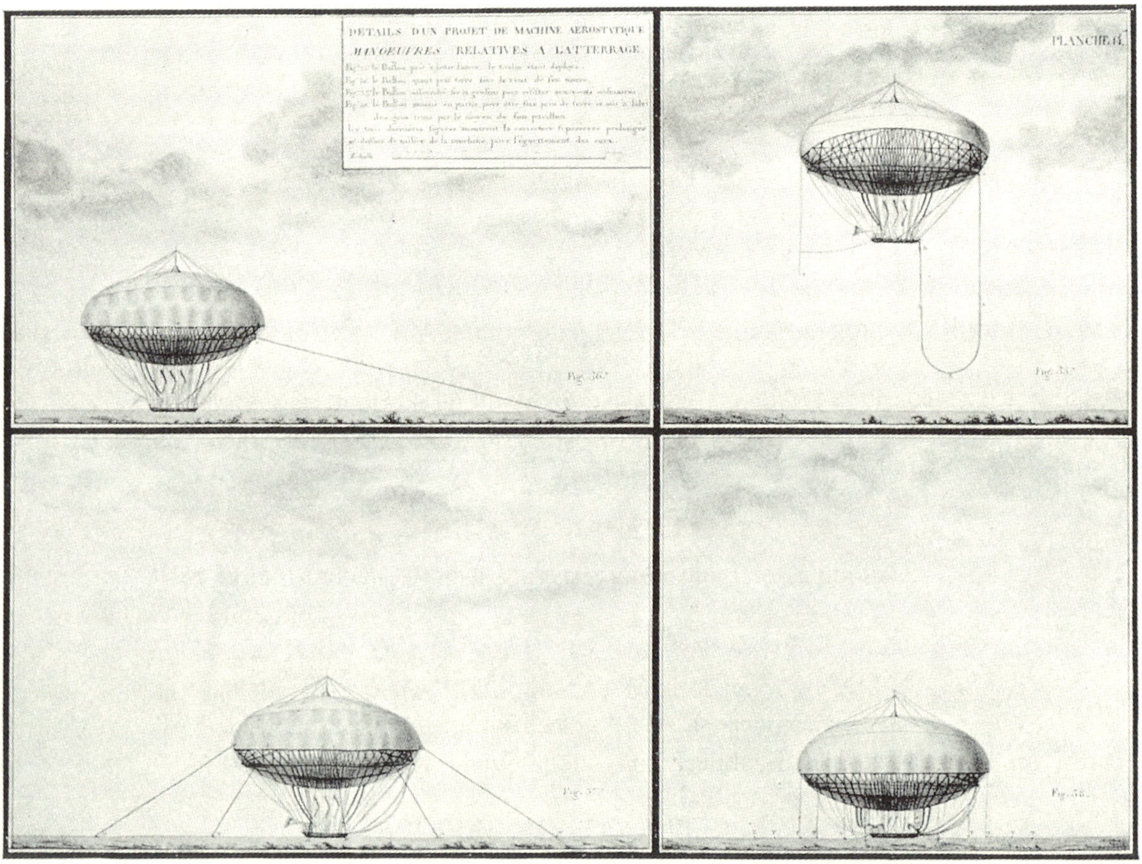

Abb. 66. Lenkballon von Meusnier (1783/84). Landungsmanöver. (Vgl. Nr. 981.)

le diriger étant encore tendues et la couverture supprimée pour laisser voir les plis. Pl. 13. Fig. 33: Ballon vu de face sous son Pavillon. Une moitié de la figure fait voir le pavillon à moitié replié, & les bords de la Couverture relevés pour recevoir & couvrir les plis. l'autre moitié présente le pavillon entièrement relevé, la Couverture est supprimée pour laisser voir la disposition des plis. Fig. 34: Ballon vu de côté sous son Pavillon. Une moitié de la figure montre le pavillon déployé & la couverture abattue, dans l'autre moitié le pavillon est entièrement relevé & les plis sont cachés sous la Couverture. (Abb. 65.) Pl. 14. Manoeuvres relatives a l'atterrage. Fig. 35: le Ballon prêt à jetter l'ancre, le Grelin étant déployé. Fig. 36: le Ballon ayant pris terre sous le vent de son ancre. Fig. 37: le Ballon affourché sur 12 grelins pour résister aux vents ordinaires. Fig. 38: le Ballon amené en partie pour être fixé près de terre et mis à l'abri des gros tems par le moyen de son pavillon. les trois dernières figures montrent la couverture supérieure prolongée au-dessous du milieu de la machine pour l'égouttement des eaux. (Abb. 66.) [Pl. 15. Fig. 39:] Plan général du terrein, enclos et bâtiment des tinés à servir de forme pour la construction d'une grde Machine Aërostatique. [Fig. 40:] Plan de bâtiment destiné à servir pour la forme de la Machine. [Pl. 16. Fig. 41:] Élévation latérale. [Fig. 42:] Élévation de face. [Fig. 43:] Coupe en travers.

Tables: Première Table Relative aux Expériences Faites sur différentes étoffes pour en éprouver la force dans le Sens de la chaîne et dans celui de la trame. 2: Table Relative à des expériences tirées de L'art de la Corderie de Mr Duhamel sur les cordages faits suivant les procédés usités dans les ports quand il fit ses expériences. 3: Table Relative à des Expériences tirées de L'Art de la Corderie de M Duhamel sur des Cordages faits suivant les procédés qui' il a indiqués. 4 et 5: Table Relative à des Expériences tirées de l'Art de la Corderie de M Duhamel sur des Cordages faits suivant les procédés en usage dans les Ports, et qui avoient servi 13 Mois à Bord. 5 auf demselben Blatt wie Table 4: Table Relative à des Expériences tirées de L'Art de la Corderie de M Duhamel sur des Cordages faits suivant ses procédés et qui avoient servi 13 Mois à bord. 6 et 7: Table Relative aux Expériences Faites sur la Baudruche, le Cuir de vache et le Carton Fin pour en Eprouver la Force en Différens Sens. 7 auf demselben Blatt wie Table 6: Table Relative à des expériences sur des fils de métaux pour En Eprouver la Force. 8: Table Relative à des expériences Faites sur différentes étoffes pour en éprouver la Force dans le Sens de la chaîne et dans Celui de la Trame.

21 Taf. quer-gr. fol.

Handschriftliches Exemplar des Meusnierschen Atlasses eines Lenkballons, enthaltend auf 15 Tafeln farbige Konstruktionszeichnungen von vollendeter Schärfe und 6 Tafeln mit Tabellen. Die durchschnittliche Höhe der Blätter innerhalb des Umrahmungsstriches beträgt 450 mm, die durchschnittliche Breite 600 mm. Meusniers Projekt, etwa 1783/84 entstanden und eine der grossartigsten aëronautischen Leistungen, sah das Ballonet vor — Pl. 8. —, Luftschrauben zur Fortbewegung, die allerdings durch Menschenkraft in Bewegung gesetzt werden sollten — Pl. 6, 7 —, die längliche zugespitzte Form des Tragkörpers — Pl. 9 —, die Versteifung der Gondel und als Schutz gegen Wind und Wetter eine Ballonhalle — Pl. 12, 13, 14. Der zu dem Atlas gehörige erklärende Text liegt nicht vor. — Das vorliegende Exemplar stammt aus Metz, von wo es die deutschen Truppen im Kriege 1870/71 nach Berlin brachten. Pl. 1 trägt ausser dem Stempel der Bibliothek des Königl. Preuss. Generalstabes, in der das Werk jetzt aufbewahrt wird, die Stempel des „Dépôt général des fortifications" und der „École d'application de l'artillerie et du génie" [in Metz]; letzteren Stempel trägt auch Pl. 3. Ueber die Schicksale der Handschriften Meusniers und der davon angefertigten verschiedenen Kopien vgl. Lecornu: La Navigation Aérienne. 1903. S. 97—100, dessen Angaben über den Verbleib des Metzer Exemplars — es soll durch den Colonel Goulier vor den Deutschen gerettet worden sein — nach dem Obengesagten schwerlich zutreffend sind. Abbildungen einzelner Tafeln des Meusnierschen Atlasses finden sich u. a. bei Marey-Monge: Études sur l'aérostation. 1847. Fig. 16. 58. 60. 61. und, im Anschluss daran, bei Steinmann: Luftschiffahrtskunde. 1848. Fig. 16. 58. 59. 60. 61. Lecornu: La Navigation Aérienne. giebt auf S. 99 eine Reproduktion von Taf. 9 des Meusnierschen Werkes, die die Totalansicht seines Lenkballons zeigt. Auch das von Moedebeck begründete Taschenbuch zum prakt. Gebrauch für Flugtechniker und Luftschiffer. 3. Aufl. Berlin 1911. reproduziert auf S. 402 Meusniers Lenkballon, und zwar ebenfalls Taf. 9. Eine Würdigung des Projektes nebst mehreren Abb. und Literaturnachweisen gab Geniehauptmann Voyer, Unterdirektor im Militär-Aëronaut. Zentraletablissement von Chalais-Meudon, im Jahre 1905 in den Illustrierten Aëronautischen Mitteilungen Jg. 9. Strassburg i. E. S. 373-387 heraus.

Grosser Generalstab-Berlin.

Abbildung 62. 63. 64. 65. 66.

982. **Brachet,** Achille: Lettre adressée à M. Babinet ou simples préliminaires sur la Restauration du système aérostatique du lieutenant-général Meusnier.

Paris, chez l'auteur et chez B. Duprat, 1858. *19 S. 8°. Mit Beibänden.*

Deutsches Museum-München.

983. **Pingeron:** L'art de faire soi-même les ballons aérostatiques, conformes à ceux de M. de Montgolfier.

Amsterdam (1783). *42 S. 8° 1 Taf.*

Ueber den Ballonaufstieg am 19. Sept. 1783 in Versailles. — Die Tafel zeigt den Ballon in der Luft schwebend ohne Käfig. Unterschrift: L'art de faire soi-même les Ballons aërostatiques, conformes à ceux de Mr. de Montgolfier.

Gross. Hess. Hofbibliothek-Darmstadt.

— Dasselbe. *In* Sammelband „Aérostats. 3".

In dieser, der vorigen ganz gleichen Ausgabe zeigt die Tafel den Ballon mit Käfig. Unterschrift: La machine aérostatique ou le balon royal Enlevé par Mr. Montgolfier Inventeur de la ditte Machine, à Versailles le 19 Septembre 1783. à 1 heure précise. En présence de la Famille Royale. a Paris chez Devienne . . .

Dr. Ed. Langer-Braunau i. B.

984. **W[ieland**, Christoph Martin]: Die Aeropetomanie, oder Die Neuesten Schritte der Franzosen zur Kunst zu fliegen.

In Der Teutsche Merkur vom Jahre 1783. 4. Vierteljahr. Weimar 1783. S. 69—96.

K. B. Hof- und Staatsbibliothek-München.

985. D'**Arlande**[s] [. François-Laurent Marquis] e [Jacques-Alexandre-César] **Charles**: Memorie istorico-fisiche de' Signori Cavaliere d'Arlande e Charles Intorno ai viaggi aerei fatti da loro medesimi colla macchina Aerostatica del Sig. Montgolfier. Tradotte dal francese.

Bologna 1784, Stamperia di S. Tommaso d'Aquino. *28 S. 8°.*

Musikhistorisches Museum (Heyer)-Köln;
jetzt Senckenbergische Bibliothek-Frankfurt a. M.

L'**art** de voyager dans les airs, ou les ballons. [Verf.: Piroux?] 1784.

Nr. 1034. 1035.

986. **Beschreibung** der von den Herren Degabriel und Pierre, Mechanikern in Strassburg, verfertigten Luft=Maschine. Mit einem Kupfer.

Strassburg [1784], Kürssnerische Buchdruckerei. *12 S. 8° 1 Taf.*

Deutsche Ausgabe von Nr. 997. — Die Taf. ist in Nr. 154 beschrieben. — Vgl. auch S. 104 und 105.

Kais. Universitäts- und Landes-Bibliothek-Strassburg i. E.

987. **Beschreibung** einer geschwinden Reise auf dem Luftschiff nach der obern Welt. Als ein Beytrag zu der gegenwärtigen neuern Erfindung der Herren Montgolfiér und [Pilâtre] du Rosier. Mit einem Kupfer.

Frankfurt und Leipzig, 1784. *54 S. 8° 1 Taf. Beigebunden an:* Ebert, Johann Jakob: Der Philosoph für Jedermann. Memmingen, A. Seyler, 1787.

6 luftleer gemachte Metallkugeln tragen ein Holzschiffchen mit Segel und Rudern. — Vgl. Nr. 962.

Kais. Universitäts- und Landes-Bibliothek-Strassburg i. E.

988. Kurzgefasste **Beschreibung** der Aerostatischen Maschinen, worinnen die verschiedene Art und Kunst der Verfertigung derselben umständlich erzählet wird, nebst der Beschreibung der zwo ersten Reisen durch die Luft. mit Kupfern.

Lyon, 1784. *47 S. 8° 3 Taf.*

1. Reise von Pilâtre de Rozier und dem Marquis d'Arlandes am 21. November 1783; 2. Reise von Charles und Robert am 1. Dezember 1783.

Deutsches Museum-München.

989. **Blanchard** [, Jean-Pierre]: Journal et procès verbaux du 4e voyage aerien de M. Blanchard, parti de Chelsea, le 16 Octobre, 1784, à Midi neuf Minutes, Accompagné, jusqu' à Sunbury, par le Sieur J. Sheldon, . . . et, seul, de Sunbury, à Rumsey, dans la Province d'Hampshire. Dédié . . à Sa Grâce My Lord Duc de Northumberland.

Londres, Galabin et Baker, 1784. *4 + 26 S. 4°.*

Mit eigenhändigem Namenszug von Blanchard unter der Widmung. — Vgl. Nr. 287.

Grossh. Universitätsbibliothek-Giessen.

990. **Brisson:** Observations sur les nouvelles découvertes aërostatiques, Et sur la probabilité de pouvoir diriger les ballons. Contenant: 1. L'Idée d'un Aërostat. 2. Rapport fait à l'Académie des Sciences, sur la Machine Aërostatique inventée par MM. de Montgolfier. 3. Moyens de diriger les Ballons.

Paris, Le Boucher. Lamy, 1784. *63 S. 8°.*

Kgl. Universitätsbibliothek-Göttingen.

991. (**Calvi,** Stefano:) Metodo di dirigere i palloni ad aria infiammabile e descrizione di un nuovo barometro.

(Milano, Imperial Monistero di s. Ambrogio Maggiore, 1784.) *37 S. 8° 1 Taf. Beigebunden an* Raccolta universale di tutte le esperienze, osservazioni, riflessioni ec. all' occasione delle macchine o palloni aerostatici. Tomo I. Genova 1784.

Bücherei des Kais. Patentamts-Berlin.

992. **Carra** [, Jean-Louis]: Essai sur la nautique aérienne, Contenant l'art de diriger les Ballons aérostatiques à volonté, et d'accélérer leur course dans les plaines de l'air; avec le Précis de deux Expériences particulières de Météorologie à faire. Lu à l'Académie Royale des Sciences de Paris, le 14 Janvier 1784.

Paris, E. Onfroy, 1784. *23 S. 8° 1 Taf. In* Sammelband „Aérostats 3.“

Dr. Ed. Langer-Braunau i. B.

993. **Castelli,** Carlo: Il viaggio aereo dell' illustre cavalier Milanese Don Paolo Andreani esposto dal Canonico Carlo Castelli in una lettera diretta al Sig. Faujas de Saint Fond, Celebre Istorico delle esperienze ariostatiche.

Milano, Pirola, (1784). *23 S. 8°.*

Deutsches Museum-München.

994. — Relation des expériences de la machine aérostatique de Don Paul Andréani; Exposée dans une Lettre de Ch. Castelli. Adressée à M. Faujas de Saint-Fond. Traduite de l'Italien.

[o. O. (Milan).] 1784. *29 S. 8° 1 Taf.*

[Zwischent.:] Le voyage aérien de Don Paul Andréani . . .

Dr. Ed. Langer-Braunau i. B.

995. **Damen**, Christiaan Hendrik: Natuur-en wiskundige Beschouwing van den Lugtbol, Tot eene betere Kennis en Beoordeling dier berugte Ontdekking.

Utrecht, B. Wild, 1784. *XXII + 173 S. 8°.*

Grossh. Hess. Hofbibliothek-Darmstadt.

996. **Découverte** d'un point d'appui dans l'air, à l'usage des machines aérostatiques pour naviguer contre le vent, adressée par M. D . . . à M. Montgolfier, inventeur des aérostats, avec figures, imprimée au profit des octogénaires.

Paris, Cailleau, 1784. *67 S. 8° 1 Taf.*

Universitätsbibliothek-Leipzig;
Kgl. Universitätsbibliothek-Göttingen.

— Dasselbe. *Beigebunden an* Montgolfier: Discours sur l'aérostate. Paris 1784.

K. B. Hof- und Staatsbibliothek-München.

997. **Description** de la machine aërostatique construite par les Sieurs Degabriel et Pierre mécaniciens à Strasbourg, avec une pl. en taille douce.

Strasbourg [1784], S. Kürsner. *16 S. 8° 1 Taf.*

Französische Ausgabe von Nr. 986. Vorgeheftet: Prospectus de la machine aërostatique qu'on construit à Strasbourg par souscription. — Eingeheftet: 3 Flugblätter in französischer und deutscher Sprache betr. die aërostatischen Versuche von Degabriel und Pierre in Strassburg. 1. Ankündigung einer Auffahrt für den 13. Juli; Absicht einen neuen, grösseren Ballon zu verfertigen. 2. Ankündigung des Hauptaufstieges für den 22. Juni 1784 auf der Finkmatt. 3. Mitteilung von der Nichtgenehmigung der Freifahrt [am 13. Juli] durch die Behörde; Rechtfertigung des Baus des bei dem missglückten Versuch am 23. Juni verwendeten Ballons. — Ueber eine wahrscheinlich am 30. Aug. 1784 veranstaltete Auffahrt vgl. S. 104 und 105.

Kais. Universitäts- und Landes-Bibliothek-Strassburg i. E.

998. **Deumier:** Lettre de Deumier aux Auteurs du Journal de Paris. [Mit 1 Taf.; unterzeichnet: Gaitte Sculp.]

[Bildertit.:] Essai sur l'art de diriger à volonté la chaloupe D.

In Supplément au No. 85 du Journal de Paris. Jeudi 25 Mars 1784. S. 381 f.

Beschreibung der Taf.: Nr. 127.

Kais. Universitäts- und Landes-Bibliothek-Strassburg i. E.

999. **Ehrmann**, Friedrich Ludwig: Montgolfier'sche Luftkörper oder Aerostatische Maschinen. eine Abhandlung, worinn die Kunst sie zu verfertigen und die Geschichte der bisher damit angestellten Versuche beschrieben werden. Nebst einer Beschreibung der zwo ersten Reisen durch die Luft, und Hrn. D. Würtz Gedanken über die Ursachen des Steigens dieser Luftkugeln, welche er in dem Musee zu Paris den 1. Sept. 1783 vorgelesen hat. Mit zwo Kupfertaf.

Strassburg, J. G. Treuttel, 1784. *88 S. + 1 Bl. 8° 2 Taf.*

Grossh. Hess. Hofbibliothek-Darmstadt.

1000. **[Faujas de Saint-Fond,** Barthélémy:] Des ballons aérostatiques, de la manière de les construire, de les faire élever: avec quelques vues pour les rendre utiles. On y a joint l'Histoire des Ballons les plus singuliers, soit par la manière dont ils furent construits, soit par l'élévation où ils sont parvenus, & leur capacité. Orné de [4] pl. en taille-douce.

Lausanne, J. P. Heubach u. Co., 1784. *XXXV + 297 S. 8° 4 Taf.*

Grossh. Hess. Hofbibliothek-Darmstadt.
Kgl. Universitätsbibliothek-Göttingen.

1001. **Faujas de Saint-Fond** [,Barthélémy]: Description des expériences de la machine aérostatique de MM. de Montgolfier et de celles auxquelles cette découverte a donné lieu; ... Ouvrage orné de 9 pl. en taille-douce, représentant les diverses Machines qui ont été construites jusqu' à ce jour, particulièrement celle de Versailles, & celle dans laquelle des hommes ont été enlevés ... Par Faujas de Saint-Fond. [Tome 1er.] Seconde Édition.

Paris, Cuchet, 1784. *XL + 302 S. + 1 Bl. 8° 9 Taf., 1 Tableau.*

Tome 2 = Tome 2 der 1. Aufl.: Nr. 978. — Von 3 Bildern des 1. Bandes der 1. und 2. Aufl. existieren anscheinend zwei Ausgaben, die in nebensächlichen Dingen von einander abweichen. Die zu jeder dieser Ausgaben gehörigen Kupfer sind durch die Art der Tafelbezeichnung und andere Merkmale als zusammengehörig gekennzeichnet. In den bei der Materialbearbeitung verglichenen Exemplaren der beiden Auflagen gehen die Bilder beider Ausgaben durcheinander, so dass es nicht möglich scheint, jeder der beiden Auflagen eine nur ihr zukommende Bilderausgabe zuzuweisen.

Senckenbergische Bibliothek-Frankfurt a. M.
F. Irminger-Zürich.

1002. — Beschreibung der Versuche mit den aerostatischen Maschinen der Herren von Montgolfier nebst verschiedenen zu dieser Materie gehörigen Abhandlungen von Faujas de St. Fond. A. d. Franz. übers. [von Joh. Samuel Traugott Gehler] nebst 8 Kupfertaf. [Bd 1.]

Leipzig, Weidmanns Erben u. Reich, 1784. *XXXIV + 268 S. 8° 8 Taf.*

— Fortgesetzte Beschreibung der Versuche mit den aerostatischen Maschinen nebst verschiedenen hiezu gehörigen Abhandlungen. A. d. Franz. des Faujas de St. Fond [von Joh. Samuel Traugott Gehler] mit einem Nachtrage der neuesten Versuche, nebst zwoen Kupfertaf. [Bd 2.]

Leipzig, Weidmanns Erben u. Reich, 1785. *4 Bl. + 250 S. 8° 2 Taf.*

Erste Auflage des französischen Originals: Nr. 978. — Das deutsche Werk giebt im Gegensatz zu dem französischen Original, das nur bis März 1784 geht, eine Geschichte der wichtigsten aërostatischen Versuche bis zum März 1785.

Senckenbergische Bibliothek-Frankfurt a. M.

1003. — Der Herren Stephan und Joseph von Montgolfier Versuche mit der von ihnen erfundenen aerostatischen Maschine. Ein Auszug aus der französischen Beschreibung des Herrn Faujas de Saint-Fond. Von C[hristoph]. G[ottlieb]. von Murr. Mit 8 Kupfertaf.

Nürnberg, E. Chr. Grattenauer, 1784. *5 Bl. + 140 S. + 1 Bl. 8° 9 Taf.*

Die erste Auflage des französischen Originals: Nr. 978. — Enth. S. 110-140 ausführliche und nach den Quellen gearbeitete Nachrichten über die Geschichte der Luftschiffahrt vor Montgolfier mit zahlreichen Literaturhinweisen und Zitaten.

Paul Merzbach-Offenbach a. M.
Dr. Gans-Fabrice-Garmisch.

1004. — Des Herrn Faujas de Saint-Fond Beschreibung der Versuche mit der Luftkugel, welche sowohl die Herren von Montgolfier, als andre aus Gelegenheit dieser Erfindung in Frankreich gemacht haben. Uebersetzt von Abbé Uebelacker. Mit einer Abhandlung desselben, wodurch erwiesen wird, dass ein deutscher Physiker vom XIIII. Jahrhunderte [Albert von Sachsen] der Urheber dieser Erfindung sey.

Wien, Joseph Edler von Kurzbeck, 1784. *323 S. + 2 Bl. + 16 S. + 27 S. + 2 Bl. 8° 11 Taf.*

Erste Aufl. des französ. Originals: Nr. 978.

[Nebst] Anhang: Betrachtungen über die Luftkugeln durch Herrn D******. Abschrift des von dem Berfasser [!] an Herrn C*** erlassenen Briefes.

Verfasser: Blainville? Vgl. Nr. 972. 973. — Hierzu Taf. 10.

Grossh. Hess. Hofbibliothek-Darmstadt.
Kais. Universitäts- und Landes-Bibliothek-Strassburg i. E.

1005. — Beschryving der proefneemingen met konstige lugtbollen, die in't voorleeden Jaar, meestendeels te Parys, opgelaten zyn: vervolgd met al het gene, zo tot het maaken, der aërostatische machinen, als tot derzelver Vulling, 't zy met Vuurdamp of met Ontvlambaare Lugt, betrekking heeft en de Nuttigheden, die 'er van te verwagten zyn, wanneer zy nader tot volmaaktheid worden gebragt; met Afbeelding derzelven op 4 fraaije Konstplaaten. In 't Fransch beschreeven en verzameld door den heer Faujas de Saint-Fond: in 't Nederduitsch Vertaald en met eenige Aantekeningen verrykt, door den heer Martinus Houttuyn. [Vol. 1.]

Amsterdam, J. van der Burgh en Zoon, 1784. *XX S. + 2 Bl. + 222 S. 8° 4 Taf.*

— Vervolg der proefneemingen met konstige lugtbollen, Behelzende een omstandig berigt, van verscheide lugtreizen met dezelven gedaan; en verder eenige natuurkundige waarneemingen, ten dien opzigte; als ook Nieuwe Manieren, om de Aërostatische Machinen te vullen; om de Ontvlambaare Lugt daar toe te bekomen; een Vernis te bereiden omze te bestryken; dezelven te bestuuren in de Lugt en de gedagten van de Akademie der Weetenschappen van Parys, dienaangaande, in 't algemeen. Met Afbeelding derzelven op 5 fraaije Konstplaaten. In 't Fransch beschreeven en verzameld door den heer Faujas de Saint-Fond: in 't Nederduitsch Vertaald en met eenige Aantekeningen verrykt, door den heer Martinus Houttuyn. [Vol. 2].

Amsterdam, J. van der Burgh en Zoon, 1784. *XXXII S. + 4 Bl. + 230 S. 8° 5 Taf.*

Die erste Ausgabe des französischen Originals: Nr. 978.

F. J. M. P. van Rossen-Hoogendyk-Amsterdam.

1006. — Descrizione delle esperienze della macchina aerostatica dei Signori di Montgolfier, E di quelle, alle quali ha dato motivo questa Scoperta: . . . Opera corredata di 9. [10] Tavole in rame . . . del Signor Faujas de Saint-Fond. Traduzione dal Francese.

Venezia 1784, Graziosi. *XXXII + 320 S. 8° 15 Taf.*

Unter den 15 Tafeln und Tabellen ein nicht mitgezähltes Doppelporträt der Gebrüder Montgolfier (Nr. 51); im vorliegenden Exemplar beschnitten und als Frontispiz — anscheinend nachträglich — eingeklebt. — Die erste Auflage des französischen Originals: Nr. 978. —

Joseph Baer & Co.-Frankfurt a. M.;
jetzt Senckenbergische Bibliothek-Frankfurt a. M.

— Descrizione delle esperienze della macchina aerostatica de' Signori di Montgolfier E di quelle alle quali ha dato luogo questa scoperta. . . . del Signor Faujas de Saint-Fond Tradotta dal Francese. (Genova 1784). Nr. 1037.

1007. **Faujas de Saint-Fond** [,Barthélémy]: Méthode aisée de faire la machine aérostatique, Vulgairement nommée Ballon Volant. Ouvrage à la portée de tout le monde. . . . Avec figures. Partie 1. 2.

Liège, Lemarié, 1784. *1: 36 S. 8° 1 Taf. 2: 40 S. 8° 1 Taf.*

T. 2 mit dem Zwischent.: Voyages aëriens, de Mrs. Pilâtre-de-Rozier, Giroud de Villette, du Marquis d'Arlandes; et de Mrs. Charles et Robert.

Dr. Ed. Langer-Braunau i. B.

1008. [**Friedrich** August, Herzog von Braunschweig:] Gedanken eines Cosmopoliten bey Gelegenheit der Aerostatischen Maschinen nebst drey Kupfertaf.

Hamburg 1784. *39 S. 8° 3 Taf.*

Enthält S. 24-36 unter dem Titel: „Das in der Luft seegelnde Schiff" die deutsche Uebersetzung der entsprechenden, auf Lana bezüglichen Stelle in dem Werk: Happelii Relationes curiosae. T. 4. Hamburg 1686. p. 390 ff. Auf Tafel 1 eine Abbildung von Lanas Luftschiff mit bemannter Gondel.

Kgl. Oeffentliche Bibliothek-Dresden.

1009. [**Gérard**, L. G.:] Essai sur l'art du vol aérien, avec figures.

Paris, Veuve Duchesne. Brunet, 1784. *IV + 178 + XV S. + 1 Bl. 8° 1 Taf.*

Kgl. Universitätsbibliothek-Göttingen.
Dr. Ed. Langer-Braunau i. B.

— Dasselbe. Titelblatt und S. I-IV fehlen.

J. J. Boucart-Kolmar;
jetzt Senckenbergische Bibliothek-Frankfurt a. M.

1010. **Halle**, Johann Samuel: Magie, oder, die Zauberkräfte der Natur, so auf den Nutzen, und die Belustigung angewandt worden. Th. 2. Mit 5 Kupfertaf.

Berlin, J. Pauli, 1784. *XXXII + 440 S. 8° 5 Taf.*

Enth. S. 139-40: Das neue Luftschiff, vom Jahre 1782. d. i. Blanchards Luftkahn. Mit Abb. auf Taf. 4; S. 180-250: Die Aerostatischen Versuche, oder die Aeronautik. Mit Taf. 5.[1])

Dr. Schlipp-Wetter b. Marburg.

1011. **Histoire** du ballon de Lyon, suivie d'une autre pièce non moins piquante.

[o. O.] 1784. *61 S. 8°.*

Kais. Universitäts- und Landes-Bibliothek-Strassburg i. E.

1012. **Idées** sur la navigation aérienne et sur la construction d'une Pirogue aérostatique.

Paris 1784. *23 S. 8°.*

Kgl. Universitätsbibliothek-Göttingen.

1013. **Journal** encyclopédique ou universel, dédié à . . . Mgr. le Duc de Bouillon, etc. Année 1784. T. 8. Partie 1-3.

Bouillon, Imprimerie du Journal, 1784. *566 S. + 1 Bl. 8°.*

Enth. u. A.: Description de la seconde expérience aérostatique faite à Nantes, le 6 Septembre 1784, sous la direction de M. Lévêque, . . . Partie 1. S. 85-100. — Procès-verbal du second voyage de l'aérostat le Suffren, parti de Nantes le 6 Sept. 1784, et monté par MM. Coustard de Massi . . . et Deluynes Partie 1. S. 100-104. (Vgl. S. 102.) — (Carnus:) Notices diverses concernant la machine aérostatique. [Auszug aus einem Bericht des Abbé Carnus, enthaltend eine Beschreibung seines Aufstieges mit Louchet am 6. Aug. 1784 in der Montgolfière „La Ville de Rodez".] Partie 3. S. 469-486. (Vgl. S. 104.)

K. B. Hof- und Staatsbibliothek-München.

1014. d'**Jnarre**, C. F.: Umständliche Beschreibung der Aerostatischen Maschinen, und der bisher damit angestellten Versuchen; nebst einer Anweisung wie solche sowohl im kleinen als grosen zu verfertigen und zu berechnen sind. Mit 5 Kupfertaf.

Frankfurt und Leipzig, H. L. Brönner, 1784. *2 Bl. + 124 S. 5 Taf.*

Auf Grund des Werkes von Faujas de Saint-Fond verfasst. (Nr. 978?)

Hugo Madel-Gelnhausen.

---

[1]) Eine Fortsetzung der „aerostatischen Versuche" (mit Taf. 2 und 5) ist enthalten in dem nicht zur Ausstellung gelangten Th. 4. Berlin 1787. S. 316-406.

1015. **Kohlreif**, G. A.: Abhandlung über die Luftbälle der Herren von Montgolfier, vorgelesen bey der feyerlichen Eröfnung der Kaiserlichen chirurgischen Schule, den 18. Nov. 1783.

St. Petersburg, Dahlgrensche Lesebibliothek. Breitkopffsche Buchdruckerey, 1784. *30 S. 8°.*

Kgl. Universitätsbibliothek-Göttingen.

1016. **Kratzenstein**, C. G.: L'art de naviguer dans l'air.

Copenhaven, Martin Hallager, 1784. *1 Bl. + 99 S. 8° 2 Taf.*

Dem Physiker Charles gewidmet.

Stadtbibliothek-Hamburg.

1017. — L'art de naviguer dans l'air. Avec Fig.

Copenhaven & Leipzig, Faber & Nitschke, 1784. *1 Bl. + 99 S. 8° 2 Taf.*

Widmung an Charles.

Grossh. Hess. Hofbibliothek-Darmstadt.

— Dasselbe. *Beigebunden an* Montgolfier: Discours sur l'aérostate. Paris 1784.

K. B. Hof- und Staatsbibliothek-München.

1018. **Lamberti**, Vincenzo: Saggio sulla direzion della barca volante.

Napoli, V. Orsino, 1784. *32 S. 8° 1 Taf.*

Kgl. Universitätsbibliothek-Göttingen.

Lana [Terzi], Francesco [de]: Del modo di fabbricare una nave Che cammini sostentata sopra l'aria a remi ed a vele, quale si dimostra poter riuscire nella pratica. 1784. Nr. 934.

Lana, Franz, und Philipp **Lohmeier**: Von der Luftschiffkunst. Ins Teutsche übers. und m. Anm. begleitet. 1784. Nr. 936.

1019. (**Launoy** et **Bienvenu**:) Instruction Sur la nouvelle Machine inventée par MM. Launoy ... et Bienvenu ... qui a été annoncée dans le Journal de Paris, le 19 Avril 1784. ...

[o. O. u. J.] *15 S. 8°.*

Kgl. Universitätsbibliothek-Göttingen.

— Dasselbe. *Beigebunden an* Montgolfier: Discours sur l'aérostate. Paris 1784.

K. B. Hof- und Staatsbibliothek-München.

1020. **Lettre** à Mr M. de Saint-Just sur le globe aërostatique de MM. Montgolfier, et sur la révolution que cette découverte peut produire dans les Sciences & dans les Arts.

Amsterdam 1784. *24 S. 8°. Beigebunden an* Ro[zier], A. G.: Dissertation sur les aérostates des anciens et des Modernes. Genève 1784.

Königliche Bibliothek-Berlin.

Ludolff, Hiob: Iobi Ludolphi theses de famosissimo P. Francisci de Lana problemate navigationis per aerem. Recudi curavit Christ. Gothfrid. Gruner. [Universitäts-Programm von 1784.]

1021. **Lunardi**, Vincent: An Account of the First Aërial Voyage in England, In a series of letters to his Guardian, Chevalier Gherardo Compagni, Written under the Impressions of the various Events that affected the Undertaking.

London, J. Bell, 1784. *66 S. + 1 Bl. 8° 2 Taf.* [1])

Aufstieg vom 15. September 1784 in London. Vgl. S. 105.

Dr. Ed. Langer-Braunau i. B.
Paul Merzbach-Offenbach a. M.

1022. **Magazin** für das Neueste aus der Physik und Naturgeschichte hrsg. von Lichtenberg. Bd 2. Stück 3. 4.

Gotha, C. W. Ettinger, 1788 [statt 1784]. 1784.

Enth. Stück 3. S. 108-130 unter der Rubrik „Maschinen": Die aerostatische Maschine. Unterzeichnet: V.; Stück 4. S. 122-124: Pallet, Beschreibung einer Zurichtung, innerhalb zwey Stunden einen Aerostaten von 30 Fuss im Durchmesser, durch ein einziges Verfahren mit brennbarer Luft zu füllen. Mit 1 Taf.

Senckenbergische Bibliothek-Frankfurt a. M.

1023. **Maistre**, Xavier de: Les premiers essais de Xavier de Maistre. Brochures publiées en 1784 et rééditées pour la première fois en 1874 par Jules Philippe.

Annecy, L'hoste; Chambéry, A. Perrin, 1874. *66 S. 8°.*

Enth.: „Prospectus de l'expérience aérostatique de Chambéry". — „Lettre de l'hermite de Nivolet sur l'expérience aérostatique faite à Chambéry, le 22 avril 1784". — „Lettre de M. de S... à M. le comte de C... Off... dans la L... des C... contenant une relation de l'expérience aérostatique de Chambéry."

F. B. Auffarth-Frankfurt a. M.

1024. (**Margeon.** Satire **Leris. Manville**:) [L'expérience du Ballon aérostatique faite à Bordeaux Janv. 1784.]

(Bordeaux 1784.) *2 Bl. 8°.*

Rechtfertigung wegen des halb missglückten Experimentes mit einer Montgolfière.

Stadtbibliothek-Hamburg.

---

[1]) Die vorliegende Ausgabe enthält kein Porträt Lunardis von Bartolozzi, wie man nach der Angabe von Paul Brockett: Bibliography of aeronautics. Washington 1910. (Smithsonian miscellan. Collections Vol. 55). S. 538 annehmen könnte. Dieses Porträt gehört vielmehr als Frontispiz der 2. Auflage des Werkes an, die im gleichen Jahr erschienen sein soll. Vgl. Gaston Tissandier: Bibliographie aéronautique. Paris 1887. S. 58.

1025. **Meerwein**, Carl Friederich: Der Mensch! sollte der nicht auch mit Fähigkeiten zum Fliegen gebohren seyn? Beantwortet, nochmals durchgesehen und mit einigen Anmerkungen vermehrt. Mit Kupfern.

Basel, J. J. Thurneysen, Jünger, 1784. *46 S. 8° 2 Taf.*

Die erste Ausgabe erfolgte in den Oberrheinischen Mannigfaltigkeiten. 2. Jg. 3. Vierteljahr. Basel, J. J. Thurneysen, 1782. Eine andere deutsche Ausgabe erschien 1784 in Frankfurt und Basel u. d. T.: Die Kunst zu fliegen nach Art der Vögel erfunden von Carl Friederich Meerwein. Mit [2] Kupfern. 46 S.[1] *(Ein Exemplar der letzteren im Besitz von Dr. Liebmann-Frankfurt a. M.)*

Grossh. Bad. Hof- und Landesbibliothek-Karlsruhe.

Französische Ausgabe u. d. T.

1026. **Meerwein,** Charles Frédéric: L'art de voler à la manière des oiseaux. Avec fig.

Basle, J. J. Thourneysen fils, 1784. *48 S. 8° 2 Taf.*

Eine Rezension dieses Werkes erschien im Magazin für das Neueste aus der Physik und Naturgeschichte hrsg. von Lichtenberg. Bd 3. Gotha 1785. Stück 1. S. 148-151.

Dr. Gans-Fabrice-Garmisch.

1027. **Montgolfier** [Joseph-Michel]: Discours de M. de Montgolfier, sur l'aérostate; Prononcé dans une Séance de l'Académie des Sciences, Belles-Lettres et Arts de la Ville de Lyon en Novembre 1783.

Paris, Lejay, 1784. *16 S. 8°.*

Mit Beibänden.

K. B. Hof- und Staatsbibliothek-München.

1028. **Morveau,** [Guyton] de, **Chaussier** et **Bertrand**: Description de l'aérostate L'Académie de Dijon, Contenant le détail des procédés, la théorie des opérations, les dessins des machines et les procès-verbaux d'expériences. Le tout extrait du compte rendu à cette Société par MM. de Morveau, Chaussier et Bertrand. Suivi d'un essai sur l'application de la découverte de MM. de Montgolfier à l'extraction des eaux des mines.

Dijon, Causse, 1784. *V + 224 S. 8° 4 Taf.*

Grossh. Bad. Hof- und Landesbibliothek-Karlsruhe.

— Dasselbe. *Beigebunden an* Montgolfier: Discours sur l'aérostate. Paris 1784.

K. B. Hof- und Staatsbibliothek-München.

1029. **Moyen** de diriger le globe aérostatique, nouvellement découvert par M. D. L. N.

Paris, Le Jay, 1784. *24 S. 8°.*

Kgl. Universitätsbibliothek-Göttingen.

---

[1]) Nähere Angaben enthält der Aufsatz von Max Leher: „Die Kunst zu fliegen" in historischer Beleuchtung. in den Illustrierten aëronautischen Mitteilungen. Jg. 8: 1904. S. 269-302.

1030. Kurze **Nachricht** von den Aerostatischen Maschinen, ihrem Baue, und den bisher damit angestellten Versuchen.

Kehl, Expedition der gelehrten Zeitung, und Strasburg, J. F. Stein, 1784. *61 S. 8° 1 Doppeltaf.*

Nach dem „Strasburg im December 1783" unterzeichneten Vorbericht auf Grund des Werkes von Faujas de Saint-Fond: Description des expériences de la machine aérostatique de MM. de Montgolfier (Nr. 978) verfasst.

Joseph Baer & Co.-Frankfurt a. M.
Grossh. Universitätsbibliothek-Heidelberg.

1031. [**Notiz** über den am 19. Februar 1784 durch die Gebrüder Bader von Ottobeuern in Augsburg veranstalteten Aufstieg eines aërostatischen Balls.]

In Augsburger Ordinäre Zeitung. No. 44. Freytag den 20. Februar 1784. *In* Sammelband: Luftschiffahrt 9.

Vgl. S. 97 und 98.

Staats-, Kreis- und Stadtbibliothek-Augsburg.

Abbildung 67.

Abb. 67. Ballon der Gebrüder Bader (Ottobeuren 1784).
(Vgl. Nr. 271 und 1031.)

1032. **Ordonnance** de police, Qui fait défenses de fabriquer et faire enlever des Ballons et autres Machines Aérostatiques auxquelles seroient adaptés des Réchauds à l'esprit-de-vin, de l'Artifice, et autres matieres dangereuses pour le feu; et ordonne que tous autres Ballons Aérostatiques ne pourront être enlevés sans en avoir préalablement obtenu la permission. Du vingt-trois Avril mil sept cent quatre-vingt-quatre.

(Paris 1784, P. G. Simon & N. H. Nyon.) *4 S. 8°.*

Unterzeichnet: Jean-Charles-Pierre Lenoir, Lieutenant Général de Police de la Ville.

Deutsches Museum-München.

1033. **Paccassi**, Johann Freyh[err] von: Abhandlung über die Bewegungen der Luftmaschine.

Wien, J. Th. Edler von Trattner, 1784. *34 S. 8° 1 Taf.*

Stadtbibliothek-Bremen.

1034. [**Piroux?**:] L'art de voyager dans les airs, ou les ballons; Contenant les moyens de faire des Globes aérostatiques suivant la méthode de MM. de Montgolfier, & suivant les procédés de MM. Charles & Robert. Avec un Précis historique des plus belles Expériences qui ont été faites d'après cette celèbre Découverte.

Paris 1784. *1 Bl. + 142 S. + 1 Bl. 8° 3 Taf.*

Das hierzu gehörige: Supplément à l'art de voyager dans les airs, Contenant le Précis historique de la grande expérience faite à Lyon le 19 Janvier 1784. et L'Exposé d'un moyen ingénieux pour diriger à volonté les Ballons aérostatiques (par Bulliard) 32 S. 8° fehlt.

Joseph Baer & Co.-Frankfurt a. M.;
J. J. Bourcart-Kolmar;
beide jetzt Senckenbergische Bibliothek-Frankfurt a. M.

1035. — L'art de voyager dans les airs, ou les ballons, Contenant les moyens de faire des Globes aérostatiques suivant la méthode de MM. de Montgolfier, & suivant les procédés de MM. Charles & Robert. Avec un Précis historique . . . Nouvelle Edition, augmentée I°. du détail historique de la grande Expérience faite à Lyon le 19 Janvier 1784; . . . [Nebst] Supplément. Observations de M. le Comte de Milly, lues à l'Académie des Sciences, le 6 Decembre 1783, sur divers moyens de charger les Globes aérostatiques, propres à diminuer les dangers des voyages aériens.

Paris 1784. *180 S. + 1 Bl. + 14 S. 3 Taf. In* Sammelband „Aérostats. 3“

Dr. Ed. Langer-Braunau i. B.

1036. **Prospectus** de la machine aërostatique qu'on construit à Strasbourg par souscription.

[o. u. J. (1784)] *4 Bl. 8°. Vorgebunden dem Werk:* Description de la machine aërostatique construite par les Sieurs Degabriel et Pierre. Strasbourg [1784]. (Nr. 997).

Beschreibung des Luftballons der Mechaniker Degabriel und Pierre sowie Liste der Subskribenten. — Vgl. S. 104 f.

Kais. Universitäts- und Landes-Bibliothek-Strassburg i. E.

1037. **Raccolta** universale di tutte le esperienze, osservazioni, riflessioni ec. all' occasione delle macchine o palloni aerostatici. Opera periodica: Tomo I.

Genova, Stamperia Gesiniana, 1784. *XXVI + 317 S. 15 Taf. 8° (4°)*

Enth. „Descrizione delle esperienze della macchina aerostatica de' Signori di Montgolfier E di quelle alle quali ha dato luogo questa scoperta... Opera ornata di [9] rami... del Signor Faujas de Saint-Fond Tradotta dal Francese".

Erste Ausgabe des französischen Originals: Nr. 978.

Angeb.

(Stefano Calvi:) Metodo di dirigere i palloni ad aria infiammabile e descrizione di un nuovo barometro. 1784. (Nr. 991).

Bücherei des Kais. Patentamts-Berlin.

1038. **Rapport** fait à l'Académie des Sciences, sur la machine aérostatique, inventée par MM. de Montgolfier.

Paris, Moutard, 1784. *27 S. 4°.*

Unterzeichnet von Le Roy, Tillet, Brisson, Cadet, Lavoisier, Bossut, le Marquis de Condorcet et Desmarest.

Alexander Haas-Frankfurt a. M.

1039. **Rapport** fait à l'Académie des Sciences, Belles-Lettres et Arts de Lyon, le 19 Mars; Sur l'Expérience de l'Aérostat [de M. Joseph Montgolfier,] faite aux Broteaux, près de cette Ville, le 19 Janvier 1784; Auquel on a joint une Dissertation de quelques Académiciens [MM. de Villers, Le Camus et Le Fèvre etc.]; sur le Fluide, principe de l'ascension des Machines aérostatiques développées par l'action du feu.

[o. O. (1784)]. *8 + 20 S. 8° 1 Taf.*

Der Ballon trug den Namen „Le Flesselles." (Vgl. darüber S. 94 ff.) Eine Abbildung des Ballons ist Abb. 58. — Die Taf. des vorliegenden Werkes ist beschrieben in Nr. 149.[1]

Grossh. Universitätsbibliothek-Heidelberg.

1040. **Rapporto** della Macchina Aerostatica, ed esperienza fatta in Moncucco dall' illustre Cavalier Milanese Don Paolo Andreani.

[o. O. (1784).] *8 S. 8°.*

Deutsches Museum-München.

1041. **Robert** frères: Mémoire sur les expériences aérostatiques Faites par MM. Robert frères, Ingénieurs-Pensionnaires du Roi.

Paris, Philippe-Denys Pierres, 1784. *20 S. 4°.*

Kgl. Universitätsbibliothek-Göttingen.

1042. **Ro***[zier]**, A. G.: Dissertation sur les aérostates des anciens et des Modernes.

Genève 1784. *175 S. 8°.*

Bestreitet Montgolfiers Anspruch auf den Ruhm der Erfindung des Luftballons und legt dessen Unnützlichkeit und Gefährlichkeit sowie die Unmöglichkeit der Lenkbarmachung dar.

Deutsches Museum-München.
Bücherei des Kais. Patentamts-Berlin.
Königliche Bibliothek-Berlin.

---

[1]) Der Hinweis unter Nr. 149 (S. 53) auf „Abbildung 58" ist zu streichen.

1043. **Salle:** Moyen de diriger l'aérostat, Avec un Précis historique des démarches que l'Auteur a faites, particulièrement auprès de l'Académie des Sciences, et du succès qu'elles ont eu.

Pékin et Paris, Couturier, 1784. *96 S. 8° 5 Taf.*

Enth. Briefwechsel des Verfassers mit Meusnier.

Kgl. Universitätsbibliothek-Göttingen.

1044. [**Schiegg,** Ulrich:] Nachricht über einen Aerostatischen Versuch, welcher in dem Reichsstifte Ottobeuren vorgenommen worden den 22. Jenner 1784.

Ottobeuren, K. J. Wankenmiller, [1784]. *16 S. 8° 2 durch moderne Reproduktion hergestellte Taf.*

Ein Neudruck: Nr. 716. Vgl. auch Nr. 268.

Deutsches Museum-München.

1045. **Schmidt,** Georg Christoph: Beschreibung Gemeinnütziger Maschinen. Mit 5 Kupfer Taf.

Jena, J. R. Crökers seel. Wittbe, 1784. *3 Bl. + 76 S. 8° 5 Taf.*

Enth. S. 51 ff.: „Versuche zu Montgolfischen Luftkörpern oder kleinen Aerostatischen Maschinen."

Grossh. Hess. Hofbibliothek-Darmstadt.

1046. **Stöber,** August: Aus alten Zeiten. Allerlei über Land und Leute im Elsass. 2. vermehrte Bearbeitung.

Mülhausen, J. P. Rissler's Nf. E. König, 1872.

Enth. S. 173 f.: „Die ersten Luftballons im Elsass. 1734" [statt 1784]. Abdruck einer Notiz aus den „Strassburger Gelehrten- u. Kunstnachrichten", Jg. 1784. S. 1074 f.

Kais. Universitäts- und Landes-Bibliothek-Strassburg i. E.

1047. **Turbini,** Gasparo: La nuova scoperta del globo aereostatico di Montgolfier. Lettera del Sig. Abate D. Gasparo Turbini architetto Bresciano. Con due Tavole, che dimostrano la maniera di dirigere il Globe per linea orizzontale.

Brescia, G. Filippini qu. Antonio, 1784. *30 S. 8° 2 Taf. (Del. Gaspar Turbini 1783). Beigebunden an* Andreoli, Pasquale: Descrizione dell' aerostato La Speranza costruito a Forli Nell' anno 1809. Forli (1809).

Bücherei des Kais. Patentamts-Berlin.

1048. [**Verordnung** der Bürgermeister und des Rats von Frankfurt a. M. gegen das unerlaubte Aufsteigenlassen von Luftballons, namentlich solcher aërostatischer Maschinen, die nicht mit brennbarer, sondern durch Stroh-Feuer verdünnter Luft angefüllt sind. Beg.: Demnach Uns Burgermeisteren und Rath. . . .]

Dat. den 27ten April 1784. *1 Blatt quer-4°*

Stadtarchiv-Frankfurt a. M.

1049. **Wekhrlin** [Wilhelm Ludwig]: Das graue Ungeheur. Bd 1-6.
[o. O.] 1784-1786.

Enth. verschiedene zeitgenössische Beiträge über Luftschiffahrt, unter Anderm: Ueber die Luftbälle. Bd 1. S. 282-292; Skizzen aus der Geschichte der Luftschiffahrt: Letzte Reise Herrn Pilatre; 12. Reise Herrn Blanchard; 1. Reise Herrn Crosbie. Bd 5. S. 42-55.

Dr. Ed. Langer-Braunau i. B.

1050. **Acta** die Aufsteigung des Blanchardischen Luft-Ballons [in Frankfurt a. M.] betrf: d. 1785 in 30.

92 Bl.

Handschriftliche Dokumente, darunter Originalbriefe von Blanchard. Auf das Ereignis bezügliche amtliche Drucksachen sind dazwischen geheftet.

Stadtarchiv-Frankfurt a. M.

1051. **Avertissement** [betreffs Regelung des Verkehrs der Fuhrwerke, Reiter und Fussgänger bei Gelegenheit des Ballonaufstiegs von Blanchard in der Gegend des Grindbrunnens in Frankfurt a. M. 1785. Unterzeichnet: Stadt-Kanzley.]

Dat. Franckfurt am Mayn den 17. Sept. 1785. *1 Bl. 8°.*

Stadtarchiv-Frankfurt a. M.

1052. — Dasselbe. *1 Bl. quer-4°.*

Stadtarchiv-Frankfurt a. M.

1053. [**Bericht** über die Landung und den Aufenthalt Blanchards in Weilburg am 3. Oktober 1785, nebst Angaben über seine Person und seinen Ballon.]

2 Bl. mit 3 S. Text 2°.

Undat. Ms. eines ungenannten, zeitgenössischen Verfassers.

Frau Prof. Krebs-Frankfurt a. M.

1054. **Beschreibung** der von Herrn Blanchard am 3ten Oktober 1785 zu Frankfurt am Mayn unternommenen Luftreise.

2 Bl. 8°.

Zeitungs-Ausschnitt. In der ersten Spalte Abbildung von Blanchards Ballonaufstieg.

Städtisches Historisches Museum-Frankfurt a. M.

1055. **Blanchard** [,Jean-Pierre]: Relation du 15me voyage aërien de Mr. Blanchard fait à Francfort sur le Meyn le 3. d'octobre 1785. Dédié à Son Altesse Serenissime Monseigneur Charles Prince Palatin Duc des Deux-Ponts.

Francfort sur le Meyn, J. G. Esslinger, 1785. *17 S. 8° 1 Taf.*

Grossh. Universitätsbibliothek-Giessen.

Deutsche Übersetzung u. d. T.:

1056. **Blanchard** [,Jean-Pierre]: Bericht von Herrn Blanchards am 3. October 1785 zu Frankfurt am Mayn unternommenen [15.] Luftreise. Sr. Hochfürstlichen Durchlaucht, Carl, Pfalz=Grafen, Herzogen von Zweybrücken gewidmet. Aus Herrn Blanchards französischem Original-Manuscript übersetzt von Joh. Gerh. Jænnicke.

Frankfurt am Mayn, Esslinger, 1785. *17 S. 8° 1 Taf.*

Die Tafel stellt Blanchards Ballon über Weilburg schwebend dar.

Senckenbergische Bibliothek-Frankfurt a. M.

Abbildung 61.

1057. [**Dalberg**, Carl Theodor Anton Maria von:] Quelques Vues Sur les Machines aérostatiques. [Mit 1 Taf.]

In Magazin für das Neueste aus der Physik und Naturgeschichte hrsg. von Lichtenberg. Bd 3. Gotha 1785. Stück 1. S. 73-97.

Projekt eines Luftfisches. Der Verf. war der Fürst Primas Karl von Dalberg, der spätere Grossherzog von Frankfurt. [1]

Senckenbergische Bibliothek-Frankfurt a. M.

Faujas de St. Fond [, Barthélémy]: Fortgesetzte Beschreibung der Versuche mit den aerostatischen Maschinen nebst verschiedenen hiezu gehörigen Abhandlungen. A. d. Franz. 1785. Nr. 1002.

1058. Franckfurter **Frag- und Anzeigungs-Nachrichten.** Jg. 1785.

Enth. zeitgenössische Notizen über Blanchards Frankfurter Ballonaufstieg in der Nummer vom 23. September 1785 und den folgenden Nummern.

Stadtarchiv-Frankfurt a. M.

1059. **Gerli**, Agostino: Opuscoli.

Parma 1785, Stamperia Reale. *4 Bl. + 99 S. 2°. 15 Taf.*

Enth. S. 1-32: Relazione della macchina aereostatica contenente uomini fatta innalzare per la prima volta in Italia nel giardino della Villa Andreani in Moncucco sul Milanese il giorno 25 di febbrajo, indi più solennemente il giorno 13 di marzo 1784. Mit 6 Taf.

C. Lang & Co.-Rom.

— Dasselbe. Unvollständig: es fehlen in der „Relazione della macchina aereostatica . . .“ 2 Taf.: Jnnalzamento della macchina aereostatica und Discesa della macchina aereostatica, sowie die Seiten 83-99, enth.: Riflesso per cangiar l'aria negli spedali, nelle prigioni ed in ogni altra pubblica coabitazione. mit 1 Taf.

Senckenbergische Bibliothek-Frankfurt a. M.

[**Grotefend**, Hermann:] Zur Jubelfeier der ersten Luftschifffahrt in Deutschland am 27. September und 3. Oktober 1785 zu Frankfurt a. M. Nr. 701.

1060. Frankfurter **Journal.** Jg. 1785.

Enth. zeitgenössische Notizen über Blanchards Frankfurter Ballonaufstieg in der Nummer vom 2. September etc.

Stadtarchiv-Frankfurt a. M.

[1]) Näheres über das Projekt in dem Aufsatz von Gustav Wahl: Der Luftfisch des Fürsten Primas Karl von Dalberg. in Alt-Frankfurt. Jg. 1 (1909). S. 63 ff.

1061. **Journal** historique et politique. No. 20. Mai 1785.

Notizen über die Luftschiffer Pilâtre de Rozier (S. 323-325) und Blanchard (S. 330).

A. Reinheimer (†)-Frankfurt a. M.

1062. **Laicharding**, Joh. Nep. von: Beytrag zur Luftschiffahrt, nebst einer Anweisung Luftmaschinen von Papier zu verfertigen und ohne Feuersgefahr frey fliegen zu lassen.

Kempten, Typographische Gesellschaft, 1785. *34 S. + 2 Bl. Nachtrag und Druckfehler. 1 Taf.*

Vgl. Nr. 153.

Königliche Bibliothek-Berlin.

1063. [**Langsdorf**: Tagebuchnotiz des Rektors Langsdorf in Friedberg über Blanchards 15. Luftreise von Frankfurt a. M. aus am 3. Oktober 1785.]

1 Karton mit der photographischen Reproduktion der Notiz auf 2 Blättchen.

Praetorius-Friedberg.

[**Marat** (?)]: Lettres de l'observateur bon-sens, a M. de ***, Sur la fatale catastrophe des infortunes Pilâtre de Rosier et Romain, les Aéronautes et l'Aérostation. 1785. Nr. 896.

1064. Schwäbischer **Merkur.** Montag, den 3ten Oktober, 1785. Nro. I.

[Facsimile-Druck von Martin Rommel & Co., Stuttgart.]

Korrespondenz aus Frankfurt a. M. vom 27. September 1785 über den misslungenen Aufstieg von Blanchard.

J. Hess-Stuttgart.

1065. **Reboul:** La colonne Blanchard ou la première traversée du détroit en ballon. Faite en compagnie du Dr Américain Jeffries le 7 Janvier 1785. Avec notes historiques et biographiques sur les villes de Guines, Calais et les environs.

Calais (Saint-Pierre), L. Fleury, 1885. *1 Bl. + 136 S. 8°.*

Joseph Baer & Co.-Frankfurt a. M.

1066. Frankfurter Kayserl. **Reichs-Ober-Post-Amts-Zeitung.** Jg. 1785.

Enth. zeitgenössische Notizen über Blanchards Frankfurter Ballonaufstieg in den Nummern vom 23., 24., 30. September, 4. Oktober etc.

Stadtarchiv-Frankfurt a. M.

1067. Frankfurter **Staats-Ristretto,** oder kurzgefasste Erzählung der neuesten und merkwürdigsten Nachrichten und Begebenheiten der Europäischen Staaten, wie auch der Wissenschaften, der Künste und nützlichen Erfindungen. Jg. 14. 1785.

(Frankfurt a. M.,) Schillers Erben (, 1785). *870 S. + 4 Bl. Register 8°.*

Enth. unter vielen andern Nachrichten über Luftschiffahrt zeitgenössische Notizen über Blanchards Frankfurter Ballonaufstieg in den Nummern vom 4. und 7. Oktober etc.

Stadtarchiv-Frankfurt a. M.

1068. [**Verordnung** des Rats der Stadt Frankfurt a. M. betr. Aufrechterhaltung der Ordnung bei Einnahme der Plätze durch Fuhrwerke, Reiter und Fussgänger anlässlich des nunmehr auf der Bornheimer Heide stattfindenden Ballonaufstiegs von Blanchard. Beg.: Nachdeme Ein Hochedler Rath... Unterzeichnet: Stadt-Kanzley.].

Dat. Franckfurt am Main den 23. Sept. 1785. *1 Bl. 8°.*

Stadtarchiv-Frankfurt a. M.

— Dasselbe. *1 Bl. quer-4°.*

Stadtarchiv-Frankfurt a. M.

Abb. 68. Ueberquerung des Kanals durch Blanchard und Dr. Jeffries am 7. Januar 1785. (Vgl. Nr. 288.)

1069. **Blanchard** [,Jean-Pierre]: Procès-verbal Du vingt-unieme Voyage Aërien de M. Blanchard, Citoyen de Calais & d'Aix-la-Chapelle par adoption, etc. etc. etc. fait à Aix-la-Chapelle, le 9 Octobre 1786.

(Aix-la-Chapelle 1786.) *9 S. 8°.*

Angebunden ist: S. 37/38 von Blanchards Relation de la 20e ascension... Hambourg le 23 Août 1786. Aix-la-Chapelle 1786. mit Druckfehlerberichtigung des Aachener Berichts etc. Vgl. Nr. 1071. Anderer Druck als Nr. 1070.

Stadtbibliothek-Nürnberg.

1070. **Blanchard** [,Jean-Pierre]: Procès-verbal Du vingt-unieme Voyage Aërien de M. Blanchard, Citoyen de Calais, etc. etc. etc. fait à Aix la Chapelle, le 9 Octobre 1786.

(Aix-la-Chapelle 1786.) *9 S. 8°. Beigebunden an* Blanchard [,Jean-Pierre]: Relation de la vingtième ascension... Qui a eu lieu à Hambourg le 23 Août 1786. Aix-la-Chapelle 1786.

Wurde nach Angabe auf S. 1 einem Teil der Auflage von Blanchards Hamburger Bericht — vgl. Nr. 1071 — beigefügt. Anderer Druck als Nr. 1069.

Grossh. Hess. Hofbibliothek-Darmstadt.

1071. **Blanchard** [,Jean-Pierre]: Relation de la vingtième ascension de M. Blanchard, Qui a eu lieu à Hambourg le 23 Août 1786. Dédiée à son Excellence M. le Chevalier de Viviers...

Aix-la-Chapelle, Dépens de l'auteur, 1786. *VII+38 S. 8° 2 Bbde.*

Enth. u. A. Polemik gegen Dr. Jeffries, Blanchards Begleiter auf der Luftreise über den Kanal 1785. — Das letzte Blatt, S. 37/38, wurde in Lüttich gedruckt und nachträglich hinzugefügt; es nimmt auch Bezug auf Blanchards Procès-verbal du 21e Voyage Aërien... Vgl. Nr. 1069.

Grossh. Hess. Hofbibliothek-Darmstadt.

(**Blanchard,** Jean-Pierre. d'**Honincthun:**) Procès-verbal sur la cause de l'accident arrivé à M. Pilâtre du Rosier. (1786). Nr. 894.

1072. (**Brinhausser,** Joh[ann] Andr[eas]): Ansicht des Amphitheaters und Luftballs [des Freiherrn von Lütgendorff], sammt dem dessen Auffahrt erwartenden Publicum, von der Marketenderbrücke [in Augsburg] genommen, den 26. August. Mit vorgedruckter Pränumerantenliste.

Augsburg 1786. *8 S. quer-8° 1 Taf.*

Der Vorbericht ist unterzeichnet: Augsburg den 25. October 1786. Joh. Andr. Brinhausser und Gottl. Jaebetz Hess. Der beigegebene Kupferstich ist unterzeichnet: Brinhausser fec. Grösse der Platte: 139×214.

Staats-, Kreis- und Stadtbibliothek-Augsburg.

1073. Physikalisches **Tagbuch** für Freunde der Natur. Hrsg. von Lorenz Hübner. Jg. 3.

Salzburg, Waisenhausbuchhandlung, 1786.

Enth. § 4. S. 69-73 Bemerkungen von Schrank zu den physikalischen Beobachtungen, die Blanchard „auf seiner Luftreise von Aengeland nach Frankreich ... gemacht hat", nämlich: „dass ein schwerer Körper ober dem Meere schwebend einen sehr beträchtlichen Teil seines Gewichtes verliere". — S. 403-408 Schreiben von Tetu an die Herausgeber des Journals von Paris, enthaltend eine ausführliche Beschreibung seiner Luftreise am 18. Juni 1786 in Luxemburg; vorher eine Notiz darüber.

Deutsches Museum-München.

1074. **Weber** [,Joseph]: Ueber den Werth der Luftmaschinen. Eine akademische Rede abgelesen an der hohen Schule zu Dilingen den 27. Jul. 1785.

Dilingen, B. Kälin, 1786. *44 S. 8°.*

Grossh. Hess. Hofbibliothek-Darmstadt.

— Dasselbe. *In* Physikalisches Tagbuch für Freunde der Natur. Hrsg. von Lorenz Hübner. Jg. 3. Salzburg 1786. S. 601-630.

Deutsches Museum-München.

1075. Kurze **Beschreibung** der 28sten Luftreise des Herrn Blanchards in Nürnberg, und des den andern Tag in die Höhe gestiegenen kleinern Ballons von neunhundert Cubikschuh. Den 12ten und 13ten Nov. 1787. Ein Auszug aus der Baireuther Zeitung.

Nürnberg (1787), Bielingische Buchdrukrei. *8* [fälschlich gedruckt 16] *S. 8°*. *Beigebunden an* Blanchard, Jean-Pierre: Herrn Blanchard's kurze Erzehlung seiner Begebenheiten auf der Erde . . . Nürnberg, G. F. Six [o. J.]

Kais. Universitäts- und Landes-Bibliothek-Strassburg i. E.

— Dasselbe. *Beigebunden an* Blanchard, Jean-Pierre: Herrn Blanchard's Nachricht von seiner 20 und 21sten Lufftfahrt zu Hamburg und Aachen . . . Nürnberg, G. F. Six [o. J. (um 1787)].

Stadtbibliothek-Nürnberg.

1076. **Blanchard** [,Jean-Pierre]: Herrn Blanchard's Nachricht von seiner 20 und 21sten Lufftfahrt zu Hamburg und Aachen, mit eingestreuten Bemerkungen über seinen Aufenthalt zu Brüssel und Reise nach Hamburg, u. a. m. von Ihm selbst aufgesezt.

Nürnberg, G. F. Six [o. J. (um 1787)]. *72 S. 8°.*

Mit 6 Beibänden und 7 Anzeigen Blanchards Aufstieg in Nürnberg sowie die Abbrennung eines Feuerwerks betr. — Deutsche Uebersetzung von Nr. 1070 und 1071.

Stadtbibliothek-Nürnberg.

— Dasselbe. *Beigebunden an* Blanchard, Jean-Pierre: Herrn Blanchard's kurze Erzehlung seiner Begebenheiten auf der Erde . . . Nürnberg, G. F. Six [o. J.].

Kais. Universitäts- und Landes-Bibliothek-Strassburg i. E.

1077. [**Blanchard**, Jean-Pierre:] Prospectus de la 26e expérience aérostatique de M. Blanchard . . .

(Strasbourg 1787.) *12 S. 8°. In* Miscellanea T. 68.

Grossh. Bad. Hof- und Landesbibliothek-Karlsruhe.

1078. **Mayer,** Johann: Ausführliche Beschreibung der acht und zwanzigsten Luftreise welche Herr Blanchard den 12 Nov. 1787 zu Nürnberg unternahm und glücklich vollzog. Mit 4 Kupfertaf. begleitet.

Regensburg, J. Mayer, gedruckt mit Zeitlerischen Schriften, 1787. *32 S. 8° 4 Taf.*

Enth. S. 18 ff.: Kurzen Auszug von Hrn. Blanchards Leben, vornehmsten Luftreisen und Charakter. Auf dem Titelblatt die Silhouette Blanchards mit der Unterschrift: Le plus celebre Aéronaute. Sculp. J. Mayr Ratisb.

Stadtbibliothek-Nürnberg.

1079. Kurze **Nachricht** von der acht und zwanzigsten Luftfahrt des Herrn Blanchard's in Nürnberg auf den Judenbühl, den 12. November 1787. <Ein Extrakt aus der Nürnbergischen Ober-Postamts-Zeitung.>

Nürnberg (1787), Six. *7 S. 8°. Beigebunden an* Blanchard, Jean-Pierre: Herrn Blanchard's kurze Erzehlung seiner Begebenheiten auf der Erde . . . Nürnberg, G. F. Six [o. J.].

Kais. Universitäts- und Landes-Bibliothek-Strassburg i. E.

— Dasselbe. *Beigebunden an* Blanchard, Jean-Pierre: Herrn Blanchard's Nachricht von seiner 20 und 21 sten Lufftfahrt zu Hamburg und Aachen . . . Nürnberg, G. F. Six [o. J. (um 1787)].

Stadtbibliothek-Nürnberg.

1080. [**Verordnung** des Rats der Freien Stadt Nürnberg betreffs Regelung des Strassenverkehrs innerhalb und ausserhalb der Stadt sowie Aufrechterhaltung der Ordnung auf dem Judenbühl u. s. w. anlässlich der bevorstehenden Luftfahrt Blanchards.]

Decretum in Senatu, den 29 sten Octob. 1787. *1 Bl. quer-fol.*

Stadtbibliothek-Nürnberg.

1081. **Blanchard** [,Jean-Pierre]: Rélation du 32me voyage aërien de Mr. Blanchard... fait à Bronswic le 10 aout 1788 dédié à S. A. S. Mgr. Le Duc Régnant de Bronswic Lunebourg.

Berlin, G. J. Decker et fils, [1788]. *31 S. 8° (20,7 cm) 1 Taf.*

Vgl. Nr. 1082. Der dort erwähnte Brief des Prinzen Friedrich August von Braunschweig fehlt hier.

Stadtbibliothek-Breslau.

1082. **Blanchard** [,Jean-Pierre]: Rélation du 32. voyage aérien fait à Bronswic, le 10 aout 1788 dédié à S. A. S. Mgr. le Duc régnant de Bronswic-Lunebourg etc. etc.

Berlin, G. J. Decker et fils, [1788]. *32 S. 10,5 cm.*

Wörtlich übereinstimmend mit Nr. 1081 bis auf den hier S. 28 f. Anm. enthaltenen Brief des Prinzen Friedrich August von Braunschweig an Blanchard vom 11. August 1788. Die in Nr. 1081 enthaltene Tafel fehlt hier.

Kgl. Oeffentliche Bibliothek-Dresden.

1083. **Knigge**, Adolf Freiherr: Die Reise nach Braunschweig. Komischer Roman von Adolph Freiherrn Knigge. 7. Aufl., hrsg. vom Enkel des Verfassers. Mit 36 Skizzen von G. Osterwald.

Hannover, Hahn, 1839. *VIII + 176 S. 8° 18 Taf.*

Enth. Kap. 7 eine Erwähnung des Ballonaufstiegs von Blanchard in Braunschweig 1788 und eine Abbildung von dessen Ballon.

Frau Rechtsanwalt Genzmer-Neustrelitz.

1084. **Discorso** sopra la navigazione aerea. Seconda Edizione Arricchita d'aggiunte, ed Annotazioni interessanti.

Venezia, D. Frascasso, 1789. *58 S. 1 Taf.*

Untersucht die Möglichkeit, dem Luftballon von Montgolfier eine von der Windrichtung verschiedene horizontale Bewegung zu verleihen. — 1. Auflage: Nr. 1094.

Joseph Baer & Co.-Frankfurt a. M.

1085. **Henrion,** Francesco: Fondamenti teorico-pratici dell' arte aereonautica nuovamente proposti con moltissime illustrazioni ed aggiunte dedicati a S. E. il Sig. Conte Giovanni Luigi di Durfort . . .

Firenze, P. Allegrini, 1789. *138 S. 8° 4 Taf.*

Grossh. Hess. Hofbibliothek-Darmstadt.

1086. **Scheibel,** Johann Ephraim: Ueber Herrn Blanchards 35ste Luftreise zu Breslau 1789. den 27sten May.

In Breslauisches Intelligenzblatt. Nr. 23. Montags, den 8. Junii 1789. S. 89-92.

Mit zeitgenössischen handschriftlichen Bemerkungen.

Kgl. Universitätsbibliothek-Göttingen.

1087. **Scott:** Aérostat dirigeable à volonté. A l'aide de cette machine, les voyages qu'on entreprendra, quelque grands qu'ils soient, seront terminés avec succès. Par M. le Baron Scott, . . .

Paris, Maradan, 1789. *XVI+154 S.+3 Bl. 8° 2 Taf.*

Ballon in Fischform; Verdichtung des Gases durch mechanischen Druck.

Grossh. Hess. Hofbibliothek-Darmstadt.

1088. (**Steiner,** A. G.:) Geschichte der zu Breslau den 27. Mai [1789] von Herrn Blanchard unternommenen Luftreise.

In Schlesische Provinzialblätter. Hrsg. von Streit und Zimmermann. Bd 9. Januar bis Junius 1789. Breslau 1789. S. 515-532.

Das Titelbild des Bandes, eine Radierung von F. G. Endler in Breslau, stellt Blanchards Aufstieg dar. (Vgl. Nr. 333.)

Stadtbibliothek-Breslau.

1089. (**Viscardi,** Ferdinando:) Lettera sopra una macchina semplicissima per empire d'aria infiammabile i Palloni Aerostatici al chiarissimo Signor D. Giovanni Vivenzio, . . .

(Napoli 1789.) *12 S. 8° 1 Taf.*

Dr. Ed. Langer-Braunau i. B.

1090. **Gerli,** (Agostino, Gioseppe, e Carlo Gioseppe) Fratelli: Maniera di migliorare e dirigere i palloni aerei inventata e dimostrata dai Fratelli Gerli Milanesi.

Roma 1790, (G. Zempel). *52 S. 8° 2 Taf.*

Dr. Ed. Langer-Braunau i. B.

— Dasselbe. *Beigebunden an* Andreoli, Pasquale: Descrizione dell' aerostato La Speranza costruito a Forli Nell' anno 1809. Forli (1809).

Bücherei des Kais. Patentamts-Berlin.

1091. A new **system** of aerostation.

[Ausschnitt, o. O. (London?) und J. (1790?)] *4 Bl. 2° 1 Taf.*

Die Tafel: Representation of Various Baloons, with the methods of constructing and filling them, & the Implements necessary for accelarating or retarding their Motion. enthält u. a. Abbildungen einer Montgolfière, der Ballons von Lunardi und Blanchard, einer aërostatischen Figur der Gebrüder Ensslen u. s. w.

Walther St. Goar-Frankfurt a. M.

1092. **Geschichte** aller sieben und dreyssig Luftreisen Blanchards.

Wien, J. G. Oehler, 1791. *48 S. 8°.*

Kgl. und Universitätsbibliothek-Breslau.

1093. The **principles**, history and use, of air-balloons. Also, a prospectus of Messrs. Blanchard and Baker's Intended Aerial Voyage from the City of New-York.

New-York, C. C. van Alen for J. Fellow, 1796. *46 S. 8° 1 Taf.*

Die Tafel zeigt eine Abbildung: Blanchard's balloon. Nebst Motto. Enth. S. 37 f: A Sketch of Mr. Blanchard's Aerial Voyage at Philadelphia, Jan. 9, 1793. S. 40 f: List of Mr. Blanchard's Aerial Voyages. S. 42 ff. den Prospekt.

Dr. Ed. Langer-Braunau i. B.

1094. **Discorso** sopra la navigazione aerea.

[o. O. u. J.] G. Storti. *40 S. 8° 1 Taf.*

Enth. Problema nautico-aereostatico. Se sia possibile far concepire al Globo aereostatico del Sig. Montgolfier una direzione Orizzontale differente dalla direzione del vento. — 2. Auflage: Nr. 1084.

Deutsches Museum-München.

Lana [Terzi], Francesco [de]: La nave volante. Dissertazione. [o. J.] Nr. 935.

1095. **Saladini** (,Girolamo): Memoria intorno ai globi aereostatici. Recitata ai 13 Brinatore Anno 9 Repubblicano <4 Dicembre 1800 v. s.> dal cittadino Saladini, Accademico dell' Instituto delle Scienze di Bologna.

[o. O. u. J. (1800).] *16 S. 8°.*

Dr. Ed. Langer-Braunau i. B.

1096. **Zambeccari,** Conte Francesco: Saggio sopra la teoria e pratica delle macchine aereostatiche del C[onte]. F[rancesco]. Z[ambeccari].

Bologna, U. Ramponi, 1800. *14 S. 8°.*

Deutsches Museum-München.

1097. **Acta** die verschiedentlich angebrachte Gesuche zur Erlaubnuss Luftballons allhier [Frankfurt a. M.] und in der hiesigen Terminey in die Höhe steigen lassen zu dürffen de 1801 squ. in spec. betrfd den (Friederich) Drechsler [1801], (Johann)

Adam [1802], (Anton) Bender, (Franz) Masson, (Peter) Perceville, (Anton Joseph de Fontaine aus Strassburg [1803], (Johannes) Santi [1803], (Joseph) Liebhard [1805], Garnerin [1805].

64 Bl.

Handschriftliche Dokumente, darunter Briefe von André-Jacques Garnerin; gedruckte Bekanntmachungen. — Ueber Drechsler vgl. auch Nr. 340.

Stadtarchiv-Frankfurt a. M.

1098. **Kaiserer,** Jakob: Ueber meine Erfindung einen Luftballon durch Adler zu regieren.

Wien, Selbstverlag; Löschenkohl in Komm., 1801. *16 S. 8° 1 Taf.*

Faksimile-Druck v. J. 1903.

Alexander Haas-Frankfurt a. M.

1099. **Henin,** F[él]ix: Mémoire sur la direction des aérostats, Lu, le 20 Thermidor an 10 [= 8. Aug. 1802], à la Société Académique des Sciences de Paris, séante au Louvre; par F[ix] Henin.

Paris, Moreau, an 10 [1802]. *16 S. 8° 1 Taf.*

Abbildung 69.

J. J. Bourcart-Kolmar; jetzt Senckenbergische Bibliothek-Frankfurt a. M.

Avviso [von Aldrovandi betreffend: Nuova esperienza di Francesco Zambeccari in Bologna 1803.] Nr. 920.

1100. **Hermbstädt,** O. M. R.: Korrespondenz zwischen Herrn O. M. R. Hermbstädt und Herrn Garnerin. Berechnungen über die Höhen, bis zu welchen Garnerins Luftballon, bei verschiedener Belastung, unter den günstigsten Umständen steigen kann, von Ludwig Wilhelm Gilbert, . . .

Nebst einem Bericht des Bürger Garnerin von seiner den 13. April 1803 mit seiner Frau und Herrn Gärtner [in Berlin] unternommenen 32sten Luftfahrt.

Berlin, J. F. Unger, 1803. *24 S. 8°.*

Es handelt sich um André-Jacques Garnerin.

Kgl. und Universitätsbibliothek-Breslau.

1101. **Tibisco:** Il pallon volante delli 4. settembre 1803. Ossia l'aereo viaggiator felsineo Cittadino Francesco Zambeccari. Vera e distinta relazione del medesimo con alcune dichiarazioni sopra la macchina aereostatica.

Bologna, Marsigli ai Celestini, 1803. *4 S. 8°.*

Angeb. Descrizione della macchina aereostatica Secondo il Sistema del Signor Zambeccari.

[o. O. u. J.] Stamperia Graziosi. *1 Bl. 8° 1 Taf.*

Vgl. Nr. 920.

Deutsches Museum-München.

1102. (**Winsor,** F. A.:) Füllung und Leitung eines Luftballons oder chemisch-physikalische Erläuterungen über die Miss- und Gelungene Luftfahrten des Hrn. Prof.

Robertson nach Montgolfiers Tabellen berechnet allen Physikern und Gelehrten gewidmet von einem Freunde und Liebhaber der Physik. Mit einem schönen Kupfer.

Hamburg, Kratzsch, 1803. *3 Bl. + 55 S. 8° 1 Taf.*

Vorgebunden ein offenes Schreiben des Autors an Robertson betr. des Misslingens von Robertsons aërostat. Versuch in Hamburg und Antwort Robertsons. Enthält „Grosse physikalische Irrthümer und Widersprüche, in der Rechtfertigung des Herrn Robertson, an seine Subskribenten; in dem Hamburgischen Wochenblatte . . .“ S. 39 ff: Erwähnung und Beschreibung des aërostatischen Apparates des Prof. Danzel zur Leitung des Luftballons.

Stadtbibliothek Hamburg.

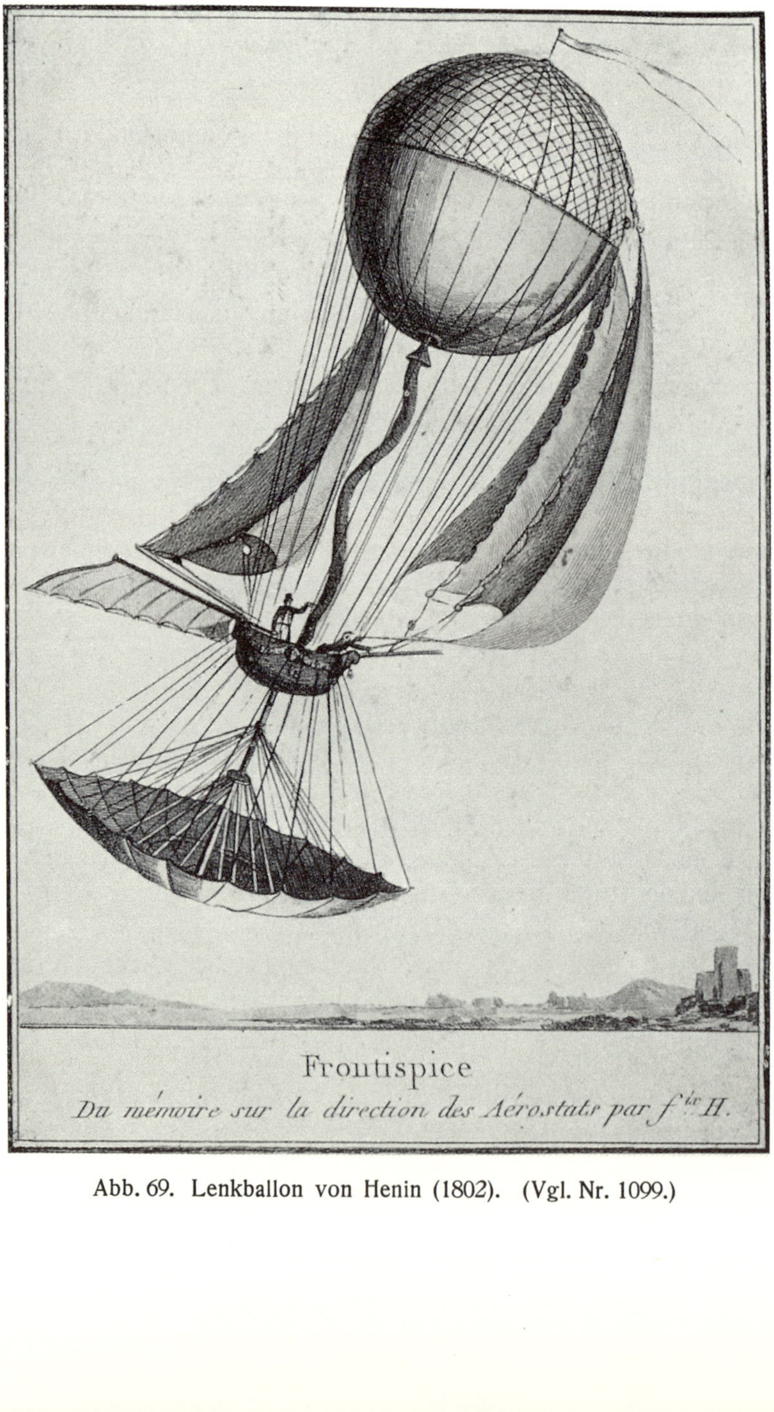

Abb. 69. Lenkballon von Henin (1802). (Vgl. Nr. 1099.)

1103. **Zambeccari**, [Conte] Francesco: Descrizione della macchina aerostatica del cittadino Francesco Zambeccari. Destinata a tentare il regolamento della medesima per l'Atmosfera.

Bologna, Fratelli Masi e Co., 1803. *32 S. 8° 3 Taf.*

C. Lang & Co.-Rom.

— Dasselbe. Defekt. *Beigebunden an* Andreoli, Pasquale: Descrizione dell' aerostato La Speranza costruito a Forli Nell' anno 1809. Forli (1809).

Bücherei des Kais. Patentamts-Berlin.

1104. **Biot** [,Jean-Baptiste]: Bericht Biot's von einer aerostatischen Reise, welche Gay-Lussac und er am 24sten Aug. 1804 unternommen haben, <abgestattet der math.-phys. Klasse des National-Instituts am 27sten August 1804.>

In Annalen der Physik. Bd 20. Halle 1805. S. 1-18.

Der vorliegende Bericht ist lt. Anmerkung nach Auszügen aus Biots Bericht im Moniteur und im Journ. de Phys. t. 59 bearbeitet.

Senckenbergische Bibliothek-Frankfurt a. M.

1105. (**Garnerin** [,André-Jacques]:) Beschreibung der drei ersten Luftreisen die in Russland im Jahre 1803 vom Herrn Garnerin angestellt sind. Nach dem französischen mit einer Vorrede und Anmerkungen.

St. Petersburg, F. Drechsler, 1804. *37 S. 8°.*

Enth. unter Anderem zahlreiche spöttische Anspielungen und Angriffe auf Garnerins Nebenbuhler, Professor Robertson.

Grossh. Hess. Hofbibliothek-Darmstadt.

1106. **Gay-Lussac** [,Joseph-Louis]: Bericht Gay-Lussac's von seiner aerostatischen Reise am 16. Sept. 1804. <Vorgelesen in der mathemat.-phys. Klasse des National-Instit., am 1sten Oct. 1804>.

In Annalen der Physik. Bd 20. Halle 1805. S. 19-37.

Der Originalbericht veröffentlicht in Annales de chimie. T. 52. Paris an 13. [1804.] S. 75-94.

Senckenbergische Bibliothek-Frankfurt a. M.

1107. **Lettere** due sull' aereostatico tentativo e corretta relazione del viaggio aereo Intrapreso in Bologna la Notte de' 7 ottobre 1803 dai cittadini F. Zambeccari. P. Andreoli, G. D. Grassetti. Tratta dalla Descrizione ec.

Triest [1804]. *40 S. 8°.*

Universitätsbibliothek-Leipzig.

1108. [**Progetto** della Società fautrice dell' esperimento aereostatico eseguito dal F. Zambeccari. Dat. Bologna li 31. Agosto 1804. Anno 3.]

(Bologna 1804, U. Ramponi.) *4 S. 8°.*

Aufruf zur Gründung einer Gesellschaft zur Förderung der aëronautischen Bestrebungen von F. Zambeccari, unterzeichnet von Agucchi, Alessandro; Bianchetti, Cesare; Contri, Giacomo;

Gambari, Avv. Guiseppe; Gozzadini, Guiseppe; Greppi, Avv. Giacomo; Levi, Guiseppe; Martinetti, Giambattista; Moreschi, Filippo; Regoli, Avv. Gian Maria; Saladini, Can. Girolamo, Pub. Prof. di Calcolo Sublime; Venturoli, Dott. Giuseppe, Pub. Prof. di Matematica applicata.

Vgl. Nr. 1110. — Beginnt auf S. 1 unter der Ueberschrift: „Repubblica Italiana" und dem Datum: „Benchè l'Italia non sia mai stata mancante di genj inventori, . . ."

Deutsches Museum-München.

1109. **Relazione** dell' esperienza aereostatica eseguita in Bologna li 22. agosto 1804. anno terzo della Repubblica Italiana.

Bologna, U. Ramponi. [1804]. *37 S. 8°.*

Bericht der Società fautrice dell' esperimento aereonautico in Bologna über den Aufstieg von Zambeccari und Andreoli.

Dr. Ed. Langer-Braunau i. B.

1110. La **Società** fautrice dell' esperimento aereostatico in Bologna . . .

Gedrucktes Zirkular, datiert vom 4. Sept. 1804, enth. Aufforderung zum Eintritt in die Gesellschaft und zur Unterstützung ihrer Bestrebungen, unter Hinweis auf den beigefügten „Progetto" — vgl. Nr. 1108 — gerichtet an Tommaso Salvadori in Jermo und eigenhändig unterzeichnet von Cesare Bianchetti; Avv. Gian Maria Regoli; Avv. Giuseppe Gambari; Filippo Moreschi; Giuseppe Venturoli; Alessandro Agucchi; Avv. Giacomo Greppi; Giacomo Contri.

Musikhistorisches Museum (Heyer)-Köln;
jetzt Senckenbergische Bibliothek-Frankfurt a. M.

1111. **Zaguri**, Pietro: Memoria sopra la invenzione aereostatica e suoi progressi del nobil uomo Pietro Zaguri.

Padova, Giuseppe e Fratelli Penada, 1804. *37 S. + 1 Bl. 8° 2 Taf.*

Ballon in Form eines Schiffes; mit Fallschirm verbunden; Tragkörper in Gaskammern zerlegt.

Dr. Ed. Langer-Braunau i. B.

1112. **Bekanntmachung** [der vom Rat der Stadt Frankfurt a. M. getroffenen Verfügungen zur Aufrechterhaltung der Ordnung anlässlich der aërostatischen Versuche von Garnerin am 12. und 15. September 1805 auf der Pfingstweide, zur Unterstützung des Luftschiffers bei der Landung und zur Bewachung der Häuser in der Stadt während der Abwesenheit der Bewohner. Unterzeichnet: Stadt-Canzley.]

Dat. Frankfurt am Mayn den 10. Sept. 1805. *2 Bl. 4°.*

Stadtarchiv-Frankfurt a. M.

1113. **Benzenberg**, J[ohann]. F[riedrich].: Briefe geschrieben auf einer Reise nach Paris (im Jahr 1804). Th. 1. Mit 8 Kupfern. Th. 2. Mit 5 Kupfern.

Dortmund, Mallinckrodt, 1805. 06. *8°.*

Th. 2 enth. Schilderung des Besuches von Benzenberg bei Montgolfier im Jahre 1804 und dessen Erzählung über den Tod Pilâtre de Roziers und Romains. 21. Brief vom 30. Juli 1804. S. 293-305.

K. B. Hof- und Staatsbibliothek-München.

1114. **Jungius,** [Friedrich] W[ilhelm]: Ausführlicher Bericht über meine Luftreise am 16ten September d. J. [1805].

Berlin, F. Maurer, 1805. *34 S. 8°.*

Erste Luftfahrt eines Deutschen.

Grossh. Hess. Hofbibliothek-Darmstadt.

1115. **Kotzebue,** August von: Erinnerungen von einer Reise aus Liefland nach Rom und Neapel. Drei Theile.

Berlin, H. Frölich, 1805. *1: XIV + 392 S. 8°.*

Enth.: Schilderung von Robertsons Aufstieg in Riga. Th. 1, Kap. 7. S. 26-30; und Zambeccaris Luftfahrt. Th. 1, Kap. 18. S. 125-141.

Dr. Ed. Langer-Braunau i. B.

1116. **Jungius,** [Friedrich] W[ilhelm]: Bericht an das Publikum über meine zweite Luftreise am 19ten May 1806.

Berlin, Matzdorff, 1806. *54 S. 8°.* S. 3/4 in der Zählung übersprungen.

Mit wissenschaftlichen Beobachtungen, z. B. Höhenberechnung.

Grossh. Hess. Hofbibliothek-Darmstadt.

1117. **Du Pré,** F.: Memoria sull' aerostato di Pasqual Andreoli, esposto nella chiesa di s. Giorgio maggiore il di 21 Novemb. 1806.

Venezia, A. Santini, 1807. *2 Bl. + 99 S. 8° 2 Taf.*

Deutsches Museum-München.

1118. **Zachariä,** August Wilhelm: Die Elemente der Luftschwimmkunst. Mit einer Kupfertaf.

Wittenberg, Zimmermann, 1807. *VI + 282 S. 1 Taf.*

Enth. u. A. Kap. 3: Vom Fluge der Vögel. Kap. 4: Von der Luftschwimmkunst. Projekt eines Luftkorkfisches mit drei kugelförmigen Gaskammern.

F. B. Auffarth-Frankfurt a. M.;
jetzt Senckenbergische Bibliothek-Frankfurt a. M.

1119. **Degen,** Jakob: Beschreibung einer neuen Flugmaschine von Jakob Degen, bürgerlichem Uhrmacher. Mit einer Kupfertaf.

Wien, Degensche Buchhandlung, 1808. *VIII + 2 Bl. „Beylage" + 39 S. 4° 1 Taf.*

Enth. hinter Degens Einleitung „Beylage zur Beschreibung der Degenschen Flugmaschine" von Joh. Christ. Stelzhammer, dem Herausgeber des Werkes, unterzeichnet „Wien den 24. Julius 1810". — Vgl. auch S. 159 f.

Kgl. Universitätsbibliothek-Marburg.

1120. (**Prechtl,** Johann Joseph:) 1. Etwas über die Flugmaschine des Herrn Degen in Wien. Geschrieben zu Brünn am 10ten October 1808. 2. Ueber Degen's neuesten Flugversuch in Verbindung mit einem Luftballon. Aus einem Briefe an den Prof. Gilbert. [Dat.:] Wien den 15ten Nov. 1808.

In Annalen der Physik. 1808. Bd 30. Halle 1808. S. 320-329.

Senckenbergische Bibliothek-Frankfurt a. M.

1121. **Stelzhammer,** Johann Christoph: Ueber die Flugmaschine des Uhrmachers Jakob Degen in Wien. [Mit 1 Taf.]

In Annalen der Physik. 1808. Bd 30. Halle 1808. S. 1-9. *Nebst Zusatz (Berlin. Voss. Zeitung 28. Juli 1808) S. 9-11.*

Die Taf. stellt die Flugmaschine mit Flieger dar.

Senckenbergische Bibliothek-Frankfurt a. M.

Abbildung 36.

1122. — Fortgesetzte Nachrichten von den Versuchen des Uhrmachers Degen in Wien mit seiner Flugmaschine. <In einem Schreiben an den Prof. Gilbert in Halle. [vom 8. Dezember 1808.]>

In Annalen der Physik. 1809. Bd 31 (=N. F. 1). Leipzig 1809. S. 192-203.

Senckenbergische Bibliothek-Frankfurt a. M.

1123. **Andreoli,** P[asquale].: Descrizione dell' aerostato La Speranza costruito a Forli Nell' anno 1809. Secondo il metodo del Sig. Francesco Zambeccari.

Forli, Tipografia Dipartimentale Roveri, e Casali, (1809). *32 S. 8° 1 Taf.*

Die Tafel ist betitelt: „Nuova Macchina Aerostatica costrutta dal Sigr. P. Andreoli l'anno 1809 in Forli." Bezeichnet: „G. Frascinetti inc."

Deutsches Museum-München.

— Dasselbe. *32 S. + 1 Bl. Errori-Corretti. 1 Taf. Mit 5 Beibänden.*

Bücherei des Kais. Patentamts-Berlin.

1124. **Schweizer-Bote,** Der aufrichtige und wohlerfahrene. Nr. 19.

Aarau, den 9. Mai 1811.

Notizen über den „Schneider von Ulm", Albrecht Ludwig Berblinger, hier „Ludwig Albrecht" genannt, und über Robertsons 39. Luftfahrt in Wien, am 23. April 1811, in Begleitung seiner Frau.

Fritz Scherrer-Schaffhausen;
jetzt Senckenbergische Bibliothek-Frankfurt a. M.

1125. **Descrizione** della nuova macchina aerostatica.

[Bologna, Marsigli, 1812.] *8 S. 8° 3 Taf.*

[Kopftit.:] Breve desrizione [!] della macchina aerostatica per l'esperienza da eseguirsi in Bologna nel settembre 1812.

C. Lang & Co.-Rom.

Tognetti, Francesco: Lettera narrativa. L'infausto aereostatico sperimento del celebre aereonauta Francesco Zambeccari Bolognese nel giorno 21 Settembre 1812.

Nr. 922.

1126. **Blanchard** [,Jean-Pierre:] Analyse de la nouvelle machine aërostatique que j'ai inventée et exécutée à Varsovie pendant l'année 1789 et 1790.

Berlin, G. J. Decker et fils, [o. J.]. *15 S. 8°.*

Der erste Aufstieg Blanchards in Warschau fand am 10. Mai 1789 statt, der zweite am 14. Mai 1790. Vgl. Nr. 526.

Kgl. Oeffentliche Bibliothek-Dresden.

1127. **Saladini,** Girolamo: Riflessioni circa la Memoria intorno la salita delle macchine aereostatiche nell' aria di Leonardo Eulero.

[o. O. u. J. (nach 1800).] *23 S. 4° 1 Taf.,* die als Tav. 11. aus „Soc. Ital. T. 10. p. 284" bezeichnet ist.

Aus Memorie d. Soc. Ital. T. 10.[1] *Die Abhandlung Eulers befindet sich nach Angabe Saladinis in „Memorie delle R. Accademia delle Scienze di Parigi per l'anno 1781".*

Dr. Ed. Langer-Braunau i. B.

---

[1]) Nach Angabe von G. Boffito: Saggio di Bibliografia Aeronautica Italiana. Correzioni ed aggiunte tratte dalle schede del chiar. dottor Diomede Buonamici. Firenze 1908. S. 13.

V.

DIE AËROSTATIK IM 19. JAHRHUNDERT: THEORIE DER AËROSTATISCHEN LUFT-SCHIFFE. – LENKBARMACHUNG DES LUFTSCHIFFES. – MOTORLUFTSCHIFFE. – LUFTREISEN.

1128. **Viaggio** aereostatico Eseguito il giorno 28. Giugno 1813. in Bologna dall' aereonauta Sig. Antonio Marcheselli.

(Bologna, Masi e Comp., 1813). *2 Bl. 8°.*

Deutsches Museum-München.

1129. **Lettera** ad un Amico sul Volo Aereostatico eseguito in Modena dal coraggioso Aereonauta Signor Antonio Marcheselli il giorno 20 del corrente mese di Luglio 1814.

(Modena, G. Vincenzi e Comp., 1814). *4 S. 8°.*

Deutsches Museum-München.

1130. **Pauly,** Samuel John, and Durs **Egg**: 1815 . . . No. 3909. Specification of Samuel John Pauly and Durs Egg. Aerial Navigation, the Propulsion of Vessels, Carriages, & c.

London 1855, G. E. Eyre and W. Spottiswoode. *5 S. 4°.*

Englische Patentschrift vom 24. Oktober 1815 betr. die Erfindung von: Certain aerial Conveyances, and Vessels to be steered by Philosophical or Chemical and Mechanical Means, and which Means are also applicable to the Propelling of Vessels through the Water and Carriages or other Conveyances by Land.

J. J. Bourcart-Kolmar;
jetzt Senckenbergische Bibliothek-Frankfurt a. M.

1131. **Lennig,** Erasmus: Verbesserung der Luftschiffahrt durch die vorgelegte Wahrscheinlichkeit dem Luftschiffe eine Seitenrichtung nach Wohlgefallen zu geben, so wie jeden geschlossenen Luftballon, vermittelst einer dazu geeigneten Luftpumpe, mit jeder leichten Luft anfüllen, wie auch den Ballon nach Willkür zum Herabsinken bringen, und endlich in dem Schiffe selbst den sichersten und allzeit naheliegenden Fallschirm finden zu können. Mit einem Steindruck.

Mainz, Reuling, 1818. *16 S. + 1 Bl. 8° 1 Taf.*

Stadtbibliothek-Mainz.

1132. **Donini,** Giuseppe: Saggio aereonautico.

Firenze, G. di Giovacchino Pagani, 1819. *92 S. 8° 4 Taf.*

Deutsches Museum-München.

1133. **Corti,** Adolfo: Sopra un aerostato a movimento orizzontale saggio . . . In cui vengono sviluppati i principii sui quali si fonda la teorica dell' innalzamento, discesa e movimento orrizzontale degli Aerostati; i calcoli per determinarne le dimensioni, e la maniera di costruirli. Inoltre una semplice formola per la soluzione del problema delle resistenze incontrate dai solidi al loro movimento nei fluidi, colla quale formola vengono sciolti la maggior parte dei problemi d'Aeronautica, mediante i principii delle matematiche elementari. Con una tavola in rame.

Milano, P. M. Visaj, 1821. *63 S. 8° 1 Taf.*

Vorschlag eines Ellipsoids mit metallener Oberfläche und einer Montgolfière im Innern.

Deutsches Museum-München.

1134. **Donini,** Giuseppe: Circolare areonautica. Giuseppe Donini di Citta' di Castello a tutti i dotti, e ricchi nazionali, e stranieri.

(Castello 1823, E. Barbi.) *16 S. 8°.*

Deutsches Museum-München.

Erb, Karl Augustus: Mittheilung eines ersten Entwurfes zu einer aero- und hydrodynamischen Gesellschaft oder Gesellschaft für Luft- und Wasserfahrt nach meinen Erfindungen. 1824. Nr. 1344.

1135. **Descrizione** dell' aerobata o macchina aereobatica costrutta da Francesco Orlandi di Bologna.

Bologna, Marsigli, 1825. *20 S. + 2 Bl. 8°.*

Enth. am Schluss: Scena della penna d'un ammiratore.

C. Lang & Co.-Rom.

1136. **Narrazione** dell' aereobatico esperimento tentato il 30 agosto 1825 ed eseguito il 7 settembre in Bologna da Francesco Orlandi.

Bologna [1825], Marsigli. *10 unpag. S., als Frontispiz das Porträt Orlandis.*

C. Lang & Co.-Rom.

1137. (**Prandi,** Pietro:) Ragguaglio del viaggio aereo eseguito partendo da Bologna Il giorno 7 Settembre 1825 dal Signor Francesco Orlandi.

Bologna, Nobili, [1825.] *13 S. 8°.*

Angeb. L. G. S.: Esperimento aereonautico. *Aus* Teatri Arti e Letteratura. Supplem. al No. 72. Bologna Lunedi 12 Settembre 1825. *S. 205-208.*

Deutsches Museum-München.

Börnstein, Heinrich: Kurzgefasste Geschichte der Luftschiff-Fahrt nebst einer gedrängten Biographie der Aeroniste Dlle. Elisa Garnerin und Beschreibung des, bey ihrer 29. Luftfahrt in Wien, gebrauchten Ballons, Fallschirms und der sonstigen Apparate. 1826. Nr. 802.

1138. (**B[onaparte].,** N[apoleone]. L[uigi].) [?]: Intorno alla direzione degli aerostati. Lettera al Prof. Guiseppe Gazzeri. [Unterzeichnet: N. L. B.]

[o. O. (Florenz)] 1828. *8 S. 8° 2 Taf.*

Aus Antologia No. 88. Aprile 1828.

Der Verfasser ist Napoleone Luigi Bonaparte nach Boffito: Saggio di Bibliografia Aeronautica Italiana. Firenze 1908. S. 3. — Mit verstellbaren Segelflächen und Luftschraube vorgesehener Lenkballon.

C. Lang & Co.-Rom.

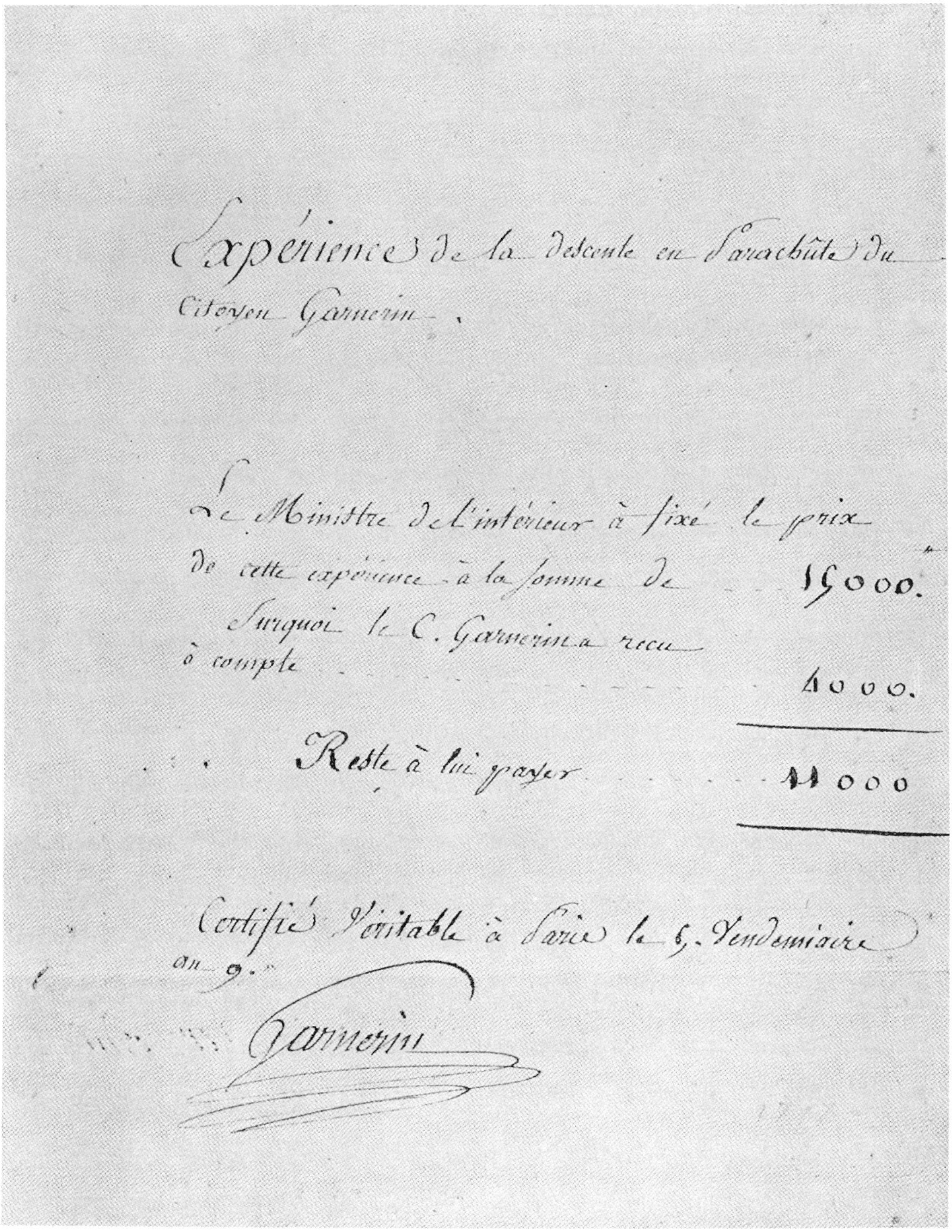

Expérience de la descente en Parachute du Citoyen Garnerin.

Le Ministre de l'intérieur a fixé le prix de cette expérience à la somme de . . . 15000.

Surquoi le C. Garnerin a reçu à compte . . . . 4000.

Reste à lui payer 11000

Certifié véritable à Paris le 5. Vendémiaire an 9.

Garnerin

Abb. 70. Abrechnung von André-Jacques Garnerin für einen Fallschirmabstieg am 1. Vendémiaire an 9. (Vgl. Nr. 795.)

1139. **Donini,** Giuseppe: Lettera di Giuseppe Donini al Sig. Vittorio Sarti di Bologna, Relativa al Programma per un' esperimento di Navigazione Aerea con approvazione pubblicato in Roma per la Società Tipografica 1828.

(Città di Castello, 1828.) *8 S. 8°.*

Vgl. Nr. 1140.

Deutsches Museum-München.

1140. [**Sarti,** Vittorio:] Programma per un esperimento di navigazione aerea. Con approvazione.

Roma, Società tipografica, 1828. *8 S. 8°.*

Vgl. Nr. 1139.

Deutsches Museum-München.

1141. Neue **Ideen** über die Beschiffung der Luft.

Offenbach a. M., Brede, 1833. *IV+33 S. 8° 2 Taf.*

*Vorrede unterzeichnet: Frankfurt a. M. *** h***. Metallene Umschliessung luftleerer Räume in der Form ovaler Ringe; Fortbewegung vermittelst einer Dampfmaschine.*

Stadtbibliothek-Frankfurt a. M.

1142. **Łaczynski,** C. J. M. v.: Theorie der Aëronautik oder mathematische Abhandlung über die Leitung der Aërostaten durch Ruder, Segel und comprimirte Luft. Mit Zeichnungen auf 4 Blättern.

Mohrungen, C. L. Rautenberg, 1833. *VI+65 S. 8° 4 Taf.*

Bibliothek der Technischen Hochschule-Karlsruhe.

1143. **Claudius,** Carl Friedrich: Ausführliche Nachricht meiner Luft-Reisen nebst der Abbildung meines Flugwerks und dessen Beschreibung. 2. Aufl.

Berlin 1834, (H. Cohn.) *12 S. 8°+2 Bl. 3 Taf. Beigebunden an:* Carl Friedrich Claudius. Ein Denkmal der Freundschaft von seinen Verehrern. Berlin 1834, H. Cohn. *1 Bl.+14 S. 8°.*

Der erste Aufstieg fand am 5. Mai 1811 in Berlin statt. Das Flugwerk bestand aus einem Hebe- und einem Senkungsschirm. Einen 2. Aufstieg, der nicht beschrieben wird, unternahm der Verf. am 14. Juni 1811 in Stettin.

Abbildung 73.

Grosser Generalstab-Berlin.

1144. **Duperron,** Louis: Aperçu systématique sur La Navigation dans l'air et sur la direction qu'il est désormais possible de donner aux aérostats, suivi de notes. . . .

Paris, Pihan Delaforest (Morinval), 1834. *114 S. 8° 5 Taf.*

Vorwort von Dupuis-Delcourt.

Deutsches Museum-München.

1145. Das erste **Luft=Schiff.**

In Das Heller-Magazin zur Verbreitung gemeinnütziger Kenntnisse, besorgt von einer Gesellschaft Gelehrter. Leipzig 1835. Nr. 44. October, 31. S. 267-68.

Beschreibung und Abbildung des Lennoxschen, in Paris am 17. August 1834 bei der Abfahrt geplatzten Luftpostschiffes „Der Eagle (Adler)", von der Londoner „Europäischen Aeronautischen Gesellschaft" zur Kommunikation zwischen London und Paris bestimmt.

J. Gruber-Ulm-Söflingen.

1146. **Rebenstein**, Georg: Luftschiffkunst mit und ohne Beihülfe der Aërostatik. Eine Abhandlung. Nebst Einladung an alle aufgeklärten, gebildeten Einwohner Bayerns zur Theilnahme an einem grösseren Unternehmen dieser Art.

Nürnberg, 1835. *35 S. 8°.* [Umschlagt.]

U. A. Vorschlag eines durch Strohfeuer zum Steigen zu bringenden Ballons in Würfelform, der sich zu einer ebenen quadratischen Fläche zusammenlegen lässt.

Alexander Haas-Frankfurt a. M.;
jetzt Dr. Liebmann-Frankfurt a. M.

1147. **Weinholz,** Wilh[elm]: Luftschifffahrt und Maschinenwesen. Nachweisung eines neuen Bewegungsmittels, in Anwendung auf den Betrieb und die Bewegung von Maschinen, Fahrzeugen, Geschossen und Projectilien aller Art mächtiger und vortheilhafter, als alle seither in Gebrauch genommene Kraftäusserung; von grössester Wichtigkeit aber deshalb, weil seine Benutzung uns die Horizontaldirection der Luftballons und der aërostatischen Fahrzeuge, sowie die Bewegung, Hemmung und Leitung von Luftfahrzeugen ohne aërostatische Beihülfe, in horizontaler, wie in verticaler Richtung, vollkommen zu Gebote stellt.

Braunschweig und Leipzig, Oehme und Müller, 1835. *XVI+190 S. 8°.*

Enth. als Kap. 3.: „Erb's aëro- und hydrodynamische Kunst." S. 73-112 eine ausführliche Darlegung und Besprechung der von dem Heidelberger Professor Karl Augustus Erb 1824 gemachten Mitteilungen „über angeblich von ihm erfundene aërodynamische und hydrodynamische Fahrzeuge." Vgl. Nr. 1344.

Grossh. Hess. Hofbibliothek-Darmstadt.

1148. **Green,** [Charles]: Ausführlicher Bericht meiner Luftfahrt von London über den Kanal und nach Deutschland am 7. November 1836. Aus dem Englischen.

Grimma, Verlags-Comptoir, 1837. *45 S. 8° 1 Taf.*

Deutsches Museum-München.

1149. [**Mason**, Thomas Monck:] Account of the late æronautical expedition from London to Weilburg, accomplished by Robert Hollond, Esq. Monck Mason, Esq. and Charles Green, Æronaut.

London, F. C. Westley, 1836. *52 S. 8°.*

Alex. Haas-Frankfurt a. M.;
jetzt Dr. Liebmann-Frankfurt a. M.

1150. Die **Reise** der Herren Karl Green, Robert Hollond und Thomas Monk-Mason von London nach Weilburg am 7. und 8. November 1836 in dem Luftschiffe Royal-Vauxhall-Nassau. Voraus geht eine kurze Geschichte der Aeronautik. Mit einer lithographirten Abb. des Ballons.

Weilburg, L. E. Lanz, 1837. *68 S. 8° 1 Taf.*

Das Vorwort ist unterzeichnet: F—e u. Sch.

Frl. Selma Lemp-Weilburg a. L.;
jetzt Senckenbergische Bibliothek-Frankfurt a. M.

Abbildung 71.

1151. **Didion**, J[sidore]: Recherches sur la plus grande vitesse que l'on peut obtenir par la navigation aérienne.

Metz, S. Lamort, 1838. *11 S. 8°.*

(*Aus* Mémoires du Congrès scientifique de France. 5e Session, tenue à Metz en septembre 1837.)

Beigebunden an la Rive, A. de: Coup d'oeil sur l'état actuel de nos connaissances en électricité. (*Aus* Archives de l'Electricité, Suppl. à la Bibliothèque Universelle de Genève. 1841.)

Kais. Universitäts- und Landes-Bibliothek-Strassburg i. E.

1152. **Muzzi**, Muzio: Descrizione della aereonave rettirèmiga inventata da Muzio Muzzi.

Bologna, Nobili e Co., 1838. *10 S. 8° 1 Taf.*

S. 5-10 Gutachten der Professoren der Physico-Mathemat. Fakultät der päpstlichen Universität in Bologna über Muzzis Projekt von 1834. Rad- oder vielmehr linsenförmiger Heissluftballon mit einem Paar Luftschrauben, die durch Handbetrieb in Bewegung zu setzen sind. 1838 verbessertes Projekt. Vgl. Nr. 1154.

Dr. Ed. Langer-Braunau i. B.
C. Lang & Co.-Rom.

1153. **Polli**, Giovanni: Sulla direzione di un aereostato. Alcune idee.

Milano, P. A. Molina, 1838. *22 S. 8° 1 Taf.*

Deutsches Museum-München.

1154. Alcuni **documenti** sull' aereonave rettirèmiga inventata da Muzio Muzzi.

Firenze, V. Batelli e Co., 1839. *23 S. 8° 1 Taf.*

Wiederabdruck des Gutachtens aus Nr. 1152; ein weiteres Gutachten derselben Fakultät von 1838 und andere Dokumente über Muzzis — auch ausgeführtes — Projekt einer lenkbaren Montgolfière.

Dr. Ed. Langer-Braunau i. B.

1155. **Mazzacurali**, Luigi:[1]) Di un nuovo apparecchio chimico per caricare gli aerobati.

Bologna, Volpe al Sassi, 1839. *14 S. 8° 1 Taf.*

Beigefügt ein Originalbrief Mazzacuralis an Professor Antonio Sant Agata in Bologna vom 8. Oktober 1839.

C. Lang & Co.-Rom.

---

[1]) Die Schreibung „Mazzacurati" in dem Werke Giuseppe Boffito: Saggio di Bibliografia Aeronautica Italiana. Correzioni ed aggiunte ... Firenze 1908. S. 10. beruht wohl auf einem Druckfehler.

1156. **Andraud**: De l'air comprimé et dilaté comme moteur, ou des forces naturelles recueillies gratuitement et mises en réserve. 2e ed. augmentée d'une partie expérimentale, en collaboration avec Tessié du Motay.

Paris, Guillaumin, 1840. *144 S. 8⁰ 1 Taf.*

Enth. S. 67-73: Application de l'air comprimé à la navigation aérienne.

Joseph Baer & Co.-Frankfurt a. M.;
jetzt Senckenbergische Bibliothek-Frankfurt a. M.

1157. **Erb**, Karl Augustus: Rath. Stracciafoglio für werdende Geschichte, brouilloniert von Karl Augustus Erb.

Heidelberg, vorläufig Selbstverlag, (1840).

Enth. in der 5. Schichte vom 5. Oktober 1840 in Nr. 122 ff. Bemerkungen über einen Heliothermaërostaten.

Grossh. Bad. Hof- und Landesbibliothek-Karlsruhe.

Sanson, A. J.: Navigation dans l'air. Le point d'appui aérien applicable à l'aérostation 1841. Nr. 1428.

1158. (**Comaschi**, Antonio:) Cenno sull' aereostato dell' aereonauta Antonio Comaschi Bolognese esposto nell' ottobre 1842 nel Nobil Teatro di Apollo che venne gratuitamente concesso dalla magnanimita' di S. E. il Principe D. Alessandro Torlonia . . .

Roma [1842], Tipografia della Minerva. *43 S. 8⁰ 1 Taf.*

S. 1-20 histor. Einl., besonders über den Anteil der Italiener an der Lösung der aëronaut. Probleme. Verbindung von Tragkörper und Fallschirm.

Dr. Ed. Langer-Braunau i. B.

1159. **Luftschifffahrt.**

In Deutsches Familienbuch zur Belehrung und Unterhaltung. Bd 1. Carlsruhe 1843. S. 61-66.

Darstellung der Entwicklung der Luftschiffahrt und besonders des Dampfluftschiffes aus Metall des Nürnberger Mechanikers Leinberger.[1] *Mit einer Taf. – Erwähnung der „Dampfflugmaschine" von Henson.*

Josef Schaubrenner-Kippenheim.

1160. (**Patterson**, Clairaut:) Denkschrift betreffend die Aëronautik. Als Manuscript.

Kiel, C. F. Mohr, 1845. *17 S. 8⁰.*

Hervorhebung der durch Green eingeführten Verbesserungen des Luftballons; Hinweis auf die vom Verf. angeblich gefundene Lösung des Problems der horizontalen Leitung des Ballons.

Stadtbibliothek-Hamburg.

---

[1]) Näheres vgl. bei G. Wahl: Zur Geschichte des Leinbergerschen Luftschiffes und zur Geschichte des Metallballons überhaupt. im Archiv für die Gesch. der Naturwissenschaften und der Technik. Bd 2. Leipzig 1910. S. 387-93.

1161. **Kopp,** É[mile]: Rapport sur le mémoire de M. Lurtzing, intitulé Essai sur la direction des aérostats.

36 S. 4° 1 Taf.

In Mémoires de la Société du Muséum d'histoire naturelle de Strasbourg. T. 3. Strasbourg-Paris 1840-1846. CCC.

Senckenbergische Bibliothek-Frankfurt a. M.

Ragguaglio del viaggio aereo eseguito in Roma dal signor Francesco Arban il giorno di Martedi 14 Aprile 1846. Nr. 739.

Ragguaglio del secondo viaggio aereo eseguito in Roma dal Sig. Francesco Arban Il giorno di Domenica 17 Maggio 1846. Nr. 740.

1162. **Descrizione** della nuova macchina aereobatica costrutta in Pisa dall' aereonauta Francesco Orlandi.

Pisa, Pieraccini, 1847. *12 S. 8° 1 Taf.*

C. Lang & Co.-Rom.

1163. (van **Hecke:**) 1847 ... No. 11, 578. Specification of William Edward Newton. Aerial Locomotion.

London 1857, G. E. Eyre and W. Spottiswoode. *5 S. 4° 2 Taf.* [Umschlagt.]

Englische Patentschrift vom 14. August 1847 betr. die Erfindung des Dr. van Hecke in Brüssel: A new System of Aerial Locomotion or Aeronautic Carriage, containing a Motive Power, and a Point of Resistance or Fulcrum, by means of which Passengers may be conducted through the Air in any required Direction. — Ueber Dr. van Hecke vgl. S. 148.

J. J. Bourcart-Kolmar;
jetzt Senckenbergische Bibliothek-Frankfurt a. M.

1164. **Marey-Monge,** Edmond: Études sur l'aérostation.

Paris, Bachelier, 1847. *XIV+353 S. 8° 9 Taf.*

Angeb.: **Alcan:** Rapport fait au nom du Comité des arts mécaniques, sur l'ouvrage intitulé: Études sur l'aérostation, par Edmond Marey-Monge. *Aus* Bulletin de la Société d'encouragement pour l'industrie nationale. <Mois d'Août 1849>. *10 S. 8°.*

Das Werk von Marey-Monge enth. u. A.: Construction d'un ballon de cuivre. S. 185-230. Mit Abb. auf Taf. 4. – Die Fig. 16. 58. 59. 60. 61 enthalten Abbildungen des Meusnierschen Luftschiffprojektes. (Vgl. Nr. 981).

Senckenbergische Bibliothek-Frankfurt a. M.

1165. **Zirkler,** Conrad Wilhelm: Die realisierte Luftschifffahrt. Theoretisch, populär und praktisch dargestellt. Mit 44 Abb.

Tübingen, Buchhandlung Zu-Guttenberg, 1847. *66 S. 8° 4 Taf.*

Bücherei des Kais. Patentamts-Berlin.

1166. **Steinmann**, Ferd[inand]: Die Luftschifffahrtskunde und ihre Anwendung zur Communication, zu Reisen und zu Gütertransporten. Darstellung des gegenwärtigen Zustandes der Aeronautik und Entwickelung der Mittel zu ihrer grösseren Ausbildung und Vervollkommnung, um ihr eine hochwichtige Nutzbarkeit für die Menschheit zu verschaffen. Nach Edm. Marey-Monge u. A. Nebst 5 lithographierten Taf.

Weimar, B. Fr. Voigt, 1848. *XVIII+252 S. 8° 5 Taf.*

(Neuer Schauplatz der Künste und Handwerke. Bd 166.)

Enth. als Abt. 2. S. 145-180: Darstellung des Baues eines grossen Ballons aus Messingblech (von Marey-Monge i. J. 1843). Behandelt bei der Besprechung der Mittel, den Aërostaten ohne Gasverlust zum Steigen und zum Sinken zu bringen, eingehend das Projekt des Generals Meusnier, aus dessen Atlas [vgl. Nr. 981] 5 Tafeln in den Figuren 16, 58, 59, 60, 61 reproduziert werden. Vgl. Nr. 1164.

Grossh. Hess. Hofbibliothek-Darmstadt.

1167. **Roussel**: Notice sur la direction des aérostats.

[Ausschnitt aus Mémoires de l'Académie de la Somme 1848/50?]

Deutsches Museum-München.

1168. **Chabannes**, Ch. de: Navigation aérienne. Notice explicative du système Petin.

Paris, P. Dupont, 1851. *19 S. 8° 1 Taf.*

Joseph Baer & Co.-Frankfurt a. M.

1169. **Perreymond**: Navigation aérienne. — Système Petin. Notions élémentaires sur l'aéronautique et sur les sciences accessoires à cet art.

Paris, Librairie nouvelle, 1851. *48 S. (1 Taf.)*

Joseph Baer & Co.-Frankfurt a. M.

1170. **Rosenfeld**, Karl: Steuerbares Luft-Schiff. Mit erläuternden Zeichnungen.

Berlin, Th. Chr. Fr. Enslin, 1851. *32 S. 8° 2 Taf.*

Vorschlag der Teilung in Gaskammern.

Kgl. Oeffentliche Bibliothek-Dresden.

Rush, George: An account of ascents in the Nassau and Victoria balloons, in the years 1838, 1849 and 1850. 1851. Nr. 1482.

1171. **Heros**, L.: Das Archimedische Princip und der Luftballon.

In Jahrbuch des Nützlichen und Unterhaltenden. Hrsg. von F. W. Gubitz. Jg. 18. Berlin 1852. S. 19-24.

Dr. Ed. Langer-Braunau i. B.

1172. **Le Belliers** Jeune, Léon: La recherche de l'impossible ou l'aérostat construit par Léon Le Belliers jeune.

Paris, Dentu, 1852. *48 S. 8°.* [Umschlagt.]

J. J. Bourcart-Kolmar;
jetzt Senckenbergische Bibliothek-Frankfurt a. M.

Abb. 71. Green über Weilburg (1836). (Vgl. Nr. 1150.)

1173. **Meller** jeune, Prosper: Projet de navigation aérienne.

Paris, Pollet, 1852. *1 Bl. + 7 S. 4°.*

Mit Widmung an Kaiser Napoléon III.

Senckenbergische Bibliothek-Frankfurt a. M.

1174. **Sanson** père et fils: Les vrais principes de la navigation aérienne ou l'énigme de l'année 1839 dévoilée. Chapitres: L'Énigme aérostatique de 1839. Le Levier atmosphérique. Le Piège à science et les Savants. Le Raisonnement rationnel. Les deux Planches de salut. Les Points d'appui marin et aérien.

Paris, (Selbstverlag und) Ledoyen, 1852. *16 S. 8°.*

Vgl. Nr. 1428.

Joseph Baer & Co.-Frankfurt a. M.

1175. **Treille,** A., et A. **Meyer**: Solution d'un grand problème. La navigation aérienne réalisable, par la substitution au ballon sphérique du ballon en couronne, système de MM. A. Treille et A. Meyer. Entièrement nouveau, facile, simple, rationnel, et exempt de dangers. Avec fig. et texte explicatif.

Noyon (Oise), É. Mary-Dupuis, 1852. *14 S. 8° 3 Taf.*

Paul Merzbach-Offenbach a. M.

1176. **Bernau,** Josef: Schilderung der ausserordentlichen Luft-Fahrt, welche Herr Josef Bernau den 25.-26. Sept. 1853, mit dem Luftschiffer Eugen Godard zu Wien, vom Sofienbad aus, unternahm.

(Wien, J. Stöckholzer von Hirschfeld, [1853].). *16 S. 8°.*

Dr. Aug. Heymann-Wien.

1177. **Aldborough,** Benjamin O'Neale Stratford Earl of: 1854 . . . No. 224. Specification of Benjamin O'Neale Stratford, Earl of Aldborough. Aerial Navigation.

London 1854, G. E. Eyre and W. Spottiswoode. *79 S. 4° 22 Taf.* [Umschlagt.]

Englische Patentschrift vom 27. Juni | 30. Januar 1854 betr. die Erfindung von: Improvements in Aerial Navigation.

J. J. Bourcart-Kolmar;
jetzt Senckenbergische Bibliothek-Frankfurt a. M.

1178. — 1855 . . . No. 625. Specification of the Earl of Aldborough. Aerial Navigation.

London 1855, G. E. Eyre and W. Spottiswoode. *31 S. 4° 36 Taf.* [Umschlagt.]

Englische Patentschrift betr. die Erfindung von: Improvements in Aerial Navigation, and in the Application of the same to Warlike Purpose.

J. J. Bourcart-Kolmar;
jetzt Senckenbergische Bibliothek-Frankfurt a. M.

1179. — 1856 . . . No. 2062. Specification of the Earl of Aldborough. Aerial Navigation.

London 1857, G. E. Eyre and W. Spottiswoode. *70 S. 4° 14 Taf.* [Umschlagt.]

Englische Patentschrift betr. die Erfindung von: Improvements in Aërial Navigation, and in the Apparatus connected therewith, Parts of which are applicable to Locomotion generally.

J. J. Bourcart-Kolmar;
jetzt Senckenbergische Bibliothek-Frankfurt a. M.

1180. **Collina,** Giuseppe: Proposta della costruzione di un aerostato con la direzione orizzontale; e cenno sulle conseguenze di questa scoperta. Memoria dell' avv. Giuseppe Collina, letta dal professor Marco Malagoli Vecchj nell' adunanza ordinaria della Società de' Filodidaci tenutasi il 31 agosto 1856.

Firenze, Le Monnier, 1856. *16 S. 8°.*

Bücherei des Kais. Patentamts-Berlin.

1181. **Aldborough,** Benjamin O'Neale Stratford Earl of: 1857 . . . No. 1054. Specification of the Earl of Aldborough. Aërial Navigation, &c.

London 1857, G. E. Eyre and W. Spottiswoode. *44 S. 4° 7 Taf.* [Umschlagt.]

Englische Patentschrift betr. die Erfindung von: Improvements in Aerial Navigation, and in the Apparatus connected therewith, Parts of which are applicable to Locomotion generally.

J. J. Bourcart-Kolmar;
jetzt Senckenbergische Bibliothek-Frankfurt a. M.

1182. **Barnout,** H.: Navigation aérienne. Le rotaer, moteur atmosphérique, suivi d'un appendice sur l'aérostation.

Paris, L. Tinterlin et Ce, 1858. *55 S. 8°.*

Bücherei des Kais. Patentamts-Berlin.

Berg, Wilhelm: Notizen über Ballon- und Luftschiffahrt, mit besonderer Berücksichtigung auf die erste Luftfahrt des Aeronauten Wilhelm Berg 1847 in Moskau. 1858. Nr. 749.

Brachet, Achille: Lettre adressée à M. Babinet ou simples préliminaires sur la Restauration du système aérostatique du lieutenant-général Meusnier. 1858. Nr. 982.

1183. **Vaussin-Chardanne:** De l'aérostation sérieuse mise a la portée de tous. . . .

Paris, Bureau de l'ami des sciences, 1858. *48 S. 8° 2 Taf.*

Von der Société aérostatique et météorologique de France 1853/54 preisgekrönt.

Königliche Bibliothek-Berlin.

1184. **Farcot,** E.: La navigation atmosphérique.

Paris, A. Bourdilliat et Cie., 1859. *X + 104 S. + 1 Bl. 8° 1 Taf.*

Joseph Baer & Co.-Frankfurt a. M.
Kais. Universitäts- und Landes-Bibliothek-Strassburg i. E.

1185. D'**Arnoult,** E[ugène].: Voyage du Géant. De Paris à Hanovre en ballon.
Paris, É. Dentu, 1863. *125 S. 8°.*
König Georg V. von Hannover gewidmet.

J. J. Bourcart-Kolmar;
jetzt Senckenbergische Bibliothek-Frankfurt a. M.

1186. **Delaville-Dedreux:** La navigation aérienne en Chine. Relation d'un voyage accompli en 1860 entre Fout-Cheou et Nant-Chang.
Paris, Desloges, 1863. *71 S. 8°. 1 Taf.*

Deutsches Museum-München.

1187. **Reda de Saint Martin,** Henry: 1863, 29th December. No. 3284. Specification of Henry Reda de Saint Martin. Aërial Apparatus.
London 1864, G. E. Eyre and W. Spottiswoode. *2 S. 4°.* [Umschlagt.]
„This Invention received Provisional Protection only." Patentschrift betr. die Erfindung von: Improvements in Apparatus for Aerial Locomotion.

J. J. Bourcart-Kolmar;
jetzt Senckenbergische Bibliothek-Frankfurt a. M.

1188. (**Vannaisse,** Henri:) Solution pratique de la navigation aérienne. Avec Fig.
(Paris,) Dentu, 1863. *34 S. 8° 1 Taf.*

J. J. Bourcart-Kolmar;
jetzt Senckenbergische Bibliothek-Frankfurt a. M.

1189. **Barral,** Georges: Impressions aériennes d'un compagnon de Nadar suivies de la note lue à l'observatoire impérial sur la troisième ascension du Géant. Avec une carte du voyage.
Paris, Gaut, 1864. *20 S. 8° 1 Taf.*
Frau Nadar gewidmet.

Joseph Baer & Co.-Frankfurt a. M.;
jetzt Senckenbergische Bibliothek-Frankfurt a. M.

1190. **Charvin,** A.: De la navigation aérienne par les aérostats.
Paris, (Selbstverlag,) 1864. *32 S. 8°.*
Enth. S. 4 eine Darlegung der Ziele der Sociéte française des aéroscaphes.

Joseph Baer & Co.-Frankfurt a. M.

1191. — De la navigation aérienne par les aérostats. 2e éd. Avec une Introduction et des Notes nouvelles.
Paris 1864. *32 S. 8°.* [Umschlagt.]
Auf der 1. Seite: Aéroscaphes.

J. J. Bourcart-Kolmar;
jetzt Senckenbergische Bibliothek-Frankfurt a. M.

1192. **David,** L.: Solution du problème de la navigation dans l'air par la direction des aérostats. Exposé d'un nouveau système de direction.

Paris, F. Henry, 1864. *83 S. + 1 Bl. 8° 5 Taf.*

Joseph Baer & Co.-Frankfurt a. M.;
jetzt Senckenbergische Bibliothek-Frankfurt a. M.

1193. **Duchesne** jeune: Exposé de divers systèmes de navigation aérienne et réfutation de l'hélicoptère Nadar, Ponton d'Amécourt et de La Landelle.

Paris, É. Dentu, 1864. *72 S. 8°.*

J. J. Bourcart-Kolmar;
jetzt Senckenbergische Bibliothek-Frankfurt a. M.

1194. **Farcot,** E[ugène]: Voyage du ballon le Louis Blanc.

Paris, Le Chevalier, 1874. *80 S. 8° 2 Taf.*

Deutsches Museum-München.

1195. **Nadar** *Pseudonym für Félix Tournachon:* A terre & en l'air . . . Mémoires du Géant. Avec une introduction par Babinet.

Paris, E. Dentu, 1864. *5 Bl. + 439 S. 8°.*

Im Vorwort ein Nachruf auf Jean-Baptiste Dupuis-Delcourt und eine Würdigung von Jean-François Pilâtre de Rozier. — 2. Aufl.: Nr. 1197.

Paul Merzbach-Offenbach a. M.

1196. **Chéradame,** (Antoine) Léopold: La direction des aérostats Enfin trouvée par Léopold Chéradame. Prospectus gratis, avec plans et portrait.

Paris 1865, Lith. Caillot. *8 S. + 1 Bl. 8° 1 Taf.*

J. J. Bourcart-Kolmar;
jetzt Senckenbergische Bibliothek-Frankfurt a. M.

1197. **Nadar** *Pseudonym für Félix Tournachon:* A Terre et en l'air . . . Mémoires du Géant. Avec une introduction par Babinet. 2. éd.

Paris, E. Dentu, 1865. *5 Bl. + 439 S. 8° 2 Taf.*

1. Aufl.: Nr. 1195.

Joseph Baer & Co.-Frankfurt a. M.;
jetzt Senckenbergische Bibliothek-Frankfurt a. M.

1198. **Meunier,** Victor: Science et démocratie. Deuxième Série.

Paris, Germer Baillière, 1866. *436 S. 8°.*

Enth. Kap. 1: La défense de la navigation aérienne. Kap. 2: Navigation aérienne. — Réponse à un critique. S. 1-80.

Kais. Universitäts- und Landes-Bibliothek-Strassburg i. E.

(**R[uelens],** C[h].): L'art de naviguer dans les airs. Causerie bibliographico-aérostatique. 1867. Nr. 680.

1199. **Cordenons,** Pascal: Le problême de la navigation aérienne. Solution par Cordenons Doct. Pascal.

Vérone, H. F. Münster, 1868. *15 S. 8° 1 Taf.*

Das italienische Original erschien ein Jahr früher unter dem Titel: Cordenons, Pasquale: Il problema della navigazione aerea. Soluzione del dott. Pasquale Cordenons. Padova, F. Sacchetto, 1867. 15 S. 8° [ohne Taf.]; eine deutsche Uebersetzung: Cordenons, Paskal: Das Problem der Luftschiffahrt gelöst. Mit 1 Figurentaf. Verona, H. F. Münster, 1868. 20 S. 8° 1 Taf. (Beide Ausgaben im Besitze von Dr. Liebmann-Frankfurt a. M.)

Kais. Universitäts- und Landes-Bibliothek-Strassburg i. E.

1200. **Haenlein,** Paul: Plan zu einem lenkbaren Motor-Luftschiff. Entworfen, gezeichnet und beschrieben von Paul Hänlein, Mainz i. J. 1868.

Eigenhändige Konstruktionszeichnung der „Ballon-Locomotive" Hänleins mit Buchstabenerklärung und als Blatt No. 1 bezeichnet. Das an verschiedenen Stellen durchlöcherte, unter Glas gefasste Blatt ist ca. 560 mm hoch und 860 mm breit. Maßstab: $\frac{1}{75}$ der Naturgrösse. Es enthält: Fig. 1. Längen-Ansicht. Fig. 2. Vordere Ansicht. Fig. 3. Plan. Fig. 4. Balken B und Fig. 5. Balken D, beide im Maßstab $\frac{1}{5}$ der Naturgrösse. Unterzeichnet: Mainz 1868. Paul Haenlein. Beigefügt ein eigenhändiges und gezeichnetes Manuskript von Hänlein, datiert: Mainz, October 1868, und als „Nachtrag" (zu einer auch in der Hand des Besitzers befindlichen Beschreibung des Luftschiffes nebst Erörterungen über den kommerziellen Wert und die militärische Bedeutung der Ballonlokomotive) bezeichnet.

Jos. Protzmann-Weisenau-Mainz a. Rh.

1201. **Livtschak,** Joseph: Die Lösung des aëronautischen Problems <der Luftschiff-fahrts-Frage.> Mit 4 dem Texte eingedruckten Holzschnitten.

Wien, L. Sommer; Eigenthum des Verf., 1869. *35 S. 4°.*

Flugapparat mit beiderseits zugespitztem Ballon; Dampfmaschine als Motor.

Deutsches Museum-München.

1202. **Haenlein,** Paul: Functionirendes Modell von Haenlein's lenkbarem Luftschiffe. $\frac{1}{25}$ Naturgrösse.

Dat. Mainz, Dezember 1870.

Originalbleistiftskizze des Haenleinschen, 1870 in Mainz gezeigten Luftschiffmodells. Blattgrösse: 255:510. Bezeichnung der Luftschiffteile durch Buchstaben, Erklärung derselben. — Vgl. Nr. 1286.

Oberstleutnant Moedebeck(†)-Berlin.

1203. **Voyages** aériens par J[ames] Glaisher, Camille Flammarion, W[ilfrid] de Fonvielle et Gaston Tissandier. Ouvrage contenant 117 gravures sur bois et 6 chromolithographies dessinées d'après les croquis d'Albert Tissandier par Eugène Cicéri et Adrien Marie et 15 diagrammes ou cartes.

Paris, L. Hachette et Cie., 1870. *612 S. 4° 22 Taf.*

Deutsche Uebersetzungen: Nr. 1210. 1235. — Eine englische Uebersetzung erschien 1871 in London unter dem Titel: Travels in the airs.

Joseph Baer & Co.-Frankfurt a. M.;
jetzt Senckenbergische Bibliothek-Frankfurt a. M.

1204. (**Fernique,** A.:) Un voyage en ballon. A Monsieur le Secrétaire de l'Association amicale des anciens Élèves de l'École centrale des arts et manufactures.

(Paris 1871.) *18 S. 8°.*

[Ausschnitt.]

Deutsches Museum-München.

1205. **Laviarde,** Achille: Nouvelle aérostation.

Reims 1871, A. Lagarde. *31 S. 8° + 21 Bl. Abb.*

Dr. Gans-Fabrice-Garmisch.

1206. **Cézanne:** Relation d'un voyage aéronautique.

Aus Annales des ponts et chaussées. 2e année 1872. Paris 1872. 4e cahier. Nr. 11. S. 253-275.

Deutsches Museum-München.

1207. **Dupuy de Lôme** [, Stanislas-Charles-Henry-Laurent]: Note sur l'aérostat à hélice construit pour le compte de l'État, sur les plans et sous la direction de M. Dupuy de Lôme. Note remise en décembre 1871 à la commission chargée de suivre les essais, puis lue à l'Académie le 5 février 1872.

67 S. + 9 Bl. Tafelerklärungen 4° 9 Taf.

Aus Mémoires de l'Académie des sciences de l'Institut de France. Tome 40. no. 1. 1872.

Enth. S. 55-67: Rapport de la commission instituée pour expérimenter l'aérostat Dupuy de Lôme. — Das Werk ist mit gleichem Umfang auch selbständig erschienen unter dem Titel: Institut de France. Note sur l'aérostat à hélice construit pour le compte de l'État, sur les plans et sous la direction de M. Dupuy de Lôme. Note remise en décembre 1871 à la commission chargée de suivre les essais, puis lue à l'Académie le 5 février 1872. Extrait du tome 40 des Mémoires de l'Académie des Sciences. Paris, Firmin Didot, 1872. (Im Besitz von Dr. Liebmann-Frankfurt a. M.)

Bücherei des Kais. Patentamts-Berlin.

1208. **Helmholtz,** H[ermann v.]: Theoretische Betrachtungen über lenkbare Luftballons.

In Verhandlungen des Vereins zur Beförderung des Gewerbfleisses in Preussen. Jg. 51. Berlin 1872. S. 289-292.

Senckenbergische Bibliothek-Frankfurt a. M.

1209. **Heriz,** Enrique: Memoria sobre la navegacion aérea.

Barcelona, N. Ramirez y Ca., 1872. *11 S. 8°.*

In Sammlung Poggendorff. Bd 144.

Kais. Universitäts- und Landes-Bibliothek-Strassburg i. E.

1210. **Luftreisen** von J[ames]. Glaisher, C[amille]. Flammarion, W[ilfrid]. v. Fonvielle und G[aston]. Tissandier. Mit einem Anhange über die Ballonfahrten während der Belagerung von Paris. Frei aus dem Französischen. Eingeführt durch Hermann Masius. Mit zahlreichen Ill.

Leipzig, F. Brandstetter 1872. *VIII + 334 S. + 3 Bl. 8° 42 Taf.*

Französische Originalausgabe: Nr. 1203. 2. deutsche Ausgabe: Nr. 1235.

Senckenbergische Bibliothek-Frankfurt a. M.

1211. **Tissandier,** Gaston: Les ballons dirigeables. Expériences de Henri Giffard en 1852 et en 1855 et de Dupuy de Lôme en 1872. <3 grav. dans le texte.>

Paris, É. Dentu, 1872. *VII + 62 S. 8°.*

Joseph Baer & Co.-Frankfurt a. M.

1212. **Festeau,** F.: Navigation aérienne. Études. Forme. Stabilité. Direction.

Madrid 1874, A. Querol y P. García. *62 S. 8° 4 Taf.*

Charles Weiss-Mülhausen i. E.;
jetzt Senckenbergische Bibliothek-Frankfurt a. M.

1213. **Fonvielle,** W[ilfrid] de: La conquête de l'air.

Paris, A. Ghio, 1874. *35 S. 8°.*

Joseph Baer & Co.-Frankfurt a. M.

1214. **Helmholtz,** H[ermann von]: Über ein Theorem, geometrisch ähnliche Bewegungen flüssiger Körper betreffend, nebst Anwendung auf das Problem Luftballons zu lenken.

In Monatsberichte d. Kgl. Preuss. Akademie der Wissenschaften zu Berlin. Aus dem Jahre 1873. Berlin 1874. S. 501-514. Nachtrag zur Sitzung vom 26. Juni 1873.

Senckenbergische Bibliothek-Frankfurt a. M.

1215. **Heriz,** Enrique: Memoria sobre la máquina aérea y la termodinámica de los gases.

Barcelona, N. Ramirez y Ca., 1874. *22 S. 8°.*

In Sammlung Poggendorff. Bd 144.

Kais. Universitäts- und Landes-Bibliothek-Strassburg i. E.

1216. (**Smitter**): Navigation aérienne. Direction des aérostats. Système Smitter.

Paris 1875. *15 S. 8°.*

Joseph Baer & Co.-Frankfurt a. M.;
jetzt Senckenbergische Bibliothek-Frankfurt a. M.

1217. **Arsène-Olivier de Landreville**: Les nouveaux ballons. Étude présentée à la Société française de Navigation aérienne.

Paris, Société Française de Navigation aérienne — A. Lefèvre, 1876. *32 S. 8°.*

Joseph Baer & Co.-Frankfurt a. M.;
jetzt Senckenbergische Bibliothek-Frankfurt a. M.

1218. **Ruiz,** Pedro: Estudios generales sobre la „Navegacion Aérea“ y Resolucion de este importante problema con 25 gravados. Para el 28 de julio de 1878.

Callao 1878, Nicanor Nieto. *31 S. + 1 Bl. 8° 22 Taf.*

Senckenbergische Bibliothek-Frankfurt a. M.

1219. **Sempé,** J.: Une merveille aérostatique à Paris par J. Sempé. (Umschlagt.: par J. Sempé et Balmisse.)

Paris 1878. *32 S. 8°.*

Giffards Fesselballon für die Pariser Weltausstellung 1878. — Widmung der Autoren an Georges Husson. — Biographische Angaben über Giffard S. 26-32.

Joseph Baer & Co., Frankfurt a. M.;
jetzt Senckenbergische Bibliothek-Frankfurt a. M.

Tissandier, Gaston: Histoire de mes ascensions. 1878. Nr. 911.

1220. — Le grand ballon captif à vapeur de M. Henry Giffard. Cour des Tuileries. Paris, 1878. Avec de nombreuses ill. par Albert Tissandier.

Paris, G. Masson, 1878. *67 S. 8° 12 Taf.*

3. Auflage: Nr. 1222.

Joseph Baer & Co.-Frankfurt a. M.;
jetzt Senckenbergische Bibliothek-Frankfurt a. M.

1221. **Fonvielle,** W[ilfrid] de: Académie d'aérostation météorologique. L'ascension du Gayant de Douai 9 Juillet 1879.

Paris, Bureaux du Journal L'Électricité, [o. J. (um 1879)]. *36 S. 8°.*

Joseph Baer & Co.-Frankfurt a. M.;
jetzt Senckenbergische Bibliothek-Frankfurt a. M.

Tissandier, Gaston: Histoire de mes ascensions. 2ᵉ éd. [1879.] Nr. 912.

1222. — Le grand ballon captif à vapeur de M. Henry Giffard. Cour des Tuileries 1878-1879. Avec de nombreuses ill. par Albert Tissandier. 3ᵉ éd.

Paris, G. Masson, 1879. *67 S. 8° 18 Taf.*

1. Auflage: Nr. 1220.

F. B. Auffarth-Frankfurt a. M.

1223. (**Chapel,** Alfred:) Navigation aérienne. Système Debayeux.

Paris, chez l'auteur, 1880. *21 S. + 1 Bl. 8°.*

Joseph Baer & Co.-Frankfurt a. M.;
jetzt Senckenbergische Bibliothek-Frankfurt a. M.

1224. **Wellner,** Georg: Ueber die Möglichkeit der Luftschiffahrt. Mit 18 in den Text gedruckten Fig.

Brünn, Selbstverlag, 1880. *1 Bl. + 35 S. 4°.*

2. Auflage: Nr. 1241.

Berliner Verein für Luftschiffahrt-Berlin-Wilmersdorf.

Abb. 72. Degens Flugmaschine mit Ballon (1812).
(Vgl. Nr. 384.)

1225. **Heim,** Adolf Friedrich: Luftschiff. Patentirt im Deutschen Reiche vom 19. Januar 1881 ab.

1 Bl. 4° 1 Taf.

(Kaiserliches Patentamt. Patentschrift No. 15119. Klasse 77: Sport. Ausgegeben den 9. November 1881.)

Luftschiff mit einer eisernen, luftdicht verschliessbaren Gondel, 2 Steuerrudern, 2 auf denselben sitzenden verstellbaren Windflügeln, mit 2 doppelt wirkenden Luftpumpen zur Vorwärtsbewegung des Schiffes und des Ballons und zur Comprimirung der Luft in der Gondel und mit einem Apparat zur Anwendung des atmosphärischen Luftdrucks auf luftleeren Raum.

A. F. Heim-Rüppur b. Karlsruhe;
jetzt Senckenbergische Bibliothek-Frankfurt a. M.

1226. **Heim,** Adolf Friedrich: Luftschiff. [1881?]

3 Bl. verschiedener Grösse.

3 Bl. handgezeichnete Pläne für das Projekt eines lenkbaren Luftschiffes. Bl. 1: Gesamtansicht von der Seite und von vorn; Bl. 2: Gondel zum Luftschiff (1:20 der nat. Grösse). Mit Buchstabenerklärung. Bl. 3: Luftpumpe (1:10 der nat. Grösse). Undatiert. — Vgl. Nr. 1225.

A. F. Heim-Rüppur b. Karlsruhe i. B.;
jetzt Senckenbergische Bibliothek-Frankfurt a. M.

1227. **Müller,** Max: Erläuterung zum Luftschiff-Modell.

Dat. Wien, den 15/1. 1881. *2 Bl. 2°.*

Ms. des Erfinders des Bugsprit-Luftschiffes, Max Müller-Wien, am 21. Januar 1881 der Fachgruppe für Flugtechnik des österr. Ingenieur- und Architekten-Vereins durch dessen Schriftführer, Graf von Buonaccorsi di Pistoja, vorgelegt. — Vgl. Nr. 889. 917. 1267-69.

Max Müller-Wien;
jetzt Senckenbergische Bibliothek-Frankfurt a. M.

1228. **Fonvielle,** W[ilfrid]. de: Les ballons dirigeables à vapeur de Henry Giffard. Discours prononcé par W. de Fonvielle devant les membres de l'Académie d'Aérostation météorologique de Paris, dans la séance du mercredi 26 avril 1882.

(Paris [1882?], Grande Imprimerie.) *24 S. 8°.* [Kopft.]

Joseph Baer & Co.-Frankfurt a. M.;
jetzt Senckenbergische Bibliothek-Frankfurt a. M.

1229. — Les grandes ascensions maritimes. La traversée de la Manche. Avec 4 belles grav.

Paris, A. Ghio, 1882. *III + 48 S. 8° 4 Taf.* [Umschlagt.]

Joseph Baer & Co.-Frankfurt a. M.;
jetzt Senckenbergische Bibliothek-Frankfurt a. M.

1230. **Oppelt,** Gustave: Navigation aérienne par les ballons; Point d'appui. — Appareil de direction. Système Oppelt.

Bruxelles, F. Hayez, 1882. *8 S. 8°.*

Kgl. Universitätsbibliothek-Göttingen.

1231. **Silberer,** Victor: Die Wiener Luftfahrten im Ballon „Vindobona". 2. Ser. 11.-15. Fahrt.

Wien, Allg. Sport Ztg., [1882]. *34 S. 8°.*

F. B. Auffarth-Frankfurt a. M.

1232. — Ein Diner in den Lüften. Ausführliche Schilderung der mit Herrn Cornelius Eugène Armin Wolf aus London am 3. October 1882 im Ballon „Vindobona" unternommenen und besonders interessanten zwölften Luftschifffahrt.

Wien, Allg. Sport Ztg., [o. J. (1882).] *9 S. 8°.*

F. B. Auffarth-Frankfurt a. M.

1233. **Koch,** Gustav: Das Luftschiff. Ein Beitrag zur Bedürfniss- & Nützlichkeitsfrage der praktischen Luftschifffahrt. Nebst einem Anhang, enthaltend die Beschreibung & Erläuterung des G. Koch'schen Systems zur Erstellung eines lenkbaren Luftschiffes, mit einer Abb. desselben . . .

München 1883, J. Gotteswinter. *18 S. 8⁰ 1 Taf.*

Enth. u. a. ein fachmännisches Gutachten von Prof. M. Schröter-München. — Vgl. Nr. 1246. 1247.

Kais. Universitäts- und Landes-Bibliothek-Strassburg i. E.

1234. Die **Lenkung** des Luftballons mittelst einer verstellbaren Aequatorfläche. Vortrag, gehalten den 6. April 1883, in der Versammlung der Fachgruppe für Flugtechnik des österr. Ingenieur- und Architekten-Vereins in Wien.

Wien, „Steyrermühl", 1883. *13 S. 8⁰ 2 Taf.*

Deutsches Museum-München.

1235. **Luftreisen** von J[ames]. Glaisher, C[amille]. Flammarion, W[ilfrid]. v. Fonvielle und G[aston]. Tissandier. Mit einem Anhange über Ballonfahrten während und nach der Belagerung von Paris. Frei aus dem Französischen. Eingeführt durch Hermann Masius. Mit zahlreichen Ill. Zweite, verm. Aufl.

Leipzig, Fr. Brandstetter, (1883). *VIII + 349 S. 8⁰ 44 Taf.*

Das französische Original: Nr. 1203. 1. deutsche Ausgabe: Nr. 1210.

Alexander Haas-Frankfurt a. M.

1236. **Pompéien-Piraud,** J.-C.: Navigation aérienne. Direction des ballons. Notes Sur le Ballon et l'Appareil de Direction et d'Aviation inventé et construit par J.-C. Pompéien-Piraud.

Lyon 1883, Imprimerie Nouvelle. *23 S. 8⁰ 1 Taf.*

F. B. Auffarth-Frankfurt a. M.

1237. **Racle,** Georges: Direction des aérostats. Deux modes d'orientation.

Paris, A. Ghio, 1883. *32 S. 8⁰.*

Mit Widmung an den Direktor der École Supérieure de Pharmacie in Paris Chatin.

Joseph Baer & Co.-Frankfurt a. M.;
jetzt Senckenbergische Bibliothek-Frankfurt a. M.

1238. **Securius,** [Karl]: Securius' Luftschiffahrten. Aus 7jähriger Praxis von ihm selbst erzählt.

Bremen, Selbstverlag, 1883. *1 Bl. + 95 S. 8⁰.*

Deutsches Museum-München.

1239. **Silberer,** Victor: Die Luftfahrten des Ballons „Vindobona" in Badapest 1883.

Wien, Allg. Sport Ztg., [1883]. *IV + 25 S. 8⁰.*

F. B. Auffarth-Frankfurt a. M.

1240. — A „Vindobona" léghajó. Budapesti légi-utazásai 1883-ban.

[Wien,] Allg. Sport Ztg., [1883]. *27 S. 8°.*

F. B. Auffarth-Frankfurt a. M.

1241. **Wellner,** Georg: Ueber die Möglichkeit der Luftschifffahrt. Mit 18 in den Text gedruckten Fig. 2. Aufl.

Brünn, C. Winiker in Komm., 1883. *1 Bl. + 35 S. 4°.*

1. Auflage: Nr. 1224.

B. Spitzer-Frankfurt a. M.;
jetzt Senckenbergische Bibliothek-Frankfurt a. M.

1242. **Duroy de Bruignac** [, A.]: Exposé sommaire de l'état présent de l'aéronautique. *22 S. 8°.*

Aus Mémoires de la Société des Ingénieurs civils. Octobre 1884.

Der Lenkballon von Renard und Krebs.

Joseph Baer & Co.-Frankfurt a. M.;
jetzt Senckenbergische Bibliothek-Frankfurt a. M.

1243. **Fonvielle,** Wilfrid de: L'aérostat dirigeable de Meudon.

Paris, „Spectateur Militaire" — A. Ghio, 1884. *52 S. 8°.*

Der Lenkballon von Renard und Krebs.

Joseph Baer & Co.-Frankfurt a. M.;
jetzt Senckenbergische Bibliothek-Frankfurt a. M.

1244. **Ganswindt,** Hermann: Die Lenkbarkeit des aërostatischen Luftschiffes gemeinfasslich mit ausführlichen Berechnungen und Zeichnungen dargestellt von Hermann Ganswindt.

Berlin, Gsellius in Komm., 1884. *84 S. 8° 2 Taf.*

Projekt eines Motorluftschiffes von länglicher Form mit Dampfmaschinenantrieb; Fort- bezw. Abwärtsbewegung durch vertikale bezw. horizontale Lufträder.

Heinrich Bestgen-Köln a. Rh.;
jetzt Senckenbergische Bibliothek-Frankfurt a. M.

1245. **Grilleau,** B. de: Les aérostats dirigeables. Leur passé, leur présent, leur avenir. Le ballon de Meudon Et les progrès les plus récents de l'aéronautique. Ouvrage orné de 5 grav. et de 3 pl.

Paris, É. Dentu, 1884. *211 S. 8° 2 Taf.*

F. B. Auffarth-Frankfurt a. M.

1246. **Koch,** Gustav: Lenkbarer Luftballon nach dem Windfahnenprinzip <Schwerpunkt-Drehpunkt vor dem Flächenmittel des Längenschnittes> zu Experimentirzwecken ausgeführt im Maßstab von 1:70 und im August und September des

Jahres 1884 oeffentlich und funktionirend vorgeführt im K. Glaspalast in München und in der Gewerbehalle zu Stuttgart von Gustav Koch.

1 Bl. quer-gr. fol.

Orig.-Zeichnung des Erfinders, enth. 2 Figuren: Seitenansicht; Vorderansicht. Nebst „Berichten der Presse über die Versuchsergebnisse" in einer Kolumne von 52 Zeilen von der Hand des Erfinders. — Vgl. Nr. 1233, 1247.

Gustav Koch-Stuttgart.

1247. — Motorluftschiff. <Lenkbarer Luftballon>. Maßstab = 1 : 300. [Nebst 35 Zeilen] Erläuterung. Entwurf aus dem Jahre 1884 von Gustav Koch, München-Stuttgart.

1 Bl. 500 mm hoch, 750 mm breit.

Originalzeichnung und -schrift des Erfinders, enth. 3 Figuren: Seitenansicht; Ansicht von vornen; Ansicht von unten. (Schematische Darstellung des Schiffsgerippes). — Vgl. Nr. 1246.

Gustav Koch-Stuttgart.

1248. Die **Lenkbarkeit** des Luftschiffes.

In Archiv für Post und Telegraphie. Beihefte zum Amtsblatt des Reichs-Postamts. Jg. 12. Berlin 1884. No. 22. S. 681-685.

Luftschiff von Charles Renard und A. Krebs; Urteil von Dupuy de Lôme darüber und Hinweis auf seinen eigenen Versuch vom 2. Februar 1872.

Germanisches Nationalmuseum-Nürnberg.

1249. **Silberer**, Victor: Die Unmöglichkeit der Lenkbarmachung des Luftballons.

Wien, Allg. Sport-Ztg., [1884]. *21 S. 8°.*

(Victor Silberer's kleine aëronautische Schriften. 10.)

Die einzig mögliche Lenkbarkeit besteht in der richtig berechneten Benutzung der verschiedenen Luftströmungen.

F. B. Auffarth-Frankfurt a. M.

1250. **Tissandier,** Gaston: Application de l'électricité à la navigation aérienne. L'aérostat électrique à hélice de MM. Albert et Gaston Tissandier. Note présentée à la Société d'encouragement le 11 Janvier 1884. <Extrait du Bulletin de la Société d'encouragement.>

Paris, J. Tremblay, 1884. *16 S. 4° 1 Taf.*

Kais. Universitäts- und Landes-Bibliothek-Strassburg i. E.

1251. Neuere **Vorschläge** für lenkbare Luftballons. Mit Abb.

In Dingler's Polytechnisches Journal. Bd 254. Jg. 1884. Stuttgart. S. 20-27.

Besprechung der Versuche von Gaston Tissandier; Renard und Krebs; Gustav Koch u. A. m.

Senckenbergische Bibliothek-Frankfurt a. M.

1252. **Wald,** Albin: Populär-wissenschaftlicher Vortrag über Luftschifffahrt und über die bevorstehende Einführung der praktischen Luftschifffahrt mittelst wirklich lenk- und steuerbarer Luftschiffe im Vergleich zur Seeschifffahrt.

(Berlin, M. Stolzenwald, [1884.]) *16 S. 8°.*

Angeb. „Betheiligungs-Schein".

Bücherei des Kais. Patentamts-Berlin.

1253. **Wellner**, G[eorg]: Das keilförmige Unterseeboot <Fischboot> bezieh. der keilförmige Luftballon. Mit Abb.

In Dingler's Polytechnisches Journal. Bd 252. Jg. 1884. Stuttgart. S. 394-398.

Senckenbergische Bibliothek-Frankfurt a. M.

1254. **Wieczoreck**, Rudolf: Das lenkbare Luftschiff.

Breslau, Preuss u. Jünger, 1884. *8 S. 8°.*

Kgl. und Universitätsbibliothek-Breslau.

1255. **Fontaine**, J.-A.: Exposé d'un nouveau système d'aérostats dirigeables à propulsion atmosphérique supprimant les résistances dues au filet et à la nacelle prévenant la formation du couple perturbateur de stabilité verticale et permettant d'obtenir de grandes vitesses avec des appareils de petits volumes, comparativement à ceux que rend nécessaires l'emploi de l'hélice comme propulseur. <Avec 43 fig. dont 38 intercalées dans le texte.>

Paris, J. Michelet, 1886. *80 S. 4° 1 Taf.*

Joseph Baer & Co.-Frankfurt a. M.

Senlecq, C.: Navigation aérienne. Système d'aérostat plus lourd que l'air s'élevant et se maintenant à une hauteur voulue dans l'atmosphère, par une force mécanique infiniment réduite. 1886. Nr. 1384.

1256. **Pompéien-Piraud**, J. C.: Variétés. Navigation aérienne. Les ballons dirigeables et l'aviation.

Lyon, A. Storck, 1887. *16 S. 8°.* [Umschlagt.]

F. B. Auffarth-Frankfurt a. M.

1257. **Feliciano**, José: O balão Julio Cesar [Ribeiro de Souza] e A direcção dos balões por José Feliciano. Vol. 1. Primeira parte: O balão Julio Cesar e o jornalismo.

São Paulo, Louzada & Jrmão, 1888. *72 S. + 2 Bl. 8°.*

Vgl. Nr. 1270.

Joseph Baer & Co.-Frankfurt a. M.;
jetzt Senckenbergische Bibliothek-Frankfurt a. M.

1258. **Fonvielle**, Wilfrid de: La catastrophe du ballon „L'Arago". Avec les portraits de Lhoste et Mangot.

Paris, „Spectateur Militaire", 1888. *24 S. 8°.* [Umschlagt.]

Auf der letzten Umschlagseite Abbildung: Le départ de L'Arago pour la haute mer le 14 novembre 1887, à 11 heures 15 (Quillebœuf).

Joseph Baer & Co.-Frankfurt a. M;
jetzt Senckenbergische Bibliothek-Frankfurt a. M.

1259. **Popper**, Josef: Flugtechnik. 1. Heft. Revidirter Sonderabdruck aus der „Zeitschrift für Luftschifffahrt".

Berlin, W. H. Kühl, 1889. *XII + 120 S. 4°.*

Enth.: Ueber die Fortschritte und die Aussichten im Gebiete der Luftschiffahrt. Erweiterung des Vortrags, gehalten am 21. Oktober 1887 in der konstituirenden Versammlung des „Flugtechnischen Vereins" in Wien.

Kais. Universitäts- und Landes-Bibliothek-Strassburg i. E.

1260. **Silberer**, Victor: Drei Luftfahrten. Im Ballon über den Neusiedlersee. Eine Vormittagspromenade 6000 Fuss über Wien. Eine Nacht in den Sturmwolken.

Wien, Allg. Sport Ztg., 1890. *28 S. 8°.*

F. B. Auffarth-Frankfurt a. M.

1261. (**Beynié**, J.-B.:) Ascension du ballon „Le Sirius" faite a Brive le 8 mars 1891. [1891.]

Ausschnitt aus? *S. 145-160.*

Deutsches Museum-München.

1262. **Chanute**, O[ctave]: Aerial navigation. A lecture delivered to the students of Sibley College, Cornell University. [Stempelzusatz:] May 2d., 1890.

New York, The Railroad and Engineering Journal, 1891. *36 S. 8°.*

Kais. Universitäts- und Landes-Bibliothek-Strassburg i. E.

1263. **Deburaux**, E.: De la possibilité des voyages aériens au long cours.

Paris, Berger-Levrault & Cie., 1891. *31 S. 8°.*

Aus Revue du génie militaire.

Deutsches Museum-München.

1264. **Gaupillat**, G(abriel): En ballon libre!

Paris, Chamerot et Renouard, 1892. *22 S. 8°.*

Aus Annuaire du Club Alpin français. Vol. 18. 1891.

Senckenbergische Bibliothek-Frankfurt a. M.

Hoernes, Hermann: Die Luftfahrzeuge der Zukunft für Personen- und Waaren-Verkehr und die Aussichten der Luftschifffahrt. 1891. Nr. 1458.

1265. **Labrousse**, Ch.: (La) navigation aérienne en 1889. <Conférence du 3 avril 1890.>

Paris, J. Michelet, 1891.

Die Luftschiffahrt auf der Weltausstellung zu Paris 1889.

Joseph Baer & Co.-Frankfurt a. M.

1266. **Conférence** sur l'aérostation et le navire aérien dirigeable <à gaz combinés> de M. L.-A. Boisset par M. X***

Paris, Imprimerie Chaix, 1893. *45 S. 8°.*

Deutsches Museum-München.
Senckenbergische Bibliothek-Frankfurt a. M.

1267. **Müller**, Max: Bugsprit-Luftschiff. 1893.

Technische Zeichnung auf 2 Taf. samt Beschreibungskopie auf 7 Blättern in 2°. Vgl. Nr. 889. 917. 1227. 1268. 1269.

Max Müller-Wien;
jetzt Senckenbergische Bibliothek-Frankfurt a. M.

1268. [Oesterreichische **Patenturkunde** Nr. 45882 vom 6. März 1893 über ein Bugspreit-Luftschiff für Max Müller. Mit Stempelmarke versehen.]

Dat. Wien, 23. April 1893. *2 Bl. 4°.*

Vgl. Nr. 889. 917. 1227. 1267. 1269.

Max Müller-Wien;
jetzt Senckenbergische Bibliothek-Frankfurt a. M.

1269. [Ungarische **Patenturkunde** Nr. 88012 vom 6. März 1893 für Max Müller. Mit Stempelmarke versehen; in ungarischer Sprache.]

Dat. Budapest, 23. April 1893. *2 Bl. 4°.*

Vgl. Nr. 889. 917. 1227. 1267. 1268.

Max Müller-Wien;
jetzt Senckenbergische Bibliothek-Frankfurt a. M.

1270. **Ribeiro de Souza**, Julio Cesar: République des États-Unis du Brésil. Navigation aérienne. La direction des ballons. Théories et découvertes de Julio Cesar Ribeiro de Souza, né à Pará.

Pará, Diario Official, 1893. *II + 76 8°.*

Französ. Ausgabe der von der Regierung des Staates Pará zur Verteilung auf der Weltausstellung in Chicago in portugiesischer, französischer, englischer, deutscher und spanischer Sprache veröffentlichten Schrift. — Ribeiro beschuldigt die Hauptleute Renard und Krebs, sich bei der Konstruktion ihres Lenkballons widerrechtlich seine Erfindungen zu eigen gemacht zu haben. Vgl. Nr. 1257.

Joseph Baer & Co.-Frankfurt a. M.;
jetzt Senckenbergische Bibliothek-Frankfurt a. M.

1271. **Soreau**, Rodolphe: Le problème de la direction des ballons. 37 Fig. dans le texte.

Paris, J. Michelet, 1893. *82 S. + 1 Bl. 8°.*

Aus Mémoires de la Société des Ingénieurs Civils de France. Février 1893.

Joseph Baer & Co.-Frankfurt a. M.

1272. **Dronier**, Pierre: La navigation aérienne. Projet d'une ligne transatlantique aérienne exécutable de suite ... Précédé d'une préface par [Ch.] Girard.

Paris, chez l'auteur, 1894. *64 S. 8° 2 Taf.*

Projekt eines Metallballons.

F. B. Auffarth-Frankfurt a. M.

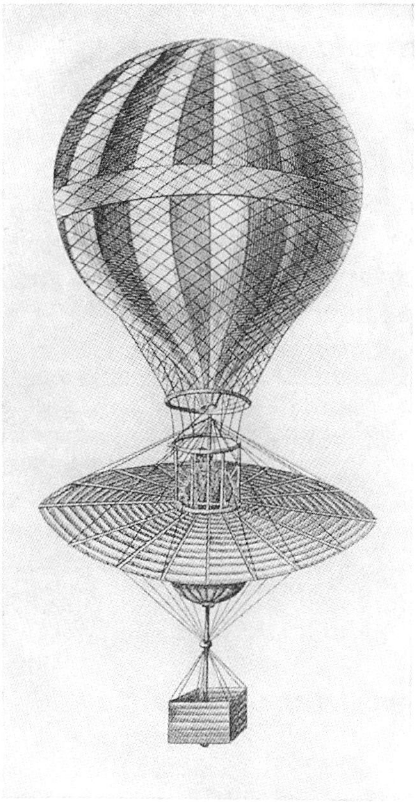

Abb. 73. Flugwerk von Claudius (1811). (Vgl. Nr. 1143.)

1273. **Kober**, Th.: Lenkbares Luftschiff nach den Angaben Seiner Excellenz General Graf von Zeppelins, Stuttgart, entworfen und berechnet von Th. Kober, Ingenieur, Stuttgart. Als Handschrift gedruckt. Exemplar Nr. 55.

Berlin, E. S. Mittler u. Sohn, 1894. *IV + 73 S. 4°.*

Enthält S. 49-73: Ergänzungen zu der Schrift Lenkbares Luftschiff nach den Angaben Seiner Excellenz General Graf von Zeppelin. Entworfen und berechnet von Th. Kober, Ingenieur, Stuttgart. Als Handschrift gedruckt. Stuttgart im September 1894, Hofbuchdruckerei Zu Guttenberg. Carl Grüninger.

Deutsches Museum-München.

1274. (**Zeppelin**, [Ferdinand] Graf von:) [Denkschrift über den Bau eines lenkbaren Luftschiffes und Aufruf zur Unterstützung des Unternehmens.] Als Manuskript gedruckt.

Dat. Stuttgart im Dezember 1895. *19 S. 8°.*

Bibliothekar Dr. Hohenemser-Frankfurt a. M.

Wölfert [,F. H.]: Bericht über die am 28. und 29. August [18]96 über dem Ballonplatze im Vergnügungspark der Berliner Gewerbe-Ausstellung vorgenommenen Probefahrten mit dem lenkbaren Luftschiff „Deutschland". Nr. 918.

1275. **Nieber:** Ballonwanderungen über die Mark Brandenburg.

In „Brandenburgia". Monatsblatt der Gesellschaft für Heimatkunde der Provinz Brandenburg zu Berlin. Jg. 5: 1896/97. Berlin 1897. S. 359-370.

Vortrag gehalten am 16. Dezember 1896.

Deutsches Museum-München.

1276. **Parseval**, A[ugust]. v.: Der Drachen-Ballon.

Berlin, Mayer u. Müller, 1897. *32 S. 4°.*

Vgl. Nr. 696.

F. B. Auffarth-Frankfurt a. M.

1277. **Statut** der Aktien-Gesellschaft Gesellschaft zur Förderung der Luftschiffahrt in Stuttgart. [Nach dem System des Grafen Zeppelin.]

Stuttgart 1897, K. Hofbuchdruckerei zu Guttenberg (Carl Grüninger). *8 S. 8°.*

Angeb. 1. Zeichnungsschein in 3 Exemplaren. 2. Aufruf zur Beteiligung an der „Gesellschaft zur Förderung der Luftschiffahrt" nebst Liste über bereits vorliegende Zeichnungen. 3. Aufruf des Vorstandes des Vereines Deutscher Ingenieure zur Förderung des Unternehmens.

Bücherei des Kais. Patentamts-Berlin.

1278. **Steiner**, C.: Die Ermittelung und Construktion des Steuers, Das gelöste Problem der Lenkbarkeit des Luftschiffes. Theoretische Entwickelung und praktische Ausführung. <Beendet Stade, im Winter 1896.>

Stade 1897, A. Pockwitz, *22 S. + 1 Bl. 8°.*

Kgl. Universitätsbibliothek-Göttingen.

1279. **Banet-Rivet:** L'aéronautique.

Paris, L.-Henry May, 1898. *271 S. 8°.*

(Bibliothèque des sciences et de l'industrie publiée sous la direction de J. Pichot et Pol Lefèvre.)

Bücherei des Kais. Patentamts-Berlin.

1280. **Danilewsky,** Constantin: Ein lenkbarer Flugapparat. Vortrag von Doctor Constantin Danilewsky gehalten in Section der Luftschiffahrt der 10. Versammlung der Naturforscher und Aerzte zu Kiew, den 27ten August 1898. [Mit 12 photographischen Aufnahmen.]

[Charkow] 1898. *15 S. quer-8° 6 Bl. mit je 2 aufgeklebten Photographien. 2 Bl. 4° Tabellen in russischer Sprache.*

Dr. Ed. Langer-Braunau i. B.

1281. [**Moedebeck**, Hermann Wilhelm Ludwig: Einige Gedanken über lenkbare Aerostaten und Nachrichten über den Versuch mit dem Aluminium Luftschiff zu Berlin.]

Ausschnitt *S. 225-232. 8°.*

Russische Uebersetzung eines Aufsatzes aus den Illustrierten Aeronautischen Mitteilungen. Jg. 1898. Nr. 1. von A. M. Kowanko.

Berliner Verein für Luftschiffahrt-Berlin-Wilmersdorf.

1282. **Schiavone**, Mario: Il principio della dirigibilità orizzontale degli aerostati ed il binaerostato.

Potenza, Garramone e Marchesiello, 1898. *48 S. 4°.*

Universitätsbibliothek-Leipzig.

1283. **Blümelhuber**, Michel: Ein lenkbares Luftfahrzeug. Mit 4 Taf. Patentiert in allen grossen Kulturstaaten der Erde.

Weimar, C. Steinert, 1899. *91 S. 4 Taf. 8°.*

Deutsches Museum-München.

1284. **Lochner**, Max: Grundlagen der Lufttechnik. Gemeinverständliche Abhandlungen über eine neue Theorie zur Lösung der Flugfrage und des Problems des lenkbaren Luftschiffes.

Berlin W., W. H. Kühl, 1899. *33 S. 2 Taf.*

Bücherei d. Kais. Patentamts-Berlin.

Zeppelin, Ferdinand Graf von: Graf Zeppelin in eigener Sache. 1900.

Nr. 926.

1285. **Flammarion**, C[amille]: Voyages en ballon.

Paris, C. Marpon & E. Flammarion, [o. J.] *III + 247 S. 8°.*

Deutsches Museum-München.

1286. **Haenlein**, Paul: Functionierendes Modell von Haenlein's lenkbarem Luftschiffe.

Undatierte Originalbleistiftzeichnung, farbig. Blattgrösse: 157:270 mm. Bezeichnung der einzelnen Teile durch Buchstaben, Erklärung derselben. — Vgl. Nr. 1202.

Oberstleutnant Moedebeck(†)-Berlin.

1287. **Lippert**, P. W.: Ueber Flugtechnik. I. II.

8°.

Ausschnitt. *S. 123-130. S. 202-210.*

Deutsches Museum-München.

1288. **Luftschifffahrt.**

Ausschnitt. *1 Bl. 8°.*

Beschreibung und Abb. des Turbinenluftschiffes von Petin. — Unterzeichnet: M. D.

Louis Ricard Nachf.-Frankfurt a. M.

1289. (**Tezza**, Giuseppe:) Sulla direzione degli areostati.

Ausschnitt? *29 S. 4° 1 Taf.*

Auf der 1. Seite: A. Dissertazione del Prof. Giuseppe Tezza.

Joseph Baer & Co.-Frankfurt a. M.;
jetzt Senckenbergische Bibliothek-Frankfurt a. M.

VI.

DER FLUG
IM TIER- UND PFLANZENREICH

Vinci, Leonardo da: Codice sul volo degli uccelli. Nr. 930.

Borelli, Johannes Alphonsus: De motu animalium. 1680. 1681. Nr. 944.

1290. (**Silberschlag**, Joh. Esaias:) Von dem Fluge der Vögel. [Mit Taf. 8 und 9.] *In* Schriften der Berlinischen Gesellschaft naturforschender Freunde. Bd 2. Berlin 1781. S. 214-270.

Senckenbergische Bibliothek-Frankfurt a. M.

1291. **Huber** [,Jean]: Observations sur le vol des oiseaux de proie. Accompagnées de figures, dessinées par l'Auteur.

Genève, P. Barde, 1784. *51 S. 8° (4°) 7 Taf.*

Senckenbergische Bibliothek-Frankfurt a. M.

1292. **Barthez**, P. J.: Nouvelle méchanique des mouvements de l'homme et des animaux.

Carcassonne, P. Polere, an VI. (1798.) *XV + 246 S. + 1 Bl. 4°.*

Enth. S. 190: Du vol des oiseaux. — Deutsche Uebersetzung: Nr. 1293.

Grossh. Hess. Hofbibliothek-Darmstadt.

1293. — P. J. Barthez neue Mechanik der willkührlichen Bewegungen des Menschen und der Thiere. Aus dem Französischen übers. von Kurt Sprengel.

Halle, K. A. Kümmel, 1800. *8 Bl. + 389 S. + 6 Bl. 8°.*

Enth. Abschnitt 6: Vom Fluge der Vögel. S. 324 ff. — Französisches Original: Nr. 1292.

Grossh. Hess. Hofbibliothek-Darmstadt.

1294. **Prechtl**, Joh[ann]. Jos[eph].: Etwas über die Bemerkungen des Herrn Commissionsraths Busse gegen meine Erklärung der grossen Reaction, welche lockerer Sand dem explodirenden Schiesspulver entgegensetzt, im Besonderen über den Widerstand, welchen die Flügel der Vögel in der Luft leiden.

In Annalen der Physik. 1808. Bd 30. Halle 1808. S. 296-320.

Senckenbergische Bibliothek-Frankfurt a. M.

1295. **Nitzsch**, Christian Ludwig: Osteografische Beiträge zur Naturgeschichte der Vögel. Mit 2 Kupfertaf.

Leipzig, C. H. Reclam, 1811. *X + 122 S. 8° 2 Taf.*

Handelt u. A. über die Luftknochen der Vögel und deren Bestimmung.

Senckenbergische Bibliothek-Frankfurt a. M.

1296. **Chabrier**, J.: Explication du vol des Oiseaux et des Insectes. [Mit Taf. 16. 17. 18.]

In Annales des sciences naturelles. Tome 16. Paris 1829. S. 499-508.

J. J. Bourcart-Kolmar;
jetzt Senckenbergische Bibliothek-Frankfurt a. M.

1297. **Schoepss**, Christian Gottlob: Musculorum, quibus volandi motus in omnium ordinum avibus perficitur, descriptionis pars I. Halae (1829), Gebauer. *56 S.+1 Bl. 8°.*
Halle, Med. Diss. v. 11. April 1829.

Senckenbergische Bibliothek-Frankfurt a. M.

1298. **Rennie**, J.: Fähigkeiten und Kräfte der Vögel. A. d. Engl. Mit vielen Abb. Abth. 1.

Leipzig, Baumgärtner, 1839. *XXIV+453 S. 8°.*
Enth. Kapitel 11: Vogel-Flug. S. 315-333.

Joseph Baer & Co.-Frankfurt a. M.;
jetzt Senckenbergische Bibliothek-Frankfurt a. M.

1299. **Prechtl**, Joh[ann]. Jos[eph].: Untersuchungen über den Flug der Vögel. Mit 3 Kupfertaf.

Wien, C. Gerold, 1846. *VI+259 S. 8° 3 Taf.*

Senckenbergische Bibliothek-Frankfurt a. M.

1300. **Burmeister**, H[ermann B.]: Untersuchungen über die Flügeltypen der Coleopteren. [Mit Taf. 9.]

Aus Abhandlungen d. Naturforschenden Gesellschaft zu Halle. Bd 2. Jg. 1854. Halle 1855. Quartal 3. S. 125-140.

Joseph Baer & Co.-Frankfurt a. M.;
jetzt Senckenbergische Bibliothek-Frankfurt a. M.

1301. **Davidson**, R. O.: A new theory of the flight of birds.

Washington, H. Polkinhorn, 1858. *28 S., dabei 1 Taf.*

Königliche Bibliothek-Berlin.

1302. **Giraud-Teulon**, Félix: Principes de mécanique animale ou étude de la locomotion chez l'homme et les animaux vertébrés. Ouvrage accompagné de 65 fig. intercalées dans le texte.

Paris, J.-B. Baillière et fils, 1858. *483 S. 8°.*
Kapitel IX. Du vol (de volatu). Erklärt den künstlichen Menschenflug für möglich.

K. B. Hof- und Staatsbibliothek-München.

Liais, Emmanuel: La locomotion aérienne. 1864. Nr. 1355.

1303. **Sauveur**, J[ules], et J. **Colbeau**: Des variations normales de l'aile dans l'espèce chez quelques lépidoptères.

22 S. 8° 1 Taf.

Aus Annales de la Société Entomologique Belge. T. 7. 1863.

Joseph Baer & Co.-Frankfurt a. M.;
jetzt Senckenbergische Bibliothek-Frankfurt a. M.

1304. d'**Esterno**: Du vol des oiseaux. Indication des sept lois du vol ramé et des huit lois du vol à voile.

Paris, Librairie nouvelle, 1864. *61 S. + 1 Bl. 8° 2 Taf.*

J. J. Bourcart-Kolmar;
jetzt Senckenbergische Bibliothek-Frankfurt a. M.

1305. **Fresenius**, F. C.: Zur Theorie des Schwebens verschiedener fliegender Thiere.

18 S. 8°.

[*Aus* Der Zoologische Garten. Jg. 7. 1866.]

W. Fresenius-Frankfurt a. M.

1306. de **Louvrié**: Vol des oiseaux. Équation du travail. Erreur de Navier. — Aviation.

[o. O. u. J. (1866)]. *10 S. 8°.*

Aus Les Mondes [1866. S. 651-660].

J. J. Bourcart-Kolmar;
jetzt Senckenbergische Bibliothek-Frankfurt a. M.

Jjserman, J. M.: Het natuurlijk vliegen verklaard en het kunstmatig vliegen voorgesteld. 1869. Nr. 1372.

1307. **Krarup-Hansen**, C. J. L.: Beiträge zu einer Theorie des Fluges der Vögel, der Insekten und Fledermäuse, gemeinfasslich dargestellt und durch Holzschnitte erleuchtert.

Copenhagen, Chr. Steen u. Sohn, [Umschlagt.:] Leipzig, Albert Fritsch, 1869. *48 S. 8°.*

Senckenbergische Bibliothek-Frankfurt a. M.

1308. **Alix**, Edmond: Essai sur l'appareil locomoteur des oiseaux.

Paris, G. Masson, 1874. *II + 583 S. + 1 Bl. 8° 3 Taf.*

Enth. S. 473 ff.: Théorie de la locomotion chez les oiseaux. Viele Literaturangaben.

Dr. Ed. Langer-Braunau i. B.

1309. **Pettigrew**, J[ames]. Bell: La locomotion chez les animaux ou marche, natation et vol suivie d'une dissertation sur l'aéronautique. Ouvrage ill. de 131 Gravures sur bois.

Paris, G. Baillière, 1874. *1 Bl. + 360 S. 8° 1 Taf.*

(Bibliothèque scientifique internationale 5.)

Deutsche Uebersetzung: Nr. 1311.

Kais. Universitäts- und Landes-Bibliothek-Strassburg i. E.

1310. **Marey** [Étienne-Jules]: Expériences sur la résistance de l'air pour servir à la physiologie du vol des oiseaux.

Paris, G. Masson, 1875. *39 S. 8°.*

(Bibliothèque de l'École des Hautes Études. Section des Sciences naturelles. T. 13, art. 1.)

Senckenbergische Bibliothek-Frankfurt a. M.

1311. **Pettigrew**, J[ames]. Bell: Die Ortsbewegung der Thiere. Nebst Bemerkungen über Luftschifffahrt. Mit 131 Abb. in Holzschnitt. Autor. Ausg. [von J. Rosenthal.]

Leipzig, F. A. Brockhaus, 1875. *X + 230 S. 8°.*

(Internationale Wissenschaftliche Bibliothek 10.)

Französische Ausgabe: Nr. 1309.

Senckenbergische Bibliothek-Frankfurt a. M.

1312. **Möbius**, Karl: Die Bewegung der fliegenden Fische durch die Luft. Mit Taf. 17.

In Zeitschrift für wissenschaftliche Zoologie. Bd 30. Leipzig 1878. Suppl. S. 343-382.

Senckenbergische Bibliothek-Frankfurt a. M.

1313. **Du Puy de Podio**, L.: Essai sur le vol des oiseaux en général. Considérations particulières au vol des pigeons-voyageurs. (Vort.: 2e éd.)

Aire-sur-l'Adour 1879, Imprimerie L. Dehez. *125 S. + 1 Bl. 2 Taf. 8°.*

Senckenbergische Bibliothek-Frankfurt a. M.

1314. **Mouillard**, L. P.: L'empire de l'air. Essai d'ornithologie appliquée à l'aviation.

Paris, G. Masson, 1881. *1 Bl. + 284 S. 8°.*

Senckenbergische Bibliothek-Frankfurt a. M.

1315. **Strasser**, H[ans]: Ueber den Flug der Vögel.

Freiburg i. B., Ch. Lehmann, 1884. *6 S. 8°.*

Senckenbergische Bibliothek-Frankfurt a. M.

1316. **Amans**, P[aul-] C[onstant]: Comparaisons des organes du vol dans la série animale. Paris, G. Masson, 1885. *222 S. 8° 8 Taf.*

Aus Annales des sciences naturelles. Zoologie. Tome 19. 1885.

Paris, Fac. des sc., Thèse v. 13 novembre 1885.

Kgl. Universitätsbibliothek-Bonn.

1317. **Müllenhoff**, Karl: Die Grösse der Flugarbeit.

Aus Archiv für die gesammte Physiologie des Menschen und der Thiere. Bd 36. S. 548-572.

Joseph Baer & Co.-Frankfurt a. M;
jetzt Senckenbergische Bibliothek-Frankfurt a. M.

1318. **Müllenhoff**, Karl: Die Grösse der Flugflächen.

Aus Archiv für die gesammte Physiologie des Menschen und der Thiere. Bd 35. S. 407-453.

Joseph Baer & Co.-Frankfurt a. M.;
jetzt Senckenbergische Bibliothek-Frankfurt a. M.

1319. **Müllenhoff**, Karl: Die Ortsbewegungen der Tiere. Berlin, R. Gaertner, 1885. *19 S. 8° (4°).*

Berlin, Andreas-Realgymn. Programm 1885. (94). Wiss. Beil.

Senckenbergische Bibliothek-Frankfurt a. M.

1320. **Marey**, É[tienne-]. J[ules].: La machine animale. Locomotion terrestre et aérienne. Avec 132 fig. dans le texte. 4e éd. revue et augmentée de plusieurs chapitres nouveaux.

Paris, F. Alcan, 1886. *XII + 331 S. 8°.*

(Bibliothèque scientifique internationale 3.)

Zuerst 1873 in Paris bei G. Baillière erschienen.

Senckenbergische Bibliothek-Frankfurt a. M.

1321. **Strasser**, H[ans]: Ueber den Flug der Vögel. Ein Beitrag zur Erkenntniss der mechanischen und biologischen Probleme der activen Locomotion.

In Jenaische Zeitschrift für Naturwissenschaft hrsg. von der med.-naturw. Ges. zu Jena. Bd 19. N. F. 12. Jena 1886. S. 174-429.

Senckenbergische Bibliothek-Frankfurt a. M.

1322. **Fürbringer**, Max: Untersuchungen zur Morphologie und Systematik der Vögel zugleich ein Beitrag zur Anatomie der Stütz- und Bewegungsorgane. Mit 30 Taf. I. Specieller Th.: Brust, Schulter und proximale Flügelregion der Vögel. II. Allgemeiner Th.: Resultate und Reflexionen auf morphologischem Gebiete. Systematische Ergebnisse und Folgerungen.

Amsterdam, Tj. van Holkema, 1888. *1: XLIX + 834 S. 2°. 2: S. 835-1751. 31 Taf.*

Ausserdem erschienen als: Bijdragen tot de Dierkunde. Uitg. door het Kon. Zoologisch Genootschap Natura artis magistra te Amsterdam. 15e aflev. 1. 2. gedeelte. Amsterdam, Tj. van Holkema, 1888. (Im Besitz der Senckenbergischen Bibliothek-Frankfurt a. M.)

Senckenbergische Bibliothek-Frankfurt a. M.

1323. **Dingler**, Hermann: Die Bewegung der pflanzlichen Flugorgane. Ein Beitrag zur Physiologie der passiven Bewegungen im Pflanzenreich. Mit 8 Taf.

München, Th. Ackermann, 1889. *IX+342 S. 8° 8 Taf.*

Senckenbergische Bibliothek-Frankfurt a. M.

1324. **Lilienthal**, Otto: Der Vogelflug als Grundlage der Fliegekunst. Ein Beitrag zur Systematik der Flugtechnik. Auf Grund zahlreicher von O. und G. Lilienthal ausgeführter Versuche. Mit 80 Holzschn., 8 lithographierten Taf. und 1 Titelbild in Farbendruck.

Berlin, R. Gaertner, 1889. *VIII+187 S. 8° 9 Taf.*

Senckenbergische Bibliothek-Frankfurt a. M.

1325. **Parseval**, A[ugust]. von: Die Mechanik des Vogelflugs. Mit 3 Taf. und 6 Text-Abb.

Wiesbaden, J. F. Bergmann, 1889. *VII+137 S. 8° 3 Taf.*

Senckenbergische Bibliothek-Frankfurt a. M.

1326. **Marey**, É[tienne].-J[ules].: Physiologie du mouvement. Le vol des oiseaux. Avec 1 pl. et 164 fig. dans le texte.

Paris, G. Masson, 1890. *XVI+394 S.+1 Bl. 8°.*

Senckenbergische Bibliothek-Frankfurt a. M.

1327. **Meyer**, Hermann von: Die Ortsbewegung der Thiere.

Hamburg, Verlagsanstalt u. Druckerei A.-G. <vormals J. F. Richter>, 1890. *48 S. 8°.*

(Sammlung gemeinverständlicher wissenschaftlicher Vorträge. N. F. Ser. 4. H. 95.)

Joseph Baer & Co.-Frankfurt a. M.;
jetzt Senckenbergische Bibliothek-Frankfurt a. M.

1328. **Miller** Ritter v. Hauenfels, A[lbert]: Der mühelose Segelflug der Vögel und die segelnde Luftschiffahrt als Endziel hundertjährigen Strebens. Vortrag gehalten am 18. Januar 1890 im Polytechnischen Club in Graz.

Wien, Spielhagen und Schurich, 1890. *2 Bl.+66 S. 8°.*

Senckenbergische Bibliothek-Frankfurt a. M.

1329. **Lilienthal**, Otto: Der Flug der Vögel und des Menschen durch die Sonnenwärme. Mit vier Abb.

In Prometheus. Jg. 2. 1891. Berlin. S. 35-39.

Ferd. Adolf Pertsch-Darmstadt.

1330. **Steiger**, Carl: Vogelflug und Flugmaschine. Mit 16 Taf.

München, G. Franz, 1891. *101 S.+1 Bl. 8° 16 Taf.*

F. B. Auffarth-Frankfurt a. M.

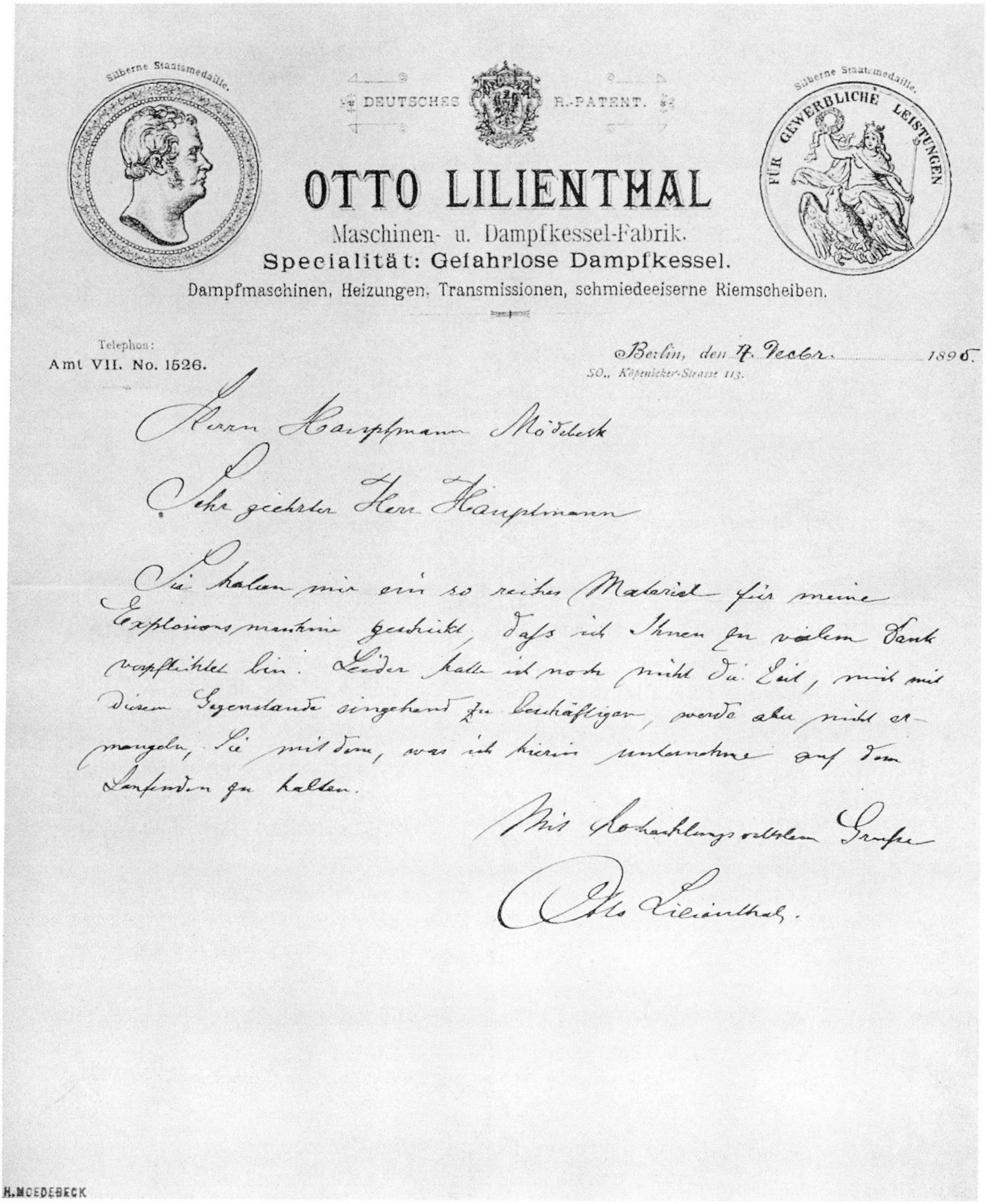
Silberne Staatsmedaille.

DEUTSCHES R.-PATENT.

Silberne Staatsmedaille. FÜR GEWERBLICHE LEISTUNGEN

OTTO LILIENTHAL

Maschinen- u. Dampfkessel-Fabrik.

Specialität: Gefahrlose Dampfkessel.

Dampfmaschinen, Heizungen, Transmissionen, schmiedeeiserne Riemscheiben.

Telephon:
Amt VII. No. 1526.

Berlin, den 7. Decbr. 1895.
SO., Köpenicker-Strasse 113.

Herrn Hauptmann Mödebeck

Sehr geehrter Herr Hauptmann

Sie haben mir ein so reiches Material für meine Explosionsmaschine geschickt, dass ich Ihnen zu vielem Dank verpflichtet bin. Leider hatte ich noch nicht die Zeit, mich mit diesem Gegenstande eingehend zu beschäftigen, werde aber nicht ermangeln, Sie mit dem, was ich hierin unternehme auf dem Laufenden zu halten.

Mit hochachtungsvollem Grusse

Otto Lilienthal.

H. MOEDEBECK

Abb. 74. Brief Otto Lilienthals in Faksimile. (Vgl. Nr. 845.)

1331. **Stenbeck**, Thor: Einige Worte über die Theorie des Herrn Prof. Dr. Blix vom Segeln oder Kreisen der Vögel.

Stockholm 1891, Central-Druckerei. *20 S. 8°.*

Dr. Ed. Langer-Braunau i. B.

1332. **Staby**, Ludwig: Das Schweben und Kreisen der Vögel. Mit 3 Abb.

In Prometheus. Jg. 3. 1892. Berlin. No. 129. S. 385-390.

Oberingenieur H. Bestgen-Köln;
jetzt Senckenbergische Bibliothek-Frankfurt a. M.

Buttenstedt, Carl: Das Flugprincip. Eine populär-wissenschaftliche Naturstudie als Grundlage zur Lösung des Flugproblems. 1893. Nr. 1393.

Langley, Samuel Pierpont: The internal work of the wind. 1893. Nr. 1395.

Platte, August: Flugtechnische Betrachtungen. 1893. Nr. 1397.

Im Anhang: Flugbilder und Beobachtungen über das Flugvermögen der Thiere. Nach Brehm.

Berthenson, Georg: Grundprincipien der physiologischen Mechanik und das Buttenstedt'sche Flugprincip. 1894. Nr. 1400.

1333. **Ahlborn**, Fr.: Der Flug der Fische. Hamburg 1895, Lütcke & Wulff. *56 S. + 1 Bl. 4° 1 Taf.*

Hamburg, Realgymn. des Johanneums. Programm 1895. (758).

Kgl. Universitätsbibliothek-Marburg.

1334. **Claus**, C[arl]: Ueber Flugorgane von Wirbelthieren und das Problem der Flugtechnik. Vortrag, gehalten den 13. Februar 1895.

In Schriften des Vereines zur Verbreitung naturwissenschaftlicher Kenntnisse in Wien. Bd 35. Vereinsjahr 1894/95. Wien 1895. S. 337-369.

Senckenbergische Bibliothek-Frankfurt a. M.

1335. **Marshall**, William: Der Bau der Vögel. Mit 229 in den Text gedruckten Abb.

Leipzig, J. J. Weber, 1895. *VIII + 462 S. 8°.*

Senckenbergische Bibliothek-Frankfurt a. M.

1336. **Milla**, Karl. Die Flugbewegung der Vögel. Mit 27 Abb.

Leipzig u. Wien, F. Deuticke, [später] Wien, Spielhagen u. Schurich, 1895. *II + 93 S. + 1 Bl. 8° 2 Taf.*

F. B. Auffarth-Frankfurt a. M.

1337. **Roeper,** Oscar: Das elastische Ruder. Ein Beitrag zur Theorie des Vogelflugs. Als Manuskript gedruckt.

Hamburg (Verlagsanstalt und Druckerei A.-G. <vorm. J. F. Richter>) 1895. *38 S. 8°.*

Dr. Ed. Langer-Braunau i. B.
Geh. Rat Dr. Leo Gans-Frankfurt a. M.;
jetzt Senckenbergische Bibliothek-Frankfurt a. M.

1338. **Winter,** Wilhelm: Der Vogelflug. Erklärung der wichtigsten Flugarten der Vögel mit Einschluss des Segelns und Kreisens. Mit eingedruckten Abb.

München, Th. Ackermann, 1895. *VIII + 172 S. 8°.*

Senckenbergische Bibliothek-Frankfurt a. M.

1339. **Ahlborn,** Fr.: Zur Mechanik des Vogelflugs. Mit 54 Abb. im Text.

Hamburg, L. Friederichsen & Co., 1896. *134 S. 4°.*

(Abhandlungen aus dem Gebiete der Naturwissenschaften hrsg. vom Naturwiss. Verein in Hamburg. Bd 14.)

Senckenbergische Bibliothek-Frankfurt a. M.

Weisse, Hermann: Das Flug-Gesetz als Grundlage zur Lösung des Flug-Problems im Sinne des Buttenstedt'schen Princips. 1897. Nr. 1415.

1340. **Foucou,** Félix: Du vol des oiseaux et de la locomotion aérienne. *8°.*

Ausschnitt. *S. 329-339.*

Deutsches Museum-München.

VII.

DIE AËRODYNAMIK IM 19. JAHRHUNDERT: THEORIE DES FLUGS. – LUFTWIDERSTAND. – FLUGAPPARATE UND FLUGTECHNIK. – DRACHEN.

Zachariae, August Wilhelm: Beschreibung eines neuen flügelartigen Schiffsruders, und einiger damit angestellten Versuche. 1812. Nr. 1475.

1341. **Zachariä**, August Wilhelm: Fluglust und Fluges Beginnen. Hierbei mein schon fliegendes Blatt und auf diesem in Kupferstich der Bauriss zu meinem Flugkahne nebst Abbildung von dessen Luftbahn.

Leipzig, C. Cnobloch in Komm., 1821. *40 S. 8°.*

Angebunden und weiterpaginiert als Fortsetzung mit neuem Titelblatt: Fluglust, Fluges Beginnen und Fluges Fortgang, von August Wilhelm Zachariä. Neue, mit Beschreibung der ersten Wendelsteiner Fallversuche, vermehrte Ausgabe — nicht Auflage — von Fluglust und Fluges Beginnen. Dabei ein Kupfer. Leipzig, C. Cnobloch in Komm., 1822.

Im Ganzen 60 S. 8° 1 Taf.

Dr. H. Trommsdorff-Heidelberg;
jetzt Senckenbergische Bibliothek-Frankfurt a. M.

1342. (**Sarti**, Vittorio:) Raccolta delli diversi certificati, pareri, e voti in varie epoche rilasciati a Vittorio Sarti Bolognese, dalli chiarissimi Professori di Fisica, e Matematica nelle Pontificia Università di Bologna sulla macchina areostatica di nuova invenzione del medesimo Sarti.

Bologna 1823, Marsigli. *16 S. 8°.*

Deutsches Museum-München.

1343. **Sottoscrizione** gratuita onde supplire alle spese di una nuova Macchina Aereostatica. Supplemento al Num. 37 della Gazzetta di Bologna. Martedì 6. Maggio 1823.

[Bologna 1823.] *1 Bl. 8° 1 Taf.*

Vittorio Sartis Entwurf einer Flugmaschine „Aereo-Veliero" mit einer Dampfmaschine als Motor.

Deutsches Museum-München.

1344. **Erb**, Karl Augustus: Mittheilung eines ersten Entwurfes zu einer aero- und hydrodynamischen Gesellschaft oder Gesellschaft für Luft- und Wasserfahrt nach meinen Erfindungen.

Heidelberg 1824, A. Osswald. *16 S. 8°.*

Ankündigung der vom Verf. erfundenen frei wirksamen aëro-dynamischen Kunst, „unabhängig von aerostatischer Beihülfe und von des Windes Gunst jede Last in jeglicher Richtung durch die Luft zu führen."

Vgl. Nr. 1147.

Senckenbergische Bibliothek-Frankfurt a. M.
Dr. Gans-Fabrice-Garmisch.

1345. **Schmidt**, J. C. Eduard: Theorie des Widerstandes der Luft bei der Bewegung der Körper. Mit einer Kupfertaf.

Göttingen, Vandenhoeck und Ruprecht, 1831. *71 S. 8°.*

Kgl. Universitätsbibliothek-Göttingen.

1346. **Matthies**, Friedrich: Die Aëronautik in ihrer höchsten Vollkommenheit! Beschreibung und Abbildung einer neu erfundenen, höchst einfachen Maschine wodurch der unumstössliche, sonnenklare Beweis geliefert wird, dass die Luftschifffahrt in jeder beliebigen Richtung nicht nur auszuführen ist, sondern auch binnen einem halben Jahre wirklich ausgeführt werden wird.... Mit 2 Steindrucktaf.

Nürnberg und Fürth, F. Korn, 1835. *51 S. 8° 2 Taf.*

Flugapparat mit Dampfmaschine als Motor.

K. B. Hof- und Staatsbibliothek-München.

Weinholz, Wilhelm: Luftschifffahrt und Maschinenwesen. Nachweisung eines neuen Bewegungsmittels, mächtiger und vortheilhafter, als alle seither in Gebrauch genommene Kraftäusserung; von grössester Wichtigkeit aber deshalb, weil seine Benutzung uns die Horizontaldirection der Luftballons und der aërostatischen Fahrzeuge, sowie die Bewegung, Hemmung und Leitung von Luftfahrzeugen ohne aërostatische Beihülfe, in horizontaler, wie in verticaler Richtung, vollkommen zu Gebote stellt. 1835. Nr. 1147.

1347. **Erläuterungen** zu Henson's Fliegmaschine. <Luft-Dampf-Wagen>. [Auch m. franz. u. engl. Text].

Darmstadt und Wiesbaden, G. G. Lange, [o. J.] *4 Bl. 8° 1 Taf.*

Drachenflieger mit Dampfmaschine als Motor. Antrieb durch zwei Schraubenräder. Der beigegebene Stahlstich zeigt die Flugmaschine in der Luft über London schwebend.

Grossh. Hess. Hofbibliothek-Darmstadt.

1348. **Henson**, William Samuel: 1842 . . . No. 9478. Specification of William Samuel Henson. Locomotive Apparatus for the Air, Land, and Water.

London 1855, G. E. Eyre and W. Spottiswoode. *9 S. 4° 6 Taf.* [Umschlagt.]

Englische Patentschrift vom 29. März 1843 betr. die Erfindung von: Certain Improvements in Locomotive Apparatus and Machinery for conveying Letters, Goods, and Passengers from Place to Place through the Air, part of which Improvements are applicable to Locomotive and other Machinery to be used on Water or on Land.

J. J. Bourcart-Kolmar;
jetzt Senckenbergische Bibliothek-Frankfurt a. M.

Hensons **Luft-Dampfwagen.**

In Deutsches Familienbuch zur Belehrung und Unterhaltung. Bd 1. Carlsruhe 1843. S. 155-157. Taf. 18.

Enth. ausser der Beschreibung und Abbildung von Hensons Drachenflieger den Hinweis auf die in Reimanns Versuch einer Einleitung in die Historiam literariam der Deutschen. Halle 1709. gegebenen Nachweisungen über ältere Versuche, die Luft zu durchschiffen.

Nr. 1159.

1349. **Moat**, William Crofton: 1843 . . . No. 9856. Specification of William Crofton Moat. Aerial Locomotion.

London 1856, G. E. Eyre and W. Spottiswoode. *5 S. 4° 2 Taf.* [Umschlagt.]

Englische Patentschrift vom 26. Januar 1844 betr. die Erfindung von: A Method of Obtaining Aerial Locomotion.

J. J. Bourcart-Kolmar;
jetzt Senckenbergische Bibliothek-Frankfurt a. M.

1350. **Loup**, Michel: Solution du problème de la locomotion aérienne. Aperçu général et sommaire. Avec 21 fig. à l'appui.

Paris, Carilian-Goeury et V. Dalmont – Lyon, Ch. Savy, 1853. *75 S. + 2 Bl. 8° 3 Taf.*

J. J. Bourcart-Kolmar;
jetzt Senckenbergische Bibliothek-Frankfurt a. M.

Aldborough, Benjamin O'Neale Stratford Earl of: *Englische Patentschrift vom 27. Juni / 30. Januar 1854 betr. die Erfindung von: Improvemcnts in Aerial Navigation.* 1854. Nr. 1177.

1351. **Dartiguenave**, Prosper Guilhaume: 1854 . . . No. 1334. Specification [vom 19. Juni 1854] of Prosper Guilhaume Dartiguenave. Aerial Navigation.

London 1855, G. E. Eyre and W. Spottiswoode. *1 Bl. 4°.* [Umschlagt.]

„This Invention received Provisional Protection, but notice to proceed with the application for Letters Patent was not given within the time prescribed by the Act." Patentschrift betr. die Erfindung von: Improvements in Aërial Navigation.

J. J. Bourcart-Kolmar;
jetzt Senckenbergische Bibliothek-Frankfurt a. M.

Aldborough, Benjamin O'Neale Stratford Earl of: *Englische Patentschrift betr. die Erfindung von: Improvements in Aërial Navigation, and in the Apparatus connected therewith, Parts of which are applicable to Locomotion generally.* 1856. Nr. 1179.

1352. **Carlingford**, (Godwin Meade Pratt Swift,) Viscount: 1856 . . . No. 2993. Specification of Viscount Carlingford. Aërial Chariot.

London 1857, G. E. Eyre and W. Spottiswoode. *5 S. 4° 1 Taf.* [Umschlagt.]

Englische Patentschrift vom 9. Juni 1857 / 17. Dezember 1756 betr. die Erfindung von: An Aërial Chariot, or Apparatus for Navigating the Air.

J. J. Bourcart-Kolmar;
jetzt Senckenbergische Bibliothek-Frankfurt a. M.

Aldborough, Benjamin O'Neale Stratford Earl of: *Englische Patentschrift betr. die Erfindung von: Improvements in Aerial Navigation, and in the Apparatus connected therewith, Parts of which are applicable to Locomotion generally.* 1857. Nr. 1181.

Barnout, H.: Navigation aérienne. Le rotaer, moteur atmosphérique 1858. Nr. 1182.

1353. **Bright**, Henry: 1859, 12th October. No. 2330. Specification of Henry Bright. Aërial Machines.

London 1860, G. E. Eyre and W. Spottiswoode. *4 S. 4° 1 Taf.* [Umschlagt.]

Englische Patentschrift vom 11. April 1860 | 12. Oktober 1859 betr. die Erfindung von: Improvements in Machinery or Apparatus for Navigating the Air.

J. J. Bourcart-Kolmar;
jetzt Senckenbergische Bibliothek-Frankfurt a. M.

Bourcart, Jean-Jacques: Machine à voler [1860]. Nr. 1424.

1354. **Smythies**, John Kinnersley: 1860, 29th February. No. 561. Specification of John Kinnersley Smythies. A Flying Engine.

London 1860, G. E. Eyre and W. Spottiswoode. *7 S. 4° 4 Taf.* [Umschlagt.]

Englische Patentschrift vom 1. Mai | 29. Februar 1860 betr. die Konstruktion eines Flugapparats mit Dampfbetrieb.

J. J. Bourcart-Kolmar;
jetzt Senckenbergische Bibliothek-Frankfurt a. M.

1355. **Liais**, Emmanuel: La locomotion aérienne.

13 S. 4°.

Aus Collection de Mémoires sur la Locomotion aérienne sans ballons, publiée par le Vte de Ponton d'Amécourt. T. 1, no. 2.

Enth. 1. Y a-t-il quelque espoir qu'on puisse un jour circuler et se diriger dans l'air au moyen d'appareils convenables? 1861. — Quelle serait la nature de ces appareils? 1861. 2. Extrait d'un mémoire sur le vol des oiseaux. 1861. 3. Note sur le vol des oiseaux et des insectes. 1864.

J. J. Bourcart-Kolmar;
jetzt Senckenbergische Bibliothek-Frankfurt a. M.

1356. **Nelson**, Mortimer: Mortimer Nelson's Aerial Car.

[o. O. (New York) u. J.] *16 S. + 2 Bl. 8° 2 Taf.* [Umschlagt.]

Projekt einer Flugmaschine. Die Erfindung wurde am 21. Mai 1861 patentiert. Hinweis auf die Erbauung und Erprobung einer nach ähnlichen Prinzipien konstruierten Flugmaschine durch die Regierung in Hoboken. — Vorschlag der Verwendung von Aluminium.

Bibliothek der Technischen Hochschule-Karlsruhe.

1357. **Phillips**, Joseph Scott: 1861, 27th September. No. 2420. Specification of Joseph Scott Phillips. Flying machine.

London 1862, G. E. Eyre and W. Spottiswoode. *1 Bl. 4°.* [Umschlagt.]

„Provisional Protection refused". Patentschrift betr. eine Erfindung: for enabling Mankind to Fly through the Air.

J. J. Bourcart-Kolmar;
jetzt Senckenbergische Bibliothek-Frankfurt a. M.

1358. **Ponton d'Amécourt**, Gustave-Louis-Marie Vicomte de: 1861, 3rd August. No. 1929. Specification of Gustave Louis Marie Viscount de Ponton d'Amécourt. Aerostatic Apparatus.

London 1862, G. E. Eyre and W. Spottiswoode. *7 S. 4° 1 Taf.* [Umschlagt.]

Englische Patentschrift vom 28. Januar 1862 | 3. August 1861 betr. die Erfindung von: Improvements in Apparatus connected with Aerostation, vom Erfinder genannt: aeronef oder helicoptere.

J. J. Bourcart-Kolmar;
jetzt Senckenbergische Bibliothek-Frankfurt a. M.

1359. **Landelle**, G. de la: Aviation ou navigation aérienne. [Umschlagt.: sans ballons].
Paris, É. Dentu, 1863. *315 S. 8°.*
2. Aufl.: Nr. 1365.
Deutsches Museum-München.
J. J. Bourcart-Kolmar;
jetzt Senckenbergische Bibliothek-Frankfurt a. M.

1360. **Ponton d'Amécourt**, Vte [Gustave] de: La conquête de l'air par l'hélice. Exposé d'un nouveau système d'aviation.
Paris (1863). *40 S. 8°.*
F. B. Auffarth-Frankfurt a. M.

1361. — — 2e éd.
Paris, E. Sausset, (1863). *40 S. 8°.*
Widmung an Babinet.
Joseph Baer & Co.-Frankfurt a. M.;
jetzt Senckenbergische Bibliothek-Frankfurt a. M.

1362. — — 6e éd.
Paris, E. Sausset, (1863). *40 S. 8°.*
Widmung an Babinet.
J. J. Bourcart-Kolmar;
jetzt Senckenbergische Bibliothek-Frankfurt a. M.

Duchesne jeune: Exposé de divers systèmes de navigation aérienne et réfutation de l'hélicoptère Nadar, Ponton d'Amécourt et de La Landelle. 1864.
Nr. 1193.

1363. (d'**Esterno**, Ferdinand-Charles-Honoré-Philippe:) 1864, 4th February. No. 298. Specification of George Davies. Apparatus for Facilitating Aërostation.
London 1864, G. E. Eyre and W. Spottiswoode. *9 S. 4° 1 Taf.* [Umschlagt.]
Englische Patentschrift vom 26. Juli / 4. Februar 1864 betr. die Erfindung eines „Improved Apparatus for Facilitating Aërostation" von d'Esterno.
J. J. Bourcart-Kolmar;
jetzt Senckenbergische Bibliothek-Frankfurt a. M.

1364. **Fresnes**, A.-P. de: Navigation aérienne. Aéroscaphe.
Paris, É Dentu, 1864. *32 S. 8° 2 Taf.*
Widmung an Babinet, de Ponton d'Amécourt, de La Landelle, Nadar.
J. J. Bourcart-Kolmar;
jetzt Senckenbergische Bibliothek-Frankfurt a. M.

1365. **Landelle**, G. de la: Aviation ou navigation aérienne [Umschlagt.: sans ballons]. 2e éd.
Paris, É. Dentu, 1863 [Umschlagt.: 1864]. *367 S. 8°.*
1. Aufl.: Nr. 1359.
J. J. Bourcart-Kolmar;
jetzt Senckenbergische Bibliothek-Frankfurt a. M.

1366. **Lambert,** Gustave: De la locomotion mécanique dans l'air et dans l'eau.
Paris, Arthus Bertrand, 1864. *89 S. + 1 Bl. 8°.*
J. J. Bourcart-Kolmar;
jetzt Senckenbergische Bibliothek-Frankfurt a. M.

1367. **Collection** de mémoires sur la locomotion aérienne sans ballons, publiée par le Vte de Ponton d'Amécourt. (Nr. 1.)
Paris, Gauthier-Villars, 1864. *VIII + 1 Bl. + 24 S. 4°.*
Enth. La conquête de l'air par l'hélice. — Entretien sur les moteurs légers.
F. B. Auffahrt-Frankfurt a. M.

1368. **Bouÿn**, Édouard de: Description 1° d'une machine motrice convertissant le mouvement des molécules des corps en travail utile; 2° d'une machine aérostatique d'après les principes de la statique et dynamique.
Nancy, Mlle Gonet, 1865 [Umschlagtit.: 1864]. *59 S. 8° 4 Taf.*
J. J. Bourcart-Kolmar;
jetzt Senckenbergische Bibliothek-Frankfurt a. M.

1369. **Nadar** *Pseudonym für Félix Tournachon:* Le droit au vol.
Paris, J. Hetzel, [1865]. *III + 115 S. 8°.*
Plädoyer für das Prinzip: Schwerer als die Luft.
Joseph Baer & Co.-Frankfurt a. M.;
jetzt Senckenbergische Bibliothek-Frankfurt a. M.

1370. — — 2e éd.
Paris, J. Hetzel, [1865]. *III + 115 S. 8°.*
Eine 3., im Uebrigen übereinstimmende Aufl. enthält noch ein Vorwort von George Sand.
J. J. Bourcart-Kolmar;
jetzt Senckenbergische Bibliothek-Frankfurt a. M.

1371. (**Pignoni**, A.:) Lettre à Nadar sur la navigation aérienne.
Toulon 1865, H. Vincent. *8 S. 8° 1 Taf.*
J. J. Bourcart-Kolmar;
jetzt Senckenbergische Bibliothek-Frankfurt a. M.

1372. **Jjserman**, J. M.: Het natuurlijk vliegen verklaard en het kunstmatig vliegen voorgesteld, in verband met de luchtvaart . . . <Met 3 uitslaande platen>.
s'Gravenhage, J. & H. van Langenhuysen, 1869. *70 S. + 1 Bl. 8° 3 Taf.*
Senckenbergische Bibliothek-Frankfurt a. M.

Livtschak, Joseph: Die Lösung des aëronautischen Problems. 1869.
Nr. 1201.

1373. **Hardingham**, G. G. M.: Practical aëronautics. Being a paper read in april, 1871, at a supplemental meeting of the students of the Institution of Civil Engineers, and to which a Miller Prize was awarded.
London, E. & F. N. Spon, 1871. *24 S. 2 Taf.*
Joseph Baer & Co.-Frankfurt a. M.

Pettigrew, James Bell: La locomotion chez les animaux en marche, natation et vol suivie d'une dissertation sur l'aéronautique. 1874. Nr. 1309.

1374. **Schlotter**, Hermann: Ueber das mechanische Princip des Fluges und dessen Anwendung auf die Luftschifffahrt.

Gera, C. B. Griesbach, 1874. *XIV+82 S. 8°.*

Grossh. Hess. Hofbibliothek-Darmstadt.

– Dasselbe. *In* Sammlung Poggendorff. Bd 215.

Kais. Universitäts- und Landes-Bibliothek-Strassburg i. E.

Pettigrew, James Bell: Die Ortsbewegung der Thiere. Nebst Bemerkungen über Luftschifffahrt. 1875. Nr. 1311.

1375. **Reynal**, Amédée: Solution complète de la navigation aérienne.

[Périgueux, J. Bounet, 1877.] *12 S. 8°.*

Deutsches Museum-München.

1376. **Platte**, August: Aëronautische Betrachtungen.

Wien, R. Lechner, 1879. *44 S. 8°.*

Joseph Baer & Co.-Frankfurt a. M.

1377. **Buonaccorsi di Pistoja**, Adolf Graf von: Luftschiffahrtsstudien mit vergleichenden Betrachtungen über Hydraulik, Aëraulik und autodynamische Flugkörper nebst vorausgeschicktem geschichtlichem Überblicke.

Wien, Lehmann & Wentzel; [dann] Spielhagen & Schurich, 1880. *3 Bl. + 64 S. 8°.*

F. B. Auffarth-Frankfurt a. M.

1378. **Kress**, Wilhelm: Aërovéloce. Lenkbare Flugmaschine erfunden und beschrieben von Wilhelm Kress.

Wien, Selbstverlag, [später] Spielhagen u. Schurich, 1880. *26 S. 8° 3 Taf.*

Senckenbergische Bibliothek-Frankfurt a. M.

Wellner, Georg: Ueber die Möglichkeit der Luftschiffahrt. 1880. Nr. 1224.

Mouillard, L. P.: L'empire de l'air. Essai d'ornithologie appliquée à l'aviation. 1881. Nr. 1314.

Wellner, Georg: Ueber die Möglichkeit der Luftschifffahrt. 1883. Nr. 1241.

1379. **Lippert**, P. W.: Natürliche Fliege-Systeme, deren wissenschaftliche Enträthselung und praktischer Ausbau. Sechs Vorträge. Mit zahlreichen Abb.

Wien, Manz, 1884. *129 S. 8°.* [Umschlagt.]

F. B. Auffarth-Frankfurt a. M.

1380. — Natürliche Fliege-Systeme neue Auflage, contra Ballon-Systeme berlin-pariser Auflage.

Wien, Manz, [später] Spielhagen & Schurich, 1885. *V + 64 S. 8°.*

F. B. Auffarth-Frankfurt a. M.

1381. **Lössl,** Friedrich Ritter v.: Der Luftwiderstand im Allgemeinen und in seiner besonderen Beziehung auf Luftschifffahrt. Vortrag, gehalten den 10. März 1886. <Mit 2 Fig. im Texte.>

In Schriften des Vereines zur Verbreitung naturwissenschaftlicher Kenntnisse in Wien. Bd 26. Vereinsjahr 1885/86. Wien 1886. S. 419-463.

Senckenbergische Bibliothek-Frankfurt a. M.

1382. **Pompéïen-Piraud,** J.-C.: Causerie sur la navigation aérienne. Torpilleur aérien.

Lyon 1886, A. Pastel. *14 S. 8°.*

F. B. Auffarth-Frankfurt a. M.

1383. — Navigation aérienne. Aéronef à ailes artificielles articulées. 4 fig. — 4 pl., hors texte.

Lyon 1886, A. Pastel. *54 S. + 1 Bl. 8° 4 Taf.*

Auf dem dem vorliegenden Exemplar fehlenden Umschlagt.: Bâle, Lyon, Genève, H. Georg, 1886.

Joseph Baer & Co.-Frankfurt a. M.;
jetzt Senckenbergische Bibliothek-Frankfurt a. M.

1384. **Senlecq,** C.: Navigation aérienne. Système d'aérostat plus lourd que l'air s'élevant et se maintenant à une hauteur voulue dans l'atmosphère, par une force mécanique infiniment réduite.

Paris, J. Michelet, (1886). *12 S. 8° 1 Taf.*

Joseph Baer & Co.-Frankfurt a. M.;
jetzt Senckenbergische Bibliothek-Frankfurt a. M.

1385. **Wechmar** (, Ernst Freiherr von): Wechmar's Flugtechnik gemeinfasslich dargestellt in 3 Büchern: I. Fundamentalsätze der Flugtechnik. Leitfaden zur Orientirung auf diesem Gebiete, besonders für den gebildeten Laien. 3 Abtheilungen: A. Fundamentalsätze, B. Erläuterungen, C. Ausführungen. II. Der Wechmar'sche Flugapparat. Anleitung zu Flugübungen mit demselben, nebst einem Anh.: Disputation über die Möglichkeit des persönlichen Kunstfluges. 5 Figurentaf., 1 Titelbild und mehrere in den Text gedr. Abb. III. Der aviatische oder dynamische Flug. Ein Beitrag zur neueren Luftschiffahrtskunde, nebst einem Anh.: Nachtrag zur Disputation über die Möglichkeit des persönlichen Kunstfluges. 1 grosse Figurentaf., 1 Titelbild und mehrere in den Text gedr. Abb.

Wien, Spielhagen & Schurich, 1888. *IV + 68 + 70 S. + 1 Bl. + 1 Bl. + 121 S. 8° 6 Taf.*

Buch 1. 2. = S. A. aus der Österr. militär. Zeitschr. 1885 (Bd 4). 1886 (Bd 2). Buch 3. = S. A. aus Organ der Militär-wissenschaftl. Vereine [Wien]. Bd 35. 1887. — Vgl. Nr. 1392.

Senckenbergische Bibliothek-Frankfurt a. M.

1386. **Platte,** August: Erörterungen der wichtigsten aëronautischen Streitfragen in populärer Darstellung.

Wien, Spielhagen u. Schurich, 1889. *28 S. 8°.*

(Technische Vorträge u. Abhandlungen. H. 12.)

F. B. Auffarth-Frankfurt a. M.

Popper, Josef: Flugtechnik. 1889. Nr. 1259.

Miller Ritter v. Hauenfels, Albert: Der mühelose Segelflug der Vögel und die segelnde Luftschiffahrt als Endziel hundertjährigen Strebens. 1890. Nr. 1328.

1387. **Pompéien-Piraud,** J.-C.: Exposition universelle Paris 1889. Congrès aéronautique. Mémoire sur une machine aérienne à ailes artificielles articulées. 34 fig., 12 pl. hors texte.

Bâle, Lyon, Genève, H. Georg, 1890. *42 S. + 1 Bl. 4° 7 Taf.*

F. B. Auffarth-Frankfurt a. M.

Chanute, Octave: Aerial navigation. 1891. Nr. 1262.

1388. **Koch,** Gustav: Neue Bahnen. Eine Denkschrift für Jedermann von Gustav Koch.

München, Selbstverlag, 1891. *26 S. 8° 1 Taf.*

[Umschlagt.:] Der freie menschliche Flug als Vorbedingung dynamischer Luftschiffahrt. Eine Denkschrift für Jedermann von Gustav Koch. Mit 1 Taf. München, G. Franz, 1891.

Vgl. Nr. 1394. 1410.

Senckenbergische Bibliothek-Frankfurt a. M.

1389. **Langley,** S[amuel] P[ierpont]: Experiments in aerodynamics.

Washington, Smithsonian Institution, 1891. *1 Bl. + 115 S. 4° 10 Taf.*

(Smithsonian Contributions to knowledge. 801).

Senckenbergische Bibliothek-Frankfurt a. M.
Alexander Haas-Frankfurt a. M.

1390. — — Second edition. <First Edition Published in 1891.>

Washington, Smithsonian Institution, 1902. *1 Bl. + 115 S. 4° 10 Taf.*

(Smithsonian Contributions to knowledge. 801.)

Kgl. Universitätsbibliothek-Göttingen.

1391. — Recherches expérimentales aérodynamiques et données d'expérience.

5 S. 4°.

Aus Comptes rendus des séances de l'Académie des Sciences (Paris). T. 113, séance du 13 juillet 1891.

Universitätsbibliothek-Leipzig.

Lilienthal, Otto: Der Flug der Vögel und des Menschen durch die Sonnenwärme. 1891. Nr. 1329.

Steiger, Karl: Vogelflug und Flugmaschine. 1891. 1330.

1392. **Wechmar**, Ernst Freiherr von: Zur Flugfrage. Einige Anregungen für die Zeitgenossen. Uebersichtliche Darlegungen, Erläuterungen und Ergänzungen zu des Verfassers Hauptwerk Wechmar's Flugtechnik.

Berlin, W. H. Kühl, 1891. *67 S. 8°.*

Vgl. Nr. 1385.

Senckenbergische Bibliothek-Frankfurt a. M.

1393. **Buttenstedt**, Carl: Das Flugprincip. Eine populär-wissenschaftliche Naturstudie als Grundlage zur Lösung des Flugproblems. Mit 6 Taf., enthaltend 50 lithographische Zeichnungen. 2. verm. Aufl.

Berlin, Albert Friedländer, 1893. *II + 184 S. 5 Taf.*

Senckenbergische Bibliothek-Frankfurt a. M.

1394. **Koch**, Gustav: Die Lösung des Flugproblems und das Luftschiff der Zukunft. Mit 3 Taf.

München, J. Schön, 1893. *32 S. 8° 3 Taf.*

Vgl. Nr. 1388. 1410.

F. B. Auffarth-Frankfurt a. M.

1395. **Langley**, S[amuel] P[ierpont]: The internal work of the wind.

Washington, Smithsonian Institution, 1893. *1 Bl. + 23 S. 4° 5 Taf.*

(Smithsonian Contributions to knowledge. 884.)

Senckenbergische Bibliothek-Frankfurt a. M.

1396. **Lilienthal**, Otto: Zur Flugfrage. Mit 9 Abb.

In Prometheus. Jg. 4. 1893. Berlin. S. 753-756 und 769-774.

Enth. Beschreibung und Abbildungen der Flugmaschine von Lawrence Hargrave und der eigenen Flugversuche Lilienthals.

Ferd. Adolf Pertsch-Darmstadt.

1397. **Platte**, August: Flugtechnische Betrachtungen.

Wien, „Reichswehr“, 1893. *121 S. 8°.*

Deutsches Museum-München.

1398. **Wellner**, Georg: Ueber Segelradflugmaschinen. Vortrag, gehalten in der Vollversammlung am 18. November 1893.

In Zeitschrift des Oesterr. Ingenieur- und Architekten-Vereines. Jg. 45. Wien 1893. Nr. 50. S. 661-666.

B. Spitzer-Frankfurt a. M.;
jetzt Senckenbergische Bibliothek-Frankfurt a. M.

1399. — Versuche über den Luftwiderstand gewölbter Flächen im Winde und auf Eisenbahnen mit Rücksicht auf das Problem dynamischer Flugmaschinen.

Wien, Selbstverlag, 1893. *28 S. 4° 1 Taf.*

Aus Zeitschrift des Oesterr. Ingenieur- und Architekten-Vereines. 1893. Nr. 25 bis 28.

B. Spitzer-Frankfurt a. M.;
jetzt Senckenbergische Bibliothek-Frankfurt a. M.

1400. **Berthenson,** Georg: Grundprincipien der physiologischen Mechanik und das Buttenstedt'sche Flugprincip.

Berlin, Mayer & Müller, 1894. *28 S. 8°.*

Senckenbergische Bibliothek-Frankfurt a. M.

1401. **Boltzmann,** L[udwig]: Ueber Luftschifffahrt.

In Verhandlungen der Gesellschaft deutscher Naturforscher und Aerzte. 66. Versammlung zu Wien 24-28. Sept. 1894. Th. 1. Leipzig 1894. S. 89-96.

Bespricht die Flugapparate von Kress, Hiram Maxim und Otto Lilienthal.

Kais. Universitäts- und Landes-Bibliothek-Strassburg i. E.
Senckenbergische Bibliothek-Frankfurt a. M.

1402. **Lilienthal,** Otto: Praktische Erfahrungen beim Segelfluge. Mit 3 Abb.

In Prometheus. Jg. 5. 1894. Berlin. S. 161-162 u. 182-186.

Ferd. Adolf Pertsch-Darmstadt.

1403. -- Die Flugapparate. Allgemeine Gesichtspunkte bei deren Herstellung und Anwendung.

Berlin, Mayer & Müller, 1894. *15 S. 8°.*

Aus Zeitschrift für Luftschiffahrt und Physik der Atmosphäre. Nr. 6. Juni 1894.

F. B. Auffarth-Frankfurt a. M.

1404. — Weshalb ist es so schwierig das Fliegen zu erfinden? Mit 4 Abb. und 2 Taf.

In Prometheus. Jg. 6. 1894. Berlin. S. 7-10.

F. B. Auffarth-Frankfurt a. M.

1405. **Roeper,** Oscar: Abhandlung über eine Luftschiff-Construction. Als Manuskript gedruckt.

Hamburg 1894. *19 S. 8° 1 Taf.*

Das Luftschiff besteht aus einer gewölbten Tragsegelfläche, welche mit der Gondel fest verbunden ist. Fortbewegung durch Windräder, die durch einen Motor in der Gondel angetrieben werden. Steuersegel.

Geh. Rat Dr. Leo Gans-Frankfurt a. M.;
jetzt Senckenbergische Bibliothek-Frankfurt a. M.

1406. **Faccioli,** Aristide: Teoria del volo e della navigazione aerea. Ricerche sperimentali sulla resistenza dell' aria. Teoria dell' elice e del timone. Con 52 incisioni e 2 tav. intercalate nel testo.

Milano, U. Hoepli, 1895. *VIII + 309 S. 8°.*

F. B. Auffarth-Frankfurt a. M.

1407. **Kotzauer,** Wenzel: Die Luftschifffahrt und ihre Zukunft.

Wien, Selbstverlag, [später] Spielhagen u. Schurich, 1895. *40 S. 8°.*

F. B. Auffarth-Frankfurt a. M.

1408. **Mánfai,** Eduard: Das gelöste Problem der Aeronautik. Vergleichende Kritik der bis heute zur Lösung der aeronautischen Aufgabe in Vorschlag gebrachten Projecte, resp. Principien.

Wien, Spielhagen u. Schurich; [später] Berlin, Mayer u. Müller, 1895. *52 S. 8°.*

Plädiert für rein maschinelles Fliegen. Ablehnung des Dampfbetriebes, Empfehlung der schnellaufenden „Explosions-Turbinen“ als des einzig möglichen Motors der Aëronautik.

F. B. Auffarth-Frankfurt a. M.

1409. **Obermayer,** A[lbert Edler]. v[on]: Über die Wirkung des Windes auf schwach gewölbte Flächen. <Mit 8 Textfig.> <Vorgelegt in der Sitzung am 10. October 1895.>

Wien, Carl Gerold's Sohn in Komm., 1895. *13 S. 8°.* [Umschlagt.]

Aus Sitzungsberichte der kaiserl. Akad. der Wiss. in Wien. Mathem.-naturw. Cl. Bd 104. Abth. IIa. 1895.

B. Spitzer-Frankfurt a. M.;
jetzt Senckenbergische Bibliothek-Frankfurt a. M.

1410. **Koch,** Gustav: Die Lösung des Flugproblems in physikalischer und maschinentechnischer Hinsicht. Mit einem Anhang: Nutzen und Folgen praktischer Luftschiffahrt. Mit 8 Taf. und einer Anzahl in den Text gedruckten Zeichnungen.

München, H. Lukaschik, 1896. *72 S. 8° 8 Taf.*

Vgl. Nr. 1394.

F. B. Auffarth-Frankfurt a. M.

1411. **Popper,** Josef: Flugtechnische Studien. I. Ueber einige flugtechnische Grundfragen; anknüpfend an eine Besprechung des Buches: „Die Luftwiderstandsgesetze, der Fall durch die Luft und der Vogelflug“ von Herrn Fr. R. v. Loessl, vorgetragen am 4. Februar und 3. März 1896 im Wiener flugtechnischen Verein. II. Ueber Sinkverminderung. Kritische Bemerkungen zu der Abhandlung des Herrn Ober-Ingenieurs F. R. v. Loessl: „Der aërodynamische Schwebezustand einer dünnen Platte und deren Sinkgeschwindigkeit nach der Formel $V = \sqrt{\frac{g\,G}{\gamma\,(F + b\,v)}}$“.

Aus Zeitschrift für Luftschiffahrt und Physik der Atmosphäre. Nr. 8/9. August/September 1896. S. 193-257. u. Nr. 4/6. April/Juni 1899. S. 1-26.

Deutsches Museum-München.

1412. **Ahlborn,** Fr.: Der Schwebflug und die Fallbewegung ebener Tafeln in der Luft. <Hierzu 2 Taf. und 22 Fig. im Text.>

31 S. 4° 2 Taf.

In Abhandlungen aus dem Gebiete der Naturwissenschaften hrsg. vom Naturwiss. Verein in Hamburg. Bd 15. Hamburg 1897.

Senckenbergische Bibliothek-Frankfurt a. M.

1413. — Ueber die Stabilität der Flugapparate.

51 S. 4°.

In Abhandlungen aus dem Gebiete der Naturwissenschaften hrsg. vom Naturwiss. Verein in Hamburg. Bd 15. Hamburg 1897.

Senckenbergische Bibliothek-Frankfurt a. M.

1414. **Chanute**, Octave: Gliding experiments. Adress delivered 20th of October, 1897.

Aus Journal Western Society of Engineers. 1897. S. 593-628.

Bibliothek der Technischen Hochschule-Karlsruhe.

1415. **Weisse,** H[ermann]: Das Flug-Gesetz als Grundlage zur Lösung des Flug-Problems im Sinne des Buttenstedt'schen Princips.

Kiel, Selbstverlag, 1897. *43 S. + 1 Bl 8° 1 Taf.*

F. B. Auffarth-Frankfurt a. M.

1416. — Wann werden wir fliegen? Eine Studie an der Hand von Autoritäten und Naturgesetzen.

Kiel, Selbst-Verlag, 1897. *19 S. 8°.*

Senckenbergische Bibliothek-Frankfurt a. M.

1417. **Baden-Powell**, B. F. S.: Kites: their theory and practice.

In Journal of the Society of arts. No. 2,363. Vol. 46. London. S. 359-370. March 4, 1898.

B. Spitzer-Frankfurt a. M.;
jetzt Senckenbergische Bibliothek-Frankfurt a. M.

1418. **Herrmann**, E.: Neuere Drachen und ihre Verwendung für praktische Zwecke. [Mit 1 Taf.]

In Marine Rundschau. Jg. 9. H. 4. Berlin 1898. S. 613-621.

Deutsches Museum-München.

1419. **Mánfai**, Eduard: Die Flugmaschine des dynamischen Flugprincipes in ihrer Ausführung und Verwendung. Mit 10 Figurentaf.

Wien und Leipzig, W. Braumüller, 1898. *VII + 149 S. + 1 Bl. 8° 10 Taf.*

Bibliothek der Technischen Hochschule-Karlsruhe.

1420. **Pra**, Guglielmo N. da: Navigazione aerea. Progetto dettagliato di aeroplano con motore simmetrico a benzina. . . . Con 6 Tav. e 18 incisioni intercalate nel testo.

Milano, U. Hoepli, 1898. *1 Bl. + 73 S. 6 Taf. 8°.*

Deutsches Museum-München.

1421. **Freund**, E.: Eine mehr als tausendjährige Illusion des menschlichen Geistes und ihre Folgen oder Die Beseitigung des grossen Hindernisses, welches der Lösung der Flugfrage im Wege liegt.

Wien, Selbstverlag, 1899.

Stadtbibliothek-Köln.
Deutsches Museum-München.

Lochner, Max: Grundlagen der Lufttechnik, 1899. Nr. 1284.

1422. **Pacher**, Paul: Das Fliegen. S. A. aus der „Ostdeutschen Rundschau vom 21. Juni u. 5. Juli 1896, u. d. „Salzburger Tagblatt" v. 1. u. 2. März 1899.

Salzburg, H. Kerber, 1899. *32 S. 8°.*

F. B. Auffarth-Frankfurt a. M.

1423. **Wellner**, Georg: Der dynamische Flug.

[o. O. u. J. (1899?)] *46 S. 4° 2 Taf.*

Berliner Verein für Luftschiffahrt-Berlin-Wilmersdorf.

Lippert, P. W.: Ueber Flugtechnik. [o. J.] Nr. 1287.

1424. (**Bourcart**, Jean-Jacques: Machine à voler, se repliant, mue par les jambes.)

17 Bl. Skizzen und Entwürfe von der Hand des Erfinders in Umschlag mit der Aufschrift: „Bourcart | Relique | Croquis Machine à voler | repliable et mue par les jambes"; auf einzelnen Blättern handschriftlicher Text. Laut gef. Mitteilung des Erfinders stammen die Entwürfe zu seinem Veloziped (Vgl. Nr. 399) aus dem Jahre 1860; Flüge wurden damit im Jahre 1886 unternommen.

J. J. Bourcart-Kolmar;
jetzt Senckenbergische Bibliothek-Frankfurt a. M.

VIII.

DAS LUFTSCHIFF IM DIENSTE DES VERKEHRS UND DER LANDESVERTEIDIGUNG. — BALLONPOSTDIENST

Lettre à un ami, sur l'utilité des globes volans, de M. de Montgolfier, et sur la possibilité de la prise de Gibraltar. 1783. Nr. 979.

1425. [**Friedrich** Josias,] Pr:[inz von Sachsen-]Coburg[-Saalfeld]: [Belohnungsauftrag des Reichs-General-Feldmarschalls Prinzen von Coburg, mit folgendem Wortlaut:] Von denjenigen Geldern, welche der Herr General zu Bestreitung geheimer Auslagen in Händen haben, belieben Dieselben den E: H: Carlischen Gefreiten *d. h. dem Gefreiten des K. K. Linieninfanterieregiments Erzherzog Karl Nr. 3* so den Lufballon [!] aufgefangen hat, eine Belohnung zu verabreichen, die seinem geleisteten Dienste proportionirt wäre. Im heutigen General Befehl wird demjenigen, welcher einen Luft-Ballon finden würde, ebenfals eine reichliche Belohnung zugesichert.

Dat. Herin, den 17ten Juny 1793. *2 Bl. 329:203 mm.*

Eigenhändig mit „Pr: Coburg. | F M:" unterzeichneter, mit der Hand geschriebener Brief „An den K K. Herrn Generalen grafen von Bellegarde." Auf Handpapier mit Wasserzeichen: „D" und figürl. Wasserzeichen. Auf der Rückseite: „praes. d. 17. Juny 1793."

Als ständige Leihgabe des Grafen Bellegarde im K. K. Heeresmuseum-Wien.

Abbildung 75.

1426. **Bleibtreu**, Leopold: Denkwürdigkeiten aus den Kriegsbegebenheiten bei Neuwied von 1792 bis 1797 in übersichtlichem Zusammenhang mit gleichzeitigen Kriegsereignissen in den Rhein- und Niederlanden etc. etc. nebst Beilagen, darstellend die Belagerung und Gefechte von Mainz etc., . . . Zum Bessten der Armen Neuwieds hrsg.

Bonn 1834, C. Georgi. *XII + 412 S. + 1 Bl. 8°.*

Enth. S. 55 f. Erwähnung eines franz. Luftballons bei Neuwied 1794.

Karl Bleibtreu-Bonn;
jetzt Senckenbergische Bibliothek-Frankfurt a. M.

1427. **Meyer**, Friedrich Johann Lorenz: Fragmente aus Paris im IVten Jahr der französischen Republik. [1.] 2.

Hamburg, K. E. Bohn, 1797. *5 Bl. + 300 S. + 1 Bl.; 3 Bl. + 320 S. 8°.*

Enth.: Aërostatisches Institut in Meudon. T. 2. S. 114-134.

Stadtbibliothek-Breslau.

Das erste **Luft=Schiff**. 1835.

Beschreibung und Abbildung des Lennoxschen, in Paris am 17. August 1834 bei der Abfahrt geplatzten Luftpostschiffes „Der Eagle (Adler)", von der Londoner „Europäischen Aeronautischen Gesellschaft" zur Kommunikation zwischen London und Paris bestimmt.

Nr. 1145.

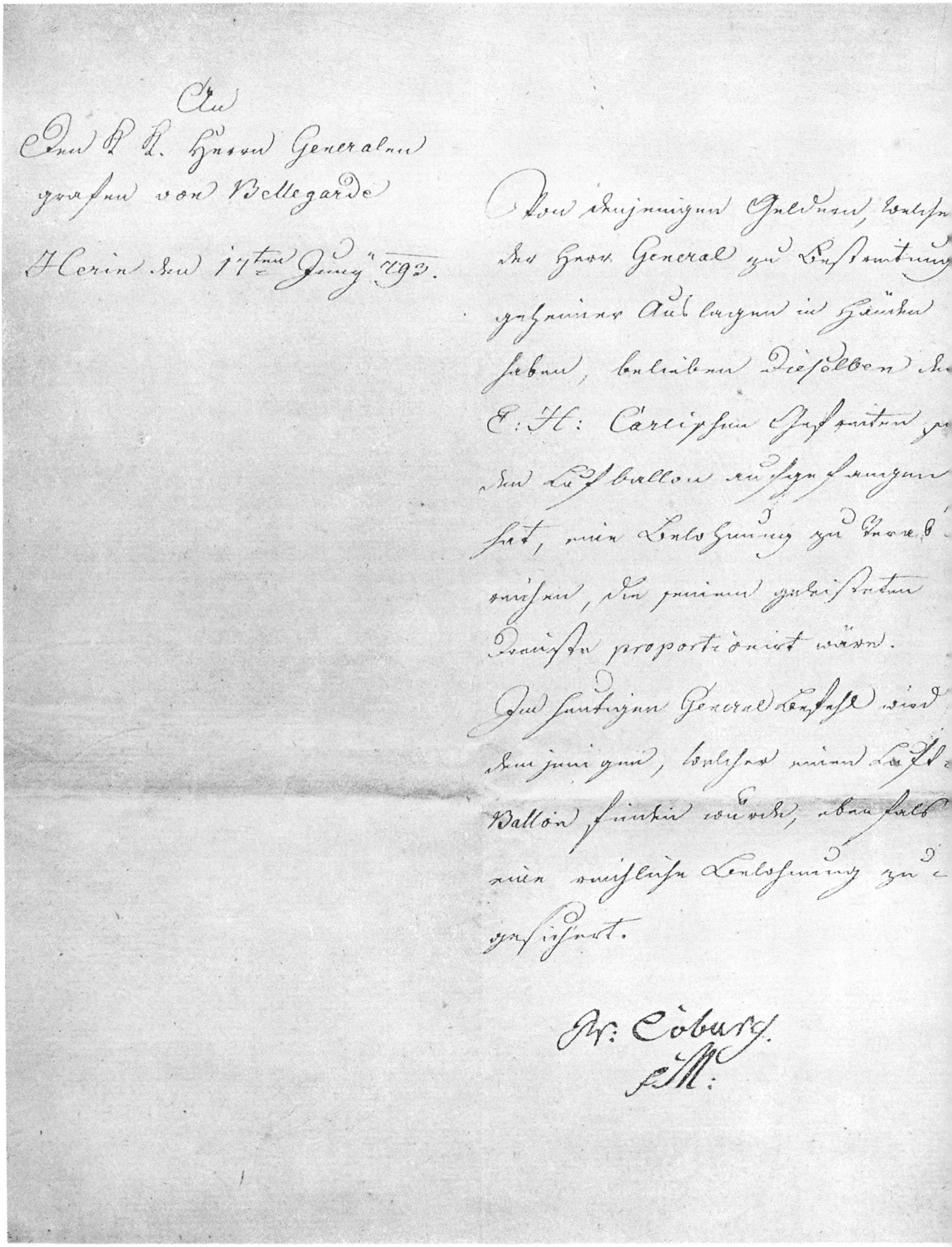

An
Den K. K. Herrn Generalen
grafen von Bellegarde
Herin den 17ten Juny 793.

Von denjenigen Geldern, welche
der Herr General zu Bestreitung
geheimer Auslagen in Händen
haben, belieben Dieselben dem
E: H: Carlischen Chasseurs, so
den Luftballon aufgefangen
hat, eine Belohnung zu verab-
reichen, die seinem geleisteten
Dienste proportionirt wären.
Im heutigen General Befehl wird
denjenigen, welcher einen Luft-
Ballon fangen würde, ebenfalls
eine ansehnliche Belohnung zu-
gesichert.

Pr: Coburg
FM:

Abb. 75. Tagesbefehl des Reichs-General-Feldmarschalls Prinzen Friedrich Josias von Coburg 1793. (Vgl. Nr. 1425).

1428. **Sanson**, A. J.: Navigation dans l'air. Le point d'appui aérien applicable à l'aérostation, précéde d'un projet de société aéronautique; suivi d'une lettre sur l'aérostation et de la liste des principaux aéronautes de M. Dupuis-Delcourt.

Paris, Ledoyen, 1841. *31 S. 8° 1 Taf.*

Die Tafel stellt dar: Navire aérien, dirigeable à l'aide d'un point d'appui rationnel système Sanson Père et Fils ... pouvant élever et soutenir en l'air et porter vers un point fixe, de 5 à 50 personnes, vivres et bagages de route, malgré un vent de dix lieues à l'heure (sauf dans ces cas augmentation des dimensions). Vgl. Nr. 1174.

Deutsches Museum-München.

Steinmann, Ferdinand: Die Luftschifffahrtskunde und ihre Anwendung zur Communication, zu Reisen und zu Gütertransporten. 1848. Nr. 1166.

Aldborough, Benjamin O'Neale Stratford Earl of: *Englische Patentschrift betr. die Erfindung von: Improvements in Aerial Navigation, and in the Application of the same to Warlike Purpose.* 1855. Nr. 1178.

1429. **Albrecht**, Friedrich: Die Luftbahn auf den Rigi, System einer Communikation mit Höhen, mit Anwendung der Luftballone als Lokomotive. Mit 4 Tafeln Abb.

Winterthur, Steiner in Komm., 1859. *38 S. 8° 4 Taf.*

Dr. R. Paganini-Basel;
jetzt Senckenbergische Bibliothek-Frankfurt a. M.

1430. (**Moreaud**, Pierre:) Chemins aériens. Application de la vapeur à la direction des aérostats captifs. Appareil du Dr. Pierre Moreaud, de Saint-Apre <Dordogne>.

Paris, Mallet-Bachelier, 1861. *40 S. 8° 3 Taf.*

Projekt einer Luftbahn mit zylindrisch geformten, an rotierendem Kabel laufenden Ballons.

Deutsches Museum-München.

1431. **Seguin**, Jules: Chemins aériens. Projet d'établissement d'un système de locomotion aérienne au moyen de ballons captifs remorqués par la vapeur Entre la place de la Concorde et la porte de la Muette <3,600 mètres environ>. D'après le système de M. le docteur Moreaud. . .

Paris, Mallet-Bachelier, 1863. *35 S. 1 Taf. 8°.*

Deutsches Museum-München.
Dr. Ed. Langer-Braunau i. B.
J. J. Bourcart-Kolmar;
jetzt Senckenbergische Bibliothek-Frankfurt a. M.

Ballonpostdienst während der Belagerung von Paris 1870-71.

Vgl. S. 220 ff und 240 f.

1432. Le **Ballon Poste.** Journal du Siège de Paris, publié pour les Départements [später: et l'Étranger]. Directeur-Gérant: Gabriel Richard. No. 1. Dimanche 30 octobre 1870. — No. 22. Dimanche 29 janvier 1871.

Paris, aux bureaux de la Publication — Alcan-Lévy, 1870. 1871. [Kopft.] No. 1—3. *Gross-fol.* No. 4—22. *4°.*

Nr. 1—3 je 1 Blatt mit 3 Spalten gedruckten Textes; die Rückseite für Privatmitteilungen frei. Hier Vordruck für die Adresse. Nr. 4—22 je 2 Quartblätter, die beide einseitig mit je 2 Spalten Text bedruckt sind; eine dritte Rubrik frei für Privatmitteilungen. Auf dünnem Papier gedruckt und zur Beförderung als Brief (für 20 centimes) eingerichtet. Erschien Sonntags und Donnerstags, von Nr. 18 an nur Sonntags. Preis für 10 Nummern: „Paris, 2 fr. — Départements, 4 fr. (affranch. compris)". Unbenutztes Exemplar.

Oberstleutnant Moedebeck (†)-Berlin.

— Dasselbe. No. 2 — Dimanche 6 Novembre 1870.

Auf dünnem Papier einseitig, in 3 Spalten gedruckter Text; ohne Briefhülle zusammengefaltet. Mit Vordruck: Par Ballon monté. Auf der Rückseite und am Rande der Vorderseite des Blattes briefliche Mitteilungen an Monsieur Boyer. Stempel: Paris 7. November 1870. Bestimmungsort: Toulon. Ankunftsstempel: Toulon-s-mer 11. November 1870.

Ad. Reinheimer (†)-Frankfurt a. M.

— Dasselbe. Journal du Siège de Paris, publié pour les Départements et l'Étranger. Directeur-Gérant: Gabriel Richard. No. 21 — Dimanche 22 Janvier 1871. . . .

Auf dünnem Papier gedruckt und ohne Briefhülle zusammengefaltet. Jedes Blatt einseitig mit 2 Spalten Text bedruckt, eine dritte Spalte mit brieflichen Mitteilungen beschrieben an Monsieur Boyer. Stempel: Paris 23. Januar 1871. Bestimmungsort: Toulon. Ankunftsstempel: Toulon 2. [?] Februar [?] 1871.

Ad. Reinheimer (†)-Frankfurt a. M.

1433. Le **Ballon-Poste.** Journal du siège de Paris. Publié pour les Départements. Paraît le dimanche. Directeur-gérant, Gabriel Richard.

Plakat mit Angabe der Bezugsbedingungen, des Inhalts etc. des Blattes.

Oberstleutnant Moedebeck(†)-Berlin.

1434. Le **Ballon-Poste.** Journal complet de la semaine du poids de 3 gr. 20 c. Contient deux colonnes pour la correspondance privée et s'expédie par ballon monté moyennant 20ces d'affranchissement.

Reklamezettel; Preis: 2 f. für 10 Nummern.

Oberstleutnant Moedebeck(†)-Berlin.

1435. **Dépêche-Ballon.** Journal des Événements du Siège. Paraît Mardi & Vendredi 8h du matin. No 18, Paris. Mardi 27 Décembre 1870.

Paris, Lith. Barousse, 1870. *2 Bl. 8°.*

Preis der Nummer: 10 centimes. 2 Seiten lithographierter Text; auf 2 Seiten briefliche Mitteilungen an Madame Pannier. Das Ganze ohne Briefhülle zusammengefaltet. Mit Vordruck: Par ballon monté. Stempel: Paris 28. Dezember 1870. Bestimmungsort: Boulogne sur mer. Ankunftsstempel: Boulogne-s-mer 4. Januar [?] 1871.

Ad. Reinheimer(†)-Frankfurt a. M.

1436. **Lettre-Journal** de Paris. Gazette des Absents. D. Jouaust, rédacteur. Paraît les Mercredi et Samedi [1871: les Mardi, Jeudi et Samedi] à 10h du matin.

Paris, rue Saint-Honoré, 338 et au bur. du Figaro, rue Rossini, 3. 1870. 1871. *8°.* [Kopft.]

No. 5, Samedi 5 Novembre 1870. — No. 6, Mercredi 9 Novembre 1870. — No. 7, Samedi 12 Novembre 1870. — No. 8, Mercredi 16 Novembre 1870. — No. 16, Mercredi 14 Décembre 1870. — No. 18, Mercredi 21 Décembre 1870. — No. 20, Mercredi 28 Décembre 1870. [Mit Suppl.] — No. 28, Mardi 17 Janvier 1871. — No. 31, Mardi 24 Janvier 1871.

Jede Nummer kostete 15 centimes und enthielt neben verschiedenen Seiten Drucktext freien Raum für briefliche Mitteilungen. No. 5, 7, 8, 16, 18, 20, 28, 31 zusammengefaltet als Briefe von Ch. Cerbelaud an seine Gattin nach Menilles (Eure) gesandt; No. 6 an: Capitaine Grand'homme in Issoudun. [?].

Königliche Bibliothek-Berlin.

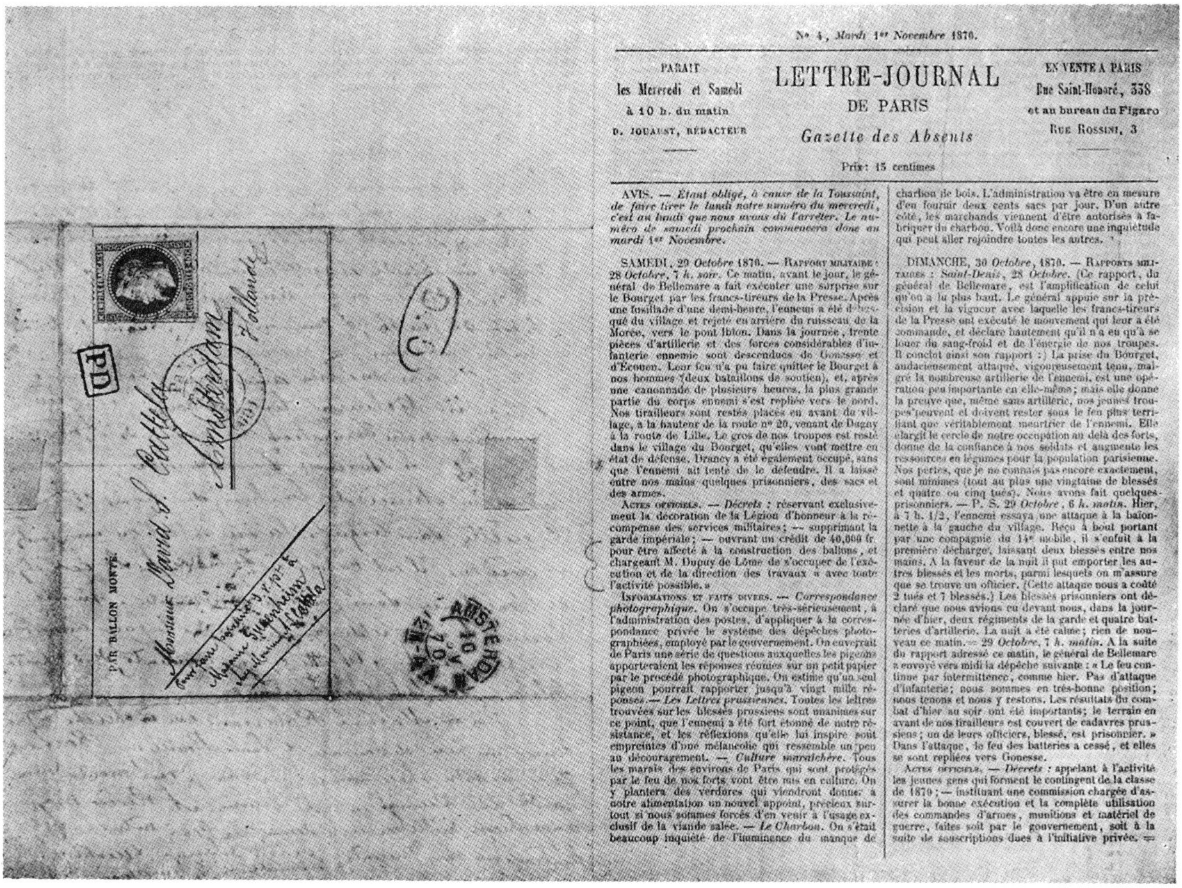

N° 4, *Mardi 1er Novembre 1870.*

PARAIT les Mercredi et Samedi à 10 h. du matin — D. JOUAUST, RÉDACTEUR

LETTRE-JOURNAL DE PARIS *Gazette des Absents*

EN VENTE A PARIS Rue Saint-Honoré, 338 et au bureau du Figaro Rue Rossini, 3

Prix: 15 centimes

AVIS. — *Étant obligé, à cause de la Toussaint, de faire tirer le lundi notre numéro du mercredi, c'est au lundi que nous avons dû l'arrêter. Le numéro de samedi prochain commencera donc au mardi 1er Novembre.*

SAMEDI, 29 *Octobre* 1870. — RAPPORT MILITAIRE : 28 *Octobre, 7 h. soir.* Ce matin, avant le jour, le général de Bellemare a fait exécuter une surprise sur le Bourget par les francs-tireurs de la Presse. Après une fusillade d'une demi-heure, l'ennemi a été débusqué du village et rejeté en arrière du ruisseau de la Morée, vers le pont Iblon. Dans la journée, trente pièces d'artillerie et des forces considérables d'infanterie ennemie sont descendues de Gonesse et d'Écouen. Leur feu n'a pu faire quitter le Bourget à nos hommes (deux bataillons de soutien), et, après une canonnade de plusieurs heures, la plus grande partie du corps ennemi s'est repliée vers le nord. Nos tirailleurs sont restés placés en avant du village, à la hauteur de la route n° 20, venant de Dugny à la route de Lille. Le gros de nos troupes est resté dans le village du Bourget, qu'elles vont mettre en état de défense. Drancy a été également occupé, sans que l'ennemi ait tenté de le défendre. Il a laissé entre nos mains quelques prisonniers, des sacs et des armes.

ACTES OFFICIELS. — *Décrets :* réservant exclusivement la décoration de la Légion d'honneur à la récompense des services militaires; — supprimant la garde impériale; — ouvrant un crédit de 40,000 fr. pour être affecté à la construction des ballons, et chargeant M. Dupuy de Lôme de s'occuper de l'exécution et de la direction des travaux « avec toute l'activité possible. »

INFORMATIONS ET FAITS DIVERS. — *Correspondance photographique.* On s'occupe très-sérieusement, à l'administration des postes, d'appliquer à la correspondance privée le système des dépêches photographiées, employé par le gouvernement. On enverrait de Paris une série de questions auxquelles les pigeons apporteraient les réponses réunies sur un petit papier par le procédé photographique. On estime qu'un seul pigeon pourrait rapporter jusqu'à vingt mille réponses. — *Les Lettres prussiennes.* Toutes les lettres trouvées sur les blessés prussiens sont unanimes sur ce point, que l'ennemi a été fort étonné de notre résistance, et les réflexions qu'elle lui inspire sont empreintes d'une mélancolie qui ressemble un peu au découragement. — *Culture maraîchère.* Tous les marais des environs de Paris qui sont protégés par le feu de nos forts vont être mis en culture. On y plantera des verdures qui viendront donner à notre alimentation un nouvel appoint, précieux surtout si nous sommes forcés d'en venir à l'usage exclusif de la viande salée. — *Le Charbon.* On s'était beaucoup inquiété de l'imminence du manque de charbon de bois. L'administration va être en mesure d'en fournir deux cents sacs par jour. D'un autre côté, les marchands viennent d'être autorisés à fabriquer du charbon. Voilà donc encore une inquiétude qui peut aller rejoindre toutes les autres.

DIMANCHE, 30 *Octobre*, 1870. — RAPPORTS MILITAIRES : *Saint-Denis*, 28 *Octobre.* (Ce rapport, du général de Bellemare, est l'amplification de celui qu'on a lu plus haut. Le général appuie sur la précision et la vigueur avec laquelle les francs-tireurs de la Presse ont exécuté le mouvement qui leur a été commandé, et déclare hautement qu'il n'a eu qu'à se louer du sang-froid et de l'énergie de nos troupes. Il conclut ainsi son rapport :) La prise du Bourget, audacieusement attaqué, vigoureusement tenu, malgré la nombreuse artillerie de l'ennemi, est une opération peu importante en elle-même; mais elle donne la preuve que, même sans artillerie, nos jeunes troupes peuvent et doivent rester sous le feu plus terrifiant que véritablement meurtrier de l'ennemi. Elle élargit le cercle de notre occupation au delà des forts, donne de la confiance à nos soldats et augmente les ressources en légumes pour la population parisienne. Nos pertes, que je ne connais pas encore exactement, sont minimes (tout au plus une vingtaine de blessés et quatre ou cinq tués). Nous avons fait quelques prisonniers. — P. S. 29 *Octobre, 6 h. matin.* Hier, à 7 h. 1/2, l'ennemi essaya une attaque à la baïonnette à la gauche du village. Reçu à bout portant par une compagnie du 14e mobile, il s'enfuit à la première décharge, laissant deux blessés entre nos mains. A la faveur de la nuit il put emporter les autres blessés et les morts, parmi lesquels on m'assure que se trouve un officier. (Cette attaque nous a coûté 2 tués et 7 blessés.) Les blessés prisonniers ont déclaré que nous avions eu devant nous, dans la journée d'hier, deux régiments de la garde et quatre batteries d'artillerie. La nuit a été calme; rien de nouveau ce matin. — 29 *Octobre, 7 h. matin.* A la suite du rapport adressé ce matin, le général de Bellemare a envoyé vers midi la dépêche suivante : « Le feu continue par intermittence, comme hier. Pas d'attaque d'infanterie; nous sommes en très-bonne position; nous tenons et nous y restons. Les résultats du combat d'hier au soir ont été importants; le terrain en avant de nos tirailleurs est couvert de cadavres prussiens; un de leurs officiers, blessé, est prisonnier. » Dans l'attaque, le feu des batteries a cessé, et elles se sont repliées vers Gonesse.

ACTES OFFICIELS. — *Décrets :* appelant à l'activité les jeunes gens qui forment le contingent de la classe de 1870; — instituant une commission chargée d'assurer la bonne exécution et la complète utilisation des commandes d'armes, munitions et matériel de guerre, faites soit par le gouvernement, soit à la suite de souscriptions dues à l'initiative privée. —

Abb. 76. „Lettre-Journal de Paris" No. 4. (Als Ballonbrief beförderte Zeitungsnummer aus der Zeit der Belagerung von Paris im Kriege 1870/71). (Vgl. Nr. 1436.)

— Dasselbe. No 3, Samedi 29 Octobre 1870.

Paris 1870. *2 Bl. 8°.*

2 Seiten gedruckter Text; der für briefliche Mitteilungen bestimmte Raum ist unbeschrieben; das Exemplar ist nicht zur Versendung gelangt.

Ad. Reinheimer(†)-Frankfurt a. M.

— Dasselbe. No. 4, Mardi 1er Novembre 1870. [Mit] Supplément. Paris 1870. *3 Bl. 8°.*

Auf 4 Seiten gedruckter Text, auf 2 Seiten briefliche Mitteilungen an Monsieur David S. Cattela für Mad. Gugenheim. Stempel: Paris 4. [?] November 1870. Bestimmungsort: Amsterdam. Ankunftsstempel: Amsterdam 10. November 1870. Mit Vordruck: Par Ballon monté.

Ad. Reinheimer(†)-Frankfurt a. M.

Abbildung 76.

— Dasselbe. No. 15, Samedi 10 Décembre 1870. Paris 1870. *2 Bl. 8°.*

2 Seiten gedruckter Text; 2 Seiten briefliche Mitteilungen von Léon Achard an Charles Achard. Stempel: Paris 13. Dezember 1870. Bestimmungsort: Dijon (Côte d'or).

Th. Körner-Frankfurt a. M.

Ballonbriefe aus Paris und Metz.

1437. [Brief an Madame Mausat-Laroche. Stempel: Paris 24. September 1870. Bestimmungsort: Menat, Puy de Dôme. Ankunftsstempel: Menat 17. October 1870.]

Durch den am 25. Sept. 1870 aufgestiegenen Ballon „La Ville de Florence" befördert, der als zweiter nach Begründung des staatlichen Ballonpostdienstes Paris verliess und von Gabriel Mangin geführt wurde. Befördert wurden 150 kg Depeschen, 1 Passagier (Lutz), 3 Brieftauben. Nach sechsstündiger, ohne Unfall verlaufener Fahrt, Ankunft in Vernouillet (Dép. Seine-et-Oise). Steenackers S. 398.

Ad. Reinheimer(†)-Frankfurt a. M.

— [Schreiben an Madame Lucot. Bestimmungsort: Péruwelz, Hainaut, Belgique. Dat.: Metz 29. Sept. 1870. Unterzeichnet: Lucot / Chef de Bataillon au . . unleserlich. Eine Zeile Text: „Je me porte très bien." Ohne Stempel, Marke, Umschlag.]

1 Blättchen dünnes Papier, 50:50; zweiseitig mit Tinte beschrieben. Während der Belagerung von Metz im September und Oktober 1870 als Ballonbrief aufgegeben; der Ballon fiel in die Hände der Deutschen.

Oberstleutnant Moedebeck(†)-Berlin.

— [Schreiben an „Monsieur Antoine francois Roubay" „pour remettre à Mademoiselle albine." Bestimmungsort: Steenwerck près de la Messegatte (?), Canton de Bailleul, Nord. Dat.: Au Camp sous Metz 1. Okt. 1870. Unterzeichnet: Gill. Cesar. 11 Längszeilen, 1 Querzeile Text eines Liebesbriefes. Ohne Stempel, Marke, Umschlag.]

1 Blättchen dünnes Papier, ca. 50:95; zweiseitig mit Tinte beschrieben. Während der Belagerung von Metz im September und Oktober 1870 als Ballonbrief aufgegeben; der Ballon fiel in die Hände der Deutschen.

Oberstleutnant Moedebeck(†)-Berlin.

— [Postkarte an Monsieur Bailly. Stempel: Paris 30. September 1870. Bestimmungsort: Étang sur Arroux, Saône et Loire. Ankunftsstempel: Étang s. Arroux 22. Oktober 1870.]

Vermutlich durch Papierballon am 30. Sept. 1870 befördert.

Ad. Reinheimer(†)-Frankfurt a. M.

— [Schreiben an „Monsieur Ronflet.“ Bestimmungsort: Paris Vaugirard. Dat.: Ban St. Martin 30. Sept. 1870. Unterzeichnet: Emile Keller. 6 Zeilen Text: „Mon cher Edouard Je t'écris 2 lignes / pour te dire que je suis en bonne sante / et souhaite que tu sois de même / tu embrasseras toute la famille pour / moi ainsi que la tante je te serre / la main d amitie / “ Ohne Stempel, Marke, Umschlag.]

1 Blättchen dünnes Papier, ca. 50:90; zweiseitig mit Bleistift beschrieben. Während der Belagerung von Metz im September und Oktober 1870 als Ballonbrief aufgegeben; der Ballon fiel in die Hände der Deutschen.

Oberstleutnant Moedebeck(†)-Berlin.

— [Schreiben an „Lametz Lieutenant au 27e de ligne.“ Bestimmungsort: Bourg en Bresse. Dat.: Devant les Ponts près Metz 30. Sept. 1870. Unterzeichnet: L. (?) Jacquet (?). 9 Zeilen Text:. „Mon cher Beaufrère / Si vous pouvez / prévenez famille / Santé bonne / ... unleserlich grand / Très heureux / Sans Nouvelles / depuis le 13 Août / A vous /.“ Ohne Stempel, Marke, Umschlag.]

1 Blättchen dünnes Papier, ca. 100:50; zweiseitig mit Tinte beschrieben. Während der Belagerung von Metz im September und Oktober 1870 als Ballonbrief aufgegeben; der Ballon fiel in die Hände der Deutschen.

Oberstleutnant Moedebeck(†)-Berlin.

— [Brief an Monsieur J. B. Moens. Stempel: Paris 3. Oktober 1870. Bestimmungsort: Brüssel. Ankunftsstempel: Brüssel 14. Oktober 1870. Zwei weitere Stempel: Paris à Arras 13. Oktober 1870; . . . unleserlich 13. Oktober 1870.]

Ad. Reinheimer(†)-Frankfurt a. M.

— [Brief an Monsieur Charles . . . unleserlich. Stempel: Paris 4. Oktober [?] 1870. Bestimmungsort: „2me Battaillon de franc Tireurs 6me Compagnie à Mézierre ou à la suite du . . bataillon.“]

Ad. Reinheimer(†)-Frankfurt a. M.

Abb. 77.

— [Brief an „Union de la Sarthe“ = „Correspondance Havas“ von Dienstag, d. 4. Oktober 1870, auf dünnem Papier autographiert und ohne Briefhülle zusammengefaltet. 5 Spalten auf 1 Bl., auf der Rückseite nur die Adresse. Stempel: Paris 4. Oktober 1870. Bestimmungsort: Le Mans. Ankunftsstempel: Le Mans 15. Oktober 1870.]

Ad. Reinheimer(†)-Frankfurt a. M.

— [Brief an Madame . . . unleserlich. Stempel: Paris 7. Oktober 1870. Bestimmungsort: Mandres [?]. Ankunftsstempel: Nancy 23. Oktober 1870.]

Ad. Reinheimer(†)-Frankfurt a. M.

— [Brief an Monsieur Maillard adjoint. Stempel: Paris 8. Oktober 1870. Bestimmungsort: Revigny, Meuse. Ankunftsstempel: Nancy 23. Oktober [?] 1870.]

Ad. Reinheimer(†)-Frankfurt a. M.

— [Briefumschlag ohne Inhalt, adressiert an Madame... unleserlich. Stempel: Paris, 12. Oktober 1870. Bestimmungsort: Brüssel. Ankunftsstempel: Brüssel 19. Oktober 1870.]

Ad. Reinheimer (†)-Frankfurt a. M.

— [Brief an Monsieur Kurth Michel. Stempel: Paris 20. Oktober 1870. Bestimmungsort: Rehlingen bei Saarlouis.]

Mit Vordruck: Par ballon monté.

Ad. Reinheimer (†)-Frankfurt a. M.

Abb. 77.

— [Briefumschlag ohne Inhalt, adressiert an Monsieur Girard. Stempel: Paris 25. Oktober 1870. Bestimmungsort ausgestrichen: Joué de Touraine; darübergeschrieben: Rodez, Aveyron. Ankunftsstempel: Joué-de-Touraine 2. Nov. 1870. Ein weiterer Stempel unleserlich.]

Ad. Reinheimer (†)-Frankfurt a. M.

— [Brief an Madame Deville. Stempel: Paris 26. Oktober 1870. Bestimmungsort: Brüssel. Ankunftsstempel: Brüssel 2. November 1870. Ausserdem Stempel auf der Rückseite: France-Ouest 3, 2. November 1870.]

Ad. Reinheimer (†)-Frankfurt a. M.

— [Brief in Umschlag mit vorgedruckter Adresse an Messrs R. D. Warburg & Cie handschriftlich hinzugefügt: Particulière. Stempel: Paris 26. Oktober 1870. Bestimmungsort: Hamburg.]

Ad. Reinheimer (†)-Frankfurt a. M.

Abb. 77.

— [Brief an Monsieur Adam Rinck. Stempel: Paris 27. Oktober 1870. Bestimmungsort: Frankfurt a. M.]

Ad. Reinheimer (†)-Frankfurt a. M.

Abb. 77.

— [Brief an Monsieur H. B. Oppenheimer. Stempel: Paris [?] 29. [?] Oktober 1870. Bestimmungsort: Hamburg.]

Text in deutscher Sprache. Mit Vordruck: Par ballon monté.

Ad. Reinheimer (†)-Frankfurt a. M.

Abb. 77.

— [Brief an die „Frankfurter Zeitung. Francfort S. M." von ihrem Pariser Korrespondenten Eugène Seinguerlet. Stempel: Paris 1. November 1870.]

Dieser Brief, wie fünf weitere ihres Korrespondenten, vom 24. Nov., 27. Nov., 1. Dez., 7. Dez. 1870 und 20. Jan. 1871, gelangten erst 1909 in die Hände der „Frankfurter Zeitung", und zwar uneröffnet. — Seinguerlet, der während eines Aufenthaltes in Deutschland an den „Temps" Briefe über die politischen Ereignisse in Deutschland geschrieben hatte, die nicht bloss wegen ihrer Schärfe, sondern auch wegen ihrer Deutschfreundlichkeit grosses Aufsehen erregten, wurde später als Redakteur des „Siècle" Pariser Berichterstatter der „Frankfurter Zeitung" und blieb es auch während des Krieges. Er schrieb dem Blatte zwei Briefe in der

Woche. Der etwas heiklen Stellung als französischer Berichterstatter eines deutschen Blattes wusste er mit feinem Takte und strenger Objektivität gerecht zu werden. Vgl. Frankfurter Zeitung vom 18. Juli 1909. Nr. 197, I. Feuilleton.

Frankfurter Zeitung;
jetzt Senckenbergische Bibliothek-Frankfurt a. M.

— [Brief an Monsier Aubé. Stempel: Paris, 3. November 1870. Bestimmungsort: Les Andelys. Ankunftsstempel: Les Andelys 9. [?] November 1870.]

Ad. Reinheimer (†)-Frankfurt a. M.

— [Brief an Madame Grellois. Stempel: Paris 4. November 1870. Bestimmungsort: Metz.]

Ad. Reinheimer (†)-Frankfurt a. M.

Abb. 77.

— [Brief an „L Jndépendant à Beauvais“ = „Correspondance Havas“ von Freitag, d. 11. Nov. 1870, auf dünnem Papier autographiert und ohne Briefhülle zusammengefaltet. 5 Spalten auf 1 Blatt in quer-4°. Auf der Rückseite nur die Adresse. Stempel: Paris 11. November 1870. Bestimmungsort: Beauvais. Ankunftsstempel fehlt. Briefmarke ausgerissen.]

Prof. Dr. Marx-Frankfurt a. M.

— [Brief an Madame Clerc. Stempel: Paris 11. November 1870. Bestimmungsort: Thônes in Frankreich, Haute Savoie.]

Direktor Schlieper-Frankfurt a. M.

— [Brief an Madame . . . unleserlich. Stempel: Paris 11. November 1870. Bestimmungsort: Lamotte en Santerre, Frankreich, Somme.]

Direktor Schlieper-Frankfurt a. M.

— [Brief an Madame Ronget [?]. Stempel: Paris 13. November 1870. Bestimmungsort: Lyon. Ankunftsstempel nicht leserlich.]

Ad. Reinheimer (†)-Frankfurt a. M.

— [Brief an Monsieur D. Levin. Stempel: Paris 20. November 1870. Bestimmungsort: Berlin. Einliegend verschlossener Brief an „Monsieur le Général de division Grandchamp prisonnier de Guerre. Coblentz.“

General Grandchamp geriet bei Sedan in die Hände der Deutschen.

Ad. Reinheimer (†)-Frankfurt a. M.

Abb. 77.

— [Brief an die „Frankfurter Zeitung. Francfort S. M.“ von ihrem Pariser Korrespondenten Eugène Seinguerlet. Stempel: Paris 24. November 1870.]

Vgl. Frankfurter Zeitung vom 18. Juli 1909. Nr. 197, I. Feuilleton und die Bemerkung zu dem Briefe vom 1. Nov. 1870. (S. 430 f.)

Frankfurter Zeitung;
jetzt Senckenbergische Bibliothek-Frankfurt a. M.

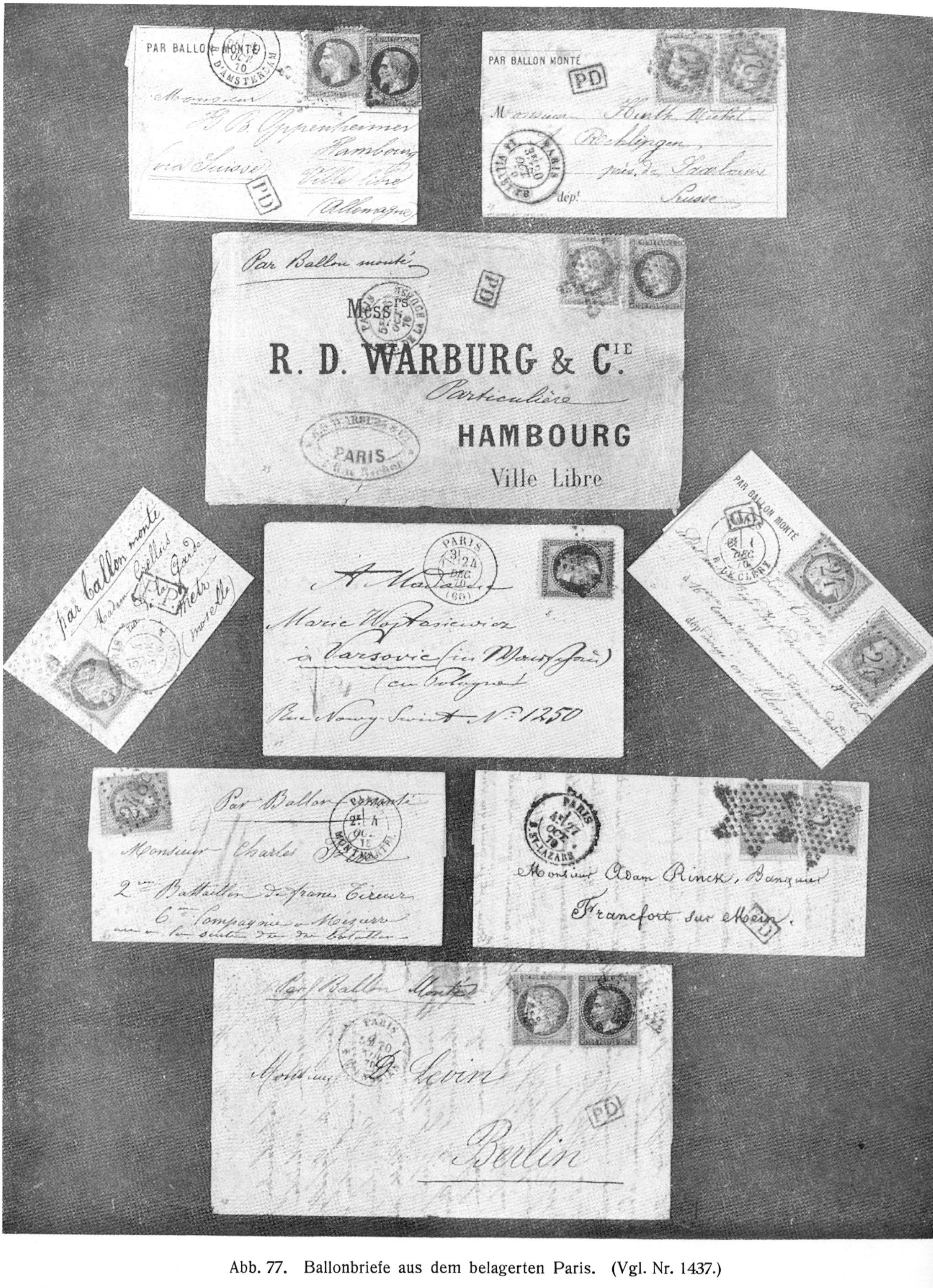

Abb. 77. Ballonbriefe aus dem belagerten Paris. (Vgl. Nr. 1437.)

— [Brief an die „Frankfurter Zeitung, Francfort S. M.“ von ihrem Pariser Korrespondenten Eugène Seinguerlet. Stempel: Paris 27. November 1870.]

Vgl. Frankfurter Zeitung vom 18. Juli 1909. Nr. 197, I. Feuilleton und die Bemerkung zu dem Briefe vom 1. Nov. 1870. (S. 430 f.)

Frankfurter Zeitung;
jetzt Senckenbergische Bibliothek-Frankfurt a. M.

— [Brief an „Monsieur Léon Caën, soldat au 1er Rég.t d' Inf.ie de marine, 3me Bat.on 16ème Comp.ie prisonnier de guerre de Sedan dirigé en Allemagne.“ Stempel: Paris 1. Dezember 1870.]

Auf den Briefmarken der Stempel: — 24 —. Mit Vordruck: Par ballon monté.

Abb. 77. Ad. Reinheimer(†)-Frankfurt a. M.

— [Brief an die „Frankfurter Zeitung. Francfort S. M.“ von ihrem Pariser Korrespondenten Eugène Seinguerlet. Stempel: Paris: 1. Dezember 1870.]

Vgl. Frankfurter Zeitung vom 18. Juli 1909. Nr. 197, I. Feuilleton und die Bemerkung zu dem Briefe vom 1. Nov. 1870. (S. 430 f.)

Frankfurter Zeitung;
jetzt Senckenbergische Bibliothek-Frankfurt a. M.

— [Brief an die „Frankfurter Zeitung, Grosse Eschenheimergasse 31, à Francfort-sur-Mein.“ = „Correspondance Havas“ vom 1. Dezember 1870, deutsche Ausgabe, auf dünnem Papier autographiert und ohne Briefhülle zusammengefaltet. Stempel: Paris 1. Dezember 1870.]

Vgl. Frankfurter Zeitung vom 18. Juli 1909. Nr. 197, I. Feuilleton.

Frankfurter Zeitung;
jetzt Senckenbergische Bibliothek-Frankfurt a. M.

— [Brief an Monsieur Müller. Stempel: Paris 5. Dezember 1870. Bestimmungsort: London. Ankunftsstempel: London 9. Dezember 1870.]

Otto Joseph-Calais;
jetzt Senckenbergische Bibliothek-Frankfurt a. M.

— [Brief an die „Frankfurter Zeitung, Grosse Eschenheimergasse, 31 à Francfort-sur-Mein.“ = „Correspondance Havas“ vom 5. Dezember 1870, deutsche Ausgabe, auf dünnem Papier autographiert und ohne Briefhülle zusammen gefaltet. Stempel: Paris 5. Dezember 1870.]

Vgl. Frankfurter Zeitung vom 18. Juli 1909. Nr. 197, I. Feuilleton und die Bemerkung zu dem Briefe vom 1. Nov. 1870. (S. 430 f.)

Frankfurter Zeitung;
jetzt Senckenbergische Bibliothek-Frankfurt a. M.

— [Brief an die „Frankfurter Zeitung. Francfort S. M.“ von ihrem Pariser Korrespondenten Eugène Seinguerlet. Stempel: Paris 7. Dezember 1870.]

Vgl. Frankfurter Zeitung vom 18. Juli 1909. Nr. 197, I. Feuilleton und die Bemerkungen zu dem Briefe vom 1. Nov. 1870. (S. 430 f.)

Frankfurter Zeitung;
jetzt Senckenbergische Bibliothek-Frankfurt a. M.

— [Brief an Monsieur Girard. Stempel: Paris 9. Dezember 1870. Bestimmungsort: Rodez, Aveyron. Ankunftsstempel: Rodez 24. Dezember 1870.]

Ad. Reinheimer(†)-Frankfurt a. M.

— [Brief an Madame P. Mirambeau. Stempel: Paris 9. Dezember 1870. Bestimmungsort: Tarbes, Hautes Pyrénées. Ankunftsstempel: Tarbes 21. [?] Dezember 1870. Ein weiterer Stempel nicht leserlich.]

Ad. Reinheimer(†)-Frankfurt a. M.

— [Brief an Madame Colliot. Stempel: Paris 12. Dezember 1870. Bestimmungsort: Spa in Belgien.]

Mit dem Ballon „La Ville de Paris" am 15. Dezember vom Gare du Nord befördert; der Ballon fiel bei Wetzlar in deutsche Hände. Vgl. auch Nr. 616.

Stadtbibliothek-Ulm.

— [Brief an Madame Edouard Kohn. Stempel: Paris 12. Dezember 1870. Bestimmungsort: Brüssel.]

Mit dem Ballon „La Ville de Paris" am 15. Dezember vom Gare du Nord befördert; der Ballon fiel bei Wetzlar in deutsche Hände. Vgl. auch Nr. 616.

Stadtbibliothek-Ulm.

— [Brief an Madame Lefèvre. Stempel: Paris 12. Dezember 1870. Bestimmungsort: Brüssel.]

Mit dem Ballon „La Ville de Paris" am 15. Dezember vom Gare du Nord befördert; der Ballon fiel bei Wetzlar in deutsche Hände. Vgl. auch Nr. 616.

Stadtbibliothek-Ulm.

— [Brief an Madame Lefevre. Stempel: Paris 12. Dezember 1870. Bestimmungsort: Mons in Belgien.]

Mit dem Ballon „La Ville de Paris" am 15. Dezember vom Gare du Nord befördert; der Ballon fiel bei Wetzlar in deutsche Hände. Vgl. auch Nr. 616.

Stadtbibliothek-Ulm.

— [Briefumschlag ohne Inhalt, adressiert an Madame P. Mirambeau. Stempel: Paris 15. Dezember 1870. Bestimmungsort: Tarbes, Hautes Pyrénées. Ankunftsstempel: Tarbes 28. Dezember 1870. Ein weiterer Stempel nicht leserlich.]

Ad. Reinheimer(†)-Frankfurt a. M.

— [Brief an die „Frankfurter Zeitung, Grosse Eschenheimergasse, 31, à Francfort-sur-Mein." = „Correspondance Havas" vom 20. Dezember 1870, deutsche Ausgabe, auf dünnem Papier autographiert und ohne Briefhülle zusammengefaltet. Stempel: Paris 20. Dezember 1870. Marke fehlt.]

Vgl. Frankfurter Zeitung vom 18. Juli 1909. Nr. 197, I. Feuilleton.

Frankfurter Zeitung;
jetzt Senckenbergische Bibliothek-Frankfurt a. M.

— [Brief an Madame Marie Wojtasiewicz. Stempel: Paris 24. Dezember 1870. Bestimmungsort: Warschau.]

Ad. Reinheimer(†)-Frankfurt a. M.

Abb. 77.

— [Brief an „Monsieur J. Gottsleben, Mainzer Anzeiger" = „Correspondance Havas" vom 26. Dezember 1870, deutsche Ausgabe, auf dünnem Papier autographiert und ohne Briefhülle zusammengefaltet. 2 Spalten auf 1 Bl. in fol., auf der Rückseite nur die Adresse. Stempel: Paris 27. Dezember 1870. Bestimmungsort: Mainz.]

Ad. Reinheimer(†)-Frankfurt a. M.

— [Brief an Monsieur Migayron. Stempel: Paris 27. Dezember 1870. Bestimmungsort: Milhau [so statt Millau], Aveyron. Ankunftsstempel: Millau 2. Januar 1871.]

Gedrucktes Zirkular vom 26. Dezember 1870 mit Vordruck: Par ballon monté.

Ad. Reinheimer(†)-Frankfurt a. M.

— [Brief an Me Basset [?] Stempel: Paris 29. Dezember 1870. Bestimmungsort: Begnins, Canton de Vaud, Schweiz. Ankunftsstempel: Genf 7. Januar 1871. Begnins 8. Januar 1871.]

Mit Vordruck: Par ballon monté.

Ad. Reinheimer(†)-Frankfurt a. M.

— [Brief an M. E. Sallard. Stempel: Paris 2. Januar 1871. Bestimmungsort: Pornic, Loire Inférieure. Ankunftsstempel: Pornic 11. Januar 1871 (?)]

Mit Vordruck: Par ballon monté.

Ad. Reinheimer (†)-Frankfurt a. M.

— [Brief an die „Frankfurter Zeitung, Grosse Eschenheimergasse, 31, à Francfort-sur-Mein." = „Correspondance Havas" vom 6. Januar 1871, deutsche Ausgabe, auf dünnem Papier autographiert und ohne Briefhülle zusammengefaltet. Stempel: Paris 6. Januar 1871. Marke fehlt.]

Vgl. Frankfurter Zeitung vom 18. Juli 1909. Nr. 197, I. Feuilleton.

Frankfurter Zeitung;
jetzt Senckenbergische Bibliothek-Frankfurt a. M.

— [Brief an die „Frankfurter Zeitung. Francfort S. M." von ihrem Pariser Korrespondenten Eugène Seinguerlet. Stempel: Paris 20. Januar 1871.]

Vgl. Frankfurter Zeitung vom 18. Juli 1909. Nr. 197, I. Feuilleton und die Bemerkung zu dem Briefe vom 1. Nov. 1870. (S. 430 f.)

Frankfurter Zeitung;
jetzt Senckenbergische Bibliothek-Frankfurt a. M.

1438. [3 Briefbogen in 8°, farbig, unbenutzt, zum Zusammenfalten eingerichtet. Auf der Vorderseite über dem Raum für die Adresse der Aufdruck: Par ballon monté. Daneben das französische Wappen mit der Ueberschrift: République française und Vordruck für die Briefmarke. Auf der Rückseite des zusammengefalteten Bogens folgende Sprüche: Peuples insensés, nous égorgerons-nous toujours pour le plaisir et l'orgueil des rois? — Gloire et conquêtes signifient crimes; défaite signifie haine et désir de vengeance. — Une seule guerre est juste et sainte: celle de l'Indépendance. — Paris défie l'ennemi, France précipite toi toute entière, Mort aux envahisseurs! — Thörichte Volker, werden wir uns immer erwürgen füv [!] das Vergnügen und den Stolz der Könige? — Frevel und Eroberung ist Verbrechen, Niederlage bringt Hass und Rachsucht. — Nur ein Krieg ist gerecht und heilig: das Unhabhängige. [!] — Paris trotzt den [!] Feind! ganz Franckreich erhebt sich, Tod den Eindringlingen!]

Ad. Reinheimer (†)-Frankfurt a. M.

Abb. 78. 79.

1439. [4 Postkarten, unbenutzt; je eine weiss, gelb, blau, braun. Mit Aufdruck: Par ballon non monté, und folgender Umschrift: Thörichte Volker, werden wir uns immer erwürgen füv [!] das Vergnügen und den Stolz der Könige? Peuples insensés, nous égorgerons — nous toujours pour le plaisir et l'orgueil des rois? — Une seule guerre est juste et sainte: celle de l'indépendance. Paris trotzt den [!] Feind! ganz Franckreich erhebtg [!] sich, Tod den Eindringlingen! — Gloire et conquêtes signifient crimes; défaite signifie haine et désir de vengeance. Frevel und Eroberung ist Verbrechen; Niederlage bringt Hass und Rachsucht. — Nur ein Krieg ist gerecht und heilig: das Unhabhänige [!]. Paris défie l'ennemi, France précipite-toi tout entière, Mort aux envahisseurs. Neben dem Raum für die Adresse Vordruck für die Briefmarke; darüber das französische Wappen mit der Ueberschrift: République française.]

Ad. Reinheimer (†)-Frankfurt a. M.

1440. **Dagron:** La poste par pigeons voyageurs. Souvenir du siège de Paris. Spécimen identique d'une des pellicules de dépêches portées à Paris par pigeons voyageurs photographiées par Dagron. Notice sur le voyage du ballon Le Niepce emportant M. Dagron et ses collaborateurs et Détails sur la mission qu'ils avaient à remplir.

Tours-Bordeaux 1870-1871. *24 S. 8°.*
Vgl. S. 220 und 240f.

August Heimpel-Frankfurt a. M.

1441. **Moland**, Louis: Par Ballon Monté. Lettres envoyées de Paris pendant le siège septembre 1870—10 février 1871.

Paris, Garnier frères, 1872. *XIV+333 S. 8°.*

Königliche Bibliothek-Berlin.

1442. **Nadar** *Pseudonym für Félix Tournachon:* Les ballons en 1870. Ce qu'on aurait pu faire, ce qu'on a fait.

Paris, E. Chatelain, 1870. *34 S. 8°.*

Joseph Baer & Co.-Frankfurt a. M.;
jetzt Senckenbergische Bibliothek-Frankfurt a. M.

1443. **Clerval**, G. de: Les ballons pendant le siége de Paris. Récits de 60 voyages aériens réunis et mis en ordre par G. de Clerval.

Paris, F. Wattelier, 1871. *148 S. 8°.*

Enth. S. 145 f. eine Bibliographie du siège de Paris. — 1872 wurde das Werk als 2. Aufl. mit aufgeklebtem neuen Titelblatt und um 2 Bl. „Supplément" vermehrt herausgegeben.

Deutsches Museum-München.
Senckenbergische Bibliothek-Frankfurt a. M.

1444. **Fonvielle**, W[ilfrid]. de: Bibliothèque populaire. Les ballons pendant le siège.

Paris, Bureau de l'éclipse, 1871. *127 S. 8°.*

Joseph Baer & Co.-Frankfurt a. M.

1445. **Tissandier**, Gaston: En ballon! Pendant le siége de Paris. Souvenirs d'un aéronaute.

Paris, É. Dentu, 1871. *1 Bl. + XV + 318 S. 8°.*

Enth. unter Anderem: Histoire de la poste aérienne S. 167-263, sowie als Appendix S. 293 ff. die amtlichen Erlasse, die Ballonpost betreffend.

Grossh. Universitätsbibliothek-Heidelberg.

Luftreisen von James Glaisher, Camille Flammarion, Wilfrid v. Fonvielle und Gaston Tissandier. Mit e. Anh. über die Ballonfahrten während der Belagerung von Paris. Eingeführt durch Hermann Masius. 1872. Nr. 1210.

1446. **Stephan** [Heinrich]: Weltpost und Luftschifffahrt. Ein Vortrag im wissenschaftlichen Verein zu Berlin gehalten [am 24. Jan. 1874].

Berlin, J. Springer, 1874. *IV + 75 S. 8°.*

Joseph Baer & Co.-Frankfurt a. M.;
jetzt Senckenbergische Bibliothek-Frankfurt a. M.

1447. **Fonvielle**, Wilfrid de: De l'aérostation militaire.

Paris, A. Ghio, 1876. *16 S. 8°.*

Aus Spectateur militaire 1876.

Joseph Baer & Co.-Frankfurt a. M.;
jetzt Senckenbergische Bibliothek-Frankfurt a. M.

Du Puy de Podio, L.: Essai sur le vol des oiseaux en général. Considérations particulières au vol des pigeons-voyageurs. 1879. Nr. 1313.

Mauder, Josef: Geschichte über die Luftschiffahrt und über das gelöste Problem der Lenkbarkeit des Ballons, sein Werth im Kriege mit Rücksicht auf die in England als Kriegsmaterial eingeführten Ballons Captif und der in Frankreich bestehenden aëronautischen Schule und eines Aëronauten-Corps von 1000 Mann. 1880. Nr. 693.

Luftreisen von James Glaisher, Camille Flammarion, Wilfrid v. Fonvielle und Gaston Tissandier. Mit e. Anh. über Ballonfahrten während und nach der Belagerung von Paris. Eingeführt durch Hermann Masius. (1883).
Nr. 1235.

Fonvielle, Wilfrid de: L'aérostat dirigeable de Meudon. 1884. Nr. 1243.

1448. **Buchholtz**, F. H.: Fahrt des Militär-Ballons Barbara am 10. December 1885. *Aus* Meteorologische Zeitschrift. Jg. 1886. Mai. S. 213-15. *Mit 1 Taf., enthaltend Fluglinie und Darstellung des zurückgelegten Weges.*
Mit handschriftlichen Bemerkungen.
Deutsches Museum-München.

1449. **Brug**, Carl: Die Luftschiffahrt und ihre Verwendung im Kriege. Vortrag, gehalten in der Militärischen Gesellschaft zu München am 24. Februar 1887. (Mit 1 Lichtdruckbilde.)
Ausschnitt. *S. 145-168.*
Deutsches Museum-München.

1450. **Espitallier**, M.-G(eorges): Les ballons et leur emploi à la guerre. Paris, Bureau des deux Revues [bleue et rose], 1887. *42 S. 8°.*
Aus Revue scientifique.
Joseph Baer & Co.-Frankfurt a. M.;
jetzt Senckenbergische Bibliothek-Frankfurt a. M.

Abb. 78. Briefbogen für die Ballonpost. (Vgl. Nr. 1438.)

1451. **Lachambre,** A. et H.: Les ballons à la guerre. Avec grav. Paris 1888. *16 S. 8°.* [Umschlagt.]
(Bibliothèque des connaissances militaires 3.)
Joseph Baer & Co.-Frankfurt a. M.;
jetzt Senckenbergische Bibliothek-Frankfurt a. M.

1452. **Béthuys**, G.: Les aérostiers militaires. Un volume contenant de nombreuses ill. de Gil Baer.

Paris, H. Lecène et H. Oudin, 1889. *319 S. 8°.*

Bücherei des Kais. Patentamts-Berlin.

1453. **Brug**, Carl: Ueber Militär-Luftschifffahrt. Vortrag gehalten in der Militärischen Gesellschaft München am 29. März 1889. Als Manuscript gedruckt.

München (1889), F. Straub. *30 S. 8°.*

Deutsches Museum-München.

1454. **Honoré** *Pseud. für Jean-Claude-Louis Chouet:* Abolition des guerres. La création de la navigation aérienne au moyen de ptéronaves. [Bl. 2:] Histoire d'une Idée. La navigation aérienne au point de vue de la guerre moyen de remporter facilement la victoire dans la première guerre défensive que la France aura a supporter. Ensuite établissement des transports aériens entre toutes les Grandes Villes Du Monde. Réflexions de Trente-Sept Années divulguées entièrement à la suite du Congrès International Aéronautique de l'Exposition Universelle de 1889.

Paris, chez l'auteur, 1889. *82 S. + 2 Bl. 8° 1 Taf.*

F. B. Auffarth-Frankfurt a. M.

1455. [**Malagoli**:] Experimente über Hin- und Rückflug der Militär-Brieftauben. . . . Aus dem Italienischen übersetzt und mit einer Einleitung versehen von Fellmer.

Berlin, F. Luckhardt, 1889. *32 S. 8°.*

Joseph Baer & Co.-Frankfurt a. M.

Yon, Gabriel, et Édouard **Surcouf**: Aérostats et aérostation militaire. (1889.) Nr. 715.

1456. **Règlement** sur le fonctionnement de l'Ecole d'instruction aérostatique de Chalais.

Dat. 8. Dezember 1890.

In Bulletin Officiel du Ministère de la Guerre. Partie réglementaire. 1890. Paris et Limoges 1890. Nr. 75. S. 1249-1253.

Berliner Verein für Luftschiffahrt-Berlin-Wilmersdorf.

1457. Die **Thatsache** der lenkbaren Luftschiffahrt und ihre Verwendung für Militärzwecke von A-Z.

Leipzig, F. W. v. Biedermann, 1890. *15 S. 8°.*

Deutsches Museum-München.

1458. **Hoernes,** Hermann: Die Luftfahrzeuge der Zukunft für Personen- und Waaren-Verkehr und die Aussichten der Luftschifffahrt. Mit 18 Abb.

Wien. Pest. Leipzig, A. Hartleben, 1891. *VII + 103 S. 8°.*

F. B. Auffarth-Frankfurt a. M.
Senckenbergische Bibliothek-Frankfurt a. M.

1459. [**Coralys**:] Les ballons à la guerre.

Paris-Limoges, H. Charles-Lavauzelle, 1892. *19 S. 8°.*

Kais. Universitäts- und Landes-Bibliothek-Strassburg i. E.

1460. **Hoernes,** Hermann: Ueber Fesselballon-Stationen und deren Ersatz im Land- und Seekriege. Mit 6 Fig. im Texte. Eine Studie.

Wien, „Reichswehr", 1892. *115 S. 8°.*

Senckenbergische Bibliothek-Frankfurt a. M.

1461. **Stadelmann,** Carl: Die Luftschifffahrt in den Militärstaaten Europas und ihre praktische Verwendung im Kriegsfalle. Mit 6 Abb. und 4 Skizzen.

Berlin, E. S. Mittler u. Sohn, 1892. *65 S. 8°.*
(Stadelmann: Die neuen Verkehrsmittel im Kriege. H. 2.)

F. B. Auffarth-Frankfurt a. M.

1462. **Brug,** Carl: Der Militärische Fesselballon der Gegenwart und dessen Verwendbarkeit in Folge der Einführung des komprimierten Wasserstoffes. Einiges über die nahtlosen Stahlbehälter. Vortrag gehalten in der Militärischen Gesellschaft München am 3. März 1893. Als Manuscript gedruck. (Mit 4 Taf.)

München [1893], F. Straub. *24 S. 8° 4 Taf.*

Deutsches Museum-München.

Dronier, Pierre: La navigation aérienne. Projet d'une ligne transatlantique aérienne. 1894. Nr. 1272.

1463. **Brug,** Carl: Vortrag über Militär-Luftschiffahrt mit besonderer Berücksichtigung der mobilen Luftschiffer-Abteilungen, gehalten den Offizieren des Beurlaubtenstandes der Garnison München am 9. Januar 1895.

[München 1895]. *27 S. 4°.* [Handschriftliche Vervielfältigung.]

Deutsches Museum-München.

1464. **Lux:** Aérostation militaire.

In Le Monde moderne. Revue mensuelle illustrée. Décembre 1895. Paris. S. 869-883.

Deutsches Museum-München.

1465. **Tissandier,** Gaston: Souvenirs et récits d'un aérostier militaire de l'armée de la Loire 1870-1871. Avec une lettre autographe du Général Chanzy et de nombreuses ill. par V.-A. Poirson. 2. éd.

Paris, M. Dreyfous, 1896. *X + 1 Bl. + 356 S. 4°.*

F. B. Auffarth-Frankfurt a. M.

1466. Der **Fessel-Ballon** im Dienste des höheren Führers im Feldkriege. <Zur Frage der Organisation von Feld-Luftschiffer-Abtheilungen.> Von einem K. u. K. Generalstabs-Officier.

Wien, W. Braumüller & Sohn, 1898. *29 S. 8°.*

Aus Organ der militär-wissenschaftlichen Vereine.

Deutsches Museum-München.

1467. **Lengnick,** Arthur: Die Aëronautik im Dienste der Kriegs-Marinen. Vortrag, gehalten am 21. Jänner 1898 im militär-wissenschaftlichen und Casino-Vereine zu Wien.

In Organ der militär-wissenschaftlichen Vereine. Bd 56. Wien 1898. S. 23-52.

Deutsches Museum-München.

1468. **Moedebeck** [Hermann Wilhelm Ludwig]: Die militärische Bedeutung des Versuchs mit dem Metallballon System Schwarz.

In Kriegstechnische Zeitschrift. Jg. 1. Berlin 1898. S. 49f.

F. B. Auffarth-Frankfurt a. M.

1469. **Courty,** Jacques: L'aérostation et ses Applications Militaires.

Paris, B. Brunel et Cie., [1900.] *48 S. 8°.*

Deutsches Museum-München.
Joseph Baer & Co.-Frankfurt a. M.

1470. **Fonvielle,** Wilfrid de: Le siège de Paris vu à vol d'oiseau.

Paris, J. Hetzel et Cie., [o. J. (1895).] *VI + 288 S. 8°.*

Deutsches Museum-München.

IX.

LUFTSCHIFFAHRT, WISSENSCHAFT UND TECHNIK IN IHREN WECHSELBEZIEHUNGEN

1471. **Priestley,** Joseph: Experiments and observations on different kinds of air. London, J. Johnson, 1774. *XXIII + 2 Bl. + 324 S. + 1 Bl. 8° 2 Taf.*

Erörterungen über die physikalischen Eigenschaften der Gase und besonders des Wasserstoffgases.

Senckenbergische Bibliothek-Frankfurt a. M.

1472. **Bertholon:** Des avantages que la physique, et les arts qui en dépendent, peuvent retirer des globes aërostatiques.

Montpellier, J. Martel Ainé, 1784. *82 S. 8°.*

Kgl. Universitätsbibliothek-Göttingen.

Carra, Jean-Louis: Essai sur la nautique aérienne, Contenant l'art de diriger les Ballons aérostatiques à volonté, et d'accélérer leur course dans les plaines de l'air; avec le Précis de deux Expériences particulières de Météorologie à faire. 1784. Nr. 992.

1473. **Leulier Duché,** Ludovicus: De aerostatum usu medicinae applicando. Monspelli, J.-F. Picot, 1784. *18 S. 4° 1 Taf.* mit Wappen.

(Dissertationes medicae selectiores in Monspeliensi Ludoviceo propugnatae. Monspelii. [handschriftlich:] 1783 tom. II. 1784 tom. I. 37.)

Montpellier, Fac. de méd., Thèse v. März 1784.

Enth. S. 3f. die Widmung: Illustrissimo et celeberrimo viro D. D. Josepho de Montgolfier.

Bibliothèque universitaire-Montpellier.

1474. **Carnot,** L. N. M.: Principes fondamentaux de l'équilibre et du mouvement. Paris, Deterville, an XI—1803. *XXII + 262 S. + 1 Bl. 8° 2 Taf.*

Zweite, umgeänderte Auflage von: Essai sur les Machines en général. 1783.

Dr. Ed. Langer-Braunau i. B.

(**Winsor,** F. A.:) Füllung und Leitung eines Luftballons oder chemisch-physikalische Erläuterungen über die Miss- und Gelungene Luftfahrten des Hrn. Prof. Robertson nach Montgolfiers Tabellen berechnet. 1803. Nr. 1102.

Biot, Jean-Baptiste: Bericht Biot's von einer aerostatischen Reise, welche Gay-Lussac und er am 24sten Aug. 1804 unternommen haben. 1805. Nr. 1104.

1475. **Zachariae,** August Wilhelm: Beschreibung eines neuen flügelartigen Schiffsruders, und einiger damit angestellten Versuche.

In Annalen der Physik. 1812. Bd 42 (=N. F. Bd 12.) Leipzig 1812. S. 237-264.

U. A. Bemerkungen über künstliche Flugorgane.

Senckenbergische Bibliothek-Frankfurt a. M.

1476. **Argelliés,** J.: Guide aérostatique, ou méthode facile pour construire et lancer des ballons de forme ronde, ovale, carrée, et autres, telles qu'en buste, en clepsydre etc., Où l'on trouve les bases mathématiques, les figures géométriques, et les dessins de ces différens Aérostats, avec les observations nécessaires à leur ascension.

Vigan (,Selbstverlag und) J. Cazes, 1823. *VIII + 31 S. 8°.*

J. J. Bourcart-Kolmar;
jetzt Senckenbergische Bibliothek-Frankfurt a. M.

1477. **Forster,** Thomas: Researches about atmospheric phaenomena. Third edition corrected and enlarged; With a Series of Engravings illustrative of the Modifications of the Clouds, &c. To which is added the Calendar of Nature.

London, Harding, Mavor and Lepard, 1823. *XIV* Druckfehler für XVI + *442* Druckfehler für 448 *S. 8° 6 Taf. Angeb.*

Suppl. [unter dem Titel:]

Forster, T[homas]: Annals of some remarkable aërial and alpine voyages, including those of the author; to which are added, observations on the partial deafness to which aerial and mountain travellers are liable, and an essay on the flight and migration of birds, the whole being intended as supplementary to „Researches about atmospheric phenomena".

London, Keating and Brown and Heighly, 1832. *XV + 118 S. + 1 Bl. 8°.*

Joseph Baer & Co.-Frankfurt a. M.

— Dasselbe. *Das Suppl. (Vgl. Nr. 656) ist für sich gebunden.*

Senckenbergische Bibliothek-Frankfurt a. M.

1478. — Beobachtungen über den Einfluss des Luftdruckes auf das Gehör, nebst Bericht einer Luftschifffahrt, von dem Garten der Dominikaner zu Chelmsford in England, Sonnabend den 30. April 1831, ausgeführt von Thomas Forster. <Vorgelesen in Gegenwart des Verfassers im physikalischen Vereine zu Frankfurt am Main, am 10. Januar 1835.>

In Forster, Thomas: Recueil des ouvrages et des pensées d'un physicien et métaphysicien. Francfort sur le Mein 1835. S. 31 ff.

Der Aufstieg fand in Begleitung des Luftschiffers George Green und in dessen Ballon statt.

Senckenbergische Bibliothek-Frankfurt a. M.

1479. **Prospectus** [of the] Aeronautic Association for promoting geographical surveys of some of the remaining undiscovered tracts of the globe, in an aeronautic machine or balloon of larger dimensions than any yet constructed. The first attempt to be directed to the unexplored regions of Africa.

Zeitungsausschnitt [o. O. u. J. (1837.)] *1 Bl. gr.-fol.*

Aufruf zur Beteiligung an der Gesellschaft zur Erforschung Afrikas mit Hülfe eines durch den Luftschiffer Graham zu erbauenden und zu führenden Luftballons. Mit Abb. des Ballons. Handschriftlich hinzugefügt: 1837.

Dr. Gans-Fabrice-Garmisch.

Andraud: De l'air comprimé et dilaté comme moteur, ou des forces naturelles recueillies gratuitement et mises en réserve. 1840. Nr. 1156.

1480. **Arago** [, François]: Voyage aéronautique de MM. Bixio et Barral.

In Comptes Rendus hebdomadaires des séances de l'Académie des Sciences. T. 31. Juillet-Décembre 1850. Paris 1850. S. 122-126.

Vgl. Aragos Bemerkungen über wissenschaftliche Luftreisen in Œuvres complètes de François Arago. Publ. sous la direction de J.-A. Barral. Tome 9. Paris-Leipzig 1857. S. 489-534.

Senckenbergische Bibliothek-Frankfurt a. M.

1481. **Barral** [Jean-Auguste] et [Jacques-Alexandre] **Bixio**: Journal du voyage aéronautique fait le 27 juillet 1850 par MM. Barral et Bixio.

In Comptes Rendus hebdomadaires des séances de l'Académie des Sciences. T. 31. Juillet-Décembre 1850. Paris 1850. S. 126-135.

Vgl. die Bemerkung zu Nr. 1480.

Senckenbergische Bibliothek-Frankfurt a. M.

1482. **Rush**, George: An account of ascents in the Nassau and Victoria balloons, in the years 1838, 1849 and 1850. With a description of Rush's registered dials for the improved aneroid barometer; and an appendix by W. H. Jones . . . consisting of tables for the measurement of heights . . .

London, W. H. and Th. Jones, 1851. *IV + 36 S. 8° 1 Taf.*

Die Tafel stellt dar: Descent of the Royal Nassau Balloon (mit G. Rush und C. Green) in the river Thames, near the Swash Way, June 29, 1850.

Dr. Ed. Langer-Braunau i. B.

1483. **Meller** jeune, Prosper: Notice sur les courants atmosphériques.

Paris 1853, Plon frères. *32 S. 4° 1 Taf.*

Die Taf. zeigt die Locomotive-aérienne-Meller.

J. J. Bourcart-Kolmar;
jetzt Senckenbergische Bibliothek-Frankfurt a. M.

1484. **Balboni**, Pascal: 1857 . . . No. 2483. Specification of Pascal Balboni. Marine and Aërostatic Propeller &c.

London 1858, G. E. Eyre and W. Spottiswoode. *2 S. 4° 1 Taf.* [Umschlagt.]

„This Invention received Provisional Protection, but notice to proceed with the application for Letters Patent was not given within the time prescribed by the Act." Patentschrift vom 26. Sept. 1857 betr. die Erfindung eines: Marine, Submarine, and Aerostatic Propeller, being a New Mecanism for Propelling Steam Vessels on and in the Water, applicable also to Aerostatic Purposes, combining Speed and Safety in Steam Boats, and giving the Power of Directing Balloons.

J. J. Bourcart-Kolmar;
jetzt Senckenbergische Bibliothek-Frankfurt a. M.

1485. **Brevet** d'Jnvention . . . No. 34593 . . . pour un propulseur dit: propulseur conoïde [für Jean-Jacques Bourcart].

Dat. Paris, le 30 déc. 1857. *1 Bl. gr.-fol.*

Urkunde gültig für 15 Jahre vom 1. Dezember 1857 ab. Beigefügt die mit der Hand hergestellte Zeichnung des Apparats und die handschriftliche Beschreibung (2 Bl.), in der es heisst: „Mon invention se caractérise par un propulseur „conoïde" qui tout en agissant comme un propulseur hélicoïde opère un vide ou une pression sur une surface, ce qui aide à la 1e propulsion".

J. J. Bourcart-Kolmar;
jetzt Senckenbergische Bibliothek-Frankfurt a. M.

1486. **(Robatel**, Joseph:) 1857 . . . No. 1581. Specification of Joseph Etienne Marie Jean Clair. Propelling.

London 1857, G. E. Eyre and W. Spottiswoode. *1 Bl. 4°.* [Umschlagt.]

„This Invention received Provisional Protection, but notice to proceed with the application for Letters Patent was not given within the time prescribed by the Act." Patentschrift vom 5. Juni 1857 betr. die Erfindung von: Certain Improvements in Propelling on Water and in the Air.

J. J. Bourcart-Kolmar;
jetzt Senckenbergische Bibliothek-Frankfurt a. M.

1487. **Rühlmann**, M[oritz]: Hydromechanik. Mit 218 in den Text gedruckten Holzschn.

Leipzig, Arnold, 1857. *IX + 507 S. 8° 1 Taf.*

Enth. u. A. § 64. Aërostat.

Senckenbergische Bibliothek-Frankfurt a. M.

1488. **Fonvielle,** W[ilfrid]. de: La science en ballon.

Paris, Gauthier-Villars, 1869. *XVI + 141 S. + 1 Bl. 8°.*

Enth. u. a. S. 75ff: Ascensions de M. Glaisher.

Joseph Baer & Co.-Frankfurt a. M.;
jetzt Senckenbergische Bibliothek-Frankfurt a. M.

Helmholtz, Hermann v.: Theoretische Betrachtungen über lenkbare Luftballons. 1872. Nr. 1208.

1489. **Heriz**, Enrique: Memoria sobre la velocidad y estabilidad de los sólidos sumergidos y flotantes en un flúido.

Barcelona, N. Ramirez y Comp., 1872. *32 S. 8°.*

In Sammlung Poggendorf. Bd 144.

Condiciones generales á que deben satisfacer el barco flotante, el barco submarino, el barco aéreo y el proyectil.

Kais. Universitäts- und Landes-Bibliothek-Strassburg i. E.

Helmholtz, Hermann v.: Ueber ein Theorem, geometrisch ähnliche Bewegungen flüssiger Körper betreffend, nebst Anwendung auf das Problem Luftballons zu lenken. 1874. Nr. 1214.

Heriz, Enrique: Memoria sobre la máquina aérea y la termodinámica de los gases. 1874. Nr. 1215.

1490. **Montricher,** Henri de: Ascension scientifique de l'aérostat „Le Gabriel“.

Aus Club alpin français. Section de Provence. Bulletins Nos. 3 et 4. S. 81-83. Juillet 1880.

Deutsches Museum-München.

Note [de l'] Académie d'aérostation météorologique ... Exposition internationale d'électricité. 1881. Nr. 694.

1491. **Tissandier,** Gaston: L'océan aérien. Etudes météorologiques.... Accompagné de dessins des phénomènes aériens par Albert Tissandier et de pl. et fig. dans le texte par MM. C. Gilbert, Pérot et Poyet.

Paris, G. Masson, [o. J. (1886)]. *VIII + 312 S. 8° 4 Taf.*

K. B. Hof- und Staatsbibliothek-München.

1492. **Finsterwalder,** [S.]: Die wissenschaftlichen Ziele der Luftschiffahrt. Rede gehalten in der Generalversammlung zur Gründung des: „Münchener Vereins für Luftschiffahrt.“

4 S. 8°.

Aus Bayer. Industrie- & Gewerbeblatt. Jg. 1889. München. Nr. 48.

Deutsches Museum-München.

1493. **Hildebrandsson,** H[ildebrand]. H[ugo]., W[ladimir Peter]. **Köppen** & G[eorg]. **Neumayer**: Wolken-Atlas. Atlas des Nuages. Cloud-Atlas. Moln-Atlas. [Text in deutscher, französischer, englischer u. schwedischer Sprache.]

Hamburg, G. W. Seitz Nf., 1890. *2 Bl. 4° 12 Taf.* [Umschlagt.]

Auf der Grundlage dieses Werkes wurde 1896 mit französ., engl. und deutschem Text vom Intern. Meteorol. Comité herausgegeben: Atlas international des nuages publ. conformément aux décisions du comité par H. Hildebrandsson, A. Riggenbach, L. Teisserenc de Bort. Paris, Gauthier-Villars. [Mit engl. und deutschem Nebent.] *30 S. + 1 Bl. 4° 14 Taf.*

Senckenbergische Bibliothek-Frankfurt a. M.

1494. **Espitallier,** G[eorges]: L'hydrogène et ses applications en aéronautique. L'électrolyse de l'eau.

Paris, G. Masson, [o. J. (1891)]. *110 S. + 1 Bl. 8°.*

Bücherei des Kais. Patentamts-Berlin.

Langley, Samuel Pierpont: Experiments in aerodynamics. 1891 und 1902. Nr. 1389. 1390.

— Recherches expérimentales aérodynamiques et données d'expérience. 1891. Nr. 1391.

1495. **Dex**, Léo, et Maurice **Dibos**: Voyages aériens au long cours. Les aérostats et l'exploration du continent africain. Ouvrage Contenant une Étude du Régime des Alizés à la surface des Continents. Avec 24 figures dans le texte et 1 carte.

Paris, L. Baudoin, 1892. *222 S. 8° 1 Taf.*

Aus Revue maritime et coloniale. Mai-Nov. 1892.

Joseph Baer & Co.-Frankfurt a. M.; jetzt Senckenbergische Bibliothek-Frankfurt a. M.

1496. **Erk**, F[ritz].: Eine wissenschaftliche Fahrt mit zwei Ballons am 11. Juli 1892. *22 S. 4° 1 aëron. Kt.*

Aus Beobachtungen der meteorologischen Stationen im Königreich Bayern. Hrsg. von Carl Lang und Fritz Erk. Bd. 14. 1892. München 1892.

Deutsches Museum-München.

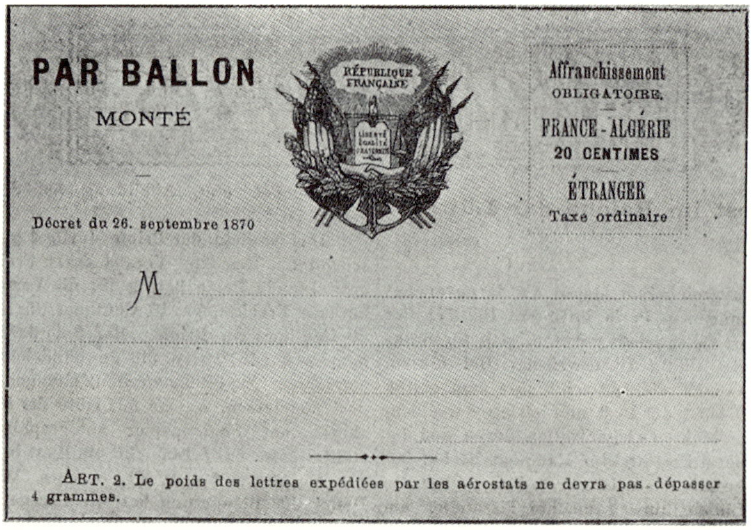

Abb. 79. Ballonbrief, zusammengefaltet. (Vgl. Nr. 1438.)

1497. **Hoernes**, Hermann: Ueber Ballonbeobachtungen und deren graphische Darstellung mit besonderer Berücksichtigung meteorologischer Verhältnisse. Im Anhange: Ausgeführte Ballonreisen zu wissenschaftlichen Zwecken. Mit 2 Taf. und 9 Fig. im Text.

Wien. Pest. Leipzig, A. Hartleben, 1892. *56 S. 8° 2 Taf.*

F. B. Auffarth-Frankfurt a. M.

1498. **Sohncke**, L[eonhard]: Ueber wissenschaftliche Luftfahrten des Münchener Vereins für Luftschiffahrt.

Aus Sitzungsberichte d. mathem.-physikal. Classe d. k. bayer. Akad. d. Wiss. 1892. Bd 22. München 1892. S. 359-365.

Deutsches Museum-München.

1499. **Jäger**, Gustav: Wetteransagen und Mondwechsel. Mit 1 Taf. in Farbendruck Stuttgart, W. Kohlhammer, 1893. *II + 127 S. + 1 Bl. 8° 1 Taf.*
Nachtrag: Nr. 1501.
F. B. Auffarth-Frankfurt a. M.

1500. **Hann**, J[ulius]: Ebbe und Fluth im Luftmeer der Erde.
Berlin, H. Paetel, 1894. *40 S. 8°.*
(Sammlung populärer Schriften hrsg. von der Gesellschaft Urania zu Berlin. № 28. *Aus* „Himmel und Erde". Jg 6. H. 8. u. 9.)
F. B. Auffarth-Frankfurt a. M.

1501. **Jäger**, Gustav: Wetter und Mond. Nachtrag zu Wetteransagen und Mondwechsel. Mit 1 Taf. in Farbendruck.
Stuttgart, W. Kohlhammer, 1894. *56 S. 8° 1 Taf.*
Vgl. Nr. 1499.
F. B. Auffarth-Frankfurt a. M.

1502. **Krebs**, Wilhelm: Atmosphärische Pracht- und Kraftentfaltung. Zwei Essays. Mit 8 Abb.
Hamburg, Verlagsanstalt u. Druckerei A. G. <vormals J. F. Richter>, 1894. *38 S. 8°.*
(Sammlung gemeinverständlicher wissenschaftlicher Vorträge. N. F. Ser. 9. H. 200.)
Essay 2: Luftwogen und Luftschiffahrt.
Joseph Baer & Co.-Frankfurt a. M.;
jetzt Senckenbergische Bibliothek-Frankfurt a. M.

1503. **Sohncke**, L[eonhard]: Ueber die Bedeutung wissenschaftlicher Ballonfahrten. Festrede gehalten in der öffentlichen Sitzung der k. b. Akademie der Wissenschaften zu München am 15. November 1894.
München, Selbstverlag d. Akademie, 1894. *24 S. 4°.*
In Zur Geschichte der Münchener Akademie IV. 1888-99.
Senckenbergische Bibliothek-Frankfurt a. M.

1504. **Gross** [,Hans]: Der Luftballon im Dienste der Wissenschaft. <Vortrag, gehalten in der „Naturforschenden Gesellschaft" zu Görlitz am 14. December 1894.>
In Abhandlungen der Naturforschenden Gesellschaft zu Görlitz. Bd 21. Görlitz 1895. S. 79-113.
Senckenbergische Bibliothek-Frankfurt a. M.

1505. **Süring**, R[einhard]: Wissenschaftliche Ballonfahrten. Mit Ill.
Berlin, H. Paetel, 1895. *27 S. 8° 2 Taf.*
(Sammlung populärer Schriften hrsg. von der Gesellschaft Urania zu Berlin. № 36. *Aus* „Himmel und Erde". Jg. 7. H. 11 u. 12.)
F. B. Auffarth-Frankfurt a. M.

Farman, Maurice: Les Merveilles Aériennes. 1896. Nr. 725.

1506. **Polis**, P[eter Hermann Johann]: Ueber Wissenschaftliche Ballonfahrten und deren Bedeutung für die Physik der Atmosphäre! Vortrag gehalten in der Naturwissenschaftlichen Gesellschaft zu Aachen am 13. Januar 1896. Mit Ill. Hrsg. von der Naturwissenschaftlichen Gesellschaft zu Aachen.

Aachen 1896. *27 S. 8°.*

Senckenbergische Bibliothek-Frankfurt a. M.

1507. **Fergusson**, S. P., and H. Helm **Clayton**: Blue Hill Meteorological Observatory. Exploration of the air by means of kites. 1. Kites and Instruments by S. P. Fergusson. 2. Results from the Kite Meteorographs and Simultaneous Records at the Ground. 3. Discussion of the Observations by H. Helm Clayton.

8 Taf.

Aus Annals of the Astronomical Observatory of Harvard College. Vol. 42. Cambridge 1897. P. 1. (S. 41-128).

Berliner Verein für Luftschiffahrt-Berlin-Wilmersdorf.

1508. **Jäger**, Gustav: Die Lösung der Mondfrage. Mit 1 Taf.

Stuttgart, W. Kohlhammer, 1897. *1 Bl. + 59 S. 8° 1 Taf.*

F. B. Auffarth-Frankfurt a. M.

1509. (**du Prel**, Carl:) Der ekstatische Flug und der technische Flug.

8 S. 4°.

Aus „Uebersinnliche Welt. Mittheilungen aus dem Gebiete des Okkultismus. Organ der Wissenschaftlichen Vereinigung Sphinx in Berlin.“ Juni-Heft 1898. Berlin 1898.

Dr. Ed. Langer-Braunau i. B.

1510. **Fonvielle**, W[ilfrid] de: Les ballons-sondes de MM. Hermite et Besançon et les ascensions internationales, précédé d'une introduction par M. Bouquet de la Grye.

Paris, Gauthier-Villars et fils, 1898. *IX + 112 S. + 1 Bl. 8°.*

Kais. Universitäts- und Landes-Bibliothek-Strassburg i. E.

1511. **Marvin**, C. F.: Instructions for aerial observers. Circular K, instrument division. Prepared under direction of Willis L. Moore, Chief of Weather Bureau.

Washington, Weather Bureau, 1898. *33 S. 8° 3 Taf.*

(U. S. Department of Agriculture, Weather Bureau. No. 166.)

Betr. care and management of instruments and apparatus employed in making aerial observations with kites.

Bücherei des Kais. Patentamts-Berlin.

1512. **Teisserenc de Bort**, Léon: Examen critique des méthodes employées dans les ascensions scientifiques pour la détermination de l'altitude et de la température.

(Paris, Gauthier-Villars et fils, 1898.) *7 S. 4°.* [Korrekturbogen.]

Deutsches Museum-München.

1513. **Trabert**, Wilh[elm]: Die Erforschung der höheren Schichten unserer Atmosphäre. Vortrag, gehalten den 23. Nov. 1898.

In Schriften des Vereines zur Verbreitung naturwissenschaftlicher Kenntnisse in Wien. Bd 39. (1898/99.) Wien 1899. S. 35-66.

Senckenbergische Bibliothek-Frankfurt a. M.

1514. **Tuma**, Josef: Wissenschaftliche Resultate meiner Luftballonfahrten. Vortrag, gehalten den 30. Nov. 1898. Mit 6 Abb. im Text.

In Schriften des Vereines zur Verbreitung naturwissenschaftlicher Kenntnisse in Wien. Bd 39. (1898/99). Wien 1899. S. 369-393.

Senckenbergische Bibliothek-Frankfurt a. M.

1515. Wissenschaftliche **Luftfahrten.** Ausgeführt vom Deutschen Verein zur Förderung der Luftschiffahrt in Berlin. Unter Mitw. von . . . hrsg. von Richard Assmann und Arthur Berson. In 3 Bänden. Bd 1-3.

Braunschweig, F. Vieweg u. Sohn, 1899-1900. *4°.*

1. Geschichte und Beobachtungsmaterial. Bearb. von R. Assmann, A. Berson, H. Gross. Mit 1 farbigen Vollbilde, 19 eingedruckten Abb. und 59 Kt. 1899. *X + 1 Bl. + 212 S. + 2 Bl. + 150 S. + 2 Bl. 60 Taf.*

2. Beschreibung und Ergebnisse der einzelnen Fahrten. Bearb. von R. Assmann, O. Baschin, A. Berson, R. Börnstein, H. Gross, V. Kremser, H. Stade und R. Süring. Mit 5 farbigen Vollbildern, 310 eingedruckten Abb. und 2 Taf. 1900. *XI + 1 Bl. + 706 S. + 1 Bl. 7 Taf.*

3. Zusammenfassungen und Hauptergebnisse. Bearb. von R. Assmann, A. Berson, W. von Bezold, R. Börnstein und R. Süring. Mit 20 eingedruckten Abb. und 2 Taf. 1900. *2 Bl. + 313 S. 2 Taf.*

Senckenbergische Bibliothek-Frankfurt a. M.

1516. **Beiträge** zur Erforschung der Atmosphäre mittels des Luftballons. Unter Mitw. von . . . hrsg. von Richard Assmann.

Berlin, Mayer u. Müller, 1900. *IV + 1 Bl. + 161 S. 8° 7 Taf.*

Senckenbergische Bibliothek-Frankfurt a. M.

1517. Ausführliche **Anweisung** kleine Luftballons zu verfertigen und dieselben auf die leichteste Art mit brennbarer Luft zu füllen. Ein Beytrag zu ländlichen Vergnügungen. Mit 1 Kupfer.

Neuburg und Aarnheim, Reichs-Commissions- und Industrie-Bureau. [o. J.] *14 S. 8° 1 Taf.*

Grossh. Hess. Hofbibliothek-Darmstadt.

1518. **Fabry**, Eugène: L'art de construire les ballons en papier.

Paris, Ch. Mendel, [o. J.] *137 S. 8°.*

Deutsches Museum-München.

X.

AËRONAUTISCHE KARTEN

Carte des premiers Voyages aërostatiques gravé p. Thoenert. Nr. 55.

— des Voyages Aërostatiques. Nr. 223. 252.

1519. **Karte** der Luftfahrten von 6 in Paris und Umgebung und in Versailles 1783 und 1784 aufgestiegenen Ballons. 1. Aufstieg des 1. Ballons auf dem Marsfeld am 27. August 1783. 2. Aufstieg in Versailles am 19. September 1783. 3. Aufstieg vom Schloss La Muette am 21. November 1783. 4. Aufstieg von Charles und Robert in den Tuilerien am 1. Dezember 1783. 5. Aufstieg eines kleinen, dem Ballon unter 4) am gleichen Tage vorausgeschickten Ballons. 6. Aufstieg von Blanchard auf dem Marsfeld am 3. [handschriftlich verbessert in: 2] März 1784. Die Routen sind farbig in die von einem Doppelstrich umrahmte Karte eingezeichnet. In der oberen Ecke rechts 25 Zeilen Text in besonderer Umrahmung: „CARTE / DES MARCHES / AËROGRAPHIQUES. / DEDIÉE / À MONSIEUR CHARLES / Par son trés humble serviteur / Perrier. / N^a^ La ligne en jaune indique la direction du 1er Ballon / enlevé au Champ de Mars le 27 Août 1783. / Celle en points rouges indique la direction de l'Aëros-/-tat enlevé à Versailles le 19 Septembre suivant. / La ligne en rouge indique la marche de l'Aërostat / enlevé à la Muette le 21 Novembre suivant. / Celle en bleue indique la marche Aërographique / de M. M. Charles et Robert aux Tuilleries le 1er X^bre^ aussi / suivant. l'extremité de la ligne est en points de la même / couleur et indique l'espace parcouru par M. Charles à / la hauteur de 1724 toises. La ligne en vert indique / la direction du petit Ballon qui a précédé. / La ligne en bistre indique la marche Aërographi- / -que de Mr Blanchard au Champ de Mars, le 3 [2] Mars / 1784. / A Paris chez Perrier, Dessinateur et Graveur en Géographie et Topographie, . . ." [3 Zeilen]. In der unteren Ecke der Karte rechts Angabe des Maßstabes (1:2000 Toisen).

Kupferstich, 356:276.

Kgl. Universitätsbibliothek-Göttingen.

1520. **Karte** der Luftfahrt Blanchards mit dem Chevalier de l'Épinard von Lille nach Servon am 26. August 1785. Die Karte befindet sich auf der oberen Hälfte des Blattes in einem von einem Doppelstrich umrahmten Rechteck; eine punktierte Linie mit danebengesetzten Pfeilen giebt die Richtung und den Verlauf der Fahrt an. L. von der Karte Abbildung des Blanchardschen, mit Steuerungsvorrichtungen versehenen Ballons, r. Darstellung eines ausgespannten Fallschirms. Die Karte enthält in der rechten oberen Ecke in 7 Zeilen folgenden Text: „CARTE / DU VOYAGE AËRIEN / De Monsieur / Blanchard / et du Ch^r^ / de L'épinard. / le 26 aoust 1785 /" Auf der unteren Hälfte des Blattes Abbildung des Erdniveaus und Darstellung der Höhenverhältnisse des zurückgelegten Luftweges durch eine

Kurve. Ueber der Erde Abbildung der durchflogenen Wolken mit näherer Bezeichnung: „Nuage infect; „Rotonde de Nuages"; „Tonnerre". Die Ereignisse der Luftfahrt: „Chûte du chien"; „Dejeuner"; „Diner"; „Lettres Jettées"; „le ch[r] de l'Epinard s'endort" werden durch die Kurve, z. T. unter Angabe der Höhe in Fuss, graphisch dargestellt. Ueberschrift der unteren Blatthälfte: „Profil et Nivellement, de la route aërienne. dont la longueur total est de 120 lieus." Sign.: „Bariolle Sculpsit." „Paris chez l'Auteur, . . . et chez le Vacher, M[d] d'Estampes, . . ."

Kupferstich, 265:190. Mit Rand.

Kgl. Universitätsbibliothek-Göttingen.

1521. **Karte** der Luftfahrt Arbans von Rom nach Acqua Martina bei Rieti. Eine durchbrochene Linie stellt dar die „Linea percorsa dal Sig[r] Arban." Unter der Umrahmung l. bez. mit: „Spinetti dis.", r. „Lit. Santarelli". Maßstab nicht angegeben. Gradangabe fehlt. Rechts oben ein in der Luft schwebender Ballon mit bemannter Gondel. Links davon in 18 Zeilen folgender Text: „Francesco Arban / di Lione / Areonauta espertissimo / esegui il suo dodicesimo volo / in Roma / il di 14 Aprile dell' Anno 1846 / alle ore 4. $^{7}/_{60}$ / Elevandosi col suo Globo all' / altezza di 4,000 metri alla / direzione di Nord-Est percorrendo / una distanza di circa 50 miglia / discese presso la città di Rieti / nel luogo detto Acqua Martina / vˇ impiegoˇ unˇ ora e 25 minuti / La deputazione degli spettacoli per soccorso / degl' Orfani grata all' insigne Areonauta / per la generosa e gratuita ascenzione eseguita / D. D. D." [?] Rechts unten Darstellung der Himmelsrichtungen: Sud, Sud Ovest, Ovest, Nord Ovest, Nord, Nord Est, Est, Sud Est.

Lithographie, 420:309.
Vgl. Nr. 738 und 739.

C. Lang und Co.-Rom;
jetzt Dr. Liebmann-Frankfurt a. M.

XI.

LUFTSCHIFFAHRT UND POËSIE

Ueber die Beziehungen zwischen Luftschiffahrt und Poësie handeln u. A. Jacob Minor in dem Aufsatz: Die Luftfahrten in der deutschen Literatur. Ein bibliographischer Versuch. in Zeitschrift für Bücherfreunde. N. F. Jg. 1: 1909. S. 64-73. Helene Jacobius: Luftschiff und Pegasus. Halle 1909. Graf Carl von Klinckowstroem: Luftfahrten in der Literatur. in Zeitschrift für Bücherfreunde. N. F. Jg. 3: 1911. S. 250-264.

[**Godwin**, Francis]: L'homme dans la lune: ou le voyage Chimérique fait au Monde de la Lune. Nouv. éd. 1666. Nr. 932.

Cyrano Bergerac, Savinien de: Les œuvres diverses de Monsieur de Cyrano Bergerac. 1710. Nr. 957.

[**Bordelon**, Laurent:] Gomgam, ou l'homme prodigieux, transporté dans l'air, sur la terre, et sous les eaux. Nouv. éd. 1713. Nr. 959.

Zamagna, Bernardus de: Navis aeria et elegiarum monobiblos. 1768. Nr. 842.

[**La Follie**, Louis-Guillaume de:] Le philosophe sans prétention, ou l'homme rare. 1775. Nr. 965.

[**Restif de la Bretonne**, Nicolas-Edme:] La Découverte australe Par un Homme-volant, ou Le Dédale français. 1781. Nr. 966.

1522. La **Montgolfier.**

[o. O. u. J. (Paris 1783?)] *2 Bl. 8°.*

Tanz; eine Seite Musik, eine Seite Text.

Dr. Ed. Langer-Braunau i. B.

1523. Le **mouton**, le canard et le coq. Fable dialoguée. Par C***

Bruxelles-Paris, Hardouin, 1783. *32 S. 8°. Beigebunden an:* Ro[zier], A. G.: Dissertation sur les aérostates des anciens et des Modernes. Genève 1784.

Königliche Bibliothek-Berlin.

Wieland, Christoph Martin: Die Aeropetomanie, oder Die Neuesten Schritte der Franzosen zur Kunst zu fliegen. 1783. Nr. 984.

1524. **Durini**, Angelo: Versi latini dell' Eminentissimo Sig. Cardinale Angelo Durini sopra il Cocchio Volante del Sig. di Mongolfier. Volgarizzati da Francesco Mainoni.

(Milano 1784.) *51 S. 8°.*

Deutsches Museum-München.

1525. [**Eckhardt**, Gottlieb Wilhelm]: Montgolfiers Luftball. Eine poetische Deklamation.

Berlin, F. Maurer, 1784. *48 S. 8°.*

Deutsches Museum-München.

1526. Peter **Fels** und Merian, eine Mähr aus neuer Zeit.

Delitzsch, gedruckt im Februar, 1784. *4 Bl.* [einschl. Titelblatt] *8°.*

Angebunden: Radegast von Wind, eine Romanze. Non omnia possumus omnes. Den 5. Mart. 1784. [Vgl. Nr. 1530.]

Spottgedicht auf einen missglückten Ballonaufstieg; 27 achtzeilige Strophen, beginnend: Hört ihr lieben teutschen Leut'. Mit Titelbild.

F. B. Auffarth-Frankfurt a. M.

1527. **Galfo**, Antonino: Stanze sul globo aereostatico recitate nell' Accademia Quirina, dedicate a sua Eccellenza Reverendissima Monsignor D. Lorenzo Ruspoli dittatore della Medesima.

Roma, P. Giunchi, 1784. *14 S. + 1 Bl. 8°.*

C. Lang & Co.-Rom.

1528. En **Leed** van eene Luftmaschin . . .

Der 30. September 1784. Parturiunt montes nascetur ridiculus Luftmaschine. [o. O.] *2 Bl. 8°.*

Spottgedicht auf einen missglücklen Ballonaufstieg. 18 vierzeilige Strophen, beginnend: En Leed van eene Luftmaschin.

Cunitz-Wiesbaden.

1529. Der **Luftwagen** oder Reise in den Mond. Aus dem Französischen der Freyfrau von V*** übersetzt [von Theophilus Friedrich Ehrmann].

Strasburg, Akademische Buchhandlung, 1784. *176 S. 8°.*

Die Verfasserin ist nach Graf Klinckowstroem (vgl. S. 461 Vorbem.) die Baronne de Wasse.

Deutsches Museum-München.

1530. **Radegast** von Wind, eine Romanze. Non omnia possumus omnes.

[o. O.] Den 5. Mart. 1784. *4 Bl.* [einschl. Titelblatt] *8° 2 Taf.*

27 siebenzeilige Strophen, beginnend: „Im finsterem Gemache sass". Spottgedicht au, den missglückten Aufstieg einer Montgolfière. Die beiden Tafeln stellen Szenen auf dem Flugplatz dar: Taf. 1 zeigt den Ballon umgeben von einer grossen Zahl von Zuschauern, Musikanten, Soldaten etc.; der Ballon ruht auf den Händen einiger Träger und kann sich anscheinend nicht in die Luft erheben. Taf. 2 zeigt den Ballon in der Luft schwebend, aber im Brand. In einem Medaillon an der Ballonhülle der Buchstabe „R".

Stadtbibliothek-Hamburg.

— Dasselbe. *Beigebunden an* Peter Fels und Merian, eine Mähr aus neuer Zeit. Delitzsch 1784.

F. B. Auffarth-Frankfurt a. M.

1531. **Taruffi**, Joseph: Montgolferii machina volans. Carmen elegiacum.

[o. O.] 1784. *12 S. 8°.*

Unterzeichnet: E secessu Tusculano.

Deutsches Museum-München.

1532. Der **Wechselbalg** oder: Die misslungene Luftmaschine; Eine schnurrigte Erzählung, über eine Sache die sich in unsern Tagen zutrug, allen Menschen zu Nutz und Lehr, auch einigen zur Straf und Besserung, von ***

[o. O.] 1784. *3 Bl. 8°.*

23 siebenzeilige Strophen, beginnend: „Ein Fränzgen kam die Lust einst an".

Stadtbibliothek-Frankfurt a. M.

Zamagna, Bernardus de: Navis aeria. Ed. Michael Paintner. 1784. Nr. 843.

1533. [**Musaeus**, Johann Carl August:] Freund Heins Erscheinungen in Holbeins Manier von J[ohann]. R[udolph]. Schellenberg.

Winterthur, H. Steiner & Co., 1785. *165 S. 8° 25 Taf.*

Enth. als 4. Erscheinung Freund Heins unter der Ueberschrift: „Der Aerostat" den Absturz von dem in Brand geratenen Luftballon S. 28ff., mit Kupferstich, die brennende Montgolfière darstellend. Der Text des Werkes ist von Musaeus, die Bilder von dem Schweizer Maler, Zeichner und Radierer Johann Rudolph Schellenberg. Die Angabe von Holzmann-Bohatta: Deutsches Pseudonymen-Lexikon. Wien-Leipzig 1906. S. 248, dass Schellenberg Pseudonym für Musaeus sei, ist falsch. — Eine neue Aufl. des Werkes erschien unter d. Tit.: Freund Heins Erscheinungen in Holbeins Manier. Von J. C. Musäus. Neue Aufl., mit 24 Vigneten nach Schellenberg. Mannheim [statt Wien] *1803. 157 S. 8° 1 Taf. (Im Besitz von Dr. Liebmann-Frankfurt a. M.)*

Dr. Gans-Fabrice-Garmisch.

1534. [**Blaimhofer**, Maximilian:] Die Luftschiffer. Ein Lustspiel in drey Aufzügen

Augsburg, C. H. Stage, 1786. *80 S. 8°.*

Joseph Baer & Co.-Frankfurt a. M.;
jetzt Senckenbergische Bibliothek-Frankfurt a. M.

[**Zinkernagel**, Carl Friedrich Bernhard:] Herrn Urians Luftreise. Parodie. [1786?] Nr. 874.

1535. **Chanson** du ballon de M. de Montgolfier.

[Lyon o. J.] *1 Bl. 8°.*

12 achtzeilige Strophen auf „Pilaustre" und „Mongorfi".

Deutsches Museum-München.

1536. **Ebertin**, Johann Samuel: Auf die bevorstehende Luftreise zu Berlin, vor dem Hallischen Thore auf dem Tempelhofischen Berge. Vom Verfasser, Friedrichs Abholung ins Elysium, Johann Samuel Ebertin, Kanonier. Nebst einer genauen Abbildung des Balls [auf dem Titelblatt].

[o. O. u. J.] *4 Bl. inkl. Titelbl. 8°.*

15 achtzeilige Strophen, beginnend: „Der Menschen Wissenschaft". Der Luftschiffer wird nicht genannt.

Stadtbibliothek-Hamburg.

1537. **Lettre** à M. de *** Sur son Projet de voyager avec la Sphère Aërostatique de M. de Montgolfier. Avec figure.

Aéropolis, Sur la Place des Nues, chez Zéphirolin le jeune, Imprimeur-Libraire & Relieur de Sa Majesté Aiglonne. Et se trouve à Paris, chez les Marchands des Feuilles volantes, L'An de la Lune . . . *16 S. 8° 1 Taf.*

Satire auf die Luftschiffahrt.

Grossh. Hess. Hofbibliothek-Darmstadt.

Abb. 80. Flugblatt auf die Auffahrt Garnerins in Frankfurt a. M. 1805. (Nr. 800.)

1538. [**Mallio**]: Per il globo aereostatico del Signore di Montgolfier. [Ausschnitt. o. O. u. J.]

Gedicht in Ottaverimen.

Deutsches Museum-München.

1539. **Trauer Chor** einiger, durch die glückliche Erfindung der Luftmaschiene von Montgolfier höchst beunglückter Menschen.

[o. O. u. J.] *2 Bl. 8°. Beigebunden an* Neuss der Sohn, Peter: Ode auf die Luftreise des Herrn Baron von Lütgendorf. Augsburg 1786.

Diese Menschen sind der Zöllner, Kutscher, Postknecht und Fuhrmann. Beginnt: Der Zollner. „O mich bedrangten Mann, ach weh, ich bin verlohren!“

Staats-, Kreis- und Stadtbibliothek-Augsburg.

1540. **Fontana**, Pietro: Canto sulle machine aerostatiche. Consecrato alle faustissime nozze di S. E. il Signor Principe D. Camillo Borghese con madama Paolina Bonaparte.

Spoleto, S. Saccoccia, 1803. *43 S. 8°.*

Deutsches Museum München.

1541. **Mosneron**, J.: Le vallon aérien, ou Relation du Voyage d'un Aéronaute dans un pays inconnu jusqu' à présent; suivie de l'histoire de ses habitans et de la description de leur moeurs.

Paris, Jh. Chaumerot, 1810. *VIII + 325 S. 8°.*

Dr. Ed. Langer-Braunau i. B.

[**Glaser**:] Der Wundervogel, oder der fliegende Schneider. 1812. Nr. 745.

1542. **Medley**, R. S.: The air balloon spiritualized. By the late Rev. R. S. Medley, In a Poetical Letter to his Son.

London, L. J. Higham, 1823. *8 S. 8°.*

Dr. Gans-Fabrice-Garmisch.

1543. **Poujol**, Adolphe: La conquête des airs, Rêve Philosophique.

Paris, Marchant, 1834. *22 S. 8°.*

Deutsches Museum-München.

1544. **Duvert** et **Lauzanne**: Entre ciel et terre. Pochade-vaudeville. Représentée pour la première fois, à Paris, sur le théâtre du Palais-Royal, le 25 avril 1843.

(Paris 1843.) *11 S. 8°.*

Deutsches Museum-München.

1545. **Kock**, Henry de: Les hommes volants. Histoire extraordinaire. Avec 6 dessins d'Eustache Lorsay, gravés par Ansseau.

Paris, A. Cadot. [o. J. (1865?)] *267 S. 8° 6 Taf.*

Mit Widmung an Nadar. — Nach Restif de la Bretonne: La découverte australe par un homme-volant. (Nr. 966.)

J. J. Bourcart-Kolmar;
jetzt Senckenbergische Bibliothek-Frankfurt a. M.

Pressel, Gustav: Der Schneider von Ulm oder der König der Lüfte. Komische Oper. (1865.) Nr. 746.

1546. **Flammarion**, Camille: Les mondes imaginaires et les mondes réels. Voyage pittoresque dans le ciel. Revue critique des théories humaines scientifiques et romanesques, anciennes et modernes sur les habitants des astres. 4e éd.

Paris, Didier et Cie. — Gauthier-Villars, 1866. *VII + 577 S. 8°.*

Joseph Baer & Co.-Frankfurt a. M.

1547. **Verne**, Jules: L'île mystérieuse. Les naufragés de l'air.

Paris, J. Hetzel et Cie., [1870]. *314 S. 8°*.

Joseph Baer & Co.-Frankfurt a. M.;
jetzt Senckenbergische Bibliothek-Frankfurt a. M.

1548. **Bernhardt**, Sarah: Dans les nuages. Impressions d'une chaise. Récit recueilli par Sarah Bernhardt. Ill. par Georges Clairin.

Paris, G. Charpentier, [1879]. *1 Bl. + 94 S. 4° 1 Taf.*

Henry Giffard gewidmet.

F. B. Auffarth-Frankfurt a. M.

1549. **Lasswitz**, Kurd: Bilder aus der Zukunft. Zwei Erzählungen aus dem 24. und 39. Jahrhundert. 3. Aufl.

Breslau, S. Schottlaender, 1879. *IX + 1 Bl. + 226 S. 8°*.

F. B. Auffarth-Frankfurt a. M.

1550. **Cayrol-Castagnat** [, A]: Le nouvel Jcare. Messager de l'avenir. Revue de l'année du centenaire des ballons.

(Paris) 1884. *16 S. 8°*.

5 Gedichte.

Joseph Baer & Co.-Frankfurt a. M.;
jetzt Senckenbergische Bibliothek-Frankfurt a. M.

1551. **Freeman**, W. H., Three hundred years to come. A New [Kopftit.: A prophetic] Comic Song. Written and arranged, by W. H. Freeman.

London, W. Allcroft [o. J.] *3 Bl.* [einschl. Titelblatt] *4°*.

Enth. 1 Bl. Noten: Musikstück für eine Singstimme mit Klavierbegleitung; 1 Bl. Text, der aus 7 Strophen besteht, beginnend: People have named this, the era of wonders. Das von T. Jones entworfene Titelbl. enthält zahlreiche Ballons und die Darstellung phantastischer aëronautischer Projekte.

Paul Hirsch-Frankfurt a. M.;
jetzt Senckenbergische Bibliothek-Frankfurt a. M.

1552. **Pimpfinger's** rotirendes Flügelschiff. (Unterzeichnet Pimpfinger, Buchbinder, Adlzreiterstrasse 3b.)

1 Bl. 4°.

6 vierzeilige Strophen; Aufforderung zur Anmeldung als Compagnon; Angebot der Ueberlassung der Zeichnung.

Deutsches Museum-München.

1553. **Verne**, Jules: Cinq semaines en ballon. Voyages de découvertes en Afrique. Par trois Anglais. Rédigé d'après les notes du docteur Fergusson. 8e éd.

Paris, J. Hetzel [o. J.]. *354 S. 8°*.

Deutsche Uebersetzung: Nr. 1554.

Königliche Bibliothek-Berlin.

1554. **Verne**, Julius: Fünf Wochen im Ballon. Deutsch von Martha Lion. Autor. Ausg. Wien. Pest. Leipzig, A. Hartleben, 1875. *372 S. 8°.* [Titelblatt fehlt.] (Julius Verne's Schriften. Bd 9.)

Da das Titelblatt fehlt, ist die Identität des vorliegenden Exemplars mit der Ausgabe von 1875 nicht absolut sicher. — Ein Exemplar dieser vom Auskunftsbureau der Deutschen Bibliotheken sonst nicht nachgewiesenen Ausgabe im Besitz der Bibliothek des Bürgervereins in Frankfurt a. M.

Kgl. öffentliche Bibliothek-Bamberg.

REGISTER

TITEL-REGISTER.

Die Zahlen bedeuten die Seiten des Kataloges.

Die fettgedruckten Zahlen bezeichnen die Stelle der Titelaufnahme des Werkes.

Ausser den im Titel-Register aufgeführten Werken wurden bei der Ausarbeitung des Kataloges die folgenden zu Rate gezogen:

Andresen, Andr.: Handbuch für Kupferstichsammler. Fortges. und beendigt von J. E. Wessely. Bd 1. 2. Leipzig 1870—1873.

— — Erg.-Heft. Bearb. von J. E. Wessely. Leipzig 1885.

Exposition Historique de L'Aérostation et de L'Aviation au Grand Palais ⟨Champs-Elysées⟩ sous le Patronage de l'Aéro-Club de France. Août 1909. Catalogue des Objets exposés. (Paris 1909).

Hildebrandt, A.: Die Luftschiffahrt nach ihrer geschichtlichen und gegenwärtigen Entwicklung. 2. verm. und verb. Aufl. München und Berlin 1910.

Künstler-Lexicon, Allgemeines. 3. umgearb. und bis auf die neueste Zeit ergänzte Aufl. (1—2. 1: vorbereitet von Hermann Alexander Müller), hrsg. von Hans Wolfgang Singer. Bd 1—5. Frankfurt a. M. 1895—1901.

Meusel, Joh. Georg: Teutsches Künstlerlexikon oder Verzeichnis der jetzt lebenden teutschen Künstler. 1. 2. Lemgo 1778—1789.

Nimführ, Raimund: Leitfaden der Luftschiffahrt und Flugtechnik in gemeinverständlicher Darstellung und mit besonderer Berücksichtigung der historischen Entwicklung. Wien und Leipzig 1909.

Poggendorff, J. C.: Biographisch-Literarisches Handwörterbuch zur Geschichte der exacten Wissenschaften. Bd 1—4. Leipzig 1863—1904.

Sport-Lexikon, Braunbecks. Automobilismus. Motorbootwesen. Luftschiffahrt. Hrsg. von Gustav Braunbeck. (Berlin) — Ausgabe von 1910 und ff.

Wilhelm S. J., Balthasar: Die Anfänge der Luftfahrt. Lana-Gusmão. Zur Erinnerung an den 200. Gedenktag des ersten Ballonaufstieges <8. Aug. 1709 bis 8. Aug. 1909>. Hamm i. W. 1909.

Ferner die allgemein bekannten Enzyklopädien, Bibliographien und biographischen Nachschlagewerke.

SACH-REGISTER.

Vorbemerkung. Eine Ergänzung des Sachregisters bietet das Titelregister insofern, als in ihm die Publikationen eines Erfinders über seine Projekte, Versuche, theoretischen Untersuchungen etc., soweit im Katalog erwähnt, unter seinem Namen zu finden sind.

Die Zahlen bedeuten die Seiten des Kataloges;
die mit * versehenen bezeichnen die Seiten, auf denen sich Abbildungen von Porträts befinden.